HERBERT L. KÖNIG

UNSICHTBARE UMWELT

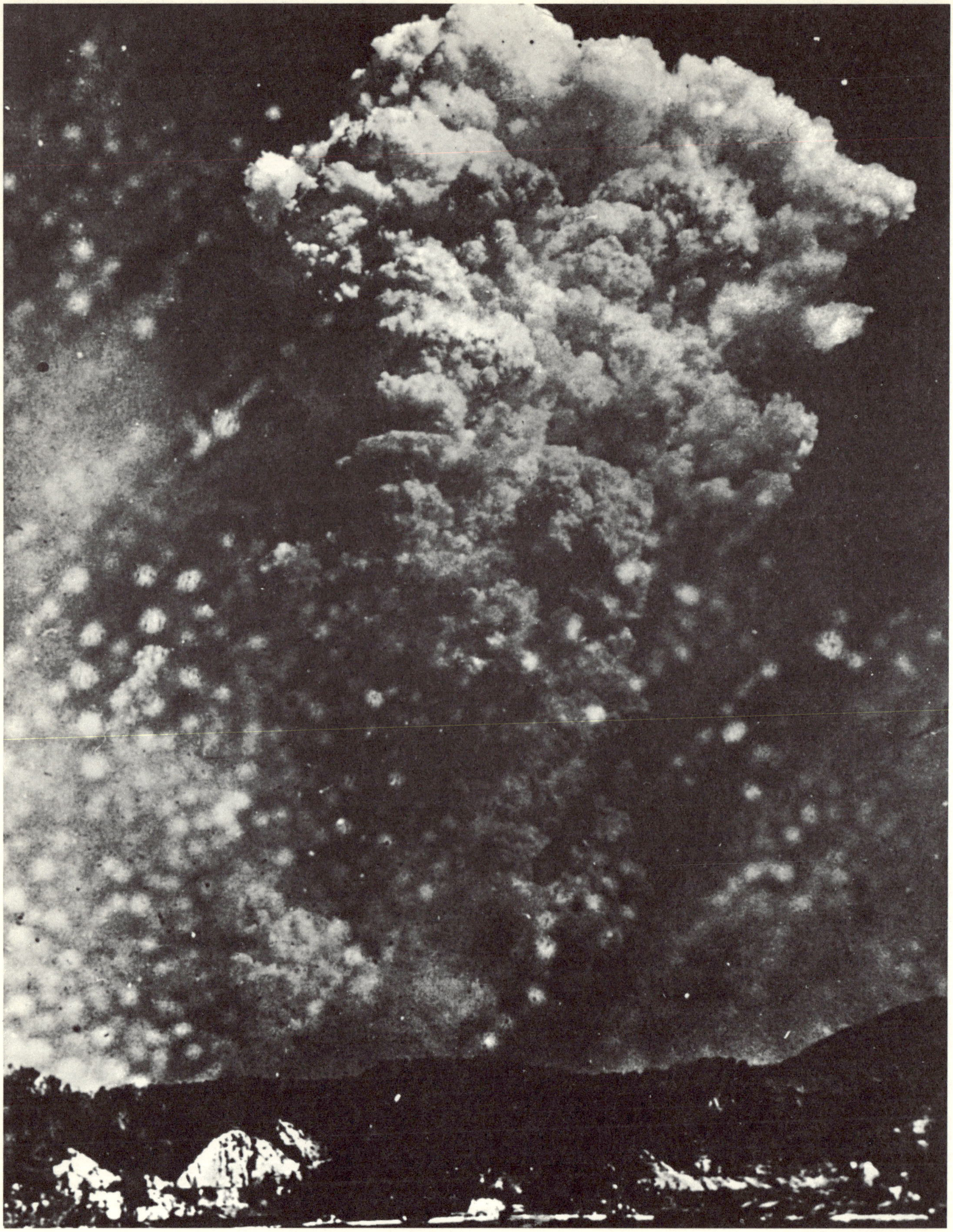

HERBERT L. KÖNIG

UNSICHTBARE UMWELT

DER MENSCH IM SPIELFELD ELEKTROMAGNETISCHER FELDKRÄFTE

GEOPHYSIK · TECHNISCHE FELDER · FELDWIRKUNG
WETTERFÜHLIGKEIT · BAUBIOLOGIE
WÜNSCHELRUTENEFFEKT

5., völlig überarbeitete Auflage

EIGENVERLAG HERBERT L. KÖNIG, MÜNCHEN

Meinem, am 22. September 1974 im Alter von 86 Jahren verstorbenen, verehrten Lehrer, Herrn Professor Dr.-Ing., Dr.-Ing. E. h. Winfried Otto Schumann gewidmet, der neben seiner Tätigkeit im rein physikalischen Bereich immer für biologisch-technische Probleme Interesse zeigte und deren Bearbeitung im besonderen Maße förderte.

Besonderer Dank gebührt Herrn Dr. Hartmut Zelinsky für die mühevolle und sorgfältige stilistische Überarbeitung des Textes der ersten Auflage sowie den Herren Professor Dr.-Ing. Hans-Georg Stäblein, Professor Dr.-Ing. Willi Oehrl, Dr. med. Hans-Ortwin Neuberger und Dr. med. Jürgen Nohtse für ihre Mithilfe.

Das Kapitel D.1.4 enthält einen speziellen Beitrag von Siegnot Lang, der sich mit besonderem Engagement der Fragestellung bezüglich einer möglichen Schädlichkeit energietechnischer Felder widmete. Er wies dabei auf biologische Wirkungsmechanismen aus dem Blickwinkel des Biologen und des Chemikers hin, bis ein früher Tod ihn schon in jungen Jahren aus einem vielversprechenden Schaffen riß. Siegnot Lang zählt damit hinsichtlich elektromagnetischer Strahlung zu den ersten Wegbereitern eines umweltbewußten Denkens.

Zur Abbildung gegenüber dem Titel: Explosionswolke der am 6. August 1945 auf Hiroshima abgeworfenen Atombombe. Die Aufnahme wurde von der Stadt Yoshima aus gemacht, die hinter den Bergen nördlich von Hiroshima liegt. Bei einer direkten Betrachtung solch grausamer Ereignisse kann das menschliche Auge nur alle Vorgänge erfassen, die mit Lichtwellen zusammenhängen, also das Gebilde des Wolkenpilzes und den von ihm ausgehenden Schein von Feuer. Zur Erkennung der dabei gleichzeitig vorhandenen unsichtbaren, gefährlichen Strahlung werden Hilfsmittel benötigt: Die weißen Flecken auf der Photographie sind von der starken radioaktiven Strahlung verursacht.

CIP-Kurztitelaufnahme der Deutschen Bibliothek

König, Herbert L.:
Unsichtbare Umwelt: D. Mensch im Spielfeld elektromagnet. Feldkräfte; Geophysik, Technische Felder, Feldwirkung, Wetterfühligkeit, Baubiologie, Wünschelruteneffekt / Herbert L. König. 5., völlig überarbeitete, wiederum aktualisierte Auflage, 13.–15. Tsd. –
München, Simmernstr. 5: H. L. König, 1986.
ISBN 3-923819-04-8

ISBN 3-923819-00-5	1. Auflage, 1.–4. Tausend (1975) (vom Heinz Moos Verlag übernommen),
ISBN 3-923819-01-3	2. erweiterte Auflage, 5.–8. Tausend (1977)
ISBN 3-923819-02-1	3. erweiterte Auflage, 9.–10. Tausend (1981)
ISBN 3-923819-03-X	4. erweiterte Auflage, 11.–12. Tausend (1983)
ISBN 3-923819-04-8	5. überarbeitete Auflage, 13.–15. Tausend (1986)

Gesamtherstellung: Ludwig Auer GmbH, Donauwörth
Printed in Germany

Inhalt

VORWORT

In den letzten Jahren mehrten sich die Informationen aus den verschiedensten Institutionen in aller Welt, die über den erfolgreichen Nachweis der biologischen Wirksamkeit elektrischer, magnetischer und elektro-magnetischer Felder, von Luftionen und von sonstigen luftelektrischen Parametern berichten. Es erscheint darum sinnvoll, über den Wissensstand auf diesem Gebiet einen Überblick zu geben, wobei jedoch gewisse »Randgebiete« durchaus mit berücksichtigt werden sollen. Auf internationaler Basis ist das zwar schon vereinzelt und in begrenztem Umfang geschehen – zumindest was die klassische Wissenschaft betrifft. Alle diese Arbeiten sind jedoch auf spezielle Gebiete beschränkt. Da eine ausführlichere Studie zu diesem Thema – besonders im deutschsprachigen Raum – fehlt, soll diese Informationslücke mit der vorliegenden Arbeit geschlossen werden.
Sie hat sich zur Aufgabe gestellt, jenem breiten Personenkreis aus allen Bildungs- und Berufssparten, der sich immer schon für die besonderen Probleme der Biowissenschaft wie auch für die sogenannte Außenseiterwissenschaft interessiert hat, sowie gerade auch dem, der eigentlich daran interessiert sein sollte, überhaupt erst einmal einige Grundinformationen über die Existenz gewisser Effekte zu geben.
Hier wird eine Materie behandelt, die typisch für ein Grenzgebiet im wissenschaftlichen Forschungsbereich ist: Es handelt sich um technisch-physikalische Gegebenheiten, die mit biologischen Prozessen und Vorgängen in Zusammenhang gebracht werden. Eine selbstverständliche Voraussetzung ist daher zunächst einmal, nähere Informationen sowohl über die natürlichen wie auch über die technisch, das heißt künstlich erzeugten physikalischen Gegebenheiten – elektromagnetische Felder und sonstige luftelektrische Parameter – im Sinne von Umweltparametern zu liefern. Um dabei auch dem technisch und physikalisch weniger versierten Leser eine Hilfe zu geben, werden die hier verwendeten Begriffe in allgemein verständlicher Weise im Anhang gesondert erläutert. Damit der Leser darüber hinaus beim Vergleich zwischen den einzelnen in unterschiedlichen Maßeinheiten angegebenen Meßwerten bei den verschiedenen Literaturzitaten keine Mühe hat, wurden diese grundsätzlich auf die neuen internationalen Maßeinheiten umgerechnet und dabei meist auch die althergebrachten aus Anschaulichkeitsgründen hinzugefügt.
Es folgt eine umfangreiche Literaturstudie, die sich mit den wichtigsten Untersuchungsergebnissen auf dem Gebiet der biologischen Wirksamkeit elektrischer, magnetischer und elektromagnetischer Felder unter Berücksichtigung eines extrem weiten Frequenzbereiches befaßt, und die durch die Einbeziehung sonstiger luftelektrischer Parameter, wie Luftionisation oder elektrischer Luftstrom, ergänzt wird. Aus Gründen der Übersicht und zwecks Reduzierung des umfangreichen, inzwischen vorliegenden Materials wird hierbei fast ausschließlich auf Literaturstellen eingegangen, die von biologischen Auswirkungen elektromagnetischer Energien berichten. Sozusagen negativ verlaufende Experimente stehen hierzu nicht im Widerspruch, denn sie besagen nur, daß Wirkungen nicht in jedem Fall zu erwarten sind.
Die Bedeutung der hier behandelten Thematik wird schließlich durch die Diskussion konkreter Themen dokumentiert, wie zum Beispiel Wetterfühligkeit, Gesundheitsstörungen durch technische Felder verschiedenster Art, Baubiologie, spezielle elektromedizinische Probleme, geopathogene Zonen und das damit zusammenhängende Wünschelrutenphänomen.

Es bestand von vornherein Klarheit darüber, daß es den Rahmen des vorliegenden Buches sprengen würde, wenn bei der Behandlung der einzelnen Literaturstellen alle Einzelheiten, wie etwa die wissenschaftliche Beweisführung für die berichteten Effekte, statistische oder ähnliche Probleme, bis ins letzte Detail zur Sprache kämen. Außerdem würde hierunter die beabsichtigte Übersehbarkeit und Anschaulichkeit der behandelten Materie leiden. Der an diesen Dingen interessierte Leser hat jedoch die Möglichkeit, sich anhand des umfangreichen Literaturverzeichnisses Einsicht in die Originalarbeiten zu verschaffen. Im übrigen müßten derart umfassende Probleme bei einem detaillierten Studium von einem Autorenteam bearbeitet werden, in dem die in diesem Zusammenhang betroffene große Anzahl von Fachdisziplinen entsprechend vertreten wäre. Der Autor des vorliegenden Buches kommt aus einer rein technischen Disziplin, er wird daher sinnvollerweise versuchen, das Problem gerade von dieser Seite her anzugehen. Es erfolgte in diesem Zusammenhang gegenüber dem Autor schon mehrmals der Vorwurf des »kritiklosen« Zitierens von Literaturstellen, ohne daß offensichtlich die Ausweglosigkeit der Situation dabei erkannt wurde. Ein kritisches Eingehen auf spezielle biologische Zusammenhänge aller Art von einem nicht fachkompetenten Elektrophysiker würde gleichermaßen – wenn nicht noch mehr – die Kritiker an diesem Umstand aufrufen. Der beschrittene Weg ist somit als das kleinere Übel anzusehen. Unabhängig hiervon wurde jedoch Wert darauf gelegt, die behandelte Problematik allgemein verständlich darzulegen, um damit einem möglichst breiten Leserkreis die Möglichkeit zu geben, sich über dieses Gebiet näher zu informieren. Es ist dabei vor allem an folgende Interessenten gedacht:

1. Diejenigen, die an besonderen natürlichen elektrophysikalischen Erscheinungen unserer Umwelt interessiert sind.
2. Für Ärzte, Veterinärmediziner, Biologen und allen in Heilberufen Tätigen, Meteorologen, Architekten und Techniker mit speziellem Interesse an biologischen Problemen könnten die behandelten Themen von besonderer Bedeutung sein.
3. Behörden, die für Umweltprobleme zuständig sind, sollen gezielt angesprochen werden.
4. Über die Existenz der hier geschilderten Phänomene informiert zu sein, könnte aber auch für alle die Techniker sinnvoll und richtig sein, die sich in irgendeiner Form mit der Erzeugung oder Verwendung elektromagnetischer Felder und ähnlichen, das Elektroumweltklima direkt beeinflussenden Dingen befassen.

Doch wird das Buch nicht nur Informationen über die Existenz gewisser Effekte auf breiter Basis übermitteln, sondern es könnte aufgrund der vielen noch ungelösten Probleme für zuständige Stellen Anstoß und Anlaß sein, zur Lösung dieser für die Allgemeinheit offensichtlich doch sehr bedeutungsvollen Fragen beizutragen. Hier kommen in Frage: Institute, Forschungsabteilungen, alle Stellen, die in irgendeiner Form mit der Finanzierung derartiger Forschungsaufgaben zu tun haben, aber auch die Öffentlichkeit soll angesprochen werden, denn der »Druck der öffentlichen Meinung« hat schon in vielen Fällen weitergeholfen.

Die in der 1. Auflage behandelte Thematik wurde in ihrer nunmehr noch wesentlich aktuelleren Fragestellung nach den neuesten Erkenntnissen in der 2. Auflage erweitert und speziell durch zusätzliche Beiträge zur Baubiologie, aber vor allem zum Thema »Felder als Streß oder Therapie« von Siegnot Lang ergänzt, dessen früher Tod danach gerade für die hier betriebene Forschung einen besonders schweren Verlust darstellt. Die 3. und 4. Auflage beinhalten wiederum einige wesentliche neuere Forschungsergebnisse.

Seit dem ersten Erscheinen des Buches sind inzwischen bis zur Herausgabe der 5. Auflage rund 10 Jahre vergangen. War ursprünglich der Umfang der einschlägigen Fachliteratur vergleichsweise gering und übersehbar, so vollzog sich gerade in den vergangenen Jahren ein atemberaubender Wandel im allgemeinen Interesse sowohl in der Öffentlichkeit als auch von der wissenschaftlichen Seite her an der hier behandelten Thematik. Allein in den USA vermehrte sich in den vergangenen 15 Jahren die Zahl der erschienenen Publikationen über die biologische Wirksamkeit elektromagnetischer Energien exponentiell von einigen wenigen auf viele hunderte pro Jahr. Dies dokumentiert sich zum Beispiel gemäß Bioelectromagnetics Society Newsletter, Nr. 51, Juli 1984, im Anstieg der eingereichten Arbeiten bei »Bioelectromagnetics Journal«, einem in den USA erscheinenden Fachblatt. Gegenüber dem Jahr 1979 wurden hier im Jahre 1984 praktisch viermal soviel Arbeiten zur Veröffentlichung auf diesem wissenschaftlichen Gebiet vorgelegt. Der Grund hierfür ist in erster Linie im weltweit gesteigerten Umweltbewußtsein der Bevölkerung zu suchen, dem Wachsamwerden gegenüber möglichen unerwünschten Auswirkungen des technischen Fortschritts in unserer Zeit. Das dadurch auch ausgelöste Interesse der Wissenschaftler, gefördert durch Mittel, die oft nur unter dem Druck der öffentlichen Meinung freigegeben wurden, bezieht sich im vorliegenden Zusammenhang in erster Linie auf die Auswirkungen von energietechnischen Anlagen im Bereich der Versorgung mit elektrischem Strom und auf thermische und nichtthermische biologische Wirkungen von Hochfrequenz- beziehungsweise Mikrowellenenergien. Hinzu kommen deutliche Ansätze einer wesentlich entkrampfteren Einstellung verschiedener fachkompetenter Stellen gegenüber sogenannten geobiologischen Problemen, wie sie speziell aus dem Bereich des Wünschelrutenphänomens bekannt sind.

Diese Entwicklung löste nicht ganz unerwartet bei verschiedenen betroffenen Stellen eine Art Gegenreaktion aus, die teilweise grotesk anmutet. So erklären diese Institutionen vertretende Mediziner beispielsweise pauschal jede Art von Wirkung insbesondere von Schädlichkeit als nicht erwiesen oder gar als nicht denkbar, vor allem, weil es hierfür keine physiologische Erklärung gäbe und auch das anzusprechende Energieniveau zu nieder sei. Die sich abzeichnenden Meinungsverschiedenheiten werden dabei offensichtlich immer klarer und deutlicher.

Die bisherigen Neuauflagen enthielten neuere, wesentliche Forschungsergebnisse stets in einem geschlossenen Kapitel als Anhang. Dies hatte hinsichtlich der im Buch eingeführten Gliederung unter dem Aspekt der Frequenz eine zunehmende Unübersichtlichkeit bezüglich des Inhalts der zitierten Arbeiten zur Folge. Die Herausgabe der 5. Auflage wurde daher zum Anlaß genommen, die neuesten Forschungsergebnisse und die in gesonderten Abschnitten bei den vorangegangenen Auflagen eingebrachten Beiträge wieder organisch an den richtigen Stellen einzubauen. Eine Neuordnung und Straffung des geophysikalischen Teils bot sich bei dieser Gelegenheit gleichfalls an. Bedingt durch umfangreiche eigene neuere Untersuchungen im Zusammenhang mit dem Wünschelrutenphänomen und weil sich dabei immer deutlicher die Realität des Rutenausschlags herausschälte und bestätigte, wurde schließlich gerade dieses Kapitel besonders erweitert. Dabei schien es an der Zeit, gegen die Unsitte von »Entstörungen« und »Abschirmungen« auch einmal ein klares und begründetes Wort zu sagen.

München, im Dezember 1985 Herbert L. König

A. EINLEITUNG

Wenn in den letzten Jahren vor allem in der hochindustrialisierten westlichen Welt das Problem des Umweltschutzes immer mehr in das Bewußtsein der Öffentlichkeit gedrungen ist, so hat dies seinen guten Grund. Man sieht allmählich ein, daß man den technischen Fortschritt nicht mehr weiterhin vergötzen kann, ohne Gefahr zu laufen, hierbei die Ursprünglichkeit und Schönheit der natürlichen Umwelt, auf die der Mensch angewiesen ist, zu zerstören.

Im allgemeinen denkt man bei dem Stichwort Umweltschutz zuerst an verrostete Autowracks, Unrathalden, in Flüssen liegende und schwimmende Abfälle, Luftverschmutzung usw. Man weiß aber inzwischen, daß etwa bei der Wasserverschmutzung und Vergiftung oder bei der Verpestung der Luft Tatsachen eine weitaus größere Rolle spielen, die nicht sofort ins Auge springen. In diesem Zusammenhang nehmen Fragen an Bedeutung zu, die wissenschaftlich durch die Fachgebiete Biologie, Chemie, Physik und Technik erfaßt werden. Es gilt also, unsere Umweltgegebenheiten — unabhängig von deren Sichtbarkeit — auf der Basis naturwissenschaftlicher Forschung zu studieren. Es spielt dabei keine Rolle, ob sie natürlichen oder zivilisatorischen Ursprungs sind, denn sie bilden gemeinsam das Milieu, in dem Mensch, Tiere und Pflanzen — also das Leben schlechthin — existieren müssen.

Alle biologischen Systeme auf der Erde werden von sehr komplexen Umweltbedingungen beeinflußt. In Abbildung 1 sind diese komplizierten Zusammenhänge schematisch durch verschiedene Blockbildungen dargestellt. Den Drehpunkt bildet hierbei der Block der biologischen Systeme: Mensch, Tier, Pflanze.

In dieser Welt unterliegt alles einer auf Wechselwirkung beruhenden gegenseitigen Beeinflussung. Dies gilt offenbar im besonderen Maße für die biologischen Systeme, die selbst sowohl positiv als auch negativ gesteuert werden können — eine Beurteilung, die natürlich nur relativ sein kann —, und zwar durch periodische oder statistische Vorgänge, durch gewisse Dauereinflüsse und durch jede beliebige Kombination solcher Vorgänge. Diese durch unsere Umwelt bedingten Beeinflussungen, das heißt die äußeren Ursachen dieser Vorgänge, lassen sich in drei große Hauptgruppen unterteilen: solche extraterrestrischen, solche terrestrischen (siehe auch Abbildung 2) und solche zivilisatorischen Ursprungs, die auf künstlich erzeugte Bedingungen zurückzuführen sind. Diese drei Hauptgruppen sind in der schematischen Darstellung der Abbildung 1 zu drei Blöcken zusammengefaßt.

Eine direkte Beeinflussung biologischer Systeme aufgrund »Extraterrestrischer Vorgänge« könnte theoretisch im Zu-

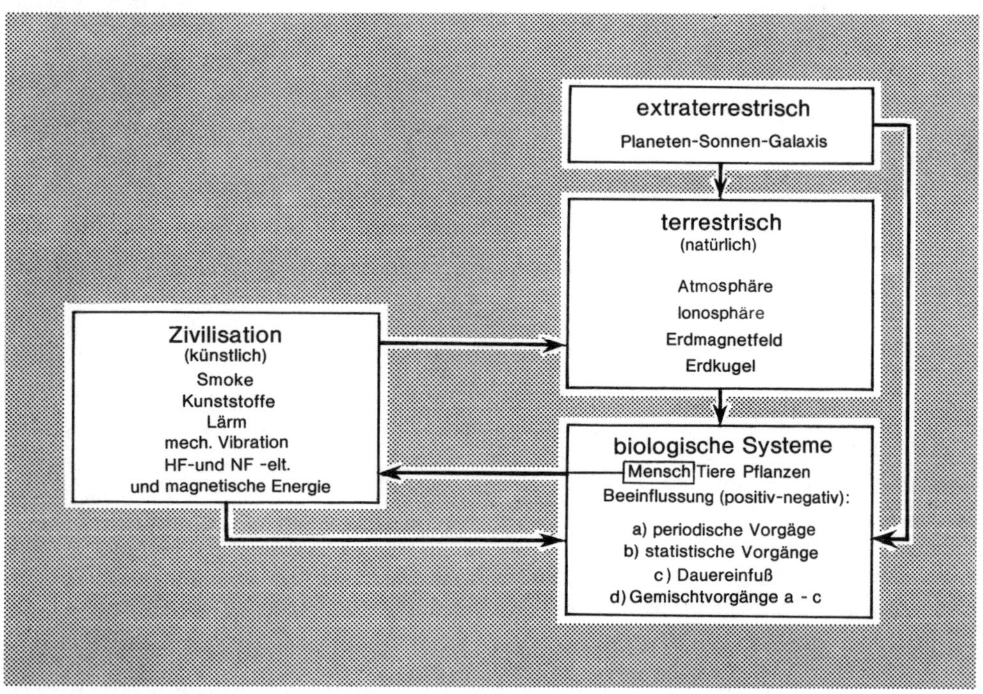

1 Die Verkoppelung von Umwelteinflüssen mit biologischen Systemen. Extraterrestrische und terrestrische Faktoren, die auf natürlichen Vorgängen basieren, sowie zivilisatorische Prozesse stehen in Wechselwirkung zueinander und bestimmen die Umweltbedingungen des Lebens auf unserer Erde.

sammenhang mit der Strahlung von Planeten, Sonnen und der Galaxis gebracht werden, wobei unter Strahlung primär an elektromagnetische Wellen beziehungsweise Korpuskular-Strahlung gedacht ist. Aber auch Gravitationskräfte wären mit zu berücksichtigen. Diese extraterrestrischen Vorgänge können jedoch – wie in Abbildung 1 dargestellt – auch auf indirektem Wege über unsere natürlichen terrestrischen Umweltgegebenheiten auf die biologischen Systeme der Erde einwirken.

Alle die in der Blockeinheit »Terrestrische Umweltbedingungen natürlichen Ursprungs« angeführten Gegebenheiten haben ihren Ursprung in der Atmosphäre, Ionosphäre, beziehungsweise Biosphäre und wirken so subjektiv gesehen »von oben her« auf die biologischen Systeme. Erdmagnetfeld und Schwerkraft – Eigenschaften der Erde als Planet – beeinflussen uns zusätzlich »von unten her«. Sicher sind die naturwissenschaftlichen Probleme sowohl der terrestrischen als auch teilweise der extraterrestrischen Umwelt weitgehend gelöst, doch dürften auch in Zukunft auf diesem Gebiet immer wieder neue Erkenntnisse bekannt werden.

Die in der Blockeinheit »Terrestrische Umweltbedingungen« zusammengefaßten Vorgänge führen sicher ihr »Eigenleben«, das heißt auch ohne zusätzliche äußere Beeinflussung laufen hier physikalisch-chemische Prozesse ab, die gewissen eigenen Gesetzmäßigkeiten unterliegen. Diese Gesetzmäßigkeiten werden darüber hinaus jedoch auch durch extraterrestrische und zivilisatorische Vorgänge mitbestimmt, so daß hieraus insgesamt gesehen ein sehr komplexes Geschehen resultiert.

Der Block »Zivilisatorische Umweltfaktoren« umfaßt schließlich alle Prozesse, die in künstlich bedingten Umweltfaktoren ihren Ursprung haben und die durch die Stichworte Staub, Abgase, Kunststoffe, Lärm, mechanische Vibrationen, schädliche Stoffe, sowie hochfrequente, beziehungsweise niederfrequente und statische elektrische / magnetische Energien beschrieben werden können. Die Existenz aller dieser Einzelfaktoren ist allgemein bekannt. Zu erkennen, welche Rolle sie jedoch im einzelnen als Umweltfaktoren spielen, bedarf teilweise noch erheblicher Forschungsarbeit.

Insgesamt gesehen können somit Vorgänge dieser drei Blockeinheiten beziehungsweise Gruppen von Umweltfaktoren auf biologische Systeme einwirken. Wie in der Darstellung von Abbildung 1 bereits angedeutet, besteht jedoch auch eine Rückwirkung zwischen diesen Gruppen. So beeinflussen einerseits extraterrestrische Vorgänge die terrestrischen Umweltfaktoren; aber auch die Folgen der Zivilisation wirken sich auf diese physikalischen und chemischen terrestrischen Vorgänge aus. Der Mensch als Initiator aller zivilisatorischen Vorgänge bestimmt jedoch seine terrestrischen Bedingungen selbst mit. So existieren zwei miteinander verkoppelte Kreisläufe: Der eine von den biologischen Systemen zu den zivilisatorischen Vorgängen und zurück, der andere von den biologischen Systemen über zivilisatorische Vorgänge zu den terrestrischen Vorgängen und wieder zurück. Neben diesen beiden Abläufen gibt es zwei mehr oder weniger direkte Wirkungspfade, die von den extraterrestrischen Vorgängen ausgehend die biologischen Systeme erreichen:

2 Schematische Darstellung eines Querschnitts unseres Planeten, nach Bartels.

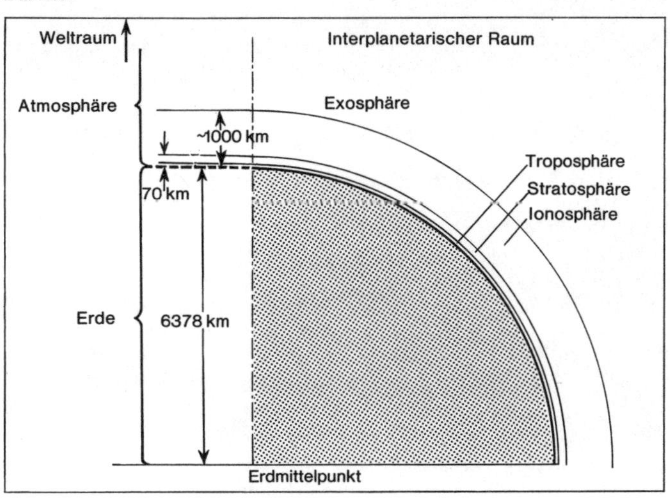

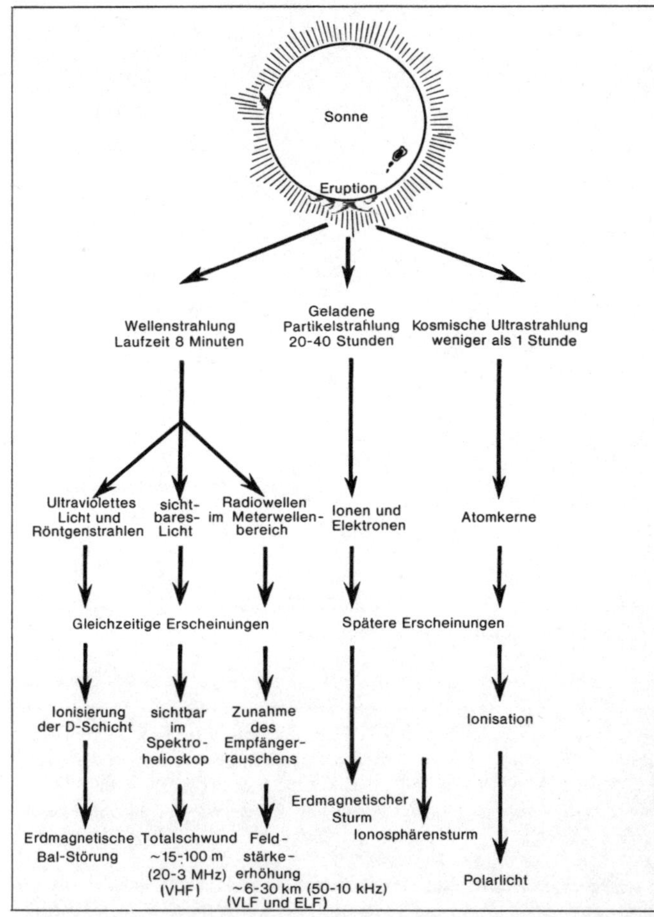

3 Folgeerscheinungen einer Sonneneruption auf der Erde. Nicht immer werden alle Erscheinungen wirklich beobachtet, zum Beispiel ist eine Zunahme der Kosmischen Ultrastrahlung sehr selten, nach Bartels.

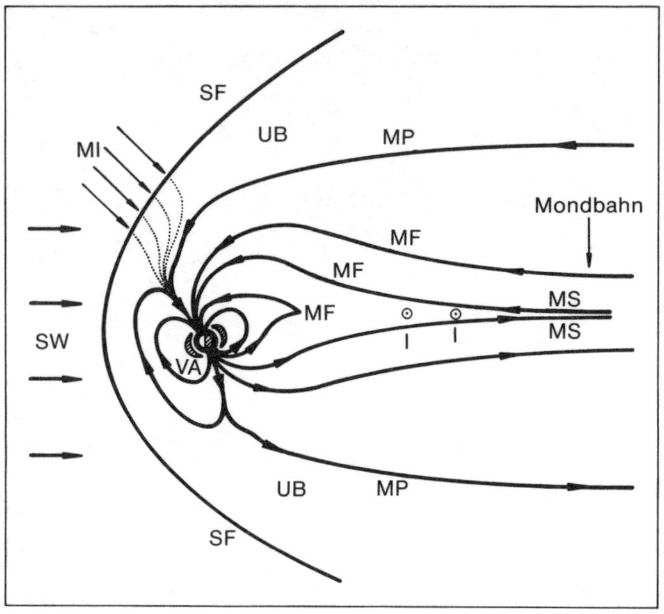

4 Die Erde und ihr äußeres Magnetfeld.
Die von der Sonne kommende Materiestrahlung SW wird als »Sonnenwind« bezeichnet. Sie breitet sich bis zur Stoßfront SF mit Überschallgeschwindigkeit aus und wird dort auf Unterschallgeschwindigkeit abgebremst (Unterschallbereich UB). Das Magnetfeld der Erde verformt sich hierdurch, wie dies der Verlauf der magnetischen Feldlinien MF zeigt. Im »Magnetfeldschwanz« MS (Plasmatail) existiert eine magnetfeldfreie Zone, in der senkrecht zum Verlauf der magnetischen Feldlinien interstellare elektrische Ströme I fließen. Der Van-Allen-Gürtel VA beschreibt eine Zone erhöhter Teilchendichte, bedingt durch den Magnetfeldeinschluß. Das interstellare Magnetfeld MI wird durch die Stoßfront SF beeinflußt und die magneto Pause MP läßt sich als Feldlinie beschreiben, die das interstellare (MI) vom irdischen (MF) Magnetfeld trennt.

Der direkte Wirkungsweg vom extraterrestrischen zum biologischen System sowie der indirekte von dort über die terrestrischen Vorgänge. Beide Wege tangieren irgendwie die beiden anderen »Beeinflussungsschleifen«. Man kann also bereits aus dieser reichlich einfachen Blockdarstellung erkennen, wie diese wechselseitigen Prozesse untereinander in einem sehr komplexen Zusammenhang stehen, und es wird offensichtlich, daß gewisse Effekte nicht immer eindeutig bezüglich ihrer Ursache zu analysieren sein werden.

Im einzelnen fallen unter die verschiedenen Oberbegriffe folgende Faktoren.

1. EXTRATERRESTRISCHE INDIKATOREN

Aus dem Weltall fallen alle Arten bisher bekannter Strahlungen ein: *Kosmische Ultrastrahlung, Sonnenwind, Röntgen-* und *UV-Strahlung, sichtbares Licht, Infrarot-Strahlung, Hochfrequenz-Strahlung* (zum Beispiel die von Wasserstoff herrührende Strahlung mit 21 cm Wellenlänge) und *niederfrequente Wellenstrahlung.* Diese Strahlungen haben ihren Ursprung im Kosmos und werden offenbar durch kosmische Vorgänge erzeugt.

Man weiß heute, daß eine aus dem Kosmos kommende Strahlung in der Lufthülle der Erde recht verwickelte Sekundär- und Terziär-Prozesse auslöst. Es ist üblich geworden, diese Strahlung einschließlich all ihrer Folgeprodukte als *Kosmische Strahlung* beziehungsweise *Ultra-* oder *Höhenstrahlung* zu bezeichnen, ohne Rücksicht darauf, daß die Folgeprodukte durchaus irdischen Ursprungs sind und nur hinsichtlich ihrer Erzeugung auf die Kosmische Strahlung zurückgehen. *Kosmische Strahlung* im engeren Sinne nennt man die Primärstrahlung: Sie besteht aus Nukleonen.

Die Energie, die der Erde durch die *Kosmische Strahlung* zugeführt wird, entspricht etwa der der Lichtintensität des Nachthimmels. Diese Energie konzentriert sich jedoch auf wenige Teilchen, so daß auf jedes davon extrem hohe Anteile entfallen. Die Teilchen der primären *Kosmischen Strahlung* sind daher in der Lage, alle Atome und Atomkerne, auf die sie treffen, zu zertrümmern. Bei dieser Wechselwirkung der Primärstrahlung mit Atomkernen entstehen neue Elementarteilchen. Dieser Vorgang spielt sich im wesentlichen in einer Höhe von 25 km bis 16 km über dem Erdboden ab.

Materiestrahlung von der Sonne bezeichnet man häufig als *Sonnenwind.* Seine elektrisch geladenen Anteile verformen das Magnetfeld der Erde zu einer langgestreckten, birnenförmigen Blase *(Magnetosphäre).* Dabei lenkt aber das Erdmagnetfeld gleichzeitig den *Sonnenwind* zum großen Teil um die Erde herum ab. Lediglich die ungeladenen Neutrinos (Elementarteilchen ohne Ladung und ohne Ruhemasse) der Sonne und die unter Einwirkung der Kosmischen Ultrastrahlung entstehenden Neutronen (ungeladene Wasserstoffkerne) können das Magnetfeld der Erde ungehindert durchdringen (siehe auch Abbildung 4).

Die Wellenstrahlung der Sonne ist vielfältig und hat im sichtbaren Bereich als Licht ihre größte Stärke, hinsichtlich der Situation auf der Erdoberfläche.

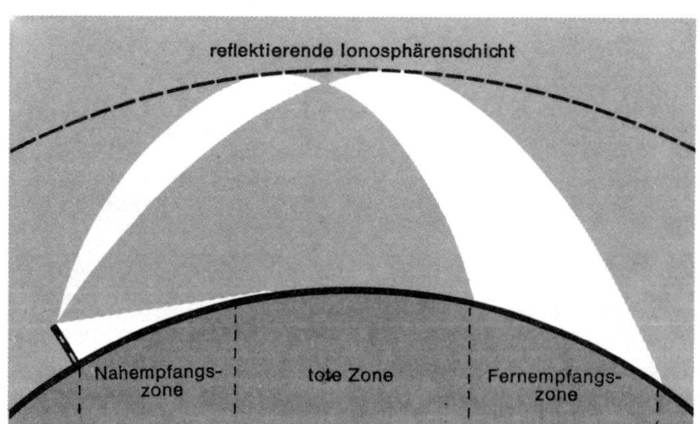

5 Schematische Darstellung der Ausbreitung von Radiowellen zwischen der Ionosphäre und dem Erdboden.

Da die Neutronen im Mittel nach 16 Minuten in Protonen und Elektronen zerfallen, sind sie vielleicht die Quelle der Protonen und Elektronen innerhalb der Magnetosphäre, besonders in den Strahlengürteln der Erde, die van Allen im Jahre 1958 entdeckte. Welche Folgeerscheinungen zum Beispiel nach Bartels[1] aufgrund einer Sonnenerruption zu beobachten sind, zeigt Abbildung 3.

2. TERRESTRISCHE INDIKATOREN

2.1 Atmosphäre

Unter dem Sammelbegriff »Terrestrische Indikatoren« fallen unter Beschränkung auf die Atmosphäre zuerst einmal alle Vorgänge, die mit dem Stichwort Meteorologie zu beschreiben sind, also beispielsweise Luftdruck, Temperatur, Wasser in allen Aggregatszuständen wie dampfförmig, flüssig und gefroren (worunter auch im Zusammenhang mit Feuchtigkeit und Temperatur die Schwüle fällt), ferner natürliche Wellenstrahlung (ihr Ursprung liegt primär in der Gewittertätigkeit, kann aber auch im Zusammenhang mit Vorgängen in der Ionosphäre stehen), elektrische Feldschwankungen und magnetische Feldschwankungen (beide sind nicht nur in der Atmosphäre vorhanden), Gase (O_2, O_3, N), gewisse giftige chemische Prozesse und aus der Erde austretende Gase (beispielsweise Schwefeldämpfe), ferner Festkörper (Staub), um nur die wichtigsten aufzuzählen.
Ihren eigentlichen Ursprung haben daneben in der Atmosphäre elektromagnetische Strahlungen, die vom statischen Bereich reichen, bis hin zu Frequenzen, wie sie der radioaktiven Strahlung zuzuordnen sind.

2.2 Ionosphäre

Diese Schicht der Hochatmosphäre (siehe Abbildung 2), die sich infolge starker Ionisierung der dort noch vorhandenen dünnen Luft durch besonders große elektrische Leitfähigkeit auszeichnet, steht in gewisser Wechselwirkung mit den unter 2.1 genannten Indikatoren. Der Nachweis dieser Schicht, auch Heaviside- oder Kenelly-Heaviside-Schicht genannt, kann beispielsweise durch Reflektionsversuche mit Radiowellen (Wellenlänge unter 400 m) höhenmäßig durch Messung der Zeitdifferenz zwischen Eintreffen der direkten und der reflektierten Welle bei einer von der Sendestation weit entfernten Empfangsstelle erbracht werden (siehe Abbildung 5). Damit geht auch eine Bestimmung der Ionenkonzentration parallel. Die Untersuchungen ergaben das Vorhandensein mehrerer Schichten erhöhter Ionenkonzentration: So zum Beispiel in einer Höhe von etwa 70 km die D-Schicht; insbesondere die E-Schicht, welche für den Rundfunkempfang von großer Bedeutung ist, mit Schwerpunkt in etwa 100 km Höhe und einer Elektronen- beziehungsweise Ionendichte von ca. 2,5 · 10^{11} Teilchen/m^3 (jeweils tagsüber); sowie die obere,

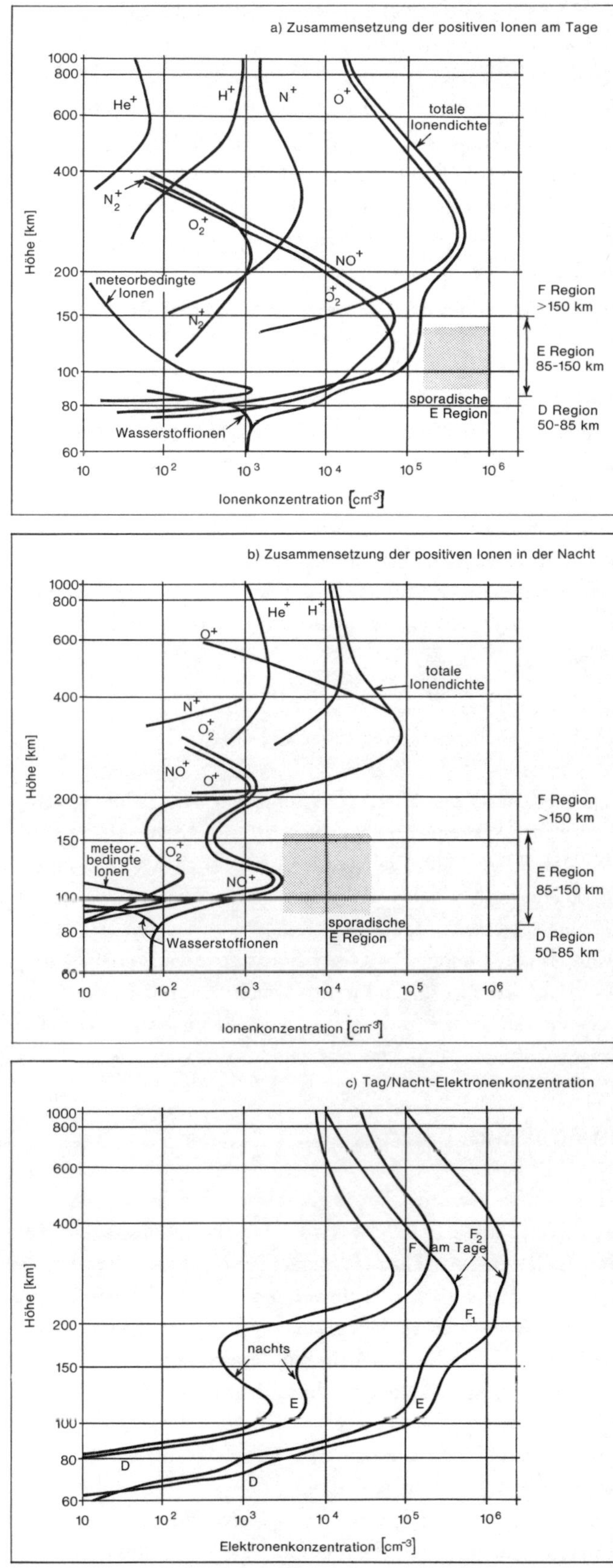

6 Die Höhenabhängigkeit der Ionisierung in der höheren Atmosphäre für mittlere Breiten, nach Hoffman *beziehungsweise* Swider. *a) Ionenprofil am Mittag, Sonnenfleckenminimum; b) Ionenprofil während der Nacht, Sonnenfleckenminimum; c) Elektronenkonzentration bei (1) Sonnenfleckenmaximum und (2) Sonnenfleckenminimum.*

die F-Schicht, in ca. 250 km Höhe. Alle Schichten haben bezüglich ihrer Ionenkonzentration einen tages- und jahreszeitlichen Gang, außerdem besteht eine Längen- und Breitenabhängigkeit. Neben Beobachtungen bei Sonnenfinsternissen ergibt sich daraus eine enge Koppelung der Vorgänge in der E-Schicht an den Sonnengang und läßt auf eine kurzwellige solare Wellenstrahlung als Ionisator für diese Schicht schließen. Die Ionisation der F-Schicht zeigt bei erdmagnetischen Störungen einen stark variierenden Verlauf, man kann daher im Zusammenhang mit der Entstehung dieser Schichten von einem Beitrag einer solaren *Korpuskular-Strahlung* ausgehen.

Die Höhenabhängigkeit der Ionisierung in der höheren Atmosphäre ist in Abbildung 6 für verschiedene Bedingungen nach Hoffman[4] beziehungsweise Swider[5] gezeigt.
Schließlich sei noch auf die tägliche Zunahme des Erdgewichts um etwa 1000t hingewiesen, eine Folge des Einfalls – oder Einfangens – von Meteoriten, die in der Erdatmosphäre teilweise verglühen und deren Bausteine vielleicht einen geringen Anteil der Kosmischen Ultrastahlung absorbieren.

2.3 Elektrische und Magnetische Felder

Eine große Gruppe stellen die verschiedenen Erscheinungsarten elektrischer, magnetischer und elektromagnetischer Energieformen dar. Hier spielt die Frequenz bezüglich der sehr unterschiedlichen physikalischen Eigenschaften dieser Strahlungen mit eine entscheidende Rolle. Auf diese Strahlungen und daraus resultierende biologische Gegebenheiten sowie deren Konsequenzen wird nachfolgend in den beiden Hauptkapiteln B und C speziell detailliert eingegangen, ergänzt im Kapitel D durch einige sich daraus ergebende besondere Probleme.

2.4 Erdkruste, Erdkugel

Als weitere terrestrische Indikatoren sind in diesem Zusammenhang die von der Erdkruste beziehungsweise von der Erdkugel ausgehende *Harte Strahlung*, Gasausbrüche und die mechanischen Vibrationen der Erdoberfläche zu nennen. Auch hier sind gegebenenfalls Rückwirkungen auf die unter 2.1 und 2.2 genannten Punkte zu erwarten. Als nicht ganz geklärt gelten die hierbei ausgelösten Effekte auf das Magnetfeld.
Die Aufstellung ist durch den Hinweis auf die Gravitationskräfte noch zu vervollständigen.
Unter *Erdstrahlung* (nicht zu verwechseln mit dem von Wünschelrutengängern benutzten, etwas ominösen Begriff der Erdstrahlen) wird in der Physik die Strahlung verstanden, welche über dem Erdboden aufgrund der dort vorhandenen radioaktiven Substanzen auftritt (U, Th, Ac). Diese bewirken einerseits durch direkte Strahlung (α-, β-, γ-Strahlung), andererseits durch Ionisation Abgabe der selbst wieder radioaktiven RaEm, ThEm, AcEm an die benachbarte Bodenluft. Örtlich kann die dabei verursachte Ionisationsstärke der Luft (bei entsprechend größerem Ra-Gehalt des Bodens) bis über das 20fache der normalen Grundstrahlung ansteigen!

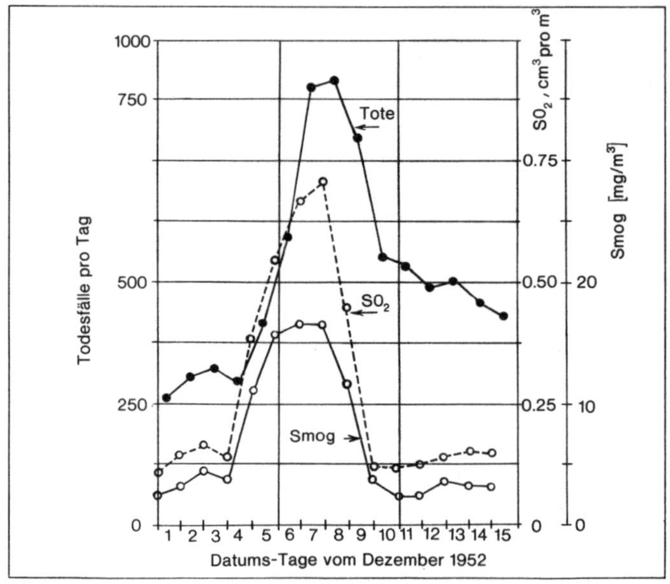

7 Londoner Smog, SO_2-Gehalt der Luft und Todesfälle in London, nach Tromp.

3. UMWELTINDIKATOREN ZIVILISATORISCHEN URSPRUNGS

Diese Gruppe läßt sich mit folgenden Schlagwörtern zusammenfassen:
Smog: Hierunter mag man das Ergebnis aller die Luft verunreinigenden, künstlichen Produkte verstehen, insbesondere Schwefel- und Kohlenstoffverbindungen (siehe hierzu auch Abbildung 7, nach Tromp[7]); mit Smoke ist der Rauch schlechthin gemeint.
Kunststoffe: Die Verwendung dieser Materialien in der Umgebung des Menschen beziehungsweise aller biologischen Systeme ist bezüglich ihrer biologischen Auswirkung bis jetzt noch sehr wenig untersucht. Die elektrostatische Aufladung von Kunststoffmaterialien dürfte immerhin die allgemein bekannteste Erscheinung sein, die in diesem Zusammenhang zu erwähnen ist.
Lärm: Über die biologische Bedeutung, wenn nicht gar Schädlichkeit des durch Menschen künstlich erzeugten Lärms – insbesondere auch bei Dauerbelastung durch mittlere Intensitäten – sind gerade in letzter Zeit von medizinischer Seite her eindeutige Hinweise gekommen.
Mechanische Vibrationen: Hier sind insbesondere Schüttelvorgänge von Interesse, die für den Menschen von gesundheitlicher Bedeutung sein könnten.

Wie Reis[8] zeigt, stellt der menschliche Körper ein schwingfähiges Gebilde dar. Schwingungstechnisch kann demnach der Mensch als eine freischwingende Masse aufgefaßt werden. Impedanzmessungen haben ergeben, daß er für das Stehen und Sitzen bei Schwingungseinflüssen bis 5 Hz vorwiegend als Masse, über 40 Hz als Feder wirkt. Unterhalb der Resonanz herrscht Geschwindigkeitsproportionalität zur Kraft, oberhalb besteht Wegproportionalität. Bei Resonanz liegt Beschleunigungsproportionalität vor. Im einzelnen ergaben sich folgende Resonanzfrequenzen: Eingeweide bei 3 Hz, Kopf 20 Hz, Wirbelsäule 5 Hz, Hüftknochen 9 Hz. Erfolgt die Krafteinleitung bei einer sitzenden Person, so ergeben sich die zwei Resonanzfrequenzen 4 Hz und 30 Hz, hingegen 5 Hz und 12 Hz für Krafteinleitung bei einer stehenden Person.
Ergänzend hierzu seien noch die mechanischen Schwingungsvorgänge von Haut und Muskeln im Frequenzbereich um 10 Hz erwähnt. Diesbezügliche Messungen von Rohracher[9,10] zeigten hier beispielsweise eine stete Vibration, insbesondere beim Menschen, an. Aber auch die Erdoberfläche selbst scheint offenbar mit der gleichen Frequenz, wenn auch mit relativ kleiner Amplitude, zu vibrieren.

Elektromagnetische Energien: In der zivilisierten Welt kommen bereits seit vielen Jahren elektrische und magnetische Energien zur Verwendung, deren Frequenzen den ganzen, derzeit erfaßbaren Bereich umspannen. Hierdurch existieren elektromagnetische Felder im statischen Bereich und insbesondere im Niederfrequenz- und Hochfrequenzbereich im Zusammenhang mit den verschiedenartigsten Verwendungen. So entstand in den letzten Jahrzehnten ein dichtes Netz von Hochfrequenzsendern (Nachrichtenübermittlungskanäle, Fernsehen, Rundfunk usw.); aber auch die Verteilung des niederfrequenten Kraftstroms dringt bis in die entlegensten Gegenden und bis in den letzten Wohnraum vor (siehe auch Abbildung 50). Im Bereich der ionisierenden Strahlung ist es vor allem die radioaktive Strahlung, die im Brennpunkt des Interesses steht.

B. ELEKTRISCHE UND MAGNETISCHE FELDER SOWIE IONISATIONSVORGÄNGE NATÜRLICHEN URSPRUNGS

1. FREQUENZMÄSSIGE UNTERTEILUNG

Wissenschaftliche Untersuchungen haben gerade in den letzten beiden Jahrzehnten gezeigt, daß über das gesamte Frequenzspektrum hinweg, also von statischen Vorgängen bis zum extrem hochfrequenten Bereich, in unserer direkten Umgebung elektromagnetische Vorgänge natürlichen Ursprungs existieren. Man kann diese elektromagnetischen Energien bezüglich ihrer Frequenz klassifizieren, also eine Art Frequenzspektrum erstellen oder aber die jeweilige Wellenlänge zur Beschreibung verwenden, die solche elektromagnetischen Vorgänge hätten, wenn sie sich als Wellen im freien Raum ausbreiten würden. Abbildung 8 zeigt nach Schulze[2] einen entsprechenden Überblick einerseits über den Zusammenhang zwischen Wellenlänge und Frequenz an Hand einer logarithmischen Skala und andererseits über die in der Zwischenzeit üblicherweise verwendeten Bezeichnungen für die einzelnen Frequenzbereiche. Sieht man von statistischen Erscheinungen einmal ab, so ist es unter anderem international üblich, mit Längstwellenstrahlung solche niederfrequente Vorgänge mit Frequenzen unter einem Hertz zu bezeichnen, die im ULF(Ultra-Low-Frequency)-Bereich liegen, gefolgt vom ELF(Extremely-Low-Frequency)-Bereich (bis 1 ... 3 kHz) und dann vom VLF(Very-Low-Frequency)-Bereich. Hochfrequenz nennt man die schon länger bekannten Bereich Langwelle (LW), Mittelwelle (MW), Kurzwelle (KW) und Ultrakurzwelle (UKW). Der Mikrowellenbereich stellt frequenzmäßig eine Verbindung zwischen dem Hochfrequenz- und dem Infrarotbereich dar. Er reicht vom mittleren UHF-Bereich bis ins langwellige Infrarot hinein und hat bezeichnungsmäßig seinen Ursprung in der frequenzmäßig nach oben – zu vergleichsweise sehr kurzen Wellenlängen – ausgeweiteten Hochfrequenztechnik. An die Hochfrequenzstrahlung schließen sich die Infrarotstrahlung (IR), die Strahlung des sichtbaren Lichts, die Ultraviolettstrahlung (UV) und die Röntgenstrahlung an; während die Strahlung mit den höchsten bekannten Frequenzwerten als die Kosmische Ultrastrahlung bezeichnet wird. Zu ergänzen ist Abbildung 8 mit der radioaktiven Strahlung (Alpha-, Beta- und Gammastrahlung) im Übergangsbereich von der Röntgenstrahlung zur Kosmischen Ultrastrahlung. Ab dem UV-Bereich und kurzwelliger hat die Strahlung die für einen Ionisationsprozeß nötige Energie und wird daher oberbegriffsmäßig auch als »ionisierende Strahlung« bezeichnet. Schließlich sind in Abbildung 8 noch die Lage des optischen Fensters (I) und des nachrichtentechnischen Fensters (II)

in der Atmosphäre und einige energetische Vergleichszahlen eingetragen.
Über die geophysikalischen Zusammenhänge und die elektrophysikalischen Eigenschaften der natürlichen elektromagnetischen Felder nachfolgende Einzelheiten.

2. ELEKTROPHYSIKALISCHE PARAMETER IN DER GEOPHYSIK

2.1 *Quasi statische elektrische Felder.* Schon 1750 wies Franklin nach, daß der Blitz eine elektrische Entladung ist, ähnlich wie die Funken zwischen den Elektroden einer Elektrisiermaschine, und daß deswegen in der Atmosphäre Elektrizität vorhanden sein muß.

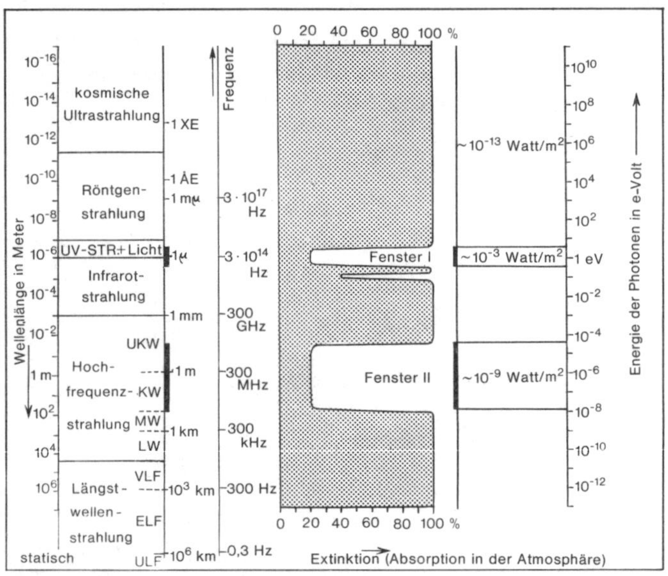

8 Bestrahlungsstärken der Feldstrahlung in der Biosphäre und Lage der optischen Fenster der Atmosphäre, nach Schulze, *entsprechend erweitert. Weitere überdeckende Bereiche:* Mikrowellenbereich *50 cm – 0,1 mm Wellenlänge, entsprechend der Frequenz 600 MHz – 3000 GHz;* Ionisierende Strahlung *ab UV-Strahlung und kurzwelliger;* Gammastrahlung *oder auch* Radioaktive Strahlung *10^{-11} – 10^{-14} m Wellenlänge.*

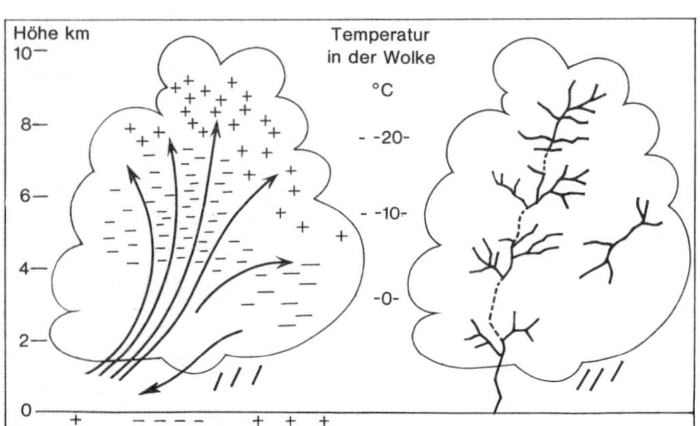

9 Gewitterwolke. Links: Strömung und Verteilung der elektrischen Ladung. Rechts: Entladungsvorgang, nach Bartels.

Alle elektrischen Erscheiungen in der Atmosphäre zwischen Erdboden und Ionosphäre faßt man mit dem Begriff *Luftelektrizität* zusammen. Dazu gehören das atmosphärisch-elektrische Feld, die atmosphärischen Ladungsträger oder Luftionen, die elektrischen Raumladungen, die Leitungs- und Konvektionsströme sowie die Entladung in Form von Koronaströmen und von Blitzen nebst den durch sie verursachten elektromagnetischen Signalen, sogenannte Atmospherics (siehe beispielsweise Volland[580]).
Das *elektrische Feld* im Freien, über dem Erdboden, schwankt sowohl zeitlich als auch örtlich stark (siehe beispielsweise Dolezalek und Reiter[563]). Es ist meist zum Erdboden, also nach abwärts gerichtet, so daß die Erde negativ geladen erscheint, im Zusammenhang mit einer in der Höhe feststellbaren positiven Ladung (siehe Abbildung 9, nach Bartels[1]). Dies rührt wohl daher, daß in Gewittern Erdblitze die negative Ladung in der Wolke kompensieren und die verbleibenden positiven Ionen sich in Höhenbereichen (bis zur Ionosphäre) befinden, welche durch die Luft darunter gegen die Erde gut isoliert sind, während sich die Ionen nach oben (in der dünneren Luft) und horizontal nach allen Richtungen hin verteilen können. Außerdem entstehen mit zunehmender Höhe durch die Kosmische Strahlung immer mehr Ionenpaare, welche die Verteilung einer elektrischen Raumladung sehr beschleunigen. Deshalb laden die Gewitter die »luftelektrische Ausgleichsschicht« in der Stratosphäre (und damit auch die Ionosphäre) positiv gegen die negativ geladene Erde auf. Dieses in Abbildung 10 nach dtv[3] dargestellte klassische Wilson'sche Denkmodell wird nach neuesten Erkenntnissen wohl etwas in Frage gestellt und muß zumindest modifiziert werden, da durch Messungen in der Ionosphäre Tangentialkomponenten des elektischen Feldes nachgewiesen werden, die nach Mühleisen[11a] über etwa 40 Breitengrade hinweg Potentialdifferenzen von bis zu 60 kV erzeugen.

Über dem Boden ist die luftelektrische Feldstärke am größten, im Mittel etwa 100 V/m, in 1 km Höhe etwa 30 V/m, in 10 km etwa 10 V/m; dies gibt zwischen Erde und Ionosphäre eine Spannung in der Größenordnung von 200 kV. Wegen der im Mittel sich nur langsam ändernden Grundkomponente wird das Feld häufig auch als elektrostatisches Feld der Erde bezeichnet. Die Feldstärke ist starken Schwankungen unterworfen, da in Bodennähe auch noch andere Ladungstransporte durch Spitzenentladungen und durch Niederschläge erfolgen und die Verschiedenartigkeit der Ionen (auch durch Feuchtigkeit, Rauch, Staub, kurz durch die wechselnde Aerosolbeschaffenheit) die elektrische Leitfähigkeit stark beeinflußt.
Bei Niederschlägen und Schlechtwetter weichen die Werte des elektrischen Feldes erheblich von den Schönwetterwerten ab. Sie schwanken zwischen ± 4000 V/m. Außerdem erzeugen Raumladungen in der Luft über dem Boden ein zusätzliches Feld. Die Ladungen in einem Gewitter drücken sich durch charakteristische Änderungen der Feldstärke aus.

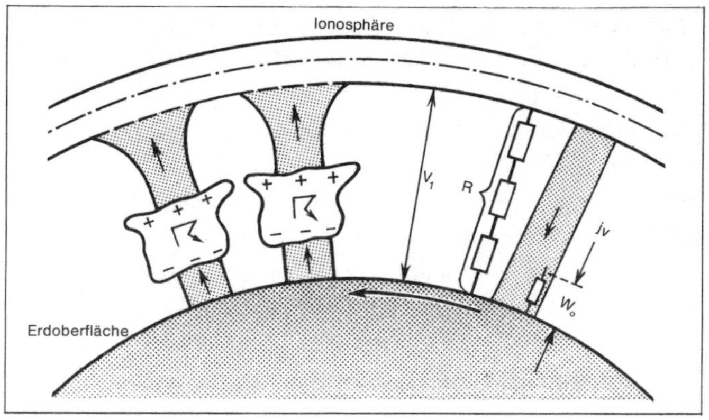

10 Schema des globalen luftelektrischen Stromkreises, nach Wilson.

In polaren Gegenden ändert sich bei klarem Wetter jeden Tag die Feldstärke so, wie es dem Tagesgang der Gewittertätigkeit auf der ganzen Erde entspricht.

Blitze sind die markanteste Begleiterscheinung der *Gewitterelektrizität.* Sie treten als Entladungen sowohl zwischen Wolke und Erde als auch zwischen Wolke und Wolke auf, gelegentlich auch zwischen Wolke und wolkenfreier Luft. Etwa 95 % der Erdblitze bringen negative Ladungen zur Erde. Bei Stromstärken zwischen 2 000 und 200 000 A werden Elektriziätsmengen zwischen 10 und 200 C transportiert. Der Hauptentladung, welche in einer Zeit von 10 bis 50 μsec abläuft, geht eine Vorentladung voraus, welche sich meist von der Wolke zur Erde schrittweise ausbreitet. Häufig folgen der Hauptentladung weitere, manchmal bis zu 25 Nachentladungen, die dann eine Gesamtzeit von über einer Sekunde umfassen. Die Leuchterscheinung der Blitze rührt von angeregten Ionen, Atomen und Molekülen her und kann länger andauern als der Entladungsstrom selbst. Der Blitzkanal hat einen Durchmesser von der Größenordnung eines Meters. Neben der Ausstrahlung im sichtbaren Gebiet gehen von einer Blitzentladung auch andere elektromagnetische Signale aus. Sie liegen frequenzmäßig im Bereich, der von Radiowellen her bekannt ist, bis herunter zu etwa 10 Hz.

2.2 *Luftionisation, Aerosole.* Für die elektrische Leitfähigkeit der Luft spielt deren Ionisationsgrad eine wesentliche Rolle, von dem wieder hauptsächlich der vertikale elektrische Strom in der Luft und die dort vorhandenen elektrischen Felder abhängig sind. Die für den Ionisationsgrad der Luft primär verantwortliche Radioaktivität (siehe auch Abbildung 11) beeinflußt somit indirekt die elektrostatischen Verhältnisse, den vertikalen elektrischen Strom in der Luft und niederfrequente elektrische Felder. Die Beachtung dieser Zusammenhänge ist insbesondere beim Studium von biologischen Prozessen im Zusammenhang mit elektromagnetischen Vorgängen von Bedeutung, bei denen ortsabhängige Effekte möglich erscheinen oder gar schon bekannt sind.

Luftionen werden üblicherweise in atmosphärische Klein- und Großionen aufgeteilt (Abbildung 12/22, Israël[73]). Kleinionen bestehen aus bis zu etwa 10 Molekülen mit einer positiven oder negativen elektrischen Elementarladung. In bodennaher Luft findet man 100 bis 1000 Kleinionen je cm^3. Langzeitbeobachtungen zeigen eine abnehmende Tendenz an. So ging im Mittel seit 1900 bis 1970 die Teilchendichte von 850 auf 500 Kleinionen/cm^3 zurück.

Großionen sind positiv oder negativ geladene Aerosolteilchen. Ihre Konzentration beträgt normalerweise 10^3 bis 10^4 pro cm^3, in Großstadt- und Industrieluft bis zu 10^5 pro cm^3. Der Begriff Aerosol beschreibt eine Gruppe von Kolloiden, die durch nebelförmige Verteilung fester oder flüssiger Substanzen in einem Gas charakterisiert ist. Sind die Teilchen zu klein, das heißt von atomaren oder molekularen Dimensionen, so mischen sie sich mit dem Gas in der üblichen Form. Im entgegengesetzten Fall spricht man von »grobdispersen Systemen«. Das Stoffpaar ist hier ein grobgemischtes Gemenge, wie nasser Nebel, Regen oder Schnee. Teilchen, deren Durchmesser 10 μm überschreitet, sinken in der Luft bereits mit 0,5 bis 5 cm/sec. Zu den Aerosolen kann man also alle Substanzen gasförmigen, flüssigen oder festen Aggregatszustandes rechnen, die als physikalisch-chemische Einheiten von 1 μm bis 10 μm Durchmesser, beziehungsweise als Verband von 10^3 bis 10^{18} Atomen in einem Gas schweben.

Im medizinischen Bereich verwendet man zum Beispiel Elektro-Aerosole; dies sind künstlich unipolar aufgeladene Schwebstoffpartikelchen in Gasen.

Im Zusammenhang mit den hier beschriebenen Erscheinungen sollte auch noch auf das Phänomen des ionisierten Regens, also der elektrisch geladenen Regentröpfchen hingewiesen werden. Die Frage, durch welche meteorologischen beziehungsweise elektrophysikalischen Vorgänge besonders der nach einer längeren Trockenperiode einsetzende Regen relativ stark elektrisch geladen ist, kann bis jetzt noch nicht genau beantwortet werden. Jedenfalls ist es unter gewissen Umständen möglich, mit Hilfe entsprechender Meßappara-

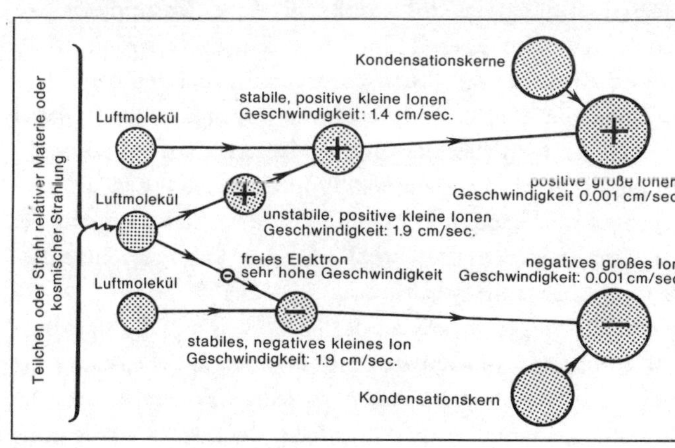

11 Die Entstehung verschiedenartiger Luftionen, nach Wait.

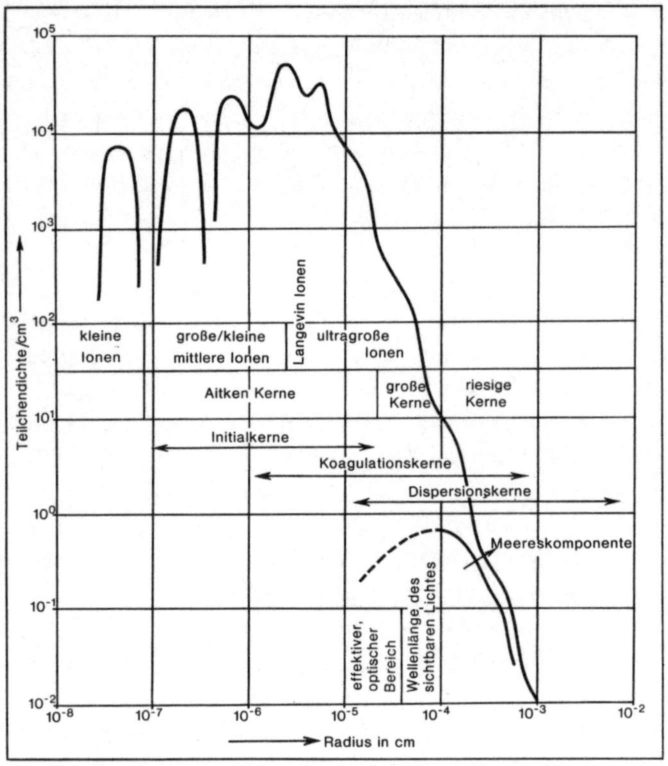

12/22 Überblick über natürliche Aerosole in Luft mit hoher Kernkonzentration unter Angabe entsprechender Einzelheiten, nach Israël.

turen die elektrische Ladung von einzelnen Regentropfen eindeutig nachzuweisen: Beim Auftreffen auf Antennen kann für jeden einzelnen Tropfen über die Meßapparatur ein elektrischer Impuls beobachtet werden. Daß im Zusammenhang mit unterschiedlicher Regendichte dabei gewisse Schwankungen des lokal begrenzten elektrischen Feldes verursacht werden, liegt auf der Hand. Diese Erscheinung ist jedoch nicht immer vorhanden. Bei länger anhaltendem gleichmäßigen Regen ist nach einer gewissen Zeit praktisch keine elektrische Ladung der einzelnen Regentröpfchen mehr feststellbar.

Der sogenannte Lenard- oder auch Wasserfalleffekt tritt bei Wassernebel auf, wie zum Beispiel bei Wasserfällen, bei der Meeresbrandung, ist aber auch bei einer Wasserdusche zu beobachten, also überall dort, wo Wasser zersprüht wird. Lenard entdeckte die elektrische Ladungstrennung beim Zerspritzen von Wasser: Die größeren Tropfen nehmen dabei die eine Ladung (bei destilliertem Wasser positiv, bei Salzlösung negativ), die kleineren Tropfen und die Luft die entgegengesetzte Ladung an. Doch kann dem Lenard-Effekt bei der Gewitterelektrizität wohl nur eine untergeordnete Bedeutung zuerkannt werden.

Die natürliche Radioaktivität des Erdbodens und die radioaktiven Isotope der Atmosphäre geben in unserem Lebensraum zur Bildung von 1–2 Ionen pro cm³ in jeder Sekunde Anlaß. Die Bestrahlungsstärke entspricht zufällig dem Wert der Kosmischen Ultrastrahlung (10^{-13} W/m² oder 0,1 Röntgen pro Jahr). Diese geringe Ionisationsrate ist trotz des niedrigen Wertes von Bedeutung, weil sie fortlaufend für Ionen sorgt.

2.3 *Vertikalstrom in Luft.* Zwischen dem luftelektrischen Feld und den in der Atmosphäre vorhandenen ionisierten Teilchen besteht eine feste Wechselwirkung, die sich im vertikalen luftelektrischen Strom äußert.

Die elektrischen Ladungsträger oder Luftionen sorgen für eine schwache elektrische Leitfähigkeit der Luft. Dabei bewirken die positiven und negativen Kleinionen mit Konzentrationen von 100 bis 1000 pro cm³ in der Nähe des Erdbodens eine Leitfähigkeit von 0,5 bis 5 · 10^{-14} S/m (über dem Meer etwa 0,3 · 10^{-14} S/m). Die Luftionen entstehen fast ausschließlich bei der Ionisierung durch kosmische Höhenstrahlung sowie durch die radioaktiven Beimengungen der Luft und des Erdbodens. Natürlich wird in der hohen Troposphäre und Stratosphäre die Luft nur noch durch die Kosmische Strahlung ionisiert. Die Mittel- und Großionen tragen praktisch kaum zur Luftleitfähigkeit bei. Dagegen sind sie die Träger von Raumladungen, welche mit dem Wind driften und zeitliche Schwankungen der Feldstärke an einem festen Ort verursachen. Durch die elektrische Leitfähigkeit der Luft werden sowohl Raumladungen als auch geladene Oberflächen fester oder flüssiger Körper mit Halbwertzeiten von 100 bis 1000 Sekunden entladen. Die Konzentration der Kleinionen sowie ihre Beweglichkeit und damit auch die elektrische Leitfähigkeit der Luft nehmen mit der Höhe zu. So beträgt die Leitfähigkeit in 1, in 5 und in 10 km Höhe 2,5 beziehungsweise 10 beziehungsweise 25 · 10^{-14} S/m; in 15 km Höhe ergeben etwa 5000 Kleinionen pro cm³ eine Leitfähigkeit von 100 · 10^{-14} S/m.

Aus der Feldstärke E und der Leitfähigkeit σ der Luft errechnet sich eine vertikale Leitungsstromdichte j (gemäß $\vec{j} = \sigma \cdot \vec{E}$) von ungefähr 10^{-12} A/m². Dies kann mit einer Auffangplatte auf dem Erdboden auch durch Messung bestätigt werden. Diese Stromdichte – über Schönwettergebieten nahezu höhenunabhängig – entspräche einem Strom in der Größenordnung von 1800 A zur gesamten Erdoberfläche.

Die Entstehung der starken Raumladungen in Niederschlags- und besonders in Gewitterwolken stellt immer noch ein nur unbefriedigend gelöstes Problem der Luftelektrizität dar.

2.4 *Erdstrom.* Wie in Verbindung mit elektromagnetischen Vorgängen im ULF- und ELF-Bereich erwähnt wurde, fließen in der Erde elektrische Ströme natürlichen Ursprungs, die in Verbindung mit Vorgängen in der Ionosphäre, Magnetosphäre beziehungsweise mit dem Magnetfeld der Erde stehen. Die Stärke dieser Ströme hängt von der zeitlichen Änderung magnetischer Störungen ab. Die Erdströme erzeugen längs der Erdoberfläche einen Spannungsabfall, der, über einige Entfernung hinweg gemessen, Bruchteile von einigen Volt beträgt. In der Polarlichtzone jedoch, zum Beispiel in

Tafel I: Vulkanausbrüche sind Zeugnisse des noch nicht zur Ruhe gekommenen Erdinneren. Gewaltige Energiemengen werden frei, wenn die rot-glühende Lavamasse, vermischt mit heißen Gasen, mit Gewalt aus dem Vulkanschlund herausdrängt. Wie feurige Bäche scheint die heiße Materie die Hänge des Vulkans hinabzuschießen — und dennoch bewegt sie sich nur mit einigen Metern pro Stunde. So gewaltig dieses Ereignis auch auf uns wirkt, so geringfügig ist es doch im Vergleich zu den Energien, die das Weltall gestalten. Unabhängig davon kam diesen „natürlichen Umweltverpestern" in Urzeiten eine wichtige Rolle zu: Die austretenden Gase bildeten die Grundlage für unsere lebensnotwendige Atmosphäre, die Luft.

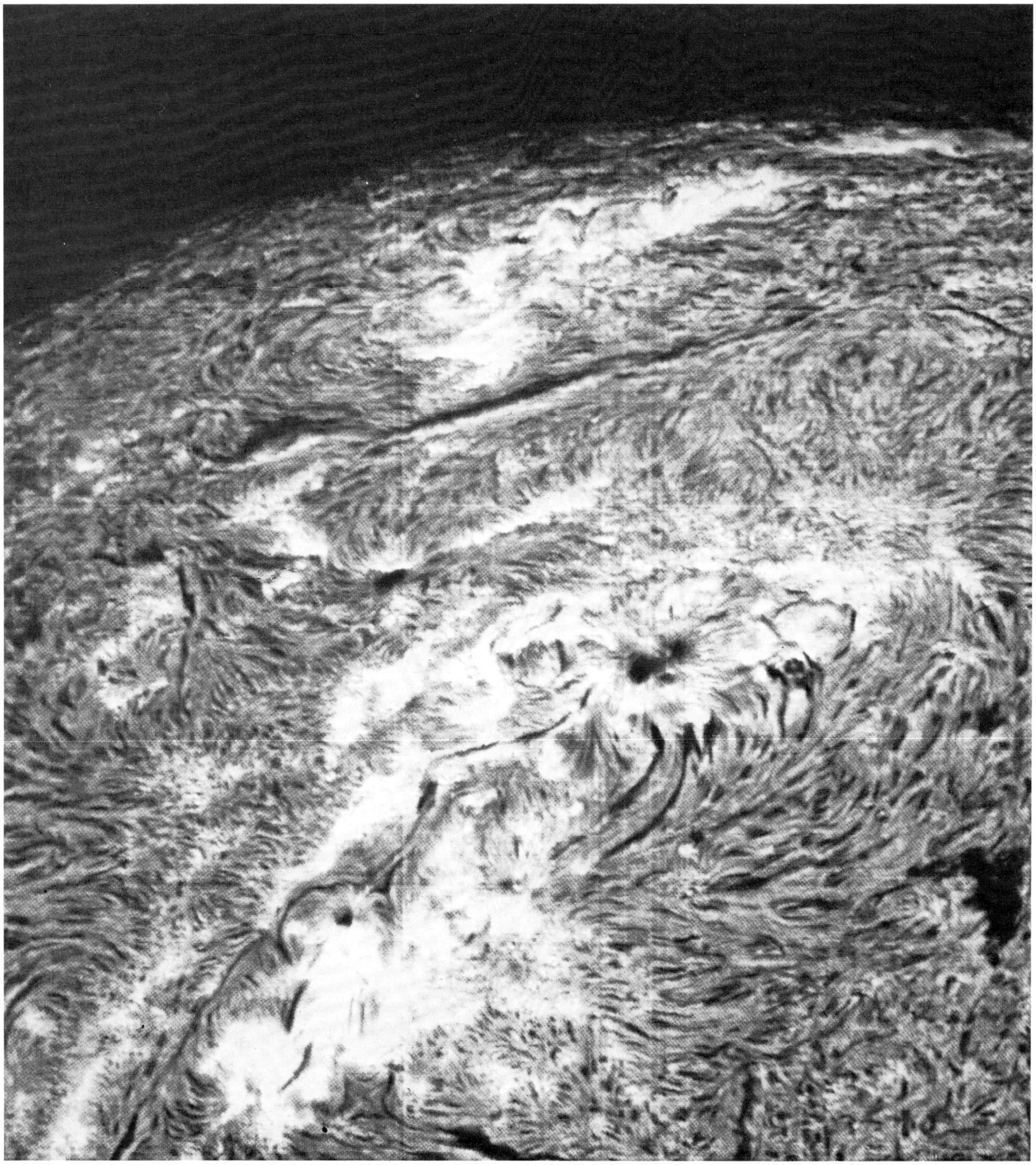

Tafel II: Die Sonne, Quelle sichtbarer und unsichtbarer Strahlung, ist ein Gasball von 1 392 700 km Durchmesser, der Zentralstern unseres Planetensystems und der einzige Fixstern, der so nahe zur Erde steht, daß man die Oberfläche genau studieren kann. Schon vor mehreren hundert Jahren wurden die Sonnenflecken entdeckt. Die moderne Forschung erfaßt Vorgänge bis tief in die Oberfläche der Sonne hinein und untersucht mit Hilfe besonderer Aufnahmetechniken die chemische Zusammensetzung und die physikalischen Eigenschaften. Die Aufnahme zeigt die siedende Oberfläche der Sonne, in den roten Wellenlängen des Wasserstoffs photographiert. Dadurch werden interessante Wirbelstrukturen sichtbar, die das Vorhandensein kräftiger Magnetfelder beweisen. Auch in den Sonnenflecken sind die Magnetfelder vorhanden und bestimmen alle Bewegungen, die mit den Fernrohren beobachtet werden. Die langen, bandartigen Filamente werden Flocculi genannt und würden — entsprechend photographiert — deutlich wahrnehmbar als Protuberanzen erscheinen.

Nord-Norwegen, sind gelegentlich auf Strecken von etwa 100 km Länge Spannungen von fast 1000 V zu beobachten, die schon so starke Ströme ergaben, daß die früher verwendeten Klappenschränke in Telegraphenämtern heiß wurden oder ausbrannten. Kabel unter dem Atlantik von Europa nach Amerika hatten manchmal Endspannungen von 1500 V. Diese Bodenströme verteilen sich natürlich nicht gleichmäßig über die Erdoberfläche und lösen so lokal bedingte elektromagnetische Effekte aus.

2.5 *Erdmagnetismus.*

Statistisches Feld: In Kleinasien kannten bereits die alten Griechen Berge aus Eisenerz (Magnetit), das schon im natürlichen Zustand Eisen anzieht. Daß die Erde selbst ein großer Magnet ist, erkannte W. Gilbert um das Jahr 1600. Europäische Seefahrer gebrauchen den Kompaß seit etwa 600 Jahren. Ursprünglich glaubte man, die Kompaßnadel zeige überall genau nach Norden. Ihre Richtung weicht jedoch von der Nordrichtung um einen Winkel ab, der die Deklination D oder Mißweisung genannt wird. Die Linie, die Orte mit D = 0 verbindet, heißt Agone. Sie verlief 1945 durch Königsberg; zur Zeit rückt sie jährlich um etwa 20 km nach Westen, so daß um das Jahr 1975 der Kompaß in Berlin genau nach Norden orientiert war.

Unter *Erdmagnetismus* versteht man das im unmittelbaren Bereich der Erde zu beobachtende magnetische Feld, dessen Betrag sich im Mittel auf knapp $5 \cdot 10^{-5}$ Tesla (0,5 Gauß) beläuft und rund $7 \cdot 10^{-5}$ T nicht übersteigt (außer bei gewissen Schwankungen). In zeitlicher Hinsicht unterliegt das Permanentfeld einer sehr langsamen Umbildung, der Sekularvariation. Dieser sind Feldänderungen scheinbar regellosen Charakters überlagert, nämlich die magnetischen Störungen oder Stürme, und daneben solche mit mehr oder weniger deutlich ausgeprägten Periodizitäten. Die Intensität der Stürme steht in Korrelation mit der Aktivität der Sonne und dem Auftreten von Polarlichtern, die der periodischen Variationen mit dem Gang von Sonne und Mond (dtv[3]).

Außer der horizontalen Richtung der Kraft des magnetischen Feldes, das ein Vektorfeld darstellt, mißt man auch ihre Neigung (Inklination J) und ihre Stärke (Totalintensität F) und deren Komponenten (Horizontal H, Vertikal Z, nach Norden X, nach Osten Y). Zum Beispiel gelten für das Observatorium Fürstenfeldbruck der Universität München im Jahresmittel 1973 folgende Werte: Deklination D = 3° 28' West, Inklination J = 64° 4' Nord (das heißt, das Nordende einer völlig frei im Schwerpunkt aufgehängten Magnetnadel weist um diesen Winkel abwärts), Totalintensität F = 0,0471 mTesla (0,471 Gauß); H = 0,021 mTesla (0,21 Gauß); Z = +0,0423 mTesla (+0,423 Gauß); X = +0,021 mTesla (+0,21 Gauß); Y = −6 µTesla (−0,06

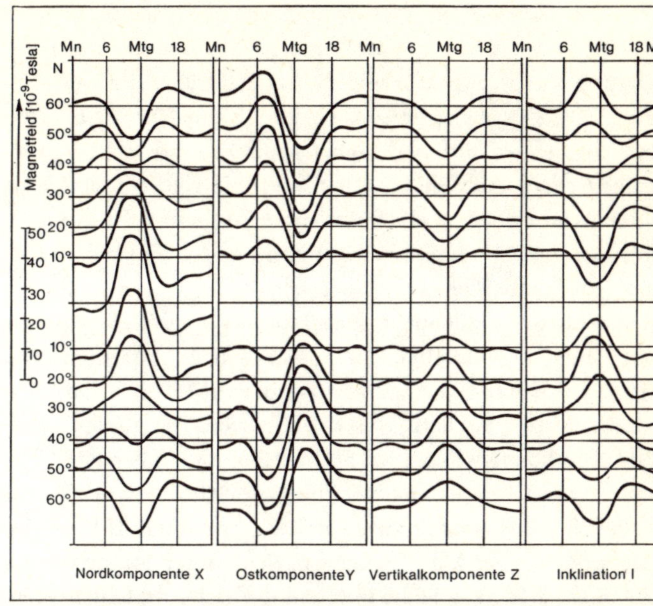

23 Schematischer Überblick über die täglichen Variationen der erdmagnetischen Feldkomponenten und der Inklination zur Zeit der Äquinoktien in einem Sonnenfleckenminimum, in Abhängigkeit von der geographischen Breite, nach Bartels.

Gauß). Die Totalintensität F nimmt von den Polen (rund 0,06 mTesla) zum Äquator (rund 0,03 mTesla) ab. Sie ist schwach im Vergleich zu den in der Technik verwendeten Magnetfeldern über 0,1 Tesla, das sind 1000 Gauß in Elektromotoren, rund 20 Tesla, also 200 000 Gauß und noch mehr in den großen Teilchenbeschleunigern in der Atomphysik.

Die Meßgenauigkeit für das Erdmagnetfeld ist schon seit Gauß' Zeiten sehr hoch. Man benutzt deshalb zur Beschreibung kleiner Abweichungen vom Durchschnitt (örtlich wie zeitlich) die Einheit $1\ \gamma = 10^{-5}$ Gauß $= 10^{-9}$ Tesla [Vs/m²]. Ein Gleichstrom von 1 Ampère, der in einem sehr langen, geraden Draht fließt, erzeugt zum Beispiel in 200 m Abstand ein zum Draht senkrechtes Magnetfeld von 10^{-9} T ($1\ \gamma$).

Die Pole des Erdmagnetfeldes liegen unsymmetrisch. Der Abstand des Antipoden des einen magnetischen Poles vom anderen Pol beträgt etwa 2 300 km.

Die Erklärung der Herkunft des Erdmagnetfeldes stellt immer noch ein Problem der Geophysik dar. Als sicher gilt, daß das Erdmagnetfeld durch elektrische Ströme im Erdinnern erzeugt wird. Weitgehend unklar ist jedoch, welche Mechanismen diese Ströme aufrechterhalten. Erdrotation und Erdmagnetismus werden hier in Zusammenhang gebracht. Die Entdeckung von Sternen mit pulsierendem Magnetfeld haben jedoch derartige Theorien wieder in Frage gestellt.

Schwankungen des Erdmagnetfeldes im ULF-Bereich: Das erdmagnetische Feld unterliegt dauernd — neben der langsamen Säkular-Variation — noch anderen mehr oder weniger starken Schwankungen (Variationen). Man erkannte tagesperiodische Variationen, die sich nach der gewöhnlichen

(Sonnen-)Zeit richten; sie sind am Tage und im Sommer stärker als in der Nacht und im Winter. Wenn man diese sonnentägigen Variationen für die ganze Erde überblickt (Abbildung 23), so sieht es aus, als ob jeweils um 10.30 Uhr Ortszeit ein riesiger Hufeisenmagnet senkrecht oberhalb der Erde stünde (siehe Abbildung 24). Seine Pole sind in der Natur verwirklicht durch große horizontale Stromwirbel von vielen tausend Ampère Stromstärke, die in etwa 100 km Höhe in der Ionosphäre fließen.

Außer diesen sonnentägigen (solaren) Variationen S gibt es auch vom Mondeinfluß abhängige lunare Variationen L (etwa ein Zehntel so stark wie die solaren), die sich nach dem Mond richten. Sie verspäten sich also von Tag zu Tag – relativ zur Sonne – um etwa 50 Minuten und haben den Charakter von Gezeiten. Jedoch sind sie, wie die solaren Variationen S, nur bei Tage zu bemerken. Auch diese L-Variationen sind magnetische Wirkungen elektrischer Stromsysteme, die in etwa 100 km Höhe über uns in der Ionosphäre fließen. Die Stärke von S und L ändert sich systematisch von Ort zu Ort mit der Jahreszeit und mit dem 11jährigen Sonnenzyklus: Zur Zeit des Sonnenfleckenmaximums sind die täglichen Variationen S und L fast doppelt so groß, wie bei fleckenfreier Sonne. Die Ionosphäre enthält dann wegen der

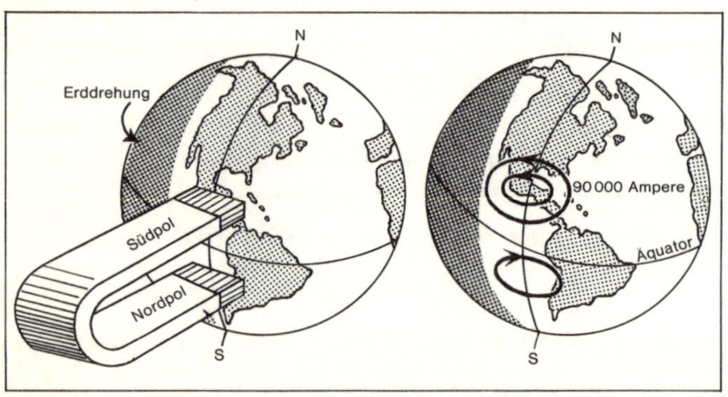

24 Die sonnentätigen erdmagnetischen Schwankungen können mittels eines riesigen Hufeisenmagneten beschrieben werden (links). Seine Pole sind in der Natur durch Stromwirbel in der Ionosphäre verwirklicht (rechts), nach Bartels.

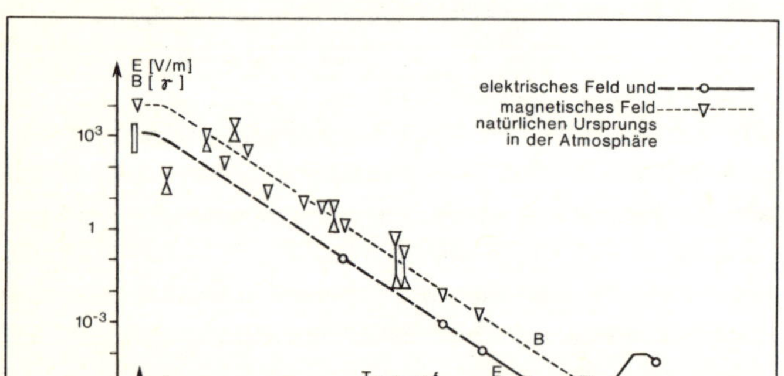

25 Breitbandig meßbare Feldstärkewerte natürlicher elektromagnetischer Felder von besonders geringer Frequenz. Kreise: Elektrisches Feld in V/m, Dreiecke: Magnetisches Feld in 10^{-9} Tesla (1 Gamma). Das E/H-Verhältnis entspricht dem elektromagnetischer Wellen, nach Oehrl *und* König.

von der Sonne ausgehenden, stärkeren ionisierenden Strahlung mehr Elektronen.

Erdmagnetfeldumpolung. Durch die Untersuchung winziger, natürlich entstandener Magnetit-Kristalle und deren Ablagerung in Seen erhielt man über lange Zeiträume Informationen über den Zustand des Erdmagnetfeldes[605*]. Demnach ist davon auszugehen, daß in den vergangenen 4000 Jahren die Intensität des erdmagnetischen Feldes um über 50% abgenommen hat. Es wird dies im Zusammenhang mit dem Umpolungsvorgang des Erdmagnetfeldes gesehen, der bis zu 20 000 Jahre dauern kann. Die Untersuchungen ergaben für die letzten 9 Millionen Jahre 12 Umpolungsvorgänge des Erdmagnetfelds, der letzte spielte sich vor 710 000 Jahren ab.

2.6 *ULF-Wellen.* Sicher spielen auch ionosphärische Prozesse bezüglich ULF-Variationen des elektrischen Feldes auf der Erdoberfläche eine Rolle. Im allgemeinen ist es schwierig, diejenigen elektrischen Feldvariationen zu messen, die im Zusammenhang mit irgendwelchen Systemen geschlossener Stromkreise in der Ionosphäre oder aufgrund von Anregungen in der Magnetosphäre ionosphärische Stromsysteme verursachen. Sehr starke lokale, meist wetterbedingte, überlagerte Störungen bilden hierfür die Ursache. Immerhin sind Messungen von elektromagnetischen Feldschwankungen im ULF-Bereich bekannt, die gemäß Siebert[12,13] in hydromagnetischen Vorgängen in der Exosphäre, dem erdfernsten Bereich der Atmosphäre, ihre Ursache haben.

Darüber hinaus sprechen aber auch andere Untersuchungen dafür, daß zusätzlich elektromagnetische Wellen mit einer Periodendauer von ca. 10 bis 20 Sekunden, die ihren Ausgang offenbar von der Sonne nehmen, die Erdoberfläche erreichen. Schumann et al.[14] gingen in diesem Zusammenhang von einem Resonanzverhalten der Sonne als Kugelstrahler aus, von dem sich elektromagnetische Wellen besagter Periodendauer ablösen, die längs interplanetarischer magnetischer Kraftlinien die Erde erreichen könnten.

Andere Messungen zeigen auf der Erdoberfläche die Existenz elektromagnetischer Vorgänge im ULF-Bereich mit wellenartigem Charakter. Abbildung 25 gibt gemäß Oehrl und König[15] für den Frequenzbereich von 50 kHz herunter bis zu den statischen Feldern Angaben über mittlere Amplitudenwerte der elektrischen Feldkomponente E in V/m (Ringe) und der magnetischen Feldkomponente B in $\gamma = 10^{-9}$ Tesla (Dreiecke) spezifischer einzelner Signale, die entsprechend breitbandig zu messen sind (eine zusätzliche Steigerung der Bandbreite der Meßgeräte würde hier keinen wesentlich erhöhten Amplitudenwert mehr ergeben). Es zeigt sich hier, daß im Bereich von f = 2 kHz bis herunter zur Periodendauer T von einigen Stunden die Feldstärkewerte offenbar proportional mit $(1/f)^{1,1}$ beziehungsweise $T^{1,1}$ zunehmen und dabei überall in dem für elektromagnetische Wellen im freien Raum typischen E/H-Verhältnis, nämlich dem des sogenannten Wellenwiderstandes ($W \approx 370\ \Omega$), stehen.

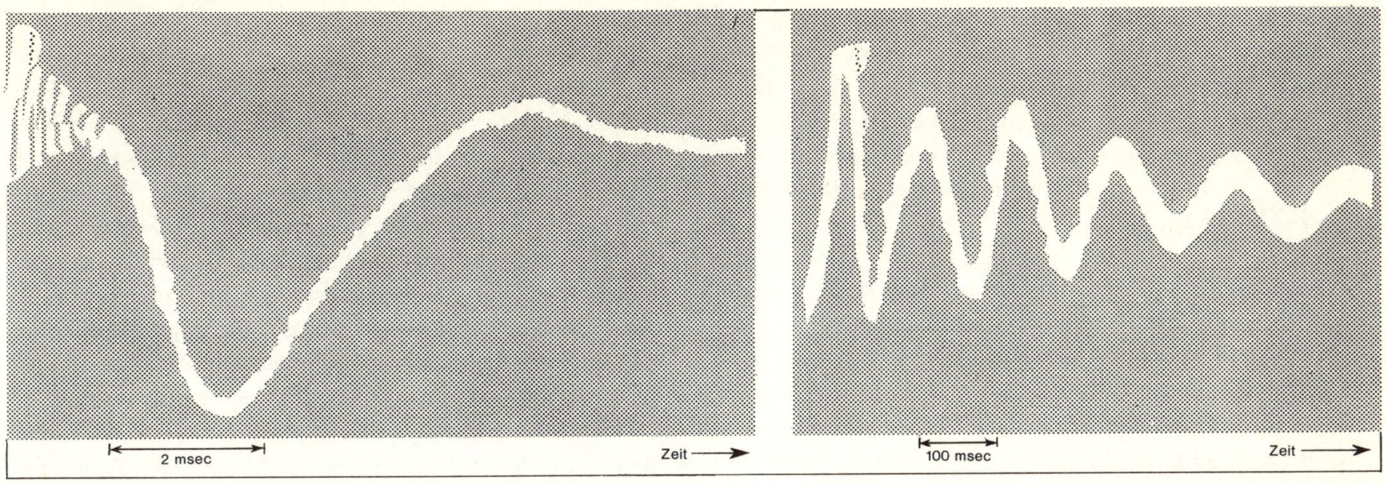

26 *Der hochfrequente Anteil (links) und das niederfrequente Ende (rechts), wie sie typisch für »Atmospherics«-Signale sind, nach* Al'pert *und* Fligel.

2.7 *Elektrische und magnetische Feldschwankungen.* Wie an anderer Stelle bereits näher erklärt wurde, sind vorzugsweise bei Signalen extrem niederer Frequenzen reine Feldschwankungen festzustellen. Diese Erscheinungen haben also keinen wellenartigen Charakter, sie breiten sich demnach nicht im Sinne einer elektromagnetischen Welle aus und müssen daher als Feldschwankungen lokalen Charakters angesehen werden.

Somit sind wegen der Frequenz speziell der ULF- und der ELF-Bereich für solche Erscheinungen prädestiniert. Sie können beispielsweise im Zusammenhang mit einem in der Nähe einer Beobachtungsstelle stattfindenden Gewitter stehen, da Blitzentladungen sicher auch Spektralanteile im Bereich bis zu 1 Hz haben. Viel häufiger sind solche lokal begrenzten Vorgänge jedoch im Zusammenhang mit elektrisch geladenen Wolken zu beobachten, deren Turbulenz offenbar nach außen hin in Form von entsprechenden niederfrequenten elektrischen Feldschwankungen in Erscheinung tritt (vergl. Abbildung 32, Signaltypen II und III).

Weiter sprechen gewisse Beobachtungen dafür, daß hier auch Inversionsschichten eine Rolle spielen (König[45]). Sind sie nämlich entsprechend elektrisch geladen — was aufgrund unterschiedlicher Luftströmungen an der Inversionsgrenzschicht der Luft meßbar und auch theoretisch erklärbar ist —, so stellen sich durch Luftströmungen bedingte rhythmische Abstandsänderungen zwischen Inversionsschicht und Erdoberfläche oder entsprechende Veränderungen der Leitfähigkeit der dazwischen liegenden Luftschicht ein. Derartige Erscheinungen wirken sich für einen Beobachter auf der Erdoberfläche als elektrische Feldschwankungen aus, deren Frequenz offenbar am unteren Ende des ELF-Bereiches und noch niederer liegt (Signaltyp III in Abbildung 32).

Die umgekehrte Wirkung — für die Komponente des elektrischen Feldes signalabschirmend statt signalerzeugend zu sein — kann eine stabile, ruhig liegende, elektrisch geladene Inversionsschicht gegenüber Signalen aus noch größeren Höhen haben (bekannt zum Beispiel bei Föhnlage). Dies gilt auch für eine tieferliegende, elektrisch entsprechend leitende Luftschicht. Bei extrem stabilen Wetterlagen — bevorzugt anzutreffen in Mitteleuropa im Herbst — bilden sich oft Hochnebelschichten aus, die eine solche abschirmende Wirkung haben mögen, so daß die Erdoberfläche gegenüber Vorgängen in höheren Luftschichten wie von einer Art Faraday-Käfig geschützt ist.

Anders ist die Situation bezüglich lokaler magnetischer Feldschwankungen natürlichen Ursprungs im Frequenzbereich um 1 Hz. Geht man hier von der Annahme eines lokalen Effekts aus und meint damit Erscheinungen, die über Entfernungen von mehr als 100 km praktisch nicht mehr nachweisbar sind, so können hierfür eigentlich nur die niederfrequenten Komponenten der Magnetfelder in Frage kommen, die im Zusammenhang mit dem fließenden Strom bei Blitzentladungen möglich sind. Damit beschränken sich derartige Vorgänge aber primär auf den ELF-Bereich, da Blitzentladungen maximal bis zu einigen Zehntel Sekunden Dauer beobachtet werden können und wesentlich kurzzeitigere Vorgänge schon wieder zur Bildung elektromagnetischer Wellen Anlaß geben.

Sicher gibt es darüber hinaus noch magnetische Feldschwankungen im ULF- und ELF-Bereich, die im Zusammenhang mit elektrischen Strömen speziell in der Ionosphäre stehen. Jedoch können solche durch Ströme entstehende magnetische Felder im eigentlichen Sinne nicht mehr als lokale Felder bezeichnet werden, denn sie treten für irdische Verhältnisse doch relativ großräumig auf. Deswegen führen diese magnetischen Feldschwankungen auch zu leicht nachweisbaren elektrischen Feldern in der Erde, wo sie gemäß Garland[55], Lokken[56] oder Hopkins und Smith[57] als Erdströme gemessen werden können. Die Erscheinung solcher Ströme steht in Beziehung zu den Eigenschaften des oberen Teils der Erdkruste, die für Signale im ELF- und ULF-Bereich einen sehr guten Leiter darstellt, da der normale Leitungsstrom größer als der Verschiebungsstrom ist. Derartige Vorgänge stellen somit ein

Mittelding zwischen elektromagnetischer Welle und lokalen Feldschwankungen dar, da sie einerseits durch eine bereits vorhandene gewisse Wechselwirkung zwischen magnetischen und elektrischen Vorgängen im eigentlichen Sinne nicht mehr rein lokal vorkommen, andererseits jedoch nicht alle notwendigen Voraussetzungen erfüllt werden, die für elektromagnetische Wellen gelten.

2.8 *Atmospherics.* Es ist inzwischen international üblich geworden, mit der Bezeichung »Atmospherics« elektromagnetische Vorgänge zu benennen, die im Zusammenhang mit Blitzentladungen zu beobachten sind. Es handelt sich dabei primär um elektromagnetische Wellen, die im ELF- und VLF-Bereich auftreten, in Blitzen ihre Ursache haben und in nächster Umgebung von Gewitterherden vor allem in der elektrischen Komponente über einem breiten Frequenzband mit erheblicher Amplitude zu beobachten sind, wie dies zum Beispiel König et al.[16] berichten. Dies hat im zeitlichen Ablauf der Blitzentladung seinen Hauptgrund. Neuere Untersuchungen von Mühleisen[11a] zeigen so für Wolkenblitze 1 bis 10^{-1} sec und für Erdblitze 10^{-2} bis 10^{-4} sec Anstiegszeit beim Entladevorgang als dominierend, wobei beiden Blitzarten Vorgänge im Bereich 10^{-5} bis 10^{-7} sec überlagert sind.

Der typische zeitliche Verlauf von Atmospherics, mit einer breitbandigen Meßanordnung bei nicht zu weiter Entfernung vom Entstehungsort aufgezeichnet, ist gemäß Al'pert und Fligel[17] in Abbildung 26 dargestellt. Im allgemeinen beinhalten Atmospherics zwei Hauptteile (Abbildung 26a und b) (Tepley[18], Mikhailova[19], Hepburn und Pierce[20], Hepburn[21], Liebermann[22], Kimpara[23], Belyanskil und Mikhailova[24], Hughes[25, 26]). Der Teil des Signals, welcher aus Wellen im Frequenzbereich zwischen 1 kHz und 30 kHz besteht und während Blitzentladungen abgestrahlt wird, ist der sogenannte hochfrequente Teil des Signals (VLF-Atmospherics). Oft hat er eine quasi periodische Amplitudenform einer gedämpften Schwingung mit wachsender Periodendauer in der Größenordnung von 0,5—1 msec (Abbildung 26, links). Die maximale Energie dieses Teils des Signals erscheint im Frequenzintervall 5 — 10 kHz. Nach dem hochfrequenten Teil des Signals beginnt ein neuerlicher langsamer Anstieg der Amplitude, der den niederfrequenten Teil des Signals darstellt, der aus Wellenvorgängen unterhalb 1 — 2 kHz besteht. Das Energiemaximum dieses Teils des Signals liegt im Intervall zwischen 10 — 200 Hz. Dieser zweite Teil der Atmospherics besteht normalerweise aus einer oder zwei Halbperioden und dauert bis zu einigen Zehntelsekunden (Abbildung 26, rechts) und ist hauptsächlich für die Entstehung der ELF-Atmospherics verantwortlich.

Untersuchungen von Tepley[18] zeigen, daß Atmospherics in 98 % der Fälle niederfrequente Signalanteile beinhalten, die sich über zwei Halbperioden erstrecken. Im Gegensatz hierzu haben jedoch nach Belyanskil und Mikhailova[24] nur 35 % der Atmospherics überhaupt einen niederfrequenten Teil; meist am frühen Morgen (48 %), seltener während der Nacht (28 %). Der Raum zwischen Erde und Ionosphäre stellt nun für die von Blitzen erzeugten Signale (Atmospherics) einen Wellenleiter dar, in dem sich diese Signale entsprechend ihrer Frequenz und nach dem Zustand der Ionosphäre mehr oder weniger stark gedämpft als elektromagnetische Wellen ausbreiten (Al'pert und Fligel[17], Bernstein et al.[27], Selzer[28]). Mittels entsprechender Meßstationen können demnach je nach momentanen Ausbreitungsbedingungen und allgemeiner beziehungsweise Welt-Gewittertätigkeit (siehe auch Abbildung 41b) so viele Atmospherics einfallen, daß die Summe aller Informationen innerhalb einer gewissen Bandbreite als sogenanntes »Rauschen« zu beobachten ist. Dies gilt insbesondere für einen gewissen Grundpegel der ELF-Atmospherics, deren Ausbreitung offenbar um die ganze Erdkugel herum möglich ist und deren Signaltätigkeit demnach einen gewissen Maßstab für die Weltgewittertätigkeit darstellt (Keefe et al.[29], Polk[30], Ogawa et al.[31], Sao und Jindoh[32]). VLF-Signale hingegen sind zwar auch nach Ausbreitung um die ganze Erdkugel hinweg beobachtbar (Watt und Groghan[33]), eine Gewittertätigkeit bei mittleren Entfernungen (500 bis 2000 km) bringt jedoch an den Beobachtungsstellen deutlich bessere Empfangsfeldstärken (die außerdem noch wegen der bei diesen Frequenzen erleichterten Anpeilung der Gewitterherde besonders gut empfangen werden können), weshalb VLF-Atmospherics auch leicht als einzelne, diskrete Signale zu registrieren sind.

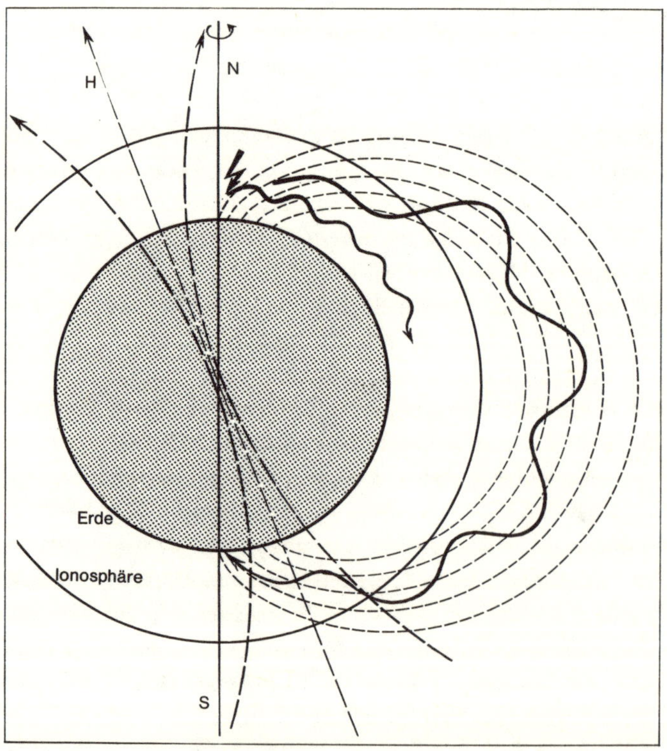

27 Ausbreitung elektromagnetischer Wellen zwischen Erde und Ionosphäre sowie außerhalb der Ionosphäre entlang magnetischer Kraftlinien des Erdmagnetfeldes.

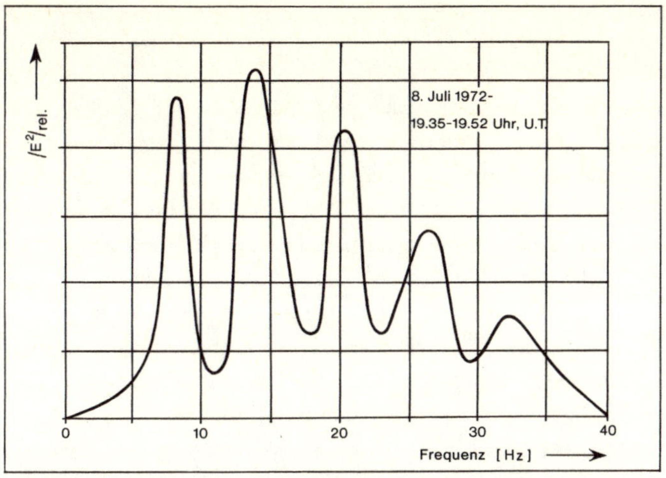

28 Spektrum des vertikalen elektrischen Feldes natürlicher Signale im ELF-Bereich, nach Toomey *und* Polk. *Durch Blitzanregung entstehen im Kugelhohlraumresonator Erde-Ionosphäre die sogenannten Schumann-Resonanzschwingungen, elektromagnetische Strahlung in Form »Stehender Wellen«.*

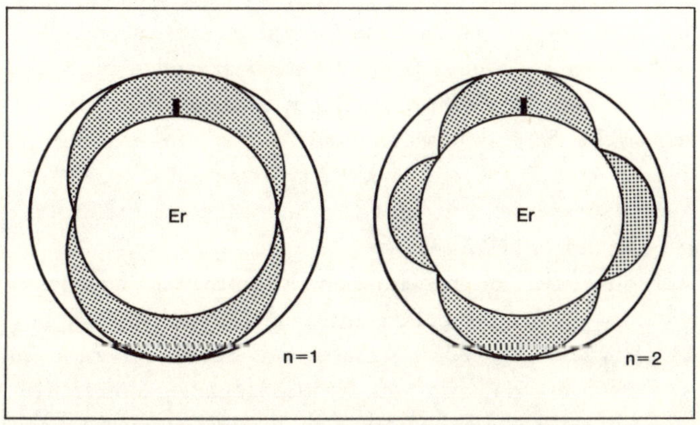

29 Feldkonfiguration der elektrischen Komponente der als »Stehende Wellen« auftretenden Schumann-Resonanzschwingungen für die »modes« n = 1 und n = 2, nach Toomey *und* Polk.

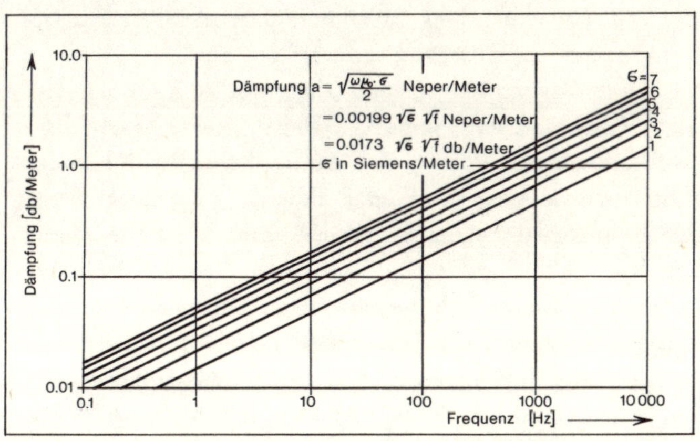

30 Frequenzabhängigkeit der Dämpfung für Wellen in Meereswasser für verschiedene Leitfähigkeitswerte des Wassers, nach Soderberg *und* Finkle.

ELF-Atmospherics: Die meisten, zumindest der bei schönem Wetter über der Erdoberfläche gemessenen Vorgänge des elektrischen und magnetischen Feldes, die eine Frequenz von einigen Hertz haben, sind weder lokalen Ursprungs, noch beruhen sie auf außerirdischen Vorgängen, sondern resultieren aus der Anregung des Erde-Ionosphären-Hohlraumresonators durch weit entfernte Gewitter. Diese als »Schumann-Resonanz« bezeichnete Erscheinung hängt mit der Tatsache zusammen, daß der Zwischenraum zwischen der leitenden Erde und der sie umgebenden leitenden Ionosphäre einen Hohlraumresonator darstellt, dessen Umfang (einmal um die Erde) näherungsweise gleich der Wellenlänge ist, die eine elektromagnetische Welle der Frequenz von etwa 7,8 Hz im freien Raum hätte (siehe auch Abbildungen 27 und 29).

Unter Berücksichtigung einer nur endlich guten Leitfähigkeit der ionosphärischen Grenzschicht und ihrer spezifischen Struktur und Form lassen sich die verschiedenen Resonanzfrequenzen f_0 für diesen Resonator berechnen:

$$f_0 \approx 7{,}8 \cdot \sqrt{\frac{n\,(n+1)}{2}}\ \text{Hz},$$

für die Ordnungen (»modes«): n = 1, 2, 3, ... In den Messungen des Leistungsspektrums, wie sie beispielsweise von Toomey und Polk[36] vorliegen, sind die Resonanzen deutlich zu erkennen (siehe Abbildung 28). Die verschiedenen Oberwellen (»modes«) sind hier wegen der Hohlraumverhältnisse keine harmonischen Vielfachen der Grundwelle (siehe auch Abbildung 29). Von den ersten Messungen der Resonanzschwingungen berichten Schumann und König[34], während Balser und Wagner[35] die »modes« nachweisen konnten. Als typische Signalstärken gelten:

$0{,}6\ \text{pT}/(\text{Hz}^{1/2})$	horizontale magnetische Flußdichte (magnetische Induktion)
$0{,}1\ \text{mV}/(\text{m} \cdot \text{Hz}^{1/2})$	Vertikalkomponente des elektrischen Feldes.

(Normalerweise können an entsprechenden E-Antennen Spannungen in der Größenordnung von einigen mV breitbandig gemessen werden.)

Die »Schumann-Resonanzen« sind als »Stehende Wellen« erklärbar, welche im Erde-Ionosphäre-Hohlraumresonator einer relativ kleinen Dämpfung unterliegen. Für die Signale ergeben sich hier im Zuge ihrer Ausbreitung vom Entstehungsort (Blitz) nach Tran und Polk[37] Werte von zum Beispiel 0,5 db/1000 km bei 20 Hz. Im Vergleich hierzu liegen die Werte im Seewasser wesentlich ungünstiger, sie werden jedoch mit abnehmender Frequenz immer besser. In diesem Zusammenhang ist aus Abbildung 30 gemäß Soderberg und Finkle[38] oder auch Bernstein et. al.[27] ein mittlerer Dämpfungswert von etwa 0,1 db/m zu entnehmen.

Bei elektrischen Wellen im freien Raum stehen elektrische und magnetische Komponente in einem bestimmten Größenverhältnis, das durch den Wellenwiderstand E/H = W = 376 Ohm gegeben ist. Dieses Verhältnis ist auch bei ELF-Atmospherics feststellbar, wenn diese Signale in genügend großer Entfernung vom Entstehungsort gemessen werden.

Mit der Ausbildung »Stehender Wellen« ergeben sich aber auch ganz bestimmte Feldkonfigurationen der verschiedenen »modes«, wie dies in Abbildung 29 für das elektrische

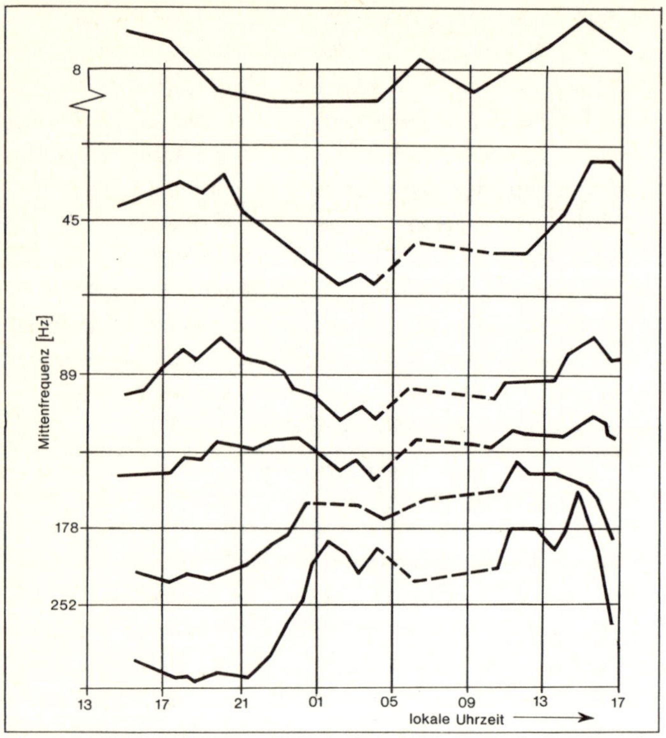

31 Vergleich des Tagesgangs der ausgemittelten Signalamplitude natürlicher Vorgänge in verschiedenen Frequenzbändern, nach Holzer et al., *entsprechend ergänzt.*

Feld angedeutet ist. Ein gewisses ELF-Signal, über die ganze Erdkugel verteilt, verursacht somit überall ein vorhersehbares Verhältnis der elektrischen und magnetischen Feldkomponenten und ihrer »modes«. Hat man diese Verhältnisse meßtechnisch ermittelt, lassen sich Rückschlüsse auf die geographische Lage des Signalursprungs ziehen. Neuere Forschungen bemühen sich daher eingehend darum, auf diese Weise die Weltgewittertätigkeit durch einzelne wenige Meßstationen erfassen zu können (Keefe et al.[29], Toomey und Polk[36], Ogawa et al.[31], Sao und Jindoh[32]).

Gelegentlich werden die »Schumann-Resonanzen« durch andere, unregelmäßige Signale (Rauschen) oberhalb der dritten Resonanz (ungefähr bei 20 Hz) überdeckt, jedoch sind sie in experimentell gewonnenen Spektren niemals oberhalb der 5. Resonanz (ungefähr 32 Hz) zu beobachten, und zwar hauptsächlich deswegen nicht, weil die Resonanzgüte des Hohlraumresonators Erde-Ionosphäre bei höheren Frequenzen zu klein und damit die Resonanzspitze im Spektrum zu flach wird. Die Güte der Resonanzerscheinung, das »Q«, läßt Rückschlüsse auf die Ionosphärenstruktur zu (Hauda et al.[39], Keefe et al.[29], Ogawa und Tanaka[40, 41]). Auch Rückschlüsse auf besondere Sonnenflecken-Erscheinungen sind möglich (Polk[42]).

Aufgrund der unterschiedlichen Eigenschaften der Ionosphäre – Tran und Polk[43] untersuchten zum Beispiel ihre Leitfähigkeit gegenüber Signalen im ELF- und auch im VLF-Bereich – ergeben sich frequenzabhängig unterschiedliche Tagesgänge der im Mittel zu empfangenden Signalintensitäten. Während bei VLF-Atmospherics die Signalintensität nachts dominiert, ist dies im ELF-Bereich bei Tag der Fall. Aus Abbildung 31 nach Holzer et al.[44] ist zu entnehmen, daß der Übergang etwa bei 120 Hz liegt.

Genauere Beobachtungen und theoretische Analysen (König[45], Chapman und Jones[46], Galejs[47], Keefe et al.[29], Rycroft[48], Ogawa[49], Polk[42]) der Atmospherics im Schumann-Resonanzbereich ergaben unter anderem Folgendes: Wegen des Resonanzschwingungs- beziehungsweise Wellencharakters haben die Signale für einen feststehenden Beobachter praktisch einen zeitlich sinusförmigen Kurvenverlauf (Signaltyp I in Abbildung 32), dessen Enveloppe (Kurveneinhüllende) steil (bei Signalen, die nur aus wenigen Schwingungen bestehen) oder flach (bei Signalen, die sich meistens über mehrere Schwingungen hinweg erstrecken) sein kann.

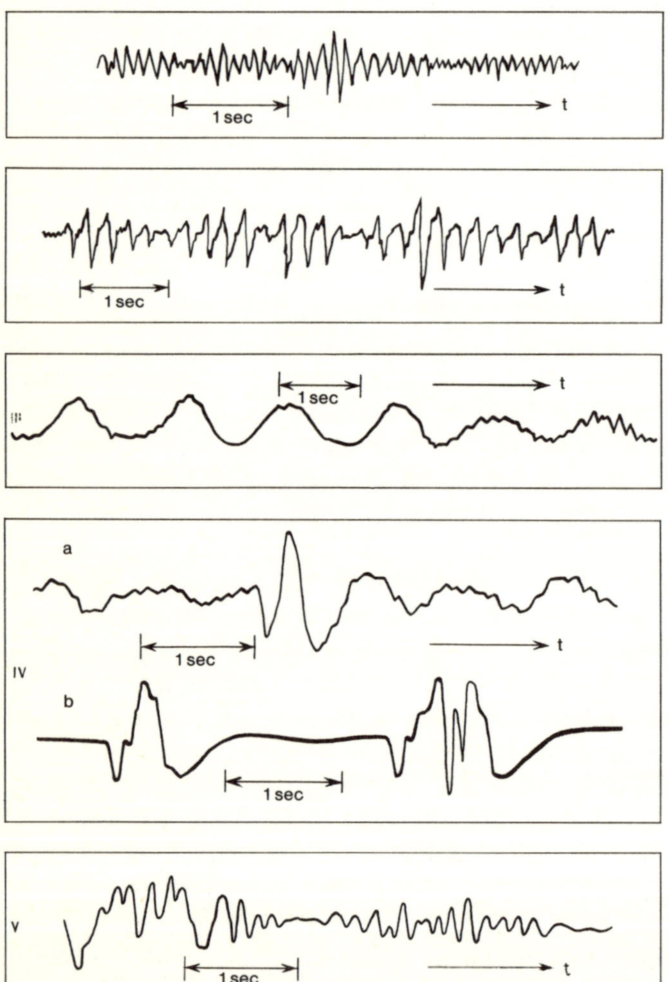

32 Elektromagnetische Vorgänge natürlichen Ursprungs im ELF-Bereich.
I) Schumann-Resonanzschwingung, ca. 8 Hz;
II) Lokale elektrische Feldschwankungen, 3 bis 6 Hz;
III) Lokale elektrische Feldschwankungen, ca. 0,7 Hz;
IV) Elektrisches Feld bei Gewitter: a) Gewitter am Horizont noch nicht erkennbar, b) Gewitter am Horizont erkennbar (stark reduzierte Amplitude);
V) Sonnenaufgangserscheinung, elektrisches Feld.

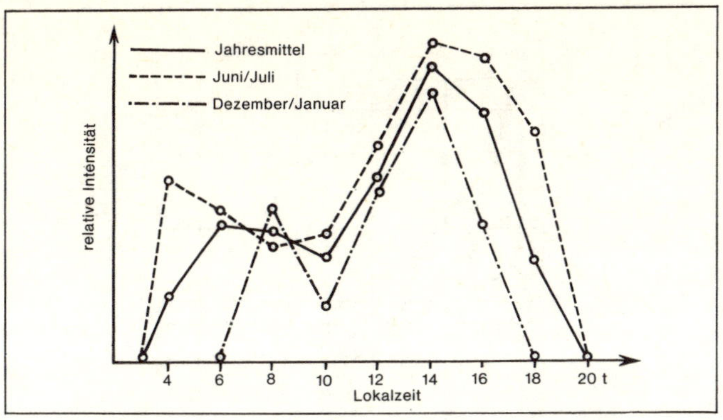

33 Tagesgang für relativ starke ELF-Atmospherics (8 Hz-Schumann-Resonanz).

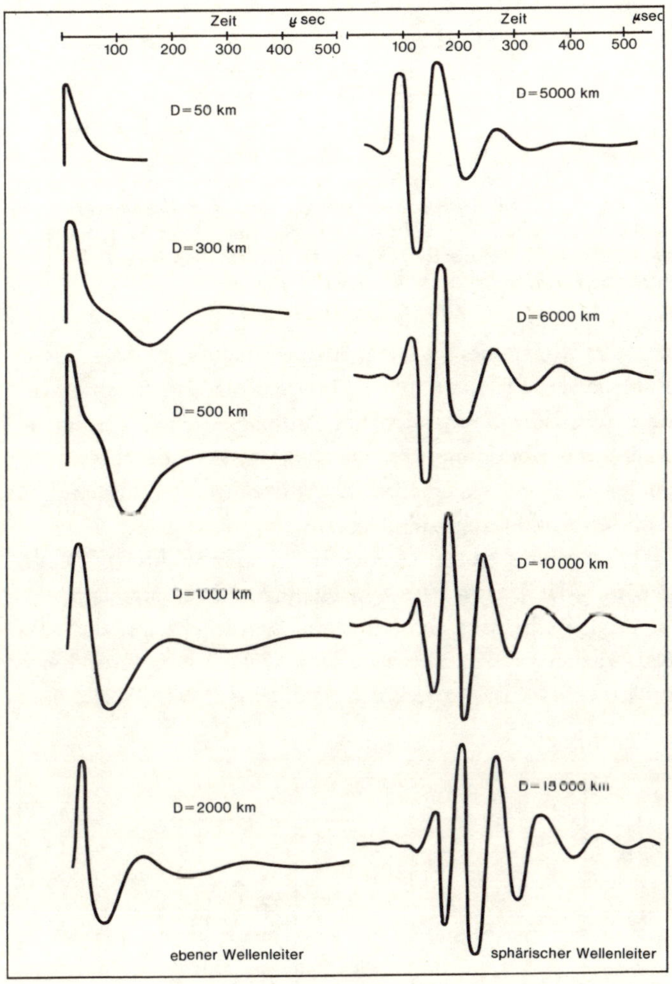

34 Signalformen von VLF-Atmospherics bei verschiedenen Entfernungen D vom Entstehungsort (Blitz) zwischen 50 km und 15 000 km für ebene und sphärische Wellenleiter, nach Al'pert *und* Fligel.

Oft zeigen die registrierten Wellenzüge die Tendenz einer Frequenzabnahme zum Ende des Signals hin. Sie kann bis zu 30 % vom ursprünglichen Wert betragen. Der Grad der Frequenzänderung ist bei den einzelnen Signalen sehr unterschiedlich, doch wurde festgestellt, daß Wellenzüge, die eine sehr große Amplitude erreichen, damit eine steile Enveloppe haben, und von verhältnismäßig kurzer Dauer sind, sich meistens auch in ihrer Frequenz sehr stark ändern. Bei längerdauernden Signalen mit kleiner Amplitude und flacher Enveloppe war praktisch keine Frequenzänderung mehr meßbar. Schönes Wetter begünstigt die Signale auffallend stark und ermöglicht fast immer ihre einwandfreie Registrierung. So ist es wahrscheinlich, daß die anderen Erscheinungen wegen ihrer größeren Intensität die bei Schlechtwetter nicht gemessenen Signale des beschriebenen Typs nur überdecken. Wie schon erwähnt, treten die Signale dieses Typs nachts wesentlich schwächer auf als tagsüber. Tag- und Nacht-Intensitäten verhalten sich etwa wie 3:1 bis 10:1 (Abbildung 33).

Die Messung von Signalen der Frequenzen unter 100 Hz ist besonders schwierig. Mittels einer entsprechenden Filtertechnik müssen nämlich alle Störsignale technischen Ursprungs unterdrückt werden (zum Beispiel 50 Hz beziehungsweise 60 Hz Starkstrom, $16\frac{2}{3}$ Hz Bahnfrequenz, 25 Hz Telefonläutsignal usw.), deren Intensität meistens weit über der liegt, die durch Felder natürlichen Ursprungs zu erwarten ist, darauf weisen zum Beispiel König[45], König und Behringer[48], Keefe et al.[29], Ogawa[49] sowie Sao et al.[50] hin.

Für diese niederen Frequenzen ergeben sich sowohl beim elektrischen Feld (Clayton et al.[51]) als auch beim Magnetfeld (König[52]) besondere Antennenprobleme. Jedenfalls ist zwischen ELF-Vorgängen, die einmal auf Wellenausbreitungsvorgänge zurückzuführen sind und andererseits (nach Polk[42]) mit magnetosphärischen beziehungsweise Erdmagnetfeldschwankungen zusammenhängen, eine enge Kopplung vorhanden. Dies geht sehr deutlich aus Erdstrom beziehungsweise Erdmagnetfeldmessungen von Fournier[53, 54] hervor, der von Schwingungen mit einer Variationsbreite der Periodendauer von 30 Sekunden bis 0,025 Sekunden (40 Hz) berichtet. Auffallend waren hierbei Schwingungen des Magnetfeldes mit der Periodendauer von 4,5 Sekunden, die, was ihre Intensität anbetrifft, in der Größenordnung von 10^{-12} Tesla (Milligamma) liegen. Neben diesen rein erdmagnetischen Vorgangen sind jedoch auch die magnetischen Komponenten der Schumann-Resonanzschwingungen des Frequenzbereichs um 10 Hz aus den Erdstrommessungen ersichtlich.

VLF-Atmospherics: Elektromagnetische Vorgänge natürlichen Ursprungs im VLF-Bereich, die in Blitzen ihren Ursprung haben, weisen schon nach relativ kurzer Ausbreitungstrecke alle Eigenschaften elektromagnetischer Wellen auf. Signale der Frequenz von 10 kHz haben nämlich im freien Raum eine Wellenlänge (30 km), die an die räumliche Größenordnung der sie erzeugenden Blitze herankommt.

Die durch irgendwelche elektrische Entladungsvorgänge in der Atmosphäre ausgelösten elektromagnetischen Wellen im VLF-Bereich ändern nun mit der Entfernung vom Entstehungsort im Zuge ihrer Ausbreitung im Wellenleiter Erde-Ionosphäre für ortsfeste Beobachter ihre den zeitlichen Verlauf beschreibende Kurvenform, wie dies beispielsweise nach Al'pert und Fligel[17] aus Abbildung 34 ersichtlich ist. Ein Maß, mit welcher Signaldämpfung bei der Ausbreitung von VLF-Signalen zu rechnen ist, gibt nach Rhoads und Garner[58] die Darstellung in Abbildung 35. Im Bereich zwischen ca. 200 km und 2000 km nimmt demnach die Signalamplitude etwa um 15 bis 18 db/1000 km ab. Über noch größere Entfernungen hinweg liegt die Dämpfung für Signale von 15 kHz bei ca. 4 db/1000 km, wie aus Abbildung 36, nach Watt und Groghan[33], oder bei ca. 0,2 db/1000 km, nach Bernstein et al.[27] (Abbildung 37), ersichtlich. Der Dämpfungsfaktor als Funktion der Frequenz ist über einen größeren Bereich in Abbildung 37, nach Watt und Maxwell[59] dargestellt.

Vergleichsweise kann aus Abbildung 30, nach Soderberg und Finkle[38], in Seewasser für 10 kHz mit einer mittleren Dämpfungsrate von ca. 2 db/m gerechnet werden. Darüber hinaus ist sehr wohl bekannt (Al'pert und Fligel[17] oder Storey[60]), daß ein beachtlicher Anteil der Energie von niederfrequenten Wellen und insbesondere von solchen, die von Blitzentladungen ausgehen, durch die ionosphärischen Schichten hindurch weiter hinaus ins Weltall vordringt. Im Frequenzbereich zwischen 1 kHz und 10 kHz und darüber führt dies zur Bildung der sogenannten »Whistler«, welche sich längs der Kraftlinien des erdmagnetischen Feldes zwischen zwei Punkten der Erdoberfläche ausbreiten, die über entsprechende magnetische Kraftlinien des Erdmagnetfeldes verbunden sind (siehe Abbildung 27). Dies erklärt auch den hohen Signalpegel beim »magnetischen Antipoden« (Abbildung 36, nach Watt und Groghan[33]).

Darüber hinaus gibt es noch einen anderen wichtigen Effekt, der mit dem natürlichen Erdmagnetfeld zusammenhängt. In einer Reihe von Experimenten wurde gezeigt, daß das Reziprozitätsprinzip innerhalb des Wellenleiters Erde-Ionosphäre verletzt ist. Breitet sich nämlich eine VLF-Welle über

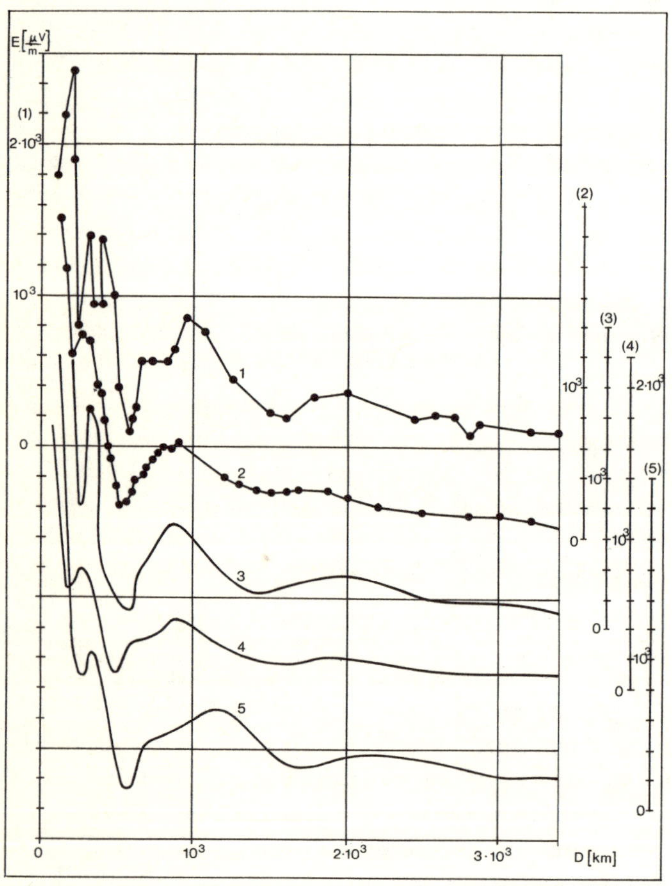

35 Vergleich der Ergebnisse von Feldstärkemessungen eines Signals der Frequenz von 16 kHz mit einer Sendeleistung von 1 kW (Kurven 1 und 2) mit theoretischen Berechnungen (Kurven 3 bis 5) in Abhängigkeit von der Entferung D, nach Rhoads *und* Garner.

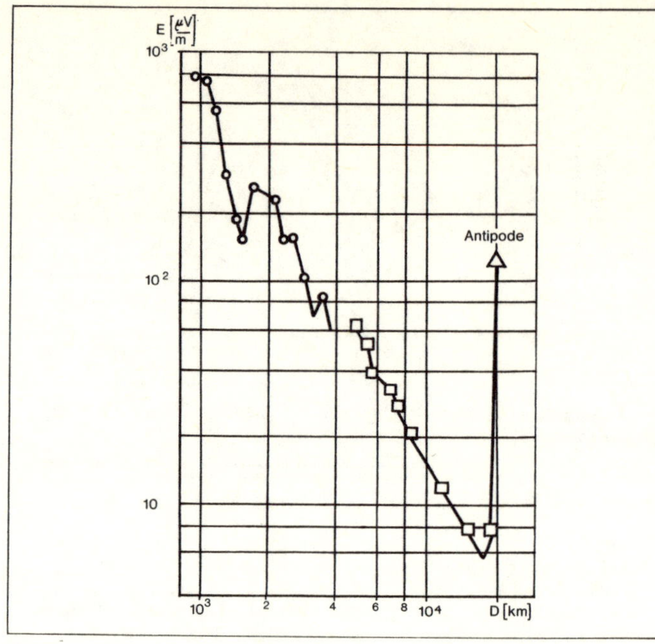

36 Ergebnis von Feldstärkemessungen bei Signalfrequenzen von 16,6 kHz (Kreise), 17,5 kHz (Quadrate) und 14,7 kHz (Dreiecke) über extrem große Entfernungen D mit dem Sonderfall des magnetischen Antipoden, nach Watt *und* Groghan.

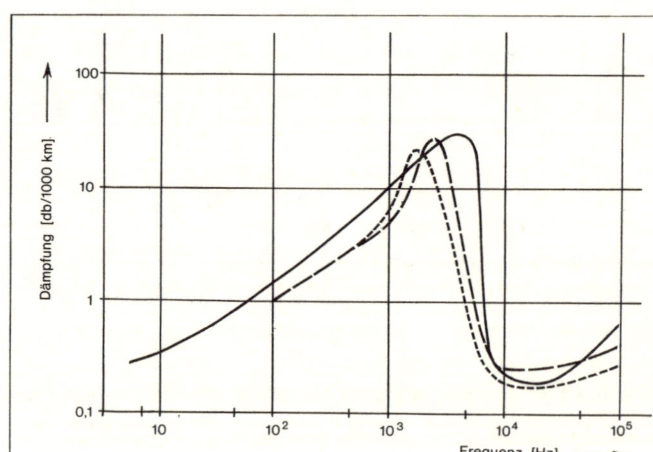

37 Mittlere Dämpfung unter verschiedenen Bedingungen im ELF-Bereich (unter 1 kHz), nach Bernstein et al. *und im VLF-Bereich (über 1 kHz), nach* Watt *und* Maxwell, *für Atmospherics als Funktion der Frequenz, bei Entfernungen d ≧ 1000 km.*
——— am Tage; — — — nachts/Seeweg; . . . . nachts/Landweg.

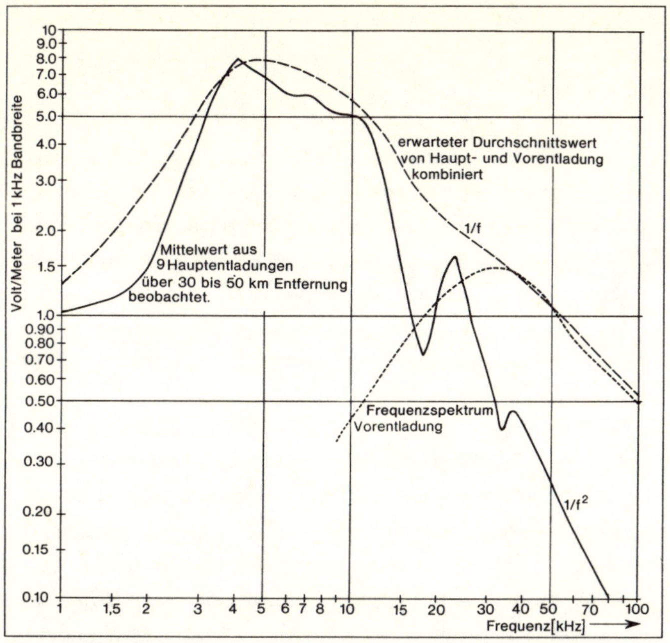

38 Frequenzspektrum der Strahlungskomponente eines Blitzes; Feldstärke in einer Entfernung von etwa 1,6 km vom Entstehungsort, nach Watt *und* Maxwell.

eine genügend lange Distanz von Osten nach Westen aus, wird sie stärker gedämpft als in umgekehrter Richtung (Watt und Groghan[33], Taylor[61, 62], Hanselmann[63], Martin[64], Crombie[65, 66]).

Nahfeldbeobachtungen von Blitzentladungen lassen beachtliche Feldstärken erkennen (Abbildung 38, nach Watt und Maxwell[59]). Solche Atmospherics sind dann natürlich als einzelne Signale registrierbar, deren Intensität weit über dem sonstigen allgemeinen Signalpegel liegt. Welche Intensitäten des elektrischen Feldes als Funktion der Frequenz zu erwarten sind, zeigt Abbildung 39 (nach Galejs[47] beziehungsweise Ishida[67]) in anschaulicher Weise.

Im Zusammenhang mit Korrelationsuntersuchungen von biologischen Effekten derartiger natürlicher VLF-Signale ist es üblich, die Anzahl der pro Zeiteinheit (Sekunde) einfallenden VLF-Atmospherics zu registrieren. Gleichzeitig werden die Atmospherics durch entsprechende meßtechnische Vorrichtungen in mehrere gestaffelte Gruppen nach Intensitätswerten aufgeschlüsselt (König[190–192], Schulze[2]). Eine weitere Unterteilung ist außerdem noch mit Hilfe einer Beschränkung beziehungsweise Aufteilung der Registrierung auf verschiedene Frequenzbänder möglich.

Da die Wellenlängen der VLF-Signale im Vergleich zum ELF-Bereich kürzer sind, benötigt man einen wesentlich geringeren Meßaufwand. Peilanlagen und die Kenntnisse über die Ausbreitungsverhältnisse von VLF-Atmospherics ermöglichen auch hier entsprechende Gewitterherdpeilungen. Untersuchungen von Heydt[68] ergaben in dieser Beziehung gerade für den afrikanisch-amerikanischen Raum sehr erfolgversprechende Resultate.

2.9 *Modelluntersuchungen.* Um die physikalischen Eigenschaften von Atmospherics auch im Labor untersuchen zu können, bietet es sich an, die Erdkugel und die Ionosphäre im verkleinerten Maßstab aufzubauen und mit Hilfe von Mikrowellen Experimente durchzuführen. Polk[30] studierte so den Effekt der Tag-Nacht-Grenze in der Ionosphäre in seiner Wirkung auf die Ausbreitung von ELF-Atmospherics. Im Zusammenhang mit physiologisch interessanten Umwelteinflüssen befaßten sich Ludwig et al.[69] näher mit VLF-Atmospherics im Sinne eines Elektroklimas. Hierbei benutzten sie ebenfalls ein Mikrowellenmodell, um nähere Informationen über den Einfluß von Leitfähigkeitssprüngen zu erhalten, die in der Natur beim Wellenleiter Erde-Ionosphäre zu finden sind, sowie über die Auswirkung bergigen Geländes (Orographie) auf die Wellenausbreitung über größere Entfernungen. Die Modellüberlegungen ergaben, daß bei jedem Leitfähigkeitssprung ein Gebiet mit stehenden Wellen auftritt und daher dort eine besondere Feld- und damit auch Empfangssituation vorhanden ist.

2.10 *Beziehung zwischen ELF- und VLF-Signalen.* Wie später noch ausgeführt, wurde nachgewiesen, daß sowohl elektromagnetische Felder des ELF- als auch des VLF-Bereichs von biologischer Bedeutsamkeit sind. So liegt es nahe, gerade hierfür nach speziellen technisch-physikalischen Gründen zu suchen.

Über die biologische Wirksamkeit von elektromagnetischen Feldern des VLF-Bereichs wird hauptsächlich im Zusammenhang mit Signalen von mindestens mittlerer Intensität berichtet, also mit Atmospherics, die einzeln erfaßt werden

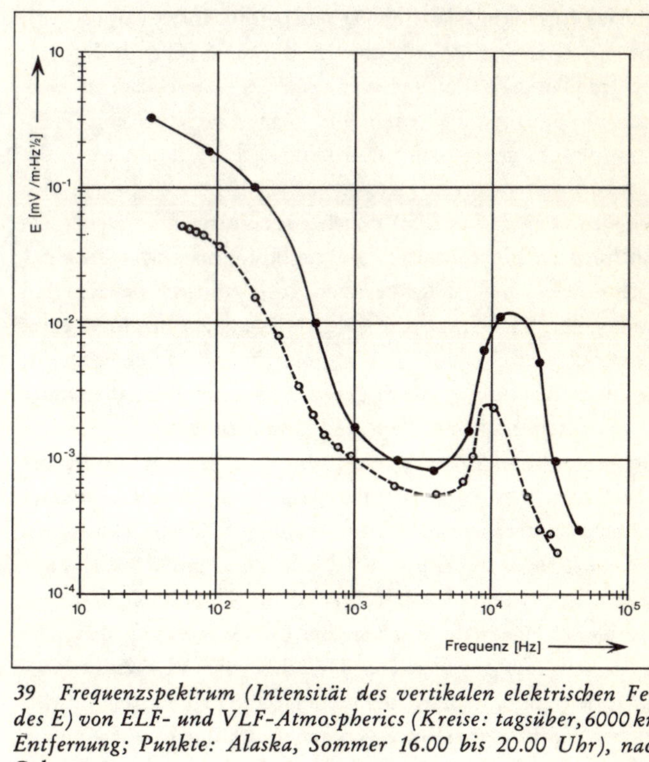

39 Frequenzspektrum (Intensität des vertikalen elektrischen Feldes E) von ELF- und VLF-Atmospherics (Kreise: tagsüber, 6000 km Entfernung; Punkte: Alaska, Sommer 16.00 bis 20.00 Uhr), nach Galeys.

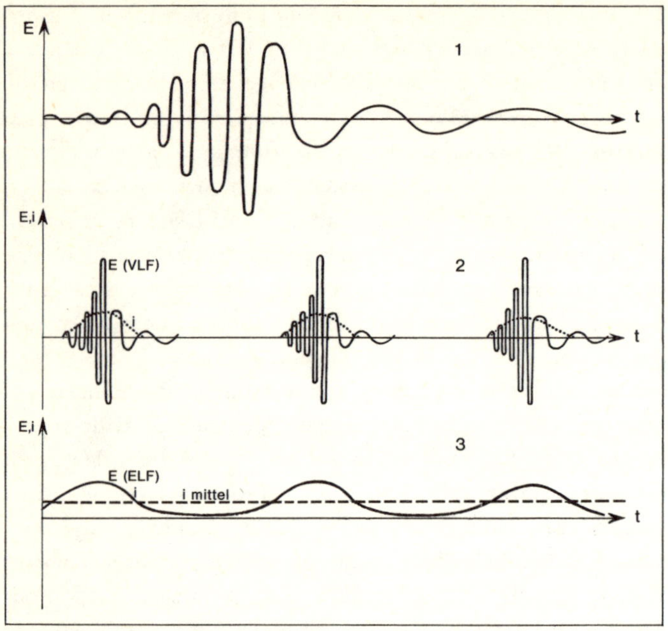

40 VLF-Atmospherics können im Zusammenhang mit Nichtlinearitäten aufgrund ihrer Impulsfolgefrequenz einen Signalinformationsgehalt haben, wie er dem von ELF-Signalen entspricht.
1) Prinzipieller zeitlicher Verlauf eines VLF-Atmospherics (gestreckter Zeitmaßstab);
2) Eine Impulsfolge von VLF-Atmospherics, die in einem nichtlinearen System eine Gleichstromkomponente i erzeugt;
3) Die Gleichstromimpulse von i entsprechen einem mittleren Gleichstromwert i_{mittel}, der von niederfrequenten Signalen (ELF-Bereich) überlagert ist, entsprechend der Impulsfolgefrequenz der VLF-Atmospherics.

können (Ausbreitung über nur wenige 1000 km hinweg). Wie bereits erwähnt, wird deshalb die Anzahl der Atmospherics-Impulse (1 Wellenzug entspricht einem Impuls) pro Zeiteinheit registriert und die sich daraus ergebende Impulsfolgefrequenz als Parameter angesetzt. Korrelationen zwischen biologischen Faktoren und dem Auftreten von VLF-Atmospherics ergeben sich nun hauptsächlich dann, wenn die Impulsfolgefrequenzen letzterer im ELF-Bereich liegen, also zwischen ca. 1 Hz und 50 Hz. Berücksichtigt man weiter die nichtlinearen Eigenschaften, welche biologische Systeme elektrisch gesehen bevorzugt besitzen, so ergibt sich daraus, daß durch jeden VLF-Impuls in solchen Systemen im Sinne eines Gleichrichtereffekts auch ein Impuls einer Polarität entsteht, der (nach Abbildung 40) in grober Näherung fast die Dauer des gesamten ursprünglichen VLF-Impulses hat.

Für biologische Systeme muß daher nicht nur durch die höherfrequenten VLF-Energien eine Beeinflussung erwartet werden, sondern zusätzlich in irgendeiner Form auch durch ELF-Vorgänge, die sich durch Nichtlinearitäten beziehungsweise Gleichrichtereffekte aufgrund der Impulsfolgefrequenzen der VLF-Signale ergeben. Bei der Beurteilung der physikalischen Ausgangslage der Ursachen der VLF-Atmospherics (oder von entsprechend niederfrequent getasteten VLF-Feldern) sollte daher im Zusammenhang mit dem frequenzmäßigen Aspekt des VLF-Bereichs nicht übersehen werden, auch die im noch niederfrequenteren ELF-Bereich liegenden Komponenten der gesamten Signalinformation mit zu berücksichtigen.

2.11 *VLF-Feldschwankungen.* Sicher sind aufgrund gewisser Vorgänge in der Atmosphäre auch im VLF-Bereich Signale mit praktisch rein lokalem Charakter zu erwarten. Sie sind jedoch als biologische Indikatoren mit entsprechenden Wellenvorgängen gleichzusetzen. Auch aus geophysikalischer Sicht gesehen dürfte ihnen keine Bedeutung zukommen, abgesehen vielleicht von einigen Spezialfragen im Zusammenhang mit der Blitzerforschung.

2.12 *Hochfrequenz-Atmospherics.* Der Empfang von Atmospherics ist, wie schon einmal erwähnt wurde, von sehr komplexen Vorgängen abhängig. Geht man zum Beispiel von einer festen Beobachtungsstelle aus, so spielt hier beim Empfang einmal die Weltgewittertätigkeit (räumliche Verteilung und Intensität) eine wesentliche Rolle, zum anderen aber auch, welche Art von Blitzen hierbei entstehen. Der Blitz als Sender besteht ja aus einem Spektrum von elektromagnetischen Vorgängen, und je nach der frequenzmäßigen Verteilung der Energien werden von einem Blitz Signalkomponenten der verschiedensten Frequenzen – auch im Hochfrequenzbereich – mit unterschiedlichen Energien abgestrahlt, wobei räumliche Konfigurationen des Blitzes noch nicht berücksichtigt sind. Für diese abgestrahlten Energien ist entscheidend, welche entfernungsabhängigen Ausbreitungsbedingungen sie vorfinden. So ist wohl leicht einzusehen, daß aus diesen Gründen der Empfang von Atmospherics an einer bestimmten Stelle auf der Erdoberfläche primär ein statistisches Problem sein muß.

In Gegenden, die nahe der Stelle von Blitzentladungen liegen, kann die Komponente des elektrischen Feldes von Atmospherics in der Größenordnung von 10, 100 und teilweise sogar von tausenden von V/m bei Frequenzen nahe 10 kHz erreichen. Da es sich hierbei um einen mehr oder weniger breitbandigen Vorgang handelt, sind natürlich auch sehr hochfrequente Signalanteile bei den Atmospherics beobachtbar. Ihre Intensität nimmt mit zunehmender Frequenz jedoch immer mehr ab (Abbildung 41 a). Der erhebliche Rück-

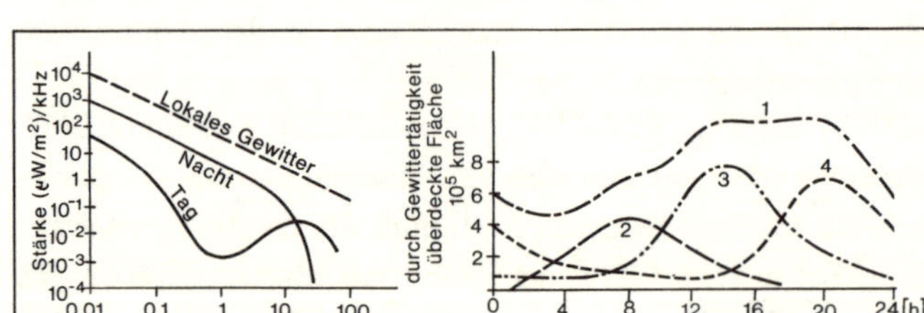

41 a) Signalpegel im Frequenzbereich zwischen 10 kHz und 100 MHz aufgrund von Vorgängen natürlichen Ursprungs für Tag, Nacht und bei lokalem Gewitter;
b) Tagesgang der von Gewittertätigkeit betroffenen Fläche,
(1) Weltgewittertätigkeit, (2) Asien und Australien, (3) Afrika und Europa, (4) Amerika, nach Presman.

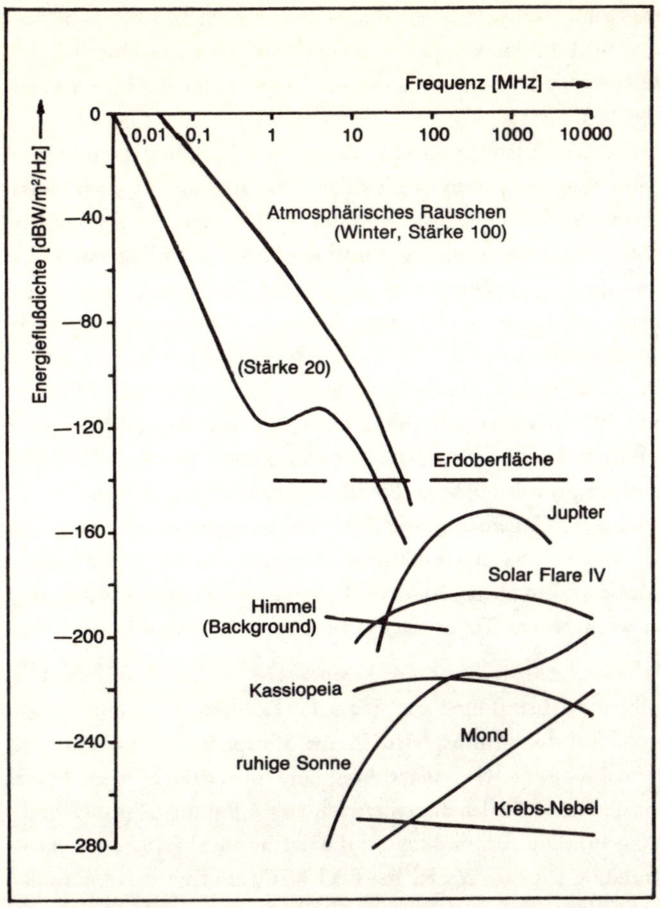

42 Elektromagnetisches Rauschen, planetaren, solaren und gallaktischen Ursprungs, in Abhängigkeit von der Frequenz.

gang zum Beispiel bei Frequenzen ab 100 MHz ist einer der Gründe, warum dieser Frequenzbereich für den bekanntermaßen relativ störungsfreien UKW-Rundfunkempfang verwendet wird. Nach Mattern[70] empfiehlt sich dieser Frequenzbereich zudem für die Nahbeobachtung von Blitzen.

Fischer[71] stellte Untersuchungen des Rauschpegels natürlicher Signale in einem extrem breiten Frequenzband von ELF bis EHF an. Sie ergaben, daß im Frequenzbereich von einigen Hertz (ELF) bis zu etwa 10 kHz (VLF) der Pegel nur geringen Schwankungen unterliegt (siehe hierzu auch Abbildung 25). Ab 10 kHz bis etwa 1 MHz nimmt der Rauschpegel jedoch um 4 Zehnerpotenzen ab und verbleibt bis zu einem GHz auf diesem Niveau, wobei allerdings einige Schwankungen überlagert sind. Für noch höhere Frequenzen steigt dann der natürliche Rauschpegel in der Atmosphäre der Erde wieder an.

Im Zusammenhang mit der oben erwähnten Strahlungsemission führt der kontinuierlich abnehmende Beitrag des galaktischen Rauschens zu einem Minimum des feststellbaren Rauschens bei etwa 6 GHz, dem dann ein scharfer Anstieg der zu messenden Rauschintensität folgt, weil die Antenne die Strahlungstemperatur der umgebenden Luft hat. Der Wassergehalt der Atmosphäre in all seinen verschiedenen Formen und die Antennengestalt haben dabei in diesem Frequenzgebiet auf das empfangene Rauschen den Haupteinfluß.

2.13 *Mikrowellen.* Ein Übersichtsbeitrag[559]* über verschiedene Rauschquellen im Mikrowellenbereich zeigt die intensitätsmäßigen Zusammenhänge zwischen Rauschen, das seinen Ursprung in der irdischen Atmosphäre hat, zu verschiedenem außerterrestrischen Rauschen. Wie aus Abbildung 42 zu ersehen ist, unterscheiden sich erstaunlicherweise die gemessenen Pegel für Rauschen irdischen Ursprungs und extraterrestrischen Ursprungs im angegebenen Frequenzbereich zwischen 10 MHz und 10000 MHz vergleichsweise nur wenig.

Die Vorstellung, daß vom Gesichtspunkt der irdischen Atmospherics die zu erwartenden Störungen mit zunehmender Frequenz oberhalb 100 MHz immer geringer werden müßten, läßt die Emission von Strahlung von der Sonne und aus dem Weltraum, die erstmals vor etwa 20 Jahren entdeckt wurde, außer acht. Diese Strahlung tritt ebenfalls sehr breitbandig auf – von etwa 10 MHz bis 10 GHz; doch sind diese Zahlenangaben sicher nur als vorläufig anzusehen und beruhen mehr auf den derzeitigen meßtechnischen Möglichkeiten als auf den eigentlichen physikalischen Gegebenheiten.

Die Intensität der Sonnenabstrahlung in diesem Frequenzbereich zeigt Presman[72] (Abbildung 43), einmal für Zeitabschnitte einer »ruhigen« Sonne und einmal für den Fall einer Sonneneruption (»burst«). Das Maximum der Sonnenstrahlung bei gestörten Verhältnissen liegt bei $\lambda = 21$ cm (Wellenlänge der Wasserstoffstrahlung).

Der Energiefluß der Strahlungsemission aus dem Weltraum (von »Radiosternen«) bei der Frequenz von beispielsweise 100 MHz liegt in der Größenordnung von 10^{-16} (W/m²)/MHz. Die Intensität dieser Strahlungsemission variiert mit der Tageszeit, da sie mit der Rotation der Erde in Relation zur Lage der Strahlungsquelle korreliert ist.

Zusätzlich wurde eine Veränderung der Strahlungsemission mit einer Periodizität von 27–28 Tagen festgestellt, korre-

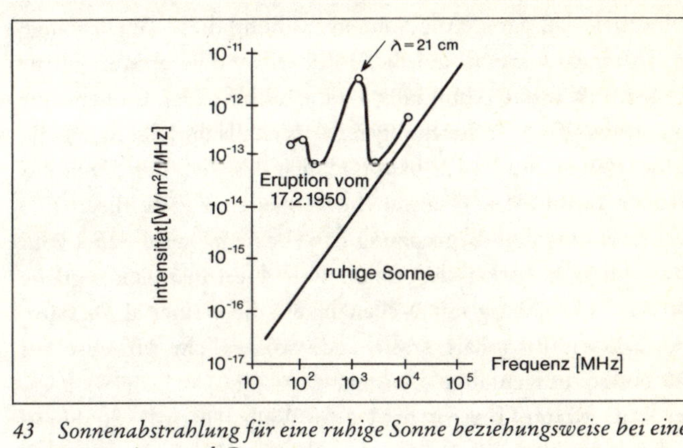

43 Sonnenabstrahlung für eine ruhige Sonne beziehungsweise bei einer Sonneneruption, nach Presman.

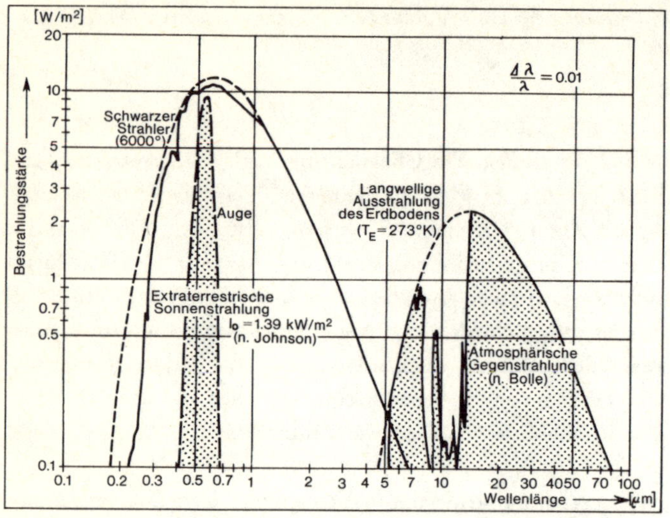

44 Die spektrale Verteilung der extraterrestrischen Sonnenstrahlung, der langwelligen Ausstrahlung des Erdbodens bei 0 °C und der atmosphärischen Gegenstrahlung bei 0 °C (△ λ/λ = 0,01), nach Schulze; *ergänzt mit dem Sichtbereich des menschlichen Auges.*

lierend mit der Rotation der Sonne, und schließlich mit dem 11-Jahre-Zyklus der Sonnenaktivität.

Aus meßtechnischen Gründen ist es üblich, bei hochfrequenten Vorgängen statt der Frequenz f die für Ausbreitung im freien Raum zutreffende Wellenlänge λ anzugeben. Sie läßt sich leicht errechnen: λ (Wellenlänge in m) = 300/f (MHz).

2.14 *Infrarotstrahlung.* Bei der Betrachtung noch höherfrequenter, das heißt noch kurzwelligerer Strahlung aus dem Weltraum stößt man auf das von der Sonne ausgehende sichtbare Licht im Wellenlängenbereich 0,38 bis 0,78 µm (1 µm = 10^{-6} m). Innerhalb dieses Wellenlängenbereichs strahlt die Sonne die meiste Energie zur Erde. Sowohl in Richtung zu langwelligerer Strahlung (der als Wärme empfundenen Infrarotstrahlung) als auch in Richtung zur kurzwelligeren Ultraviolettstrahlung nimmt diese Energie ab (Abbildung 44). Man mag es Zufall nennen oder evolutionsbedingten Vorgängen zuschreiben – die Augen des Menschen und der meisten Tierarten sind jedenfalls gerade für den Wellenlängenbereich empfänglich, in dem die Sonne ihre maximale Strahlungsenergie abgibt (siehe hierzu ebenfalls Abbildung 44). Von entscheidender Bedeutung ist hierbei, daß gerade die Sonnenstrahlung dieser Wellenlänge die Erdatmosphäre bis auf die Erdoberfläche herab durchdringen kann. Wie aus Abbildung 8 zu entnehmen ist, erreicht nur ein geringer Teil der Strahlungen des Weltalls und der Sonne die Erdoberfläche, und zwar hauptsächlich der Teil, der durch das »Fenster I« und das »Fenster II« frequenzmäßig festliegt. Die scharfe kurzwellige Begrenzung des Fensters I wird dabei vom Ozonabbau bewirkt; das Ozon absorbiert nämlich jegliche Ultraviolettstrahlung mit Wellenlängen, die kleiner als 0,29 µm sind. Das die Biosphäre erreichende Sonnenlicht wird also bei 0,29 µm sozusagen abgeschnitten.

Der Wasserdampf beginnt bei 1,4 µm Wellenlänge die Strahlung merklich zu absorbieren und beschneidet damit das Sonnenspektrum nach der langwelligen Seite. Innerhalb dieses Bereiches liegt das erste Spektralgebiet hoher optischer Durchlässigkeit der Erdatmosphäre, das sogenannte Fenster I (optisches Fenster).

Bis zu Wellenlängen von 13 µm wird die Strahlung dann wieder vollständig von den Molekülen der atmosphärischen Gase absorbiert. Dies gilt bis etwa 1 cm Wellenlänge. Ab etwa 100 m Wellenlänge setzt die Absorption durch die Elektronen der Ionosphäre ein (Heaviside-Schichten). Im Bereich zwischen 1 cm und 100 m Wellenlänge liegt das sogenannte Fenster II (Radiofenster).

Die Erdoberfläche als Infrarot-Strahlungsquelle: Der Erdboden und die Meeresoberfläche senden wie die Atmosphäre eine infrarote Strahlung aus, die in erster Linie von deren Oberflächentemperatur abhängt. Sie überstreicht ebenso wie die atmosphärische Gegenstrahlung den Wellenlängenbereich von 6 µm bis 60 µm. Ihre Bestrahlungsstärke liegt auch in der gleichen Größenordnung, an vollbedeckten Tagen bei etwa 0,4 kW/m², an wolkenlosen Tagen dagegen bei etwa 0,5 kW/m².

Infrarote Abstrahlung der Atmosphäre in die Biosphäre: Die infrarote Abstrahlung der Wasser-, Kohlensäure- und Ozonmoleküle der Atmosphäre in die Biosphäre nennt man die atmosphärische Gegenstrahlung. Sie überstreicht den schon angegebenen Wellenlängenbereich von 6 µm bis 60 µm (Abbildung 44). Die Bestrahlungsstärke der atmosphärischen Gegenstrahlung liegt im Mittel bei 0,3 kW/m² und ist der Ausstrahlung in den Weltraum nahezu gleich. Außer von der Temperatur der unteren Schichten der Erdatmosphäre ist dieser Zahlen-

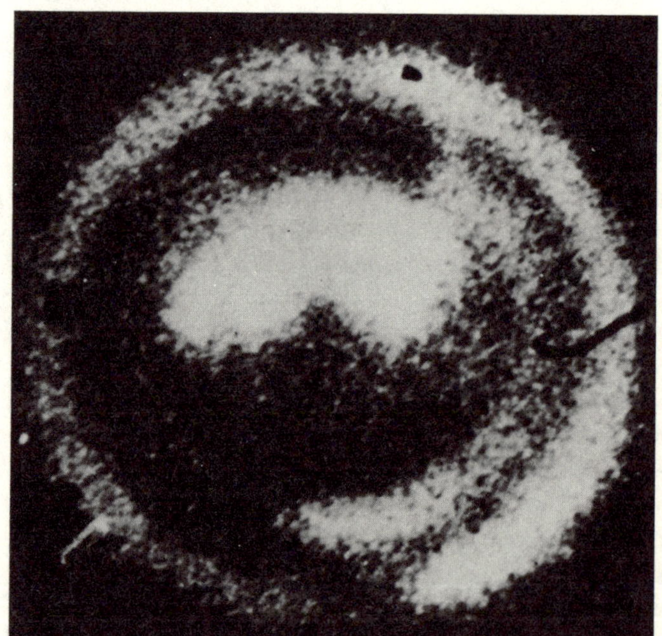

45 Die Röntgenstrahlung der Sonne, aufgenommen 200 km über Mexiko mit einer Lochkamera. Das sichtbare Licht wurde durch eine dünne aluminisierte Plastikfolie ausgefiltert. Im Zentrum und am Rand der Sonne sind Zonen starker Strahlung zu erkennen. Die schwarzen Flecken rühren von Staubteilchen her.

wert auch von der Bewölkung abhängig: In sternenklaren, winterlichen Nächten kann er auf 0,16 kW/m^2 absinken und an bedeckten sommerlichen Nächten mit tiefhängenden Wolken auf 0,45 kW/m^2 ansteigen.

Infrarote Strahlung des Erdbodens und der Atmosphäre stehen also in Wechselwirkung zueinander. Für unsere Breitengrade weiß man, daß näherungsweise lediglich 25% der im Lauf eines Jahres auf den Erdboden einfallenden Strahlungen unmittelbar auf die Sonnenstrahlung entfallen, 75% dagegen auf die langwellige Infrarotstrahlung der Atmosphäre. Die auf diese Weise der Erde zugeführte Strahlungsenergie verläßt den Erdboden wieder zu 84% in der gleichen Form; vom Rest werden ca. 14% zur Verdunstung und lediglich 2% für die Erwärmung der Luft und des Erdbodens verbraucht.

Wechselwirkung der Strahlung: Im Wellenlängenbereich zwischen Ultraviolettstrahlung und Infrarotstrahlung herrscht somit eine Wechselwirkung zwischen extraterrestrischer Sonnenstrahlung, langwelliger Ausstrahlung des Erdbodens und atmosphärischer Gegenstrahlung. Die frequenzmäßigen und energetischen Zusammenhänge sind in der Übersichtsdarstellung von Abbildung 44, nach Schulze[2], veranschaulicht.

2.15 *Die Sonne.* Die Strahlung der Sonne wird durch das *Sonnenspektrum* beschrieben (Abbildung 44). Es hat ein Maximum, das bei der Wellenlänge von etwa 478 nm (1 nm = 10^{-9} m) liegt; Strahlung aus diesem Spektralbereich ist für unser Auge sichtbar. Da sich die Sonnenstrahlung auch auf Wellenlängen beiderseits des sichtbaren Bereichs erstreckt, wird in den letzten Jahren verstärkt versucht, diese auf der Erde zweifellos ebenfalls wirksame Strahlung eingehender zu erfassen. Es handelt sich dabei insbesondere um *Ultraviolett-* und *Röntgenstrahlen* (siehe Abbildung 45), jedoch auch um langwellige Strahlung im Infrarotbereich und im Bereich der Zentimeterwellen. So tritt *Kurzwellenstrahlung* im Bereich zwischen 1 cm und 20 m Wellenlänge auf.

2.16 *Ultraviolett- und Röntgenstrahlung.* An die kurzwellige Seite des Lichtspektrums schließt sich mit Wellenlängen zwischen 300 nm und 3 nm dic Ultraviolett- und Röntgenstrahlung an. Sie wirkt sich vor allem durch verschiedenartige Störungen in der irdischen Atmosphäre aus.

Diese von der Sonne kommenden Strahlungen setzen sich aus drei Bestandteilen zusammen. Der erste entsteht gemeinsam mit der Kosmischen Ultrastrahlung; der zweite ist als Temperaturstrahlung der Chromosphäre und Corona (10^6 °K) und der dritte als Temperaturstrahlung der Photosphäre ($6 \cdot 10^3$ °K) der Sonne zu deuten.

Die Röntgen- und kurzwelligen UV-Strahlen werden bereits in den oberen Schichten der Atmosphäre absorbiert und führen dort zu Dissoziation der Stickstoff- und Sauerstoffmoleküle und Ionisation dieser Moleküle sowie der bei der Dissoziation entstandenen freien Atome. Es tritt also schichtenweise Absorption in Abhängigkeit von den selektiven Absorptionsbanden der verschiedenen Dissoziations- und Ionisationsvorgänge ein.

Der von der Photosphäre emittierte UV-Anteil durchdringt die Atmosphäre fast ungehindert bis in Höhen von 30 km und wirkt dort mit seinem kurzwelligen Anteil am Aufbau der Ozonschicht mit. UV-Strahlen mit Wellenlängen von 0,3 μm durchdringen die Atmosphäre fast ungehindert.

2.17 *Natürliche Radioaktivität, Erdstrahlung.* Die natürliche Radioaktivität hat in der freien Atmosphäre und in der Erdkruste ihren Ursprung.

Die Kosmische Ultrastrahlung erzeugt bei ihrer Absorption in der Atmosphäre bei Kernprozessen unter anderem Isotope, deren endlich große Halbwertszeiten (Zeitraum, in dem die Strahlung auf die Hälfte zurückgeht) die Möglichkeit einer laufenden Diffusion von der Erdatmosphäre in den Lebensraum der Organismen eröffnen.

Die aus dem Boden kommende Strahlung wird als Erdstrahlung bezeichnet und geht primär von den dort vorhandenen radioaktiven Substanzen (U, Th, Ac) aus. Diese bewirken einerseits durch direkte Strahlung (α-, β-, γ-Strahlung), andererseits durch Ionisation eine Abgabe der selbst wieder radioaktiven Emanationen RaEm, ThEm, AcEm an die benachbarte Bodenluft. Durch direkte Messungen hat man in Bodennähe eine Ionisierungsrate von im Mittel 2 bis 10 Ionenpaaren pro cm^3 und Sekunde festgestellt, was mit den Messungen des Gehalts an radioaktiven Elementen der oberflächennahen Bodenschicht übereinstimmt. Örtlich kann die Ionisierungsrate (bei Zunahme des Ra-Gehaltes des Bodens) auf über das 20fache des Normalwertes ansteigen.

Die α-Strahlen entstammen einer sehr dünnen Oberflächenschicht des Bodens. Da ihre Reichweite nur wenige cm beträgt, ist ihr Anteil an der Emanation vernachlässigbar klein. Die β-Strahlen entstammen größeren Tiefen, reichen weiter und erzeugen eine Ionisierung von etwa 1 Ionenpaar in Bodennähe bis 0,1 Ionenpaar in 10 m Höhe über dem Boden, jeweils pro cm^3 und Sekunde. Noch bedeutungsvoller sind die γ-Strahlen, da sie aus noch größeren Tiefen und so aus einem größeren Reservoir von radioaktiven Substanzen kommen. Ihre Ionisierungsstärke beträgt schätzungsweise 3 Ionenpaare am Boden, 1,5 Ionenpaare in 150 m Höhe und 0,3 Ionenpaare in 1 km Höhe jeweils pro cm^3 und Sekunde.

Der Beitrag, den die Radioaktivität des Kaliums liefert, dürfte vor allem wegen des hohen Kaliumgehalts der Erdkruste denjenigen der »klassischen« radioaktiven Elemente übertreffen.

Besonders bei Luftdruckfall entweicht ein gasförmiges Folgeprodukt des Radiums, Thoriums oder Actiniums in die Atmosphäre und führt dann bei weiterem radioaktiven Zerfall zu einer meßbaren natürlichen Radioaktivität in der Luft. Die ungewöhnlich hohen Schwankungen der natürlichen Radioaktivität kann man nach den vorliegenden Meßreihen

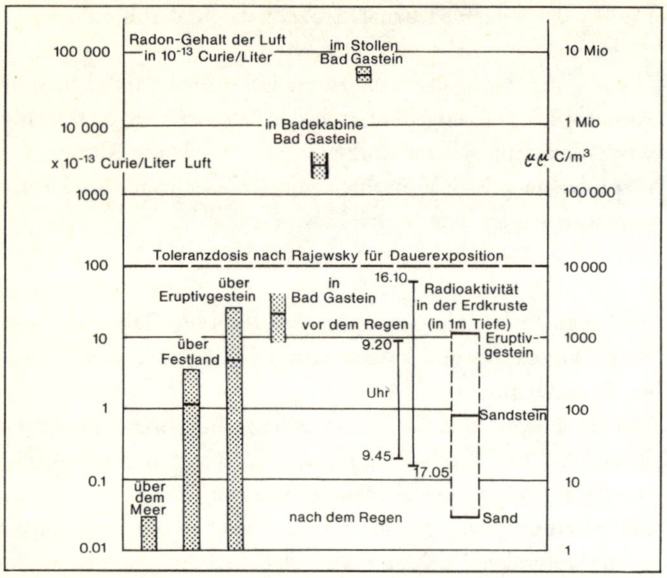

46 Radongehalt der Luft in 10^{-13} *Curie/Liter über dem Meer und über Gesteinen; die Höhe der Säulen gleich den Schankungen des Radongehaltes (stark ausgezogen: Mittelwert); rechts: das Auswaschen des Radons bei Regenfall, daneben: Radioaktivität der Erdkruste in 1 m Tiefe, nach* Schulze.

wie folgt deuten: Bei Druckfall treten größere Mengen Emanation aus dem Erdboden aus als bei steigendem Druck. Der Regen wäscht ferner die natürliche Radioaktivität aus der Atmosphäre aus. Auch die durch die Sonneneinstrahlung angefachte Vertikalbewegung der Luft über dem Erdboden entfernt die natürliche Radioaktivität aus den erdbodennahen Luftschichten. Nachts dagegen sorgt die Erdkruste für weiteren Nachschub an Emanation, wodurch die natürliche Radioaktivität in der Biosphäre wieder ansteigt. In Abbildung 46 sind nach Schulze[2] verschiedene Werte für den Radongehalt in der Luft angegeben. Die Einheit von 1 Curie entspricht der Aktivität eines radioaktiven Nukliden mit $3{,}700 \cdot 10^{10}$ Zerfallsakten pro Sekunde, während die Bestrahlungsdosis 1 R (Röntgen) $2{,}0822 \cdot 10^9$ Ionenpaare/cm^3 in Luft bei 0 °C und 1013 Millibar bedeutet.

2.18 *Kosmische Ultrastrahlungen.* Abgesehen von den Meteoriten, die eine tägliche Gewichtszunahme der Erde um 1000 Tonnen bedingen, gelangt die Kosmische Ultrastrahlung aus dem Weltraum zur Erde. Diese Strahlung besteht im wesentlichen aus Elektronen, Mesonen, Protonen, Neutronen und Photonen. Die Neutronen und Photonen werden durch das Erdmagnetfeld nicht abgelenkt und können auch mit niedrigen Energien in die Atmosphäre eindringen. Die Neutronen zerfallen in Elektronen und Protonen, die vom Magnetfeld der Erde eingefangen werden und bevorzugt in den Strahlengürteln zu finden sind. Die Kosmische Ultrastrahlung wird in der Erdatmosphäre nach Schulze[2] etwa so geschwächt wie beim Durchdringen von 10 m Wasser oder 90 cm Blei. Zu beachten ist, daß in der Atmosphäre eine selektive Filterung eintritt, die in den oberen Schichten zunächst fast alle Materieteilchen zurückbehält und nur die Photonen höherer Energien und einige wenige Elektronen zur Erdoberfläche gelangen läßt. Deshalb sind von dem gewaltigen, in die Atmosphäre eindringenden Materiestrahlungsstrom nur etwa 30 schnelle Elektronen pro Quadratmeter und Sekunde an der Erdoberfläche zu erwarten.

Korpuskularstrahlung mit Geschwindigkeiten bis zu 500 km/sec und *Koronastrahlung* bis 1600 km/sec sind für die normalen Nordlichterscheinungen sowie für kleine magnetische Störungen usw. verantwortlich.
Schließlich tritt bei der Sonne aus der Umgebung chromosphärischer Eruptionen Kosmische Strahlung mit einer Energie von $5 \cdot 10^9$ eV aus. Sie äußert sich in einem Anstieg der Sekundäreffekte der *Kosmischen Strahlung.* Ob diese Beeinflussung der Erde und ihrer Atmosphäre biologische Auswirkungen hat, ist bislang noch ungewiß.

2.19 *Photonen.* Photonen sind die in unserer Welt am häufigsten vorkommenden Teilchen. Man weiß heute, daß Photonen überall im Weltraum existieren: Etwa 400 Photonen im Mittel

Strahlenquelle Weltraum	Strahlenquelle Atmosphäre und Erdoberfläche
1. Materiestrahlung fast vollst. absorbiert 2. Kosmische Ultrastrahlung 0,1 r/Jahr geringe biolog. Wirkungen 3. γ-Strahlung fast vollst. absorbiert 4. Röntgenstrahlung vollst. absorbiert 5. Ultraviolettstrahlung 6. Sichtbares Licht Fenster I 7a. Infrarotstrahlung kurzwellig Zu 5, 6 u. 7a λ: 0,3 µm bis 2 µm 10^3 Watt/m^2 CO_2-Assimilation Verdunstung Erwärmung selekt. biol. Reaktionen 7b. Infrarotstrahlung langwellig vollst. absorbiert 8a. Hochfrequenzstrahlung Ultrakurzwelle Kurzwelle Fenster II 10^{-2}m bis 10^2 m 10^{-9} Watt/m^2 keine bes. biol. Wirkungen 8b. Hochfrequenzstrahlung Langwelle Mittelwelle vollst. absorbiert 9. Niederstfrequenzstrahlung ULF-Strahlung von der Sonne (ELF-Strahlung von Quasaren-noch nicht erforscht)	1. Infrarotstrahlung 6 µm bis 60 µm 10^2 Watt/m^2 lebenserhaltend Ausgleich des Strahlungsdefizits des Menschen (Glashauswirkung) 2. Hochfrequenzstrahlung λ: 1 km bis 100 km Impulse bis zu 10 V/m Übermittler von den Vorgängen der höheren Atmosphäre zum Menschen (?) 3. Niederfrequenzstrahlung ELF-Schumann-Resonanz ULF-Strahlung aus der Ionosphäre und Magnetosphäre 4a. Natürliche Radioaktivität (als Folge des Radiumgehaltes der Erdkruste) 0,1 r/Jahr Gewöhnung keine wesentl. biolog. Wirkung geringe Stapelung. 4b. Künstliche Radioaktivität (als Folge von Atombomben-explosionen) Bestr.-Stärke z.Z. niedrig Gefahr der Stapelung im Organismus

Tabelle 1 Links: *Die aus dem Weltall zur Erde einfallenden Strahlungen, mit teilweiser Angabe der Bestrahlungsstärken für die Biosphäre, nach erfolgter Filterung in der Atmosphäre.* Rechts: *Die von der Atmosphäre und der Erdoberfläche emittierten Strahlungen, und die in der Atmosphäre radioaktiv strahlenden Korpuskeln, teilweise ergänzt durch die Bestrahlungsstärken in der Biosphäre, nach* Schulze, *entsprechend ergänzt.*

pro Kubikzentimeter. Die Astrophysiker nehmen an, daß es sich im Kosmos hierbei um das Überbleibsel des Urknalls handelt, also jener Urexplosion, die vor etwa 20 Milliarden Jahren stattfand (Fritzsch[566]).

2.20 *Neutronenstrahlung.* In der Natur existiert Strahlung in zwei wesentlichen Erscheinungsformen:

- Die masselose Photonenstrahlung, zu der zum Beispiel auch das Licht zählt; Photonenstrahlung breitet sich mit Lichtgeschwindigkeit aus.
- Die mit einer Masse behaftete Strahlung, zum Beispiel die Neutronenstrahlung; diese Art von Strahlung breitet sich wegen der Bindung an Masse immer langsamer als mit Lichtgeschwindigkeit aus.

Photonen und Neutronen können verschiedene Energie haben. Das Energiespektrum der Photonen erstreckt sich über mehr als das doppelte von Zehnerpotenzen als das der technisch erzeugbaren Neutronenstrahlung.

2.21 *Überblick.* Die Strahlungen, die möglicherweise für biologische Prozesse von Bedeutung sind, können somit entsprechend ihrem Ursprung wie folgt aufgeteilt werden:

a) Strahlungsquelle Weltraum

b) Strahlungsquellen Atmosphäre und Erdoberfläche.

Eine Übersicht gibt Tabelle 1.

3. FELDER UND IONISATIONSVORGÄNGE ZIVILISATORISCHEN URSPRUNGS

Durch die im Zuge der Industrialisierung und der Technisierung immer mehr ansteigende Elektrifizierung und durch die in den letzten Jahren sich rapide entwickelnde Nachrichtentechnik (Rundfunk- und Fernsehtechnik) entstanden eine große Anzahl verschiedenartiger Quellen elektromagnetischer Felder. Aber auch die Einführung moderner, elektrisch hoch isolierender Baustoffe führt wegen elektrostatischer Aufladungen zur Erzeugung elektrischer Felder.

3.1 *Statische Vorgänge.* Die besonders bei Kleidungsstoffen aus synthetischem Material oder Schuhen mit hochisolierenden Sohlen zu beobachtenden und als lästig empfundenen elektrostatischen Aufladungen können zu Funkenentladungen über mehrere cm hinweg führen. Um die lästigen Begleiterscheinungen beim Funkenüberspringen von der Hand zu vermeiden, kann man einen metallenen Gegenstand (wie einen Schlüssel) fest umschlossen in der Hand halten und über diesen den Entladungsvorgang stattfinden lassen. Nicht jedesmal muß damit gleich eine Gasflamme angezündet werden, wie es schon demonstriert wurde.

Die Aufladung hochisolierender Werkstoffe, Vorhänge, Teppiche und ähnlicher Gegenstände kann daneben zu einer dauernden Beeinflussung des elektrischen Luftionenhaushalts in Wohnräumen führen, was auch durch eine brennende Kerze oder Zigarettenrauch zu erreichen ist.

Der Ab- beziehungsweise Aufbau elektrostatischer Felder in geschlossenen Räumen muß jedenfalls mit derartigen Umständen in Verbindung gebracht werden.

3.2 *Niederfrequente Feldschwankungen.* Durch die sich verändernden geometrischen Bedingungen, die im Zusammenhang mit elektrostatischen Aufladungen eine wesentliche Rolle spielen, werden die rein statischen Verhältnisse gestört – sei es nun, daß die als Ladungsträger dienenden Objekte ihren räumlichen Standort ändern, daß gewisse Veränderungen in der Umgebung der Ladungen vorkommen, die quasi den Feldraum umfigurieren oder daß sich aufgrund von Ladungszufluß oder -abfluß die Feldstärkenverhältnisse ändern. Alle diese zeitabhängigen Vorgänge laufen normalerweise nicht extrem schnell, sondern in Zeiträumen von Minuten, Sekunden oder auch Bruchteilen von Sekunden ab (von dem Extremfall einer Funkenentladung einmal abgesehen). Sie sind dann als im ULF- oder ELF-Bereich liegende elektrische Feldschwankungen zu betrachten.

3.3 *Bahnstrom.* In Deutschland und in verschiedenen anderen europäischen Ländern wird zum Betrieb der elektrischen Eisenbahnen ein Strom der Frequenz von 16⅔ Hz verwandt. Oberleitungen und Schienen dienen hier und auch bei anderen Systemen im Normalfall als Stromleiter. Durch die hohe Betriebsspannung von 15 000 V, die der Fahrdraht gegenüber den Schienen und damit gegenüber der Erde hat, reicht das von der Oberleitung ausgehende elektrische Feld in merklicher Größe verhältnismäßig weit über den engsten Gleisbereich hinaus. Dieser Effekt wird natürlich noch vergrößert, wenn ein ganzes Oberleitungsnetz vorhanden ist, wie zum Beispiel in Bahnhofsbereichen. Zumindest im freien Gelände muß damit gerechnet werden, daß dann Abstände von vielen 100 Metern notwendig sind, bis die von den Oberleitungen verursachten elektrischen Felder auf Werte unter 1 mV/m heruntergehen.

3.4 *Telefon-Läutstrom.* Der Strom in Telefonleitungen, der zur Betätigung der Telefonklingel benützt wird, liegt im gleichen Frequenzbereich wie der elektrische Bahnstrom. Er hat eine Frequenz in der Größenordnung von etwa 25 Hz. Natürlich sind Spannung und Strom dieses Läutsignals wesentlich schwacher als diejenigen des Bahnbetriebs. Da jedoch Telephonleitungen bis in die Wohnungen hinein verlegt werden, können die Abstände zwischen den Kabeln und Personen, die sich in der Umgebung des Telefons aufhalten, entsprechend gering sein. Ist ein Telefonanschluß direkt neben einem Bett installiert, müssen deshalb unter gegebenen Umständen die elektrischen und magnetischen Felder, die in den Telefonkabeln ihren Ursprung haben, ebenfalls mit in Betracht gezogen werden. Hinzu kommen hier die Signale aus dem Sprachbereich (ca. 300 Hz–3 kHz); daneben können die Leitungen aber auch Störfelder übertragen (eingekoppelte Signale fremder Leitungen oder Schaltimpulse).

3.5 *Lichtstromversorgung.* Ein Problem besonderer Art stellt die allgemeine Versorgung von Haushalten und Betrieben mit Licht- beziehungsweise Kraftstrom der Frequenz 50 Hz (in den USA allgemein 60 Hz) dar. Ein weit verzweigtes Netz von Versorgungsleitungen sorgt dafür, daß der Strom, eine der wesentlichen technischen Errungenschaften des 20. Jahrhunderts, überall dorthin gelangt, wo er benötigt wird oder Verwendung findet. Dieses Stromnetz verteilt nach einem ausgeklügelten System die elektrische Energie über Hochspannungs- und Niederspannungsleitungen von der Erzeugerstelle (Kraftwerk) bis zum Endverbraucher.
Zur Vermeidung unnötiger Energieverluste im Übertragungssystem zwischen Kraftwerk und Verbraucher wird dabei die Energie mit den verschiedensten Betriebsspannungen übertragen. Hochspannungstransformatoren sorgen dafür, daß elektrische Energie von der Erzeugerseite mit Spannungen von weit über 100 000 V durch Überlandleitungen zu weitentfernten Verbraucherstellen geleitet wird. Bei der Weiterverteilung wird die Spannung stufenweise herabgesetzt, bis der elektrische Strom schließlich mit einer Betriebsspannung von 220 V (gegenüber der Erde) in unseren Haushaltungen ankommt.

Ein privater Bauwilliger wird wohl kaum den Wunsch haben, direkt unter oder neben einer Hochspannungsleitung ein Bauvorhaben zu realisieren. Müssen jedoch im Zuge des erhöhten Energiebedarfs nachträglich Hochspannungsleitungen über oder durch bereits dicht besiedelte Gebiete geführt werden, so entstehen Probleme.
Zu den Feldern, die von einer Hochspannungsleitung erzeugt werden können, ist zu bemerken: Aufgrund der Betriebsspannungen dieser Leitungen (Leiter-Leiter, Leiter-Erde) baut sich im Raum um die Hochspannungsanlagen einmal ein elektrisches Feld auf, das in seiner Stärke von der Betriebsspannung der Hochspannungsleitung sowie von den gesamten geometrischen Gegebenheiten der Stromseilanordnung abhängt (Raum zwischen den Seilen und die Umgebung, in der das elektrische Feld interessiert).
Solange elektrischer Strom durch die Leitung fließt (was der Normalfall ist) existiert auch gleichzeitig ein Magnetfeld, dessen Stärke von der Größe des fließenden Stromes und – räumlich gesehen – vor der Leiteranordnung und den Eigenschaften der Umgebung, die das Magnetfeld mitprägen, bestimmt wird.
Da Spannung und Strom in den Leitern die Frequenz von 50 Hz haben, gilt dies natürlich auch für die von ihnen erzeugten jeweiligen Felder.
Neben dieser Grundfrequenz existieren auf den Hochspannungsleitungen – sowie in allen anderen, elektrische Energie übertragenden Netzwerken – auch höherfrequente Signalanteile. Die Amplitudenverhältnisse dieser sogenannten Oberwellen (Vorgänge mit dem Vielfachen der Grundfrequenz) sind gewöhnlich bei Spannung und Strom verschieden.
Wegen des endlichen Isolationswiderstandes der Isolatoren, verursacht durch Oberflächenverunreinigung der Isolatoren, beziehungsweise durch Feuchtigkeit bei bestimmten Wetterlagen, die hierbei eine wesentliche Rolle spielen, ist damit zu rechnen, daß in der Umgebung von Hochspannungsmasten oder zwischen diesen auch im Erdboden gewisse Nebenströme fließen. Überdies kann die induktive oder kapazitive Kopplung zwischen den Leitungsseilen und dem Boden zu Erdströmen führen, deren Frequenzspektrum sich im allgemeinen von dem der Leiterströme beziehungsweise Leiterspannungen unterscheidet.
Bei Korona-Entladungen können jedoch auch Signale auftreten, die völlig unabhängig von der Frequenz des technischen Wechselstromes sind und normalerweise höherfrequenten Frequenzbereichen zugeordnet werden müssen.
Werden die Hochspannungsseile dazu noch durch Wind bewegt, ändern sich die gesamten räumlichen Verhältnisse in deren Umgebung und damit auch die elektromagnetischen Felder. Dies bedeutet, daß die von den stromführenden Seilen ausgehenden elektromagnetischen Felder im Rhythmus der mechanischen Bewegung eine amplitudenmäßige Modulation erleiden.
Außerdem ist mit Folgendem zu rechnen: Spannung und Strom der Hochspannungsleitungen verlaufen zeitlich gesehen nicht nur rein periodisch sinusförmig, sondern kurzzeitige Spannungs- beziehungsweise Stromeinbrüche oder Spannungs- beziehungsweise Stromspitzen erzeugen zusätzlich jeweils ein überlagertes, impulsartig auftretendes Feld.
Hochspannungsleitungen sind aber auch in der Lage, gewisse atypische Signale, die sie auf kapazitivem oder induktivem Wege (von Rundfunksendern, Fernsehsendern usw.) oder gar durch direkte Energieaufnahme (Blitze) aufgenommen haben, über größere Entfernungen hin zu übertragen.
Die Stärke der elektrischen und magnetischen Felder, die in der näheren Umgebung von Hochspannungsleitungen auftreten, kann theoretisch wohl kaum vorhergesagt werden, da die sehr unterschiedlichen Betriebsspannungen, Betriebsströme und geometrischen Anordnungen zu berücksichtigen wären. Für genauere Werte müssen im Einzelfall immer entsprechende Messungen vorgenommen werden. Eine ausführliche Studie hierüber liegt von Schneider et al.[260] vor. Gewisse Größenordnungen können jedoch angegeben werden. In allernächster Umgebung einer 110 kV Hochspannungsleitung sind demnach über dem Erdboden elektrische Feldstärken mit der Frequenz von 50 Hz und Werten im Bereich zwischen 0,5 kV/m bis 2 kV/m zu erwarten. Diese Werte liegen bei 30 bis 50 m Entfernung von der Hochspannungsleitung meist bei einigen Prozent und bei 100 bis 200 m nur noch in

Tafel III: Magnetfeld um ein Relais. Eisenfeilspäne orientieren sich deutlich längs der magnetischen Kraftlinien, die durch ihre Tangente für jeden Punkt die Wirkungsrichtung der magnetischen Kraft anzeigen.

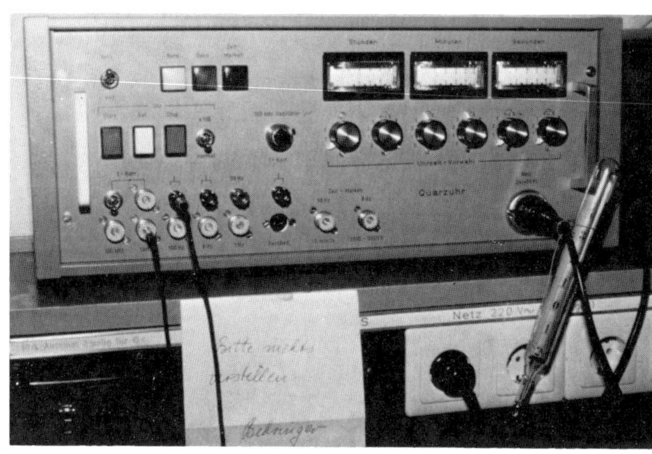

Tafel IV: Meßtechnischer Aufwand zur Registrierung von ELF-Atmospherics im Bereich der »Schumann-Resonanzen« (siehe hierzu auch Abschnitt B.2.8). Oben links: Schwenkbarer Antennenmast zur Messung des elektrischen Feldes. Links unten: Details der »Ball-Antenne«. Ein PVC-Gehäuse schützt die Antenne, welche eine möglichst große Oberfläche haben soll. Die Kapazität der Antenne zum umgebenden Raum und der extrem hohe Eingangswiderstand des innerhalb des Antennenkörpers montierten Antennenverstärkers bestimmen die technischen Eigenschaften der Anlage. Links im Bild ein Blitzschutz und der Sockel für den Antennenverstärker. Oben rechts: Spezialantenne zur Messung der magnetischen Komponente. Zur Vermeidung von Kurzschlußwindungen ist das radförmige Gebilde vollständig aus PVC-Material hergestellt. Die Lagerung der Spulenachse d auf Silikon-Kautschuk a und c und auf einer Moosgummiplatte b dient zum Abfangen unerwünschter mechanischer Erschütterungen. Die nach dem Induktionsprinzip arbeitende Antenne würde sonst durch Bewegung im Erdmagnetfeld Störsignale erzeugen. Technische Daten der Spule: Induktivität $L = 6600\,H$, Eigenresonanz $f_0 = 74\,Hz$; Resonanzblindwiderstand $X_0 = 3\,M\Omega$ bei 8 Hz; Empfindlichkeit für ein 8 Hz-Magnetfeld von 10^{-6} A/m beträgt $U_i = 10^{-5}\,V$; mechanische Eigenresonanz $f_m \leqq 5{,}5\,Hz$; Spulendurchmesser $D = 2\,m$; Windungszahl $N = 40\,000$; Gesamtgewicht $G = 153\,kp$. Rechts unten: Quarzuhr mit extrem hoher Ganggenauigkeit. Sie bestimmt die Laufgenauigkeit eines registrierenden Magnetbandgerätes und liefert 8 Hz-, Sekunden-, Minuten-, Stunden- und Tageszeitmarken.

der Promillegröße der Werte unter den Hochspannungsleitungen. Die Oberwellenanteile der Grundschwingung, deren Größenordnung einige Prozent bis einige Promille des Grundwellensignals betragen können, treten im gleichen Verhältnis geschwächt gemeinsam mit der jeweiligen Grundwelle auf. Die relativ starke Abnahme des Feldes mit der Entfernung von den Leitungen hängt mit der für derartige Anlagen typischen festen Phasenbeziehung der Felder der einzelnen Seile zusammen. Ist diese, wie bei Korona-Entladungen oder sonstigen entkoppelten Störimpulsen beziehungsweise Signalen nicht vorhanden, so muß mit einer wesentlich geringeren Abnahme in Abhängigkeit von der Entfernung der Hochspannungsleitungen gerechnet werden. Die Größenordnung dieser Signale im Bereich direkt unter der Hochspannungsanlage liegt bei 10^{-2} V/m bis 10^{-4} V/m und geht in 100 m Entfernung auf nur einige Prozent dieser Werte zurück.

Wie beim elektrischen Feld hängt auch beim Magnetfeld die zu erwartende Feldstärke erheblich von der geometrischen Anordnung der Hochspannungsanlage ab. Durch die phasenmäßige Kopplung der Ströme in den einzelnen Leitern nimmt auch das Magnetfeld mit zunehmender Entfernung ab, so daß bereits in der näheren Umgebung der Hochspannungsleitungen nur mehr eine Magnetfeldstärke in der Größenordnung von einigen 10^{-5} Tesla (Zehntel Gauß) zu erwarten ist.

Bevor die elektrische Energie in bewohnte Räume mit der üblichen Spannung von 220 V (gegenüber Erde) geleitet wird, muß sie mit Hilfe von Transformatoren mittlerer Spannung auf diesen niedrigen Spannungswert transformiert werden, die gewöhnlich — oft in Transformatorenhäuschen untergebracht — in unmittelbarer Nähe bewohnter Häuser liegen. Die Erfahrung zeigt jedoch, daß die von solchen Niederspannungstransformatoren ausgehenden Streufelder zumindest im Normalfall sehr gering sind und bereits in kurzen Entfernungen kaum mehr nachgewiesen werden können.

Nicht unerwähnt sei in diesem Zusammenhang die Elektroinstallation in den Wohnräumen, die mit ihren unterschiedlichen Ausführungsarten zu erheblich differierenden Feldstärkewerten in den verschiedenen Räumen führen kann. Als besonders ungünstig erweisen sich in dieser Richtung die sogenannten Stegleitungen, da sie in ihrer Umgebung insbesondere für relativ starke elektrische Felder der Frequenz von 50 Hz verantwortlich sind. Eine in Metallrohren verlegte Elektroinstallation erweist sich den Stegleitungen dagegen weit überlegen, denn die Metallummantelung der Drähte stellt zumindest für das elektrische Feld eine sehr gut abschirmende Vorrichtung dar. So groß dieser Unterschied zwischen den einzelnen Installationsarten bezüglich des elektrischen Feldes sein kann, so gering ist er für das magnetische Feld. Eine Ideallösung wäre bei diesem Problem allein das Koaxialkabel (Abbildung 47), denn dieses verhindert den Austritt sowohl des elektrischen als auch des magnetischen Feldes und damit die Ausbreitung dieser Felder vom Kabel weg in die Wohnräume hinein. Derartige Kabel stehen jedoch zur Zeit im Handel noch nicht zur Verfügung.

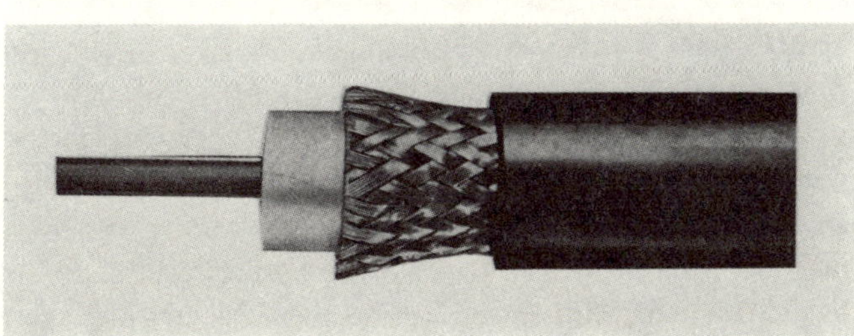

47 Koaxialkabel (von innen nach außen): Innenleiter, Isolation, Außenleiter (gegebenenfalls gleichzeitig auch Abschirmung), Isolation.

Trotzdem gibt es auch hier Möglichkeiten, die unvermeidlichen Störfelder durch gezielte Maßnahmen zumindest zu reduzieren. Eingehende eigene Labormessungen ergaben diesbezüglich einen besonderen Effekt vor allem durch eine Verdrillung von den Leitungen, die die Hin- und Rückführung des Stromes bilden. Erstaunlicherweise ergab sogar auch noch die Verwendung von Rohrsystemen aus Metall für die Verlegung der elektrischen Leitungen hinsichtlich der Magnetfeld-Abschirmung eine gewisse Wirkung.

Hiervon abgesehen müssen auch die in Wohnungen verwendeten, lose herumliegenden Verlängerungsschnüre für Stehlampen, Fernsehgeräte, Radiogeräte usw. als eine nicht unwesentliche Quelle von 50 Hz-Feldern in bewohnten Räumen angesehen werden.

3.6 *Elektrisches Feld in Innenräumen.* Zumindest einen gewissen Überblick über die Existenz von elektrischen Wechselfeldern in geschlossenen Räumen ergeben die Messungen und Untersuchungen von Reiter[574]. Demnach zeigte sich in einem Bibliotheksraum, in dem sechzehn Leuchtstoffröhren an der Decke montiert waren, daß bei eingeschaltetem Zustand der Leuchtstoffröhren im Raum über ein weites Frequenzband elektrische Felder nachzuweisen waren. Wie zu erwarten, lagen die höchsten Feldstärkewerte von 50 V/m frequenzmäßig im Bereich der Netzfrequenz. Aber selbst im Bereich von 10 kHz war immer noch eine Feldstärke von etwa 0,1 V/m nachweisbar. In einem Unterrichtsraum eines Gymnasiums ergaben sich ähnliche Verhältnisse, jedoch waren hier in auffallender Weise die Oberwellen teilweise so stark wie die Grundfrequenz vertreten. Im Falle eines defekten Starters einer Lampe wurde im Abstand von einem Meter bei 15 kHz eine Feldstärke von 0,2 V/m gemessen. In einem Kunden-Bankraum mit eingeschaltetem Terminal ergaben die Messungen das übliche Spektrum hinsichtlich der 50 Hz-Energiefelder und deren Oberwellen, zusätzlich jedoch mit vergleichbarer Feldstärke von etwa 5 V/m eine auffallende Strahlung im Frequenzbereich bei 30,5 kHz. Bei einem anderen Terminal waren im Frequenzbereich 28–32 kHz sogar Feldstärken von immerhin 22 V/m zu messen. Feldstärkemessungen in einem einfachen Arztzimmer in einem Kreiskrankenhaus ergaben überraschend extrem hohe Feldstärkemessungen mit Frequenzen bis über 10 kHz. Die 50 Hz-

Oberwellen waren bis über 800 Hz deutlich ausgeprägt. Ferner zeigte sich einen halben Meter über dem Boden eine Feldstärke von nahe 200 V/m im Frequenzbereich bis etwa 400 Hz. Kabelverlegungen im Kunststoffußboden waren hierfür offensichtlich verantwortlich. Bei der Untersuchung eines Schwarzweiß-Fernsehgerätes zeigte sich zunächst einmal im Bereich von etwas über 15 kHz im Strahlungsspektrum eine Spitze von etwa 20 V/m im Abstand von 0,5 m. Darüberhinaus gab es noch Abstrahlungen in harmonischer Folge im Bereich zwischen 10 kHz bis 100 kHz in der Größenordnung von einigen 10 V/m. Die Untersuchung eines Raumes eines Hauses, welches nur 10 m von einer Bundesbahnfahrleitung entfernt steht, ergab aufschlußreiche Erkenntnisse. Die Messungen in diesem Raum erbrachten eindeutig, daß sich die hier mit 16⅔ Hz zu erwartende Feldstärke nicht nur am offenen Fenster oder hinter den geschlossenen Glasfenstern, sondern genauso hinter der Ziegelmauer im Gegensatz zu anderen Aussagen und Berichten gut nachweisen läßt. Die gemessenen Feldstärkewerte betrugen im Gebäude 10 V/m und mehr, je nach Position. Es wird in diesem Zusammenhang als bemerkenswert erwähnt, wie sowohl die Oberwellen der Bundesbahn-Frequenz als auch die Oberwellen der 50 Hz-Netzversorgung bei den Frequenzspektren klar voneinander getrennt zu erkennen waren.

Die hier zitierten Meßwerte beziehen sich ausschließlich auf das elektrische Feld. Eigene Untersuchungen an gleichen technischen Einrichtungen wurden auch zur Überprüfung des magnetischen Feldes durchgeführt. Die oben gemachten Angaben hinsichtlich der zu beobachtenden Frequenzen decken sich mit den Erfahrungen bezüglich magnetischer Felder. Im Gegensatz zu elektrischen durchdringen die magnetischen Felder Häuser und sonstige bauliche Einrichtungen gänzlich ungehindert. In unmittelbarer Nähe von Bahnlinien läßt sich über den Fahrstrom anhand des zu messenden Magnetfeldes der Fahrbetrieb auf der Strecke genau beobachten. Es wurden beispielsweise in 200 Meter Entfernung im Frequenzbereich von 10 Hz bis 10 kHz Spitzenwerte magnetischer Feldstärken bis zu 5 A/m (entspricht etwa 5 μT) gemessen. Ein besonderes Problem scheinen dabei die mit Phasenanschnittsteuerung arbeitenden elektrischen Bahnen darzustellen. Sie erzeugen ein extrem oberwellenhaltiges Magnetfeld mit Spitzenwerten, die noch weit über den angegebenen Werten liegen. Messungen der Magnetfelder in der Nähe von EDV-Anlagen, also beispielsweise von Terminals, ergaben gleichfalls ein breites Frequenzspektrum von zu beobachtenden magnetischen Flußdichten, im allgemeinen im Bereich um 1 μT, unter Umständen aber auch ein oder zwei Größenordnungen darüber.

3.7 *Hochfrequenzfelder.* Rundfunk- und Fernsehgeräte stellen wie schon gesagt auf jeden Fall Strahlungquellen elektrischer und magnetischer Energien der Frequenz von 50 Hz dar. Aufgrund ihrer Funktionsweise gehen von diesen Geräten jedoch auch noch höherfrequente elektromagnetische Felder aus, so zum Beispiel von 625 Hz oder 16,25 kHz (zur Bilderzeugung), bis zu Werten im Bereich um 40 MHz (Zwischenfrequenz). Hieran schließen sich die direkten Sendefrequenzen von UKW- beziehungsweise Fernsehsendern im Bereich um 100 MHz bis etwa 500 MHz an. All dies hat zur Folge, daß von diesen Geräten elektromagnetische Strahlung über ein breites Frequenzspektrum zu erwarten ist. Daneben existiert aber auch eine vom Bildschirm selbst ausgehende Strahlung im Bereich des Röntgenspektrums.

Im Jahre 1967 mußte zum Beispiel die Firma General Electric Company in den USA eine schon verkaufte Serie von rund 100 000 Geräten bei den Besitzern wieder abholen, weil technische Prüfungen eine unzulässige Emission im Röntgenspektrum ergeben hatten[74*].

Nach den Bestimmungen des US-Gesundheitsministeriums darf die an einer beliebigen Stelle außerhalb eines Fernsehgerätes feststellbare Strahlendosis nicht größer als 0,5 mR/Std. sein. Der Verband Deutscher Elektrotechniker (VDE) toleriert dieselbe Höchstdosis bis zu einer Entfernung von maximal 50 mm rund um das Gehäuse, eine Norm, die auch in die Strahlenschutzverordnung des Bundesarbeitsministeriums vom März 1973 übernommen wurde. Neuere Untersuchungen über die feststellbare Röntgendosis zeigten jedoch, daß es erfreulicherweise der Industrie offenbar gelungen ist, dieses Problem zu lösen, denn es war meßtechnisch keine Strahlung dieser Art mehr nachzuweisen.

Elektromagnetische Wellen, die dem Empfang von Rundfunk- und Fernsehinformationen dienen, dringen natürlich (bevorzugt durch die Fensteröffnungen) in die Wohnräume ein, was sich leicht mit Hilfe von Koffergeräten oder ähnlichen Apparaten, die mit Zimmerantennen versehen sind, feststellen läßt. Bei Verwendung eines kleinen tragbaren Transistorgerätes kann dabei ganz einfach getestet werden, daß die Empfangsfeldstärke in einem Wohnraum sehr unterschiedlich ist und von Stelle zu Stelle oft sehr voneinander abweichende Empfangsbedingungen vorhanden sind. Reflexionen dieser verhältnismäßig kurzwelligen elektromagnetischen Wellen (etwa 0,5 bis 3 m Wellenlänge) an den Wänden der Wohnräume und besonders auch an Spiegeln und ähnlich gut reflektierenden Gegenständen führen in den Wohnräumen zur Ausbildung sogenannter Stehender Wellen. Diese haben zur Folge, daß sich an manchen Stellen die vorhandenen Felder auslöschen, an anderen dagegen aufsummieren, was den unterschiedlichen, ortsabhängigen Empfang innerhalb eines Wohnraumes bedingt. Bei der Verwendung von Zimmerantennen kann es daher im Falle des Empfangs eines schwachen Senders sehr lohnend sein, im Wohnraum eine besonders günstige Stelle für die Zimmerantenne zu suchen. Auch das Wissen um das wechselseitige Auftreten von Maxima und Minima des elektrischen und magnetischen Feldes kann dabei eine Hilfe sein. Die richtige Orientierung (Peilwirkung) der Antennen ist natürlich ebenso wie möglicherweise über größere Entfernungen hinweg erfolgte Reflektionen zu berücksichtigen (Ursache von »Geisterbildern« beim Fernsehen).

3.8 *Mikrowellen.* Die erstmalige Anwendung von Mikrowellenstrahlung erfolgte im Jahre 1933, als französische und englische Ingenieure eine neue drahtlose Nachrichtenverbindung über den Ärmelkanal einrichteten, die erstmals mit Dezimeterwellen betrieben wurde. Die benutzte Frequenz 1,75 GHz (etwa 17 cm Wellenlänge) erschien für damalige Verhältnisse unwahrscheinlich hoch. Erhebliche Fortschritte machte die Entwicklung der Mikrowellentechnik im 2. Weltkrieg, wo erstmals Radarsysteme mit Mikrowellen von 50 cm Wellenlänge benutzt wurden. Auch die Entdeckung von der Sonne ausgehender gleichartiger Strahlung fiel in diese Zeit. Bereits zu Kriegsende war die Entwicklung für die Verwendung von Anlagen mit einer Betriebsfrequenz von rund 45 GHz (6,67 mm Wellenlänge) abgeschlossen.
In der Zeit nach dem Krieg nahm die Anwendung derartiger Strahlung unentwegt zu. So wuchs beispielsweise in den 30 Jahren von 1946 an bis 1976 in den USA die Zahl der Sendeeinrichtungen von 50 000 auf 7 Millionen an, nicht mitgezählt die sendetechnischen Anlagen der Streitkräfte. Derzeit ist ein Zustand erreicht, daß der Gesamteinsatz von Mikrowellenstrahlungsenergien überhaupt nicht mehr übersehbar ist: Polizeifunk, Taxifunk, kleine Rufgeräte, Funkverbindung mit Weltraumflugkörpern, Nachrichtensatelliten, Radar-Navigation, Polizei-Geschwindigkeitskontrollen, Raumüberwachung gegen Diebstähle, Wettersatelliten, Luftraumüberwachung, Mikrowellentherapie, Mikrowellenherde im Haushalt, Mikrowellenöfen für Trocknungsverfahren, Mikrowellenverschweißung bei Kunststoff, um nur einige Beispiele zu nennen.
Über die unerwünschte Wirkung von Mikrowellenstrahlung wurde erstmalig im Zusammenhang mit der Tätigkeit von Radartechnikern berichtet. Nach den Angaben von Brodeur[562] ging es dabei um Juckreiz und dem Hören vibrierender Summtöne wie auch um Kopf- und Augenschmerzen. Inzwischen ist eine große Anzahl von Forschern damit befaßt, die gesamte Problematik besser in den Griff zu bekommen. Ein erstes Ergebnis stellen die maximalen Strahlungsbelastungen dar, wie sie beispielsweise aus Abbildung 107 für einige Länder zu entnehmen sind.
Mit dem Problem von Mikrowellen-Kochgeräten in privaten Haushalten und für kommerzielle Zwecke befaßt sich das Bundesgesundheitsamt[583]*. Gemäß den hier gegebenen Informationen läßt sich abschätzen, daß die Zahl der in der Bundesrepublik Deutschland in Haushalten genutzten Mikrowellen-Kochgeräte in der Größenordnung von 600 000 bis 700 000 liegt und weitere rund 120 000 Geräte gewerblich genutzt werden. Das Ergebnis einer Leckstrahlungsuntersuchung von Kochgeräten in Privat-Haushalten zeigt Abbildung 48.
Im Übergangsbereich Infrarotstrahlung–Licht kommt der Laser-Strahlung eine besondere Bedeutung als technisch erzeugte Strahlung extremer Stärke zu. Vor allem auf militärischem Sektor (»Krieg der Sterne«) zeichnet sich hier für die Zukunft eine für zivile Stellen nicht übersehbare Entwicklung ab, deren Konsequenzen sich derzeit nicht einmal erahnen lassen.

3.9 *Ionisierende Strahlung.* Am besten übersehbar und praktisch durch entsprechende Vorschriften fixiert ist die technische Erzeugung von ionisierender Strahlung, also von UV-, Röntgen-, Alpha-, Beta- und Gamma-Strahlung (der klassischen Radioaktivität). Hierbei beschränkt sich die Existenz von UV- und Röntgen-Strahlung auf räumlich relativ kleine Bereiche (UV-Strahlungserzeugung auf bestimmte einzelne Räume, Röntgenstrahlung etwa auf die angrenzenden Räume). Wesentlich kritischer ist in allgemein bekannter Weise das Auftreten der Radioaktivität in Form der Gamma-Strahlung. Kernkraftwerke und Atombomben sind hier die Stichworte. Hinsichtlich der Ausbreitungsverhältnisse ergibt sich dabei eine besondere Situation, da diese Strahlung sich zwar von der radioaktiven Materie mit Lichtgeschwindigkeit – wenn auch im Bereich der Erdoberfläche höchstens über eine begrenzte Kilometerzahl hinweg – ausbreitet (Quanten), darüber hinaus wird aber das radioaktive Material in der Luft durch die Luftbewegung sogar um den gesamten Erdball vergleichsweise langsam transportiert.

Überblick. Zusammenfassend muß also festgestellt werden, daß in der Umgebung des Menschen letztlich ein Gemisch aus natürlichen und künstlichen elektromagnetischen Vorgängen existiert, wie sie in Abbildung 49 angedeutet sind. Das gesamte Frequenzspektrum ist von natürlichen Vorgängen lückenlos, kontinuierlich besetzt, wobei sich die Strahlungsintensitäten einzelner Frequenzbereiche deutlich unterscheiden können. Dem überlagert sind einzelne Spektrallinien, die im Zusammenhang mit technischen Anlagen stehen, mit einer um mehrere Zehnerpotenzen stärkeren Abstrahlung.

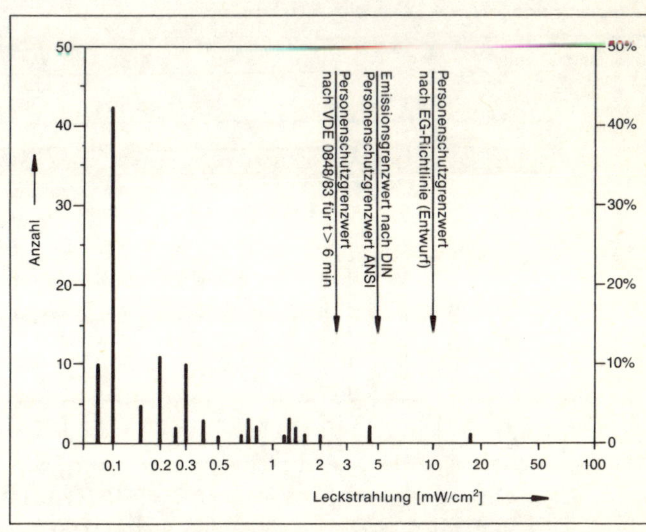

48 Leckstrahlung (Höchstwerte) von 101 Mikrowellen-Kochgeräten in Privat-Haushalten im Abstand d = 5 cm, Frequenz f = 2450 MHz, gemäß Bundesgesundheitsamt.

4. ABSCHIRMUNG ELEKTROMAGNETISCHER VORGÄNGE

Die Abschirmung elektromagnetischer Energien ist ein relativ komplizierter physikalischer Vorgang. Er hängt davon ab, ob es sich um die Abschirmung von elektrischen, magnetischen oder elektromagnetischen Feldern handelt. Ferner spielt die elektrische Eigenschaft des verwendeten Abschirmmaterials eine wichtige Rolle sowie dessen struktureller Aufbau (Verwendung von Platten oder eines Gitters); beide bedingen eine Frequenzabhängigkeit des Abschirmeffekts.

Für das Eindringvermögen von elektromagnetischen Wellen in Medien verschiedener Leitfähigkeit gilt folgendes: In Leiter erster Klasse, also in Metall, vermögen elektromagnetische Wellen nicht nennenswert einzudringen. Diese Tatsache wird beim Faraday'schen Käfig ausgenutzt: Ein Raum, der allseitig von Metallen umgeben ist, bleibt über einen großen Frequenzbereich von elektromagnetischen und speziell von elektrischen Feldern frei (siehe auch Abbildung 50). Merkliche Eindringtiefe wird erst dann festgestellt, wenn Nichtmetalle als Abschirmmaterialien verwendet werden. Die Abschirmwirkung beziehungsweise die Eindringtiefe in das Material ist dabei eine Funktion

1. der Frequenz der elektromagnetischen Welle (»Skin-Effekt«),
2. der spezifischen Leitfähigkeit des Materials,
3. der Permeabilität des Materials.

Unter Eindringtiefe wird hierbei jene Tiefe verstanden, in der die Amplitude der Welle auf den 1/e-ten Teil der Ausgangsamplitude abgesunken ist (e = 2,72; Basis des natürlichen Logarithmus).

So gut ein einfacher Faraday-Käfig statische und niederfrequente elektrische Felder abschirmt, so wenig nützt er jedoch gegen magnetische Felder. Gemäß Unterlagen der Firma Siemens ist bei Frequenzen unter 500 Hz im Inneren einer Abschirmkugel mit einem Magnetfeld zu rechnen, das um den Faktor reduziert ist

$$\frac{H_a}{H_i} = \frac{4\mu_r\, d}{3\,D} + 1.$$

Selbst bei einer Wandstärke d = 1 cm einer Metallkugel mit einem Außendurchmesser D = 2 m und einer relativen Permeabilität $\mu_r = 150$ des Materials ergäbe sich im Kugelinneren nur ein auf 50% reduziertes Magnetfeld. Dies bedeutet, daß gerade im Falle energietechnischer Magnetfelder der Frequenzen von 50 Hz (Lichtnetz) und 16⅔ Hz (Bahnbetrieb) eine wirkungsvolle Abschirmung nur mit sehr großem technischen Aufwand möglich ist, der selbst im Laborbetrieb kaum mehr vertretbar scheint. Im Privatbereich muß es praktisch als unmöglich angesehen werden, eine Abschirmung gegen derartige Magnetfelder durchzuführen. Das »tückische« der niederfrequenten magnetischen Strahlung besteht außerdem noch in seiner Durchdringungsfähigkeit gerade von Baustoffen, wie sie im Hausbau verwendet werden. Ziegelwände haben überhaupt keinen Einfluß und selbst Stahlbetonmauern schwächen das Magnetfeld nur ganz geringfügig ab, weil es sich hier überwiegend um nichtmagnetische Materialien handelt. Der optische Eindruck einer Geborgenheit durch das Mauerwerk ist also trügerisch. Nur gegen niederfrequente elektrische Felder ist hier eine deutliche Abschirmwirkung vorhanden, wobei in diesem Fall nun wieder Raumöffnungen wie Fenster und Türen von Bedeutung sind.

In Abbildung 51 ist die Eindringtiefe elektromagnetischer Strahlung abhängig von der elektrischen Leitfähigkeit des Bodens und von der Frequenz der Strahlung für verschiedene Bodenbeschaffenheiten dargestellt. Daraus geht hervor, daß

49 Übersicht zur Anwendung und zu den Erscheinungsformen elektromagnetischer Energien über einen weiten Frequenzbereich und Kennzeichnung gewisser Schwergewichtsbereiche.

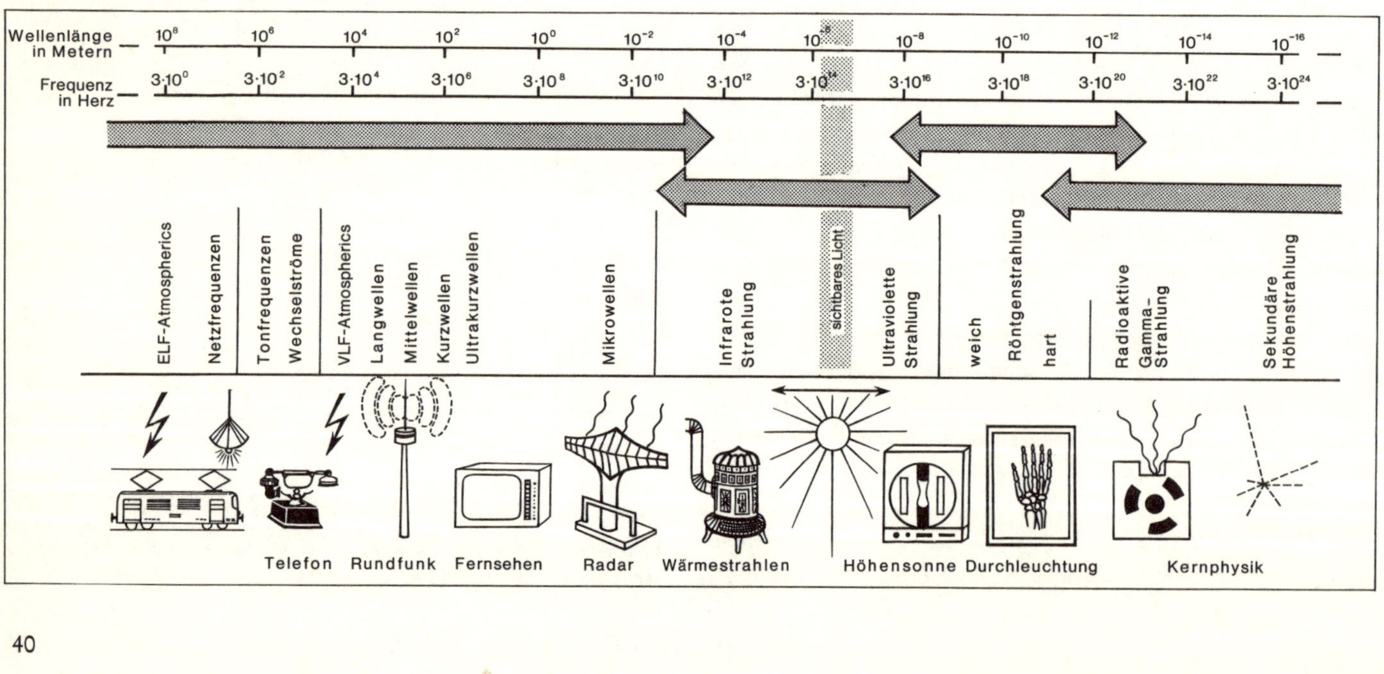

50 Das Auto als Faradayscher Käfig.

bei einer Leitfähigkeit von 10^{-1} (1/Ohm · m), wie sie feuchtem Lehm entspricht, für elektromagnetische Vorgänge der Frequenz von 5 Hz eine Eindringtiefe von knapp 1000 m, bei 50 Hz von 100 m, bei 5 kHz von gut 10 m und bei 50 kHz von knapp 1 m gegeben ist. Somit werden elektromagnetische Wellen selbst bei der Frequenz von 50 kHz imstande sein, auch trockenes metallfreies Mauerwerk ohne nennenswerte Schwächung zu durchdringen.

Wird ein Raum nun allseitig durch ein Gitter oder Netz abgeschirmt, das heißt nicht durch geschlossene Flächen, so wird die Welle zwar auch stark geschwächt, doch bleibt ein merklicher Restbetrag übrig.

Nach Wessel[75] beträgt die Durchlässigkeit eines Drahtgeflechtes für elektromagnetische Wellen (prozentuale Durchlässigkeit D):

$$D = \left(\frac{2d}{\lambda} \ln \frac{d}{2\pi a} \right)^2$$

(d = Maschenweite des Netzes; a = Radius der Gitterstäbe beziehungsweise Drahtstäbe; λ = Wellenlänge).

Es liegt auf der Hand, für Versuchszwecke statt Metallplatten nur ein Maschengitter zu verwenden. Die unterschiedliche Wirkung derartiger Gebilde im Frequenzbereich zwischen 10 kHz und 100 MHz geht nach Presman[72] aus Tabelle 2 hervor, wobei die hier angegebenen Koeffizienten S_1 dazu dienen, die Dämpfung des Energieflusses durch die Abschirmung A zu beschreiben, und zwar:

$$A = \frac{\text{Po Leistung ohne Abschirmung}}{\text{PA Leistung mit Abschirmung}} = (S_1)^2.$$

Tabelle 3 gibt die Abschirmwirkung für Gitter aus Messing mit unterschiedlicher Maschenweite im Dezimeterbereich ($A = S_{SHF}$) direkt an.

Bereits dieser kleine Überblick zeigt die vielfältige Problematik der Abschirmung elektromagnetischer Vorgänge. Es ist

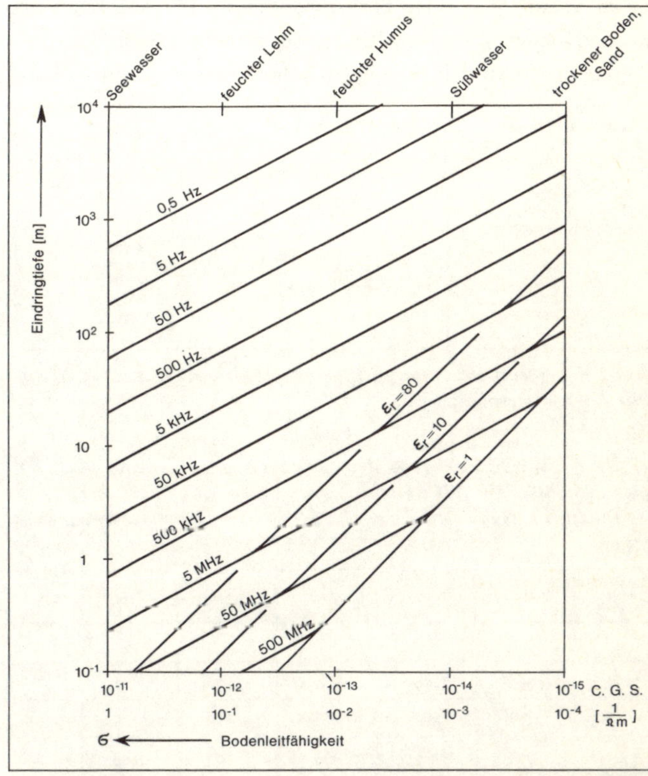

51 Eindringtiefe elektromagnetischer Strahlung (Amplitudenrückgang auf 1/e) abhängig von der relativen Leitfähigkeit σ und der relativen Dielektrizitätskonstanten ε_r des Absorbers, sowie von der Frequenz der Welle.

Art der Abschirmung	Abschirmmaterial	Frequenz [kHz]				
		10	100	1000	10,000	100,000
Metallplatten 0,5 mm dick	Stahl	$2.5 \cdot 10^6$	$5 \cdot 10^8$	$>10^4$		
	Kupfer	$5 \cdot 10^6$	10^7	$6 \cdot 10^8$	$>10^{12}$	
	Aluminium	$3 \cdot 10^6$	$4 \cdot 10^6$	10^8	$>10^{12}$	
Metall-Netz	Kupfer (Drahtdurchmesser 0,1 mm, Maschenweite 1×1 mm)	$3.5 \cdot 10^6$	$3 \cdot 10^5$	10^5	$1.5 \cdot 10^4$	$1.5 \cdot 10^3$
	Kupfer (Drahtdurchmesser 1 mm, Maschenweite 10×10 mm)	10^6	10^5	$1.5 \cdot 10^4$	$1.5 \cdot 10^3$	$1.5 \cdot 10^2$
	Stahl (Drahtdurchmesser 0,1 mm Maschenweite 1×1 mm)	$6 \cdot 10^4$	$5 \cdot 10^4$	$1.5 \cdot 10^4$	$4 \cdot 10^3$	$9 \cdot 10^2$
	Stahl (Drahtdurchmesser 1 mm, Maschenweite 10×10 mm)	$2 \cdot 10^5$	$5 \cdot 10^4$	$2 \cdot 10^4$	$1.5 \cdot 10^3$	$1.5 \cdot 10^2$

Tabelle 2 Werte des den Abschirmeffekt beschreibenden Koeffizienten S_1 für verschiedene Frequenzen, nach Presman.

offensichtlich, daß zum Beispiel durch die bei hohen Gebäuden verwendeten Baumaterialien die Abschirmverhältnisse gegenüber äußeren Feldern in irgendeiner Form beeinflußbar sind. Nur stellt sich hier die schwerwiegende Frage, welche Felder aus biologischen Gründen abzuschirmen sind und welche nicht. Gewisse natürliche elektromagnetische Vorgänge im näheren Lebensbereich des Menschen sind nämlich sehr wohl wünschenswert, während andere – hauptsächlich wohl zivilisatorischen Ursprungs – besser abgeschirmt werden sollten, da von ihnen ein negativer Einfluß zu erwarten ist. Stahlbetonbauten haben sicher eine relativ optimal abschirmende Wirkung: Dies gilt sowohl für elektromagnetische Vorgänge, die außerhalb von Gebäuden existieren (gleichgültig, ob natürlichen oder zivilisatorischen Ursprungs) als in einem gewissen Maß auch für solche, die durch Installationsanlagen in Gebäuden erzeugt werden. Wenn von milieubedingten, ortsabhängigen Einflüssen elektromagnetischer Vorgänge auf den Menschen die Rede sein wird, kommt dieser Punkt nochmals zur Sprache.

Zur getrennten Erforschung der Bedeutung einzelner spezifisch biologisch wirksamer Parameter ist es daher oft notwendig, abgeschirmte Räume zu schaffen, um damit zumindest den Einfluß unerwünschter und unkontrollierbarer elektromagnetischer Felder weitestgehend auszuschließen. Unter einer Schwergewichtsbildung im niederfrequenten Bereich befaßte sich Ludwig[76] mit diesem Problem ausführlich. Er gibt den Abschirmeffekt bei elektrischem und magnetischem Feld gemäß Abbildung 52 für ein abschirmendes Gebilde bestimmter Größe und unterschiedlicher Wandmaterialien im Frequenzbereich von 10^{-3} bis 10^{5} Hz an.

Die Durchlässigkeit für elektrische und magnetische Felder der Frequenz von beispielsweise 10 kHz ist in Tabelle 4 be-

Drahtdurchmesser mm	Anzahl der Maschen pro cm^2	S_{SHF}
0.53	16	$9 \cdot 10^2$
0.43	25	$7 \cdot 10^3$
0.35	64	$3 \cdot 10^4$
0.25	81	$6 \cdot 10^3$
0.20	169	$9 \cdot 10^4$
0.14	186	$9 \cdot 10^4$
0.075	441	$8 \cdot 10^4$
0.08	559	10^4

Tabelle 3 Abschirmwirkung (S_{SHF}) *eines Messinggitters für 10 cm Wellen, nach* Presman.

Tabelle 4 Abschirmwirkung verschiedener Vorrichtungen gegen das elektrische (E) und magnetische (H) Feld, nach Ludwig.

Gegenstand	Durchlässigkeit E_i/E_a in %	Durchlässigkeit H_i/H_a in%
Faraday-Käfig (r=50 cm), Maschendraht aus Eisenmaterial (d=0,1 cm), Maschenweite 3 cm	0,5	65
Faraday-Käfig, wie oben, jedoch Maschenweite 0,3 cm	<0,1	10
Volkswagen	1,0	50
Eisenblechgarage	<0,1	50
Bungalow aus Stahl	<0,1	8
Stahlbetonbunker (Wandstärke 60 cm)	≪0,1	0,1
Schlafsack mit Kupferschicht	<0,1	90

Tabelle 5 Werte der nach den Angaben verschiedener Autoren zusammengestellten elektrischen Parameter von tierischem und menschlischem Gewebe in verschiedenen Frequenzbereichen, nach Presman.

Frequenz	Muskel	Herz	Leber	Lunge	Milz	Niere	Gehirn	Fettes Gewebe	Knochen	magerer Knochen	Blut	Plasma	0,9% Na Cl Lösung
Widerstand in Ω·cm													
10 Hz	969	960	840, 1220	1100	–	–	–	–	–	–	–	–	–
100 Hz	899	920	800, 1060	1110	–	–	–	–	–	–	166	–	–
1 kHz	800 983	750, 930 830-900 700-1300	770, 800, 970 1000-1600	1000 1400-1900	1000 260-430	–	500-800 450-550	500-5000 1700-2500			166 147 120-135 130-180	60	–
10 kHz	750, 880	600	685, 860	90	–	–	–	–	–	–	147	–	–
100 kHz	170-250 520	190-240	460 220-550 550-800 420	165-260	250-500	150-270	460-880	–	–	–	147	–	–
1 MHz	160-210 250	180-230 400-550 400	210-420	150-280	230-380	140-250	430-700	–	–	–	140	–	–
10 MHz	150-170	140-180	180-260	110-150	150-170	120-170	300-450	–	–	–	90	–	–
100 MHz	100-130 120-160 140-200 120-150	130-170	120-145 150-200 180-210 150-180	95-130 100-140	85-105 110-150 150 120	100-120 100-150 130-160 90-140	160-230 200-300 220-260 180-200	1170-1250 1500 2200-4300 1700-2500	–	4100-5300 3000-5000	82 120-150 80-100	61 70 80 60	60
1 GHz	75-79 81-84 77	83-100	98-106 92-100 100	137	–	81-82	–	700-1400 1100-3500 2300	2000	1000-2300	64-72 80	54	49 56 53
10 GHz	12 13	–	15-17	–	–	–	–	240-370 210	150 130	60-200 100	11 9,5 9,3	9	9
24 GHz	–	–	–	–	–	–	–	71	71	–	3,8	–	–

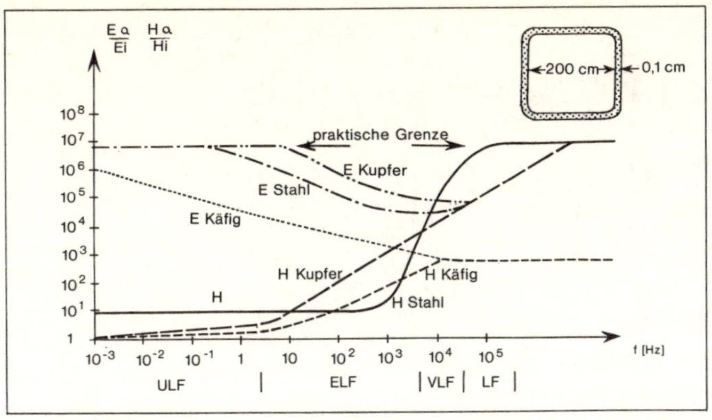

52 Praktische Werte von Abschirmfaktoren (Außen- zu Innenwert) für die elektrische (E_a/E_i) und magnetische (H_a/H_i) Komponente bei relativ geringen Frequenzen für einen speziellen Behälter aus Kupfer oder Stahl (Maschinenweite 1 cm), nach Ludwig.

schrieben. Wie daraus zu entnehmen ist, genügt bereits eine Kupferschicht in einem Schlafsack, um Personen wenigstens nachts gegen elektrische Felder zu schützen.

Zur Abschirmung eines ganzen Laboratoriums empfiehlt sich der Gebrauch von mehrfach geschichteten Gittern. Wie die Praxis zeigt, ist es mit derartigen Anordnungen möglich, das Magnetfeld sogar im ULF-Bereich bis auf 1 % oder noch weniger zu reduzieren.

In diesem Zusammenhang ist natürlich die abschirmende Wirkung organischen Gewebes im ULF-, ELF- und VLF-Bereich von besonderem Interesse, da gerade den Energien dieser Frequenzen physiologische Effekte zuzuschreiben sind. Die elektrische Leitfähigkeit des menschlichen Körpers oder einer Pflanze ($\sigma \approx 10^{-4}$ 1/Ω · m) ist groß genug, um das elektrische Feld innerhalb des Körpers sehr stark zu reduzieren. Allein im peripheren Teil des Gewebes ist der Wert des elektrischen Feldes etwa um eine Größenordnung kleiner als der der des ihn umgebenden äußerlichen Feldes. Immerhin zeigten Messungen mittels Elektroden tief im Innern von Pflanzen und Tieren, daß im ULF-Bereich die inneren Felder mit den äußeren meistens in zeitlicher Phase synchron pulsierten, jedoch verschiedentlich auch mit einer Phasendrehung von 180° (die inneren Felder befinden sich dann in Phasenopposition zu den äußeren). Es wird vermutet, daß periphere Rezeptoren das äußere Feld aufnehmen, wobei dann das innere Feld als eine Art Antwort der äußeren Reize zu verstehen ist. Doch darf in diesem Zusammenhang die Existenz dielektrischer Verschiebungsströme nicht übersehen werden, mit denen zu rechnen ist, solange es sich äußerlich nicht um ein elektrostatisches Feld handelt.

Davon unabhängig erreicht ein statistisches oder langsam veränderliches Magnetfeld jeden Teil des menschlichen Körpers. Eine Reduzierung der äußerlich vorhandenen Magnetfelder ist in diesem Fall somit nur mittels äußerer künstlicher Abschirmung möglich, die speziell auch für Magnetfelder wirksam ist.

Die wichtigsten Werte des spezifischen elektrischen Widerstands für verschiedene menschliche Gewebe über einen weiten Frequenzbereich sind gemäß Presman[72] in Tabelle 5 aufgeführt; Tabelle 6 gibt die Eindringtiefen für verschiedene Gewebe an.

5. RHYTHMIK, PERIODIK

Die Diskussion aller beschriebenen elektromagnetischen Parameter im Zusammenhang mit ihrer Einwirkung auf den Menschen würde natürlich unvollständig bleiben, wenn man nicht auch das Problem der Zeitabhängigkeit dieser Vorgänge behandelte, die fast immer rhythmischen beziehungsweise periodischen Charakter haben. Kurzzeit- und Langzeit-Effekte spielen hier eine nicht zu vernachlässigende Rolle. Unabhängig davon, ob sich die elektromagnetische Strahlung auf das Befinden des Menschen positiv oder negativ auswirkt, muß berücksichtigt werden, daß diese Vorgänge sowohl statistisch auftreten beziehungsweise schwanken (das heißt, zeitlich gesehen ein völlig unregelmäßiges Verhalten zeigen) als auch eine bestimmte Rhythmik und somit Periodik haben können. Experimente im Max-Planck-Institut für Verhaltensphysiologie, auf deren Resultate später noch genauer eingegangen werden wird, zeigten, daß der Mensch, unbeeinflußt von äußeren Vorgängen, einen Tagesablauf hätte, der etwas länger als 24 Stunden dauern würde. Doch sorgt die durch die Natur und durch den Verlauf des Naturgeschehens bedingte Rhythmik beziehungsweise Periodik dafür, daß wir einem solchen länger dauernden Tagesablauf nicht folgen können. Beim Menschen dominiert jedenfalls eindeutig der durch die Erdrotation bedingte 24-Stunden-Ablauf, auch wenn sich periodische Vorgänge überlagern, die der Mensch selbst prägt. Beispielsweise die Wochenperiodik mit all ihren Konsequenzen, die nichts mit irgendwelchen natürlichen periodischen Vorgängen zu tun hat, sondern vom Menschen festgelegt wurde. Wie Untersuchungen zeigten, unterliegen bestimmte körperliche und seelische Zustände einem 7-Tage-Rhythmus, für den es in der Natur keine Parallele gibt.

Die klimatischen Unterschiede und die Tag-Nacht-Unterschiede in unseren geographischen Breiten sind ebenfalls ein typisches Beispiel für das Problem der Periodik. Eine Jahresperiodik (die Jahreszeiten) ist von Natur aus vorhanden, doch paßt sich der Mensch der veränderten Sachlage nur be-

Tabelle 6 Eindringtiefe in cm (Abschwächung auf 1/e) elektromagnetischer hochfrequenter Wellen in verschiedene Gewebe bei typischen Frequenzwerten, nach Presman.

Gewebe	Frequenz [MHz]							
	100	200	400	1000	3000	10 000	24 000	35 000
magerer Knochen	22.90	20.66	18.73	11.90	9.924	0.34	0.145	0.073
Gehirn	3.56	4.132	2.072	1.933	0.476	0.168	0.075	0.0378
Augenlinse	9.42	4.39	4.23	2.915	0.500	0.174	0.0706	0.0378
lebender Körper	2.17	1.69	1.41	1.23	0.535	0.195	0.045	0.0314
Fett	20.45	12.53	8.52	6.42	2.45	1.1	0.342	–
Muskel	3.451	2.32	1.84	1.456	–	0.314	–	–
gesamtes Blut	2.86	2.15	1.787	1.40	0.78	0.148	0.0598	0.0272
Haut	3.765	2.78	2.18	1.638	0.646	0.189	0.0722	–

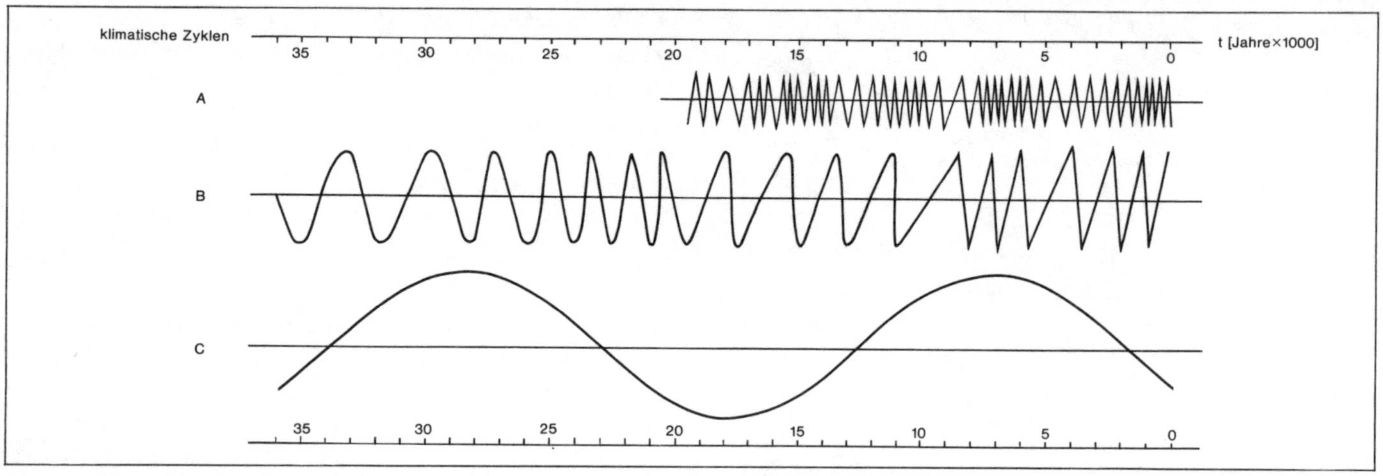

53 Klimatische Zyklen. Zeitskala in 10^3 Jahren. Warm nach oben, kalt nach unten aufgetragen. Zyklus A hat eine Periodendauer von 230 bis 1000 Jahren, Zyklus B zwischen 1000 und 3600 Jahren und Zyklus C weist eine Periodendauer von 21 000 Jahren auf, nach Mörner.

dingt an. So beginnt die Büro- und Arbeitszeit beispielsweise im Sommer wie im Winter meist zur gleichen Zeit, unabhängig von der Tageshelligkeit.

Jedoch unterliegt der Mensch von außen her den verschiedenartigsten periodischen Einflüssen, deren Zeitdauer womöglich wesentlich kleiner als eine Sekunde ist, die sich aber auch über Minuten, Stunden, Tage, Jahre, sogar über viele Jahre hinweg erstrecken mag. Astronomischen Vorgängen sind im Vergleich zur Periodendauer in menschlichen Maßen eigentlich überhaupt keine Grenzen gesetzt, denn periodische Vorgänge von vielen zigtausend Jahren gelten dort fast als normal.

Die Tatsache, daß sich in den USA ein eigenes Institut*) ausschließlich mit der Erforschung periodischer Vorgänge befaßt, bezeugt, welche Bedeutung man ihnen beimißt. Dewey[77] berichtet über die Untersuchung periodischer Vorgänge auf jedem nur denkbaren Gebiet, die im Auftrag dieser Stiftung durchgeführt werden. Einige Beispiele seien genannt:

Die Aktienpreise schwankten in den USA in den letzten 122 Jahren in einem Rhythmus von 4 Jahren;

die Feldmaus trat in den letzten 74 Jahren in Zeiträumen von 4 Jahren gehäuft auf;

die Anzahl der Sonnenflecken in den letzten 212 Jahren zeigt einen 5,9-Jahres-Zyklus;

Kriege auf der Erde, beobachtet während der letzten 2557 Jahre, traten gehäuft alle 6 Jahre auf;

die Niederschlagsmenge an verschiedenen Stellen in den USA, beobachtet über viele Jahrzehnte hinweg, schwankt im 8-Jahres-Rhythmus;

die Kartoffelproduktion in den USA zeigte während der letzten 97 Jahre einen periodischen Verlauf von 8 Jahren;

die Zahl der Todesfälle in Massachusetts, USA, zeigte in den letzten 103 Jahren einen 9-Jahres-Rhythmus;

die Anzahl der Sonnenflecken während der letzten 203 Jahre zeigte einen 9,3jährigen Rhythmus;

der Regenfall in London und der Luftdruck in New York wiesen in den letzten 100 Jahren jeweils einen 9,5-Jahres-Zyklus auf;

die Temperatur in New Haven schwankte in den letzten 184 Jahren im Rhythmus von 9,9 Jahren;

die Wachstumsringe der Bäume zeigten in den letzten 1000 Jahren Periodizitäten von 16²/₃ Jahren;

besondere Nilüberflutungen wurden in den letzten 1341 Jahren alle 17¹/₃ Jahre festgestellt;

eine Häufung von Erdbeben in China, im Mittelalter während 1598 Jahren beobachtet, zeigte eine Rhythmik von 17,7 Jahren;

die Sonnenfleckentätigkeit variierte während der letzten 265 Jahre in einem 22-Jahres-Zyklus;

der Luftdruck in Edinburgh schwankte im vorigen Jahrhundert, während 112 Jahren gemessen, in einem 22jährigen Rhythmus;

die unterschiedliche Dicke von Wachstumsringen der Bäume hatte während der letzten 1070 Jahre einen Rhythmus von 54 Jahren;

die Sonnenfleckentätigkeit zeigte in den letzten 266 Jahren ebenfalls einen 54-Jahres-Zyklus.

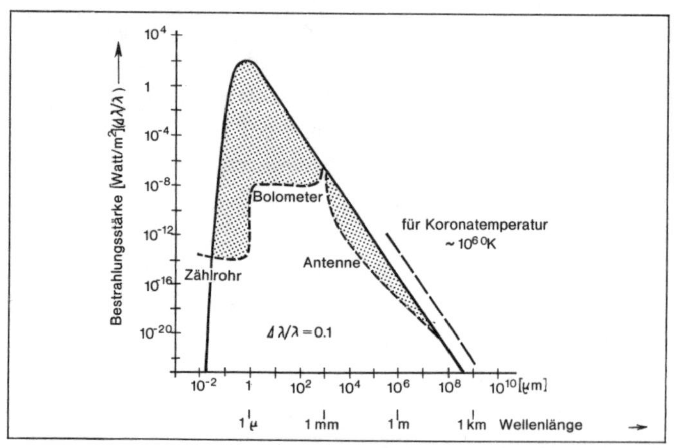

54 Spektrale Verteilung eines Schwarzen Strahlers von 6000 °K, für $\Delta\lambda/\lambda = 0,1$, in W/m²; etwa gleich der Bestrahlungsstärke der Sonne am Rande der Erdatmosphäre. Gestrichelt: Untere physikalische Meßmöglichkeit; schraffiert: Physikalisch meßbarer Bereich nach Schulze.

*) Foundation for the Study of Cycles, 124 South Highland Avenue, Pittsburgh, Pa. 15206, USA

Insgesamt wurden bisher 19 Zeitperioden festgestellt, die offenbar für irgendwelche Geschehnisse auf der Erde eine Rolle spielen. Dies sind 4,0 Jahre, 5,9 Jahre, 6,0 Jahre, 8,0 Jahre, 9,0 Jahre, 9,2 Jahre, 9,5 Jahre, 9,6 Jahre, 9,8 Jahre, 11,2 Jahre, 12,0 Jahre, 12,6 Jahre, 16²/₃ Jahre, 17¹/₃ Jahre, 17,7 Jahre, 18,2 Jahre, 22 Jahre, 54 Jahre und 164 Jahre.
Doch zeigt diese nur kleine Auswahl aus dem vorliegenden Zahlenmaterial, daß der Ablauf aller Geschehnisse in unserer Umwelt von periodischen Vorgängen mit abhängt. Noch ist es aber kaum möglich, die Ursachen dafür zu erkennen oder gar eindeutig auseinanderzuhalten.
Neben diesen relativ kurzzeitigen periodischen Vorgängen sind jedoch auch andere bekannt, die in astronomischen Zeiträumen ablaufen. Die hiermit verbundenen charakteristischen Veränderungen haben natürlich für das Leben des einzelnen Menschen keine unmittelbare Konsequenz, gewisse Kopplungen mit evolutionsbedingten Prozessen wären in solchen Fällen jedoch mit in Betracht zu ziehen.

Interessant sind in diesem Zusammenhang klimatische Zyklen, die neuerdings für die letzten 35 000 Jahre ermittelt wurden. Hierüber berichtet Mörner[78] Folgendes:
Offenbar gibt es drei klimatische Hauptzyklen, die in Abbildung 53 dargestellt sind. Auffallenderweise zeigt sich dabei, daß die beiden Zyklen mit der kürzeren Periodendauer nicht konstant sind, sie schwanken im Bereich zwischen 230 Jahren und 1000 Jahren, beziehungsweise zwischen 1000 Jahren und 3600 Jahren. Technisch ausgedrückt würde man sagen, die klimatisch bedingten Temperaturänderungen auf der Erde unterliegen zeitlich gesehen einer Frequenzmodulation. Der am längsten dauernde klimatische zyklische Prozeß hat eine Periodendauer von 21 000 Jahren. Es ist offensichtlich, daß hier die Beobachtungsdauer noch zu kurz ist, um eine Aussage über die Existenz ähnlicher Gesetzmäßigkeiten machen zu können.

Neuere Untersuchungen von Dorland und Brinker[79] zeigen schließlich, daß auch das »Stimmungsbarometer« des Menschen einem periodischen Rhythmus unterliegt. Aufgrund einer Langzeitbeobachtung über 1500 aufeinanderfolgende Tage ergaben sich nämlich für den Stimmungsbereich von »glücklich« bis zu »extrem unglücklich« signifikant gesicherte Zyklen, deren Zeitdauer von 2,4 bis zu 57,8 Tagen reicht.

6. BEMERKUNG ZUR MESSTECHNIK ELEKTRISCHER UND MAGNETISCHER FELDER

In den vorausgegangenen Abschnitten wurde ausführlich auf die verschiedenartigen elektrischen und magnetischen Felder eingegangen, die in unserer Umwelt vorzufinden sind. Es scheint daher auch sinnvoll, wenigstens in einigen kurzen Worten auf die Problematik hinzuweisen, die im Zusammenhang mit der Messung, also beim Nachweis derartiger elektrischer und magnetischer Felder besteht. Bei der Besprechung der Felder wurde die Frequenz dieser Felder bewußt als systematisch ordnendes Element benutzt, da mit ihrer Hilfe — wenigstens aus rein abstrakter physikalischer Sicht — eine gewisse Ordnung in die Vielfalt der hier beschriebenen Erscheinungen gebracht werden kann. Darüber hinaus erscheint aber auch die Diskussion der biologischen Wirkung der elektrischen und magnetischen Felder unter dem frequenzmäßigen Aspekt sinnvoll.
Davon abgesehen beinhaltet die Angabe des Frequenzbereiches der zu messenden Felder einen Hinweis auf die notwendige Technik und damit auf den meßtechnischen Aufwand, der erforderlich ist, um vor allem über relativ schwache elektrische und magnetische Felder noch Informationen erhalten zu können. So sind sowohl die statischen elektrischen als auch die magnetischen Felder immer dann nur unter erheblichem meßtechnischem Aufwand zu erfassen, wenn sie relativ schwach sind (im Bereich von μV/m beziehungsweise 10^{-7}T, das heißt mG). Dieser Aufwand wird nur unwesentlich geringer, wenn es sich um Vorgänge mit Frequenzen bis zu etwa 20 bis 30 Hz handelt. Der sich daran anschließende Bereich stellt wesentlich geringere meßtechnische Anforderungen, um Felder auch geringer Intensität zu erfassen. Insbesondere der für Rundfunk und Fernsehen benutzte Frequenzbereich gestattet, mit einem relativ kleinen Aufwand an Antennen auch bei geringen Feldstärken noch verwertbare Meßergebnisse zu erzielen. Bei höheren Frequenzen, im Bereich über 1000 MHz, wird der meßtechnische Aufwand wieder größer. Dies liegt weniger an Antennenproblemen (bei zunehmenden Frequenzen können diese immer kleiner ausgebildet werden), sondern an der immer komplizierteren Verstärkertechnik. Besondere Schwierigkeiten sind im Zusammenhang mit der Messung elektromagnetischer Vorgänge im Infrarotgebiet und in dem daran anschließenden langwelligeren Bereich bekannt. Für Lichtwellen und für noch höhere Frequenzbereiche ergeben sich schließlich wieder günstigere meßtechnische Verhältnisse (siehe hierzu auch Abbildung 54, nach Schulze[2]).
Wenn hier von Meßtechnik und Messung gesprochen wird, so ist damit einmal die Erfassung eines beliebigen — und damit oft breitbandigen — Signals bestimmter Intensität gemeint. Doch kann auch die Forderung gestellt werden, selektiv, das heißt, auf einem ganz bestimmten, womöglich sehr schmalen Frequenzbereich beschränkt, Messungen durchzuführen. Hieraus resultieren dann neben den oben angegebenen Schwierigkeiten zusätzliche Komplikationen, die zumindest teilweise verhindern können, allen gestellten Ansprüchen gerecht zu werden.
Der zunehmende technische Fortschritt gerade auf diesem Gebiet dokumentiert sich jedoch allenthalben und eröffnet damit immer wieder neue Perspektiven und Möglichkeiten, die noch wenige Jahre zuvor für undenkbar gehalten wurden.

C. BIOLOGISCHE WIRKSAMKEIT ELEKTRISCHER UND MAGNETISCHER VORGÄNGE IN UNSERER UMWELT

Die Bedeutung elektrischer und magnetischer Vorgänge in unserer Umwelt als biologisch wirksame Indikatoren sei einleitend anhand evolutionstheoretischer Überlegungen begründet.

C.1 ZUR ENTWICKLUNGSGESCHICHTE DES LEBENS

Die Wissenschaft kann heute den fast lückenlosen Beweis führen, daß sich das Leben aus den kleinsten Anfängen heraus, also beginnend bei den Einzellern, im Laufe von Jahrtausenden und Jahrmillionen zu dem entwickelt hat, wie wir es heute auf unserer Erde kennen. Sicher hat dabei von Anfang an die Umwelt diese Entwicklung mitgeprägt. Dies ist folgerichtig und logisch, denn alles, was auf unserer Erde wächst und gedeiht, ist von dem Milieu abhängig, in dem dieser Prozeß stattfindet. Man weiß auch, daß sich das Leben zuerst im Meereswasser entwickelte, bevor es auf das Festland und in die Luft vordringen konnte. Das Wasser bot nämlich ursprünglich allen biologischen Entwicklungs- und Entstehungsvorgängen die größten Entwicklungsmöglichkeiten an.

Alles, was in der Natur entstand — Pflanze, Tier und Mensch —, wurde durch die gegebenen Umweltbedingungen auf das Härteste getestet und nur die höchstentwickelten und widerstandsfähigsten Gattungsarten konnten überleben. Dieser Kampf ums Überleben mußte einmal gegen die allgemeinen Naturgewalten Hitze, Kälte, Feuer, Wasser durchgefochten werden, aber auch gegen die eigenen Artgenossen oder andere Tiere oder Pflanzen.

Auch der Mensch und insbesondere seine Sinne zeigen eindeutig die Prägung durch die Umwelt, in der und mit der sie sich weiterentwickelt haben.

So ist es beispielsweise nicht weiter erstaunlich, daß dem Menschen im Laufe seiner Entwicklungsgeschichte die Fähigkeit gegeben wurde, zu fühlen. Mensch und Tier sind im Zuge der Fortbewegung in ihrer Umwelt darauf angewiesen, ihre Umwelt abtasten zu können, und dieser Sinn dürfte einer der ersten gewesen sein, der sich ausbildete.

Die Existenz unserer Riech- und Geschmacksorgane verdanken wir wohl dem Umstand einer entsprechend weit ausgereiften Entwicklung, beziehungsweise sie sind sicher das Zeichen einer weit fortgeschrittenen Entwicklungsstufe.

Die restlichen beiden Sinne sind jedoch eindeutig durch die Umwelt geprägt, denn ihre Entwicklung ist ganz offensichtlich durch Umweltgegebenheiten und -reize beeinflußt, die spezifisch für unsere irdischen Lebensbedingungen sind. Die Ausbildung von Schallwellen in Luft und entsprechend gleichartigen Wellen im Wasser sind eben nur auf solchen Planeten denkbar, die die hierzu notwendigen Elemente aufweisen. Die Entstehung des Gehörs muß somit als Folge von entsprechenden Umweltreizen, also in Form von Druckwellen eines ganz bestimmten Frequenzbereichs verursacht worden sein. Für uns Menschen mag es, nebenbei bemerkt, unvorstellbar sein, ohne Gehörsinn und damit ohne Musik leben zu müssen.

Während nun die auf uns einwirkenden akustischen Reize ihren Ursprung in rein irdischen Vorgängen und Gegebenheiten haben, beruht die Fähigkeit der Lebewesen zu Sehen offensichtlich auf dem Umstand, daß die Erdoberfläche von der Sonne angestrahlt wird. Die Sonne sendet auf die Erde ein breites Spektrum elektromagnetischer Strahlen, deren Intensität gerade in dem Frequenzbereich ihr Maximum hat, in dem wir sehen können (siehe Abbildung 44). Es ist dabei natürlich für die gesamte Entwicklung des Lebens auf der Erde nicht ohne Bedeutung, daß gerade diese als Licht bezeichnete Strahlung die äußeren Luftschichten der Erde durchdringen kann und bis zur Erdoberfläche gelangt. Die Kurzwelligkeit des Lichtes, seine Reflexionsfähigkeit, seine Ausbreitungsgeschwindigkeit und alle seine sonstigen physikalischen Eigenschaften ergeben zusammen, daß das Licht geradezu prädestiniert ist, für Orientierungs- und Ortungszwecke genutzt zu werden. Mit der Fähigkeit zu sehen, bekamen wir somit von der Natur die Möglichkeit, uns über unsere Umwelt ein »Bild zu machen« und zwar mit einer unwahrscheinlichen Richtungsgenauigkeit, also einem Auflösungsvermögen, das — zumindest beim Menschen — bei weitem das durch die akustischen Möglichkeiten gegebene übertrifft. Wenn wir zum Beispiel aus weiter Ferne von einer Person angerufen werden, so können wir mittels unserer Ohren relativ genau die Richtung feststellen, aus der der Ruf kommt. Jedoch wird diese Orientierungsfähigkeit durch die Möglichkeit des Sehens (mit dem Auge) — für uns fast selbstverständlich — in phantastischer Weise verbessert. Kein Schütze würde wohl jemals mit vergleichbar einfachen mechanischen Zielvorrichtungen ins Schwarze treffen, müßte er mit verbundenen Augen und lediglich auf akustische Signale des mittleren hörbaren Frequenzbereichs hin sein Ziel treffen. Unsere Augen stellen somit elektromagnetische Peilempfänger dar, ähnlich wie das Radar, nur daß wir nicht wie beim Radar eigene Wellen aussenden (ähnlich orientiert sich die Fledermaus durch Schallwellen), sondern die von der Sonne ausgestrahlten Energien benutzen. Zusätzlich gab uns die Natur noch die Fähigkeit, die Lichtquellen bezüglich ihrer Frequenz zu analysieren. Wenn dies auch nur in einem relativ schmalen Frequenzbereich möglich ist, so ist davon immerhin die Tatsache abhängig, daß wir Farben sehen können und was wäre unsere Welt ohne Farben!? Lebewesen niedrigerer Entwicklungsstufen können alles nur grau sehen. Auch bei unseren Neugeborenen entwickelt sich die Fähigkeit, Farben zu sehen, erst im Laufe der ersten Lebensmonate.

Es entbehrt dabei nicht einer gewissen Kuriosität zu überlegen, wie sich die Farbblindheit, auf die Hörfähigkeit übertragen, beim Menschen auswirken würde. Eine Rot-Grün-Farbenblindheit könnte da zum Beispiel eine Veränderung der Hörfähigkeit bedeuten, die sich in einer fehlenden Unterscheidungsfähigkeit verschiedener Töne äußern würde. Statt diskreter Töne wäre nur ein undefinierbares Geräusch hörbar. Somit waren also offensichtlich speziell die höher entwickelten Lebewesen in der Lage, sich im Laufe ihrer Evolution insbesondere an elektromagnetische Umweltreize anzupassen.

Nun war aber die Erde seit Beginn der Entwicklung des Lebens nicht nur von elektromagnetischen Reizen erfüllt, wie sie beispielsweise durch das Licht gegeben sind, sondern die eingangs beschriebenen Atmospherics dürften damals in einem noch wesentlich größeren Ausmaß aufgetreten sein als heute. Die in Urzeiten herrschenden extrem tropischen Klimaverhältnisse sprechen eindeutig dafür. Es ist daher naheliegend, derartigen elektromagnetischen Feldenergien im VLF-, aber insbesondere auch im ELF-Bereich eine bedeutungsvolle Rolle im Zusammenhang mit der Entwicklungsgeschichte des Lebens zuzuordnen. Bereits Lang[80] wies deswegen anhand einer Evolutionshypothese daraufhin, daß im Zuge der Entwicklung des Lebens der Organismus sich positiv an die luftelektrischen Gegebenheiten adaptiert haben muß, das heißt, er hat sie sich in irgendeiner Weise zu Nutze gemacht. Im Gegensatz zu den mehr allgemeinen Ansichten von Presman[72] zu diesem Thema, die in einer erweiterten Form von der Arbeitsgruppe Lang aufgegriffen wurden, seien hier mehr spezielle Betrachtungen zu diesen evolutionstheoretischen Überlegungen vorgebracht.

Seit Beginn der Entwicklung des Lebens waren elektromagnetische Umweltreize in nicht unerheblichem Ausmaß vor allem im ELF- und VLF-Bereich vorhanden. Warum sollte dies dann nicht für die Ausbildung gewisser elektrischer Steuerungs- und Regelungsvorgänge bei Lebewesen im Zuge der Evolution auslösend gewirkt haben? Als Kronzeuge für eine derartige Hypothese ist vor allem die Existenz der elektroenzephalographischen Ströme (EEG-Ströme) anzusehen, die im menschlichen Gehirn und bei allen höher entwickelten Tieren meßbar sind.

Zumindest Presman[72] kannte beziehungsweise erkannte jedoch die Bedeutung derartiger Vorgänge im ELF-Bereich offenbar noch nicht, die König und Ankermüller[81] bereits früher aufzeigten und auf die König[82] beim Vergleich von natürlichen und biologischen Signalen ausdrücklich hingewiesen hatte.

Die Elektroenzephalographie (EEG) hat sich nach Schneider[82a] mehr und mehr zu einer bedeutungsvollen physiologischen und klinischen Methode entwickelt. Zwar wirkt der Knochen als eine Art Filter für bestimmte Frequenzen. Ein Vergleich bei Ableitung von der freigelegten Gehirnoberfläche bei der Operation (Elektrocorticogramm) zeigt jedoch, daß die hierdurch eintretenden Abänderungen für klinische Zwecke nicht entscheidend sind. Im leitenden Gewebe findet eine gewisse physikalische Ausbreitung lokal entstehender Potentiale durch elektrische Feldschleifen statt. Trotzdem ist eine recht genaue Lokalisation der Quelle gegenüber der Norm veränderter Potentiale möglich. Durch die Ableitung mit Hilfe relativ großer Elektroden von der Schädeldecke wird stets die Interferenz der elektrischen Prozesse in zahlreichen Elementen, die Potentiale produzieren, abgeleitet.

Es wird angenommen, daß es sich dabei nicht einfach um die Summe von Aktionspotentialen der Nervenzellen handelt. Abgesehen hiervon müssen aber die hier interessierenden Frequenzen der Gehirnströme im Sinne einer Grundfrequenz mit von Bedeutung sein.

In der Medizin ist es heute üblich, diese EEG-Ströme bezüglich ihres zeitlichen Verlaufs, das heißt bezüglich ihrer Kurvenform (Frequenz, Oberwellengehalt, Amplitude) in verschiedene Gruppen einzuteilen. In Abbildung 55 sind zwei typische Repräsentanten derartiger Kurvenformen dargestellt, der Alpha-Rhythmus, wie er im Zusammenhang mit Entspannung, Ruhe und bei geschlossenen Augen zu registrieren ist und der Delta-Rhythmus, typisch für krankhafte oder zumindest angespannte Zustände (Kopfschmerzen, spastische Zustände, Gehirntumor usw.). Vergleicht man nun die Registrierungen des Alpha-Rhythmus' und des Delta-Rhythmus' mit den Registrierungen, die man bei der Messung des elektrischen Feldes im ELF-Bereich erhält, so fällt die frappierende Ähnlichkeit jeweils zwischen dem Alpha-Rhythmus des EEG's und den Signalen vom Typ I und dem Delta-Rhythmus und den Signalen vom Typ II auf. Selbst für einen Fachmann wäre es zumindest bei der Beurteilung eines relativ kurzen Registrierstreifens schwierig zu unterscheiden,

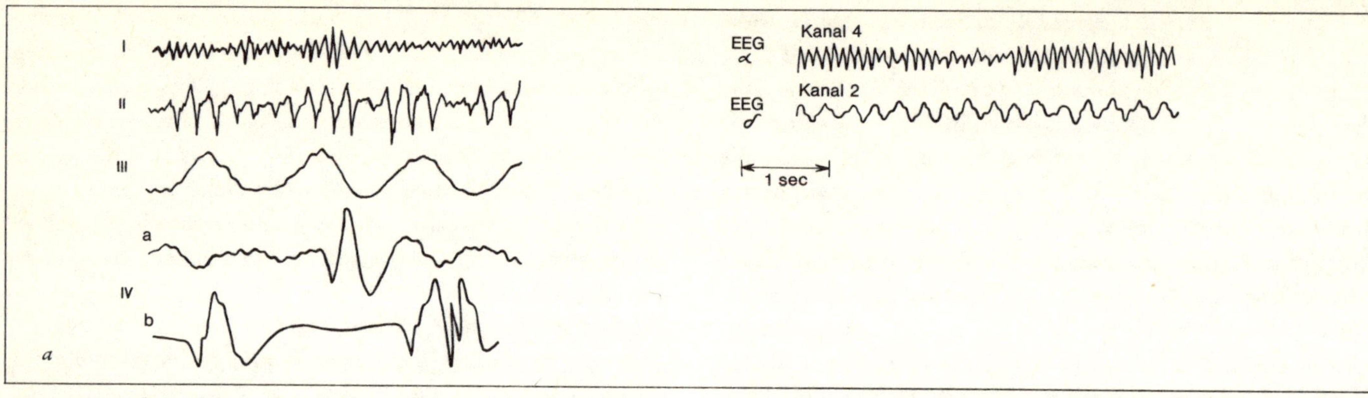

55 a) Natürliche elektromagnetische Vorgänge in der Umwelt (I–IV), vergleichsweise Registrierungen des menschlichen EEG's. Schumann-Resonanzschwingungen (I) und der α-Rhythmus im EEG sowie lokal bedingte Schwankungen des elektrischen Feldes (II) und der δ-Rhythmus im EEG zeigen eine auffallende Ähnlichkeit in ihrem zeitlichen Verlauf.

b) Beispiel eines EEG's. Ableitung bei geschlossenen Augen gewonnen. Obere Kurve, EEG zeitabhängig aufgetragen, untere Kurve, Analyse des EEG's (Frequenzspektrum). Die Höhe der Ausschläge gibt jeweils ein relatives Maß für die Häufigkeit des Signals der angegebenen Frequenz. Es überwiegt der Bereich zwischen 8 Hz und knapp 11 Hz, dem sogenannten α-Band, nach Schneider.

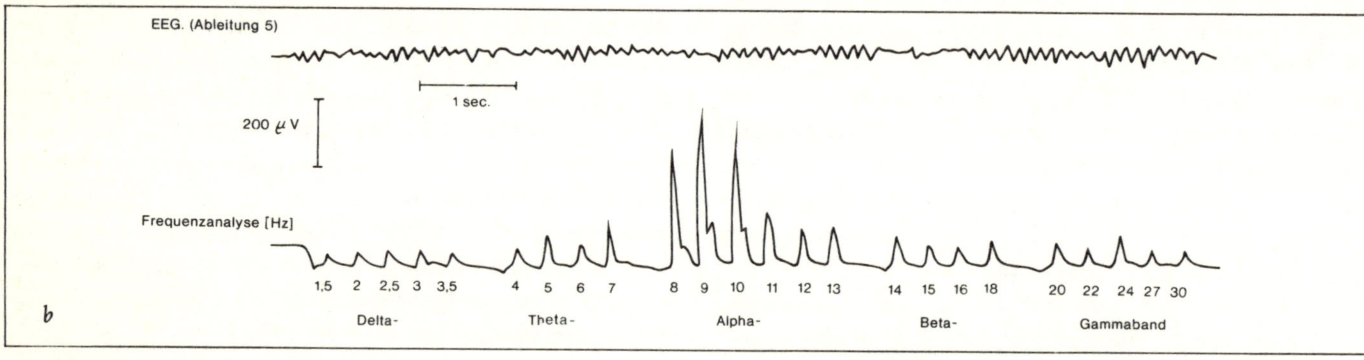

ob es sich um eine Aufzeichnung von Gehirnströmen oder von in der Natur vorkommenden, elektrischen Feldschwankungen handelt.

Auch die Voraussetzungen, unter denen die beiden Gruppen von Signalen jeweils auftreten, sind auffallend ähnlich. So wird der Signaltyp I, wie eingangs bereits geschildert, hauptsächlich während Schönwetterphasen zu beobachten sein, also bei einer ruhigen ausgeglichenen Wetterlage. Dies entspricht in der Situation auch den Verhältnissen, die dem Alpha-Rhythmus beim EEG zuzuordnen sind. Der Signaltyp II der natürlichen elektromagnetischen Vorgänge im ELF-Bereich gibt zu einem ähnlichen Vergleich Anlaß. Unregelmäßiges Auftreten, relativ überhöhte Amplituden, starker Oberwellengehalt der Grundschwingung, eine labile Grundfrequenz, die in jedem Fall unter der Frequenz liegt, wie sie für den Typ I gegeben ist, sind symptomatisch für derartige Signale. Sie zeigen, lokal begrenzt, meist starke Wetterstörungen an und symbolisieren somit gegenüber dem Signaltyp I das Gegenpolige, also das Gestörte, Unruhige, Anomale, Unausgeglichene. Und auch hierin ähneln diese Feldvorgänge in ihren äußeren Zusammenhängen im übertragenen Sinn auffallend dem Delta-Rhythmus des EEG's.

Ein kleiner Kreis von Ärzten stellt sogar Untersuchungen darüber an, inwieweit dem menschlichen Organismus im Frequenzbereich um 1 – 10 Hz eine ganz bestimmte frequenzspezifische elektrische Signaltätigkeit beziehungsweise Funktionsaufgabe zugeordnet werden kann.

Auch die elektrischen Steuervorgänge, die im Zusammenhang mit der Tätigkeit des Herzens bekannt sind und im sogenannten Elektrocardiogramm aufgezeichnet werden (EKG), fallen bezüglich ihres zeitlichen Verlaufs in den gleichen Frequenzbereich (ELF-Bereich).

Ähnliche Vergleiche lassen sich für Vorgänge im höherfrequenten VLF-Bereich ziehen, so bei der Steuerung der Muskelreaktionen. Um einen im Gehirn ausgelösten Befehl zur Bewegung eines Muskels zu realisieren, werden vom Gehirn Steuerimpulse ausgesandt, die über ein kompliziertes System (Neuronen) sich ausbreitend den jeweiligen Muskel zur gewünschten Bewegung anreizen. Damit diese Befehle mit ausreichender Geschwindigkeit ausgeführt werden, muß der hier beteiligte elektrische Steuerimpuls als Befehlsübermittler – abgesehen von den dabei auftretenden chemischen Prozessen – bezüglich seines Informationsgehaltes ausreichend schnell genug sein. Es muß sich technisch gesprochen um einen elektrischen Befehl handeln, der sich schnell genug ausbreitet – was durch die Verwendung des elektrischen Stroms als Signalübertrager gewährleistet ist; die Signalinformation, also der Befehl an den Muskel, muß zudem in einer ganz kurzen Zeit vom ankommenden Signal an den Muskel abgegeben worden sein. Die erforderliche Kürze dieser Zeit bedeutet, daß der Steuerimpuls ein wesentlich höherfrequentes Spektrum beinhalten muß, als es zum Beispiel durch den ELF-Bereich beschrieben ist. Tatsächlich ist auch dies der Fall, denn die Muskelsteuerung erfolgt über elektrische Impulse, deren Frequenzspektrum im VLF-Bereich liegt, also in einem Frequenzbereich zwischen etwa 1 kHz bis 10 kHz und höher.

Warum derartige elektrische Vorgänge in einem höherfrequenten Bereich ablaufen müssen, sei an einem Beispiel erklärt: Nimmt man vereinfacht an, eine Zelle an einer Nervenfaser benötige zur Auslösung eines Effekts (Aktionspotential) eine bestimmte Stromstärke (Spannung), und es komme nun bei dieser Zelle ein Stromimpuls an, dessen zeitlicher Verlauf einer halben Welle eines sinusförmigen Vorgangs entspricht, so würde erst dann ein hinreichendes Aktionspotential auftreten, wenn der Strom, von Null aus beginnend, sinusförmig ansteigend 90 % seines maximalen Wertes, die Schwellenstromstärke erreicht hat. Würde es sich hierbei um einen Vorgang im ELF-Bereich handeln, dann würde zum Beispiel bei 5 Hz die Hälfte eines sinusförmigen Vorgangs rund 100 msec dauern. Demnach hätte der Strom in etwa der halben Zeit, also in 50 msec, seinen maximalen Wert erreicht, das heißt bis zum Erreichen der Schwellenstromstärke würden bei einer einzelnen Zelle knapp 50 msec verstreichen. Dieser Zeitraum wäre jedoch viel zu lang, wenn man alle kettenartig ablaufenden Vorgänge des gesamten Übertragungsweges von Signalauslösung (beispielsweise durch das Auge) bis zur Durchführung einer Reaktion (beispielsweise Handbewegung) berücksichtigt.

Besonders »flinke« Personen haben eine Reaktionszeit von etwa 100 msec. Diese für den gesamten Reaktionsvorgang notwendige Zeit könnte niemals erreicht werden, wenn allein für die elektrische Auslösung eines Aktionspotentials schon die Hälfte der Zeit benötigt würde. Dies hat offenbar auch die Natur »richtig erkannt« und uns deshalb »Steuerimpulse« mit einem wesentlich höherfrequenten Informationsgehalt mitgegeben.

Nun liegt aber gerade auch in diesem höherfrequenten Signalbereich ein äußerer natürlicher Reiz vor. Die durch Blitze ausgelösten VLF-Atmospherics zeigen nämlich bezüglich ihres signalinformatorischen Gehalts genau die Eigenschaften, die derartige Vorgänge im Organismus haben.

Es bleibt die Frage, welche Bedeutung natürliche elektromagnetische Vorgänge haben, deren Frequenzbereich sich an den VLF-Bereich nach oben und an den ELF-Bereich nach unten anschließt. Wie schon erwähnt wurde, nimmt die Intensität natürlicher elektromagnetischer Vorgänge von 10 kHz zu höheren Frequenzen hin und damit also auch der Umweltreiz immer mehr ab. Hinzu kommt die Eigenschaft elektromagnetischer Energien, sich bei zunehmender Frequenz in steigendem Maße in Wärme umzusetzen, weshalb sie für signalinformatorische Aufgaben immer weniger in Frage kommen. Bei abnehmender Frequenz steigt zwar die Stärke der natürlichen elektrischen und magnetischen Felder bis zu einem Wert an, der durch das natürliche elektrostatische Feld (Schönwetterfeld) beschrieben wird, beziehungsweise bis zur Stärke des statischen Erdmagnetfeldes hin (vergleiche Abbildung 25), doch haben derart quasi statische Felder kaum mehr einen Informationsgehalt. Jede Information bedeutet ja zeitlich gesehen eine Veränderung eines gerade bestehenden Zustandes, der eben bei statischen Verhältnissen nicht gegeben ist. Damit scheiden aber auch statische Felder (beziehungsweise Gleichströme) als Träger für irgendwelche signalinformatorische Vorgänge komplexer Natur aus.

Auch Becker[83] machte zu einem späteren Zeitpunkt im Zusammenhang mit natürlichen Mikropulsationen im Frequenzbereich von 0.01 bis zu einigen 100 Hz auf derartige Zusammenhänge aufmerksam, da diese Pulsationen besonders ausgeprägt im Frequenzbereich zwischen 8 — 16 Hz seien (vermutlich wußte er wohl noch nichts genaueres über ELF-Atmospherics). Jedenfalls meint er, hier eine Verbindung zwischen dem Alpha-Rhythmus, also der Aktivität des menschlichen Gehirns und derartigen elektromagnetischen Vorgängen sehen zu können.

Herron[84] berichtet schließlich über Forschungsergebnisse bezüglich Mikropulsationen im Frequenzbereich von 0,029 bis 0,031 Hz. Er kam dabei ebenfalls zu Ergebnissen, wie sie von Schumann et al.[14] und von Siebert[12, 13] vorliegen. Herron[84] bringt nun diese natürlichen Vorgänge mit den gleichfalls bekannten, ultralangsamen Vibrationen (Schwankungen) der Gehirnpotentiale (EEG) in Verbindung. Auch er wußte offenbar über natürliche ELF-Vorgänge noch nichts.

Zusätzlich sei in diesem Zusammenhang auf Folgendes hingewiesen. Die von Wiener[85] zitierten Untersuchungen über die biologische Wirksamkeit von 10 Hz-Feldern basieren nach mündlicher Information[85a*] auf den Untersuchungen von König und Ankermüller[81] und stellen daher keinen neuen Beitrag zu diesem Thema dar. Unabhängig davon machte aber auch Wiener[85] auf die Ähnlichkeit mit dem Alpha-Rhythmus des menschlichen Gehirns aufmerksam.

Schließlich spricht auch noch viel für eine interne Verwendung von elektromagnetischen Energien in Organismen. Nach Presman[72] liegen hierüber ausreichend Hinweise und Untersuchungsergebnisse vor. So weiß man zum Beispiel von der Verteilung eines elektrischen Oberflächenpotentials beim Menschen und bei Tieren oder eben von den schon mehrmals erwähnten Gehirnströmen und den die Herzfunktion steuernden Vorgängen, wie es das EKG beschreibt, sowie von den schon zitierten Muskelsteuerungsvorgängen im daran anschließenden, etwas höheren Frequenzbereich.

Zusammenfassend kann man sagen: Für biologische Steuerungsprozesse kommt eigentlich nur der Frequenzbereich in Frage, welcher durch den ELF- und VLF-Bereich beschrieben wird und im weiten Sinne zwischen 0,1 Hz und 10 kHz liegt, einbezogen entsprechend modulierte Höchstfrequenzvorgänge. Alle Steuer- und Regelungsvorgänge in biologischen

Systemen finden auch innerhalb dieses Frequenzbereiches statt. Daneben spielen die elektromagnetischen Vorgänge natürlichen Ursprungs gerade in diesem Frequenzbereich eine entscheidende Rolle. Folglich muß es als wahrscheinlich gelten, daß die Entwicklung des Lebens schlechthin durch die sie umgebende niederfrequente elektromagnetische Komponente der Atmosphäre beeinflußt und geprägt wurde.

C.2 ÜBERBLICK ZUR BIOLOGISCHEN WIRKSAMKEIT ELEKTROMAGNETISCHER ENERGIEN

Schon seit vielen Jahren werden von Wissenschaftlern Experimente, Untersuchungen und Berechnungen durchgeführt, um Näheres über die biologische Wirksamkeit elektromagnetischer Felder in Erfahrung zu bringen. Zieht man hierbei das gesamte Frequenzspektrum von statischen Feldern bis zu beliebig hochfrequenten Feldern, die wir meßtechnisch und apparatemäßig gerade noch beherrschen, in Betracht, so zeigt dies bereits ganz allgemein die Problematik an, die sich einmal von der technischen Seite her in der Bearbeitung derartiger Fragen ergibt. Darüber hinaus stellen aber auch biologische Systeme zusätzlich einen sehr komplexen und meist schwer übersehbaren Faktor der Ungewißheit dar, denn hier handelt es sich nicht um Vorgänge, die mittels eines Meßgerätes nun eindeutig reproduzierbar erfaßt werden können, sondern man muß bei den Meßobjekten teilweise auf variable Verhaltensformen und relativ geringfügige Veränderungen irgendwelcher zu beobachtender Vorgänge zurückgreifen. Dies führt konsequenterweise zur Erarbeitung statistischer Aussagen.

2.1 Experimentelle Möglichkeiten

Bei der Durchführung von Experimenten, die klären sollen, ob gewisse beobachtete biologische Vorgänge durch elektromagnetische Felder verursacht werden, besteht die Möglichkeit, mit künstlich erzeugten Feldern zu arbeiten. Um dabei aber auch die Eindeutigkeit der Reaktionen sicherzustellen, müßte der Ausschluß aller anderen Einflußmöglichkeiten voll gewährleistet sein.

Dies ist in der Praxis fast immer unmöglich. Allein schon der Versuch, die einfachsten Umweltverhältnisse über einen gewissen Zeitraum konstant zu halten, verursacht erheblichen Aufwand und Schwierigkeiten, wenn man allein nur an die Raumtemperatur, die Luftfeuchtigkeit, Lichtverhältnisse und Störungen durch einen Luftzug denkt. Hinzu kommt bei Experimenten mit Menschen und natürlich auch mit Tieren die Irritation durch Geräusche und Bodenerschütterungen. Zudem sollten die Versuchsobjekte auch von allen elektromagnetischen Beeinflussungen abgeschirmt beziehungsweise geschützt werden, die außerhalb der kontrollierten Bedingungen liegen. Dies ist jedoch über den gesamten Frequenzbereich hinweg mit erheblichen Schwierigkeiten verbunden. Insbesondere die Abschirmung von störenden statischen Magnetfeldern und hochfrequenten elektromagnetischen Feldern bedarf eines großen Aufwands; man muß in solchen Fällen die Experimente sogar in unterirdischen Bunkern durchführen, deren Wände noch zusätzlich aus den notwendigen Abschirmmaterialien hergestellt sind. Auch die Ionisation der Luft sollte nicht unbeachtet bleiben, denn sie könnte eine Rückwirkung vor allem auf die luftelektrischen Verhältnisse haben. Der Einfluß der durch die Höhenstrahlung verursachten Luftionisation kann jedoch praktisch überhaupt nicht eliminiert werden, denn die Höhenstrahlung durchdringt alle für normale Fälle vorgesehenen Abschirmvorrichtungen und bedingt somit in der Umgebung des Versuchsobjekts laufend die Produktion neuer geladener Luftteilchen.

Die Erzeugung eines sogenannten »Nullfeldes« ist also in der Praxis eigentlich gar nicht möglich. Bei derartigen Experimenten geht man daher öfter den zweiten möglichen Weg, das Versuchsgut beziehungsweise die Versuchsobjekte entweder gleichzeitig oder zeitlich nacheinander verschiedenen Versuchsbedingungen zu unterwerfen. Hat man also beispielsweise irgendein Experimentiergut (Blutserum, Milchsäurebakterien, Hefekulturen usw.), so wird man davon einen Teil völlig abgeschirmt und unbeeinflußt beobachten und mit einem anderen Teil vergleichen, den man der gewünschten veränderten Umweltsituation, also beispielsweise einem künstlich erzeugten elektromagnetischen Feld aussetzt. Beim Menschen ist dies nicht ganz so einfach, denn ein und derselbe Mensch kann nicht gleichzeitig in ein Versuchsfeld gebracht werden und in ein sogenanntes Nullfeld. Hier ist man darauf angewiesen, alternierende Experimente durchzuführen, das heißt, die Person wird einmal unbeeinflußt und dann unter gewissen kontrollierten äußerlichen Feldern beobachtet. Größere Personengruppen können zur Kontrolle oder zum Experiment mit künstlichen Feldern jeweils aufgeteilt eingesetzt werden. Durch verschiedene geschickte Manipulationen ist man dabei bemüht, zu verhindern, daß allein schon durch unterschiedliches Experimentiergut bei den zu vergleichenden Experimenten unterschiedliche Resultate entstehen.

Der Experimentator muß sich also darüber im Klaren sein, in welcher Ausgangslage sich sein Experimentiergut befindet. Schließlich ist es nicht immer möglich, alle Umweltfaktoren völlig auszuschließen. Ein verbleibender Reizpegel wird meistens nicht ohne Einfluß auf das Experimentierergebnis bleiben, denn es ist leicht verständlich, daß zum Beispiel ein elektrisches oder magnetisches 50 Hz-Störfeld im Laborraum im Zusammenhang mit einem künstlich erzeugten Feld annähernd gleicher Stärke, das zwar nicht die gleiche Frequenz hat, aber im gleichen Frequenzbereich liegt, zu erheblichen Fehlschlüssen führen kann. Auch bei der statistischen Auswertung der Versuchsergebnisse ist äußerste Vorsicht geboten, um leicht mögliche Fehlschlüsse zu vermeiden.

Diese wenigen Bemerkungen geben sicher schon einen Einblick in die Schwierigkeiten, die der auf diesem Gebiet tätige Forscher zu überwinden hat.

2.2 Elektrisch-statische Energieformen

2.2.1 Elektrostatische Felder, Luftstrom

Wegen seiner relativ großen Feldstärke wird das natürliche elektrostatische Feld immer wieder als Ausgangsbasis für Experimente und Untersuchungen genommen, um die biologische Wirksamkeit gerade dieses Feldes nachzuweisen. Der einfachste Weg hierbei, durch seine Messung und Beobachtung über 24 Stunden hinweg die Möglichkeit zu einem statistischen Vergleich mit irgendwelchen biologischen Vorgängen zu erhalten, kann kaum zum Ziel führen. Zuviele gleichzeitig vorhandene andere Parameter, die einen ähnlichen zeitlichen Verlauf haben, verfälschen in jedem Fall das Versuchsergebnis beziehungsweise lassen keine eindeutige Aussage zu, da der Einfluß dieser anderen Parameter auf das Versuchsgeschehen nicht auszuschließen ist.
Die durch das elektrostatische Feld möglicherweise verursachten biologischen Effekte sind somit nicht eindeutig mit diesem Feld in kausalen Zusammenhang zu bringen.
Um zu einer eindeutigen Aussage zu kommen, bleibt nur der Weg, Experimente mit künstlich erzeugten Feldern durchzuführen. Durch willkürliches Ein- und Ausschalten können nämlich alle sonstigen in Frage kommenden Nebenfaktoren weitestgehend auf statistischer Basis ausgeschlossen werden. Darüber hinaus bleibt es natürlich unbenommen, durch die Verwendung entsprechender Experimentierräume (zum Beispiel Testräume, die von elektromagnetischen, akustischen, optischen und mechanischen Reizen nach außen abgeschirmt sind) möglichst alle den Versuchsablauf störenden Momente zu eliminieren.
Experimente mit künstlich erzeugten elektrostatischen Feldern werden erst seit 25 Jahren in größerer Anzahl durchgeführt.
So berichtet Busch[86, 87] von Wachstumsversuchen mit Bakterienkulturen unter dem Einfluß eines Feldes von 50—400 kV/m, bei denen sich mit zunehmender Feldstärke eine verlangsamte Absterberate, also Hemmung der Zellautokatalyse, ergab. Der Autor erklärt diesen Effekt durch die depolarisierende und repolarisierende Wirkung des elektrischen Feldes im Sinne einer Anregung auf lebende Zellen.
Bei einem anderen Experiment blieben die einem elektrostatischen Feld ausgesetzten Kulturen nach etwa 90 Stunden Behandlungszeit konstant bei einer Überlebensrate von ca. 65 bis 70 %, während auf den Ausstrichen der Nullfeldplatte vergleichsweise nur noch helle, kaum anfärbbare Zellschatten vorhanden waren.
In ein elektrisches Feld der Feldstärke von 6,7 kV/m brachte Hahn[88] Ausstriche von Bakterienkulturen auf Brutplatten. Die so behandelten Kolonien wuchsen nicht, es trat also eine Art »Sterilisationseffekt« auf, was auf eine durch den Ionenfluß bedingte Dissoziation der Keime zurückgeführt wird.
Die Ergebnisse der bakteriologischen Untersuchungen veranlaßten Hahn[88], die Installierung relativ starker elektrostatischer Felder in Wohnräumen zu propagieren, da hierdurch am besten die elektroklimatischen Bedingungen produziert würden, wie sie auch in der Natur vorgegeben seien. Hahn[88] ging jedoch nicht auf das Problem ein, daß das natürliche statische Feld über 24 Stunden hinweg keinen konstanten Wert hat wie das künstlich erzeugte, sondern in seiner Intensität einem Tagesgang und damit erheblichen Intensitätsschwankungen unterliegt. Abgesehen hiervon wußte er wohl auch noch nichts über andere, biologisch wirksame luftelektrische Faktoren.

Von einer ähnlichen Wirkung sprechen Becker und Kraus[89]: Keimkolonien in einem elektrischen Gleichfeld von etwa 13 kV/m wiesen weniger Wachstum auf als solche außerhalb des elektrischen Feldes. Es fand also auch eine Raumentkeimung durch eine bakterizide Wirkung des Feldes statt.

Welche Probleme bei derartigen biologischen Experimenten auftreten können, zeigt eine Untersuchung von Wehner[90]. Agarplatten mit E. coli Ausstrich wurden in ein elektrisches Feld von 55 kV/m gebracht. Auf den behandelten Platten waren die Kolonien dann etwa 2,6 mal größer als auf den Kontrollplatten. Das Feld wirkte also bei diesen Experimenten wieder wachstumsfördernd. Der Autor erklärt dies durch einen beschleunigten Stoffwechsel aufgrund der Polarisation durch das Feld.

Schließlich berichten Sale und Hamilton[91] von Bakterien- und Hefepräparaten in einem elektrischen Feld der relativ hohen Feldstärke von 2500—3000 kV/m. Die Feldbehandlung erfolgte hier impulsartig und ergab einen Abtötungseffekt, der nach Meinung der Autoren auf eine Schädigung der Zellmembran des Experimentiergutes durch die Feldeinwirkung zurückzuführen ist.

Ebenso zeigen Beobachtungen von Hicks[92], daß Wachstumsvorgänge bei Bäumen schneller ablaufen, wenn sie hohen Feldstärken elektromagnetischer Felder ausgesetzt sind, und langsamer bei künstlicher Abschirmung.

Studien über die Wachstumsrate von Gerstensetzlingen unter vertikalen elektrostatischen Hochspannungsfeldern von 50 kV/m bis 400 kV/m und den gasförmigen Nebenprodukten einer derart hohen elektrischen Feldbelastung führten Bachman und Reichmanis[93] durch. Zur Erzeugung des Feldes verwandten sie eine auf + 15 kV gegenüber Erde aufgeladene Maschenelektrode (Maschengröße 0,6 cm) von einer Größe

25 × 75 cm. Sie wurde in der Art eines schrägen Daches über einen Behälter mit den Gersten-Setzlingen montiert, wodurch diese – aufgrund des sich stetig vergrößernden Elektrodenabstandes – unterschiedlichen elektrischen Feldstärken ausgesetzt waren. Doch hatten die Verfasser mit einer derartigen Versuchsanordnung für statische Felder keine einwandfreien Versuchsbedingungen geschaffen. Jede unbeabsichtigte Abstandsänderung der Elektrode gegenüber dem Erdboden verursachte nämlich im Lebensraum der Pflanzen eine Veränderung des elektrischen Feldes. So bedeutet beispielsweise eine Abstandsänderung von nur 1 ‰ an der Stelle mit dem geringsten Elektrodenabstand, der mit 8 cm angegeben ist, eine Abstandsschwankung von 0,08 mm. Geringste Bodenerschütterungen oder eventuell sogar Luftbewegungen können jederzeit derart geringe mechanische Bewegungen der Elektrode verursachen, wenn nicht ganz besondere Vorkehrungen getroffen werden. Durch diese Abstandsänderungen wird dem elektrostatischen Feld aber auch ein niederfrequentes Wechselfeld aufmoduliert, dessen Amplitude (spannungsmäßig) hier in der Größenordnung von 15 V_{ss} liegt, und dessen Frequenz sich aus den mechanischen Schwingungsvorgängen ergibt, weshalb sie sicher im ELF- oder VLF-Bereich liegt. Die mit einer derartigen Anordnung erzielten Ergebnisse werden nun zwar nicht in ihrer allgemeinen Bedeutung geschmälert, zumindest was den Einfluß von elektrischen Feldern auf das Wachstum der Gerstensämlinge betrifft, jedoch kann im vorliegenden Fall nicht mehr eindeutig unterschieden werden, was jeweils das elektrostatische Feld oder das überlagerte Wechselfeld dazu beitrug.
Immerhin ergaben die Versuchsergebnisse, daß die direkte Feldbelastung unter 200 kV/m im allgemeinen ein verstärktes Wachstum bewirkte, während bei noch höheren Feldstärken das Wachstum gehemmt war. Bei allen Feldern bis 750 kV/m führten die gasförmigen Nebenprodukte (CO_2, O_2, N_2) zu einem anfänglich gesteigerten Wachstum. Dieser Gewinn ging später verloren, das Gesamtwachstum fiel nach 150 Stunden auf Normalwerte zurück.

Den Einfluß eines zum natürlichen Feld (Boden negativ) vergleichsweise umgekehrt polarisierten elektrostatischen Feldes und eines Wechselfeldes auf Wachstumsvorgänge analysierte Murr[94]. Dabei zeigte sich, daß das Wachstum von Mais- und Bohnenpflanzen offenbar in starkem Maße von der Größe des aktiv die Pflanze durchfließenden Stromes abhängt. Das Pflanzenwachstum blieb zwar im elektrischen Feld unbeeinflußt von der Feld- beziehungsweise Stromart (statisch oder dynamisch), jedoch wurde es im allgemeinen bei Verlustströmen von über 10^{-5} A verzögert und durch Ströme von 10^{-8} A angeregt. Stromstärken von 10^{-16} A und weniger schienen keinen meßbaren Effekt auf das Pflanzenwachstum zu haben.

Wilhelmi[95] untersuchte die Wirkung von Gewittern auf das Radialwachstum von Waldbäumen aufgrund von Anregungen durch ähnliche biometeorologische Probleme. Obwohl schon vielfältige innere und äußere Faktoren beim Wachstumsablauf eines Baumes beteiligt sind, und sich kaum ein einzelnes Element als biotroper Faktor bestimmen läßt, stand zu vermuten, daß sich somit Gewitter auf den Wachstumsrhythmus auswirken. Messungen bestätigten die starken elektrischen Entladungen als Ursache eines physiologischen Effektes auch bei Bäumen. Dieser hat zwei Komponenten: Die eine ist durch die Saftstörung der Bäume bedingt und damit für einen allmählich ablaufenden und zum Wachstum beitragenden Prozeß verantwortlich. Hierbei spielt wohl der unter dem Einfluß elektrischer Entladungen gebildete, gebundene Stickstoff eine Rolle, der mit den Niederschlägen dem Boden zugeführt und von den Wurzeln der Bäume aufgenommen wird. Ist auch die elektrisch bedingte Bildung von Stickstoff eine Sofortreaktion, so bleibt dabei die Aufnahme des Stickstoffes vom Nährstoffbedarf der Bäume abhängig. Die zweite Komponente beruht auf einer unmittelbar ausgelösten physiologischen Reaktion, die sich beim täglichen Dickenwachstum der Bäume beobachten läßt, und die wohl von einer elektrischen Reizwirkung ausgeht, die sich sofort als Wachstumsreaktion äußert. Wilhelmi[95] bestätigt dies durch entsprechende Luftstromregistrierungen, wenn auch ungeklärt blieb, welche Rolle hierbei Vorgänge im ELF- und VLF-Bereich spielen.

Neben diesen bakteriologischen und pflanzenphysiologischen Untersuchungen sind auch tierphysiologische Experimente im Zusammenhang mit der Wirkung des statischen elektrischen Feldes bekannt geworden. Die Versuchsergebnisse von Altmann[96–98] müssen als besonders interessant angesehen werden, da hier bei verschiedenen Tierarten unter dem Einfluß des Feldes deutlich ein erhöhter Sauerstoffverbrauch und eine Beschleunigung von Stoffwechselvorgängen registriert wurde.
So ergaben zum Beispiel Untersuchungen im statischen Feld eine viel schnellere, leichtere und reichere Aufnahme von Sauerstoff bei Bienen als bei den Kontrollen im Faraday-Käfig. Dem erhöhten Stoffwechsel im elektrischen Feld entsprach ein zusätzlicher Futterverbrauch (Zuckerlösung). Außerdem war eine größere Sterblichkeitsziffer zu verzeichnen.
In zahlreichen Versuchsreihen wurden ferner Meerschweinchen dem Einfluß elektrischer Gleichfelder (420 V/m) und elektrischer Wechselfelder ausgesetzt. Im statischen Gleichfeld erhöhte sich dabei deutlich der Stoffwechsel, während Messungen an Tieren im Wechselfeld (2–10 Hz) in diesem Fall sich nicht von den Ergebnissen, die unter Faraday-Bedingungen gewonnen wurden, unterschieden.

Wie Altmann[99] anhand von Messungen des Sauerstoffverbrauchs an Goldfischen zeigte, bleiben auch die im Wasser lebenden Organismen von elektrischen Einwirkungen nicht unberührt. Unter Feldbedingungen war bei Fischen eine

Tafel V: Seit sich auf unserer Erde Leben entwickelte, wurde dieser Prozeß von luftelektrischen Vorgängen in der Umwelt begleitet. Nicht nur die augenfällige Erscheinung des Blitzes war bei der Evolution vorhanden, sondern es existierte auch eine Vielzahl anderer elektromagnetischer Energieformen, weshalb es naheliegt, hier gewisse Zusammenhänge zu sehen.

Tafel VI: Der Blitz in seiner strukturellen Vielfalt als auffälligste luftelektrische Erscheinung.
Oben: Blitze in der Umgebung des Vulkans Surtsey (südliches Island).
Unten links: Blitzeinschlag in den Münchner Fernsehturm.
Unten rechts: Wolken sind der Ursprung sehr starker luftelektrischer Vorgänge in der direkten Umgebung des Menschen; aber selbst bei wolkenlosem Himmel sind meßtechnisch derartige Umweltparameter nachweisbar. Sie haben unbestreitbar eine biologische Bedeutung; vor allem dürfte die »Wetterfühligkeit« hier mit ihren Ursprung haben.

höhere Sauerstoffaufnahme als unter Faradaybedingungen zu beobachten. Ähnliches gilt für den Sauerstoffverbrauch bei Fröschen. Diese Erhöhung erstreckte sich dabei nur über den Zeitraum der Stromeinwirkung auf die Tiere im Wasser. Nach einer kurzen Übergangszeit normalisierte sich der Verbrauch sehr bald. Die anregende Wirkung des Gleichstroms war durch dessen mehrmalige Unterbrechung noch wesentlich zu steigern.
Bezüglich des Sauerstoffverbrauchs konnten derartige Resultate mittels kolorimetrischer Messungen der Extinktion des Aminosäuren-Ninhydrin-Farbkomplexes in Abhängigkeit vom Aufenthalt im elektrischen Feld für Wanderheuschrekken, Wasserfrösche und die weiße Hausmaus erzielt werden, ergänzt durch Aktivitätsmessungen bei der weißen Hausmaus und bei Wellensittichen. In jedem Fall zeigte sich die Beeinflußbarkeit biologischer Parameter beim Aufenthalt in elektrostatischen Feldern.

Was den Einfluß elektrischer Faktoren auf den Aktivitätswechsel kleiner Insekten anbetrifft, stimmen Beobachtungen von Haine[100] damit überein.

Versuche von Dowse und Palmer[101], die eine Veränderung der Tagesaktivitätsrhythmik bei Mäusen durch die Wirkung elektrostatischer Felder ergaben, sollen hier nicht unerwähnt bleiben.

Die Wirksamkeit des elektrostatischen Feldes auf Ratten wurde von Mayasi und Terry[101a] bewiesen; sie verwendeten bei zwei Altersgruppen männlicher und weiblicher Ratten drei verschiedene elektrische Feldstärken (feldfrei, 1600 V/m und 16 000 V/m) und zusätzlich zwei Lärmintensitäten (30 db und 90 db), um die Lernfähigkeit der Tiere beim Schwimmen mittels eines bestimmten Tests zu prüfen. Die Kriterien waren die Zeit und die Anzahl der Fehler bei dem Versuch, dem Wasser zu entkommen. Die Auswertung der Messungen durch Varianzanalyse zeigte folgende Ergebnisse:

1. Erwachsene Ratten, die vorher elektrischen Feldern ausgesetzt worden waren, wiesen deutlich weniger Fehler auf als junge Ratten, unabhängig vom Geschlecht und von Lärmbedingungen;
2. nach der Exponierung in elektrischen Feldern schwammen alle Ratten schneller als die unbehandelten Kontrollen;
3. nach Lärmexponierung zeigten weibliche Ratten signifikant höhere Trefferzeiten als Männchen unter den gleichen Bedingungen ohne Beziehung zum Alter;
4. bei gleichzeitiger Anwendung von elektrischen Feldern und Lärm wiesen die Männchen niedrigere Trefferzeiten auf als die Weibchen. Das Alter spielte dabei keine Rolle.

Mit der biologischen Bedeutung des elektrostatischen Feldes befaßt sich auch eine Arbeitsgruppe[102*] der Universität in Graz. Erste Ergebnisse über die Wirkung des elektrostatischen Feldes und auch des 10 Hz-Impulsfeldes auf das psychische Verhalten von Personen erzielten hier Strampfer und Geyer[102*]. Während 21 Tagen kamen 8 in psychiatrischer Behandlung stehende Männer täglich insgesamt 14 Stunden lang in den Wirkungsbereich eines statischen Feldes von etwa 800 V/m, das von einem Rechteckfeld von 250 V/m überlagert war. Das Verhalten der Testpersonen wurde mit einer Kontrollgruppe verglichen, wobei sich unter anderem folgende signifikante Ergebnisse herausschälten. Im Zusammenhang mit Reaktionstesten erfolgte bei den mit dem Feld behandelten Testpersonen eine Reduzierung der falschen und auch der verspäteten Reaktionen; die Auswertung einer Eigenschaftswörterliste zeigte, daß sie sich weniger berauscht, nicht furchtsam und nicht passiv fühlten.
Von Möse et al.[102a] liegen verschiedene Arbeiten vor, in denen über den Einfluß des elektrostatischen Gleichfeldes auf die Sensibilität der glatten Muskulatur gegenüber stimulierenden Pharmaka berichtet wird. Untersuchungen ergaben, daß sowohl am Ileum von Meerschweinchen als auch am Uterus von Ratten, welche sich einige Tage lang im Feld aufgehalten hatten, auf Histamin, Acetylcholin und Bradykinin sowie Serotonin eine deutliche Abnahme der Erregungsbereitschaft eingetreten war. Weiter berichten Möse und Fischer[102a] von Experimenten mit weißen Mäusen, die einem Gleichfeld von rund 24 kV/m ausgesetzt waren. Durch Kontrollen zeigten sich statistisch gesicherte Steigerungen:
Bei der Laufaktivität 55 %, beim Futterverbrauch 19 % und beim Trinkwasserverbrauch 15 %. Gleichzeitig stieg auch die Körpertemperatur um 0,3° C an. Der Sauerstoffverbrauch der Leber der Tiere wies weitaus geringere Streuwerte auf als bei Vergleichstieren. Bei Mäusen, die viereinhalb Monate im Gleichfeld gehalten wurden, unterblieb nach einer anfänglichen, normalen Verhältnissen durchaus entsprechenden Wurfserie in der weiteren Zeit jegliche Nachkommenschaft.
Schließlich befaßten sich Möse et al.[102b] auch mit immunbiologischen Reaktionen im elektrostatischen Feld im Vergleich zu Faradaybedingungen. Zu diesem Zweck wurden Mäuse mit Hammelerythrozyten vorbehandelt und verschieden starken Feldern zwischen 40 V/m und 24 kV/m ausgesetzt. Der Immunisierungsgrad wurde mit Hilfe der direkten Plaque-Technik ermittelt. Die höchsten Plaque-Bildungszahlen zeigten sich bei Milzen der im Gleichfeld lebenden Tiere. Gleiches ergab sich für die jeweiligen Milzgewichte, Milzzellzahlen und Hämagglutinationstiter. Interessanterweise trat für die Plaque-Werte zwischen 1 kV/m und 5 kV/m Feldstärke eine Maximalwirkung des Feldes auf. Selbst bei 200 V/m war aber im Vergleich zu den Kontrollen immer noch ein erheblicher Anstieg der Immunisierung zu beobachten. Es wird daher die Meinung vertreten, daß das natürliche elektrostatische Feld der Erde einen bemerkenswerten Faktor bei der Aufrechterhaltung und Förderung der Immunabwehr darstellt.
Fischer[102c] nimmt schließlich umfassend zur biologischen Bedeutung des elektrostatischen Feldes Stellung. Die bisher vor-

liegenden Untersuchungsergebnisse, bestätigt und erweitert durch die Forschungen in Graz, erbrachten den prinzipiellen Nachweis, daß die Zellatmung und damit der gesamte oxydative Stoffwechsel weitgehend durch luftelektrische Vorgänge beeinflußt werden kann. Konsequenzen vor allem bezüglich der Raumklimatisierung in den verschiedensten Anwendungsbereichen werden aufgrund dieser Erkenntnisse diskutiert.

Untersuchungen über die biologische Wirkung von elektrischem Gleichstrom auf im Wasser lebende Tiere haben nach Kemmer[103] nicht nur für Gleichstrom sondern auch für Wechselstrom in Zusammenhang mit der biologischen Wirksamkeit elektromagnetischer Felder eine allgemeine Bedeutung. Durch Wechselfelder können in Organismen nämlich auch Verschiebungsströme auftreten, selbst wenn kein direkter galvanischer Kontakt zu irgendwelchen äußeren Energiequellen vorhanden ist. Hierzu berichtet nun Kemmer[103], daß alle bisher untersuchten Wirbeltiere eine positive Galvanotaxis zeigen. Hierunter versteht man die gerichtete eigene Bewegung des tierischen Organismus, der unter Wasser von einem Gleichstrom bestimmter Größe durchflossen wird. Die Tiere stellen sich charakteristischerweise in eine bestimmte Richtung zu den Feldlinien ein.
Zur näheren Erforschung dieses Effektes wurden folgende Ausklammerungsexperimente durchgeführt:

1. Schaltet man durch Betäubung die Hautsinnesorgane eines Frosches aus, so bleibt dennoch die galvanotaktische Reaktion voll erhalten. Der Strom dringt demnach überall durch die Körperoberfläche ein und ist auf Rezeptoren auf der Oberfläche nicht angewiesen.
2. Auch das Gehirn spielt hierbei offenbar keine Rolle, da eine Reaktion auf den elektrischen Strom auch nach dessen Ausschaltung voll erhalten bleibt.
3. Durch Ausbohren oder elektrische Koagulation des Rükkenmarks kann bewiesen werden, daß trotz Fehlens der durch das Rückenmark gesteuerten normalen Bewegungsreflexe die Zuckungs- und Bewegungsreaktionen zur Anode unverändert bleiben.
4. Die peripheren motorischen Nervenfasern lassen sich durch Injektion mit Curare einfach ausschalten (Blockierung der Überträgersubstanz Azetylcholin an der motorischen Endplatte). Der so betäubte Frosch schwimmt trotzdem bei der gleichen Stromstärke, die zum Einsetzen der Galvanotaxis beim intakten Tier führt, bei jedem Stromstoß ein Stück zur Anode.
5. Damit wurde bewiesen, daß der elektrische Strom direkt die Muskulatur erregt, die daher eine durch diesen Strom erzwungene Bewegung ausführt. Die Galvanotaxis kommt also durch den elektrischen Reiz zustande, der wie das Aktionspotential der motorischen Nervenfaser direkt auf die Muskulatur wirkt (durch die chemische Überträgersubstanz Azetylcholin).

Es wurde angenommen, daß sich der Frosch unter dem Stromeinfluß immer zur Anode ausrichtet, der Strom also eine polare Wirkung ausübt.
Am curarisierten Tier, bei dem alle störenden Reflexe ausgeschaltet sind, läßt sich zeigen, daß diese bisher gültige Annahme nicht mehr stimmt. Setzt man den Frosch unter gleichen Stromdichtebedingungen quer zu den Feldlinien in das Untersuchungsgefäß, so daß er jeweils eine geringe Neigung zur Anode oder zur Kathode zeigt, so wird er nur in Anodenrichtung eine Schwimmreaktion aufweisen. Steigert man die Stromdichte, so schwimmt das Tier bei jedem Stromstoß plötzlich auch in Richtung Kathode, was allen bisherigen Untersuchungen scheinbar widerspricht. Dieser Effekt ist jedoch nach der Meinung von Kemmer[103] mit der unterschiedlichen Verteilung von Ionen innerhalb und außerhalb einer tierischen Membran an jeder Zelle, auch an der Muskelfaser zu erklären, wodurch an der Membran ein etwa 40—80 mV großes elektrisches Ruhepotential vorhanden ist. Durch dieses treten elektrisch gesehen bei verschieden polarisierten Strömen unterschiedliche Effekte auf. Bei einer ausreichenden Steigerung der Stromdichte wird demnach der Strom auch gegen dieses Ruhepotential wirksam werden, wodurch dann die spezifische Orientierung des Tieres in Bezug auf die Stromrichtung ausfällt.

Zweifellos beeinflussen elektrostatische Felder die Ionisationsverhältnisse der Luft, doch wurde dies bei den in der Literatur beschriebenen Experimenten fast nie beachtet. So ist kaum eindeutig zu klären beziehungsweise zu trennen, ob die direkte Wirkung des elektrostatischen Feldes oder die dabei veränderten Ionisationsverhältnisse der Luft die zitierten biologischen Effekte auslöste.
Dies gilt auch für die bekannt gewordenen Humanexperimente. So berichtet Frey[104] über Experimente mit einer Maske zur Einatmung, deren Inspirationsschlauch 10 cm vor dem Naseneingang einen Kupferring hatte, der an einer Spannung von + 411 V oder — 411 V oder 90 V lag, wodurch natürlich der Ionisationsgehalt der eingeatmeten Luft beeinflußt wird. Andererseits kann aber auch eine direkte Einwirkung des elektrostatischen Feldes, zumindest auf die naheliegenden Kopfpartien, nicht ausgeschlossen werden, ein Effekt, der unabhängig von der eingeatmeten Luft in Betracht zu ziehen wäre.
Positive Aufladung (411 Volt) des Kupferrings bewirkt Steigerung des systolischen Blutdruckes, des Herzschlags und des Herzminutenvolumens bei gleichzeitiger Abnahme des peripheren Strömungswiderstands der Gefäße. Negative Aufladung (90 Volt) kann denselben Effekt haben, erzeugt aber gelegentlich zuerst oppositionelle Verhältnisse, bevor sich die oben beschriebenen Symptome einpendeln.

Eine Leistungssteigerung beim sogenannten Pauli-Test (Pauli-Test = Dauerrechnen) wird von Kritzinger[105] berichtet.

Hier wurden Probanden im Bereich des Kopfes einer Feldstärke von 1800 V/m ausgesetzt. Bei einer normalen Steigerung der Hauptleistung von etwa 10% im Vergleich zur Anlaufleistung ergab sich im elektrischen Feld eine 18- bis 25prozentige Leistungssteigerung.
Im Zusammenhang mit anderen Experimenten erzielte Kritzinger[106] bei der Verwendung elektrischer Feldstärken von 1 kV/m außerdem einen beruhigenden Effekt auf die Atmung von Probanden. – Auch wenn die Untersuchungen Kritzingers[105] einer strengen Kritik vielleicht nicht immer standhalten und die Ergebnisse daher mit einem gewissen Vorbehalt aufzunehmen sind (näheres hierzu im Abschnitt D.6), fügen sich die gewonnenen Erkenntnisse doch sehr gut in das sonstige vorliegende Material ein. Auch Daniel[107] teilt eine Beruhigung der Atmung und des Pulses (Reduktion der Schlagzahl um ca. 10%) von Probanden mit, die sich im Zusammenhang mit der Verwendung elektrostatischer Felder mit der Feldstärke von 1 kV/m ergab.
Varga[108] bestätigt diese Verringerung der Pulsfrequenz in Abhängigkeit von der Feldstärke im Bereich zwischen 1 kV/m und 100 kV/m.

Reinders[109] schließlich glaubt aufgrund von Experimenten mit Elektrodenspannungen von ca. 10 kV Folgendes angeben zu können: Elektrostatische Gleichstromfelder sind von einer gewissen Größenordnung an geeignet, »bestimmte Lebensfunktionen derart zu beeinflussen, daß das Wettergeschehen, das auf das Wohlbefinden vieler Menschen störend wirkt, weitgehend kompensiert werden kann. Längerer und regelmäßiger Aufenthalt scheint sogar bei derart anfälligen Personen die Wetterempfindlichkeit abzuschwächen und dadurch den allgemeinen Gesundheitszustand anzuheben«.

Doch gelang es auch Lüders[110], durch statistische und objektive Untersuchungen die Wirkung des elektrostatischen Feldes auf die Abwehrkräfte und auf das vegetative Nervensystem des menschlichen Organismus nachzuweisen. Er benutzte hierzu Daten von K.-H. Schulz[111], die dieser bei der Messung der elektrischen Leitfähigkeit der Haut unter dem Einfluß eines elektrostatischen Feldes gewann.

Schulz[112] führte noch weitere Experimente mit elektrostatischen Feldern durch. Die Versuchsperson saß dabei auf einer von der Erde isolierten Platte, die entweder mit negativer oder positiver Gleichspannung bis zu 500 V geladen war. Die Kontrolle der Wirkung des Feldes erfolgte wiederum durch Messung der verschiedenen Leitfähigkeitswerte, die in den meisten Fällen sukzessive im Zusammenhang mit dem Feld abnahmen. Die im Laufe von mehreren Behandlungstagen gemessenen Leitfähigkeitswerte zeigten eine sprunghafte Verschiebung nach unten und im klinischen Bild war eine Besserung oder Normalisierung der gestörten Funktionen festzustellen. K.-H. Schulz[112] sieht hierin die geeignete Möglichkeit der einfachen Feststellung der Wirkung statischer Elektrizität auf den menschlichen Organismus und ihrer gezielten therapeutischen Verwendung. Doch fand er heraus, daß offensichtlich nicht jede Person derart reagiert und es offenbar unterschiedliche Reaktionstypen gibt. Die Ausgangslage der einzelnen untersuchten Personen, die aufgrund externer Faktoren ebenfalls variieren kann, kommt noch hinzu.

Callot et al.[113] berichten über interessante Beobachtungen im Zusammenhang mit dem elektrostatischen Feld bei Personen, die auf Kerguelen (südliche Hemisphäre) den Winter verbrachten. Mittels einer Horizontalantenne, an die eine radioaktive Sonde mit Radium D (Ra 220) oder Americum 241 befestigt ist, wurde hier das elektrostatische Feld etwa 1 m über dem Erdboden gemessen und dann die Mittelwerte der so registrierten Feldstärke für die Monate April bis Dezember mit der Anzahl der insgesamt durchgeführten medizinischen Konsultationen der auf Kerguelen lebenden Personen korreliert.
Dabei zeigte sich ein auffallender Parallellauf mit der Stärke des elektrostatischen Feldes. Einen weiteren Zusammenhang ergab der »Schneider-Test«. Er stellt einen Herzleistungs- oder Ermüdungstest dar, auf den nicht spezifisch sportliche Personen besonders sensibel ansprechen. Das Untersuchungsergebnis brachte einen umgekehrt proportionalen Verlauf zwischen luftelektrischer Feldstärke und diesem Schneider-Test zutage. Mit steigender Feldstärke des luftelektrischen Feldes nahmen die Schneider-Testwerte ab, das heißt, die Leistungsfähigkeit der Testpersonen verschlechterte sich. Die Sedimentationsgeschwindigkeit von Blut folgte dem elektrostatischen Feld ebenfalls invers. Höhere Sedimentationsgeschwindigkeit stand immer im Zusammenhang mit sehr niedrigen luftelektrischen Feldstärken.
Auch eine gewisse Korrelation zwischen der Stärke des elektrostatischen Feldes und der Anzahl der jeweils vorhandenen Blutkörperchen ist nachzuweisen.
Aus all diesen Untersuchungsergebnissen ist zu schließen, daß es eine Verbindung zwischen gewissen pathophysiologischen Reaktionen und dem Wert des Gradienten des elektrischen Feldes, wie er in der Umgebung des Menschen vorhanden ist, gibt. Doch ist es notwendig, genauere und feinere Untersuchungen durchzuführen, um bessere Kenntnisse auf diesem biophysikalischen Gebiet zu erhalten.
Die Art der technischen Versuchsanordnung gibt jedoch zu kritischer Bemerkung Anlaß: Die geforderte Verfeinerung und Verbesserung sollte sich nicht auf die rein biologischen Testmethoden beschränken, sondern auch die technischen Probleme mit einbeziehen. So erscheint es nicht ganz sicher, ob es aufgrund der Meßtechnik immer nur eindeutig das elektrische Feld war, welches die Verfasser als vermeintlichen Parameter zitierten. Die an der Antenne befestigte radioaktive Sonde ionisiert zwar die die Antenne umgebende Luft, sie verbessert, beziehungsweise erleichtert damit auch die Messung des

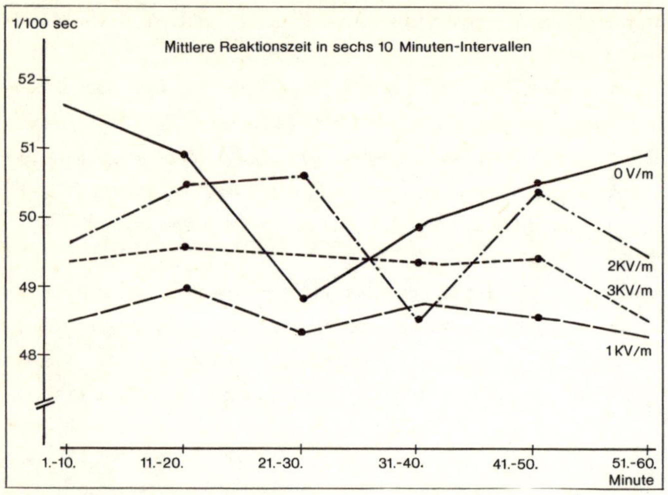

56 Mittlere Reaktionszeiten in sechs 10-Minuten-Intervallen von vier Testgruppen, die unterschiedlich starken elektrostatischen Feldern ausgesetzt waren, nach Schulz.

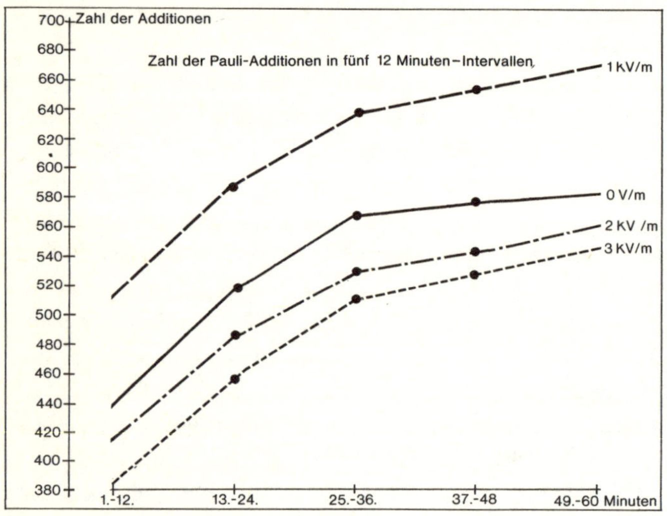

57 Mittlere Anzahl der Pauli-Additionen für vier Gruppen in unterschiedlichen elektrostatischen Feldern in fünf 12-Minuten-Intervallen, nach Schulz.

elektrostatischen Feldes, jedoch müßte beachtet werden, daß hier nicht nur das elektrostatische Feld, sondern indirekt auch die Luftbewegung in der nächsten Umgebung der Antennenanordnung mitregistriert wurde. Denn mehr oder weniger starker Wind kann die Ionisationsverhältnisse in der Umgebung der Antenne erheblich beeinflussen und so auch zu einer Verfälschung der Meßwerte des elektrostatischen Feldes führen. Durch diese Vorbehalte soll der Wert der Untersuchungen nicht geschmälert werden, doch muß hier nachdrücklich darauf hingewiesen werden, wie wichtig eine sorgfältig überlegte Versuchsanordnung ist — zu gewährleisten meist nur durch interdisziplinäre Zusammenarbeit —, um Fehlbeobachtungen beziehungsweise Fehlschlüsse zu vermeiden.

Der hier gegebene Bericht über die biologische Wirksamkeit elektrostatischer Felder kann natürlich keinen Anspruch auf Vollständigkeit erheben. Bei Sichtung der Literatur zeigt sich in jedem Fall, daß sowohl bei den psychologischen Tests als auch bei den physiologischen Messungen die Ergebnisse heterogen sind. Gesicherte systematische Zusammenhänge zwischen der Wirkung elektrostatischer Felder und dem Verhalten oder der subjektiven Befindlichkeit des Menschen sind zwar bekannt, jedoch nicht in ausreichender Anzahl. Wenn auch die Wirkung des elektrostatischen Feldes dabei von den meisten Autoren bestätigt wird, so zeigt ein Vergleich in der Literatur jedoch, daß sich die Ergebnisse teilweise widersprechen. Die wahrscheinlichen Gründe hierfür wurden schon mehrfach angedeutet:

— Unzureichende apparative oder meßtechnische Voraussetzungen,
— unvollständige Kenntnisse im elektrophysikalischen Bereich,
— unvollständige Kenntnisse über die Möglichkeit einer biologischen Wirksamkeit von ELF- und VLF-Feldern, wenn von der rein biologischen Seite einmal abgesehen wird.

Deshalb dürfte wohl nur in den seltensten Fällen auch bewußt die Entstehungsmöglichkeit von ELF-Feldschwankungen durch mechanische Vibration der Elektroden (Abstandsschwankungen) berücksichtigt worden sein.

Unabhängig von derartigen Überlegungen muß es jedenfalls H. Schulz[114] hoch angerechnet werden, daß es ihm auf wissenschaftlicher Basis den Weg zu zeigen gelang, auf dem diese etwas verwirrende Situation zumindest in einer Beziehung geklärt werden kann. Es ist jedem Fachmann auf dem bioklimatischen Forschungsgebiet erfahrungsgemäß bekannt, daß verschiedene Reaktionstypen (zum Beispiel »Vagotoniker« beziehungsweise »Sympathikoniker« oder »W-« beziehungsweise »K-Typ«) unterschiedlich auf Veränderungen der Umweltparameter ansprechen, wovon auch schon Curry[115], Hänsche[116], Reinders[109], Hartmann[117], K.-H. Schulz[112], Schuldt[297b] und viele andere berichten. Schulz[114] wußte, daß ähnliche Gesichtspunkte bei psychopharmakologischen Untersuchungen berücksichtigt werden. Er verwendete deshalb bei der von ihm durchgeführten psychologischen Wirkungsprüfung einer bioklimatischen Einflußgröße, des elektrostatischen Feldes, dieses andernorts bewährte persönlichkeitsspezifische Arbeitsmodell. Dabei ist gemäß Schulz[114] aus sachlogischen Gründen eine Beschränkung auf wenige gesicherte Dimensionen der Persönlichkeit erforderlich, da die Auswahl homogener Gruppen nur dann gesichert ist, wenn optimal gut definierte Persönlichkeitsmerkmale als Auswahlkriterien benutzt werden. Schulz[114] verwendete deshalb für die Selektion der Probanden seines Hauptexperiments nur die beiden Dimensionen der *Extraversion* und der *psychischen Labilität* (Neurotizismus), die fragebogenmäßig nach Eysenck[118] operational definiert sind.

Die Untersuchungen von Schulz[114] seien nun etwas ausführlicher beschrieben. Er begann seine Experimente mit insgesamt 60 Testpersonen, eingeteilt in vier Gruppen zu 15, mit einem Erkundungsexperiment. Drei der Versuchsgruppen wurden dabei unterschiedlichen elektrischen Feldstärken von

1 kV/m, 2 kV/m und 3 kV/m (gemessen in Kopfhöhe der Testpersonen) ausgesetzt; die vierte Personengruppe diente zur Kontrolle und hielt sich also in einem feldfreien Raum auf. Die Experimente fanden in einem teilklimatisierten Raum statt, dessen Wände, Decke und Boden mit Metallfolie tapeziert waren, wovon man sich eine gute Abschirmung gegen externe elektrische Wechselfelder natürlichen oder künstlichen Ursprungs erhoffte. Die Raumtemperatur variierte zwischen 20 und 23° C, die Luftfeuchtigkeit zwischen 50 und 60 %. Die Ionisationsstärke des Experimentierraumes konnte mangels eines Meßgerätes nicht kontrolliert werden. Die Experimente selbst wurden als Einzelversuche im Doppelblindverfahren durchgeführt. Weder die Testpersonen noch der Versuchsleiter waren über die jeweilige experimentelle Bedingung informiert.

Das Erkundungsexperiment ergab folgende Resultate:

1. Gemessen wurde die Reaktionszeit auf ein einfaches akustisches Signal hin. Das Verhalten der Versuchspersonen unter verschiedenen Feldbedingungen ist in Abbildung 56 dargestellt. Zwar konnten bei diesem Test keine Ergebnisse statistisch abgesichert werden, jedoch läßt Abbildung 56 deutlich erkennen, daß jene Testpersonen, die einem Feld von 1 kV/m ausgesetzt waren, offenbar die günstigsten Reaktionszeitwerte hatten.

2. Pauli-Test: Dieser Test zur Messung der Dauerleistung ist als einfacher Rechentest ausgelegt, bei dem die Testpersonen laufend einstellige Zahlen addieren und das Ergebnis notieren müssen. Das Resultat des Tests, das Abbildung 57 zeigt, läßt nach Schulz[114] folgenden Schluß zu: Die Leistung der Gruppen im Pauli-Test wird durch die Stärke des elektrischen Gleichstromfeldes systematisch so beeinflußt, daß eine geringe Feldstärke (1 kV/m) leistungsfördernd wirkt, während höhere Feldstärken (3 kV/m) die Leistung beeinträchtigten.

3. Bei einem weiteren Test galt es, die Flimmer-Verschmelzungs-Frequenz zu ermitteln. Die Aufgabe der Versuchspersonen ist es, dabei anzugeben, wann sie eine mit zunehmender Frequenz dargebotene Sequenz von Lichtblitzen optisch nicht mehr auflösen können, beziehungsweise wann sie in der Lage sind, eine mit abnehmender Frequenz dargebotene Sequenz wieder aufzulösen. Die Analyse der Testergebnisse ergab für die testmäßig bedingte Ermüdung der Versuchspersonen keinerlei Einfluß durch das stationäre elektrische Feld: Sie wurde weder aufgehalten noch gefördert.

4. Beim Geschwindigkeits-Punktieren wurden die Versuchspersonen aufgefordert, auf einem Blatt Papier innerhalb von 15 Sekunden mit einem Bleistift möglichst schnell zu punktieren, ohne auf die Anordnung der entstehenden Punkte zu achten. Das in Abbildung 58 dargestellte Resultat zeigt, daß bei der 2. Testaufgabe, also in der Nachtestphase, insgesamt schneller punktiert wurde als bei der ersten Testaufgabe, die vor dem Experiment lag. Dieses Ergebnis ist statistisch gesichert. Unterschiede zwischen den Behandlungsgruppen hingegen sind nur tendenziell zu erkennen.

5. Eine den Versuchspersonen aufgetragene Selbstbeurteilung des Leistungsverlaufs ergab eine Kovariation mit der abgestuften experimentellen Behandlung.

6. Eine von Jahnke[119] entwickelte Liste von Eigenschaftswörtern dient der Erfassung der momentanen subjektiven Befindlichkeit der Testpersonen. Die Analyse der nach dieser Methode gewonnenen Daten ergab neben einem deutlichen Einfluß des Zeitfaktors auf alle 5 Skalen (siehe Abbildung 59) auch genaue Gruppenunterschiede auf dem Behandlungsfaktor für 3 Skalen (»Kontaktbereitschaft«, »Emotionale Stabilität« und »Aktivität«) und zudem eine bedeutsame Wechselwirkung zwischen der Behandlung und dem Zeitfaktor für 2 Fälle (»Kontaktbereitschaft« und »Aktivität«).

7. Neben der Eigenschafts-Wörter-Liste wurden den Testpersonen 5 Beurteilungsskalen zur Erfassung der subjektiven Befindlichkeit vorgegeben. Diese für die Untersuchung konzipierten 5-stufigen Skalen, die an ihren Endpunkten verbal

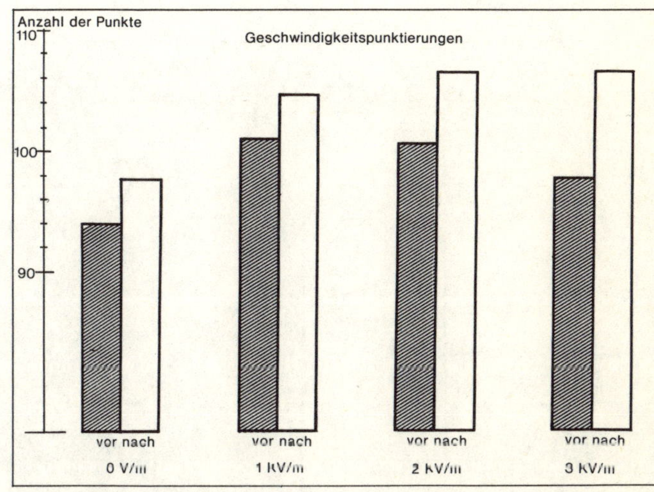

58 Mittlere Anzahl der Punkte im Geschwindigkeitspunktieren vor und nach einer Doppelaufgabe und bei verschiedenen elektrostatischen Feldbedingungen, nach Schulz.

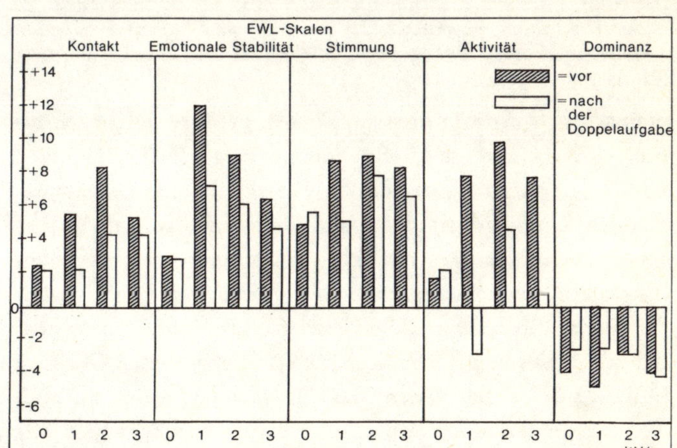

59 Selbstbeurteilung von vier Gruppen, die unter verschiedenen elektrostatischen Feldbedingungen standen, vor und nach einer Doppelaufgabe, nach Schulz.

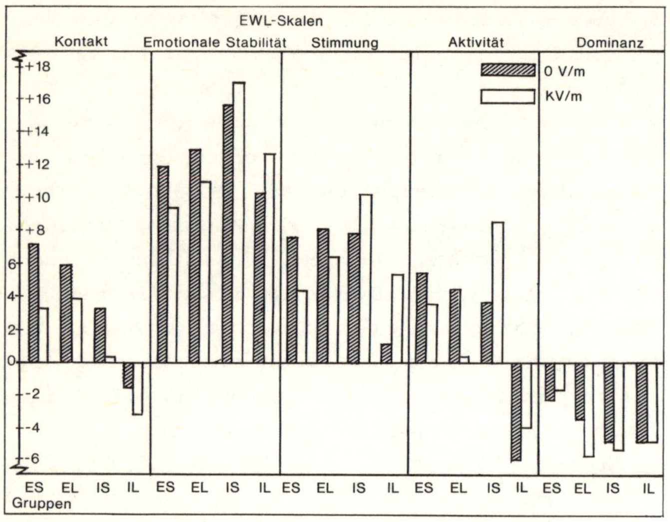

60 Selbstbeurteilung von vier Persönlichkeitsgruppen (ES extravertiert-stabil, EL extravertiert-labil, IS introvertiert-stabil, IL introvertiert-labil) auf fünf Skalen einer Eigenschaftswörterliste (EWL) unter Kontroll- und Experimentalbedingungen (elektrostatisches Feld von 2 kV/m), nach Schulz.

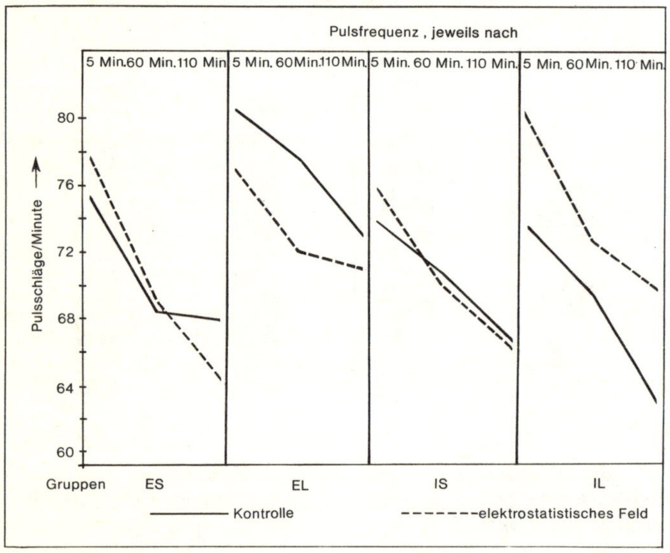

61 Mittlere Pulsfrequenz von vier Persönlichkeitsgruppen (ES extravertiert-stabil, EL extravertiert-labil, IS introvertiert-stabil, IL introvertiert-labil), gemessen unter Kontroll- und Experimentalbedingungen (elektrostatisches Feld von 2 kV/m) zu drei Zeitpunkten, nach Schulz.

verankert wurden, messen »Frischegefühl«, »Konzentration«, »Arbeitsfreude«, »Spannung« und »Gesprächigkeit«. Es handelt sich hier um eine direkte Skalierung der entsprechenden Dimensionen durch die Versuchspersonen. Als Ergebnis zeigte sich, daß die Selbstbeurteilung auf diesen Skalen ebenfalls zeitabhängig ist. Dies gilt für alle Skalen außer der Skala »Spannung«. Die Testpersonen in den experimentell mit 1 kV/m, 2 kV/m und 3 kV/m behandelten Gruppen fühlten sich bei der ersten Messung sowohl frischer als auch gesprächiger als die Testpersonen der Kontrollgruppe. Alle experimentell behandelten Gruppen stuften sich »gesprächiger« ein als die Testpersonen der Kontrollgruppe. Ferner ergab sich ein signifikanter Mittelwertsunterschied zwischen den beiden experimentell behandelten Gruppen 2 kV/m und 3 kV/m und der Kontrollgruppe im Zusammenhang mit der Skala »Konzentrationsfähigkeit«.

Zusammenfassend meint Schulz[114] zum Ergebnis des Erkundungsexperiments, daß mit Hilfe dieser Tests festgestellt werden sollte, ob es gelingen kann, den in der Literatur postulierten Einfluß stationärer elektrischer Felder auf den Menschen zu objektivieren. Zur Beantwortung dieser Fragen wurden dabei einmal objektive Leistungstests und zum anderen Tests zur Erfassung der subjektiven Befindlichkeit angewandt.

Hierbei zeigte sich, daß mit Hilfe des Tests zur Messung der objektiven Leistung unter den gegebenen Bedingungen keine statistisch abzusichernden Einwirkungen des elektrostatischen Feldes nachgewiesen werden konnten. Dies gilt sowohl für die beiden Tests, die als einstündige Doppelaufgabe vorgegeben wurden (Pauli-Test und Reaktionszeitmessung) als auch für die objektiven Rahmentests (Flimmerverschmelzungsfrequenz und Geschwindigkeitspunktieren).

Diese absolut negative Beurteilung des Ergebnisses ist im Rahmen der streng statistisch durchgeführten Analyse sicher gerechtfertigt. Trotzdem darf das sich abzeichnende Vorhandensein interessanter Tendenzen bei einzelnen Tests nicht übersehen werden, wie zum Beispiel die Tatsache, daß offensichtlich nicht in jedem Fall die Testgruppen, die der höchsten Feldstärke ausgesetzt waren, auch der stärksten Beeinflussung unterlagen. So deutet sich beim Reaktionszeittest und auch beim Pauli-Test dann eine optimale Wirkung des elektrischen Feldes an, wenn dessen Feldstärke beim mittleren Wert von 1 kV/m liegt. Auf diesen Effekt der optimalen Dosierung der Feldstärke wird noch öfters hingewiesen werden. Es zeigt sich, daß unter gegebenen Umständen eine gewisse Feldintensität als optimal wirksam angesehen werden muß. Sowohl zu schwache als auch zu starke Feldintensität können sich in ihrer Wirkung angleichen. Eine derartige Erfahrung weist darauf hin, daß bei solchen Experimenten die Voraussetzung, daß die Wirkung der Felder etwa proportional zu ihrer Feldstärke ist, unzutreffend ist und daß es hier sehr wohl einen optimalen Bereich geben kann. Erfahrungs- und erwartungsgemäß müßte diese optimale Feldstärke individuell in verschiedenen Bereichen liegen, abhängig von den äußeren Störverhältnissen (zum Beispiel der im Testraum vorhandenen Grundstörung) und auch von der Vorbelastung, unter der die einzelnen Testpersonen zu den Experimenten antreten. Derartige Gesichtspunkte wurden hier jedoch offenbar noch nicht berücksichtigt.

Schulz[114] gibt in der Zusammenfassung der Resultate des Erkundungsexperiments schließlich weiter an, daß die Beurteilungsergebnisse im Gegensatz zu den objektiven bei den Prüfungen der subjektiven Reaktionen ein sensibles Ansprechen auf die experimentelle Behandlung zeigten. Dies gilt sowohl für die Beurteilung des Leistungsverlaufs der gestellten Doppelaufgabe als auch für die Eigenschaftswörterliste und die

Skalen zur Erfassung der subjektiven Befindlichkeit.

Aufgrund der Erkenntnisse dieses Erkundungsexperiments, die in ihrer Tragweite überhaupt nicht zu überschätzen sind, führte Schulz[114] ein Hauptexperiment durch, bei dem eine persönlichkeitsspezifische Präzisierung der Fragestellung vorgenommen wurde. Zu diesem Zweck wurden die Testpersonen aufgrund psychologischer Tests in vier Gruppen unterteilt: extravertiert/stabil (ES), extravertiert/labil (EL), introvertiert/stabil (IS) und introvertiert/labil (IL). Als Feldstärke wurde beim Hauptexperiment nur mehr ein Wert, nämlich 2 kV/m verwendet.

Es ergaben sich folgende Ergebnisse:

1. Über die Skalen der Eigenschaftswörterliste sprachen die Probanden auch im Hauptexperiment sensitiv auf die Experimentelle Behandlung an; bei allen Skalen gab es persönlichkeitsspezifische Reaktionsweisen auf die experimentelle Behandlung (siehe Abbildung 60).

Der Einfluß der Extraversion auf die Reaktion der Testpersonen gegenüber dem stationären elektrischen Feld ist bei vier der fünf Eigenschaftswörterskalen richtungsmäßig gleichsinnig (»Kontakt«, »Emotionelle Stabilität«, »Stimmung« und »Aktivität«). Diese gruppenspezifischen Reaktionsweisen konnten für die genannten vier Skalen statistisch gesichert werden.

Für die Skala »Kontakt« ergab sich neben dem persönlichkeitsspezifischen Unterschied in der Reaktionsweise auch ein genereller Gruppenunterschied zwischen Extravertierten und Introvertierten: Extravertierte Testpersonen zeigten sich sowohl in der Kontroll- als auch in der Hauptsitzung kontaktfreudiger als introvertierte Versuchspersonen.

2. Als Indikator der physiologischen Aktiviertheit wurde die Pulsfrequenz stichprobenweise zu Beginn, in der Mitte und gegen Ende der zweistündigen Versuche registriert. Wie Abbildung 61 zeigt, war die physiologische Reaktion der vier Persönlichkeitsgruppen auf die experimentelle Behandlung hin unterschiedlich.

Während Extravertiert-Labile mit einer Pulsverlangsamung auf die Feldbedingung reagierten, zeigten die Introvertiert Labilen eine Beschleunigung des Pulses.

Weiter offenbarten alle vier Persönlichkeitsgruppen eine sich deutlich verlangsamende Pulsfrequenz im Verlauf der zweistündigen Testsitzung. Diese zeitabhängige Verlaufscharakteristik der Pulsfrequenz wird interessanterweise durch den Einfluß des Gleichstromfeldes persönlichkeitsspezifisch modifiziert. Bei introvertierten Testpersonen ist die zeitabhängige Pulsverlangsamung unter der Kontrollbedingung stärker ausgeprägt als unter der Gleichstromfeldbedingung. Bei extravertierten Personen ist es genau umgekehrt.

Weiter zeigte sich: In der Kontrollsitzung reagierten die Testpersonen relativ homogen, und das Ausmaß der Pulsverlangsamung ergab sich in allen Fällen als etwa gleich groß. Unter der Bedingung des elektrischen Feldes fielen die Reaktionen derselben Testpersonen eher inhomogen aus, das heißt, sie waren durch den Ausgangswert weniger gut vorhersagbar. Die Kreislaufirritation, die durch das Feld verursacht wurde, war interindividuell unterschiedlich stark ausgeprägt.

Die Ausscheidung von Adrenalin und Noradrenalin im Harn wurde durch die zweistündige Einwirkung des stationären elektrischen Gleichfeldes tendenziell verändert. Eine derartige Wirkung des Feldes deutet sich zwar in den Abbildungen 62 und 63 an, jedoch ließen sich weder der Haupteffekt für Adrenalin noch der Wechselwirkungseffekt für Noradrenalin statistisch sichern.

Schulz[114] diskutiert nun das Ergebnis und meint, die Hypothese, ein stationäres elektrisches Feld (2 kV/m) übe einen allgemeinen Einfluß auf die subjektive Befindlichkeit aus, werde dadurch gestützt, daß die Selbstbeurteilung auf den meisten Eigenschaftswörterlisten-Skalen durch die experimen-

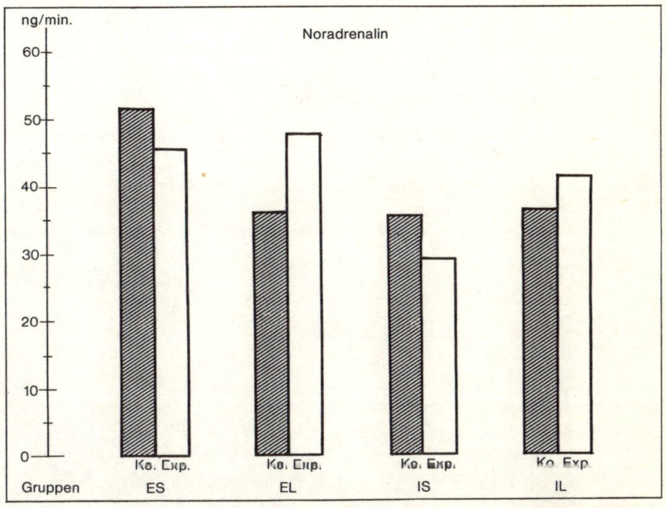

62 Mittlere Noradrenalinausscheidung von vier Persönlichkeitsgruppen (ES extravertiert-stabil, EL extravertiert-labil, IS introvertiert-stabil, IL introvertiert-labil) unter Kontroll- und Experimentalbedingungen (elektrostatisches Feld von 2 kV/m), nach Schulz.

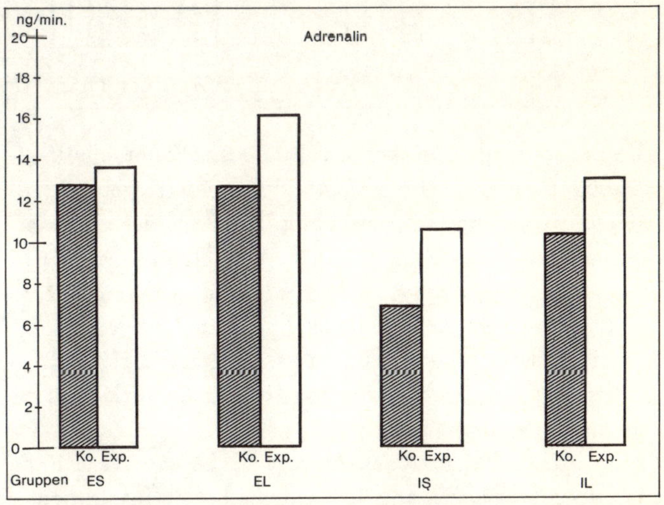

63 Mittlere Adrenalinausscheidung von vier Persönlichkeitsgruppen (ES extravertiert-stabil, EL extravertiert-labil, IS introvertiert-stabil, IL introvertiert-labil) unter Kontroll- und Experimentalbedingungen (elektrostatisches Feld von 2 kV/m), nach Schulz.

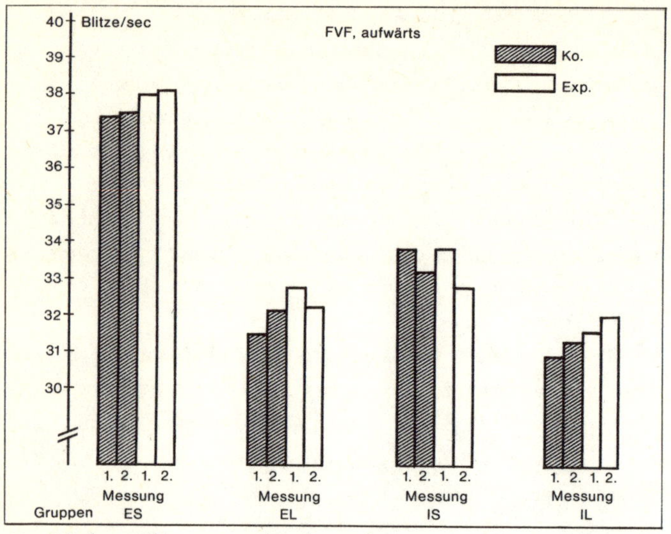

64 Mittlere Flimmerverschmelzungsfrequenz (FVF), aufsteigendes Verfahren, von vier Persönlichkeitsgruppen (ES extravertiert-stabil, EL extravertiert-labil, IS introvertiert-stabil, IL introvertiert-labil) unter Kontroll- und Experimentalbedingungen (elektrostatisches Feld 2 kV/m) bei zwei Messungen, nach Schulz.

65 Mittlere Flimmerverschmelzungsfrequenz (FVF), absteigendes Verfahren, von vier Persönlichkeitsgruppen (ES, EL, IS, IL, siehe oben) unter Kontroll- und Experimentalbedingungen (elektrostatisches Feld von 2 kV/m), nach Schulz.

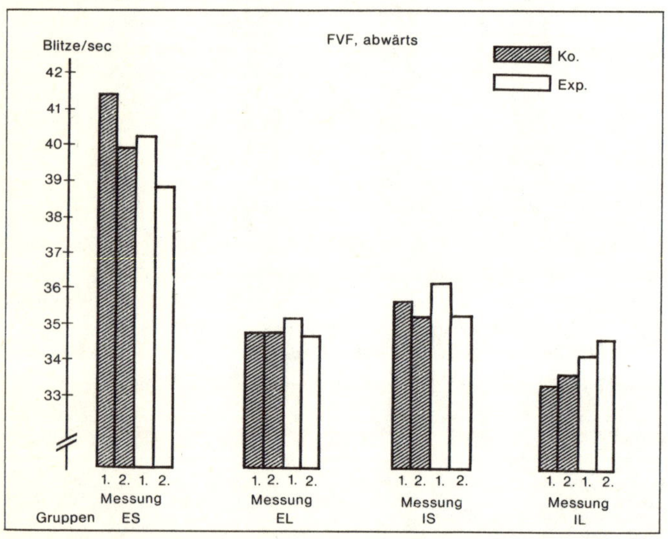

telle Behandlung beeinflußt wurde. Zudem konnte die Feldwirkung persönlichkeitsspezifisch differenziert werden. Introvertierte Testpersonen erreichten am Ende der zweistündigen experimentellen Sitzung höhere Werte auf den Skalen »Kontakt«, »Stimmung«, »Aktivität« und »emotionale Stabilität« als unter Kontrollbedingungen und zeigten damit Anzeichen einer leichten »Euphorisierung«, wie sie auch in der ersten Eigenschaftswörterliste-Testung des Erkundungsexperiments zu beobachten war.

Extravertierte Testpersonen hingegen berichteten am Ende der zweistündigen Sitzung über eine leichte Beeinträchtigung des subjektiv erlebten Befindens.

Die Ergebnisse des Erkundungs- und des Hauptexperiments zusammenfassend bemerkt Schulz[114]:

1. Stationäre elektrische Felder wirken auf das subjektiv erlebte Befinden von Testpersonen.
2. Die Wirkung setzt relativ rasch ein und kann wahrscheinlich durch die Randparameter der Versuchssituation kompliziert werden.
3. Persönlichkeitsmerkmale müssen bei der Beurteilung der Feldwirkung berücksichtigt werden.
4. Ein Wirkungsnachweis auf objektiv meßbare physische Leistungen ist nicht zu sichern.
5. In der Pulsfrequenz zeigt sich eine interindividuell unterschiedlich starke Irritierung der Testpersonen durch die Felder. Die Katecholamin-Ausschüttung verändert sich unter der Feldbedingung nicht bedeutsam.

In einem abschließenden Replikationsexperiment untersuchte Schulz[114] nun die Frage: Läßt sich die Wirkung stationärer elektrischer Felder auf die Testpersonen auch bei wiederholter Behandlung nachweisen, oder handelt es sich um einmalige nicht wiederholbare Reaktionen der Testpersonen? Ebenfalls sollte festgestellt werden, ob die Wirkung des Feldes, die offensichtlich sehr rasch einsetzt, direkt mit dem Abschalten der Feldbedingung aufhört, oder ob Behandlungsnachwirkungen nachzuweisen sind. Es ergaben sich folgende Ergebnisse:

1. Die Eigenschaftswörterlisten-Ergebnisse brachten wohl wegen zu geringer Stichprobengröße keine verwertbaren Resultate.
2. Die Messung der Pulsfrequenz bestätigte wiederum die spontane Wirkung des Feldes auf diesen Kreislaufparameter. Weiter zeigte sich, daß zwischen der experimentellen Behandlung und der psychischen Stabilität eine gesicherte Wechselwirkung besteht; die Pulsfrequenz labiler Testpersonen stieg unter der Feldbehandlung an. Bei den Stabilen fand eine Ausdifferenzierung statt. Während die Extravertiert-Stabilen unter der Feldbedingung eine Pulsverlangsamung zeigten, reagierten die Introvertiert-Stabilen – wie auch die beiden labilen Gruppen – mit einer leichten Beschleunigung des Pulses.

Für die Extravertiert-Stabilen ergab sich noch eine deutliche Verlangsamung der Pulsfrequenz unter Kontrollbedingungen, während sie unter Experimentalbedingungen auf annähernd gleichem Niveau blieb. Bei den Introvertiert-Labilen war hingegen die Pulsfrequenz unter Kontrollbedingungen relativ konstant zu beobachten und fiel unter Experimentalbedingungen deutlich ab. Die Ergebnisse der Pulsfrequenzmessungen waren aber auch hinsichtlich der Frage nach dem Wirkungsbeginn des Feldeinflusses interessant. Denn deutlicher noch als im Hauptexperiment zeigten sich im Wiederholungsexperiment Unterschiede zwischen der Kontrollmessung und der Messung unter dem Gleichfeld, vor allem in der ersten Messung, fünf Minuten nach Einschalten des stationären elektrischen Feldes.

3. Der Test mit der Flimmerverschmelzungsfrequenz wurde als geeignetes Mittel zur Erfassung der Feldwirkung bestätigt.

Bei der Flimmerverschmelzungsfrequenz-Aufwärts-Bedingung ließen sich Unterschiede auf beide Persönlichkeitsfaktoren sichern, doch spielte der Behandlungsfaktor nur eine untergeordnete Rolle. Es ergaben sich hierbei signifikante Gruppenunterschiede, die mit den Ergebnissen der Aufwärtsbedingung gut übereinstimmten. Extravertierte und Stabile zeigten insgesamt ein besseres Auflösungsvermögen als Introvertierte und Labile (siehe Abbildungen 64 und 65).

4. Der Geschwindigkeits-Punktieren-Test offenbarte im Wiederholungsexperiment die deutlichsten Behandlungswirkungen. Unter dem Einfluß des stationären elektrischen Feldes punktierten die Testpersonen insgesamt schneller als unter Kontrollbedingungen. Die Leistung der stabilen Testpersonen veränderte sich unter dem Einfluß des Gleichfeldes insgesamt nur wenig, die labilen Testpersonen hingegen reagierten auf die Feldbehandlung in diesem einfachen psychomotorischen Test mit einer Leistungssteigerung. Die Gruppen extravertiert-labil und introvertiert-stabil punktierten jeweils während der zweiten Messung schneller als während der ersten. Für die beiden verbleibenden Gruppen extravertiert-stabil und introvertiert-labil ist das Verhältnis genau umgekehrt.

Als Resumé seiner interessanten und verdienstvollen Arbeit hält Schulz[114] unter anderem bei der Mehrzahl der verwendeten Tests eine persönlichkeitsspezifische Versuchsplanung für nötig. Er führt auch eine Arbeit von Bisa und Weidmann[120] an, die über den Einfluß der Therapie mit Elektro-Aerosolen auf die Flimmer-Verschmelzungsfrequenz berichtet. Ein Vergleich der Kontroll- mit den Experimentalbedingungen bei allen Patienten brachte hier keine signifikanten Schwellenverschiebungen für die optische Auflösung. Wurden die Patienten jedoch gemäß ihrer Reaktion in verschiedenen physiologischen Messungen in homogene Untergruppen aufgeteilt, so ließen sich typische Wirkungen unipolar positiv oder negativ aufgeladener Elektro-Aerosole auf die Flimmerverschmelzungsfrequenz nachweisen.

2.2.2 Luftionisation

Bei der biologischen Wirksamkeit elektromagnetischer und insbesondere niederfrequenter Felder sind erst in den letzten Jahren eingehende und ausführliche Berichte und Forschungen bekannt geworden, die sich mit der Bedeutung der Luftionisation befassen. Rein physikalisch gesehen besteht bereits eine enge Kopplung zwischen Luftionen und Feldern und vor allem elektrischen Feldern. Wie an anderer Stelle erläutert, üben diese auch eine Kraftwirkung auf ruhende, geladene elektrische Teilchen aus. Somit wird einmal das Ionenmilieu durch elektrische Felder beeinflußt, andererseits besteht zumindest unter natürlichen Bedingungen eine Rückwirkung durch ionisierte Luft auf den Zustand luftelektrischer Felder Der ionisierte Raum ist nicht mehr ideal isolierend, sondern wird durch Ionisation der eigentlich neutralen Luftmoleküle mehr oder weniger stark leitend, was einen unmittelbaren Einfluß auf das dort befindliche elektrische Feld hat. Sieht man von evakuierten Räumen ab, so ist es wegen der Höhenstrahlung unmöglich, nichtionisierte Räume zu schaffen, wie man sie für Experimente bräuchte, um einwandfrei getrennt die biologische Wirksamkeit von Feldern einerseits und Luftionen andererseits zu erforschen. Zur Erzeugung eines unipolaren Ionenmilieus benötigt man letztlich auch wieder elektrische Felder, um die Luftionen gemäß ihrer Ladungen zu trennen. Auch dieser Vorgang wird laufend zum Beispiel durch die Nachproduktion von Ionen durch Kosmische Strahlung gestört. Immerhin ist es möglich, ein Milieu zu schaffen, das durch bestimmte Luftionen dominierend bestimmt wird.

Einleitend sei auf eine Studie von Knoll et al.[236] über die Eigenschaften und biologische Wirksamkeit kleiner multimolekularer Luftionen hingewiesen, da hier bereits 1964 im Zusammenhang mit einer großen Literaturübersicht die Probleme klar umrissen wurden, die sich auf diesem Forschungsgebiet ergeben. Wenngleich die Anforderungen an die Meßtechnik besonders hoch sind, bleiben die Verhältnisse doch deutlich überschaubar und verständlich. Auch von eindeutig nachweisbaren biologischen Reaktionen wird dabei berichtet, die direkt feststellbar sind, wenn der Effekt groß genug ist, oder mit Hilfe statistischer Methoden.

Weil kontrollierbare Verhältnisse der Luftionisation sich am besten im Labor herstellen lassen, sind auch hier Tiere zur Durchführung von Experimenten besonders geeignet.
Krueger et al.[237] führten Untersuchungen im Zusammenhang mit der Exponierung von Seidenraupeneiern in positiv oder negativ ionisierter Atmosphäre bei 24 °C und 26 °C durch. Es ergab sich ein früherer Beginn der Verpuppung und außerdem folgende Wirkungen:

1. Deutlicher Anstieg der Larvenwachstumsrate;
2. vermehrte Biosynthese von Katalase, Peroxydase und Cytochrom C Oxydase;
3. früheres Verspinnen;
4. signifikanter Anstieg im Kokongewicht bei 24 °C und 26 °C.

Bei 24 °C führte die Behandlung mit positiven und negativen Ionen zu einem statistisch gesicherten Anstieg des Puppengewichts, bei 26 °C trat dies nur nach Behandlung mit positiven Ionen ein.

Krueger und Kotaka[238] überprüften die Hypothese, daß Veränderungen der Stimmung und Erregung beim Menschen bei bestimmten meteorologischen Bedingungen, zum Beispiel bei Föhn und Scirocco, von Luftionen induzierten Veränderungen des Serotoninspiegels im Gehirn abhängen sollen. Sie exponierten Mäuse in Kammern kontrolliertem, verunreinigungsfreiem Mikroklimas während 12, 24, 48 und 72 Stunden mit drei verschiedenen Konzentrationen kleiner nega-

tiver und positiver Luftionen: $2-4 \cdot 10^3$; $3-4 \cdot 10^4$ und $3{,}5-5 \cdot 10^5$ Ionen/cm³. Die spektrofluorometrische Bestimmung des Serotonins im Gehirn der mit Ionen behandelten Mäuse zeigte bereits nach 12 Stunden im Vergleich zu unbehandelten Kontrolltieren statistisch signifikante Unterschiede. Nach 24 und 48 Stunden Behandlung waren keine Unterschiede vorhanden. Nach 72 Stunden ergab sich in allen Gruppen, außer in der mit $3-4 \cdot 10^4$ positiven Ionen/cm³ behandelten, ein starker Rückgang des Serotonins.
Diese mit Mäusen gewonnenen Ergebnisse und jüngste Erkenntnisse in der Neurophysiologie und Neuropharmakologie legen es nahe, die oben angeführte Hypothese auch beim Menschen zu überprüfen.

Zu hohe Ionenkonzentrationen können jedoch auch negative Folgen haben. Ungereinigte Umgebungsluft mit $1-2 \cdot 10^5$ kleinen positiven Ionen/cm³, nach Ionisation mit Tritium betriebenen Generatoren, beschleunigte beziehungsweise erhöhte gemäß Krueger et al.[239] die Todesrate von Mäusen, die intranasal mit bekannten Mengen Klebsiella Pneumoniae und Pr 8 Influenzavirus infiziert wurden. Die Unterschiede zwischen den Kontrolltieren und den mit Ionen behandelten Tieren waren an mehreren Beobachtungstagen signifikant. Die Exponierung der infizierten Tiere in einem elektrischen Feld der gleichen Stärke, die für die mit Ionen behandelten Tiere verwendet worden war, ergab keinen statistischen Unterschied. Dasselbe galt für die Wiederholung der Versuche mit dem gleichen Virus in reiner Luft bei $4 \cdot 10^5$ kleinen positiven Ionen/cm³.

Ähnliche Versuche von Krueger et al.[240] mit negativen Ionen zeitigten eine niedrigere Todesrate bei den mit diesen Ionen vorbehandelten Mäusen gegenüber den Kontrolltieren. Doch war der Unterschied statistisch nicht abzusichern.

Den Effekt von Luftionen in der Umwelt auf die Influenza bei Mäusen studierten Krueger und Ried[241] am Krankheitsverlauf unter der Wirkung kleiner Luftionen nach intranasaler Anwendung von bekannten Mengen von Influenzaviren unter kontrollierten Umweltbedingungen. Unipolare niedrige Konzentrationen positiver und negativer Ionen erhöhten die Mortalität, während eine mittlere Konzentration von Ionen beider Polaritäten ohne Wirkung blieb. Hohe Konzentrationen negativer Ionen oder niedrige Konzentrationen gemischter Ionen mit überwiegend negativen Ionen senkten die Mortalität. Luft ohne Ionen, die unter städtischen Lebensbedingungen vorherrscht, steigerte die Mortalität signifikant. Außerdem erregte die Frage der Wirksamkeit elektrischer Felder, die bei der Erzeugung der Luftionisation entstehen, besondere Aufmerksamkeit. Genaue Feldstärkemessungen in der nächsten Umgebung der Mäuse waren nur dann erfolgreich, wenn die Tritiumgeneratoren, die der Erzeugung der ionisierten Luft dienten, im Innern der Mäusekäfige angebracht waren. In den übrigen Fällen mußten Abschätzungen der Feldstärkewerte weiterhelfen. Dabei ergaben sich Werte in der Größenordnung von 5 kV/m, weshalb auch ein zusätzlicher Effekt dieser Felder auf den Versuchsablauf nicht auszuschließen ist. Doch wurde für die hier beschriebenen Experimente dargelegt, daß die Resultate nicht mit den elektrischen Feldern in Verbindung gebracht werden können, sondern ursächlich durch die Luftionisation bedingt sind.

Einen Apparat zur Erzeugung dosierbarer Mengen von Luftionen beschrieben Bachmann et al.[242]. Mit diesen Geräten wurden die Nasenlöcher von Ratten ionisierter Luft exponiert, wobei man die wirkliche Ionendosis durch Berechnung aus dem gesamten Ionenstrom und dem elektrischen Stromfluß durch das jeweilige Tier zur Erde ermittelte. Die Experimente offenbarten, daß positive und negative Luftionen zur Anregung der Herzschlagfolge und der Atemfrequenz führen können. Die Dosis war bei den einzelnen Ratten verschieden.

Auch Olivereau[243] benutzte Ratten als Versuchstiere. Er studierte in einem neurophysiologischen Test an dem Verhalten von männlichen Ratten den Einfluß von atmosphärischen negativen Ionen auf eine Angstsituation (siehe auch Abbildung 66) mittels eines Anpaßeffektes. Die an einem Ring über einem Becken mit kaltem Wasser hängenden Ratten lernten zu tauchen, um diese belastende Lage abzukürzen. Nach einer Kurzbehandlung mit Luftionen (150 000 Ionen/cm³ während 20 Minuten) ließen sich die ängstlichsten Tiere schneller fallen; die Haltezeit am Ring war signifikant verkürzt. Dieser Effekt beim Angstverhalten der Tiere spricht dafür, daß Serotonin bei der Behandlung mit Luftionen beteiligt ist. Außerdem deuteten dabei einige paradoxe Ergebnisse auf eine Erhöhung der Muskelleistung.

66 Anordnung zum Test des Entschlußvermögens von Ratten, die einer Streßsituation ausgesetzt sind. Die Tiere versuchen sich möglichst lange an einem Ring über einem Wasserbehälter festzuhalten, um den Sturz ins Wasser zu vermeiden, nach Olivereau.

Einen Effekt von negativen Luftionen auf die Emotionalität und den Gehirnserotoninspiegel isoliert gehaltener Ratten beobachtete Gilbert[244]. Er stellte fest, daß unter zusätzlich intermittierenden Luftionen-Bedingungen die isolierten Tiere auf das Ergriffenwerden mit der Hand stärker reagierten und einen höheren Serotoningehalt hatten als Vergleichstiere. Durch Luftionen konnten Emotionalität und Serotoninspiegel herabgesetzt werden.

Auch Häutungsvorgänge bei Blattläusen hängen gemäß Haine[245] mit Ionenkonzentrationswechsel zusammen. Nach künstlich negativer Ionisation der Luft war in der Regel eine Häutungszunahme zu beobachten. Sie fiel zeitlich sowohl mit plötzlichem, starkem Ansteigen negativer Ionenkonzentrationen als auch mit drastischer Reduktion hoher positiver Ionenkonzentrationen zusammen.

Über die physikalisch-physiologischen Grundlagen der luftelektrisch bedingten Wetterfühligkeit bei der Honigbiene berichtet Warnke[246]. Er untersuchte Aufladungserscheinungen der Körperoberflächen von Bienen sowie die Änderung des Körperoberflächenpotentials unter dem Einfluß elektrischer Felder und luftelektrischer Ströme. Es stellte sich heraus, daß die Körperoberfläche der Biene nach ihrem Potentialverhalten gegenüber der Erde sich in Bereiche mit schnellen, hohen Potentialschwankungen aufteilen läßt und solche mit weitgehend stetigem Potential. Die Biene kann sich mittels eines leitenden Sekrets elektrisch an ihre »Lauffläche anschalten«. Auf den Antennen ist ein Bestandspotential gegenüber dem Bieneninneren meßbar und es besteht die Moglichkeit, kurzfristig jeweils eine Antenne umzupolen. Die Anwesenheit unipolarer Kleinionen in der Luft bewirkt eine Auf beziehungsweise Entladung der Biene während des Flugs. Unterschiedliche relative Luftfeuchtigkeit beeinflußt die jeweilige Aufladungshöhe der Bienen. Bei Anzug eines Gewitters bewirken die elektrischen Komponenten der Luft eine Entladung der Biene während des Fluges. Die relative Luftfeuchtigkeit erzeugt zu gleicher Zeit eine Entladung der Biene auf dem Boden. Der Bienenstaat stellt offenbar ein komplexes System elektrischer Größen dar und reagiert empfindlich auf Änderungen des Potentialgefälles in der Luft. Dabei bestimmt der vom Bienenstaat ausgehende elektrische Einfluß auf das Flugbrett grundlegend das Potentialverhalten zurückkehrender Bienen. Sterzelnde und fächelnde Bienen wirbeln geladene Teilchen aus dem Bienenstock. Stechreiz tritt bei der Biene im wesentlichen bei hoher atmosphärischer 10 kHz-Impulsaktivität (VLF-Atmospherics) und gleichzeitiger Entladung der Biene auf. Außerdem besteht eine direkte Korrelation zu Schwankungen des Potentialgefälles der Luft.

Mit dem Verhalten von Bienen unter dem Einfluß unipolarer Luftionen befaßten sich auch Altmann und Warnke[247]. Die Registrierung der motorischen Aktivität der Bienen nach ihrer Lautäußerung in positiv und negativ ionisierter Luft sowie unter völlig abgeschirmten Bedingungen ergab:

1. Im Faraday-Käfig zeigen die Bienen eine geringe Aktivität.
2. Eine Reaktion auf negative und positive Luftionen tritt sofort auf und besteht in einer Vergrößerung der Flügelschlagamplitude und der Laufaktivität.
3. Die Aktivität in negativ geladener Luft ist größer als in positiv geladener Luft.
4. Der Wasserumsatz der Bienen entspricht –in gleicher Weise wie der Stoffwechsel – der jeweiligen motorischen Aktivität unter den verschiedenen Bedingungen.

Eingehende Untersuchungen über einen möglichen Einfluß atmosphärischer Ionen auf den Menschen führte Eichmeier[248, 249] durch. Mit der nötigen statistischen Sicherheit fand er heraus, daß die beobachtete Atmungsfrequenz im Durchschnitt um 12 % zurückging, wenn künstlich erzeugte positive atmosphärische Ionen hoher Dichte (etwa 10^6 Ionen/cm^3) von den Versuchspersonen durch den Mund eingeatmet wurden. Ein schwacher, jedoch statistisch noch abzusichernder Effekt von positiven atmosphärischen Ionen auf die Alpha-Frequenz des EEG's war bei einem Drittel aller Testpersonen festzustellen. Teilweise war die Alpha-Frequenz im Durchschnitt um etwa 2 % erhöht oder auch erniedrigt.
Damit konnten die von Kornblueh und Griffin[250] kurz vorher berichteten Effekte von künstlich erzeugten atmosphärischen Ionen im menschlichen Elektroenzephalogramm bestätigt werden. Hier wurde für positiv oder negativ ionisierte Luft (10^3 – 10^4 Ionen/cm^3) ein Frequenzrückgang des Alpharhythmus' um etwa 10 % gegenüber den Kontrollen beobachtet.
Schließlich erzielte Eichmeier[248] bei Experimenten mit »natürlichen« Ionenkonzentrationen einen gleichen Effekt auf die Reaktionszeit des Menschen, wie er von hohen Ionenkonzentrationen her schon bekannt war.

Weitere ausführliche Berichte bezüglich der biologischen Wirksamkeit künstlich erzeugter atmosphärischer Kleinionen liegen ebenfalls von Eichmeier[249, 251, 252] vor. Hier ergab sich:

1. Von den drei registrierten Frequenzen (Alpha-, Atmungs- und Pulsfrequenz) zeigte die Atmungsfrequenz die relativ stärksten und häufigsten statistisch zu sichernden Änderungen (statistische Sicherheit $S \geqq 95$ %; meist 99 %), wenn die künstliche Luftionisation ein- oder ausgeschaltet wurde. Der Anteil der Versuchspersonen mit statistisch gesicherten Atmungsfrequenzänderungen betrug je nach Versuchsreihe 50 bis 80 %.
2. In der Alpha-Frequenz des EEG's resultierten je nach Versuchsreihe für 10 – 45 % der Versuchspersonen statistisch gesicherte ($S \geqq 97{,}5$ %) Änderungen beim Ein- oder Ausschalten der künstlichen Luftionisierung. Die Amplitude des

Alpha-Rhythmus' änderte sich dagegen nur bei einer von 8 Versuchspersonen statistisch gesichert ($S \geqq 99\,\%$), wenn (positive) atmosphärische Ionen künstlich erzeugt wurden.
3. Die Pulsfrequenz änderte sich je nach Versuchsreihe in 15 beziehungsweise 40 % der untersuchten Fälle statistisch gesichert ($S \geqq 95\,\%$), wenn die Tests mit (positiven oder negativen) künstlich erzeugten atmosphärischen Luftionen stattfanden.
4. Die als Funktion der künstlichen Luftionisierung gemessenen, statistisch gesicherten ($95\,\% \leqq S \leqq 99\,\%$) durchschnittlichen Frequenzänderungen betrugen bei der Atmungsfrequenz 12 %, bei der Alpha-Frequenz 2,2 % und bei der Pulsfrequenz 4,4 %.
5. Bei allen Frequenzen wurden, unabhängig von der Polarität der künstlich erzeugten atmosphärischen Ionen, sowohl statistisch gesicherte (meist $S \geqq 99\,\%$) Frequenzabnahmen als auch -zunahmen beobachtet.
6. Die an den einzelnen Versuchspersonen gewonnenen Ergebnisse ließen sich nur in wenigen Fällen reproduzieren. Hinsichtlich des durchschnittlichen, alle Versuchspersonen einer Meßreihe umfassenden Ergebnisses, war dagegen eine teilweise Reproduzierbarkeit möglich.

Bisa[120] benutzte durch Inhalation zugeführte Elektroaerosole zu therapeutischen Zwecken. Die damit erzielte unterschiedliche Reaktion bei den Patienten auf positive und negative Ionen hing offenbar von der vegetativen Ausgangslage der Personen ab. Darüber hinaus wurde aber die Wirkung der Elektroaerosole auf das Vegetativum auch mit Hilfe der Flimmerverschmelzungsfrequenz nachgewiesen.

Minch[253] behandelte Sportstudenten mit künstlich erzeugten negativen Ionen. Die körperliche Leistungsfähigkeit erhöhte sich dabei angeblich beträchtlich; der bei Sportlern erhöhte Metabolismus der Vitamine B_1, B_2, PP und C war offensichtlich normalisiert worden.

Untersuchungen über den Einfluß von künstlich erzeugten atmosphärischen Ionen auf die einfache Reaktionszeit und auf den optischen Moment führten Rheinstein[254] und auch Knoll et al.[255] durch. Es zeigte sich dabei, daß solche atmosphärische Ionen, wenn sie eingeatmet werden, einen Einfluß auf die »einfache Reaktionszeit« haben; sie verlängern oder verkürzen sie im Mittel um ca. 7 %. Hierzu mußten die künstlich erzeugten Ionen durch den Mund eingeatmet werden. Bei erhöhter Ionendichte von ca. 10^6 Ionen/cm³ (statt der ca. 2000 Ionen/cm³ in der Natur) nahm der Prozentsatz der Fälle einer Reaktionsverkürzung zu. Es gelang nicht, eine besondere Bedeutung der Polarität der Ionen, also ob positiv oder negativ, nachzuweisen. Gleichzeitige Untersuchungen, ob der optische Moment durch die künstlich erzeugten atmosphärischen Ionen eventuell zu beeinflussen sei, waren ebenfalls erfolglos (der optische Moment beschreibt das Vermögen des Auges, zwei wechselweise leuchtende Gegenstände, wie spezielle Lämpchen, in der Folge des Aufleuchtens trennen zu können. Es darf nicht mit der Flimmerverschmelzungsfrequenz verwechselt werden, bei der ein flakkerndes Licht als gleichmäßig leuchtend gesehen wird).

Gemäß Wehner[256] ergab die Behandlung von Asthmatikern, Bronchitikern und Emphysematikern mit Elektroaerosolen eine Verbesserung der Atmung, des Schlafs, des Allgemeinbefindens sowie eine Erhöhung der Vitalkapazität.

Auch K.-H. Schulz[112] wies die biologische Wirkung elektrisch geladener Luft und des elektrostatischen Feldes nach. Bei verschiedenen Untersuchungsmethoden beim Menschen an diversen Segmenten vom Kopf bis zum Fuß dienten ihm links und rechts durchgeführte Vergleichsmessungen der elektrischen Leitfähigkeit der Haut mittels Elektrodermatometer. Eine Behandlung mit negativ geladenen Aerosolen ergab dabei schon nach 10 Minuten die ersten Verschiebungen der Leitfähigkeitswerte und zwar bei hohen Leitfähigkeitswerten in der Ausgangslage absinkende Werte, die nach einer etwa ¾stündigen Behandlung konstant tief blieben. Um den Zeitpunkt der biologischen Wirkung der Elektro-Aerosole nach Beginn der Behandlung zu bestimmen, wurde das Inhalat durch Radiojod 131 aktiviert. Nach 30 – 60 Minuten ergab sich ein deutlicher Anstieg der Radioaktivität der Testpersonen (ungelöst blieb dabei das Problem, ob nur eine unzureichende Meßtechnik erst verspätet eine Anzeige lieferte oder das auch vorhandene elektrische Feld hier ursächlich mitwirkte).

Um den Einfluß atmosphärischer Ionen in geschlossenen Räumen auf physiologische Parameter unter thermischen Bedingungen und entsprechendem Wohnkomfort zu kontrollieren, reicherte Miura[257] die Luft mit positiven oder negativen Ionen an. In den Räumen herrschten kontrollierte Temperaturbedingungen, nämlich 29 °C, 25 °C oder 21 °C bei 50 – 60 % Luftfeuchtigkeit. Testpersonen hatten nun während 120 Minuten in der ionisierten Luft geistige Arbeit durchzuführen, wobei sich herausstellte: Rektaltemperatur, Hauttemperatur, Pulsschlag, Blutdruck, Atemfrequenz und der elektrische Hautwiderstand wurden durch die Ionisation nicht beeinflußt. Bei 29 °C Raumtemperatur ergab sich jedoch, daß die Wärmefühligkeit und das Wohlbefinden im Zusammenhang mit einem hohen Gehalt an positiven Ionen in der Raumluft gesteigert waren. Feuchtigkeitsempfindlichkeit, Müdigkeit und Kopfweh blieben durch die Ionisation unbeeinflußt. Auch konnte kein gegensätzlicher Effekt im Zusammenhang mit Ionen der anderen Polarität beobachtet werden.

Umfangreiche Untersuchungen und Recherchen über die physiologische Wirkung von Luftionen und deren Bedeutung als Umweltfaktoren wurden auch von Varga[258] bekannt.

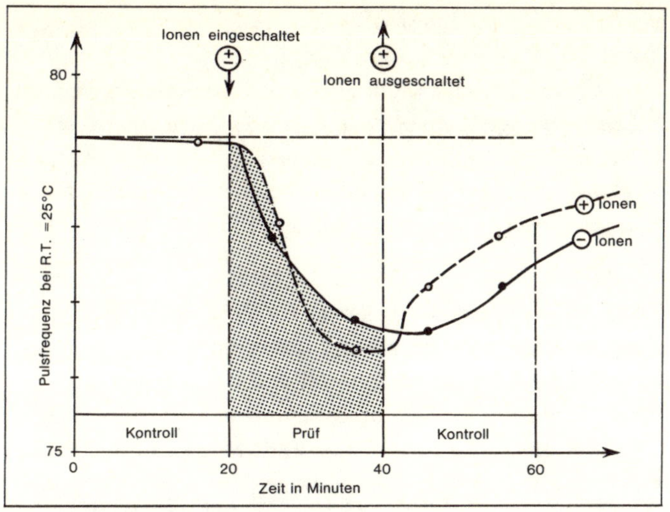

67 Pulsfrequenzschwankungen beim Menschen unter Einwirkung von Luftionen bei 25° C Raumtemperatur (Durchschnittswert von 24 Personen bei 177 Messungen), nach Varga.

Er studierte gleichfalls das Verhalten von Versuchspersonen unter dem Einfluß von negativen und positiven Ionen. Bei beiden Ionenarten kam es zu einem Absinken der Herzfrequenz, das heißt zu einem »Beruhigungseffekt«. Für weitere Forschungen benutzte Varga[258, 259] eine begehbare Klimakammer. Die hier wahlweise den Versuchspersonen zugeführten Ionen mit der Dichte von $3 \cdot 10^5$ Ionen/cm^3 am Mund wurden bezüglich ihrer Auswirkung im Zusammenhang mit der Sauerstoffaufnahme der Versuchspersonen getestet.

Hierbei stellte Varga[258, 259] fest, daß es offenbar zwei unterschiedlich reagierende Gruppen von Versuchspersonen gibt. Die Personen der ersten Gruppe wiesen einen erhöhten Sauerstoffgehalt im Blut auf, während die der zweiten bei der Einatmung von Luftionen keine Reaktion zeigten.

Dieser Unterschied ergab sich unabhängig von Alter und Geschlecht, jedoch erwies sich, daß Raucher ausnahmslos zur zweiten Gruppe gehörten.

Bei positiven Ionen stieg der Sauerstoffgehalt im Blut bei der ersten Gruppe um 10,7 % an, bei negativen Ionen um 8,2 %. Dagegen ergab sich bei der zweiten Gruppe bei positiven Ionen nur ein Anstieg um 2,1 %, um 1,6 % bei negativen Ionen.

Sehr demonstrativ ist auch die Auswirkung der Luftionisation auf den Pulsschlag beim Menschen. Wie Abbildung 67 zeigt, sank die Pulsfrequenz beim Einschalten der Luftionisation entsprechend ab. Diese Folgeerscheinung ist jedoch nicht überraschend, wenn man die oben angeführte Tatsache berücksichtigt, daß für die Bereitstellung der gleichen Sauerstoffmenge in diesem Fall weniger Blut durch den Körper gepumpt werden muß, da sich ja im Zusammenhang mit der Luftionisation der Sauerstoffgehalt des Blutes erhöhte. Folgerichtig muß also auch die Herzschlagfrequenz sinken — gleiche Schlagvolumenverhältnisse vorausgesetzt.

Wie hierzu schließlich noch berichtet wird, nimmt unter Einwirkung von ionisierter Luft der CO_2-Gehalt parallel zur Sauerstoffzunahme im Blut entsprechend ab. Dies gilt als Beweis für einen erhöhten Gasaustausch beim Atmungsprozeß. Auch die Reaktionszeituntersuchungen mit optischen Signalen zeigten unter dem Einfluß künstlich erzeugter Luftionisation die bekannten Ergebnisse: Ionisierte Luft verändert irgendwie die Reaktionszeit von Versuchspersonen. Ein nicht vorselektiertes Probandengut wies wiederum eine Abweichung nach beiden Seiten hin auf. So bewirkte positive Luftionisation bei 60 % der Versuchspersonen eine Verkürzung der Reaktionszeit um 5,8 %; bei 26,7 % eine Verlängerung um 3,4 % und nur bei 13,3 % der Versuchspersonen keine Veränderungen. Bei der Luftionisation mit negativen Ionen ergab sich bei 50 % der Versuchspersonen eine Verkürzung um 6,5 %, bei 36,7 % eine Verlängerung um 3,7 % und nur bei 13,3 % der Versuchspersonen keine Veränderung.

Eine differenzierte Behandlung der Versuchspersonen mit positiven oder negativen Ionen im Zusammenhang mit dem Pulsschlag zeigte in keinem Fall eine Erhöhung der Pulsfrequenz. So verursachten positive Ionen bei 63 % der Versuchspersonen eine Erniedrigung der Pulsfrequenz um 4,2 %, bei 37 % war kein Effekt festzustellen. Bei negativer Luftionisation erniedrigte sich die Pulsfrequenz bei 57 % der Versuchspersonen um 3,5 %, während hier bei immerhin 43 % der Versuchspersonen kein Effekt festzustellen war.

Auch der Blutdruck konnte durch bestimmte Luftionisationsbedingungen beeinflußt werden. Bei negativer Luftionisation ergab sich eine signifikante Blutdruckänderung bei jenen Versuchspersonen, die einen hohen Blutdruck hatten und zwar a) eine deutliche Senkung des Blutdrucks bei 20 %, b) eine geringe Senkung des Blutdrucks bei 60 % und c) keine Änderung des Blutdrucks bei 20 % der Versuchspersonen. Unter der Einwirkung von positiven Ionen war der gleiche Effekt zu beobachten, nur waren die Abweichungen bei den einzelnen Versuchspersonen etwas geringer.

Selbst der Hautwiderstand diente im Zusammenhang mit bestimmten Luftionisationsverhältnissen als Meßobjekt. Doch wiesen Versuchspersonen bei einem Experiment eine Erhöhung, beim nächsten Experiment wieder eine Erniedrigung des Widerstandswertes gegenüber dem Kontrollwert auf. Aufgrund der bisherigen Versuchsergebnisse ist hierüber noch nichts auszusagen.

Varga[258] konnte aufgrund seiner Versuchsergebnisse vor allem für die Raumklimatechnik wertvolle Erkenntnisse gewinnen. Er faßte seine über die physiologische Wirkung von Luftionen und deren Bedeutung als Umweltfaktoren gewonnene Erfahrungen in einem Forschungsbericht (Varga[259]) zusammen. Diesem ist unter anderem zu entnehmen, daß der Konsum von Reizmitteln, wie zum Beispiel Tabak, die normale Reaktion des Körpers auf Sauerstoffionen aus ionisierter Luft stören kann, da dann keine Sauerstoffaufnahme durch die Atmungsorgane mehr stattfindet. Der Körper (Schleimhaut) ist wohl vorgereizt, wodurch vermutlich die Reizschwelle der Ionen überdeckt wird. Blutgasanalysen zeigten:

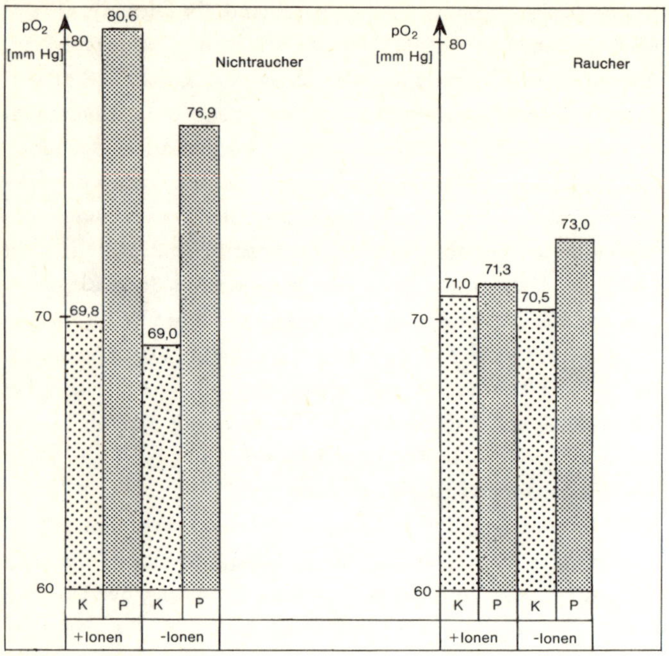

Gruppe a:	10,7% bei +Ionen 8,2% bei -Ionen	Durchschnitt von 18 VP
Gruppe b:	2,1% bei +Ionen 1,6% bei -Ionen	Durchschnitt von 12 VP
Gruppe a und b:	6,4% bei +Ionen 4,9% bei -Ionen	Durchschnitt von 30 VP

68 Unterschiedliche Wirkung ionisierter Luft auf Nichtraucher (links, Gruppe a) und Raucher (rechts, Gruppe b) bezüglich des Sauerstoffgehaltes im Blut (pO_2). Oben: Graphik für zwei typische Resultate zweier Einzelpersonen; Tabelle unten: Gesamtergebnis, nach Varga.

69 Die Ionenpolarität hat offenbar keinen Einfluß auf die Pulsfrequenz. Zwei in ihrem Verhalten typische Versuchspersonen VP reagieren sowohl auf positive (links) als auch auf negative (rechts) Ionen gleichartig (Kontrolle K, mit Ionen P). VP 1 zeigt beim Puls unabhängig von der Ladungspolarität eine Wirkung, VP 2 kaum auf Ionisation, nach Varga.

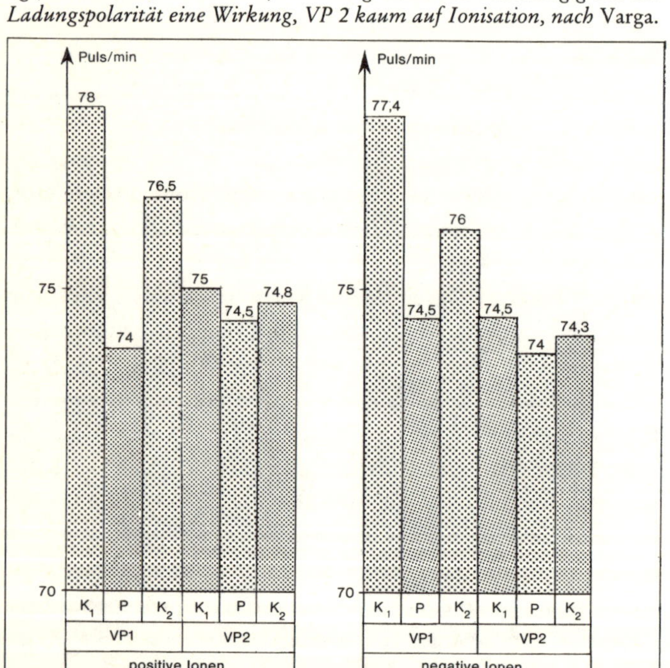

Bei der Einatmung ionisierter Luft wiesen Raucher ausnahmslos keine Sauerstoffzunahme im Blut auf (Abbildung 68). Varga[258] befaßte sich auch mit der möglicherweise unterschiedlichen Wirkung positiver oder negativer Ionen. Doch zeigten Untersuchungen mit der Pulsfrequenz, daß das spezifische Verhalten einzelner Testpersonen bei unterschiedlicher Ionenpolarität gleichartig war (Abbildung 69).

Abschließend sei zum Problem der biologischen Wirksamkeit von Luftionen festgestellt: Obwohl in vorliegender Abhandlung das Schwergewicht auf der Behandlung elektromagnetischer Felder liegt, wurde bewußt auch das Thema der Luftionen berührt. Die Kopplung zwischen beiden ist nämlich sehr eng, zumindest was elektrostatische und niederfreqente elektrische Felder betrifft. Wie dargelegt wurde, existiert bereits eine große Anzahl von Berichten, die eindeutig auf biologische Wirkungen von Luftionen schließen lassen. Auch gegenteilige Informationen oder konträre Forschungsergebnisse dürften einer derartigen Erkenntnis keinen Abbruch tun. Die durch die schwierige technische Seite des Problems und die allzu komplizierten Vorgänge in der Biologie bedingten Unterschiede bei Forschungsergebnissen können als unausbleiblich gelten. Deshalb befaßte sich Krueger[236a] anhand eines Überblicks mit der Frage, ob Luftionen biologisch signifikant wirksam seien, und geht dabei auf die verschiedenen Fragenkomplexe sehr ausführlich ein; hierauf wurde einleitend schon hingewiesen. Für ihn steht die biologische Bedeutung der Luftionen außer Zweifel; man kann sich seinem Wunsch nur anschließen, daß das ganze Problem auf möglichst breiter wissenschaftlicher Basis noch weit ausführlicher erforscht werden sollte, um den Einfluß der Luftionen auf unsere Lebensbedingungen umfassend kennenzulernen.

Einen interessanten Beitrag über den Einfluß von künstlich ionisierter Luft auf das menschliche Elektro-Enzephalogramm bringen Assael et al.[356°]. Sie applizierten negative Ionen mit einem Gerät, das in einem Meter Entfernung $3{,}5 \cdot 10^5$ Ionen $cm^{-3} \cdot sec^{-1}$ erzeugte. Bei 10 von 20 Testpersonen reduzierte sich unter diesen Bedingungen die Alphafrequenz von 10 Hz oder 11 Hz auf 9 Hz oder 8 Hz, die Amplitude verstärkte sich etwa um 20 %. Diese Reaktionen konnten durch Beruhigungsmittel unterdrückt werden.

Ebenfalls auf die biologische Bedeutung der Luftionisation ging Lotmar[433°] in einem Übersichtsbeitrag ein und kam dabei zu der Folgerung, daß Konzentrationen von 2 000 bis 10 000 Ladungsträger/cm³ offensichtlich die größte Wirkung zeigen würden. Darüberliegende Konzentrationen bis etwa 50 000/cm³ ergäben keine, unter Umständen sogar schädliche Wirkungen, während noch höhere Konzentrationen wieder günstig wirksam sein könnten. Lotmar[433°] führt es vor allem auf Unkenntnis dieser Tatsachen, infolgedessen auf ihre Nichtbeachtung oder ungenügende Berücksichtigung bei experimentellen Untersuchungen zurück, wenn die Ergebnisse verschiedener Autoren nicht reproduzierbar waren.

Über die Beobachtung von Effekten durch negative Luftionen in einem Umgebungsklima auf verschiedene physiologische Funktionen während der Arbeit berichten Inbar et al.[544]. Bei den Versuchspersonen wurden etwa $1{,}5 \times 10^5$ negative Luftionen und $1{,}5 \times 10^2$ positive Luftionen pro cm^3 angewandt. Aufgrund der vergleichenden Untersuchungen zeigte die mit negativen Ionen behandelte Versuchsgruppe eine signifikante Reduzierung des Pulsschlages, eine Erniedrigung der Rektaltemperatur und eine Steigerung in der wahrzunehmenden Leistung. Die Autoren schließen aus den Untersuchungsergebnissen, daß negative Luftionen in der Lage seien, kreislaufabhängige und thermoregulatorische Funktionen wie auch das subjektive Befinden während körperlicher Arbeit zu verbessern.

Ausführliche Untersuchungen führte Bergsmann[536] im Zusammenhang mit der biologischen Aktivität natürlicher und künstlicher Ionen durch. Die erzielten Ergebnisse bestätigten die biophysikalische Relevanz inhalierter Ionen. Außerdem konnten signifikante Änderungen der Kreislaufregulation im Sinne der Stabilisierung mit positiven und negativen Ionen erzielt werden. Die Reflexzeit wurde durch positive Ionen signifikant verlängert, ferner die Prothrombinzeit im Hepatoquick signifikant bipolar verändert, so daß normal niedrige Werte sich erhöhten und normal hohe Werte sich verminderten.

Untersucht wurde von Hinsull et al.[542], welchen Effekt positive und negative Ionisation auf das Wachstum von Ratten während der vorgeburtlichen und nachgeburtlichen Zeitspanne bis zu einem Alter von 10 Wochen haben kann. Bei einer Ionenkonzentration von 10^4 positiven Ionen pro cm^3 wurde kein Effekt festgestellt. Dazu im Gegensatz ergab die Anwendung von 10^4 negativen Ionen pro cm^3 Besonderheiten im Wachstum und in der Entwicklung der Tiere, wie zum Beispiel beim Körpergewicht.

Luftionisation, Bioinformation. Die biologische Bedeutung der Luftionisation und biometeorologische Aspekte werden neben der allgemeinen Bedeutung der Feldwirksamkeit unter Würdigung gerade auch des US-amerikanischen Standes der Forschung von König et al.[519] abgehandelt. Über grundsätzliche und auch spezielle Fragen zur Bioinformation auf elektromagnetischer Basis berichten Popp et al.[527].

2.3 Statische Magnetfelder

Einen sehr guten Überblick über viele Arbeiten auf dem Gebiet der biologischen Wirksamkeit magnetischer Felder gibt Barnothy[121, 122], der sich jedoch auf statische Magnetfelder beschränkt. Zeitabhängige Magnetfelder induzieren nämlich einen elektrischen Strom in den biologischen Systemen, so daß die Effekte dieser Ströme in den meisten Fällen die biologischen Effekte des Magnetfelds selbst überdecken.

In Tabelle 7 sind die von Barnothy[122] beobachteten verschiedenen Werte biologischer Effekte geordnet nach der Stärke des Feldes beziehungsweise nach dem Gradienten der Feldstärke (ortsabhängige Veränderung der magnetischen Feldstärke) eingetragen.

So zeigt sich im einzelnen, daß das Wachstum von Mäusen erheblich reduziert wird, wenn in den Käfigen eine magnetische Induktion von rund 0,6 Tesla (6000 Gauß) mit einem durchschnittlichen Gradienten von 1 Tesla/m installiert wird. Neben der absoluten Feldstärke spielt offenbar auch der Gradient des Feldes eine wesentliche Rolle, denn in einem weiteren Versuch wurde das Wachstum von Mäusegruppen verglichen, die einem Feld der magnetischen Induktion von 0,42 Tesla bei einem mittleren Gradienten von 0,5 Tesla/m und einer Induktion von 0,36 Tesla bei einem mittleren Gradienten von 6,5 Tesla/m ausgesetzt waren. Die Wachstumsverzögerung bei Mäusen in einem homogeneren Magnetfeld war erheblich größer als diejenige in einem relativ inhomogenen Feld (Abbildung 70).

Bei Experimenten mit transplantierten Tumoren war der Organismus von Mäusen, die sich in einem Magnetfeld von ca. 0,3 bis 0,4 Tesla befanden, im Gegensatz zu Vergleichstieren in der Lage, den Tumor abzustoßen.

Feldempfindliche Phänomene [kA/m]		Feldgradientempfindliche Phänomene [kA/m²]	
Schlangen	0,12	Rutengänger-Reflex	10^{-5}
(Magnetphosphene)	16	Abstoßen von Tumoren	4.800
Zentrales Nervensystem (Kaninchen)	64	Gestopptes Bakterienwachstum (logarithmische Phase)	18.400
Planzenwachstum (Weizen)	80	Magnetotropismus	40.000
Embrio Resorption (Maus)	240	Tödlicher Effekt (Maus)	40.000
Entwicklungsverzögerung:	320	Tödlicher Effekt (Fliege)	48.000
hämotologische Veränderungen, Wundenheilung, pathologische Veränderungen, Veränderte Enzymaktivität	400	Tumorwachstum gestoppt	80.000
Verändeter Sauerstoffverbrauch und Degeneration von Krebszellen	640		
Gestopptes Bakterienwachstum (stationäre Phase)	1.125		
Sauerstoffverbrauch bei Kartoffeln, Überleben leukemischer Mäuse	1.440		

Tabelle 7 Verschiedene biologische Ansprechwerte auf Magnetfelder beziehungsweise auf Gradienten des Magnetfeldes, nach Barnothy.

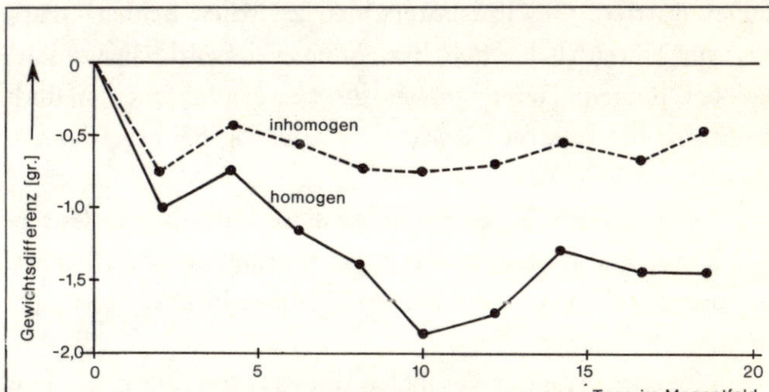

70 Wachstumsverzögerung (Gewichtsdifferenz zwischen behandelten Tieren und Kontrolltieren) bei Mäusen in einem homogenen und einem inhomogenen magnetischen Feld. Die Wirkung des homogenen Gleichfeldes ist stärker als die des inhomogenen. Die größte Wirkung ist in beiden Fällen nach 10 Tagen Behandlungsdauer zu beobachten, nach Barnothy.

Von ähnlichen Experimenten berichtet Gross[123], der statistisch gesichert nachweisen konnte, daß die Lebenserwartung von tumortragenden Mäusen verlängert werden kann, wenn die Mäuse vor der Implantation des Tumors einem magnetischen Feld ausgesetzt waren. Vermutlich hängt dieser Effekt mit einer Leukozytose zusammen, welche durch die Behandlung mit dem Magnetfeld verursacht wird. Bislang sind jedoch leider noch keine erfolgreichen Versuche bekannt geworden, die diese positiven Erfahrungen bezüglich der Behandlung von Tumoren durch derartige Magnetfelder auch beim Menschen bestätigen.

D'Souza et al.[124] führten Experimente mit Tumorsuspension durch. Diese Suspension wurde einem Magnetfeld von knapp 600 kA/m für etwa 1 bis 3 Stunden ausgesetzt und mit entsprechenden Kontrollen verglichen. Abbildung 71 zeigt als Ergebnis der Untersuchungen eine statistisch gesicherte Reduzierung der Anzahl der Zellkörper bei den dem Magnetfeld ausgesetzten Suspensionen.

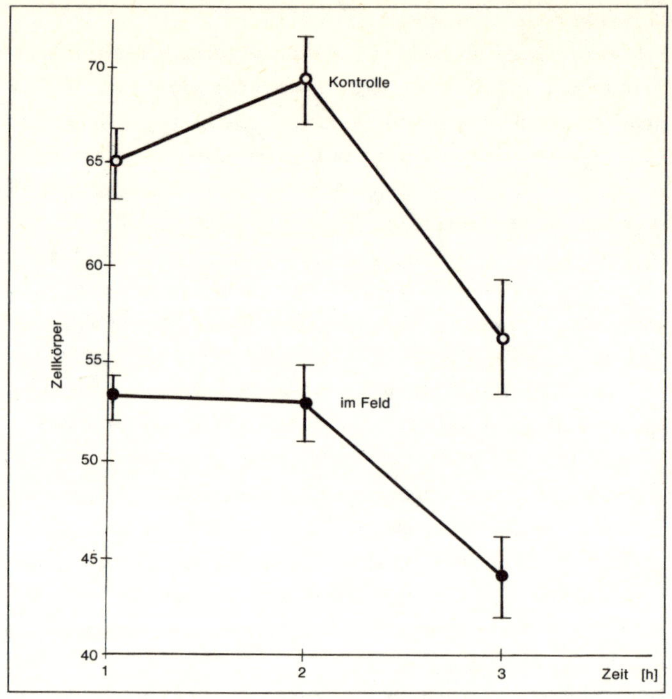

71 Die Wirkung eines statischen Magnetfeldes (etwa 600 kA/m, beziehungsweise 0,73 Tesla) auf Zellkörper einer Tumorsuspension. Die Querbalken geben den Streubereich an, nach D'Souza.

Über eine Beeinflussung der Zellatmung durch Magnetfelder berichten Cook et al.[125]. Sie fanden, daß bei Feldstärken von 640 A/m oder höher die Atmung entsprechend erniedrigt war. Felder geringerer Stärken blieben ohne Effekt, solche höherer Werte, herauf bis zu 800 kA/m, produzierten keinen signifikant größeren Effekt, wie er bei etwa 640 A/m festzustellen war.

Eingehende Untersuchungen über Effekte auf das Wachstum und auf die Entwicklung von Organismen im Zusammenhang mit Magnetfeldern führte auch Barnothy[122] durch. Experimente mit insgesamt 680 Mäusen erbrachten folgende Resultate:

1. In allen Fällen bewirkte die Verwendung des Magnetfeldes eine geringere Wachstumszunahme als bei den Kontrolltieren.
2. Das Feld mit kleinerem Gradienten (640 kA/m^2 beziehungsweise 0,42 T/m bei 336 kA/m) hatte einen größeren Effekt als ein Feld mit einem höheren Gradienten (5200 kA/m/m beziehungsweise 0,36 T/m bei 29 kA/m).
3. Der mittlere Gewichtsunterschied zwischen beiden Gruppen von Tieren (behandelt beziehungsweise nicht behandelt) war bei jungen Tieren größer als bei erwachsenen, jedoch zeigte sich die relative Gewichtsreduzierung bei erwachsenen Tieren ausgeprägter.
4. Die behandelte Gruppe wies größere individuelle Unterschiede auf als die Kontrollgruppe, woraus zu schließen ist, daß das Feld bei unterschiedlichen Individuen differenziert wirkt.
5. Am zweiten Tag der Feldbehandlung war unabhängig von der Art des Feldes ein markanter Gewichtsverlust zu beobachten.

Eine Beeinflussung der Strahlungsverhältnisse auf der Erdoberfläche ergab offenbar auch ein Atomexplosionstest am 9. Juli 1962 in großer Höhe. Gleichzeitig weltweit durchgeführte Messungen aller bekannten elektrischen und magnetischen Parameter zeigten teilweise erhebliche Störungen an, die offensichtlich in dieser Explosion ihre Ursache hatten. Ob derartige Nukleartests auch biologische Effekte auslösen können, untersuchte Levengood[126] anhand von zwei Gruppen von Fliegen in getrennten Behältern. In dem einen herrschte durch außen anmontierte Permanentmagnete ein Magnetfeld von ca. 0,035 Tesla (350 Gauß) Stärke, während die Tiere in dem zweiten eine Kontrollfunktion hatten.

Die Kurvenverläufe für die Nachkommenschaft der beiden getrennten Kulturen zeigten nun im Zusammenhang mit dem Kernversuch gleichzeitig Einbrüche. Im Magnetfeld trat dabei jedoch eine geringere Abweichung vom Mittelwert von vier Generationen auf, als bei den Nachkommen der Vergleichskulturen. Es wird vermutet, daß die magnetischen Felder einen Teil der Strahlung, die von dem Atomexplosionstest ausging, vom Experimentierbehälter ablenkten. Auch deutet sich die Möglichkeit an, daß aufgrund der Magnetfeldbehandlung eine Schutzwirkung von der Stammpopulation auf die erste Nachfolgegeneration der Fliegen übertragen wurde, die dann außerhalb der Magnetfelder aufwuchs.

Letztlich erwies sich das statische Magnetfeld auch in der Lage, genetische Effekte zu erzeugen. In den meisten Fällen diente dabei die Taufliege (Drosophila) als Testobjekt. Die verwendeten Feldstärkenwerte lagen im Bereich zwischen 60 kA/m bis etwa 560 kA/m (Barnothy[122]).

Interessanterweise führten Untersuchungen mit höheren Feldstärken (11 200 kA/m) bei der Taufliege zu keinerlei

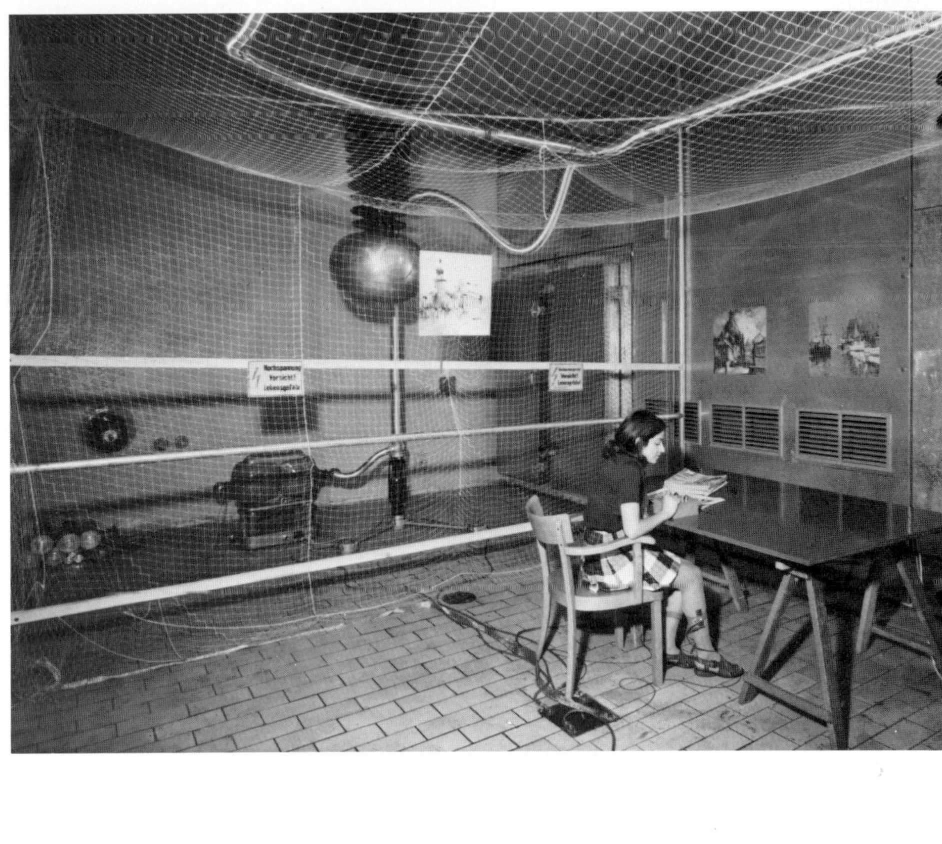

Tafel VII: Reaktionszeitmessungen unter dem Einfluß von 50 Hz-Hochspannungsfeldern wurden im Hochspannungsinstitut der Technischen Universität München durchgeführt, um Erfahrungen über die biologische Wirksamkeit derartiger technischer Felder zu sammeln. Oben: Blick vom Raum des Versuchsleiters zur Testperson. Unten: Testperson im Hochspannungsversuchsfeld. Zwischen der netzartigen Deckenelektrode und dem Boden baut sich ein entsprechendes elektrisches Feld auf.

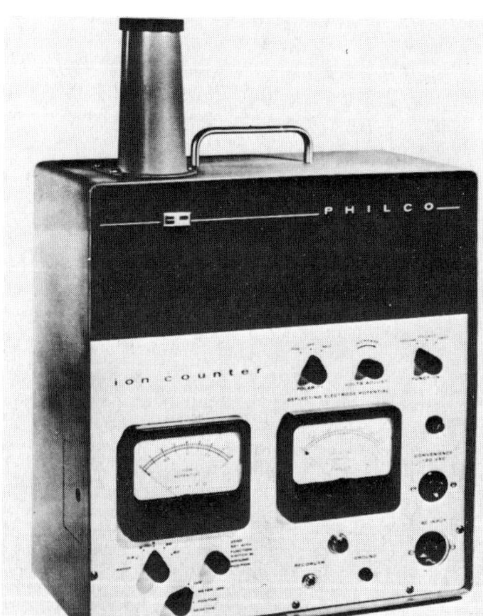

Tafel VIII: Reaktionszeitmessungen unter dem Einfluß von Luftionen. Oben: Eine der ersten Anordnungen, wie sie zur Messung der visuellen Reaktionszeit unter derartigen Bedingungen verwendet wurde. Unten rechts: Neuere Art der Messung visueller Reaktionszeitwerte unter Verwendung einer Tritium-Quelle zur Erzeugung von Luftionen direkt vor dem Mund der Testperson. Unten links: Älteres Meßgerät zur Ermittlung der Kleinionenkonzentration in der Luft.

genetischen Effekten mehr. So gibt es auch hier einen optimalen Feldwirkungsbereich.

Beim Wachstum von Pflanzen konnte die Wirkung elektromagnetischer Felder ebenfalls gezeigt werden. Der Effekt eines statischen Magnetfeldes von 100 kA/m auf die Wurzeln (I) und die Pflanzen (II) von Gerstensämlingen ist in Abbildung 72 dargestellt, woraus sich deutlich eine Wachstumsbeschleunigung ablesen läßt.
Aufgrund der vorliegenden Resultate aller Experimente von Novitskij et al.[127–130] mit Pflanzen stellt Presman[72] zusammenfassend fest:
1. Der stimulierende Effekt von schwachen Magnetfeldern (1,6 – 6,4 kA/m) auf das Pflanzenwachstum ist besonders in den ersten 2 oder 3 Tagen des Wachstums von Sämlingen auffallend ausgeprägt.
2. Bei Feldstärken von 6,4 kA/m zeigen sich beschleunigte Blattbewegungen und Veränderungen des elektrischen Widerstands der Pflanzensubstanz.
3. Starke Magnetfelder (360 kA/m 1 Stunde lang) beeinflussen die magnetischen Eigenschaften der Pflanzen.

Edmiston[131] benutzte für die Erforschung der biologischen Wirksamkeit des Magnetfeldes Senfsamen, deren Keimungsprozeß, in Viertageperioden gemessen, gestattete, die Wirkung eines stationären Feldes zu beobachten (Feldstärke 27 kA/m, entspricht in Luft einer magnetischen Induktion von rund 0,034 Tesla, beziehungsweise 340 Gauß). Zusätzliche Experimente mit Keimlingen, die rotierend in einem Magnetfeld angeordnet waren, sowie Wiederholungsversuche unter schwächeren stationären Feldbedingungen (185 A/m) erbrachten Folgendes: Keimlinge, die in einem Magnetfeld rotieren, weisen ein schnelleres Wachstum auf als die rotierenden oder ruhenden Kontrollen außerhalb des Feldes. Im Magnetfeld ruhende Keimlinge wachsen dagegen langsamer als die Kontrollen.

72 *Wirkung eines statischen Magnetfeldes von 100 kA/m (0,12 Tesla) auf die Wurzeln (I) und auf die Pflanze (II) von Gerstensämlingen. Pflanzen im Magnetfeld gestrichelt, Kontrolle ausgezogene Kurve, nach* Nivitskii et al.

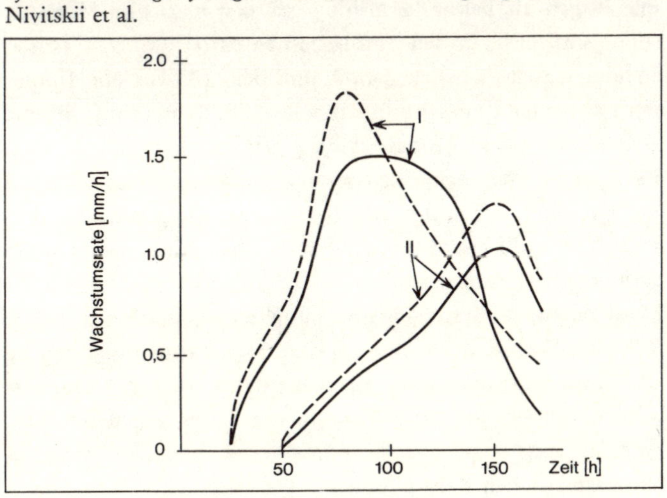

Erstaunliche Ergebnisse werden im Zusammenhang mit dem Erdmagnetfeld berichtet. So fiel Pittman[132] auf, daß auf einem Versuchsfeld die Pflanzen einiger in Ost-West-Richtung verlaufender Reihen Winterweizen besser als die in Nord-Süd-Richtung gediehen. Er stellte bei seinen Nachforschungen überrascht fest, daß fast alle Wurzelanlagen von Norden nach Süden wuchsen, also parallel zum Magnetfeld der Erde. Säht man Weizenkörner in derart orientierte Furchen, dann stehen die keimenden Pflänzchen offenbar im Wettbewerb um die Nährstoffe des Bodens. Wachsen sie aber in Furchen, die von Osten nach Westen verlaufen, dann durchdringen sich die Wurzelsysteme der einzelnen Pflanzen nicht, vielmehr bleibt jedes für sich, so daß sie besser und rascher gedeihen. Weitere Versuche mit Getreide und anderem Saatgut, die künstlich erzeugten Magnetfeldern ausgesetzt wurden, deuten sogar noch ein gesteigertes Wachstum für die Pflanzen an.

Welche Rolle mit elektromagnetischen Feldern behandeltes Wasser bei der Wirkung der Felder auf biologische Systeme spielt, ist eine andere interessante Frage. Presman[72] berichtet von der Veränderung physiko-chemischer Eigenschaften des Wassers aufgrund von Magnetfeldern. Demnach lassen sich unter anderem die Oberflächenspannung, die Viskosität und der elektrische Widerstand als Funktion der Feldstärke im Bereich zwischen 0 und 800 kA/m erheblich beeinflussen. Auch die Dielektrizitätskonstante von Wasser beziehungsweise destilliertem Wasser verändert sich unter dem Einfluß eines Magnetfeldes der Größenordnung zwischen 80 bis 160 kA/m teilweise bis um den Faktor 3 bis 4.

Effekte von magnetisch beaufschlagtem Wasser (80 bis 120 kA/m) an Pflanzen werden auch von Dardymov et al.[133] erwähnt. Sonnenblumen, Mais und Sojabohnen weisen ein erheblich größeres Pflanzenwachstum und dickere Pflanzenstämme auf als verglichene Kontrollgruppen, wenn die Pflanzen der Experimentiergruppe mit solchem magnetisch behandelten Wasser gegossen werden.

Einen wichtigen Beitrag zur Klärung des Wirkungsmechanismus bei der beobachteten biologischen Wirksamkeit von Magnetfeldern liefern Untersuchungen von Varga[134]. Er wiederholte zuerst die aus der Literatur schon bekannten Experimente über den Einfluß des Magnetfeldes auf das Wachstum von Bakterien. Die Wirkung eines statischen (und auch eines 50 Hz-) Magnetfeldes auf Bakteriensuspensionen (E. Coli; Bac. Subtilis) ergab dabei eine durchschnittlich um 27 % (33 %) höhere Wachstumsrate, eine Verkürzung der Verdopplungszeit um etwa 18 % (22 %) und einen durchschnittlich etwa 20 % (40 %) bis 60 % (80 %) höheren Ertrag (Ausbeute). Eine optimale Wirkung des Magnetfeldes bezüglich der Wachstumsrate zeigte sich bei etwa 7 mTesla. Untersuchungen über die Frequenzabhängigkeit des Wachstums-

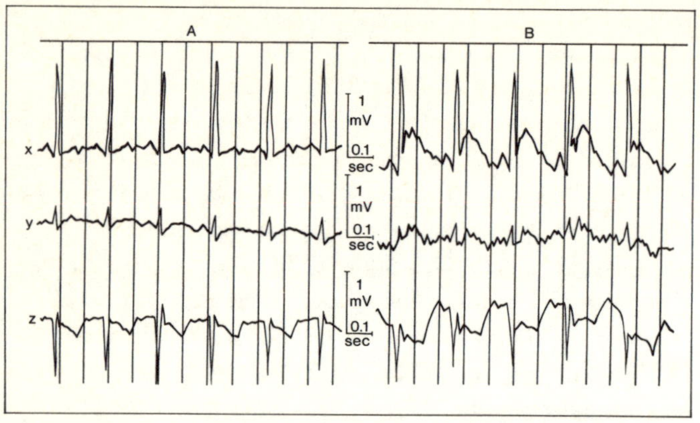

73 Ausschnitte aus einem Vektorkardiogramm (EKG) eines Affen, nach Beischer. *(A) Kontrolle, außerhalb des Magnetfeldes; (B) Tier in einem statischen Magnetfeld von 8 · 10⁶ A/m beziehungsweise 10 Tesla.*

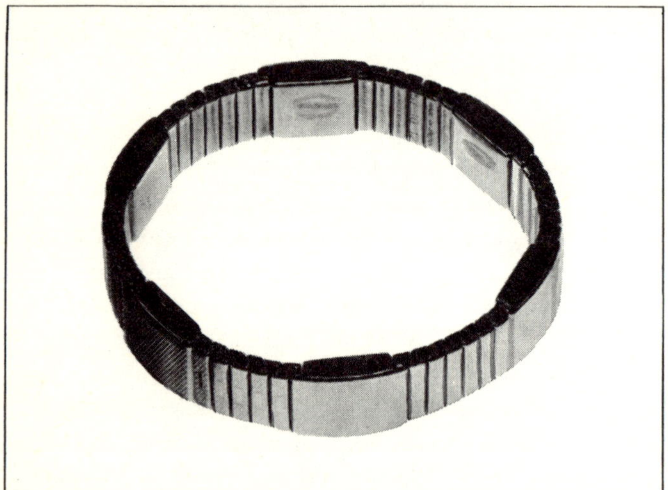

74 Japanisches Armband mit Dauermagneten gegen Schultersteife, nach Selecta.

effektes bei konstanten Magnetfeldern von ca. 10^{-5} Tesla ergaben im Frequenzbereich von 1 Hz bis 1 kHz eine mit der Frequenz zunehmende Wirkung des Magnetfeldes, die bis zu einer Verdoppelung der Wachstumsrate bei 1 kHz gegenüber 1 Hz reichte. Bei 10 kHz folgte ein Minimum (Rückgang bis fast auf den Wert bei 1 Hz), dem sich ein flaches Maximum zwischen 100 kHz und 1 MHz anschloß.

Untersuchungen über die optimale Behandlungsdauer der Bakterien durch das Feld ergaben im Bereich zwischen 1 Sekunde und 1 Stunde keinen meßbaren Unterschied.

Weitere Experimente führten zu folgendem aufschlußreichen Ergebnis. Für eine Wachstumsbeschleunigung von Mikroorganismen durch Magnetfeldbehandlung reicht die ausschließliche Behandlung des Nährmediums aus, das heißt, während der Behandlung durch das Magnetfeld sind keine Mikroorganismen erforderlich, um die beschriebenen Effekte zu erzielen. Zusätzlich ergab sich, daß dafür nur etwa 3 % der gesamten Nährlösung mit dem Magnetfeld behandelt werden muß.

In direkter Beziehung dazu stehen Erfahrungen mit der Wirksamkeit sehr starker Magnetfelder, die Weissenborn[136] sammelte. Er berichtet über etwa 600 Anwendungen eines Permanentmagneten, der unmittelbar an der Oberfläche auf 60 cm² einen Magnetfluß von 17 bis $20 \cdot 10^{-5}$ Vsec (17 000 bis 20 000 Maxwell) aufweist. Bei den Experimenten wurde der Dauermagnet bei Patienten während einiger Sekunden in die Herzgegend gebracht. Nach mehreren Minuten konnte dann eine deutliche Reaktion festgestellt werden, die sich im EKG- und im Pulsdruckwellenverlauf manifestierte. Unmittelbar nach einer kurzen Magnetfeldbehandlung oder auch erst mehrere Minuten später soll sogar Bewußtlosigkeit bei Patienten aufgetreten sein. Als Erfolg der Behandlung zeigte sich jedenfalls eine Veränderung der Kreislauffunktion zur physiologischen Norm hin.

Beischer[135] schreibt in einer Arbeit von dem Einfluß extrem starker Magnetfelder ($8 \cdot 10^6$ A/m) auf das EKG von Affen, dessen Veränderung deutlich in Abbildung 73 erkennbar ist.

Über die therapeutische Wirkung eines Dauermagnetarmbandes auf die Schultersteife berichtet ein japanisches Internistenteam unter Leitung von Professor Noboro Kimura[137]. An Patienten wurden hier zu Testzwecken zweierlei Armbänder ausgegeben (siehe Abbildung 74). Das eine war mit Dauer magneten so besetzt, daß die magnetischen Kraftlinien in den Arm eindrangen. Beim anderen lagen die Magnete an der Außenseite, so daß die Träger nicht magnetisch beeinflußt wurden. Keiner der Patienten wußte, welchen Typ des Armbandes er trug, da die Armbänder nicht voneinander zu unterscheiden waren. Es war freigestellt, das Armband an der Seite zu tragen, an der die Schmerzen stärker waren. Manche Testpersonen trugen sie an beiden Armen; der Test dauerte etwa 4 Wochen. War die Schultersteifheit nach einer Woche noch nicht gebessert, wurde dies als Mißerfolg verbucht.

Die Statistik ergab nun folgendes Resultat: Bei 41 % der Testpersonen mit Armbändern, deren Magnetfeld in den Körper eindrang, trat eine Besserung ein, bei 59 % gab es Mißerfolge. Bei der Vergleichsgruppe, die nicht magnetisch beeinflußt war, lauteten die entsprechenden Zahlen 6,4 % Erfolge und 93 % Mißerfolge.

Bei manchen Personen klangen die Beschwerden schon nach drei Tagen ab, bei anderen hingegen erst nach drei Monaten (diese sind nicht in den Erfolgszahlen enthalten). Die besten Erfolge traten zwischen dem 7. und dem 10. Tag ein. Immer noch auffallend gute Resultate wiesen Patienten auf, die die Armbänder 2 bis 3 Monate ständig getragen hatten.

Es bestand kein bemerkenswerter Unterschied im Zustand der Patienten vor und nach Gebrauch der Magnetarmbänder, jedenfalls nicht im Rahmen der üblichen klinischen Untersuchungen der Internisten.

Doch da die Besserungen nur subjektiv beobachtet wurden, wäre der Schluß, der Gebrauch des Magnetarmbandes behebe ursächlich Erkrankungen, zu gewagt. Da aber das Magnetarmband in 41% der Fälle wirksam war, ist es, gegen Schultersteifheit eingesetzt, ebenso sinnvoll wie eine der gängigen symptomatischen Behandlungen.

Eine plausible Theorie für die Wirkung konnte bisher noch nicht gefunden werden. Im Augenblick kennt man nur die Äußerungen der Patienten; weitere Untersuchungen sind hier erforderlich.

In einer umfangreichen Studie beschäftigte sich Busby[376] ausführlich mit den Problemen der biologischen Wirksamkeit magnetischer Felder. Anhand einer großangelegten Literaturübersicht befaßte sich der Autor sowohl mit der Wirkung extrem schwacher Felder der Größenordnung von etwa 100 γ (= 10^{-7} T), wie auch mit der Wirkung sehr starker Felder, wie sie im Zusammenhang mit der Raumfahrt gelegentlich auftreten können.

Einen weiteren Beitrag über die Orientierungsfähigkeit von Tieren in Magnetfeldern lieferte Schneider[478]. Er experimentierte mit Maikäfern, die bestimmte durch Dauermagneten erzeugte Felder mieden.

Auch Miericke[448] befaßte sich in einer Studie mit der Wirksamkeit von Magnetfeldern auf den Menschen. Er kam dabei zusammenfassend zu dem Schluß, daß man biologische Wirkungen (auf Menschen und Tiere) für fast alle Magnetfelder, die nur irgendwie in ihrer Art vom natürlichen Erdmagnetfeld abweichen, nachweisen könne. Wenn auch bis jetzt offenbar noch keine schwerwiegenden Krankheiten oder gar Todesfälle im Zusammenhang mit Magnetfeldern bekannt geworden seien, so wird trotzdem empfohlen, daß der Mensch sich nicht unnötig im Magnetfeld aufhalten sollte, unabhängig von dessen Intensität.

Bei einer Beurteilung der Beeinflußbarkeit des menschlichen Körpers durch äußere Magnetfelder dürfte es sicher eine wesentliche Rolle spielen, das magnetische Eigenfeld des menschlichen Körpers zu kennen. Cohen[380] berichtete hierüber ausführlich, wobei ihm bei seinen Untersuchungen eine hochempfindliche Meßapparatur zur Verfügung stand, deren Eigenrauschen in der Größenordnung von $1{,}6 \cdot 10^{-14}\ \mathrm{T} \cdot \mathrm{Hz}^{-1/2}$ lag. Für die Entstehung derartiger körpereigener Magnetfelder kommen wohl offenbar vor allem die von Muskeln und Nerven erzeugten Ströme in Frage. Gemäß Abbildung 75 sind demnach vom Gehirn verursachte Magnetfelder zu messen, die in der Größenordnung von $5 \cdot 10^{-12}$ T liegen. Mit der Herztätigkeit zusammenhängende Magnetfelder sind wesentlich stärker, sie haben eine Stärke von etwa $5 \cdot 10^{-10}$ T und liegen im Frequenzbereich zwischen 0,1 Hz bis 40 Hz.

Über Magnetfeldeffekte in Chemie und Biologie erschien eine Übersichtsarbeit von Schulten und Weller[576]. Sie begründen darin, warum Magnetfelder chemische und biochemische Systeme beeinflussen können. So wird die Beobachtung eines Magnetfeldeffekts im Reagenzglas bei einer lichtinduzierten Elektronenübertragungsreaktion berichtet. Diese Reaktionen bilden offensichtlich auch den ersten Reaktionsschritt bei der Transformation von Sonnenlicht in biochemische Energie bei der Fotosynthese und liefern damit die energetische Grundlage für alles Leben auf der Erde. Weiter wird darauf hingewiesen, daß die variable Stärke des Erdmagnetfeldes Reaktionen beein-

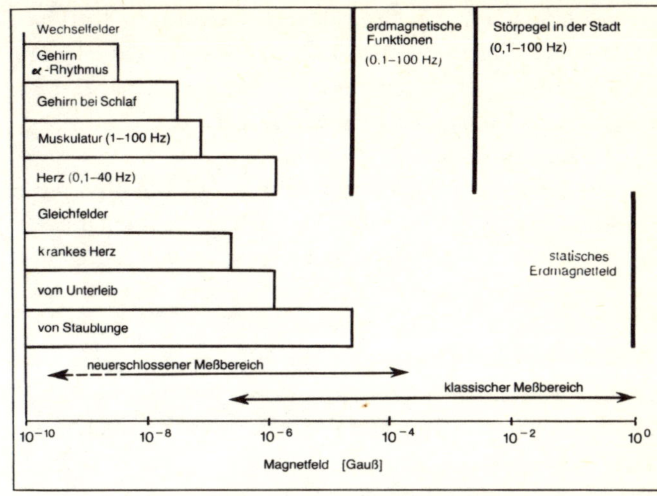

75 Verschiedene gemessene Stärken des körpereigenen Magnetfeldes, verglichen mit entsprechenden geophysikalischen Daten, nach Cohen.

flussen kann, die in biologischen Systemen ablaufen. Experimente haben ergeben, daß Feldstärkeschwankungen ein Enzym beeinflussen, das nur in der Netzhaut und in der Zirbeldrüse vorkommt und möglicherweise eine Rolle bei der Steuerung von Lichtadaptionsprozessen spielt. Untersuchungen ergaben die mögliche Beeinflussung der Dämmerungssehschärfe von Menschen durch Magnetfeldänderungen. Aus den Ergebnissen der durchgeführten Experimente läßt sich schließen, daß in Netzhaut und Zirbeldrüse von Vögeln eine Sensibilität für Magnetfelder vorhanden ist. Diese Sensibilität scheint jedoch nicht nur auf Vögel beschränkt zu sein; die Untersuchung der Dämmerungssehschärfe deutet vielmehr auf eine allgemeine Sensibilität hin.

Über Zusammenhänge zwischen dem Kalziumaustritt aus Gehirngewebe und dem statischen Magnetfeld berichtet Blackman[561]. Demnach scheint die Stärke des statischen Erdmagnetfeldes hierbei mit eine entscheidende Rolle zu spielen.

Effekte extrem schwacher Magnetfelder auf biologische Systeme: Barnothy[122] zitiert eine Arbeit von Conley[138], die sich mit den Effekten extrem schwacher Magnetfelder auf biologische Systeme befaßt. Sie entstand im Zusammenhang mit den bemannten Weltraumflügen, weil dabei ähnliche Verhältnisse zu erwarten waren. Tabelle 8, nach Beischer[135], gibt eine gewisse Übersicht über den weiten Bereich magnetischer Feldstärken, mit dem hier gerechnet werden muß.

Conley[138] berichtet weiter von eigenen Experimenten, die er mit Mäusen in Magnetfeldern von weniger als 0,065 A/m

	A/m	Tesla
Al-Ni-Magnetoberfläche	$\sim 8.10^{4}$	$\simeq 0{,}1$
Solar Flares an der Sonnenoberfläche	$\sim 8.10^{3}$	$\simeq 10^{-2}$
Ruhige Sonnenoberfläche	~ 80	$\simeq 10^{-4}$
Erdoberfläche (am Pol)	~ 80	$\simeq 7.10^{-5}$
Interplanetarer Raum während magnetischer Stürme	$\sim 0{,}08$	$\simeq 10^{-7}$
Mond, Mars, Venus	$< 0{,}08$	$< 10^{-8}$ (Mond)
Interplanetarer Raum, normal	$\sim 8.10^{-4}$	$\simeq 5.10^{-9}$

Tabelle 8 Ein Vergleich repräsentativer Werte statischer Magnetfelder, nach Beischer.

(entspricht 80 γ in Luft) durchführte. Dabei zeigte sich grundsätzlich eine niedrigere Aktivität der sauren Phosphatase in Zellenlösungen der Tiere, welche in diesen schwachen Magnetfeldern während der Inkubation gehalten wurden, als bei den Kontrolltieren.

Über die biologische Wirkung, welche von gleichfalls relativ schwachen Magnetfeldern ausgeht, berichten auch Barnwell und Brown[138a]. Sie arbeiteten mit Schnecken und wiesen deren Orientierungsfähigkeit in Magnetfeldern von 80 A/m nach.

Eine Teilübersicht über biologische Effekte, die durch sehr schwache Magnetfelder erzeugt wurden, gibt Tabelle 9, nach Barnothy[122], durch die Angabe der jeweiligen Autoren ergänzt.

2.4 Extrem langsame Feldschwankungen

Im Übergangsbereich zwischen statischen und ELF-Feldern liegen die extrem langsamen Feldschwankungen des ULF-Bereichs. Bei Untersuchungen der biologischen Wirksamkeit solcher Felder erzeugte man durch rotierende Magnete sogenannte rotierende Magnetfelder, in die die Versuchsobjekte gebracht wurden.

Persinger[149] erforschte das Verhalten von Ratten im Freien, die vorgeburtlich einem solchen rotierenden Magnetfeld niederer Intensität und niederer Rotationsfrequenz ausgesetzt waren (Magnetfeldstärke 0,3 — 3 mTesla, entspricht 3 — 30 Gauß, Frequenz des rotierenden Magnetfeldes 0,5 Hz). Um die Beweglichkeitsaktivität bei Tieren im Alter zwischen 21 und 25 Tagen zu kontrollieren, ermittelte er, wie oft sie in ein freies Gelände gemalte Quadrate überquerten. Die dem rotierenden Magnetfeld ausgesetzten Tiere zeigten hierbei eine größere Bewegungsaktivität als die Vergleichstiere. Ferner überquerten die behandelten männlichen Tiere weitaus häufiger die Felder als die weiblichen Versuchstiere. Jungtiere, die vor der Geburt im rotierenden Magnetfeld waren, nach der Geburt jedoch von einer Kontrollmutter gesäugt wurden, zeigten in ihrem Verhalten keinen Unterschied gegenüber gleichfalls behandelten Tieren, die bei ihrer eigenen Mutter aufwuchsen.

Mit ähnlichen Versuchsbedingungen arbeiteten auch Persinger et al.[151].

Persinger[152] studierte auch noch die Möglichkeit der Steuerung der Herztätigkeit durch ein externes, mit 0,5 Hz rotierendes Magnetfeld der Stärke von 0,001 — 0,002 Tesla (10 — 20 Gauß). Er untersuchte zu diesem Zweck in zwei Experimenten, ob derartige Felder bei Ratten als Steuerfaktor für das Nachlassen (Barbiturat induziert) der Herzfunktion eine Rolle spielen können. Tiere, die in 30 Minuten Abständen Na-Pento-Barbiturat erhielten und während 4 Stunden einem solchen rotierenden Feld ausgesetzt waren, wiesen signifikant längere Herzkontraktionsraten innerhalb des Feldfrequenzbereichs vor dem Stillstand des QRS-Komplexes im EKG als Kontrollgruppen auf. Serumtransaminase-(GOT), Serumeisen- und Oxyhämoglobinspiegel zeigten am Versuchsende keine Unterschiede zwischen den Gruppen.

Die Wirksamkeit von Magnetfeldern des an den ELF-Bereich sich anschließenden ULF-Bereichs auf die Reaktionszeit des Menschen untersuchten Friedman et al.[153]. Sie fertigten zu diesem Zweck eine Helmholtz-Spulenanordnung an (zwei Luftspulen, die aufgrund ihres Abstands einen Bereich mit einem annähernd homogenen Magnetfeld erzeugen), durch die sie mittels des Spulenstroms Magnetfelder der gewünschten Stärke und mit bestimmten zeitlichen Verlauf erzeugen konnten. Bei einem ersten Experiment mit einem statischen Feld der Stärke von 0,5 mTesla beziehungsweise 1,7 mTesla (5 beziehungsweise 17 Gauß) ließen sich keine statistisch abzusichernden Ergebnisse feststellen. Doch verliefen im weiteren vergleichende Versuche mit einem statischen Feld sowie einem Wechselfeld von 0,1 Hz und von 0,2 Hz erfolgreich. Die mit einem Feld der Frequenz 0,2 Hz behandelten Testpersonen hatten gegenüber den beiden Vergleichsgruppen (0,1 Hz und statisches Feld) statistisch gesichert eine längere

Tabelle 9 Zusammenfassung einiger ausgewählter Berichte über biologische Studien von Effekten extrem schwacher statischer Magnetfelder, nach Barnothy.

Name des Studienobjekts	untersuchter Teil	beobachteter Vorgang	speziell gemessener Parameter	Magnetfeldstärke	Behandlungsdauer	beobachtete Effekte	Autor und Jahr
Algen (Euglena, Chlorella)	Zellen	Wachstum	Wachstumsrate	$0.08–8 \cdot 10^4$ A/m	1 bis 3 Wochen	Wachstum beschleunigt in sehr schwachen Feldern, verlangsamt in starken Feldern	Halpern[140,141]
Maus	gesamter Organismus	Alterung, Wachstum, Fortpflanzung und Verhalten	Lebensdauer, Wurfgröße, Aktivität, Verhalten	80 ± 40 mA/m	1 Jahr	Verkürzte Lebensdauer (6 Mon.), diffuses Gewebe, Kanibalismus, Rückenlage	Vandyke und Halpern[146]
Mensch	gesamter Organismus	Verhalten	Anzahl psychiatrischer Fälle	geomagnetische Schwankungen	1 Monat	positive Korrelation zur Intensität des geomagnetischen Feldes	Becker et al.[147]
Mensch	gesamter Organismus	Verhalten und klinische Daten	psychologische Tests, EEG, EKG, Körpertemperatur und -gewicht, Blut	etwa 40 mA/m	10 Tage	Erniedrigung der Schwelle beim Flimmerverschmelzungstest, alle anderen Tests ergaben keine signifikanten Veränderungen	Beischer und Miller[139]
Mensch	gesamter Organismus	Verhalten, Nervenfunktion, versch. Funktionen	psychologische Tests	< 40 mA/m	10 Tage	erniedrigte Schwelle beim Flimmerverschmelzungstest $p < 0{,}001$	Beischer et al.[148]

Reaktionszeit. Das gleiche Ergebnis wiesen Experimente mit nur einer Testpersonengruppe auf, die nacheinander den drei Versuchsbedingungen unterworfen wurde und zwar getrennt, sowohl für männliche als auch weibliche Testpersonen.

2.5 ELF-Felder

Eine umfangreiche Zusammenfassung der Literatur bis 1936 über die Wirkung von niederfrequenten natürlichen und künstlich erzeugten elektromagnetischen Schwingungen gibt Schmid[154]. Jedoch soll hier über neuere Erkenntnisse auf diesem Gebiet berichtet werden.

2.5.1 *Wirkung auf den Menschen:* Die Möglichkeit von biologischen Effekten, wie sie bei der Anwendung extrem niederfrequenter (ELF-Bereich) elektrischer und magnetischer Felder zu erzielen sind, wurde im Zusammenhang mit verschiedenen Experimenten und aufgrund von speziellen Beobachtungen von mehreren Forschern unabhängig voneinander erkannt.
So berichtet Hartmann[155] über schon im Jahre 1939 bekanntgewordene einzelne derartige Experimente. Seit 1950/51 begann er selbst gemeinsam mit Farenkopf mit Kippschwingungen (elektrische Felder, deren zeitlicher Verlauf etwa einer »Sägezahnkurve« entspricht) bei Frequenzen zwischen 1 Hz und 20 Hz zu arbeiten. Dabei wurden ganz bestimmte frequenzabhängige biologische Wirkungen festgestellt, die offenbar typenspezifisch unterschiedlich waren. Hartmann[155] berichtet weiter von Erfahrungen mit therapeutisch angewandten Kippschwingungsfeldern an etwa 2000 Patienten bei rund 10 000 Einzelbehandlungen. Hierbei kamen die Patienten zwischen 1 m^2 große Flächenelektroden, die einen vertikalen Abstand von ca. 2 m hatten und aus einem engmaschigen Drahtnetz bestanden. Zusätzlich dienten zwei weitere senkrecht aufgestellte und im beliebigen Abstand benutzbare Elektroden zur Erzeugung eines horizontalen Feldes. Angaben über die verwendete Feldstärke sind der Arbeit nicht zu entnehmen. Sie ergibt sich jedoch näherungsweise aus der angeführten Elektrodenspannung von 10 — 120 V größenordnungsmäßig zu 1 — 50 V/m. Zusammenfassend bemerkt Hartmann[155] zu seinen Beobachtungen: Kippschwingungen des Frequenzbereiches zwischen 1 Hz und 15 Hz sind offenbar biologisch wirksam. Beim Menschen können sie in Sekundenschnelle sowohl Störungen verursachen als auch ähnlich schnell beseitigen. Im unteren Frequenzbereich sollen die Kippschwingungsfelder dabei entzündungshemmend und krampferregend, im höheren Bereich krampflösend und entzündungserregend wirken. Die Patienten müßten außerdem ihrem Typus (Reaktionslage) entsprechend mit den für sie jeweils günstigen Frequenzen der Kippschwingungsfelder behandelt werden. Vermutlich können Vorgänge mit spezifischen Frequenzen bestimmten Krankheiten, Organen, Organ-

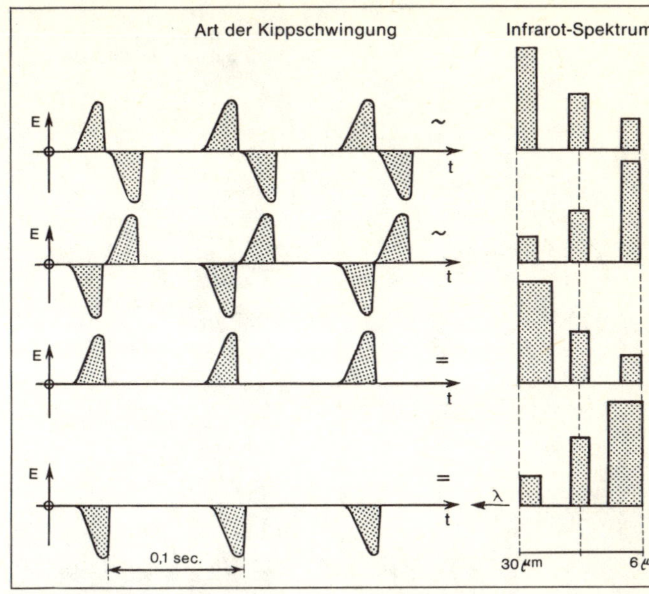

76 Wirkung verschiedener ELF-Kippschwingungen auf die Infrarotabstrahlung des menschlichen Körpers, nach Schwamm *beziehungsweise* Hartmann.

regionen und Körperteilen zugeordnet werden. Felder der Frequenz 1,75 Hz seien gegen akute Entzündungen anwendbar, Felder der Kippfrequenz 10 Hz wirkten dagegen auf den Körper krampflösend. Eindringlich weist Hartmann[155] immer wieder auf die typenverschiedene Ansprechbarkeit seiner Patienten bei der Behandlung mit Kippschwingungsfeldern hin.

Die Infrarot-Körpermessungen im Kippschwingungsfeld von Schwamm[156] sollen hier nicht unerwähnt bleiben. Er benutzte die Infrarot-Emission des menschlichen Körpers, um daraus eine Infrarot-Emissionsdiagnostik zu entwickeln und stellte dabei unter verschiedenen äußeren Bedingungen sich ändernde Abstrahlungsspektren des menschlichen Körpers fest. Hartmann[157] übernahm die Methode von Schwamm, um die biologische Wirksamkeit von Kippschwingungen mittels des Spektrums der Infrarot-Abstrahlung des menschlichen Körpers zu demonstrieren. Abbildung 76 zeigt den zeitabhängigen Verlauf der jeweils verwendeten Kippschwingungsfelder und das dazugehörige, gemessene Infrarotspektrum. Die größten Unterschiede sind hier zwischen rein positiv und rein negativ polarisierten Feldern zu erkennen, da sich hier das Infrarotspektrum der vom menschlichen Körper ausgehenden Strahlung ganz deutlich vom Schwergewicht 30 μm auf 6 μm Wellenlänge änderte.
Unabhängig von dieser relativ kleinen Forschergruppe, die sich über eine große Anzahl von Einzelbeobachtungen zu der Erkenntnis der biologischen Wirksamkeit extrem niederfrequenter elektrischer Vorgänge durchrang, wurden anläßlich einer Deutschen Verkehrsausstellung in München eigene, ähnliche Untersuchungen (König und Ankermüller[81]) angestellt. Sie hingen ursprünglich mit der rein geophysikalischen Messung und Untersuchung von Atmospherics niederster Fre-

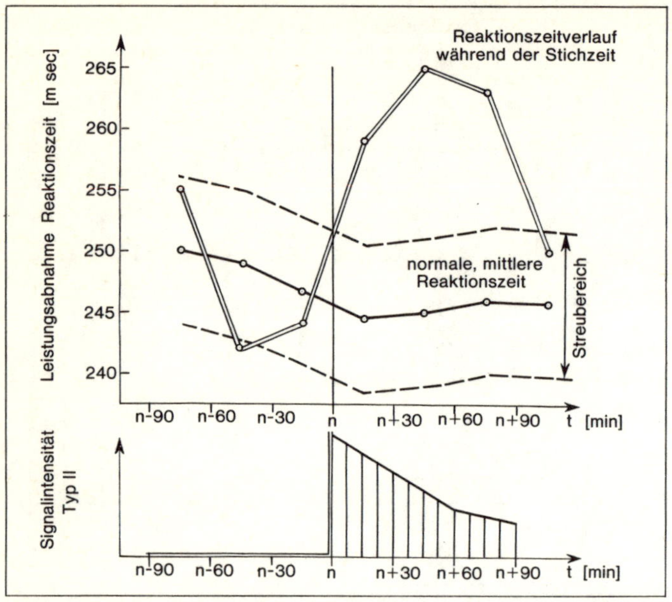

77 Zusammenhang zwischen der Reaktionszeit von Versuchspersonen mit der Signaltätigkeit von ELF-Signalen, Typ II (3–6 Hz). Reaktionszeitmessungen während einer Verkehrsausstellung. Zahl der Stichfälle: 10; mittlere Zeit der Stichstunde: 14.30 Uhr. – Anzahl der Meßwerte pro Kurvenpunkt: a) etwa 2500 Meßwerte während der Stichstunde, b) etwa 40 000 Meßwerte für die normale, mittlere Reaktionszeit.

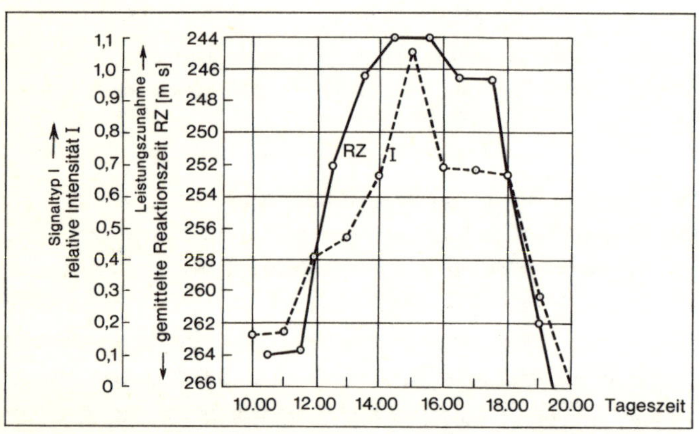

78 Zusammenhang zwischen der Reaktionszeit von Versuchspersonen mit dem Auftreten von Signalen des Typ I (8–9 Hz). Reaktionszeitmessungen während einer Verkehrsausstellung. Anzahl der ausgemittelten Tage, für die ausschließlich diese Signaltätigkeit I registriert wurde: 18; Anzahl der Reaktionszeitmessungen RZ pro Meßpunkt: etwa 4500.

quenzen (ELF-Atomspherics) zusammen wie sie eingangs bereits beschrieben wurden (Abschnitt B 2.). Denn bei der Analyse der Signaltätigkeit im Frequenzbereich zwischen 1 Hz und 25 Hz zeigte sich, daß dort verschiedene Signaltypen auftraten, die offensichtlich mit dem lokalen Wettergeschehen in Beziehung standen. Dies galt vor allem für den sogenannten Signaltyp II (siehe Abbildung 32 beziehungsweise 55) – ein unregelmäßiger Vorgang im Frequenzbereich zwischen 3 Hz und 6 Hz — sowie für mehr oder weniger sinusartige Vorgänge im Frequenzbereich zwischen 0,5 und 2 Hz (Typ III). Außerdem fielen Tage mit besonders geringer Signaltätigkeit auf, wie sie auch von der Beobachtung von VLF-Atmospherics im Frequenzgebiet zwischen 4 kHz und 50 kHz von Reiter[158] her bekannt waren. Angeregt durch diese bioklimatischen Untersuchungen der Auswirkung der VLF-Atmospherics auf den Menschen, wie auch durch die eigene Beobachtung, daß einzelne der beschriebenen Signaltypen auffallend häufig mit mehr oder weniger typischen lokalen Wetterzuständen zusammenfielen, die für das Allgemeinbefinden des Menschen (sogenannte Wetterfühligkeit) erfahrungsgemäß von Bedeutung sind, wurden verschiedene Experimente durchgeführt.

Die entscheidende Frage lautete dabei: Sind die zum damaligen Zeitpunkt im Frequenzgebiet zwischen 1 Hz und 25 Hz in der Atmosphäre neu entdeckten elektromagnetischen Vorgänge natürlichen Ursprungs nur rein geophysikalisch oder auch biologisch vor allem für den Menschen von Bedeutung? Um diese Frage zu beantworten, versuchte man einmal über den Weg des Vergleichs zwischen Signalregistrierung und Eintreffen von Ereignissen gewisse Zusammenhänge zu erkennen, zum anderen aber auch die in der Atmosphäre beobachteten Signale im Labor künstlich zu erzeugen. Der Laborversuch ermöglichte die Erprobung ihrer Wirksamkeit, um die durch die Vergleichsmethode gewonnenen Erkenntnisse gegebenenfalls zu erhärten.

1. Vergleichsuntersuchungen

Reaktionszeitmessungen: Anläßlich der oben erwähnten Verkehrsausstellung wurden im Ausstellungsgelände bei den Besuchern laufend Reaktionszeitmessungen durchgeführt, über die Reiter[159] berichtete. Die Reaktionszeit ermittelte man dabei durch das Messen der Zeit, die die Testperson vom Erscheinen eines Leuchtsignals bis zum Loslassen einer Taste benötigten. Das dabei gewonnene umfangreiche Zahlenmaterial bot sich an, die Reaktionszeiten und die gleichzeitig registrierten Signale im ELF-Bereich zu vergleichen (König[81, 82]).

a) *Reaktionszeiten bei Signalen vom Typ II:* Da sich aus den laufenden Beobachtungen die Vermutung aufdrängte, daß Signale vom Typ II am ehesten einen Einfluß haben könnten, wurden zuerst Untersuchungen in dieser Richtung durchgeführt. Während der Ausstellungsdauer ergab die Registrierung der Atmospherics in 10 auswertbaren Fällen das Vorhandensein von Signalen des Types II. Nach der n-Methode (Stichstunde n) wurde nun für diese 10 interessierenden Fälle die Reaktionszeiten herausgesucht und für die Halbstundenzeiträume vor und nach der Stichstunde n (n ± t, für t = 0, 30, 60 und 90 min) jeweils sämtliche Reaktionszeiten ausgemittelt. Als Zeitpunkt n galt dabei das Einsetzen der Registrierung der Signale vom Typ II.

Der in Abbildung 77 gezeigte Reaktionszeitverlauf während der Stichzeit ergab sich also durch arithmetische Ausmittlung der entsprechenden Reaktionszeiten bei den 10 Fällen des Auftretens des Signaltypes II. Dabei resultieren die Meßpunkte der gezeichneten Kurve aus insgesamt 2000 bis 3000 verschiedenen einzelnen Reaktionszeitwerten. Die Kurve »Signalintensität Typ II« gibt den ausgemittelten Verlauf der Intensität für die 10 Stichfälle an. Als mittlere Zeit der Stichstunde n wurde aufgrund der Ausmittlung der 10 Stichstundenzeiten — zu dem jeweils die Signale vom Typ II begannen aufzutreten — 14.30 Uhr angenommen, da diesem Zeitpunkt die einzelnen Stichstundenwerte am nächsten lagen. Für diesen Zeitpunkt gibt die Kurve »normale, mittlere Reaktionszeit« den Reaktionszeitverlauf und den Streubereich, wie er sich für die ganze Dauer der Ausstellung ergab. Die einzelnen Meßpunkte dieser Kurve resultieren dabei aus etwa 45 000 Reaktionszeit-Einzelmessungen.

Abbildung 77 zeigt nun, daß bis zur Stichzeit n die Reaktionszeiten praktisch innerhalb des Streubereiches verlaufen. Vom Auftreten der Signale vom Typ II ab wird die Reaktionszeit der Testpersonen wesentlich schlechter und liegt deutlich außerhalb des Streubereiches. Sie erreicht ihr Maximum zwischen 30 und 60 min nach der Stichzeit, während die Intensität der Signale von der Stichzeit an 90 min lang von ihrer größten Stärke ab zurückgeht.

b) *Reaktionszeiten bei Signalen vom Typ I:* Im Monat September 1953 war während 18 Tagen der ungestörte Empfang der Signale vom Typ I möglich. Für diese herausgegriffenen 18 Tage erfolgte nun neben der Bestimmung der ausgemittelten Intensität der Signale gleichlaufend, für dieselben Tage, die Bestimmung der entsprechend ausgemittelten Reaktionszeiten. Um die Parallelität der dadurch gewonnenen beiden Kurven besser zum Ausdruck zu bringen, ist in Abbildung 78 die Reaktionszeitzunahme nach unten aufgetragen. Die eingetragenen Reaktionszeiten gelten dabei jeweils für die Zeit zwischen halber und ganzer Stunde, wobei sich jeder Meßpunkt der Kurve aus etwa 4500 einzelnen Reaktionszeitmessungen bestimmt. Wie sich somit aus Abbildung 78 ergibt, sind Signale vom Typ I offenbar von umgekehrter Wirkung wie Signale vom Typ II, denn für zunehmende Intensität der Signale vom Typ I lassen sich aus der Darstellung kürzere Reaktionszeiten entnehmen.

Die Bedeutung der Untersuchungsergebnisse wurde bereits damals — ungeachtet aller statistischer Auswertungsprobleme — erkannt, da sie deutlich auf möglicherweise sogar frequenzabhängige Zusammenhänge hinwiesen. Zusammenfassend läßt sich sagen, daß Signale vom Typ II die Leistungsfähigkeit des Menschen offenbar zu beeinträchtigen, Signale vom Typ I sie zu steigern vermögen.

2. *Experimente in künstlich erzeugten elektrischen Feldern:* Die Ergebnisse der geschilderten Untersuchungen regten zu Experimenten mit künstlich erzeugten Feldern von der Art der Signale des Typs I und II an. Elektrische Spannungen, die ein besonders konstruierter Generator lieferte, wurden einmal sinusförmig mit einer Frequenz von 10 Hz, zum anderen verzerrt, also stark oberwellenhaltig, mit einer Grundfrequenz von etwa 3 Hz, an zwei Drahtgitter angeschlossen und produzierten zwischen diesen das gewünschte elektrische Feld. Diese an der Decke und auf dem Fußboden eines Versuchsraumes angebrachten Gitter hatten einen Abstand von etwa 2,5 m. So waren die Voraussetzungen geschaffen, einzelne Testpersonen in ein künstliches elektrisches Feld zu bringen, das bekanntermaßen den natürlichen Verhältnissen entsprach.

Der Versuchsablauf war nun folgender: Mit der gleichen Anlage, die bei der Verkehrsausstellung benutzt worden war, wurde bei Versuchspersonen 8 Stunden lang alle 20 Minuten die Reaktionszeit ermittelt. Die Testpersonen konnten dabei zwischendurch dem künstlich erzeugten Feld ausgesetzt werden, ohne es zu wissen.

Den typischen Verlauf eines derartigen Experimentes bei einer einzelnen Person zeigt Abbildung 79. Die Abweichungen der Reaktionszeiten vom Mittelwert sind bereits aus der Graphik deutlich zu erkennen. Die Feldstärkewerte lagen hier in der Größenordnung von 1 V/m, die Frequenz betrug 3 Hz, was erwartungsgemäß zu einer Verschlechterung der

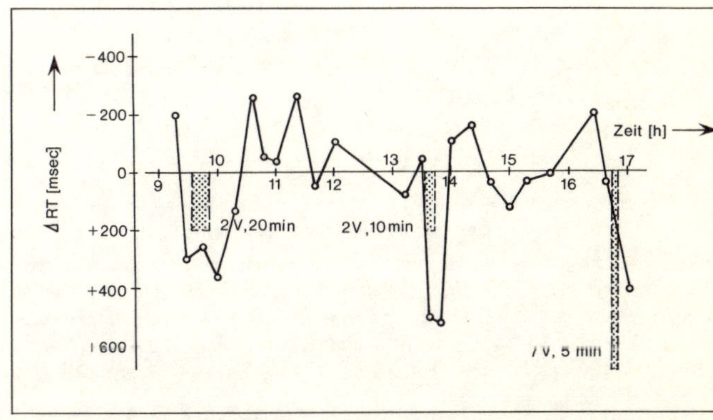

79 Typische Beeinflussung der Reaktionszeit einer einzelnen Testperson im einfachen Blindversuch durch ein vertikales elektrisches Feld (Plattenabstand 2,5 m) der Frequenz 3 Hz, stark oberwellenhaltig, wie es den Feldern natürlichen Ursprungs entspricht (Typ II). Angegeben ist die an den Platten gemessene Spannung und die Einwirkungsdauer des Feldes. Die Abweichung der Reaktionszeit (je Meßpunkt der Mittelwert von 10 aufeinanderfolgenden Messungen) steht in Beziehung zu einem Streubereich von 235 msec.

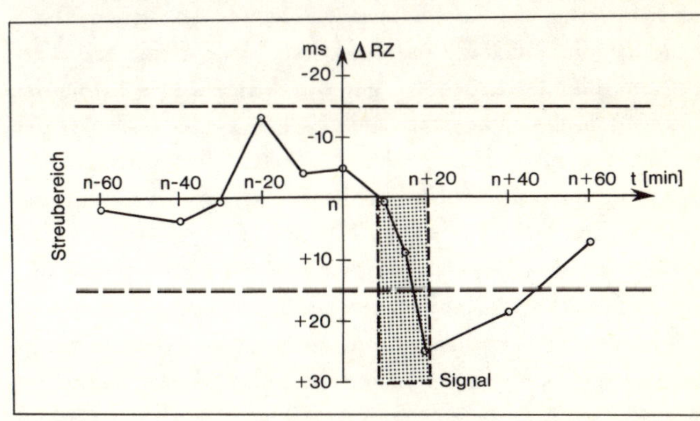

80 Einwirkung eines künstlich erzeugten elektrischen Feldes nach Art der Signale natürlichen Ursprungs vom Typ II (3 Hz, stark oberwellenhaltig) auf die Reaktionszeit von Testpersonen. Es erfolgte eine Leistungsabnahme.

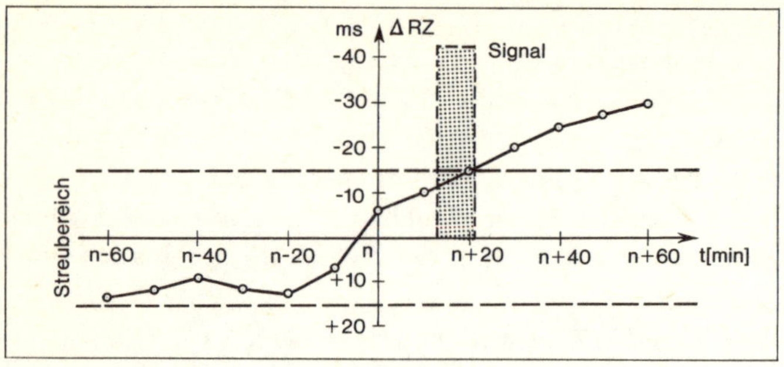

81 Einwirkung eines künstlich erzeugten elektrischen Feldes nach Art natürlicher Signale vom Typ I (8–10 Hz, sinusförmig) auf die Reaktionszeit von Testpersonen. Es erfolgte eine Leistungszunahme.

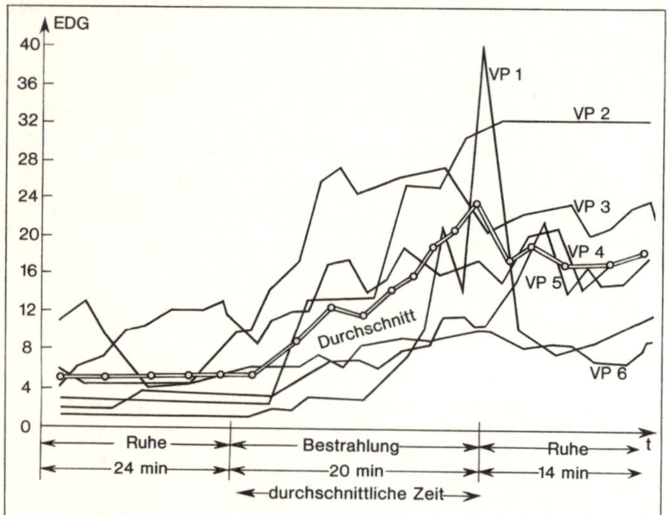

82 Wirkung eines künstlich erzeugten Feldes nach Art natürlicher Signale vom Typ II (3 Hz, stark oberwellenhaltig) auf das Elektrodermatogramm von Versuchspersonen. Feldstärke 1 V/m: 12 Versuchspersonen, 1 positive Reaktion; Feldstärke 5 V/m: positive Reaktion bei 5 von 10 Versuchspersonen.

Leistungsfähigkeit führte. Der Streubereich, für die wenigen Meßpunkte ausgewertet, betrug σ = 235 msec.

In Abbildung 80 ist für 8 Fälle der Anwendung eines derartigen Feldes nach Art der Signale vom Typ II noch das Ergebnis nach der n-Methode (Stichzeitpunkt) zusammengefaßt. Das Feld war dabei im Durchschnitt während 12 Minuten mit der Feldstärke von ca. 1 V/m eingeschaltet. Ab diesem Zeitpunkt ist die Zunahme der Reaktionszeit – damit eine Verschlechterung der Leistung – gut zu erkennen. Den Erfolg der Anwendung des künstlichen elektrischen Feldes nach Art der Signale vom Typ I zeigt Abbildung 81. Hier betrug bei 4 Fällen die durchschnittliche Feldstärke knapp 2 V/m und die mittlere Einschaltdauer 8 min. Wie ersichtlich, deutet sich eine Reaktionszeitabnahme — damit eine Leistungszunahme — an. Natürlich reicht das Zahlenmaterial dieser beiden Experimente für statistisch gesicherte Resultate nicht aus, doch bestätigten sich zumindest im einzelnen die anläßlich der Verkehrsausstellung gewonnenen Ergebnisse. Der Mensch wird offenbar von elektrischen Feldern der beschriebenen Art — gleichgültig ob natürlichen oder künstlich erzeugten Ursprungs — beeinflußt.

3. *Klinischer Test:* Um neben den beschriebenen, mehr subjektiven Untersuchungsmethoden auch Ergebnisse objektiverer Meßmethoden zu erhalten, wurden bei gleicher Anordnung der künstlich erzeugten elektrischen Felder Experimente mit Hilfe des Elektrodermatogramms (EDG) durchgeführt*. Während bei den Reaktionszeittesten die Versuchspersonen sitzend getestet wurden, nahmen bei den EDG-Testen die Versuchspersonen eine liegende Stellung ein. Abbildung 82 zeigt die Veränderung des EDG bei den positiv reagierenden Versuchspersonen. So gelang es besonders bei elektrischen Feldstärken von über 5 V/m (Frequenz 3 Hz, verzerrte Kurvenform), von 10 Versuchspersonen immerhin 5 zu beeinflussen, bei denen ab Einschalten des künstlichen Feldes eine Abnahme des Hautwiderstandes zu verzeichnen war. Da der Versuchsraum in der Klinik offensichtlich durch eine Vielzahl anderer elektomedizinischer Geräte elektrisch gestört war, konnten Reaktionen erst über einem bestimmten Pegel des künstlich erzeugten Feldes beobachtet werden.

4. *Subjektive Angaben der Testpersonen:* Neben den eben beschriebenen Meßergebnissen ergaben sich bei der künstlichen Anwendung des elektrischen Feldes nach Art der Signale vom Typ II interessante subjektive Angaben der Testpersonen. Wiederholt wurde schon wenige Minuten nach der kurzfristigen Bestrahlung über Kopfschmerzen geklagt. Bei neuerlicher Feldeinwirkung konnten diese Beschwerden zunehmen oder es kam dann zu Ermüdungserscheinungen. Nach dem Abklingen der Kopfschmerzen stellte sich häufig Müdigkeit ein. Die verschiedenartigen Beschwerden — auch »beklemmendes Gefühl auf der Brust« oder »Schweißbildung an den Handflächen« gehörten dazu — verschwanden jedoch allmählich, vereinzelt erst nach Stunden.

5. *10 Hz-Vorgänge von allgemeiner Bedeutung:* Interessant sind auch Untersuchungen von Rohracher[9, 10, 160], die mechanische Mikroschwingungen des menschlichen Körpers und später außerdem Erdvibrationen ergaben, die ebenfalls beide mit einer Frequenz von etwa 10 Hz auftreten (allerdings sind letztere etwas in Frage gestellt). Sie gleichen in ihrem zeitlichen Verlauf sehr stark den Signalen vom Typ I. Auch Wüst[161] befaßt sich mit dem menschlichen Körper als schwingendes System bei diesen Frequenzen. Die Frequenz von 10 Hz kommt in der Natur also vielfältig vor, und es lag bereits damals nahe, von einer Art Naturkonstante zu sprechen.

6. *Allgemeine Betrachtungen:* Ursprünglich war die Frage gestellt worden: Haben Atmospherics einen Einfluß auf den Menschen? Anhand der diese Frage bejahenden Beobachtungen und Meßresultate erscheint es angebracht, auch einige spekulative Überlegungen dazu anzustellen.

* Die Experimente erfolgten entgegenkommenderweise unter der Aufsicht von Prof. Dr. med. A. Struppler in der II. Medizinischen Klinik der Universität München.

Unwillkürlich drängen sich die Erkenntnisse der elektroenzephalographischen Untersuchungen auf. So gleicht der α-Rhythmus der Gehirnströme in Frequenz und Kurvenform auffallend den Signalen vom Typ I, während gewisse Störungen, die in den Gehirnströmen zum Ausdruck kommen (δ-Rhythmus) den Signalen vom Typ II sehr ähneln (siehe Abbildung 55). Bei der Beachtung sowohl dieser Tatsache und auch der Annahme der Bioklimatologie, daß die sogenannten »biotropen Faktoren« des Wettergeschehens über das vegetative Nervensystem im menschlichen Organismus einwirken, könnte die Auffassung vertreten werden, daß die »Atmospherics« einen Einfluß auf den Menschen haben und als einer der biotropen Faktoren anzusehen sind.

Eine Einwirkung der Atmospherics auf den Menschen kann vielleicht auch aus dem beobachteten Tagesgang der Signale in Zusammenschau mit dem Tagesrhythmus des menschlichen Organismus angenommen werden. In diesem Zusammenhang ist gerade der Signaltyp V von Interesse. Diese Signale können regelmäßig zur Sonnenaufgangszeit registriert werden. Möglicherweise spielen diese Signale sowie die ab dem gleichen Zeitpunkt mit der zehnfach stärkeren Tagesintensität auftretenden Signale vom Typ I mit eine Rolle bei der Umschaltung im vegetativen Nervensystem auf Ergotropie.

Sicher läßt sich dagegen einwenden, das EEG würde vorwiegend Aktivitäten anzeigen, die durch Motorik, Sinnesorgane und besondere Aufmerksamkeit den speziellen Kurvenverlauf ergäben. Eine Beteiligung des vegetativen Nervensystems sei dabei nicht wesentlich vorhanden. Auf einen derart direkten Zusammenhang mag es hier primär nicht ankommen, wenngleich zum Beispiel die Experimente von Gavalas et al.[175] (siehe im nächsten Abschnitt) eben doch sehr deutlich dafür sprechen. Abgesehen hiervon könnte auch im Laufe der Evolution eine Umfunktionierung der Gehirnstromtätigkeit stattgefunden haben. Zur Klärung dieser Fragen sind jedoch in jedem Fall noch eine Reihe von Experimenten, Untersuchungen und Analysen notwendig.

Während Hartmann[155] nun, wie weiter oben bereits berichtet, seine Erkenntnisse mehr aus nicht zusammenhängenden Einzelfällen gewann, war es hier — aus einer ganz anderen Forschungsrichtung kommend — auf mehr systematischer Basis und von natürlichen Vorgängen ausgehend gelungen, auf die biologische Wirksamkeit derartiger Felder hinzuweisen.

Es dauerte immerhin einige Jahre, bis sich auch andere wissenschaftliche Institutionen konkret diesem Problem widmeten. So vollzog Hamer[162] erstmals die Versuche nach, beim Menschen mittels Reaktionszeitmessungen die biologische Wirksamkeit von elektrischen Feldern im ELF-Bereich zu beobachten. Er befaßte sich dabei einmal mit der möglicherweise frequenzabhängigen Wirkung derartiger Signale sowie darüber hinaus mit der für derartige Wirkungen notwendigen Signalintensität. Abbildung 83 zeigt schematisch die in einem Abstand von 53 cm angebrachten zwei Kondensatorplatten, wie sie Hamer[162] benutzte. Mit ihrer Hilfe wurde die Wirkung des elektrischen Feldes auf Testpersonen studiert. Durch eine an diese Platten angelegte elektrische Wechselspannung U entstand zwischen diesen das gewünschte, in diesem Fall horizontal orientierte elektrische Feld, dem primär die Kopfpartie der Versuchspersonen ausgesetzt wurde. Weiter ist in Abbildung 83 die frequenzabhängige Wirksamkeit der elektrischen Felder bei einer Plattenspannung von 2 V, einmal durch Reaktionszeitunterschiede zwischen 3 Hz und 8 Hz, verglichen mit der Reaktionszeit der Testpersonen bei keinem Feld, zum anderen durch die Reaktionszeitunterschiede zwischen 3 Hz und 12 Hz, ebenfalls verglichen mit der bei keinem Feld, dargestellt. Es bestätigte sich dabei die schon bekannte Tatsache, daß Felder relativ niederer Frequenzen die Reaktionszeit vergrößern und solche relativ höherer Frequenzen sie verkürzen. Dieses Ergebnis besagt also folgendes: Testpersonen, die elektrischen Feldern unterschiedlicher Frequenzen ausgesetzt werden, haben gegenüber einem feldfreien Zustand sogar jeweils entgegengesetzt abweichende Reaktionszeiten. Die Resultate eines mit anderen Frequenzen durchgeführten Wiederholungsversuches ohne Nullfeldvergleich zeigen bei den mit Feldern der Frequenz 2 Hz und 6 Hz beziehungsweise 3 Hz und 11 Hz behandelten Testpersonen jeweils einen Reaktionszeitunterschied von 6 %.

Die Idee eines weiteren Experiments war nun, den durch die obere und untere Testfrequenz des Feldes gegebenen Frequenzbereich solange zu verkleinern, bis gerade kein statistisch gesicherter Unterschied in der Reaktionszeit der Testpersonen bei Feldern dieser bereichsbegrenzenden Frequenzen mehr nachzuweisen war. Es mußte ja ein Bereich existieren, in welchem sich die Reaktionszeit der Testpersonen nicht mehr veränderte, nämlich dann, wenn nur die Testfrequenz des Signals genügend wenig verändert wurde.

Das Ergebnis einer Analyse und des freundlicherweise von Hamer[162] zur Verfügung gestellten, bei diesem Test gewonnenen Zahlenmaterials ist nach einer entsprechenden Bearbeitung in Abbildung 84 dargestellt. Es wurden demnach zwei

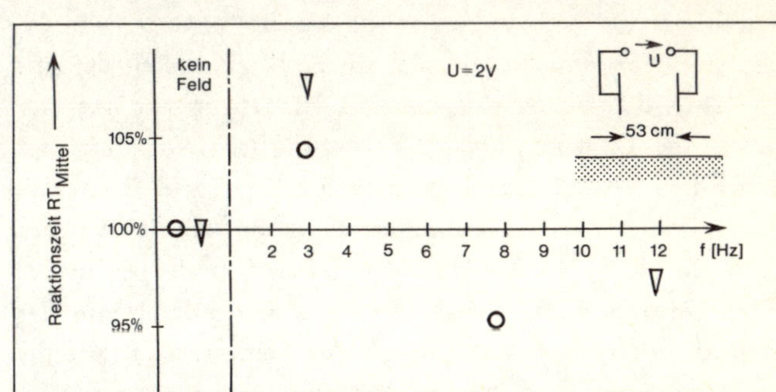

83 Frequenzabhängige Beeinflussung der Reaktionszeit des Menschen im ELF-Bereich. Vergleichende Messungen zwischen Feldern der Frequenz von 3 Hz und 8 Hz (Kreise) und 3 Hz mit 12 Hz (Dreiecke) zeigen gegenüber dem Zustand »kein Feld« bei den tieferen Frequenzen des elektrischen Feldes eine Reaktionszeitzunahme, bei den höheren eine Abnahme. Zahlenmaterial nach Hamer.

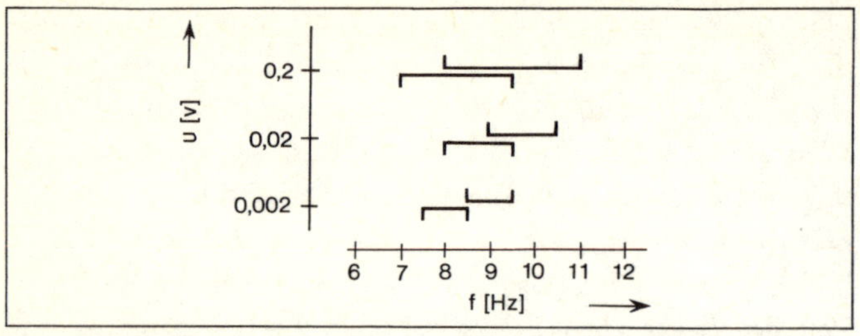

84 Reaktionszeitmessungen beim Menschen bei verschiedenen Kondensatorplatten-Spannungen U (siehe Abbildung 83). Anhand von zwei Experimenten (Bereichsstriche nach oben beziehungsweise nach unten) wurde jeweils der Frequenzbereich für das elektrische Feld ermittelt, in dem jedenfalls kein statistisch abzusichernder Unterschied in der Reaktionszeit von Versuchspersonen mehr festzustellen war. Die »Selektivität« nimmt bei abnehmender Feldstärke sogar zu. Zahlenmaterial nach Hamer.

Versuchsreihen (Bereichsende in der Abbildung nach oben beziehungsweise nach unten gekennzeichnet) mit Spannungswerten zwischen den Kondensatorplatten durchgeführt, die sich immer um den Faktor 10 unterschieden. Die ursprünglich mit 2 V begonnenen Experimente zur Bestätigung der frequenzabhängigen Wirkung der Signale wurden hierbei mit Plattenspannungen von 0,2 V, 0,02 V und 0,002 V fortgesetzt. Das Ende der Bereichsstriche bei den jeweiligen Plattenspannungen gibt nun in Abbildung 84 die Grenze an, bis zu der die Frequenz der Plattenspannung von tieferen Frequenzen zu höheren beziehungsweise von höheren Frequenzen zu tieferen Werten hin angenähert werden konnte, so daß sich für die Testpersonen bei diesem Signalfrequenzunterschied gerade noch ein statistisch gesicherter Unterschied in der Reaktionszeit zeigte. Mit anderen Worten: Die Bereichsstriche selbst markieren somit frequenzmäßig die Bandbreite, innerhalb der kein statistisch gesicherter Unterschied der Reaktionszeit mehr festzustellen war. Statistisch gesehen ist diesem Bereich also eine einheitliche, bestimmte Reaktionszeit zuzuordnen.

Zwei bedeutungsvolle Erkenntnisse lassen sich nun aus Abbildung 84 herauslesen. Einmal zeigt sich, daß auch im Laborversuch mit den schwachen Feldintensitäten, wie sie in der freien Natur insbesondere für den Signaltyp I (10 Hz-Signale der Eigenschwingungsresonanz des Systems Erde-Ionosphäre) vorkommen, die biologische Wirksamkeit derartiger elektrischer Felder nachzuweisen ist. Damit war eines der wichtigsten Gegenargumente bezüglich der Bedeutung der natürlichen Felder widerlegt, daß alle bisherigen Laborversuche mit relativ starken Feldintensitäten durchgeführt worden seien, wie sie gerade für diese speziellen Signaltypen in der freien Natur nicht zu messen wären. Zum anderen gibt der offensichtlich vorhandene Einfluß der Feldintensität auf die Selektivität bezüglich der Frequenzempfindlichkeit sicher zu weiteren Spekulationen Anlaß. So zeichnet sich Folgendes ab: Eine gerichtete, also eine vorhersagbare Wirkung derartiger Felder ist nur erzielbar, wenn ihre Intensität ein gewisses Maß nicht übersteigt. Mit zunehmender Feldstärke reduziert sich das »Auflösungsvermögen« des Menschen bezüglich der frequenzabhängigen Wirkung solcher Felder. Diese Schlußfolgerung bestätigte sich auch bei anderen Untersuchungen und dürfte somit ganz allgemein für biologische Systeme gelten.

Bezüglich zu starker Felder würde man in der Technik vergleichsweise von einem »Übersteuerungseffekt« sprechen. Damit zeichnet sich aber auch eine Erklärung für eventuell abweichende Untersuchungsergebnisse anderer Experimentatoren ab. Existieren nämlich neben den beabsichtigten beziehungsweise kontrollierten Feldern einer bestimmten, womöglich relativ schwachen Feldintensität noch andere, sogenannte Störfelder, die in ihrer Intensität über ein bestimmtes Maß hinausgehen, so könnten die biologischen Systeme durch sie eventuell für die sonst mögliche Aufnahme vorprogrammierter Informationen blockiert sein. Das technische Vergleichsmodell wäre hierzu beispielsweise eine durch ein Störsignal völlig übersteuerte elektronische Verstärkeranlage, die in diesem Fall Nutzsignale nicht mehr oder nur noch unzureichend (da vielleicht verändert) weiter verarbeiten kann. Wird die Feldintensität hingegen zu schwach, muß die Feldwirkung irgendwann aufhören, woraus letztlich die Existenz eines maximalen Wirkungsbereiches folgt.

Welche Konsequenzen derartige Prozesse bei empfindlichen biologischen Systemen haben können, läßt sich nur vermuten. Es ist jedoch nicht von der Hand zu weisen, daß gewisse, bisher nicht erklärbare Beschwerden vor allem beim Menschen in irgendwelchen Störfeldern ihren Ursprung haben, die außerdem auch keine positive Stimulanz mehr zulassen. Hierbei wäre an Kopfschmerzen, Schwindelgefühl, Schlaflosigkeit usw. zu denken (als Wetterbeschwerden bekannt) oder unter gewissen Umständen auch an Beschwerden durch elektromagnetische Felder technischen Ursprungs (beispielsweise Lichtnetz, Bahnstrom, Hochspannungsleitungen usw.)! Die auf diesem Gebiet bisher vorliegenden Erfahrungen zeigen, daß viele von Ärzten nicht richtig erkannte Ursachen derartiger chronischer Beschwerden – oft als vegetative Dystonie diagnostiziert – milieubedingt sind und so ein geringfügiger Ortswechsel (zum Beispiel der Schlafstelle) und damit – das Ausweichen aus starken, den unmittelbaren Lebensraum störenden elektromagnetischen Feldern – oft Wunder bewirkt.

Ein in seiner Bedeutung bezüglich der angewandten Methode sicher nicht zu unterschätzendes Versuchsergebnis erzielte Hamer[163] im Zusammenhang mit einer Studie über den Einfluß sinusförmiger elektrischer Felder auf die Beurteilungsfähigkeit des Menschen, ein Zeitintervall von 5 Sekunden abzuschätzen. Das Experiment wurde bei einer Feldintensität von 4 V/m durchgeführt und dabei das unterschiedliche Verhalten der Versuchspersonen in einem Feld von 8 Hz und 12 Hz untersucht. Unter Berücksichtigung der notwendigen statistischen Voraussetzungen gelang es im Zuge eines doppelten Blindversuchs, den experimentellen Nachweis über die Empfindlichkeit dieser Meßmethode zu erbringen. Es ergab sich

eine statistisch signifikante Differenz in der Zeitbeurteilung durch die Testpersonen bei den beiden Frequenzen, welche für das Feld benutzt wurden: Ein elektrisches Feld der Frequenz von 12 Hz verkürzte die Zeiteinschätzung relativ im Vergleich zu einem solchen von 8 Hz.
Über einen bedingten Verteidigungsreflex bei der Anwendung eines elektrischen Feldes der Frequenz von 200 Hz berichtet schließlich Petrov[164]. Das Feld wurde hierbei durch eine Vorrichtung über dem Kopf der Versuchsperson erzeugt. Der hierbei erzielte Reflex zeigte sich jedoch als unstabil.

Ergänzend zu diesen Berichten sei noch die Beobachtung eines hemmenden Effektes bei Wachstumsexperimenten mit Kulturen von normalen und kranken menschlichen Zellen aufgrund niederfrequenter elektromagnetischer Felder gemäß Knoepp et al.[165] erwähnt. Die Kulturen kamen hier über einen Zeitraum von 1—3 Stunden in ein Feld (Frequenz im Bereich zwischen 99—1000 Hz) der Stärke von 1,1 bis 1,7 V/m. Zwar erhöhte eine derartige Behandlung die Temperatur der Kulturen um 2,3° C, jedoch war ihr Wachstum, von einer sehr geringen Verzögerung bis zur kompletten Beendigung des Wachstums der Kulturen und dem Tod der Zellen, trotzdem gehemmt. Die Tatsache, daß diese Effekte nur bei ganz bestimmten Frequenzen, die spezifisch für einzelne Zelltypen sind, auftraten, ist hierbei von besonderem Interesse.

7. *Der Einfluß schwacher elektromagnetischer Felder auf die circadiane Periodik des Menschen:* Im Max-Planck-Institut für Verhaltensphysiologie wurden von Wever[166] Untersuchungen über die circadiane (von Lat.: circum = drumherum, dies = Tag, also nicht genau 24 Stunden) Periodik des Menschen durchgeführt, wobei die Frage nach der Herkunft der beobachteten Periodizitäten im Vordergrund stand. Diese Frage gilt in der Weise beantwortet, daß die circadiane Periodik endogenen (inneren) Ursprungs ist und durch die periodisch veränderlichen Faktoren unserer Umwelt lediglich auf die genaue Periode der Erdumdrehung synchronisiert wird. Es zeigte sich nämlich, daß in künstlich konstant gehaltener Umgebung die Periodik (unter geeigneten Bedingungen) mit unverminderter Amplitude, aber mit einer von 24 Stunden abweichenden Periodendauer weiterläuft.
Die nächste Frage bezieht sich auf die physikalischen Faktoren unserer Umwelt, die die circadiane Periodik zu beeinflussen vermögen. Neben den bewußt wahrgenommenen Umweltfaktoren interessieren besonders auch solche, für die unser menschlicher Organismus keine unmittelbaren Rezeptoren aufweisen kann. Hierzu gehören die in unserer Atmosphäre vorhandenen elektrischen und magnetischen Felder (das Licht in dieser Eigenschaft natürlich ausgenommen), wobei im hier vorliegenden Fall Felder der Frequenz von 10 Hz von Wever[166] auf ihre Wirksamkeit näher untersucht wurden.
Bei derartigen Experimenten mit der circadianen Periodik ist es unerläßlich, alle natürlichen und womöglich auch technischen Felder abzuschirmen, um nicht mit einem undefinierten Gemisch absichtlich künstlich erzeugter und anderer Felder arbeiten zu müssen. Zur Abschirmung der natürlichen — vor allem der niederfrequenten — elektromagnetischen Strahlung wurde in einem speziell für diese Untersuchung der circadianen Periodik des Menschen erstellten unterirdischen Bunker der eine von zwei Versuchsräumen fugenlos mit mehreren Lagen einer speziellen Eisenummantelung umgeben.
Dadurch erleidet das natürliche statische Feld dort mindestens eine 40 db-Abschwächung (Faktor 100), bei höheren Frequenzen wesentlich mehr. Für die Versuche wurde ein senkrechtes elektrisches 10 Hz-Rechteckfeld der Feldstärke von 2,5 V_{ss}/m im Experimentierraum installiert.
Die Versuchspersonen waren weder über die Abschirmung noch über das künstliche Feld informiert; da ferner das Ein- und Ausschalten des Feldes nicht bewußt wahrgenommen werden konnte, herrschten Voraussetzungen für eine objektive Untersuchung. Dies um so mehr, weil die Versuchspersonen während der meist 3 bis 4 Wochen dauernden Versuche kein Gefühl für die Dauer ihrer circadianen Periode hatten und auch Änderungen dieser subjektiven Tagesdauer nicht bemerken konnten.
Zur Untersuchung des Einflusses eines Dauerfeldes wurde nun das elektrische 10 Hz-Feld jeweils mindestens 1 Woche einbeziehungsweise ausgeschaltet. Abbildung 85 zeigt den Verlauf eines solchen Versuches, während Abbildung 86 den Verlauf der Periodik unter abwechselnder Feldbedingung demonstriert.
Für alle durchgeführten Experimente erbrachte die statistische Analyse, daß der beschleunigende Einfluß des künstlichen elektrischen 10 Hz-Feldes hoch signifikant ($p > 0,001$) abzusichern ist.
Eine weitere Wirkung des künstlichen 10 Hz-Feldes offenbarte sich im Zusammenhang mit Versuchen, bei denen »in-

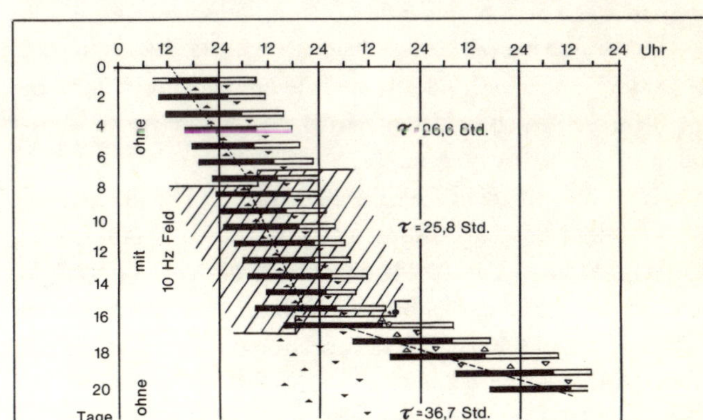

85 Circadiane Periodik einer Versuchsperson ohne beziehungsweise mit dem Einfluß eines künstlichen elektrischen 10 Hz-Feldes (Zeit des Feldeinflusses schraffiert). Die Aktivitäts-Periodik ist durch Balken dargestellt (ausgefüllt: Aktivität, leer: Ruhe), die Periodik der Körpertemperatur durch die Lage ihrer Maxima (Dreieckspitze oben) und Minima (Dreieckspitze unten); leere Dreiecke bedeuten zeitgerechte Wiederholungen bereits dargestellter Symbole. Bei den einzelnen Versuchsabschnitten ist die Dauer der Periode (τ) zusätzlich noch angegeben, nach Wever.

terne Desynchronisation« aufgetreten war. Mit diesem Ausdruck wird der Zustand mit abnorm verlängerten Aktivitätsperioden bezeichnet, wohingegen Perioden der gleichzeitig registrierten vegetativen Funktionen normal ablaufen. Es wurden Fälle beobachtet, bei denen die Periodik unmittelbar nach dem Ausschalten des Feldes desynchronisiert wurde, in einem anderen Fall war eine vorher manifeste Desynchronisation unmittelbar nach Einschalten des Feldes aufgehoben und damit die Periodik wieder stabilisiert. Auch dieser Einfluß des künstlichen elektrischen 10 Hz-Feldes ist statistisch gesichert.

Dieser nachzuweisende Einfluß des künstlich erzeugten Feldes auf die Periode der freilaufenden circadianen Schwingung ließ vermuten, daß das gleiche Feld dann, wenn es periodisch ein- und ausgeschaltet wird, die circadiane Schwingung zu synchronisieren vermag. Das Ergebnis derartiger Versuche ist in Abbildung 86 dargestellt. Es zeigt, daß der »Feld-Zeitgeber« die Aktivitäts-Periodik zwar nicht voll zu synchronisieren vermag, sie aber im Sinne der »relativen Koordination« beeinflußt, indem die Periodik bei einer bestimmten Phasenbeziehung zum Zeitgeber nahezu synchronisiert zu sein scheint, um dann mit stark verlängerter Periode durch den Zeitgeber hindurchzulaufen, bis die gleiche Phasenbeziehung wieder erreicht ist. Ähnliche Vorgänge sind auch aus dem technischen Bereich sehr wohl bekannt.

Alle Ergebnisse dieser umfangreichen Untersuchungen ergaben: Wenn der Unterschied zwischen den beiden Testräumen tatsächlich nur auf der Abschirmung des einen Raumes beruht, bedeuten die Resultate dieser Experimente, daß die natürlichen elektromagnetischen Felder – wenigstens qualitativ – die gleiche Wirkung auf die circadiane Periodik des Menschen ausüben wie das künstliche 10 Hz-Feld. Diese Wirkung läßt sich wie folgt typisieren:

1. Beide Felder wirken beschleunigend auf die Periodik; und zwar ist diese beschleunigende Wirkung umso stärker, je länger die Periode bei fehlendem Feld ist.

2. Beide Felder verhindern interne Desynchronisation, die nur beim Fehlen sowohl der natürlichen als auch der künstlichen Felder beobachtet wurde.

Wever[166] schließt mit folgender Bemerkung: Die gegenseitige Ersetzbarkeit der natürlichen und künstlichen Strahlung bedeutet nicht, daß die 10 Hz-Strahlung die einzige Komponente der natürlichen Felder sein muß, die auf den Menschen wirkt; sie ist aber bezüglich der Strahlung zumindest ein sehr sicherer Hinweis dafür, eine wesentliche Komponente bei der Steuerung der circadianen Periodik darzustellen.

Insgesamt zeigen die beschriebenen Versuche Folgendes: Die circadiane Periodik kann auch durch nicht wahrnehmbare physikalische Faktoren beeinflußt werden. Die Experimente brachten darüber hinaus Erkenntnisse über bisher nicht berücksichtigte Faktoren unserer natürlichen Umwelt, die durchaus einen meßbaren Einfluß auf den Menschen ausüben können.

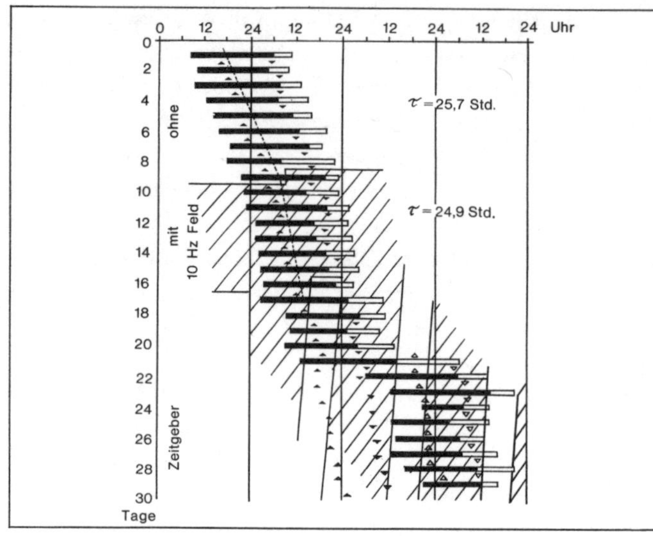

86 Circadiane Periodik einer Versuchsperson ohne beziehungsweise mit und ohne periodisch variablem Einfluß eines künstlichen elektrischen 10 Hz-Feldes. Bezeichnungen siehe Abbildung 85, nach Wever.

In einer weiteren Diskussion befaßt sich Wever[167] mit der Abschirmung der Versuchsräume. Die wenigstens qualitative Übereinstimmung der Wirkung einer elektromagnetischen Abschirmung und des Ausschaltens eines künstlichen 10 Hz-Feldes wirft nämlich die Frage auf, ob die Abschirmwirkung auf einer Eliminierung speziell des natürlichen 10 Hz-Feldes beruht. Diese Frage läßt sich nach dem bisher vorliegenden Ergebnis noch nicht eindeutig beantworten, da einerseits die Abschirmung nicht selektiv wirkt, sondern sämtliche statischen und dynamischen Felder irdischen Ursprungs eliminiert, und andererseits die Feldstärke des hier benutzten 10 Hz-Feldes um einige Zehnerpotenzen größer war als die des natürlichen 10 Hz-Feldes ist.

Die Bedeutung der Versuche mit künstlichen Feldern ist jedenfalls offensichtlich. Es erwies sich erstmals ein definierter physikalischer Umweltfaktor, der nicht spezifisch über bestimmte Sinnesorgane wirkt und der nicht bewußt wahrgenommen wird, für die circadiane Periodik als wirksam. Gleichzeitig wurde hiermit (wieder einmal mehr) die Beeinflußbarkeit des menschlichen Organismus durch solche, relativ schwache, elektromagnetische Felder nachgewiesen.

Das bemerkenswerte Ergebnis, die interne Desynchronisation beim Menschen, wenn sie spontan erscheint, durch das Anschalten eines 10 Hz-Feldes beenden zu können, veranlaßte Wever[168] zu der Frage, ob ein derartiger Effekt des 10 Hz-Feldes auf die circadiane Rhythmik auf den Menschen begrenzt ist. Einige vorläufige Experimente mit Tieren deuten jedoch an, daß dies nicht der Fall ist, wenn überhaupt bei Tieren jemals eine interne Desynchronisation zu beobachten war. Als Versuchsobjekt diente in diesem Zusammenhang ein Grünfink. Auch hier ergab das künstliche 10 Hz-Feld bei mehrmaligem Ein- und Ausschalten die Möglichkeit, die freilaufende Aktivitätsperiode zu verkürzen, während jedes Abschalten eine Verlängerung der Aktivitätsperiode nach sich zog. Dieses Ergebnis deckt sich – sogar quantitativ gesehen – mit den Erfahrungen beim Menschen.

Lang[169] zitiert hierzu interessante neuere Versuchsergebnisse von Dowse und Palmer[170], die mittels Faraday-Abschirmungen die circadiane Periodik von Mäusen desynchronisierten und mit einem 10 Hz-Feld wieder resynchronisierten, also ähnliche Versuche unternahmen wie Wever[166–168].

Die Verbesserung der Konzentrationsfähigkeit durch künstlich erzeugte elektrische Rechteckimpulse der Frequenz 10 Hz ist auch von anderen Arbeitsgruppen noch bestätigt worden: Verbesserte Reaktionszeiten und ebenfalls gesteigertes subjektives Befinden wies ein Patientenkollektiv auf, das von Fischer[389–393] mit derartigen Feldern in 14tägigen Zeitintervallen behandelt worden war. Eine Verbesserung der Aufmerksamkeitsbelastbarkeit konnte bei diesen psychisch kranken Patienten nicht beobachtet werden.

8. *Spezielle Untersuchungen mit 10 Hz-Rechteckimpulsfeldern:* Ein mit speziellen 10 Hz-Rechteckimpulsen moduliertes elektrisches Gleichfeld wurde bei den Untersuchungen der Arbeitsgruppe Altmann, Lang und Lehmair[345] der Universität Saarbrücken für Untersuchungen mit Schülern wie auch mit Angestellten von Großraumbüros verwandt. Die künstlichen Feldbedingungen kamen über längere Zeiträume zur Anwendung: 162 Schüler von 4 Klassen einer Hauptschule befanden sich alternierend für jeweils 3 Wochen in einem derartigen Feld, das in Kopfhöhe der sitzenden Schüler + 30 V/m beim Rechteckimpulsfeld und rund + 50 V/m beim Gleichfeld stark war, beziehungsweise unter »Normal«-Bedingungen (normale Belüftung und Heizung). Zwei Klassen dienten immer als Kontrollen. Am Ende jeder Versuchsphase wurde die Aufmerksamkeitsbelastbarkeit der Schüler mit dem d-2 Test überprüft. Sämtliche Probanden waren bezüglich ihrer Persönlichkeitsstruktur ebenso mit dem Eysenck[118]-Testverfahren registriert worden wie die 53 Angestellten zweier Großraumbüros. Diese Versuchspersonen befanden sich im Gegensatz zu den Kontrollpersonen während ihrer Dienstzeit ein halbes Jahr lang in einem Gleichfeld (sitzend in Kopfhöhe + 150 V/m), moduliert mit einem Rechteckimpulsfeld von + 10 V_{ss}/m. Danach wurden die Feldbedingungen für die Versuchspersonen für drei Wochen abgeschaltet, während die Kontrollpersonen sich weiterhin unter Normalbedingungen aufhielten (vollklimatisiert, 24° C, 50 % relative Luftfeuchte). Jeweils am Ende dieser Testperioden sowie drei Wochen nach Wiederanschalten des Feldes wurde die Aufmerksamkeitsbelastbarkeit und das Konzentrationsvermögen sowie das subjektive Wohlbefinden der Probanden getestet. Die von den Schülern erbrachten Aufmerksamkeitsleistungen wiesen zunächst unabhängig von den vorgegebenen Bedingungen einen kontinuierlichen Anstieg über alle drei Meßtage hinweg auf, der durch den sogenannten Zulerneffekt verursacht wurde. Diesem überlagert war jedoch eine zusätzliche Verbesserung der Aufmerksamkeitsbelastbarkeit bei den Schülern, die den Feldbedingungen ausgesetzt waren, zu beobachten. Dieser durch die applizierten Feldbedingungen verursachte Effekt kam bei den Angestellten der Großraumbüros wesentlich deutlicher heraus. Die Aufmerksamkeitsbelastbarkeit erniedrigte sich nach Abschalten des Feldes um 4,8 %, um sich dann beim Wiederanschalten um 11,7 % zu verbessern. Dieser Befund war mit $p = 0{,}005$ statistisch hoch signifikant. Auch der Konzentrations-Leistungstest bestätigte dieses Ergebnis, das in Abbildung 87 veranschaulicht ist. Das subjektive Wohlbefinden verbesserte sich unter Feldbedingungen: Die Versuchspersonen bezeichneten sich an Hand eines Katalogs von 51 Fragen nach der Methode der spontanen Selbstbeschreibung als signifikant weniger kraftlos, unglücklich und gedankenverloren. Als Trend ($p = 0{,}10$) zeichnete sich eine Verbesserung des Befindens in Richtung jeweils mehr tatkräftig, glücklich, aufgekratzt, angenehm und jeweils weniger energielos, unfähig, ängstlich, furchtsam, wehmütig, traurig, teilnahmslos, nachlässig, zerfahren und fahrig ab. Für eine Gruppe von Versuchspersonen stellten die gewählten Feldbedingungen allerdings bereits eine zu starke Anregung dar, was sich in den

87 Veränderungen der Aufmerksamkeitsbelastbarkeit von Schülern (oben) beziehungsweise Angestellten (unten) unter dem Einfluß eines elektrischen Rechteckimpulsfeldes der Frequenz 10 Hz in Abhängigkeit von der Einwirkzeit.

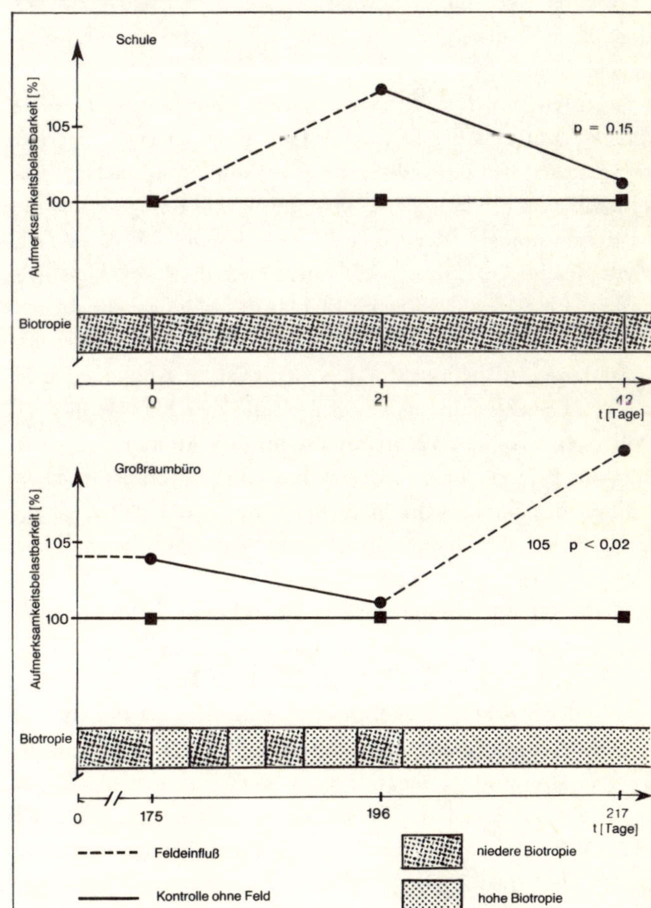

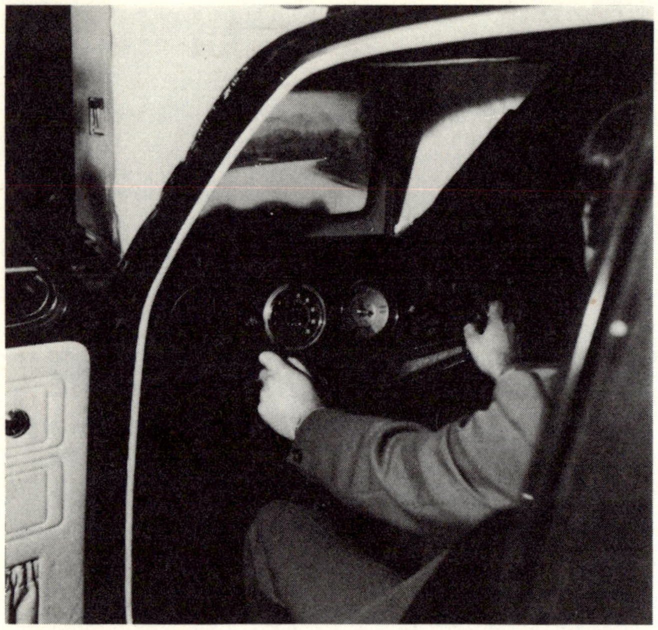

88 Der Fahrsimulator des Allianz-Zentrums für Technik in München: Blick in die geöffnete Fahrerkabine. Die Testperson hat an der Stelle der Windschutzscheibe ein Monitor-Gerät vor sich, auf dem sie entsprechend dem Fahrverhalten eine Straße nebst unmittelbarer und weiterer Umgebung abgebildet bekommt.

Gefühlsstimmungen »gereizter«, »erregbarer« und »nervöser« ausdrückte. Dies dürfte vermutlich auf zu große Werte des künstlichen Feldes für die hiervon betroffenen Personen zurückzuführen sein.

9. *Fahrsimulator-Test:* In einem Untersuchungsprogramm des Allianz- Zentrums für Technik in Ismaning, sowie von Herren des Instituts für Biomedizinische Technik in München, des Lehrstuhls für Technische Elektrophysik und des Institutes für Arbeitsphysiologie der Technischen Universität München wurde nach Anselm et al.[351] der Einfluß eines künstlich erzeugten elektrischen Rechteckfeldes der oben beschriebenen Art auf das Fahr- und Reaktionsverhalten von Probanden im Kraftfahrzeug-Fahrsimulator überprüft (siehe Abbildungen 88 und 89). Dabei wählte man zunächst aus etwa 300 Personen 48 Probanden aus, die als repräsentativ für drei Altersstufen sowie für zwei Persönlichkeitsgruppen bezüglich ihrer psychischen Labilität beziehungsweise Stabilität gelten konnten. Ein streng standardisierter Versuchsablauf und eine vollautomatische Meßwerterfassung mit entsprechender Codierung garantierten die Erfüllung der Bedingungen für einen Doppel-Blindversuch. Zur Erzeugung des künstlichen luftelektrischen Feldes diente eine Elektrode, die an der Sonnenblende der Fahrzelle befestigt war, an der gegenüber der Karosserie eine Gleichspannung von + 1000 Volt mit überlagerten Rechteckimpulsen, Frequenz 10 Hz, Amplitude 20 V_{ss}, lag. Die Vermessung des Feld-Potentials ergab im Kopfbereich des Fahrers ca. 50 V Gleichspannung und ca. 0,5 V Rechteckspannung. Das Feld wurde bei den Versuchsfahrten, die sowohl morgens wie nachmittags sowie an Tagen hoher und niedriger Biotropie stattfanden, automatisch und statistisch für jeweils zehn Minuten zugeschaltet und dabei die Selbstbeurteilungen, Reaktionszeiten und Fahrfehler der Probanden registriert und ausgewertet. Es zeigte sich, daß die Reaktionszeiten nach Einschalten des Feldes nahezu unverändert blieben, während sich dagegen die Anzahl der Fahrfehler (zum beispiel Mißachtung der Vorfahrt, von Stoppschildern, von Fußgängerübergängen usw.) der Probanden unter Feldeinfluß im Mittel um 8% bis 10% erniedrigte (siehe Abbildung 90). Diese Tendenz erwies sich als charakteristisch für alle Beobachtungen. Sie ließ sich zwar varianzanalytisch nicht sichern, wurde aber bestätigt durch folgende detaillierte Aussagen, die ihrerseits durch die Varianzanalyse abgesichert waren. Bei den Fahrmanövern am Vormittag bewirkte das künstliche Feld eine kritischere Selbsteinschätzung der Fahrer, die sich in einer schlechteren Beurteilung der eigenen Leistungen zeigte, obwohl sich die Fahrfehler bezüglich der Stopp- und Vorfahrtsregeln gleichzeitig verringert hatten. Bei psychisch labilen Versuchspersonen zeigte sich eine Verringerung der Geschwindigkeitsüberschreitungen und »Fahrbahnrandberührungen« im Mittel um 12%, bei psychisch stabilen Personen jedoch nur um 2%. Auch die bereits erwähnte Verringerung der Summe aller Fahrfehler wies bei entsprechender Auflistung einen unterschiedlich starken Einfluß des künstlichen elektrischen Feldes auf psychisch stabile beziehungsweise labile Personen auf. Bei stabilen Personen betrug die Verbesserung 5%, bei labilen 8%. Die labil eingestuften Probanden wurden also stärker positiv von dem Feld beeinflußt als die stabilen.

89 Fahrlandschaft des Fahrsimulators des Allianz-Zentrums für Technik in München: Die Modell-Landschaft ist auf einem Fließband montiert und läuft unter einer Fernsehkamera hinweg (links oben, auf einer quer montierten Trägerschiene beweglich angebracht). Die Laufgeschwindigkeit des Fließbandes hängt von der Gaspedal-Stellung ab, was sich für die Testperson über das Monitor-Bild als Fahrgeschwindigkeit auf der Straße darstellt. Lenkradbewegungen steuern die Fernsehkamera auf der Trägerschiene entsprechend quer zur Fahrbahn.

10. *Probanden im Kraftfahrzeug-Praxistest:* Die Substitution der natürlichen luftelektrischen Felder, die durch die Karosserie der Kraftfahrzeuge (Faraday-Käfig) weitestgehend einer Abschirmung unterliegen, durch künstliche luftelektrische Gleich- und Wechselfelder (Frequenz 10 Hz) diente hier als Arbeitshypothese zur (teilweisen) Kompensation eines Leistungsabfalls, bekannt durch die hier schon beschriebenen Fahrsimulator-Experimente.

Darum sollte im weiteren in einem Großversuch mit Hilfe objektiver Meßkriterien geklärt werden, ob und in welchem Umfang Leistungsverbesserungen unter dem Einfluß künstlicher Felder bei Kraftfahrern auch in der Praxis statistisch zu sichern sind. Die medizinischen Untersuchungen sollten neben der Beurteilung der Fahrtauglichkeit der Probanden die Wirkung der künstlichen luftelektrischen Impulsfelder auf Versuchspersonen beobachten helfen (Kirmaier et al.[517]).

Für die Versuchsdurchführung galt folgendes. Insgesamt 100 Probanden wurden in Gruppen zu 4 pro Tag jeweils einen Tag nach einem detaillierten, sich über einen über mehrere Wochen erstreckenden Zeitplan getestet. Sie absolvierten auf einer vom ADAC empfohlenen, 46 Kilometer langen Teststrecke im Stadtbereich Münchens zwei Vor- und zwei Nachmittagsfahrten. Vor und nach den Fahrten wurden folgende Tests durchgeführt:

Reaktionszeittest, Aufmerksamkeitsfrequenz, Selbstbeurteilungen, während jeder Fahrt 3-Schilder-Erkennungstests, und nach der Fahrt mußte ein gemeinsam mit dem ADAC zusammengestellter Geschicklichkeitsparcours durchfahren werden. Zusätzliche Meßparameter waren EKG und Latenzzeitbestimmung der Augeneinstellbewegung sowie eine zweifache medizinische Untersuchung (unter anderem Pupillenreaktion, Visus, Blutdruck, Puls, neurologische Koordinationstests, Arztgespräch). Ferner wurden Fahrtdauer, Durchschnitts- und Höchstgeschwindigkeiten und der Wirtschaftlichkeitsgrad der Fahrt ermittelt. Von besonderem Interesse war der Einfluß klimatischer Faktoren, die ebenfalls registriert wurden: die Aktivität der natürlichen luftelektrischen Felder beispielsweise in den Frequenzbereichen um 7 Hz und um 10 Hz, sowie die Nulldurchgänge des luftelektrischen Gleichfeldes, die Wetterphasen, das Temperatur-Feuchte-Milieu, die Biotropiewerte und Fönwetterlagen.

Impulsfeldanlage: Zur Erzeugung der erforderlichen Elektrodenspannung für ein positives, elektrostatisches Gleichfeld mit überlagerten, angenähert Rechteckimpulsen der Frequenz 10 Hertz, wurde ein handelsübliches Gerät* benutzt. Die Feldelektrode (Größe circa 0,02 m²) war an der Sonnenblende der Fahrerseite befestigt. Die angelegte Gleichspannung betrug 60 Volt, die Impulsspannung 4 $Volt_{ss}$. Eine Vorrichtung mit Buchstaben-Codierung diente zum Aus- und Einschalten des Feldes mit den Schaltfolgen: ein-aus-aus-ein, oder: aus-ein-ein-aus. Weder die Probanden, noch die Versuchsleiter waren über den Schaltzustand informiert (Doppelblindversuch).

* über den Verfasser zu erhalten

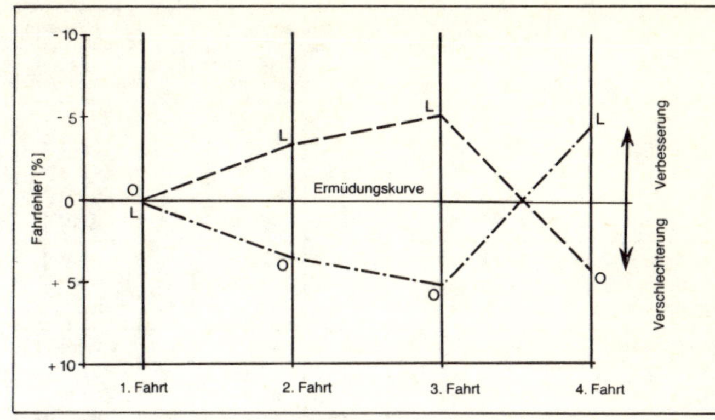

90 Einwirkungen eines Rechteckimpulsfeldes der Frequenz 10 Hz auf den Tagesverlauf der Fehlersumme von Probanden in einem Fahrsimulator. Die Abweichung von der ausgemittelten Ermüdungskurve (in Prozent) ist mit (L) und ohne (O) Feldeinfluß dargestellt, nach Kirmayer *und* König.

Experimentalgruppe: 240 männliche Probanden im Alter zwischen 18 und 55 Jahren standen für die Untersuchung zur Verfügung. Sie waren überwiegend erfahrene Kraftfahrer. Differentiell-psychologische Faktoren der Probanden wurden berücksichtigt, und darüber hinaus in einer dem Experiment vorgeschalteten Testsitzung alle Bewerber mit Hilfe eines psychologischen Persönlichkeitstests auf ihre Tauglichkeit für den Test untersucht.

Da aufgrund verschiedener Untersuchungen eine Altersabhängigkeit medizinischer Meßparameter sowie verschiedener Teilleistungen des Fahrverhaltens angenommen werden kann, fand auch das Alter der Probanden als Kovariante in der Studie Berücksichtigung.

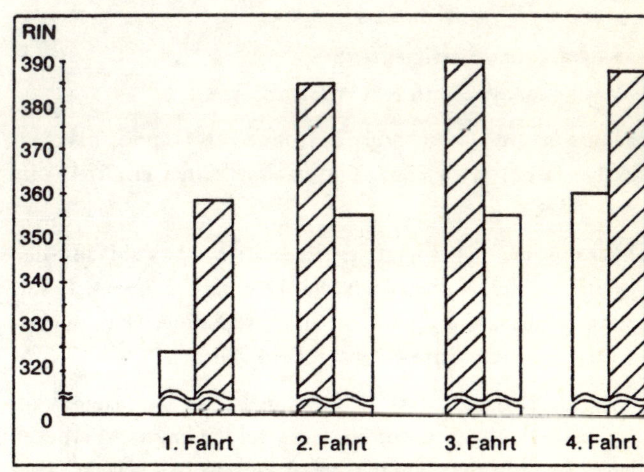

91 Anzahl der richtig angekreuzten d-2-Blöcke im Aufmerksamkeitsbelastungstest zum Fahrtende (RIN) bei einem Kraftfahrzeug-Praxistest. Veränderung Feld »ein«: erste Fahrt/+ 11,5%; zweite Fahrt/+ 8,5%; dritte Fahrt/+ 10,1%; vierte Fahrt/+ 7,8%. Linke Säule: Versuchsgruppe mit der Feld-Schaltfolge aus-an-an-aus. Rechte Säule: entsprechend an-aus-aus-an. Balken ohne Schraffur: Feld ausgeschaltet; mit Schraffur: Feld eingeschaltet, nach Kirmayer et al.

Meßwert	Mittelwerte und Standardabweichungen σ ohne Feld	mit Feld	Unterschied in %	Fahrt Nr.	Irrtumswahrscheinlichkeit p (bester Wert)
d-2-Test: Gesamtleistung (nach der Fahrt) (Anzahl)	348,2 ± 58,1	374,1 ± 66,1	7,4	1	<0,001***
	372,6 ± 66,4	402,9 ± 68,0	8,1	2	<0,001***
	372,1 ± 72,0	408,7 ± 66,8	9,8	3	<0,001***
	381,9 ± 83,4	400 ± 73,8	5,0	4	0,002***
d-2-Test: Fehler (nach der Fahrt) (Anzahl)	26,2 ± 37,2	15,1 ± 11,2	42,4	1	0,009**
	22,3 ± 33,4	13 ± 11,2	40,6	4	0,037
	21,2 ± 27,1	16 ± 18,2	22,7	1 bis 4	<0,001***
d-2-Test: Richtige (nach der Fahrt) (Anzahl)	322,0 ± 59,7	359,0 ± 63,0	11,5	1	<0,001***
	354,1 ± 57,1	384 ± 66,6	8,5	2	<0,001***
	354,4 ± 61,0	390,3 ± 66,8	10,1	3	<0,001***
	359,5 ± 77,6	387,6 ± 67,0	7,8	4	<0,001***
Schilder-Erkennungstests: Test 1 Richtige (Anzahl)	79,2 ± 12,4	84,6 ± 16,0	6,7	2	0,059
	77,4 ± 12,0	84,2 ± 15,4	8,9	3	0,009**
Test 2 Richtige (Anzahl)	86,9 ± 8,6	90,1 ± 9,3	3,7	2	0,064
	86,9 ± 10,9	90,6 ± 10,3	4,3	3	0,051
Test 3 Richtige (Anzahl)	83,4 ± 8,7	88,9 ± 12,4	6,6	2	0,010**
	83,2 ± 8,9	87,5 ± 12,5	5,2	3	0,025*
	87,5 ± 12,6	82,9 ± 8,8	5,3	4	0,023*
Geschicklichkeitsparcours: Fehler (Anzahl)	107,4 ± 58,4	90,3 ± 41,8	15,9	2	0,052
Fahrzeit (min):	89,2 ± 6,3	86,6 ± 6,1	2,9	1	0,045*
Reaktionszeiten (ms):	513,4 ± 75,7	499,3 ± 50,2	2,7	1	0,032*
Probanden-Befinden:	1,34 ± 0,62	1,08 ± 0,48	19,4		0,024*

*Tabelle 10 Einfluß eines elektrischen Gleichfeldes, das mit 10 Hertz-Rechteckimpulsen überlagert ist, auf Kraftfahrer im Praxistest, bei je 2 Fahrten vormittags (1, 2) und nachmittags (3, 4). Signifikanzniveau: * wahrscheinlich, ** signifikant, *** hochsignifikant, nach* Kirmaier et al.

Statistische Methoden: Die statistische Bewertung basierte auf 3 verschiedenen Verfahren:

a) grundlegende statistische Werte (Mittelwert, Standardabweichung, Varianz, Schiefe, Exzeß);

b) Korrelationskoeffizienten;

c) Varianzanalyse und Kovarianzanalyse.

Ergebnisse: Insgesamt wurden (ohne EKG und Fahrtenschreiberdaten) etwa 700 000 Einzelmeßdaten ermittelt und ausgewertet.

Tabelle 10 beinhaltet eine repräsentative Auswahl aus den Ergebnissen der Varianzanalysen. Demnach zeigte sich folgendes, wobei wichtigster zu untersuchender Faktor das künstlich erzeugte luftelektrische Feld war:

1. Am deutlichsten, das heißt zumeist als hochsignifikant ($p \leqq 0{,}001$) abzusichern, sind die feldbedingten Verbesserungen im Aufmerksamkeitsbelastungstest (d-2-Test). Dieser ergab eine Erhöhung der erkannten Zeichen unter Feldeinfluß um maximal 9,8 % (Fahrt 3). Im Tagesmittel wurden dabei unter Feldeinwirkung 22,7 % weniger Fehler gemacht. Dieser Mittelwert ergibt sich aus Verbesserungen von 42,4 % beziehungsweise 40,6 % der Fahrten 1 und 4 (d-2-Test: Fehler). In den Fahrten 2 und 3 sind keine feldabhängigen Unterschiede feststellbar. Zieht man von der Gesamtleistung die Fehlerzahl ab, so ergibt sich die Zahl der richtig ermittelten d-2-Blöcke. Hier fand sich eine Verbesserung in den Fahrten 1 bis 4 um 11,5 %, 8,5 %, 10,1 % beziehungsweise 7,8% unter Feldeinwirkung (siehe Abbildung 91). Weitere Änderungen, die durch das künstliche, elektrische Feld bedingt sind ($0{,}05 \geqq p > 0{,}01$), ließen sich aus folgenden Tests erkennen:

2. Die Schilder-Erkennungstests zeigten vor allem in den Fahrten 2 und 3 unter Feldeinwirkung zwischen 3,7 % und 8,9 % bessere Ergebnisse bei allen 3 Schilder-Erkennungstests.

3. Um 15,9 % weniger Fehler im Geschicklichkeits-Fahrtest der zweiten Fahrt.

4. Um 2,9 % kürzere Fahrzeiten in der ersten Fahrt.

5. Um 4,5 % und 3,9 % höhere Durchschnittsgeschwindigkeiten in den Fahrten 1 beziehungsweise 4, ohne Veränderung der Höchstgeschwindigkeiten.

6. Um 0,7 % Erhöhung der Flimmerverschmelzungsfrequenz in den Vormittagsfahrten.

7. Um 2,7 % kürzere Reaktionszeiten nach der ersten Fahrt.

8. Die Feldeinwirkung ließ keine Veränderung der in den ärztlichen Untersuchungen ermittelten unterschiedlichsten physiologischen Parameter erkennen. Die im Arztgespräch nach der dritten Fahrt ermittelten Aussagen über das Befinden der Probanden (Müdigkeit, Kopfschmerz, Nervositätserscheinungen) mit der Wertung 0 ≙ sehr gut, 1 ≙ normal, 2 ≙ schlecht fielen bei Feldeinfluß um 19,4 % positiver aus ($p \leqq 0{,}024$). 26 % der Probanden, die in den Fahrten zwei und drei ohne Feld gefahren waren, fühlten sich danach schlechter als bei der Untersuchung am Vortag. Dem standen nur 6 % der Probanden gegenüber, die diese Fahrten mit eingeschalteter Impulsfeldanlage absolviert hatten und müde oder nervös waren.

9. Um 8,9 % und 10,4 % schlechtere Beurteilungen des eigenen Befindens (ich fühle mich »gut-schlecht«) am Ende der Fahrt eins beziehungsweise vier.

10. Um 16,5 % schlechtere Selbstbeurteilung der inneren Anspannung nach der vierten Fahrt (ich fühle mich »angespannt-entspannt«). In den übrigen Fahrten bewirkte das elektrische Feld keine Änderung dieser Selbsteinschätzungen. Auch die Bewertung der eigenen Konzentration und Fahrleistung wurde von der Feldeinwirkung während der Versuche nicht beeinflußt.

Zusammenfassend läßt sich somit feststellen: die deutlichste Wirkung des künstlichen luftelektrischen Impulsfeldes zeigte sich anläßlich eines Kraftfahrzeug-Praxistests in der Leistungssteigerung (8,5 bis 11,5 %) und Fehlerverringerung (im Mittel 22,7 %) im Aufmerksamkeitsbelastungstest (d-2).

Tafel IX: Vorrichtung zum Test der biologischen Wirksamkeit elektrischer Felder bei Mäusen, wie sie im Zoologischen Institut der Universität des Saarlandes benutzt werden. Oben links: Wahlverhaltensapparatur, bestehend aus drei völlig identischen und über Glasrohre miteinander verbundenen Mäusekäfigen. Aktivitätsmessung mittels Lichtschranken. Hauben aus Pappe oder Blechmaterial gestalten die Feldbedingungen.
Untersuchungen über das Verhalten von Vögelschwärmen (rechts oben) deuten auf die Verwendung elektromagnetischer Signale als Kommunikationsmittel hin, da nur mit ihrer Hilfe die zu beobachtenden synchronen Flugmanöver denkbar sind.
Kopfkrone aus Eisen (links unten). Im Mittelalter als Votivkrone und als Mittel gegen Kopfschmerzen verwendet. – München, Bayerisches Nationalmuseum. Nach neuesten Erkenntnissen hat eine solche Vorrichtung eine abschirmende Wirkung (Faraday-Käfig) gegen störende luftelektrische Vorgange, wie sie im Zusammenhang mit »Wetterbeschwerden« bekannt sind.
Das Hufeisen (rechts unten) ist als Glücksbringer bekannt (wie hier in der Wohnstube des Simandl-Hofes in Hennermais, Niederbayern). Es stellt aber auch einen Hochfrequenzresonator dar, dessen Eigenresonanz im weiteren Bereich um 1 GHz liegt und damit im Bereich der Wasserstoffresonanz von 21 cm. Somit herrscht eine auffallende Parallelität zu den »Bioresonatoren«, wie eine bestimmte Art von »Entstörgeräten« genannt wird, die von Wünschelrutengängern eingesetzt werden (siehe hierzu auch Kapitel D5.).

Tafel X: Von allen elektrifizierten Einrichtungen geht eine mehr oder weniger starke elektrische beziehungsweise magnetische Strahlung aus. Sie wird technisch durch das Feld beschrieben. Hochspannungsanlagen (oben rechts), Bahnanlagen (oben rechts, S-Bahn links im Bild) und Hochfrequenzsender (links), Straßenbahn (rechts Mitte) und U-Bahn (unten) beispielsweise verändern, soweit sie im direkten Lebensbereich des Menschen sind, die natürlichen Umweltbedingungen im elektromagnetischen Bereich, ohne daß wir es merken. Die biologische Wirksamkeit solcher Felder steht fest. Die Frage nach ihrer Schädlichkeit harrt noch ihrer endgültigen Beantwortung (Näheres hierzu im Kapitel D1.).

Die Auswertung der medizinischen Untersuchungen ließ keine Veränderung der oben genannten physiologischen Meßgrößen unter Feldeinwirkung erkennen.

11. *Schulversuche:* Mit den selben technischen Feldern wie bei den Kraftfahrzeugtests wurde in einem Münchner Gymnasium das Leistungsverhalten von Schülern untersucht. Wenn auch in diesem Fall das zur Verfügung stehende statistische Material vergleichsweise ungenügend war, um aus den vorliegenden Daten abgesicherte Ergebnisse entnehmen zu können, so liefern diese in jedem Fall interessante Hinweise. So ergab sich bei dem von Roßmann[528] durchgeführten ersten Test bei vier Klassen bei der Auswertung des Konzentrations-Leistungstests (d 2-Test) bei eingeschaltetem Feld eine leichte Tendenz zu einem Leistungsanstieg und dies insbesondere bei der als »Labil« einzustufenden Schülergruppe.

Die Auswertung aller während des Schuljahres anfallenden Noten zeigte demgegenüber eine noch deutlichere positive Wirkung des elektrischen Feldes. Demnach verbesserten sich hier die Noten im Durchschnitt um 1,2 %, was einem absoluten Wert von 0,04 entspricht, bezogen auf eine lineare Notenskala von 1 bis 6. Vor allem die Schülergruppe der »extravertiert-labilen« trug hierzu mit einer Verbesserung von 9,04 % (absoluter Wert 0,33) im besonderen Maße bei.

Wie sehr derartige Ergebnisse auch von der Zusammensetzung des Klassenverbandes abhängen, zeigt das Ergebnis, daß in einer Klasse die Gruppe der »extravertiert-labilen« sich sogar um 13,5 % verbesserte, was einem Notenwert von 0,54 entspricht. Unter dem gleichen Gesichtspunkt sind die nachfolgenden Untersuchungen von Meierhofer[523] zu bewerten. Auch hier ergab sich bei den Untersuchungen mit dem Aufmerksamkeits-Belastungstest (d 2-Test) unter Feldeinfluß im Mittel immer eine bessere Testleistung als ohne Feldeinfluß. Die meisten der festgestellten Verbesserungen waren sogar auf dem 5 %-Niveau signifikant. Bei der Überprüfung des Einflusses des angewandten elektrischen Feldes auf die erzielten Notenleistungen fiel wiederum eine der vier getesteten Klassen besonders auf. Hier ergab sich diesmal für die Gruppe der »stabilen« Schüler eine Notenverbesserung um 11,6 %, was auf der absoluten Notenskala einem Wert von 0,4 entspricht.

12. *Schnelle Feldreaktion:* Verschiedene Untersuchungen deuteten an, daß bei Anwendung elektrischer Felder entsprechende biologische Reaktionen innerhalb relativ kurzer Zeitspannen zu beobachten sind. Dies bestätigte sich wiederum bei Messungen des Hautwiderstandes (König[518]) mit Hilfe des Impulsdermographen nach Jahnke[516], mit dem die Registrierung des elektrischen Hautwiderstandes vorgenommen wird. Bei dem Experiment wurden 23 Testpersonen einem elektrischen Feld der Frequenz von 6 Hertz ausgesetzt, das eine Stärke von kleiner als 1 V/m hatte. Demnach blieb nach 10 Minuten Feldeinwirkung nur bei 3 Testpersonen der Hautwiderstand unverändert, bei 14 Testpersonen zeigte sich eine mehr oder weniger starke Zunahme, bei 5 Testpersonen dagegen eine entsprechende Abnahme. Interessanterweise war bei den auf das Feld ansprechenden Testpersonen eine Reaktion bereits nach 3 Minuten Feldeinwirkung zu registrieren.

13. *Tier- und Pflanzenexperimente:* Aus naheliegenden Gründen steht der Mensch als Testobjekt wissenschaftlicher Untersuchungen nicht immer zur Verfügung. Bei der Erforschung der biologischen Wirksamkeit elektromagnetischer Felder im ELF-Bereich (und natürlich auch bei anderen Frequenzen) wurde daher auch auf Tiere und auf Pflanzen zurückgegriffen. Für naturwissenschaftliche Erkenntnisse sind derartige Experimente von ebenso großer Bedeutung.

Die bisher dargelegten Untersuchungsergebnisse zeigen bereits, daß die biologische Bedeutung derartiger Felder nicht mehr abzustreiten ist. Von Einzelfällen abgesehen dürfte ihre Wirkung im statistischen Mittel nach den bisherigen Erfahrungen normalerweise »von zweiter Größenordnung« sein, was jedoch kein Maßstab für ihre Bedeutung sein kann. Denn die Auswirkungen solcher Felder — vor allem mit Intensitäten, wie sie den natürlichen Verhältnissen entsprechen — aufgrund einer relativ kurzzeitigen Applikation müssen sich nicht gleich in deutlich pathologischen Erscheinungen manifestieren. Daher ist es nicht verwunderlich, daß in der Literatur auch Berichte auftauchen, die nur von einer bedingten oder auch gar nicht feststellbaren Wirksamkeit bezüglich bestimmter Reaktionen sprechen. Die Hintergründe solcher negativ verlaufenden Untersuchungen aufzudecken, ist aufgrund der notwendigen Komprimierung der Informationen kaum möglich, da das gesamte Gebiet viel zu komplex und viel zu schwer unmittelbar zu erfassen ist, als daß man alle Faktoren übersehen könnte, die gerade bei einem speziellen Experiment von Bedeutung sind. So konnten Grissett[171] und Grissett und Lorge[172] zum Beispiel keinen Effekt von magnetischen Feldern mit verschiedenen Intensitäten und Frequenzen auf die Reaktionszeit von Affen feststellen. Die Untersuchungen wurden von De Lorge[173, 174] mit elektrischen beziehungsweise magnetischen Feldern der Frequenz von 50 Hz, die eine relativ geringe Intensität hatten, fortgesetzt.

Auch hier waren keine durch die Felder ausgelösten Verhalteneffekte nachweisbar. De Lorge[174] erweiterte die Experimente mit Rhesusaffen als Versuchstiere durch Verwendung von Feldern noch geringerer Frequenz.

Aber auch magnetische und elektrische Felder der Frequenz 45 Hz führten zum Beispiel bei Reaktionszeitexperimenten zu keinen signifikanten Ergebnissen. Erst bei Verwendung von 10 Hz-Feldern ergaben Tests mit den gleichen Tieren statistisch signifikante Effekte zumindest für einen Teil von ihnen.

Offenbar erfolgreicher waren die Experimente von Gavalas et al.[175] mit Affen als Versuchstieren. Hier wurden zur Abnahme des EEG's (Elektroencephalogramm) Elektroden bei den Tieren angebracht und diese dann mittels Belohnungen dressiert, in regelmäßigen Zeitabständen von 5 Sekunden einen Knopf zu drücken. Nachdem die Tiere dies gelernt hatten, kamen sie in ein schwaches elektrisches Feld, das durch Anlegen einer Spannung von 2,8 V_{ss} zwischen zwei in Kopfhöhe befindlichen Metallplatten von 40 cm Abstand entstand. Der Kopf der Affen war somit immer vollständig innerhalb des elektrischen Feldes. Die Frequenz des Feldes betrug entweder 7 Hz oder 10 Hz. Die Experimente brachten dabei folgende Ergebnisse. Unter dem Einfluß des 7 Hz-Feldes wiesen die Affen in 5 von 6 Experimenten eine vergleichsweise signifikant kürzere Zeit zwischen den einzelnen Knopfdruckvorgängen auf. Der durchschnittliche Unterschied zwischen ein- und ausgeschaltetem Feld war 0,4 Sekunden oder größer. Das 10 Hz-Feld zeigte jedoch keine Wirkung. Eine Analyse der EEG-Daten wies dagegen im Frequenzspektrum bei allen Versuchstieren eine relative Leistungsspitze bei der Frequenz des künstlichen Feldes (7 Hz beziehungsweise 10 Hz) nach.

Eingehende Experimente führte Reiter[6] mit Meerschweinchen durch. Bei gleichzeitiger Kontrolle des Bindehautgewebe-p_H der Tiere wurden diese in ein Kondensatorfeld gebracht, das entweder statisch oder durch einen rotierenden Metallflügel abgeschirmt war, also einem Wechselfeld entsprach. Das Versuchsergebnis ist in Abbildung 92 dargestellt und zeigt gerade im Zusammenhang mit den Wechselfeldern im Frequenzbereich zwischen 2 und 20 Hz auffallende Abweichungen des Gewebs-p_H vom Normalwert. Zum Vergleich ist die Reaktion bei einem Ortsgewitter eingetragen.

Die Wirksamkeit niederfrequenter elektromagnetischer Felder auf das Lernverhalten von Mäusen studierten Amineev und Sitkin[176]. Zu diesem Zweck mußten die Tiere einen Irrgarten durchlaufen, dem ein in der Achse einer Magnetspule liegender Gang vorgeordnet war. Damit konnten die Tiere einem 100 Hz-Magnetfeld der Stärke von etwa 24—37 kA/m ausgesetzt werden. Eine derartige Behandlung vermochte zwar den Lerneffekt der Tiere, in einer ganz bestimmten Richtung durch den Irrgarten zu laufen, nicht beeinflussen, jedoch war ihre Fähigkeit des Wiedererlernens (den richtigen Weg zu finden) im Vergleich zu den nicht vorher durch dieses Feld behandelten Tieren um 36—40 % gesteigert. Die Autoren betrachten dies als eine Art Manifestation des Enthemmungseffektes, den elektromagnetische Kräfte haben könnten.

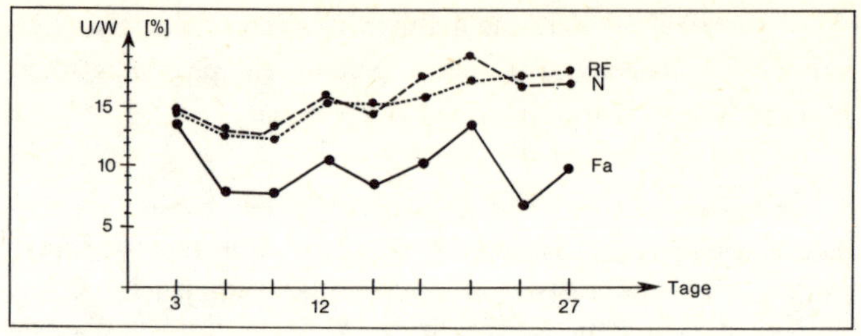

93 Wasserabgabe (Urin) U von Mäusen während dreier Tage (bezogen auf 100 g Maus), angegeben in Prozent der jeweils aufgenommenen Wassermenge W unter Normalbedingungen (N), Faraday-Bedingungen (Fa) und künstlichen Feldbedingungen (RF), nach Lang.

Sehr umfangreiche und eingehende Untersuchungen über die biologische Wirksamkeit elektrischer Felder im ELF- und VLF-Bereich sind aus dem zoologischen Institut der Universität des Saarlandes bekannt. Als Versuchsobjekte dienten hier vor allem weiße Mäuse. So berichtet Lang[169, 177] über Änderungen des Wasser- und Elektrolythaushaltes bei weißen Mäusen, die einmal unter Faraday-Bedingungen gehalten wurden und zum anderen unter dem Einfluß eines Rechteckimpulsfeldes der Frequenz 10 Hz standen. Die Mäuse unter Faraday-Bedingungen wiesen dabei nach 14tägigem Aufenthalt im Versuchskäfig folgende Anomalien im Stoffwechsel auf: Die Sauerstoffaufnahme der Versuchstiere war erniedrigt

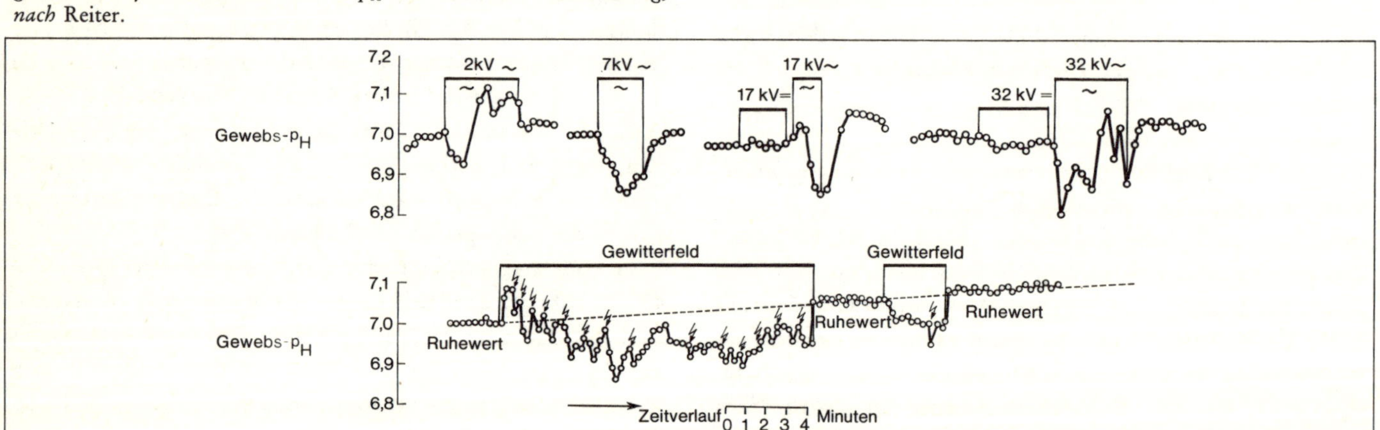

92 Oben: Das Bindehautgewebs-p_H beim narkotisierten Meerschweinchen in elektrischen Gleichfeldern (=) und Wechselfeldern (~) des Frequenzbereiches zwischen 2 Hz und 20 Hz. – Unten: Verhalten des Bindegewebs-p_H beim narkotisierten Meerschweinchen, das zeitweise elektrischen Feldsprüngen während eines örtlichen Gewitters ausgesetzt war. ϟ =Blitze. Ruhewert = p_H-Wert während Abschirmung, nach Reiter.

($1{,}79$ ml O_2/g Maus/15 min gegenüber $2{,}12$ ml O_2/g Maus/15 min bei 12° C), und dadurch auch der Sauerstoffdruck im Blut der Tiere; durch die verringerte Energiezufuhr quollen die Zellen auf (Wirkung der Anoxie nach Robinson). Der Wassergehalt der Gewebe und des gesamten Tierkörpers war erhöht (siehe auch Abbildung 93). Gleichzeitig wurde eine verringerte Wasserausscheidung bei normaler Wasser- und Futteraufnahme und normaler Natrium- und Kaliumausscheidung festgestellt. Der durch osmotischen Ausgleich zwischen intrazellulärem Raum und Interstitium bewirkte erhöhte Wassergehalt des interstitiellen Raumes verursachte offenbar eine isotonische Vergrößerung des Blutplasmavolumens. Der Hämatokrit- wie der Hämoglobingehalt verringerte sich pro Volumeneinheit Gesamtblut; auf die Volumeneinheit der Hämozyten bezogen blieb er allerdings unverändert. Der Natriumgehalt des Gesamtblutes war signifikant erhöht, der Kaliumgehalt erniedrigt. Die Beeinflussung der Versuchstiere durch die Abschirmung der natürlichen luftelektrischen Felder bewirkte also nicht nur eine Volumenverschiebung in den Flüssigkeitssystemen des tierischen Organismus, sondern auch entsprechende Veränderungen im Elektrolythaushalt; offenbar paßte sich der Organismus an die veränderten Umweltbedingungen an. Das Vollblut der Mäuse, die während der Versuchszeit ebenfalls von den natürlichen Feldern abgeschirmt, dafür aber einem künstlichen Impulsfeld von 10 Hz ausgesetzt waren, wies zwar gegenüber den Normaltieren einen etwas erniedrigten Hämatokrit auf. Doch zeigten die gemessenen Natrium-Kalium-Konzentrationen sowie der Wassergehalt des Blutes und des Blutplasmas, daß die Behandlung der Mäuse durch ein künstliches 10 Hz-Rechteckimpulsfeld den Effekt der Abschirmung im wesentlichen kompensieren konnte.

Da die Auswirkungen der Faradayschen Abschirmung bei Tieren im künstlichen 10 Hz-Feld nicht zu beobachten waren, müssen sie also durch das verwendete Feld gänzlich verändert oder normalisiert worden sein. Jedoch zeigten sich auch Nebeneffekte: Der Eiweißverbrauch, gemessen über die Stickstoffausscheidungen im Urin, war erniedrigt und im Leber- und Nierengewebe waren anomale, allerdings leichte Verschiebungen der Elektrolyt-Konzentration festzustellen.

Weitere Untersuchungen auf diesem Gebiet von Lang[178] befaßten sich ebenfalls mit den stoffwechselphysiologischen Auswirkungen der Faraday-Abschirmung und eines künstlichen luftelektrischen Feldes der Frequenz 10 Hz auf weiße Mäuse. Bei gleichen Versuchsbedingungen wie bei den obigen Experimenten ergab sich, daß geschlechtsreife Mäuse unter Faraday-Bedingungen weniger Sauerstoff aufnehmen als unter natürlichen Bedingungen. Der Wassergehalt einzelner Gewebe und des gesamten Organismus stieg infolge einer Wasserretention an. Der extrazelluläre Raum des Blutes vergrößerte sich bei gleichbleibendem Volumen der Zellsubstanz. Dadurch verringerte sich der Hämoglobingehalt des Blutes bei gleichbleibender Hämoglobinkonzentration der Erythrozyten. Außerdem stieg deswegen die Natriumkonzentration wiederum an, und die Kaliumkonzentration im Blut sank ab. Lang[178] versucht diese Effekte wie folgt zu erklären: Das Säure-Base-Gleichgewicht im Zellsystem wird durch Regelkreissysteme normalerweise konstant gehalten. Wirken auf das System Störeffekte ein, versucht der Organismus zunächst, diese durch entsprechende Änderungen des Körperwasserbestandes auszugleichen. Demnach werden durch den Faraday-Effekt im Organismus der Versuchstiere Regelkreissysteme so stark belastet, daß die durch sie gesteuerte Gleichgewichtslage nicht mehr aufrecht erhalten werden kann.

Um nun die stoffwechselphysiologischen Auswirkungen bei den Mäusen unter Faraday-Abschirmung zu beheben, wurde ein luftelektrisches Rechteck-Impulsfeld der Frequenz 10 Hz künstlich erzeugt und die stoffwechselphysiologischen Leistungen der Tiere überprüft. Sollte die Arbeitshypothese zutreffen, daß die natürlichen 10 Hz-Felder eine maßgebliche Komponente der Umweltbedingungen darstellen, so müßten durch sie in einem Faradayschen Raum wieder weitgehend natürliche Bedingungen hergestellt werden können. Dieser logische Schluß konnte durch die Versuchsergebnisse bestätigt werden. So war die Sauerstoffaufnahme von Mäusen im Rechteck-Impulsfeld gegenüber Tieren unter Faraday-Bedingungen erhöht. Der Wassergehalt der Gewebe und ebenso der Wassergehalt des Gesamtorganismus wich nur geringfügig vom Normalwert unter natürlichen Bedingungen ab. Auch in den übrigen gemessenen Stoffwechselleistungen wiesen die Tiere im künstlichen Feld weitgehend Normalwerte auf.

Aus dem gleichen Institut wird auch über verhaltensphysiologische Untersuchungen an weißen Mäusen von Altmann und Lang[179] berichtet. Die Arbeit befaßt sich einleitend mit der Prüfung der biologischen Wirksamkeit von luftelektrischen Gewitterfeldern durch Schùa[180] (siehe auch Abbildung 94). Dieser setzte Nester von Goldhamstern elektrischen Feldern der Feldstärke 900 V/m und Frequenzen von 5 kHz bis 10 kHz aus. Er konnte beobachten, daß die Tiere die künstlichen Felder mieden und ihre Nester aus dem Bereich des künstlich erzeugten luftelektrischen Feldes verlegten. Schùa[180] wertete diese Ergebnisse als eine physiologische Reaktion der Tiere auf die elektrischen Felder.

Entsprechende Untersuchungen wurden von Zahner[181] wiederholt, wobei er auf verschiedene technische Details in der Versuchsanordnung hinwies, die seiner Ansicht nach die Ergebnisse von Schùa[180] entkräfteten. Tatsächlich stellte sich bei den Wiederholungsversuchen die von Schùa[180] beobachtete Reaktion der Goldhamster nicht wieder ein. Doch zeigten Untersuchungs-Ergebnisse von Müller-Velten[182] über den Angstgeruch bei Mäusen, daß sowohl bei den Untersuchungen von Schùa wie von Zahner eine olfaktorische (Angstgeruch bedingte) Orientierung der Versuchstiere nicht ausgeschlossen war.

Altmann und Lang[179] entwickelten daher eine Wahlverhaltensapparatur, bei der sowohl die elektrophysikalischen Bedingungen als auch die Orientierungsmöglichkeiten exakt definiert werden konnten, um erneut die Reaktion von Kleinsäugern auf elektrische Felder zu überprüfen. Drei völlig identische PVC-Käfige wurden durch PVC-Rohre miteinander verbunden und in jedem der Käfige Wasser und Futter sowie Nistmaterial in Form von Holzwolle geboten. Der Futter- und Wasserverbrauch sowie die Nestanlage konnten ohne Störung der Versuchstiere kontrolliert, gemessen beziehungsweise beobachtet werden. Um eine eventuell mögliche Richtungsorientierung der Mäuse nach den Himmelsrichtungen auszuschalten, drehte sich die gesamte Versuchsanlage über ein Getriebe mit Motor in 5 Minuten um 360° und wieder zurück. Es bestand die Möglichkeit, in den drei Käfigen nach Belieben »Normalbedingung« oder »Abschirmbedingung« zu schaffen; in einem abgeschirmten Käfig konnte zusätzlich ein künstliches elektrisches Feld erzeugt werden. Um auch eine Geruchsorientierung zu verhindern, wurde die gesamte Versuchsapparatur nach jedem Versuch in ihre einzelnen Teile zerlegt, mit 20%iger Natriumhydroxidlösung abgebürstet und dann getrocknet. Ein Azetonbad löste den von dem vorhergehenden Versuch anhaftenden Zapponlackanstrich, den man zur Überdeckung der Stellen, denen eventuell noch ein Mäusegeruch anhaftete, wieder erneuerte.

Zunächst überprüfte man nun mit der beschriebenen Versuchsanlage das Revierverhalten von weißen Labormäusen. Es entsprach dem der Hausmaus.

In einer ersten Versuchsreihe wurden dann im ersten Käfig Faraday-Bedingungen, im zweiten elektrische Gleichfeldbedingungen und im dritten ein künstliches Rechteckimpulsfeld der Frequenz 10 Hz mit einer Feldstärke von 3500 V/m Amplitudenspannung geschaffen. Als statistisch gesichertes Ergebnis zeigte sich, daß die Tiere es vorzogen, das Nest unter Faraday-Abschirmbedingungen anzulegen, den Käfig mit dem künstlich geschaffenen 10 Hz-Rechteckimpulsfeld jedoch als Tummelplatz benutzten.

In einem zweiten Versuch hatten die Tiere die Wahl zwischen einem Käfig mit Faraday-Abschirmung, einem Käfig mit Normalbedingungen sowie einem dritten Käfig mit künstlich erzeugten 10 Hz-Rechteckimpulsfeld-Bedingungen. Das Schlafrevier wurde von den Mäusen nun im Abteil mit Normalbedingungen angelegt, das oft auch als Freßrevier diente, auch wenn dies letztlich immer in das Abteil mit Rechteckfeldbedingungen zu liegen kam. Das Trinkrevier befand sich von Anfang an im Faraday-Käfig, der Spielplatz, wie die Aktivitätsmessungen zeigten, im Käfig mit dem künstlichen Feld.

In einer dritten Versuchsreihe wurde gegenüber den Verhältnissen in der zweiten die Intensität des künstlichen Feldes schließlich noch auf 180 V/m reduziert. Die Tiere errichteten nun ihr Nest wahlweise entweder im Käfig mit Normalbedingungen oder in dem mit dem künstlichen Feld. Während des Experiments erfolgte manchmal durch Umschalten eine Veränderung der Bedingungen der einzelnen Käfige. Die Tiere reagierten jedoch hierauf nicht, wenn die Abteile der gesamten Anlage vorher nicht einwandfrei gereinigt worden waren. Bei Anlagen des schwächeren Feldes waren die Tiere offensichtlich nicht mehr in der Lage, zwischen den natürlichen Bedingungen und den künstlichen elektrischen Bedingungen zu unterscheiden.

Zusammenfassend schließen die Verfasser letztlich aus dem gesamten Experimentiergut, daß sich weiße Mäuse an entsprechenden luftelektrischen Feldern orientieren können. Die olfaktorische Wahrnehmung überlagerte jedoch in allen Fällen die Orientierung nach luftelektrischen Parametern, wenn sie durch entsprechende Maßnahmen nicht verhindert wurde.

Weitere Tierexperimente im Zusammenhang mit der Wirkung elektrischer Felder führten Haine und König[183] durch. Bei diesen Versuchen wurde nun der Häutungsvorgang bei Blattläusen unter Einwirkung eines künstlichen elektrischen Feldes von 3 Hz beziehungsweise 10 Hz beobachtet. Die Blattläuse kamen zu diesem Zweck zu unregelmäßigen Zeiten für kurze Zeitintervalle in den Wirkungsbereich eines künstlichen elektrischen Feldes. Die Anzahl der Häutungen wurden dann stündlich ermittelt. Das Ergebnis des Experiments ist in Abbildung 95 dargestellt, wobei nach der Stichstundenmethode jeweils zum Zeitpunkt n das elektrische Feld eingeschaltet war. Wie hier angedeutet, kamen die Blattläuse in den Wirkungsbereich von drei sich jeweils um den Faktor 10 in der Stärke unterscheidende elektrische Felder. Eine Kontrollgruppe war in einem Faradaykäfig untergebracht beziehungsweise stand frei im Versuchsraum. Das Experiment ist insofern von Bedeutung, als es bezüglich seines Resultats deutlich eine Abhängigkeit des Versuchsergebnisses von der angewandten Feldintensität zeigt. Eine optimale überdurchschnittliche Häutungsanzahl konnte so bei einer Elektrodenspannung von 1 V festgestellt werden. Dieses Maximum trat ziemlich spontan mit dem Einschalten des elektrischen Feldes auf. Eine Reduzierung der Plattenspannung und damit des elektrischen Feldes um den Faktor 10 verzögerte dagegen schon

94 Nestverschiebung von Goldhamstern unter dem Einfluß eines elektrischen Wechselfeldes (1), beziehungsweise im konstanten Gleichfeld (2) zeigt erheblich unterschiedliches Verhalten, nach Schuà.

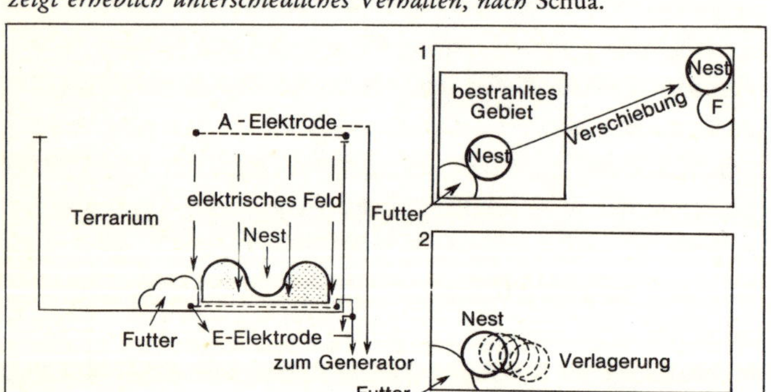

das Auftreten des Häutungs-Maximums um etwa 1 Stunde gegenüber dem Experiment mit 1 V Plattenspannung. Die Feldintensität reichte zwar offenbar noch aus, um ein Maximum zu erzeugen, jedoch geschah dies nicht mehr so spontan wie bei der entsprechend höheren Plattenspannung. Zu hohe Feldintensitäten konnten das Häutungsverhalten der Blattläuse schließlich auch irritieren. Dies zeigte sich für den Fall einer Elektrodenspannung von 10 V. Hier war überhaupt kein Häutungsmaximum mehr festzustellen, eher deutete sich sogar ein Minimum an. Das Ergebnis dieses Experiments dürfte auch von allgemeiner Bedeutung sein, da es wieder einmal darauf hinweist, daß im Zusammenhang mit der biologischen Wirksamkeit derartiger Felder nicht immer die Intensität der Felder ein Maß für deren Wirksamkeit sein muß. Es ist offenbar stets damit zu rechnen, daß es einen bestimmten Bereich (auch vielleicht mehrere) der maximalen Wirksamkeit gibt, wohingegen zu starke Feldintensitäten gar keine oder gegebenenfalls sogar eine andere biologische Wirkung zeigen können als erfahrungsgemäß zu erwarten wäre.

Über gewisse Effekte statischer und pulsierender elektrischer Felder auf die Gehirnwellenaktivität von Ratten berichten Lott und McCain[184]. Sie teilten die Tiere in zwei Gruppen ein. Bei der ersten erfolgte eine Implantierung von Mikroelektroden in den Hypothalamus, um die dortige elektrische Aktivität registrieren zu können. Bei der zweiten Gruppe wurden auf der Kopfhaut Elektroden angebracht, zur Aufnahme des Elektroenzephalogramms (EEG) vor, während und nach dem Aussetzen der Tiere, entweder in einem statischen Feld (10 kV/m) oder in einem gepulsten Feld (20 V bei 640 Hz/100 msec) und nachfolgender Integration der totalen Energien der Gehirnwellen. Jedes Experiment dauerte wenigstens 90 Minuten bei entsprechender Registrierung aller Daten, wie EEG, Atmung, Rektaltemperatur und EKG.

Als Ergebnis zeigte sich nach dem Einschalten des statischen Feldes ein signifikanter Anstieg der Gehirnaktivität. Diese Erhöhung hielt über die ganze Bestrahlungsperiode hinweg an. Nach Ausschalten des Feldes verringerte sich die Aktivität schrittweise bis zu dem Pegel bei Testbeginn. Überraschenderweise verringerte sich dagegen hierbei die Hypothalamus-Aktivität während der Bestrahlung und in der nachfolgenden Zeit.

Im Zusammenhang mit dem gepulsten Feld (20 V bei 640 Hz) offenbarte sich ein Anstieg der elektrischen Gehirnaktivität. Im Bereich des Hypothalamus konnte in diesem Fall bei den Tieren eine unmittelbare, statistisch signifikant anhaltende Aktivitätssteigerung während der Bestrahlungsdauer festgestellt werden. Ein entsprechender Rückgang erfolgte dann wieder nach Abschalten des Feldes.

Keine signifikanten Veränderungen traten dagegen im Zusammenhang mit der Atmung, der Rektaltemperatur und dem EKG bei allen Tieren während und nach der Bestrahlung bei irgendeiner Art des elektrischen Feldes auf.

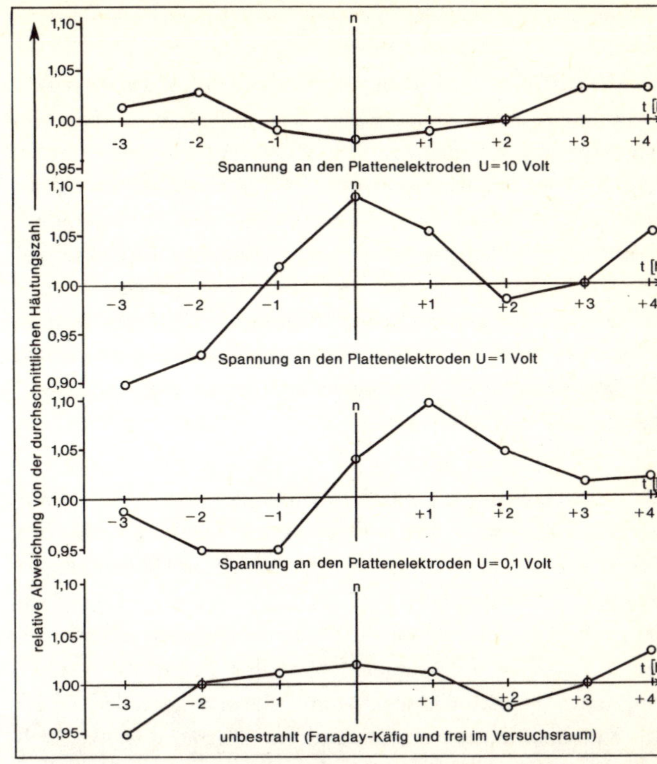

95 Auswirkung elektrischer Felder des ELF-Bereiches auf den Vorgang der Häutung von Blattläusen (Mycus persicae Sulz.). Das Feld wurde mittels zweier Elektroden mit dem Abstand d = 35 cm und der Spannung U erzeugt, nach Haine *und* König.

Effekte von ELF-Feldern auf biologische Systeme kamen auf einer Tagung der URSI[491] zum Vortrag: S. M. Bawin und W. R. Adey berichteten über den Einfluß schwacher niederfrequenter elektrischer Felder auf den Kalziumaustritt bei isoliertem Huhn- und Katzenhirn (Frequenzbereich 6 Hz bis 30 Hz); B. Greenebaum et al. über Langzeiteffekte schwacher elektromagnetischer Felder im Frequenzbereich zwischen 45 Hz und 75 Hz auf den Schlammolch; V. Bliss und F. Heppner über Effekte des feldfreien Raumes auf den Tagesrhythmus der Aktivität des Hausspatzen; N. S. Mathewson et al. über Effekte eines elektromagnetischen Feldes der Frequenz von 45 Hz bei Ratten; W. K. Durfee und P. R. Plante über die Behandlung der Haushühner mit elektrischen und magnetischen ELF-Feldern mit Frequenzen zwischen 45 und 75 Hz; R. G. Medici über Effekte schwacher elektrischer ELF-Felder auf das kontrollierte Verhalten von Affen (Frequenzbereich 7 Hz bis 45 Hz); sowie S. Sugyama und K. Mizuno über Effekte von elektrischen Wechselfeldern auf die Sehschwelle beim Menschen (Frequenzbereich 20 Hz bis 60 Hz).

Über den Einfluß eines schwachen 10 Hz-Magnetfeldes auf den Ablauf einer akuten Entzündung in der Ratte berichten Fischer et al.[565]. Das Magnetfeld bestand aus Rechteckimpulsen und hatte eine Intensität von 1 mT. Die Experimente ergaben eine statistisch absicherbare Veränderung der Elektrolyte im Blut; die beobachteten Schwankungen bewegten sich dabei im physiologischen Bereich. Besonders markant war der Einfluß des

Magnetfeldes auf die Veränderung der Proteine im Entzündungsherd und im Blut. Offensichtlich hält durch den Einfluß des Magnetfeldes der Proteineinstrom in den Entzündungsherd länger an, als sonst ohne Magnetfeld. Auch war zu schließen, daß das vermehrte Auftreten von Serumeiweißen im entzündlichen Exsudat unabhängig vom aktuellen Blutspiegel auf einer gesteigerten Durchblutung und/oder Gefäßpermeabilität beruht. Das Versuchsergebnis steht diametral zu bekannten Untersuchungen mit hohen Feldstärken, die gewöhnlich eine Dämpfung der entzündlichen Reaktion zur Folge hatten. Wegen extremer Feldstärkeunterschiede können offensichtlich die gegenständlichen Ergebnisse mit denen anderer Experimente nicht verglichen werden.

Über die Einwirkung niederfrequenter elektrischer Felder auf das Wachstum pflanzlicher Organismen berichten schließlich König und Krempl-Lamprecht[185]. Als erstes Versuchsobjekt dienten hier Milchsäurebakterien. Diese wurden ausgewählt, da im Zusammenhang mit der inzwischen bekanntgewordenen biologischen Wirksamkeit derartiger Felder die Vermutung nahe lag, daß das sogenannte »Sauerwerden der Milch« bei Wetterumstürzen und besonderen Wetterlagen eventuell mit dem dabei gleichzeitigen Auftreten solcher natürlicher Felder zusammenhängt beziehungsweise darin seine Ursache hat.

Experimente mit Milchsäurebakterien, Stäbchen vom Typ Bacterium Casei, führten zu einer Zunahme des Bakterienwachstums jeweils mit der an den Plattenelektroden angelegten Spannung. Die Platten bestanden aus Metall und hatten einen Abstand von 2,5 cm — zwischen ihnen entstand das elektrische Feld, in das die Testlösungen eingebracht wurden. Die Kontroll-Lösungen standen unter gleichen Licht-, Temperatur- und sonstigen Umgebungsbedingungen abseits und weitgehend außerhalb des Streufeldes der Anordnung. Sie waren jedoch den sonst im Labor offenbar vorhandenen elektrischen Störfeldbedingungen ausgesetzt. Dies folgt für die Kontrollgruppe nämlich aus dem Umstand, daß sie eine Wachstumsrate zeigt, die höher lag als die der Probe mit der geringsten Feldstärke. Die behandelten Gruppen dürften von diesen Störfeldern durch die Elektrodenplatten abgeschirmt worden sein, so daß insgesamt gesehen die Feldintensität bei den geringeren Plattenspannungen weniger Wachstumsreiz auf die Bakterienlösung ausübte als das im Raum vorhandene Störfeld auf die Kontrollgruppen.

Der Erfolg der Experimente hing in gewissem Maß auch von der Form der verwendeten Gläser ab, in die die Lösungen gebracht wurden. Die besseren Ergebnisse konnten nämlich durchweg mit Gläsern erzielt werden, in denen die angesetzte Flüssigkeit mehr Oberfläche und weniger Tiefe hatte. Der genaue Grund hierfür blieb bislang ungeklärt.

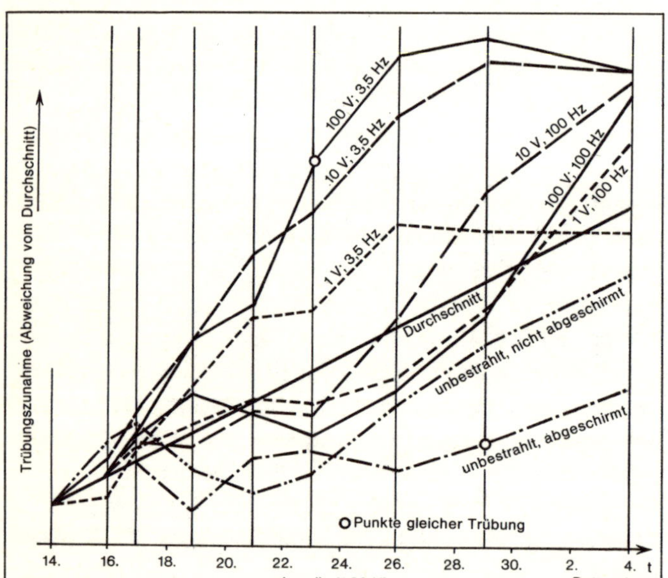

96 Behandlung von Hefekulturen (Saccharomyces cervisiae) durch verschiedene elektrische Felder des ELF-Bereiches. Die Kulturen standen zwischen zwei Elektroden mit dem Abstand d = 7,5 cm. Trübungszunahme entspricht einer Wachstumszunahme. Punkte gleicher Trübung (Kreise) zeigen an, daß die unbestrahlten, abgeschirmten Kontrollen erst 6 Tage später den gleichen Wachstumszustand erreichten, den die mit 3,5 Hz, 100 V Elektrodenspannung (verzerrte Kurvenform) behandelten Kulturen schon nach 9 Tagen hatten, nach König *und* Krempl-Lamprecht.

Bei gleicher Versuchsanordnung wurde auch an Hefekulturen (Saccharomyces Cerevisiae, die gewöhnliche Bierhefe) mit entsprechenden elektrischen Feldern experimentiert. Als relatives Maß für das Wachstum der Kultur diente die Trübungszunahme der angesetzten Lösungen. Das in Abbildung 96 dargestellte Ergebnis des Experiments zeigt wiederum die Wirkung der elektrischen Felder. Die mit Feldern von 3,5 Hz und stark oberwellenhaltigem zeitlichen Verlauf behandelten Kulturen zeigten offenbar die größte Wachstumsanregung. Die Felder der Frequenz 100 Hz mit sinusförmigem zeitlichem Verlauf lagen zwischen dieser ersten Gruppe und den nicht behandelten Kulturen. Einen gewissen absoluten Vergleichsmaßstab geben die mit Kreisen gekennzeichneten Punkte gleicher Trübung. Sie weisen nämlich darauf hin, daß die mit 100 V Elektrodenspannung und 3,5 Hz bei oberwellenhaltigem zeitlichem Verlauf der Felder nach 10 Tagen eingetretene Trübung, die ein Maß für ein ganz bestimmtes Wachstum ist, bei den unbestrahlt und abgeschirmten Kulturen erst nach 16 Tagen erreicht wurde.

Ein weiterer Orientierungsversuch bestand darin, die Wirkung niederfrequenter elektrischer Felder auf die Keimung von Gramineen, in diesem Fall von Weizen, zu untersuchen. Zu diesem Zweck wurden Weizenkörner in Petrischalen unter Benutzung gleicher Mengen sterilen Sandes und sterilen Wassers ausgelegt. Auf die Petrischalen kamen Elektroden, die in ihnen ein vertikales elektrisches Feld erzeugten. Dann wurde das Wachstum der Weizenkeimlinge und die Anzahl der gekeimten Körner bei drei verschiedenen Gruppen verglichen: Elektrodenspannung mit 3,5 Hz, stark oberwellenhaltig; beziehungsweise 10 Hz oder 25 Hz,sinusförmiger zeitlicher Verlauf - gegenüber Kontrollobjekten. Nach einer Keimzeit von einer Woche zeigte sich Folgendes: Die Felder hatten praktisch keinen Einfluß auf die Anzahl der gekeimten Körner. Wohingegen die elektrisch behandelten, angegangenen Keime bei Versuchsende im Durchschnitt um 23 % länger gewachsen waren als die unbehandelten. Diese hatten nach einer Woche Versuchsdauer im Durchschnitt eine Länge von 67 mm, die im sinusförmigen Feld stehenden Keimlinge von 81 mm und die im verzerrten Feld stehenden sogar von 84 mm.

Die hier zusammengestellten Untersuchungsberichte aus verschiedenen internationalen Quellen über biologische Wirkungen der Felder des ELF-Bereiches sind im Abschnitt D durch weitere Beiträge ergänzt. Dort wird auch unter D 1. das Problem der technischen Felder insbesondere der Frequenz von 50 Hz behandelt.

2.6 Biometeorologie und VLF-Atmospherics

Im Zusammenhang mit der biometeorologischen Forschung sind die Verdienste Reiters[158] nicht zu übersehen. Bei Untersuchungen zum Problem der Wetterabhängigkeit des Menschen befaßte er sich unter Verwendung biometeorologischer Indikatoren eingehend mit Grundproblemen der biometeorologischen Forschung. Man ist demnach seit den fundamentalen Untersuchungen von De Rudder[186] und anderen dazu übergegangen, Luftkörperwechsel und Frontdurchgänge als meteorologische Grundlagen für bioklimatologische Untersuchungen heranzuziehen. Im weiteren stellt Reiter[158] aufgrund langjähriger Untersuchungen fest, daß offenbar ganz bestimmte luftelektrische Faktoren als »biometeorologische Indikatoren« anzusprechen sind und zitiert dabei statistische Untersuchungen und Reaktionszeitexperimente, die vor allem von Düll[187] stammen. Bereits vor längerer Zeit nahm man an, die Häufung von Todesfällen und Suiziden (Selbstmorde) an Tagen mit chromosphärischen Eruptionen auf der Sonne könnte mit der gleichzeitigen Zunahme von Längswellen-Störungen zusammenhängen. Darüber hinaus ist jedoch in solchen Fällen auch eine extrem starke Zunahme der Strahlung bekannt.

Aber auch Schulze[188] erkannte die Bedeutung von Längstwellen-Störungen im VLF-Bereich für manche meteoropathologische Effekte.

Reiter[159] berichtet nun weiter über Untersuchungen mit folgenden »biometeorologischen Indikatoren«:

1. Zeitliche Störungen des statischen luftelektrischen Feldes.
2. Atmosphärische Längswellen (sogenannte Infralangwellen) im Bereich von 10 kHz bis 50 kHz (jetzt VLF-Atmospherics genannt).

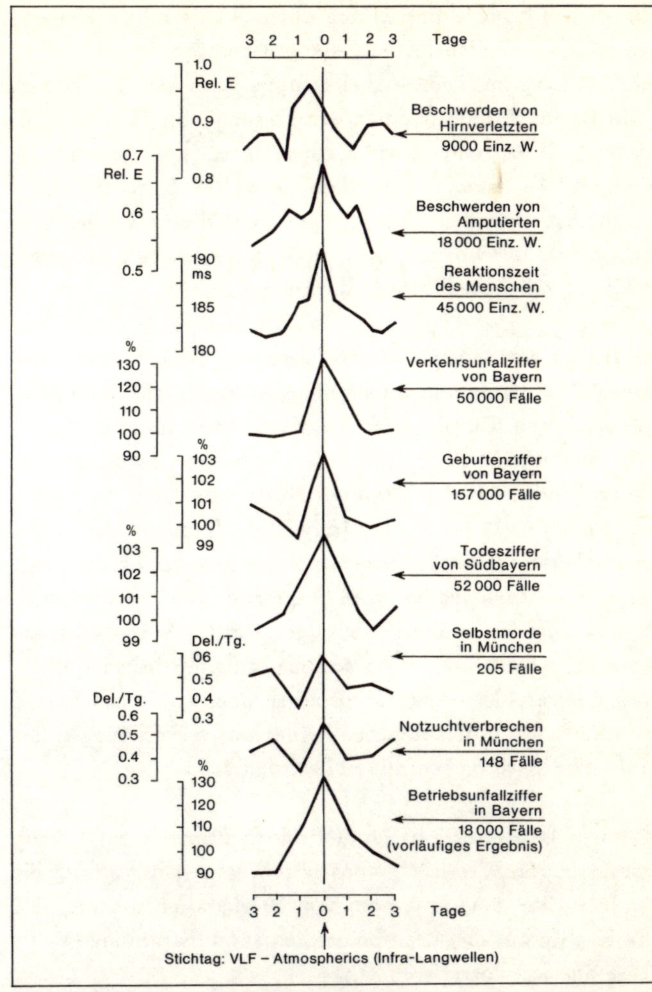

97 Übersichtliche Zusammenstellung verschiedener Vorgänge an Tagen, die durch Infra-Langwellenstörungen (VLF-Atmospherics) als biotrop gekennzeichnet sind, nach Reiter.

3. Atmosphärische Längswellen im Bereich 4 bis 12 kHz.
Aufgrund von Korrelationsuntersuchungen zwischen der Reaktionszeit vom gesunden Menschen und VLF-Atmospherics gibt Reiter[159] dazu einen Überblick über Resultate von Untersuchungsergebnissen, die in Abbildung 97 dargestellt sind. In eindrucksvoller Weise sind hier anhand einer Vielzahl von Experimenten und eines großen Zahlenmaterials Zusammenhänge zwischen VLF-Atmospherics und den verschiedensten Parametern dargestellt. Wie bereits erwähnt, wurden anläßlich einer Verkehrsausstellung an den Besuchern Reaktionszeitmessungen durchgeführt, die sich gut für statistische Auswertungen eigneten. Deren wohl wichtigstes Ergebnis ist aus Abbildung 98 ersichtlich: Darin sind nach der Synchronisationsmethode die Zeitpunkte eines plötzlichen Einsetzens von Infralangwellen (VLF-Atmospherics) zusammengefaßt, die einen Anstieg der Reaktionszeit bereits innerhalb von 30 Minuten um ca. 20 msec demonstrieren.

Dieses Ergebnis steht somit in Übereinstimmung mit den Auswertungsergebnissen bei ELF-Atmospherics, die in Abschnitt 2.5.1 beschrieben sind.

Mit dem Problem der biologischen Wirksamkeit elektromagnetischer Wellen im VLF-Bereich befaßte sich über viele Jahre hinweg auch eine Arbeitsgruppe beim Deutschen Wetterdienst in Hamburg unter der Leitung von Prof. Dr. R. Schulze[2]. Entsprechende Meßapparaturen hat dort Heinz König[189-192] entwickelt; die damit erzielten Registrierungen der niederfrequenten Impulsfolgezahlen dieser atmosphärischen Strahlung wurden mit dem Wettergeschehen korreliert und deren mögliche biotrope Wirkung diskutiert.

Mit den so gewonnenen Daten führten auch Damaschke und Becker[193] Korrelationsuntersuchungen über die Atmungsintensität von Termiten im Zusammenhang mit der Änderung der Impulsfolgefrequenz der Atmospherics durch. Für den O_2-Verbrauch der Termiten zeigte sich dabei eine deutliche Abhängigkeit von der Impulsfolgefrequenz der VLF-Atmospherics. Atmungssteigerungen traten gewöhnlich auf, wenn die Atmospherics vom Tagesrhythmus unabhängige Minima aufwiesen, Verminderungen des O_2-Verbrauchs dagegen beim Auftreten von Maxima. In künstlichen elektrischen Gleichfeldern von der 10fachen oder 100fachen Stärke des natürlichen luftelektrischen Feldes waren Änderungen der Atmungsintensität ebenfalls zu beobachten.

In einem Überblick gibt Undt[194] einen Hinweis auf Untersuchungen von Wedler[195], wonach in West-Berlin vom 10. bis 14. Juli 1959 ein Maximum von Sterbefällen auftrat, das sich deutlich mit der atmosphärischen Impulsstrahlung (VLF-Atmospherics) korrelieren ließ.

Auch ein Forscherteam in Freiburg brachte ausführliche Informationen über die biologische Wirksamkeit von VLF-Atmospherics heraus. Ranscht-Froemsdorff[196] beziehungsweise Ludwig und Mecke[197] berichten von Experimenten mit einem Goldhamster, welcher in ein künstlich erzeugtes Feld gebracht wurde, das dem durch VLF-Atmospherics bei Winterwetter erzeugten entsprach. Die Laufaktivität des Goldhamsters nahm ab, bis er in einen winterschlafähnlichen Zustand fiel. Wenn man dagegen durch Veränderung des künstlichen Feldes eine der Sommerzeit entsprechende Impulstätigkeit von VLF-Atmospherics simulierte, erwachte der Hamster spontan und reagierte die unnatürlich aufgestaute motorische Energie in einem Bewegungssturm ab, der 187 Stunden anhielt (siehe auch Abbildung 99).

98 Zunahme der Reaktionszeit von Testpersonen bei gesteigertem Einfall von VLF-Atmospherics (6 Kaltfront- und ein Trogdurchgang), nach Reiter.

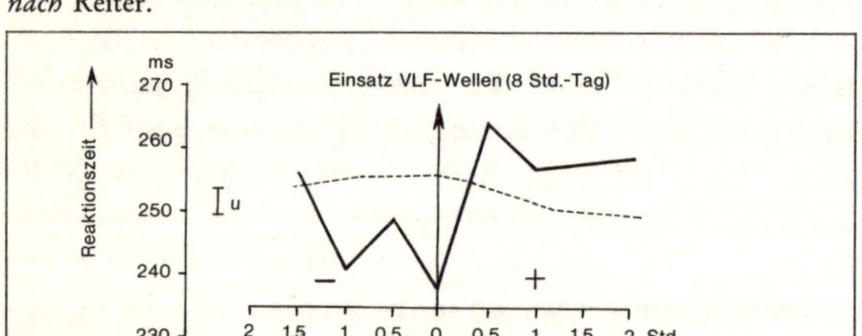

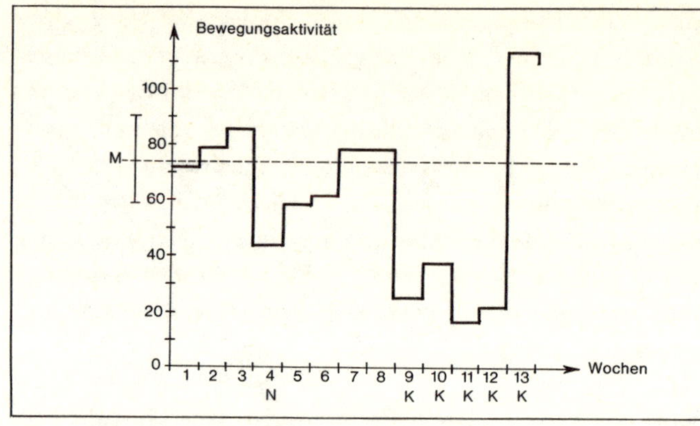

99 Bewegungsaktivität des Goldhamsters ohne und mit Programm künstlich erzeugter VLF-Atmospherics. M: mittlere Bewegungsaktivität ohne Programm; ab N: natürliche Atmospherics eingeschaltet; K: künstliche Atmospherics, nach Ludwig *und* Mecke.

Das Versuchsergebnis wird als der interessante Beweis dafür angesehen, daß VLF-Atmospherics einen Einfluß auf die höhere Nerventätigkeit zumindest von Tieren besitzen.
Damit gewinnen diese Vorgänge aber auch für den Menschen zunehmend Bedeutung, denn gerade im Zusammenhang mit Wettereinflüssen spricht sehr viel dafür, daß bei der sogenannten Wetterfühligkeit derartige luftelektrische Vorgänge zumindest eine wesentliche Bedeutung haben.

Die hier benutzten, künstlich erzeugten VLF-Atmospherics wurden in einem gegen die natürliche Längswellenstrahlung dieser Art zu 99,8 % abgeschirmten Raum erzeugt und hatten beispielsweise folgende technische Werte: Elektrische Feldstärke 1 V/m; magnetische Feldstärke 2,65 mA/m; Phasenwinkel zwischen beiden 0°; Trägerfrequenz 100 kHz; Impulsfolgefrequenz 5 Hz oder 10 Hz, ein für biologische Prozesse typischer Frequenzbereich. Im übrigen zeigte sich, daß sowohl Amplitude als auch Trägerfrequenz der künstlichen Strahlung von untergeordneter Bedeutung sind, was anhand von theoretischen Überlegungen gemäß Ludwig[198] auch zu erwarten war; er diskutiert aufgrund von Literaturmaterial über die elektrischen Eigenschaften von Nervensträngen und Synapsen einen möglichen Mechanismus, durch den impulsförmige elektromagnetische Längstwellen (Atmospherics) von den Nervenleitern aufgefangen und an speziellen Synapsen weiterverarbeitet werden könnten. Bei der Wirkung des Feldes auf den Hamster war die Statistik der Folgefrequenz (unregelmäßige Impulsfolge) von wesentlicher Bedeutung, wobei hohe Folgefrequenzanteile offenbar eine besondere Rolle spielten. Eine geringe statistische Verteilung der verschiedenen Impulsfolgefrequenzen (eine über längere Zeit nahezu konstante Folgefrequenz) ergab eine Passivierung der Motorik.

10 KHZ-Bereich	5-10 Imp/min	80-100 Imp/min	0.1-0.5 Imp/min
100 KHz-Bereich	1-4	10-50	>0.01
Feldstärke	~12db	>20 db	0 db

100 Messung von VLF-Atmospherics über Wassereinzugsgebieten zeigt kleinräumige Feldstärkezunahme bis über 20 db (Faktor 10), nach Rantsch-Froemsdorff *und* Weise.

Im Gegensatz zu der offenbar sensiblen Reaktion von Säugetieren auf Atmospherics konnte bei Versuchspersonen kein Effekt nachgewiesen werden. Erst die Unterteilung der Probanden nach einem Bipolaritätsschema zeigte, daß nur labile Typen reproduzierbar auf künstliche Atmospherics reagieren. So ergab sich nach Einschalten des künstlichen Feldes bei labilen Vagotonikern eine Art zunehmender Benommenheit. Das geräuschlose Abschalten wurde von dieser Personengruppe reproduzierbar auf eine Sekunde genau als plötzlicher Wegfall des benommenen Zustands angegeben.

Solche bedeutungsvollen Untersuchungsergebnisse veranlaßten Ranscht-Froemsdorff und Weise[199], tragbare Schmalbandempfänger zur Messung von VLF-Atmospherics im Bereich um 10 kHz und um 100 kHz zu entwickeln. Dabei ergab sich bei Geländemessungen: Feldstärke und Zahl der 10 kHz- beziehungsweise 100 kHz-Impulse nahmen mit der Höhe über dem Meeresspiegel zu. Auch eine orographische (bodenerhebungsbedingte) Beeinflussung der VLF-Atmospherics wurde festgestellt: Besonders Bodenerhebungen schirmten Atmospherics des kürzeren Wellenbereichs (100 kHz) stärker ab als solche des längeren (10 kHz) – ein Effekt, wie er vor allem für den UKW-Bereich bekannt ist (Abbildung 100).

Hier ergaben sich nun folgende verblüffende Ergebnisse: Über bestimmten, relativ eng begrenzten Punkten des Bodens nimmt die Feldstärke der VLF-Atmospherics spontan zu. Als Ursache dafür vermutet man Resonanzzonen durch Grundwasser oder Gesteinsschichten und man sieht sich veranlaßt zu fragen, ob sich dadurch vielleicht auch Rutengänger-Phänomene neu deuten lassen. Doch dürfte die Annahme von Resonanzzonen wohl kaum die beobachteten Erscheinungen erklären, denn die räumlichen Ausmaße der hier beschriebenen Phänomene sind im Vergleich zur Wellenlänge der VLF-Atmospherics viel zu klein, um zumindest großräumige Resonanzgebilde ausschließen zu können. Außerdem liegt es nahe, hierfür die bekanntermaßen an solchen Stellen veränderte Bodenleitfähigkeit oder besondere, durch anomale Ionisationsvorgänge veränderte Luftleitfähigkeitszustände zur Erklärung heranzuziehen.

Signifikante Korrelationen mit der VLF-Atmosphericsstrahlung konnten anläßlich der Bestimmung des Atmungsquotienten (QO_2) von Kaninchenhaut an insgesamt 147 verschiedenen Versuchstagen von Lotmar et al.[200] aufgezeigt werden. Von den Autoren wird daher angenommen, daß die atmosphärische Impulsstrahlung (VLF-Atmospherics) nicht nur als »Indikator« anzusehen sei, sondern daß sie direkt kausal als biotroper Wetterfaktor den Grad der Gewebeatmung in vitro beeinflußt.

Durch die Anwendung von künstlich erzeugten, der natürlichen VLF-Atmospherics-Tätigkeit entsprechenden, Schön- und Schlechtwetterimpulsraten in einem gegen diese Strahlung abgeschirmten Versuchsraum, wurde darüber hinaus auf die gleiche Weise Lebergewebe von weißen Mäusen getestet. Unter der Einwirkung von technisch erzeugten Schlechtwettersignalen (3 — 100 Impulse/Sekunde, Intensität 0,1 V/m, Grundfrequenz 10 kHz bis 100 kHz, eine zyklonale Wetterlage simulierend) konnte eine signifikante Dämpfung der Atmung des Lebergewebes um 42 % festgestellt werden[201]*. Ein Magnetfeldprogramm (Lotmar et al.[200]) aber auch Programme mit Simulierung antizyklonaler Wetterlagen blieben jedoch ohne Wirkung. Die gesamten Ergebnisse beweisen jedenfalls erneut, daß die oft trivial als »Wetterstrahlung« bezeichneten Atmospherics-Signale von biologischer Bedeutung sein müssen. Doch bleibt abzuwarten, ob die beobachteten Dämpfungseffekte in vitro mit dem Zellgeschehen in vivo analog sind.

Die Kontrollwerte wurden jedenfalls in entsprechend abgeschirmten Versuchsräumen gewonnen; hieraus ergeben sich wichtige Konsequenzen für die Problemstellung der Wetterfühligkeit und der modernen Bauweise in Metall und Stahlbeton.

Von weiteren Untersuchungen über die biologische Wirksamkeit von VLF-Atmospherics als Funktion des Auftretens minimaler oder maximaler Impulsfolgen berichteten Ranscht-Froemsdorff und Rinck[202] im Zusammenhang mit dem Studium der elektroklimatischen Erscheinung des Föhns. Einleitend wird hier festgestellt, daß sich das durch die Atmospherics gegebene Elektroklima bei einer Intensivierung — wie sie in der Natur bei Wetterverschlechterung und Frontdurchgängen aufzutreten pflegt — als kausal bedingter Informationsträger im biologischen Bereich erwiesen hätte. Folglich müßte ein derartiger Störeinfluß auch bei einem Defizit der Strahlung zu erwarten sein. Extrem geringe Impulseinfälle pflegen nun gemäß Ranscht-Froemsdorff u. Weise[199] beziehungsweise Reiter[6] bei der sogenannten »Nullwetterlage« sowie unter Absink- und Abgleitlagen oder bei Alpenföhn aufzutreten. Ergebnisse einer Untersuchung von Brezowsky und Ranscht-Froemsdorff[203] über den zeitgenauen Eintritt von Herzinfarkten ergaben daher auch nicht überraschend, daß die meisten Infarkte im Minimum der »Elektrowetterstrahlung« liegen.

Bei weiteren Versuchen von Rinck[204] kamen jüngere Versuchspersonen isoliert in Spezial-Elektroklimakammern, in denen sie unbemerkt den verschiedenen künstlich erzeugten, der Natur nachgebildeten Atmospherics-Programmen unter Berücksichtigung von drei Temperaturbereichen ausgesetzt waren. Durch Blutentnahmen ließ sich eine signifikante Änderung der Blutgerinnung unter Elektrofeld-Einfluß nur bei mittlerer Raumtemperatur am zweiten und dritten Tag nachweisen. Ein Abschalten des Elektroklimas (was dem Zustand bei Föhn entspricht) verursachte dagegen nur bei relativ hoher Raumtemperatur am 2. und 3. Tag eine signifikante Abweichung der Gerinnungswerte. Periodisch folgte die verzögerte und beschleunigte Blutgerinnung dem Verlauf der simulierten elektroklimatischen Idealzyklone, wobei auch hier die Temperatur eine wichtige Rolle spielte.

Wie jedoch einschränkend festzustellen ist, lassen sich diese Ergebnisse der Blutgerinnungs-Untersuchungen bei jugendlichen Athleten nicht ohne weiteres auf ältere, kranke oder frisch operierte Personen übertragen. Dennoch darf mit Sicherheit vermutet werden, daß bei zunehmender körperlicher Labilität die durch das Elektroklima verursachten Blutgerinnungsstörungen pathologische Werte erreichen können und eine derartige Entgleisung eventuell bereits nach Stunden einzutreten vermag; Kurzzeitversuche deuten jedenfalls darauf hin.

Über die Wirkung von ultralangen Radiowellen (VLF-Bereich) berichten Jahn und Nessler[205]. Laborexperimente aufgrund von Beobachtungen im Freiland zeigten die Beeinflußbarkeit von Sterblichkeit und Fruchtbarkeit bei Nonnenfaltern durch solche elektrische oder elektromagnetische Felder. Dies wird von den Autoren als überraschend bezeichnet, da man erst seit relativ kurzer Zeit von der Reaktion von Insekten auch auf magnetische Einflüsse und ihrem offensichtlichen Vermögen weiß, sich nach Magnetfeldern zu orientieren. Eine durch diese Einflüsse bedingte Steuerung der Entwicklung — zumindest bei den Nonnenfaltern — darf sogar als erwiesen gelten.

Langjährige Beobachtungen über die biologische Wirksamkeit von VLF-Atmospherics führte auch Tromp[206] durch. Beim Vergleich der Atmospherics-Tätigkeit mit der Blutsedimentation beim Menschen stellte er dabei auffallende Zusammenhänge fest.

Neben diesen Beobachtungen im mehr »klassischen« VLF-Bereich, wie er für die VLF-Atmospherics zutrifft, liegen auch Untersuchungsberichte aus dem Frequenzbereich vor, der sich direkt zu höheren Werten hin anschließt.

Von besonderem Interesse sind hier zum Beispiel Beobachtungen von Plekhanov und Vedyushkina[207] über die Erzeugung eines bedingten Muskelreflexes mittels elektromagnetischer Felder der Frequenz von 735 kHz, da hierzu nur Feldstärkewerte unter 1 mV/m notwendig waren. Denn diese Intensitäten betreffen einen Bereich, wie er von natürlichen Feldern her bekannt ist.

Welchen Einfluß eine Behandlung mit elektromagnetischen Feldern im Frequenzbereich zwischen 9,5 kHz und 9500 kHz auf den Blutzuckergehalt bei Kaninchen haben kann, untersuchte Budko[208]. Bei diesen Experimenten wurde nur der Kopf der Tiere oder die Lebergegend mit einem Feld von 1,5 kV/m (erzeugt mittels eines Kondensators) während 20 Minuten bestrahlt. Der Abbildung 101 mit den Werten des Blutzuckers nach einer solchen Bestrahlung kann Folgendes entnommen werden:

1. Die Bestrahlung des Kopfes verursachte eine viel größere Veränderung als die Bestrahlung der Leberregion;

2. bei Feldfrequenzen von einigen 10 bis 100 kHz stieg der Zuckerpegel an, während er bei höheren Frequenzen (>1 MHz) wiederum reduziert war;

3. in dem dazwischenliegenden Frequenzbereich ergab sich praktisch kein Einfluß durch das Feld.

In allen Fällen veränderte sich 20 bis 30 Minuten nach Versuchsende der Zuckergehaltspegel langsam wieder zu seinem Normalwert hin und erreichte diesen nach etwa 60 bis 90 Minuten. Als Grund für die beobachteten, entgegengesetzten Effekte bezüglich der Wirksamkeit der Bestrahlung bei relativ hohen und tiefen Frequenzen wird die frequenzbedingte, unterschiedliche Eindringtiefe der Strahlung in die Leber beziehungsweise in das Gehirngewebe vermutet.

Die Beeinflußbarkeit des Zuckerspiegels manifestierte sich ebenso bei Verwendung von Dezimeter- und Zentimeterwellen.

Auch an isolierten Geweben und Zellen versuchte man, die biologische Wirksamkeit elektromagnetischer Felder zu beweisen. So testete Budko[208] durch frequenzabhängige Bestrahlungen den Glukosegehalt der Leber im Bereich zwischen 500 kHz und 21,5 MHz bei einer Feldstärke von 1,5 kV/m und zeigte, daß er bei Bestrahlungsfrequenzen des unteren Bereiches etwas über dem Wert der Kontrollen lag, mit steigender Frequenz auf 80 % des Wertes im Bereich um 30 kHz

101 Veränderung des Blutzuckergehaltes von Kaninchen aufgrund einer 20minütigen Bestrahlung mit elektromagnetischen Feldern im Frequenzbereich zwischen 9,5 kHz und 9,5 MHz; (1) Bestrahlung der Kopfgegend; (2) Bestrahlung der Lebergegend, nach Budko.

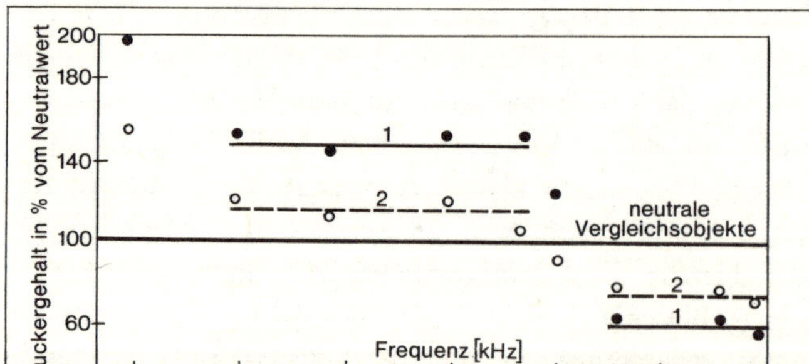

abfiel, um dann wieder kontinuierlich ansteigend bei 1 MHz 100 % und bei 21,5 MHz sogar 120 % zu erreichen.
Hierbei wurde auch der Einfluß der Feldstärke bei vier festen Versuchsfrequenzen kontrolliert, bei 9,5 MHz, 730 kHz, 85 kHz und 29 kHz. Es zeigte sich ein intensitätsabhängiger Effekt bezüglich des Glukosegehalts. Als Vergleichsfeldstärken dienten Werte zwischen 1000 V/m bis 4000 V/m. Bei der höchsten Frequenz konnte bei etwa 1,5 kV/m ein Maximum des Glukosegehaltes nachgewiesen werden, das etwa 6 — 7 % über den sonstigen Werten lag, während bei allen anderen Versuchsfrequenzen bei der gleichen Feldstärke (1500 V/m) ein Minimum in Form eines Defizits des Glukosegehaltes von etwa 10 — 15 % gegenüber den sonstigen Werten auftrat.

Meteorotropie eines Dichromat-Gelatinesystems. Die Bedeutung von VLF-Atmospherics im Zusammenhang mit biologischen Reaktionen wurde schon anhand vieler Untersuchungen aufgezeigt. Eine ganz besondere Ergänzung und Erweiterung der diesbezüglichen Erkenntnisse brachten die Untersuchungen von Baumer[533–535]. In der graphischen Industrie war man schon immer der Ansicht, daß der Formherstellungsprozeß im Tiefdruckverfahren wegen der dabei benötigten Gelatine vom »Wetter« abhängen würde, das heißt meteorotrop sei. Man ging also von der Möglichkeit der Beeinflussung der Qualität des Produktes durch das Wetter aus. Besonders deutlich war dies nach Baumer bei außergewöhnlichen Wettervorgängen zu erkennen. Durch die verschiedenen fehlgeschlagenen Versuche, das Problem in den Griff zu bekommen und durch entsprechende Hinweise in der Literatur bezüglich der Bedeutung von VLF-Atmospherics angeregt, entwickelte Baumer ein spezielles Meßsystem, bei dem frequenz-spezifisch die natürliche Signalaktivität im Bereich um 10 kHz und um 27 kHz zu empfangen war. Weiter erkannte man als wichtig, daß nur Atmospherics-Impulse zur Aufzeichnung kommen sollten, deren Entstehungsgebiet nicht wesentlich weiter als im Mittel ca. 500 km entfernt war. Deshalb wurde die Eingangsempfindlichkeit des Empfangsgerätes — in Abhängigkeit vom Reflektionsvermögen der D-Schicht (Mitte der Schicht in etwa 75 km Höhe) an der Grenze der Chemosphäre zur Ionosphäre — automatisch geregelt und letztlich die Möglichkeit geschaffen, die Impulsraten der nach Form und Stärke selektierten Atmospherics in den Bereichen um 10 kHz und um 27 kHz im Dauerbetrieb aufzuzeichnen. Im vorliegenden Fall interessierte speziell die Diffusionszeit der verwendeten Gelatine im Zusammenhang mit der Formherstellung beim Tiefdruckverfahren. Die Beobachtungen ergaben nun, daß eine hohe Impulsrate ausschließlich im 10 kHz-Bereich, also ohne Anteil des 27 kHz Bereichs, im Zusammenhang mit einer Verschlechterung des Diffusionsverhaltens stand. Dies erforderte eine Verlängerung der Diffusionszeit, was aber trotzdem zu einer Abflachung der Tonwertgradation führte. Umgekehrt lief eine ausschließlich im 27 kHz-Bereich vorhandene hohe Impulsrate mit einer Verbesserung des Diffusionsverhaltens parallel. Dies führte zu einer kürzeren Diffusionszeit und trotzdem zu einer Aufteilung der Tonwertgradation. Eine gleichhohe Impulsrate sowohl im 10 kHz-Bereich wie auch im 27 kHz-Bereich hatte keine Wirkung auf das Diffusionsverhalten. Die Impulswirkung hob sich dann offensichtlich auf (siehe hierzu auch Abbildung 102).

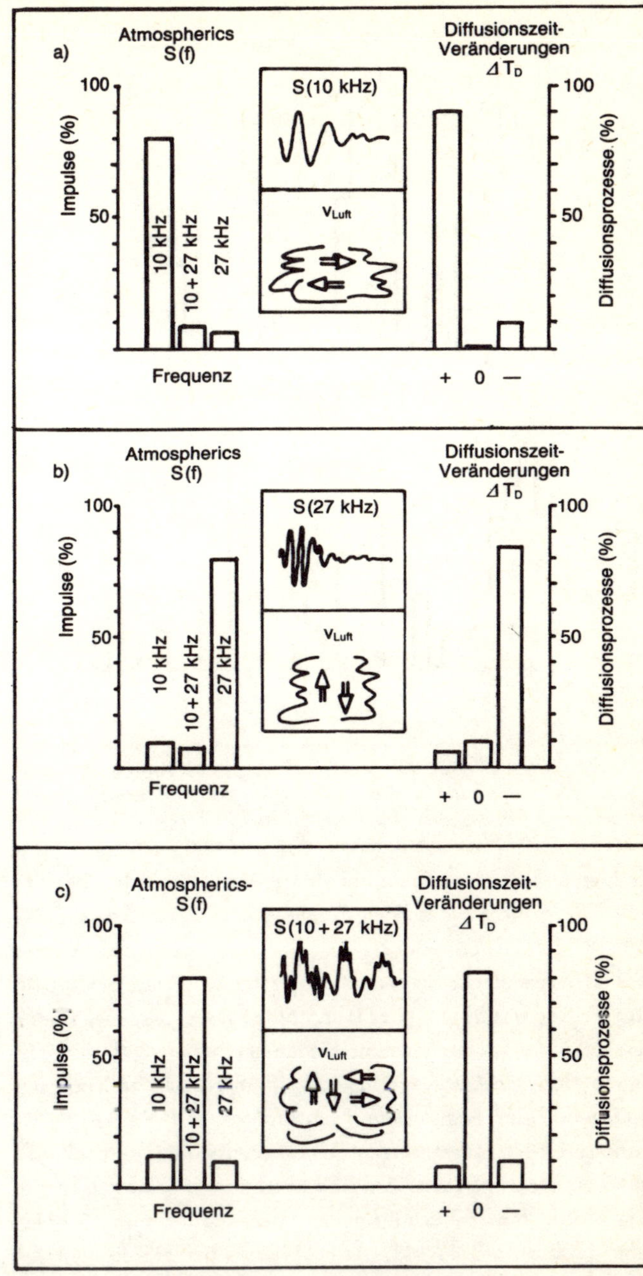

102 Statistische Verteilungen der relativen Anzahl von Atmospherics S (f) mit Frequenzen um 10 kHz und 27 kHz und die Verteilungen der relativen Anzahl von Fällen, mit den Veränderungen der Diffusionszeit $\triangle T_D > 0$ (+), $\triangle T_D = 0$ (0), $\triangle T_D < 0$ (−) von Ionen in Gelatine. a) Überwiegende Registrierung von Atmospherics S (10 kHz) im 10 kHz-Bereich, zugehörige Luftmassenbewegung v_{Luft} in horizontaler Richtung; b) Überwiegende Registrierung von Atmospherics S (27 kHz) im 27 kHz-Bereich, zugehörige Luftmassenbewegung v_{Luft} vertikal; c) Überwiegende Registrierung von Atmospherics S (10 + 27 kHz) eines Frequenzgemisches aus 10 kHz und 27 kHz, zugehörige Luftmassenbewegung v_{Luft} horizontal und vertikal, nach Baumer.

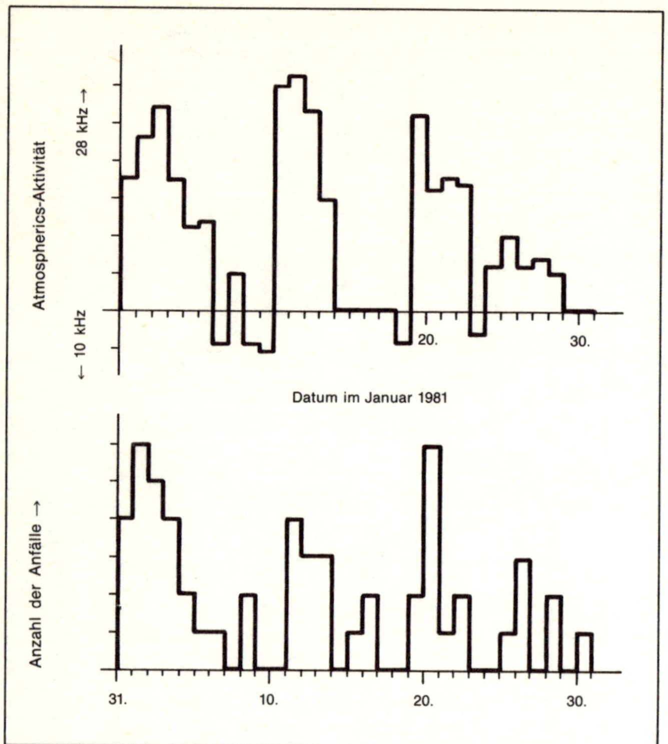

103 Vergleich zwischen der Anzahl der täglichen Anfälle von sechs Epileptikern (unten), die in München leben, mit der täglichen mittleren Aktivität von Atmospherics-Impulsen (oben) der Frequenzbereiche um 28 kHz und 10 kHz, nach Ruhenstroth-Bauer et al.

Die hier geschilderten Zusammenhänge mit dem Wetter bearbeiteten auch Sönning et al.[557] vom Deutschen Wetterdienst. Demnach ist die Grundfrequenz der einzelnen zu beobachtenden Atmospherics streng an meteorologische Vorgänge gekoppelt. Eine weitere Bestätigung der Bedeutung dieser Vorgänge finden diese in Untersuchungen von Ruhenstroth-Bauer et al.[575]. Es zeigten sich nämlich zwischen der Beobachtung epileptischer Anfälle und der Registrierung bestimmter VLF-Atmospherics zeitliche Übereinstimmungen. Über gewisse Zusammenhänge zwischen derartigen Anfällen und bestimmten Wetterlagen gab es ja schon immer Vermutungen. Hier wurden nun 10 kHz-Atmospherics und 28 kHz-Atmospherics bei 315 Ereignissen miteinander zeitlich verglichen, wie dies beispielsweise in Abbildung 103 dargestellt ist. Es läßt sich hieraus deutlich erkennen, daß 28 kHz-Atmospherics mit einer gesteigerten Anzahl von Anfällen in Verbindung stehen, während 10 kHz-Atmospherics auffallend während anfallarmer Zeiten zu registrieren waren. Die Zusammenhänge ließen sich hochsignifikant statistisch absichern.

VLF-Felder als Risikofaktor. Mit der Frage, ob auf den Menschen einwirkende, simulierte VLF-Felder ein Risiko für eine Thrombosis darstellen, befaßten sich Jacobi et al.[545]. Zur Anwendung kamen dabei getastete elektrische Felder im VLF-Bereich mit der Trägerfrequenz von 10 kHz und einer Amplitude von 400 mV/m, die eine Impulsfolgefrequenz von 10 Hz hatten. Dem Versuchsergebnis nach müssen derartige Felder unter bestimmten Umständen tatsächlich als Risikofaktor eingestuft werden.

2.7 Hochfrequenz – und Mikrowellen

2.7.1 *Allgemeines:* Da offenbar Hochfrequenzenergie und Wasser im Zusammenhang mit ortsabhängigen biologischen Effekten von Bedeutung sein können, sei einleitend von Experimenten von Peschka[209] berichtet*, die sich mit dynamischen Effekten an Proben, bestehend aus Hochfrequenzschwingungskreisen beziehungsweise -Leitungselementen unter Verwendung von Wasser als Dielektrikum befassen.

Die Proben stellen im wesentlichen Schwingkreiselemente dar – also Induktivitäten und Kapazitäten für Hochfrequenz – oder hochfrequente Leitungsbauelemente, wie beispielsweise Viertelwellenlängenleitungen. Die Schwingkreise beziehungsweise Leitungsbauelemente sind alle in Wasser aufgebaut und repräsentieren mit dem dazugehörigen Behälter aus Isoliermaterial (im allgemeinen Plexiglas) die gesamte Experimentiervorrichtung. Man versuchte nun nachzuweisen, daß diese Proben bei induktiver oder kapazitiver Einkopplung von Hochfrequenzenergie dynamische Wirkungen zeigen. Dazu befestigte man die Probe jeweils auf einer Drehwaage, die beim Auftreten einer dynamischen Wirkung Auslenkungen zeigt. Zur Absicherung der Versuche wurden jedoch mittels zweier Drehwaagen zuerst einmal ausgedehnte Nulläufe vorgenommen. Dabei ergab sich keine Koinzidenz mit Temperaturschwankungen und Gebäudebewegungen. Elektrostatische Effekte waren ebenfalls auszuschließen.

Beim eigentlichen Versuch wurde nun entlüftetes Wasser – vornehmlich Leitungswasser, aber auch entsalztes Wasser – von Raumtemperatur in die Probe unter Wasserstrahlenpumpenvakuum eingeführt. Das Wasser verblieb in der verschlossenen Probe während einer gesamten Versuchsperiode, im allgemeinen 4 bis 6 Wochen. Nach Kontrolle mittels weiterer Nulläufe folgte das eigentliche Experiment, die Aktivierung der Probe durch kapazitiv eingekoppelte Hochfrequenzenergie (Dauer im allgemeinen etwa 1 Minute). In einigen Fällen erfolgte eine Wiederholung der Aktivierung mehrmals mit Pausen von einigen Minuten. Die eingespeiste Leistung betrug etwa 20 Mikrowatt bis 100 Milliwatt. Im Verlauf von 3 Jahren unternahm man etwa über 200 derartige Experimente, bei denen die 2. Drehwaage lediglich mit Ballast versehen in Betrieb war. Eine Koinzidenz ergab sich dabei in keinem Fall.

Als Versuchsergebnis zeigten sich aufgrund der Aktivierung maximale Ausschläge der Drehwaage mit Werten des Dreh-

Reflektions-koeffizient K für folgende Übergangs-schichten:	Frequenz [MHz]							
	100	200	400	1000	3000	10 000	24 000	35 000
Luft-Haut	0.758	0.684	0.623	0.570	0.550	0.530	0.470	–
Haut-Fett	0.340	0.227	–	0.321	0.190	0.230	0.220	–
Fett-Muskel	0.355	0.352	0.3004	0.261	–	–	–	–

Tabelle 11 Eindringtiefe in cm elektromagnetischer Wellen (Intensitätsrückgang auf 1/e) in verschiedene Gewebsarten, nach Presman.

moments bis zu 10^{-7} N · m, meistens aber im Bereich von etwa $25 \cdot 10^{-9}$ N · m. Diese Ausschläge, die bei minimaler Leistungszufuhr auch nach Abschalten der Hochfrequenz 1 bis 2 Stunden anhielten, können bis jetzt auf keine bisher bekannten Effekte zurückgeführt werden: Weder elektrostatische, noch magnetische Einflüsse, noch Strömungseinflüsse der Luft kommen hierfür als Ursache in Frage. Es ist auch noch nicht ausreichend geklärt, ob die Ausschläge nur aufgrund einer Kraft oder nur aufgrund eines Drehmoments auftreten.
Die zur Verwendung geeigneten Frequenzen der Hochfrequenzenergie (sie liegen im Gebiet charakteristischer elektronischer Frequenzen der Versuchsanordnung) müssen auf etwa 10 bis 100 Hz über eine Minute konstant gehalten werden. Es gibt dabei offenbar mehrere kritische Frequenzen, die vermutlich diskret verteilt sind und ein Ansprechen der Probe zur Folge haben können. Sie liegen in den Bereichen von 30 — 40 MHz, 120 — 130 MHz und 200 — 350 MHz. Reine Sinuseinspeisung ergab keine dynamischen Effekte; offenbar sind Oberwellenanteile erforderlich.
Die Registrierung der Versuchsergebnisse führte zu folgenden, bisher ungeklärten Phänomenen bei aktivierten Proben: Ein- oder mehrmals aktivierte Proben zeigen auch noch nach Wochen Effekte, so vor allem ein starkes Ansprechen auf Hochfrequenzstörungen (durch Einschalten von Leuchtstoffröhren, Überlasten von Widerständen, Funkenentladungen in größerer Entfernung, Hochfrequenzoszillatoren, welche sich nicht im Versuchsraum befinden, sowie auch Blitze). Die damit zusammenhängenden Erscheinungen, die im wesentlichen Ausschläge mit einer Zeitdauer von 1 bis 2 Stunden zur Folge haben, werden als Kurzzeiteffekte bezeichnet.
Darüber hinaus ist in vielen Fällen (60 bis 70 % Wahrscheinlichkeit) die Anwesenheit von Personen im Raum bereits ausreichend, um bei aktivierten Proben auf der Drehwaage Ausschläge hervorzurufen, die dann ebenfalls etwa bis zu 2 Stunden anhalten.
Ferner treten bei Hochfrequenzeinspeisung auf aktivierte Proben bei einigen Versuchspersonen merklich wahrnehmbare, doch schwer beschreibbare Gefühlszustände auf (Gefühle der Irritation, leichte Konzentrationsstörungen), die in keiner Weise mit den Effekten vergleichbar sind, die auftreten, wenn Versuchspersonen mit Hochfrequenzgeneratoren hoher Leistung umgehen.
Die beobachteten Vorgänge werden schließlich zweifelsfrei mit den elektromagnetischen Energien in Verbindung gebracht, die demnach in der Materie über verschiedene mögliche Wirkungsmechanismen Veränderungen bewirken müßten. Auch eine untere Grenze für die erforderliche Hochfrequenzleistung scheint gegeben, wenn die eingespeiste Hochfrequenzleistung den auf das Frequenzintervall der Halbwertsbreite entfallenden Anteil der thermischen Rauschleistung erreicht. Bei Halbwertsbreiten von einigen Hz sind es Leistungen von etwa 10^{-20} W! Diese geringen Leistungen bedingen, daß eine weitere Klärung des Problems wahrscheinlich erst möglich ist, wenn extrem schmalbandige Empfänger für elektromagnetische Energien zur Verfügung stehen, welche auch auf extrem schwache Signale unterhalb des thermischen Rauschpegels noch ansprechen.

Über die biologische Bedeutung der Hochfrequenzenergie liegen noch folgende Berichte und Überlegungen vor. Blanco und Romero-Sierra[210] befaßten sich mit der Möglichkeit, ob Mikrowellenstrahlung als Kommunikationsmittel biologischer Systeme dienen könnte. Sie stellen fest, biologische Systeme seien höchst komplizierte Generatoren und Empfänger verschiedener Formen von Energien und würden bekanntlich elektromagnetische Felder erzeugen, die einen großen Teil des elektromagnetischen Spektrums wie auch des statischen elektrischen beziehungsweise magnetischen Feldes überstreichen. Dabei würden biologische Systeme eine Vielzahl von Methoden benutzen, um untereinander zu kommunizieren und um Informationen aus ihrer Umgebung herauszulesen. Neben den gebräuchlichen Kommunikationsmethoden wie Sehen, Hören und Riechen kämen aber auch ungebräuchliche Methoden zur Anwendung. Aus diesem Grund wurde die Verwendung von Mikrowellenstrahlung als Bioinformationsübertragung näher untersucht.

Ausführlich und intensiv widmete sich Presman[72] der biologischen Wirksamkeit vor allem von hochfrequenten elektromagnetischen Feldern. So befaßt er sich unter anderem mit der Reflektion solcher Energie. Die effektiv wirksame Leistung P_e läßt sich demnach über die Leistungsflußdichte P_0 an der Oberfläche eines Objektes beschreiben zu

$$P_e = P_0 \cdot (1 - K),$$

wobei einige Werte des Reflektionskoeffizienten K in Tabelle 11 angegeben sind. Er untersuchte auch den prozentualen Anteil der in verschiedenen Körpergeweben absorbierten elektromagnetischen Energie. Das Ergebnis derartiger Berechnungen ist in Abbildung 104 dargestellt und zeigt, daß die Hochfrequenzenergie ab 4000 MHz praktisch vollständig von der Haut absorbiert wird. Außerdem bietet Tabelle 6 eine Über-

104 Frequenzabhängigkeit der Absorption von Hochfrequenzenergie in Gehirnstrukturen im Zusammenhang mit der Bestrahlung des Kopfes beim Menschen, bei Kaninchen und bei Ratten mit elektromagnetischer Energie, nach Presman.

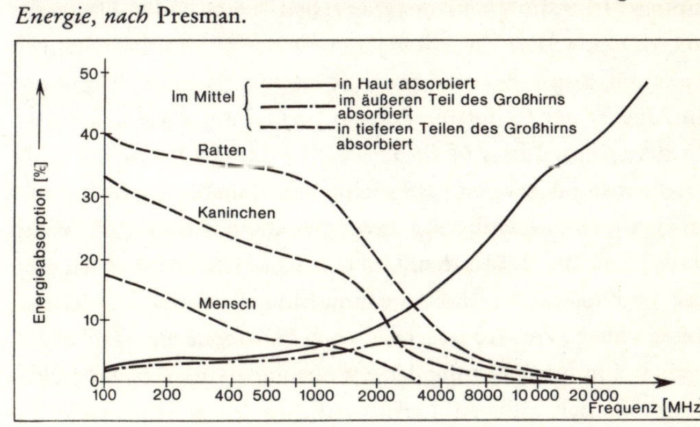

sicht über die Eindringtiefe elektromagnetischer Wellen in verschiedene Gewebsarten (Intensitätsrückgang auf 1/e = 1/2,7). Beispielsweise ergibt sich für die Haut bei 100 MHz eine Eindringtiefe von 3,8 cm, die sich bei 24 000 MHz auf nur mehr 0,07 cm verringert. Bei Fettgewebe sind vergleichsweise bei 100 MHz 20 cm, bei 24 000 MHz 0,3 cm und schließlich beispielsweise im Gehirn bei 100 MHz 3,6 cm und bei 35 000 MHz 0,04 cm typische Werte.

Hierbei ist auch Folgendes von Interesse. Zwischen einzelnen Gewebeschichten können sich aufgrund von Reflektionen wegen unterschiedlicher Parameter stehende Wellen ausbilden. Näheres hierüber berichtet Fleming[211], der die Möglichkeit stehender Wellen in Gewebeschichten des Menschen und bei großen Tieren aufgrund elektromagnetischer Strahlung bei Frequenzen oberhalb von 3 GHz nachweist.

Beim Auftreten sehr hochfrequenter elektromagnetischer Felder besteht immer das Problem, zu unterscheiden, ob die gegebenenfalls beobachteten biologischen Effekte direkt durch die Kraftwirkung der Felder und nicht auch durch thermische Effekte erzeugt werden. Im vorliegenden Fall möchte man natürlich nichtthermische Effekte studieren; das setzt Energiewerte voraus, die ein gewisses Höchstmaß nicht überschreiten. Gemäß Presman[72] traten zum Beispiel bei Tieren die unterschiedlichsten Reaktionen auf, die sich in jedem Fall auch bei nicht thermisch wirksamer Bestrahlung nachweisen lassen. Interessanterweise konnte bei Experimenten mit Hunden sogar festgestellt werden, daß die zu beobachtenden Reaktionen bei sehr starken Feldintensitäten konträr zu solchen bei entsprechend schwachen Feldern verliefen.
Bei einem anderen Experiment wurden ausgewählte Gruppen von Ratten einer Bestrahlung von Dezimeter-, 10-Zentimeter-, 2-Zentimeter- und Millimeterwellen mit einer Intensität von 1 mW/cm² für eine Stunde pro Tag ausgesetzt und dabei die Reaktion der Tiere auf einen bestimmten Ton beobachtet. In allen Fällen zeigte sich ein Rückgang der Empfindlichkeit auf die Tonstimulation. Der Grad des Effekts nahm mit kürzer werdender Wellenlänge ab.
Presman[72] gibt als Schwelle für das Auftreten thermischer Effekte im Gewebe lebender Organismen folgende Werte an (Tabelle 12): Bei elektromagnetischen Feldern der Frequenz von 500 kHz liegt die Schwelle etwa bei 8 kV/m beziehungsweise 160 A/m, da hier bei Ratten und Kaninchen bereits ein Anstieg der Rektaltemperatur beobachtet werden konnte. Im Bereich zwischen 15 MHz bis 70 MHz genügen, wie ähnliche Versuche zeigten, 2,5 kV/m beziehungsweise 200 A/m. Im Dezimeterwellenbereich erzeugen 400 mW/cm² (390 V/m) bei Ratten und Kaninchen einen entsprechenden Anstieg der Rektaltemperatur. Elektromagnetische Felder der Wellenlänge von 10 cm verursachen beim Menschen ein Wärmegefühl, wenn die Belastung 10 mW/cm² übersteigt, beziehungsweise bei der gleichen Leistungsdichte ein Wärmegefühl in der bestrahlten Gegend (die elektrische Feldstärke betrug hier etwa 190 V/m). Bei Ratten konnte unter gleichen Bedingungen ein Anstieg der Rektaltemperatur festgestellt werden. Bei elektromagnetischer Strahlung der Wellenlänge von 3 cm genügt hierfür beim Menschen eine Feldintensität von 1 mW/cm² (beziehungsweise 61 V/m). Für Ratten ergab sich in diesem Fall ein Anstieg der Rektaltemperatur bei 5 – 10 mW/cm² (135 – 190 V/m) beziehungsweise eine Erwärmung der bestrahlten Körperfläche bei 1,5 mW/cm² (75 V/m). Versuche im Millimeter-Wellenlängenbereich mit Ratten zeigten einen Anstieg der Rektaltemperatur bei einer Strahlungsintensität von 7 mW/cm² (170 V/m).

Im Zusammenhang mit der theoretisch abgeschätzten Größe der notwendigen elektromagnetischen Kräfte einerseits und den notwendigen Werten, die sich in der Praxis dann im Experiment ergaben, um entsprechende Reaktionen in biologischen Systemen zu erzielen, entstanden erhebliche Diskrepanzen. Hierauf wies auch Persinger[152] hin. So stehen den theoretisch als notwendig erachteten Feldstärkewerten von etwa 10^6 V/m beim elektrostatischen Feld 10^{-5} V/m im Zusammenhang mit der experimentell festgestellten elektrorezeptorischen Reaktion bei Fischen gegenüber. Eine biologische Wirksamkeit des statischen Magnetfeldes wurde erst bei 10^5 bis 10^7 A/m erwartet, während beispielsweise zum Anstieg der Bewegungsaktivität sich bei Vögeln experimentelle Werte von 50 A/m als hinreichend groß herausstellten. Nur im Hochfrequenzgebiet lagen die theoretisch erwarteten Feldstärkewerte in der gleichen Größenordnung wie bei der experimentellen Erzeugung entsprechender biologischer Reaktionen. Hingegen besteht bei den höchstfrequenten Feldern wieder ein erheblicher Unterschied.

Tabelle 12 Intensitätsschwelle elektromagnetischer Energien für thermische Effekte im Gewebe lebender Organismen bei verschiedenen Frequenzen, nach Presman.

Frequenzbereich	Organismus	Art des thermischen Effekts	Intensitäts-Schwellwert
500 kHz	Ratten Kaninchen	Anstieg der Rektaltemperatur	8 kV/m 160 A/m
14,88 MHz 69,7 MHz	Ratten Kaninchen	Anstieg der Rektaltemperatur	2,5 kV/m 200 V/m
Dezimeter	Ratten Kaninchen	Anstieg der Rektaltemperatur	40 mW/cm² (390 V/m)
10-Zentimeter	Mensch	Wärmegefühl	10 mW/cm²
		Erwärmung der bestrahlten Region	10 mW/cm² (190 V/m)
	Ratten	Anstieg der Rektaltemperatur	10 mW/cm²
3-Zentimeter	Mensch	Wärmegefühl	1 mW/cm² (61 V/m)
	Ratten	Anstieg der Rektaltemperatur	5-10 mW/cm² (135-190 V/m)
	Ratten	Erwärmung der bestrahlten Region	1,5 mW/cm² (75 V/m)
Millimeter	Ratten	Anstieg der Rektaltemperatur	7 mW/cm² (170 V/m)

elektro-magnetische Parameter	Tier	Feld-intensität	Bestrahlungs-dauer min.	Tempera-turanstieg °C	% tödlicher Ausgang
konstantes Magnetfeld	Fliege	9600 kA/m	60	—	100
50-500 Hz		650.000 V/m	60-120	—	70-90
50 Hz	Maus	650.000 V/m	270	—	50
500 Hz		650.000 V/m	90	—	50
14.88 MHz	Ratte	9000 V/m	10	—	100
	Ratte	5000 V/m	100	—	80
	Ratte	4000 V/m	100	—	25
69.70 MHz	Ratte	5000 V/m	5	—	100
	Ratte	2000 V/m	100	—	83
200 MHz	Hund	330 mW/cm²	15	5	50
	Hund	220 mW/cm²	21	4.1	25
	Meerschweinchen	590 mW/cm²	20	5.9	100
	Meerschweinchen	410 mW/cm²	20	4.2	67
	Meerschweinchen	330 mW/cm²	20	4.1	100
	Kaninchen	165 mW/cm²	30	6-7	100
2800-3000 MHz gepulst	Hund	165 mW/cm²	270	4-6	100
	Kaninchen	300 mW/cm²	25	6-7.5	100
	Kaninchen	100 mW/cm²	103	4-5	100
	Ratte	300 mW/cm²	15	8-10	100
	Ratte	100 mW/cm²	25	6-7	100
	Ratte	40 mW/cm²	90	—	100

Tabelle 13 Tödliche Wirkung elektromagnetischer Strahlung verschiedener Frequenzbereiche bei Tieren, nach Presman. *Die hier angegebenen Labor-Strahlungswerte sind extrem hoch und weder in der Natur oder in der betretbaren Umgebung energietechnischer Anlagen vorhanden.*

Die Frage der biologischen Wirksamkeit elektromagnetischer Felder ist nicht einfach zu beantworten. Dies liegt vor allem daran, daß in vielen Fällen die biologische Wirksamkeit mit einer Schädlichkeit gleichgesetzt wird. Als schädlich sind elektromagnetische Felder an sich dann zu bezeichnen, wenn ihr Einsatz zur Schädigung, wenn nicht gar zur Zerstörung biologischer Systeme, also zum Beispiel zum Tod von Lebewesen führt. Entsprechende Experimente wurden mit Tieren durchgeführt. Eine Zusammenstellung der bisherigen Untersuchungsergebnisse findet sich in Tabelle 13 gemäß der von Presman[72] angegebenen Werte. Demnach setzen im Niederfrequenzbereich zwischen statischen Verhältnissen und etwa 500 Hz tödlich ausgehende Experimente relativ starke elektrische und magnetische Felder voraus ($6{,}5 \cdot 10^5$ V/m; 10^7 A/m); im Untersuchungsbereich zwischen 1 kHz bis 1 MHz liegen keine diesbezüglichen Ergebnisse vor. Hingegen sind die für 14 MHz und 69 MHz angegebenen Feldstärkenwerte in der Größenordnung von einigen Tausend V/m nicht mehr als extrem hoch anzusehen. Sie genügten, um in relativ kurzer Zeit Ratten zu töten. Der letale Ausgang der Experimente war bis zu diesen Frequenzen nicht von Temperatureffekten abhängig. Erst bei elektromagnetischen Vorgängen im Frequenzbereich von 200 MHz bis 24 000 MHz trat der Tod der Tiere offenbar im Zusammenhang mit der durch die Strahlung in ihrem Körper erzeugten Wärme auf. Hierzu genügten Leistungsdichten von einigen 100 mW/cm².

Presman[72] beobachtete auch eine Beeinflussung der Blutzusammensetzungsregulierung durch elektromagnetische Felder. Die einmalige Anwendung eines relativ starken Feldes (2800 MHz, 100 mW/cm² und 200 MHz, 165 mW/cm²) über 6 bis 8 Stunden führte bei Hunden zum Beispiel 24 Stunden nach Bestrahlungsbeginn zu einem 25- bis 55%igen Anstieg der Zahl der Leukozyten. Dagegen sank die Zahl der Lymphozyten und Eosinophilen unmittelbar nach Beginn der Bestrahlung, um jedoch nach 24 Stunden ebenfalls auf höhere als normale Werte anzusteigen. Der prozentuale Hämoglobingehalt veränderte sich in der gleichen Weise. Andere Experimente mit Hunden, bei ähnlicher Bestrahlung (100 bis 300 mW/cm²) über 25 Minuten, führten zu einer Zweiphasen-Veränderung in der Anzahl der Leukozyten — eine Reduzierung unmittelbar nach Bestrahlungsbeginn, dem ein Anstieg nach etwa 2 bis 4 Stunden folgte.

Die Bestrahlung von Ratten mit kürzeren Wellen (10 000 MHz) einer Intensität von 400 mW/cm² während 5 Minuten zeitigte nach Gorodeskaya[212] eine Reduzierung der Zahl der Leukozyten und Erythrozyten, die nach Beendigung der Bestrahlung noch 5 Tage anhielt. Die Behandlung von Ratten mit noch kürzeren Wellen (24 000 MHz) einer Intensität von 20 mW/cm² während 7,5 Stunden führte letztlich zu einer Zunahme der Erythrozyten und des Hämoglobingehaltes, jedoch zu einer Reduzierung der Zahl der Leukozyten unmittelbar nach Bestrahlungsbeginn. Nach 16 Stunden jedoch begannen alle Blutindikatoren langsam zu steigen und erreichten innerhalb von 14 Tagen wieder den Normalpegel.

Im Zusammenhang mit den aufgrund der Hochfrequenzstrahlung entstehenden Wärmeeffekten zeigte sich Folgendes:

1. Während der Bestrahlung entstanden 3 Temperaturphasen bezüglich der Rektaltemperatur:

a) Ein Anstieg der Temperatur um ca. 2° C innerhalb der ersten 25 Minuten;

b) ein Stillstand der Körpertemperatur bei diesem erhöhten Wert über einen Zeitraum von etwa 40 Minuten;

c) Anhaltende Strahlungsbelastung führt bei den Tieren offenbar zu einem irreversiblen Zusammenbruch der Thermoregulation, so daß der weitere Anstieg der Körpertemperatur nach weiteren 20 Minuten den Tod der Tiere zur Folge hat.

2. Eine Bestrahlung mit steigender Intensität weist bei 2800 MHz einen größeren thermischen Effekt auf als bei 200 MHz.

3. Eine Betäubung erhöht die Empfindlichkeit der Tiere gegenüber der elektromagnetischen Bestrahlung.

4. Wird während eines bestimmten Zeitraums nur die Kopfregion bestrahlt, so führt dies zur gleichen Körpertemperaturerhöhung wie wenn der Körper während des gleichen Zeitraums einer etwa 25 % höheren Bestrahlungsintensität ausgesetzt wird.

5. Langzeitbestrahlung (3 bis 6 Stunden) mit Feldintensitäten von 100 bis 165 mW/cm² löst eine Leukozytose aus.

Anhand dieser Versuchsergebnisse stellt Presman[72] fest, daß zumindest bei Hochfrequenzbestrahlung der Tod der Tiere nicht einfach nur als Ergebnis einer Überhitzung des Körpers angesehen werden kann. Offenbar treten auch ausgesprochene

Störungen in den Regulationsprozessen des Organismus auf, die nicht nur von der Menge der auf elektromagnetischem Wege erzeugten Hitze abhängen, sondern auch von der Frequenz, die die Strahlung hat, der Region des Körpers, die bestrahlt wird und dem physiologischen Zustand des Tieres.
Presman[72] gibt schließlich einen Überblick über Effekte höchstfrequenter elektromagnetischer Strahlung auf bösartige Tumoren im Zusammenhang mit Gammastrahlung. Bei Experimenten mit Mäusen wurden hierbei erstaunliche Heilungserfolge erzielt, jedoch lassen sich diese Heilmethoden nach den bisherigen Erfahrungen beim Menschen nicht erfolgreich anwenden.

Auch bei Feldern der Frequenz von 500 kHz konnte eine Wirksamkeit elektromagnetischer Energie auf den Blutdruck von Ratten nachgewiesen werden. Nikonowa[213] brachte während einer Zeitspanne von 10 Monaten eine Gruppe von Tieren täglich zwei Stunden in ein elektromagnetisches Feld, dessen elektrische Komponente dominierend war (1,8 kV/m). Bei einer zweiten Gruppe überwog die magnetische Komponente (50 A/m). In der ersten Gruppe begann der Blutdruck nach 5monatiger Behandlung zu fallen und erreichte einen Pegel von etwa 5 % unter dem der Kontrolltiere. Bei der zweiten Experimentiergruppe fiel der Blutdruck erst nach Ablauf des 7. Monats nach Versuchsbeginn ab und erreichte dabei sogar einen 10 % tieferen Wert.
Dieser Ablauf der Veränderung in einer einzigen Phase läßt den Schluß zu, daß die Art und die Stärke des Effekts elektromagnetischer Bestrahlung auf die Herzmuskel- und damit auf die Kreislauffunktion hauptsächlich davon abhängt, ob das periphere oder das zentrale Nervensystem in das Wirkungsfeld gerät.

Genauere Informationen zu dieser Frage ergaben Beobachtungen des Pulsschlags bei Kaninchen, wenn verschiedene Regionen des Körpers einem Feld ausgesetzt wurden (Presman[72]). In einer ersten Serie von Experimenten wurden die Tiere mit gepulsten Feldern von 10 cm-Wellen (eine Mikrosekunde Dauer, 700 Pulse/sec) mit einer Intensität von 10 bis 12 und von 3 bis 5 mW/cm² (mittlere Leistung) bestrahlt. Diese Behandlung erbrachte einen Rückgang des Pulsschlags (negativ chronotroper Effekt). Im Gegensatz hierzu aber hatte eine spezielle Bestrahlung der Rückseite des Körpers oder der beiden Seiten des Kopfes den umgekehrten Effekt einer Beschleunigung des Pulsschlags (positiv chronotroper Effekt). Zwei spezielle Beobachtungen wurden gemacht:
1. Der negative chronotrope Effekt trat unmittelbar nach dem Beginn der Bestrahlung auf;
2. gepulste Bestrahlung hatte einen größeren Effekt als kontinuierliche Bestrahlung, obwohl die Feldintensität im zweiten Fall etwas größer war.
Hieraus läßt sich folgende wichtige Erkenntnis ableiten: Der negativ chronotrope Effekt wird wohl durch eine Bestrahlungswirkung auf das periphere Nervensystem, der positive durch eine solche auf das zentrale Nervensystem hervorgerufen.
Derartige Überlegungen weisen auch auf die Bedeutung hin, die Presmans[72] Überblick über die Wirkung elektromagnetischer Felder auf das Gehirn und auf die Empfindlichkeit des Zentralnervensystems gegenüber anderen Stimulantien hat. Vor allem bei Tieren wurden verschiedene elektroenzephalographische Untersuchungen durchgeführt; hierbei war das Hauptresultat, daß elektromagnetische Felder über einen sehr weiten Frequenz- und Intensitätsbereich die elektrische Aktivität des Gehirns beeinflussen, die sich im EEG manifestiert.
So wurde im einzelnen beobachtet:
1. Anstieg der Synchronisation – ein Anstieg der Zahl der langsamen Wellen hoher Amplitude. Diese Veränderung war innerhalb von Bruchteilen einer Sekunde nach Beginn der Bestrahlung feststellbar;
2. verlängerte Desynchronisation – eine Reduzierung der Amplitude des Hauptrhythmus der Biopotentiale und ein Anstieg der Zahl der höherfrequenten Spektralanteile der Ströme. Diese Veränderung erschien erst mit Verzögerung;
3. Kurzzeit-Desynchronisation, die bald nach der Feldanwendung oder Beendigung der Bestrahlung auftrat;
4. ein Nacheffekt, ähnlich einer erhöhten Desynchronisation, der jedoch erst ziemlich lange Zeit nach der Beendigung der Bestrahlung bemerkbar war;
5. das Auftreten von krampfartigen, epileptischen Entladungen (relativ hohe Frequenz und große Amplitude).
Diese Veränderungen im EEG aufgrund von Bestrahlung des Kopfes der Tiere mit Feldern des Frequenzbereiches von einigen 100 kHz bis zu 2000 bis 3000 MHz gleichen den Effekten, wie sie im Zusammenhang mit einem konstanten magnetischen Feld zu beobachten waren.

Aus Gründen der Kuriosität sei auch eine Meldung der Tagespresse[213a*] zitiert, wonach durch die Bestrahlung mit elektromagnetischen Wellen geeigneter Frequenz und Feldintensität während einer bestimmten Zeitspanne natürliche Zellulosefasern die Eigenschaft erhalten sollen, abrasive Elemente aufzufangen, die in einem Fluidum (Gas oder Flüssigkeit) schweben. Ein aus diesem Material hergestellter Filter soll bei allen Motoren mit innerer Verbrennung eine ausgezeichnete Reinigung der Abgase von allen Mikro- und Makrostaubteilchen sowie des Öls von innerhalb des Motors entstehenden Abriebpartikelchen garantieren. Auf diese Weise reingehaltenes Öl ermöglicht die Nutzung des Motors bis zu seinem natürlichen Verschleiß, ohne Ölwechsel! Mit einem Versuchsmotor wurde bereits ein Rekordergebnis erzielt: Er läuft schon 160 000 km ohne Ölwechsel.

Verschiedene Untersuchungen zeigten, daß Hochfrequenzfelder auch die Entwicklung von Hühner-Embryos beeinflussen. Van Everdingen[214] berichtet über eine Behandlung von Eiern

Tafel XI:
Die Bedeutung der Akupunktur nimmt zu, seit dieses alte chinesische Heilverfahren durch moderne technische Mittel zur Elektroakupunktur erweitert wurde (siehe auch Kapitel D4.). Spezielle Elektroden mit konstantem Auflagedruck gestatten, durch eine elektrische Widerstandsmessung der Haut die Akupunkturpunkte exakt festzulegen (Bild rechts, oben). Operationen am offenen Herzen (Bild rechts, Mitte) werden praktisch schmerzlos in Elektroakupunktur-Analgesie durchgeführt. Selbst postoperativ kann auf übliche Mittel zur Schmerzlinderung verzichtet werden, da die Wirkung der Elektroakupunktur durchschnittlich 12 Stunden nachhält. Den Patienten wird paarweise zur vertikalen Körperachse zweimal am Ohr (Bild rechts, oben und unten), am Hals (Bild rechts, unten) und am Unterarm gleichzeitig ein impulsförmiger Strom zugeführt (Bild links, Mitte), mit folgenden Daten: Spannung an den Ohrelektroden 80 V_{ss}; Spitzenwert des Stroms 60 bis 80 mA; Impulsfolgefrequenz 12 Hz bis 15 Hz; Impulsdauer, positiver Teil 0,5 msec – negativer Teil 1,7 bis 2 msec; negative Amplitude etwa 1/3 des positiven Spitzenwertes. Es zeigt sich ein exponentielles I/U-Verhältnis, sowie eine Abhängigkeit der Analgesie (Schmerzlosigkeit) von der Impulsform. Links unten: Ein aus der Volksrepublik China stammendes Impulsstromgerät mit den vier Anschlüssen für die Elektroden. Der Wirkungsmechanismus der Elektroakupunktur ist noch weitgehend unbekannt. Man vermutet über sympathische Bahnen eine Verbindung ins Körperinnere und zum Thalamus. Der von außen zugeführte Strom könnte über sympathische Nervenfasern auf schnelleitenden Bahnen in Synapsen eine Blockierung (Schmerzbarriere) der langsamen Schmerzsignale verursachen. – Information, Daten und Abbildungen: Deutsches Herzzentrum, München.

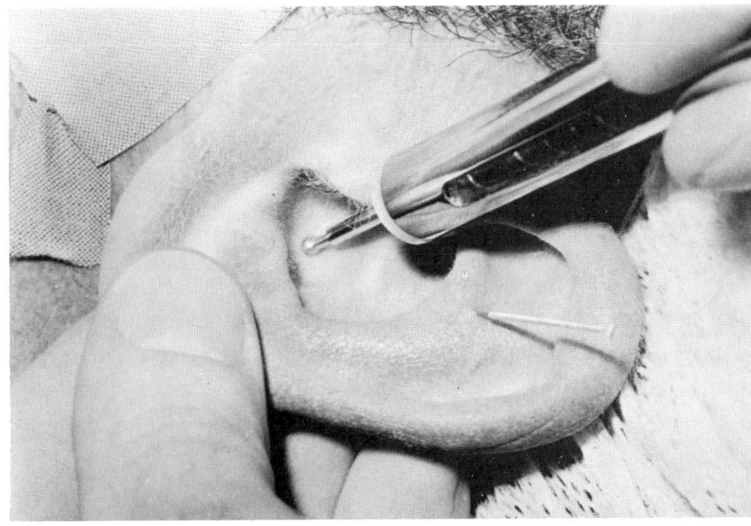

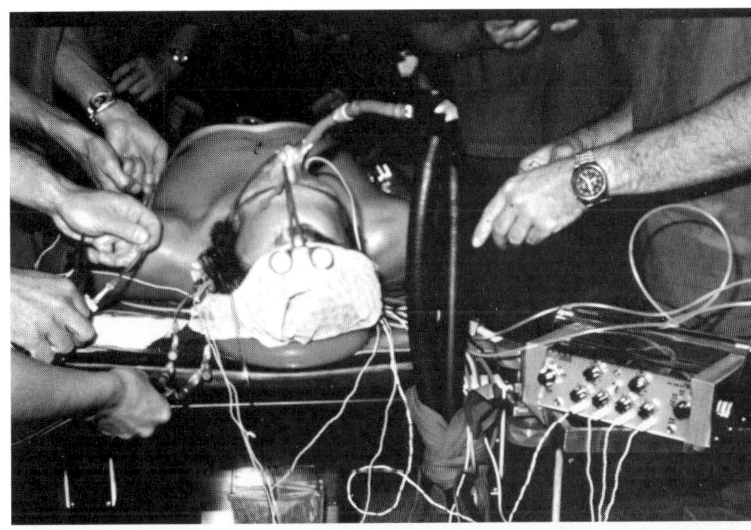

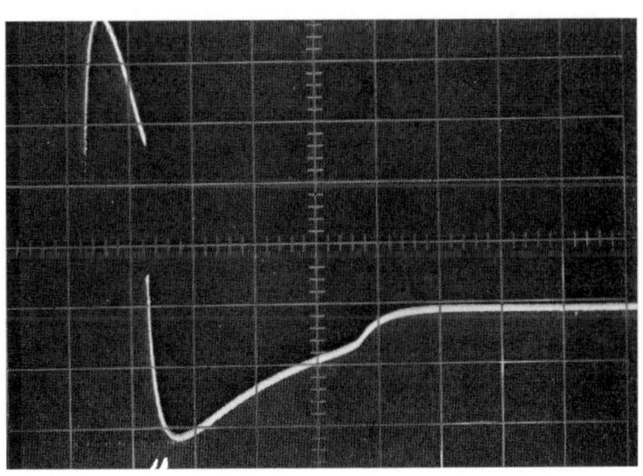

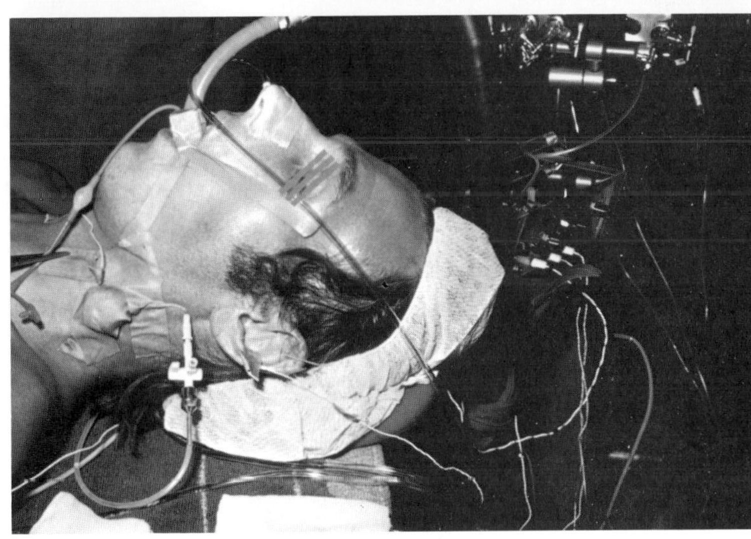

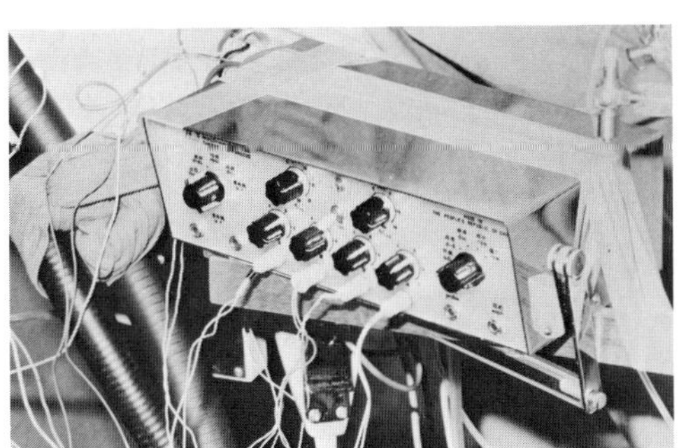

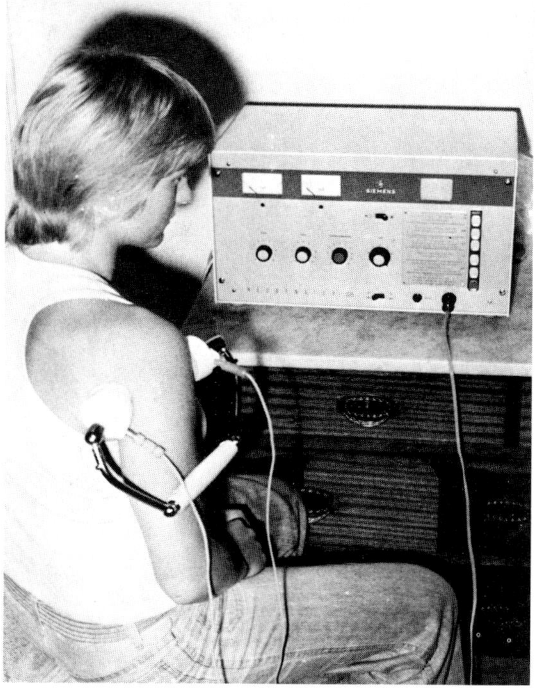

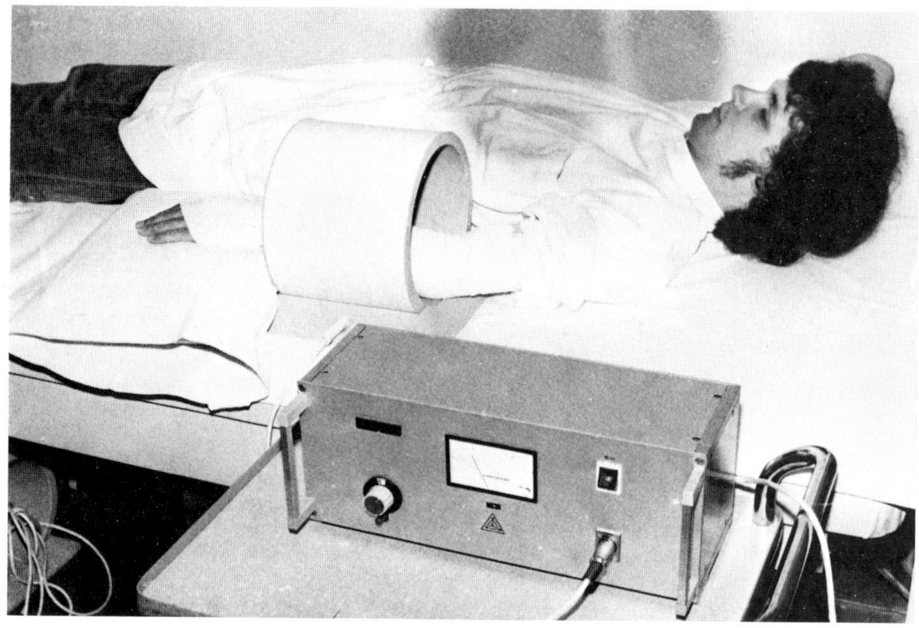

Tafel XII: Die Verwendung elektrischer Ströme und elektromagnetischer Felder in der Medizin nimmt immer mehr zu.
Oben links: Bei krankengymnastischen, physikotherapeutischen Behandlungen werden Gleichströme und ganz bestimmte niederfrequente Wechselströme eingesetzt.
Oben rechts: Mittels des durch eine Spule erzeugten Magnetfeldes werden direkt an den Bruchstellen von Knochen der Extremitäten elektrische Ströme erzeugt. Die zur Bruchheilung verwendeten Nägel enthalten die notwendigen Vorrichtungen, um die magnetische Energie in die gewünschten Ströme umzuwandeln (siehe auch Kapitel D.4).
Unten rechts: Größere Spulen dienen dazu, auch den Rumpf zu therapeutischen Zwecken in ein entsprechendes Magnetfeld zu bringen, wobei erstaunliche Heilerfolge erzielt werden.
Unten links: Medizinalmagnet der Firma Weleda zum therapeutischen Einsatz des statischen Magnetfeldes.

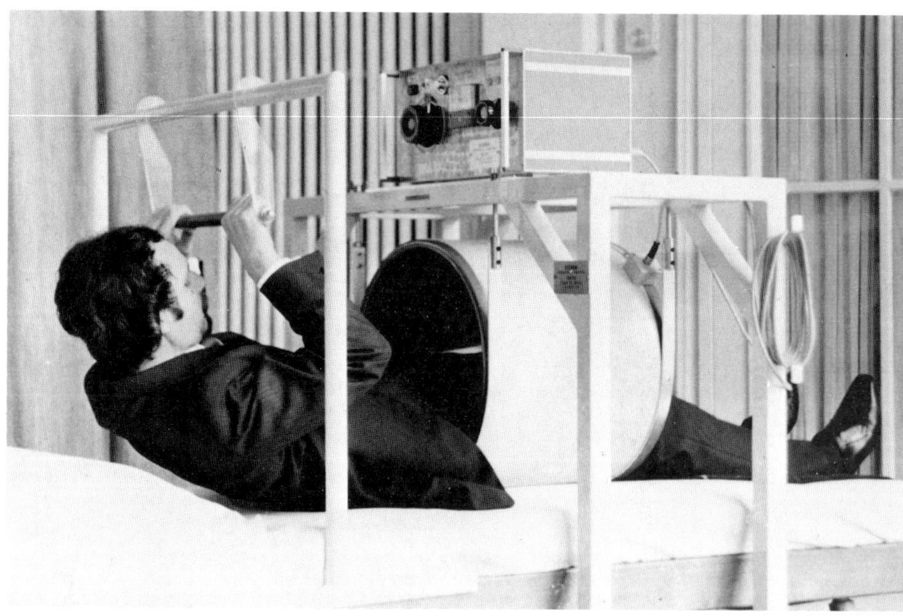

mit 5 Tage alten Embryos mit Hochfrequenzfeldern der Frequenz von 1875 MHz. Die Embryos hatten daraufhin einen um den Faktor 1,5 reduzierten Stoffwechsel, der zu ihrem Tod führte. Eine Bestrahlung während eines späteren Entwicklungsstadiums der Embryos zeigte weniger Effekt auf den Stoffwechsel und verursachte keine Todesfälle mehr. Bei 11 Tage alten Embryos konnte überhaupt keine Reaktion mehr festgestellt werden. Hierbei wurde auch eine Beeinflussung der Pulsfrequenz durch die Hochfrequenzfelder festgestellt. Der Puls war von 90 bis 110 auf 10 bis 20 Schläge pro Minute zurückgegangen; außerdem wurde die Amplitude der EKG-Spitzen größer als im normalen Zustand.

Aufgrund weiterer Experimente mit Taubenembryos mit Feldern der Frequenz 24 000 MHz und 2450 MHz wie auch mit schwachen Magnetfeldern (320 bis 560 A/m) und ferner mit Magnetfeldern von 560 kA/m beim Studium der embryonalen Entwicklung des Frosches schließt Presman[72], Magnetfelder und Höchstfrequenzfelder stören generell die normale embryonale Entwicklung; sie beeinflussen nachteilig Stoffwechselprozesse und verhindern die Zellenmultiplikation und Differentiation.

Auch einzellige Organismen dienten nach Presman[72] zur Untersuchung der Wirksamkeit elektromagnetischer Felder. Bei Frequenzen zwischen 5 und 7 MHz ergaben die Experimente, daß sich Einzeller offensichtlich nach den Linien des elektrischen Feldes orientieren.

Die Dauerbehandlung von Einzellern in Wechselströmen verschiedener Frequenzen und unterschiedlichen Spannungen führte hier schrittweise zu drei unterschiedlichen Bewegungsarten und schließlich zu deren Tod. Bei diesen Experimenten kam ein weites Frequenzspektrum (von 20 Hz bis 3000 MHz) zum Einsatz, wobei die Hochfrequenzfelder gepulst benutzt wurden.

Besonderes Interesse verdienen Untersuchungsergebnisse, die auf resonanzartiges Verhalten biologischer Systeme hinweisen. So berichtet Bach[215–217] über eine Veränderung in der Aktivität des Gammaglobulins (nach Titration von bestrahlten und nicht bestrahlten Lösungen) beim menschlichen Blut aufgrund von Hochfrequenzfeldern, wie dies in Abbildung 105 dargestellt ist. Dabei sind die Felder nur innerhalb eines sehr schmalen Frequenzbereiches besonders wirksam; die beobachteten Effekte waren schon bei relativ geringen Intensitäten manifest. Hier dominiert offensichtlich die Wirkung des Feldes als solches, und die in der Experimentierlösung absorbierte Energie ist bedeutungslos.

Zu den Versuchsergebnissen im Hochfrequenzbereich stellt Presman[72] fest: Das direkte Einwirken derart hochfrequenter elektromagnetischer Kräfte auf das zentrale Nervensystem – entweder über die peripheren Elemente des Nervensystems oder direkt über die Gehirnstruktur – muß wohl als Tatsache hingenommen werden. Das ergibt sich aufgrund der Experimente mit elektromagnetischen Feldern verschiedener Frequenzen und im Rückschluß auf die für diese Frequenz bekannten Eindringtiefen. Bei kleinen Tieren werden bei gleicher Eindringtiefe nämlich andere Nervenzentralstellen erreicht als bei großen Tieren. Dies erklärt auch die differenzierte Reaktion bei den einzelnen Tieren unterschiedlicher Größe auf Wellen der gleichen Frequenz.

Ein zweites charakteristisches Merkmal ist der Zusammenhang zwischen den durch die Felder hervorgerufenen Effekten auf das zentrale Nervensystem und der dazu notwendigen Feldstärke. In einigen Fällen führte nämlich eine geringere Feldintensität zu wesentlich ausgeprägteren Reaktionen als bei starken Feldern. Doch war bei anderen Experimenten auch ein entgegengesetzter Effekt zu beobachten, wenn die Intensität des Feldes entsprechend reduziert wurde.

Ein dritter und sehr wesentlicher Punkt ist die kumulative (anhäufende) Wirkung der Bestrahlung niedriger Intensität, wie sie sich bei Mehrfachanwendung zeigte. Hier begegnet man offenbar Phasen entgegengesetzter Reaktionen: Einem Anstieg in der Anregbarkeit des Zentralnervensystems nach den ersten Bestrahlungen und einem Rückgang derselben nach den weiterfolgenden.

Beim Studium der Effekte elektromagnetischer Felder im Bereich der Hochfrequenz bis Ultrahochfrequenz im Zusammenhang mit physiologischen Prozessen bei der Herzmuskelfunktion konnte die Wirkung der Felder ebenfalls überzeugend demonstriert werden. Eine erhebliche Anzahl klinischer

Verhältnis der Titrierungen von behandelten zu nichtbehandelten Proben

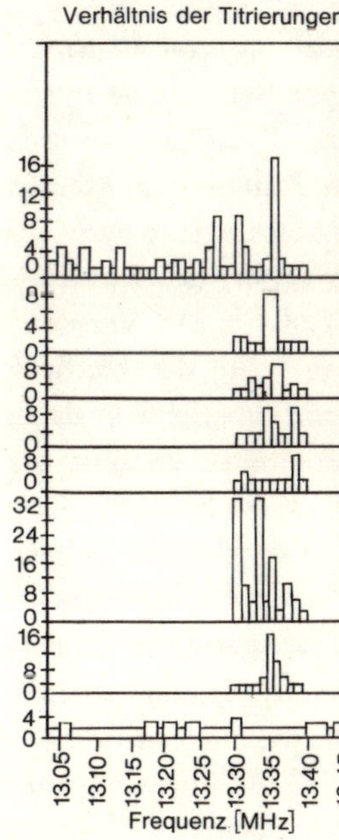

Impulsfrequenz Hz	Impulslänge, µ sec	Feldstärke, V/cm	mittlere Intensität, mW/cm²	Behandlungsdauer, min	totale absorbierte Energie, J	Lösungsvolumen, cm³	totale Dauer der Behandlung, sec
525	60	130	2.11	20	5680	0.9	38
230	10	40.0	0.013	30	63	0.8	4.5
100	10	40.0	0.005	30	24	0.8	1.8
200	10	20.0	0.0025	30	11	0.8	3,6
300	10	13.3	0.0016	30	7.8	0.8	5.4
kont nuierliche Bestrahlung		13.3	0.54	10	875	0.8	600
		6.7	0.135	30	655	0.8	1800
		4.7	0.07	30	330	0.8	1800

105 Veränderungen in der Aktivität des Gammaglobulins beim menschlichen Blut durch Hochfrequenzfelder spezifischer Frequenzen, nach Bach.

Untersuchungsdaten von Personen, welche solchen Feldern ausgesetzt waren, stand hierzu zur Verfügung. Es stellten sich dabei gleichartige Veränderungen der Herzmuskelfunktionen heraus, wie Reduzierung des Blutdrucks, des Pulses und intraventrikulärer Leitfähigkeit. Doch sind diese Veränderungen nur dann ausgeprägt, wenn Zentimeterwellen bei der Bestrahlung eine Rolle spielten, also wenn elektromagnetische Energie in der Oberfläche des Gewebes des menschlichen Körpers absorbiert wurde. Daraus kann nach Presman[72] geschlossen werden, daß die Veränderungen aufgrund direkter Einflüsse elektromagnetischer Kräfte auf die Oberflächenrezeptoren verursacht werden. Diese Annahme stimmt mit unserem Wissen über Physiologie von Nervenregulationen auf die Funktion des Herzmuskelsystems überein, ist doch bekannt, daß diese Art von Veränderungen typisch ist für vagotonische Veränderungen in vegetativen Nervenregulationsprozessen, wie sie für die Einwirkung verschiedener Faktoren auf die Regionen der Oberflächenrezeptoren angenommen wird. Experimente mit Tieren bestätigten diese Hypothese.

Rivière[473°, 474°] sowie Pautrizel et al.[454°-458°] berichteten zuerst 1964 von Ratten, die mit magnetischen und elektrischen Wechselfeldern bestrahlt eine völlige Rückbildung von Tumoren zeigten. Die dabei verwendeten Feldbedingungen bestanden aus magnetischen Wechselfeldern der Frequenz 375 MHz—100 GHz beziehungsweise elektromagnetischen Wechselfeldern der Frequenzen zwischen 15 MHz und 300 MHz. Die maximale Intensität des Feldes war 620 Gauß. Die tägliche Expositionszeit betrug 40 Minuten. Während die infizierten Kontrolltiere alle zwischen dem 22. und 30. Tag starben, überlebten die Versuchstiere und heilten völlig aus. Wurde die elektromagnetische Behandlung erst vierzehn Tage nach Beginn des Tumorwachstums angesetzt, genügte eine tägliche Bestrahlung von 40 Minuten nicht mehr. Lediglich eine ganztägige Behandlung führte dann noch zum Überleben der Tiere. Dieselben Autoren konnten später identische Erfolge an Ratten und Mäusen mit Lymphosarcomen nachweisen. Weiterhin trat nach Infizierung von Mäusen mit Trypanosomen bei den Kontrolltieren innerhalb von vier Tagen der Tod ein. Die Versuchstiere wurden jeweils zwölf Stunden pro Tag den beschriebenen Feldbedingungen ausgesetzt und überlebten, dabei waren am fünften Tage keine Trypanosomen im Blut der Tiere mehr zu finden. Dieselben Befunde konnten dann an Hasen bestätigt werden. Diese Versuchstiere zeigten unter dem Einfluß der beschriebenen Versuchsbedingungen bei cholesterinreicher Ernährung eine deutlich geringere Hyperlipämie als in Kontrollbedingungen ohne Feldeinfluß. Spätere Ergebnisse dieser Arbeitsgruppe weisen eine interessante Ähnlichkeit zu den Befunden von Fischer[391-393] auf. Eine sechsstündige tägliche Expositionszeit unter den oben beschriebenen Bedingungen erhöhte die Antikörperproduktion in den Tieren auf fast das Doppelte. Gleichzeitig konnten die Autoren zeigen, daß die Vermehrung von Trypanosomen in sogenannten »chambres de diffusion«, die den Versuchstieren eingepflanzt worden waren, unbeeinflußt von der Feldbehandlung blieb, so daß ein direkter Einfluß des Feldes auf die Parasiten im Körper des Wirttieres ausgeschlossen werden konnte. Wenn auch das verwendete Feldmuster bei diesen Experimenten wesentlich höherfrequenter war als die im übrigen hier besprochenen Wechselfelder, so handelt es sich doch ebenfalls um nichtthermische, nicht-ionisierende Effekte elektromagnetischer Felder, die eine auffallend ähnliche Wirkung hervorrufen wie die von Fischer[391] verwendeten elektrischen Gleichfelder.

Einen sehr umfassenden Einblick über den Stand der Forschung von 1975 in den USA bezüglich biologischer Effekte von nichtionisierter Strahlung geben die Annals of the New York Academy of Sciences durch Tylor[489]. Es wird hier über Effekte im Zusammenhang mit dem Nervensystem, mit speziellen Fühlern, mit biochemischen und biophysikalischen Vorgängen, mit genetischen Parametern, mit Entwicklungsprozessen und mit dem Verhalten von Systemen berichtet. Auch dem Problem der Dosierung ist ein eigenes Kapitel gewidmet.

Die Erforschung der biologischen Wirksamkeit von Mikrowellen wurde international gerade in den vergangenen Jahren besonders intensiv betrieben. Vor allem aus den USA liegen entsprechende Berichte vor. Stuchly[530] gibt 1979 einen zusammenfassenden Bericht anläßlich eines Symposiums zu dem Problem der elektromagnetischen Felder in biologischen Systemen. Über biologische Effekte und medizinische Anwendung elektromagnetischer Energie und auch hier wieder speziell von Mikrowellenenergie berichtet Hounsfield[515]. Neben der an sich schon seit langem unbestrittenen thermischen Wirkung von Mikrowellenenergie schält sich dabei immer mehr auch eine biologische Wirksamkeit auf nichtthermischer Basis heraus. Gepulster, also modulierter Mikrowellenstrahlung kommt dabei offensichtlich eine besondere Bedeutung zu.

Der Bedeutung der Frage nach der biologischen Wirkung von Mikrowellenstrahlung werden in den USA auch Bruce und Kleinstein[539] gerecht. Unter der Thematik »Biologische Effekte nichtionisierender elektromagnetischer Strahlung« faßten sie 1981 die neuesten Forschungsergebnisse in einem entsprechend umfangreichen Bericht zu einer Übersicht zusammen.

In einer grundlegenden Arbeit schreibt Kremer[572] über nichtthermische Effekte von Mikrowellen schwacher Intensität auf lebende Organismen. Nichtthermische Wirkung bedeutet also Wirkung auf ein biologisches System, die nicht durch Simulation der mikrowelleninduziertem Temperaturerhöhung ebenfalls erreicht werden kann. Die angesprochene Wirkung wird an drei unterschiedlichen biologischen Systemen verdeutlicht.

1. Einfluß auf Hefekulturen. Hier geht es um die Bestrahlung wachsender Hefekulturen mit Mikrowellen des Frequenzbereiches zwischen 41,5 und 42 GHz. Es zeigte sich dabei, daß in Abhängigkeit von der Mikrowellenfrequenz das Wachstum der

Hefezellen um maximal 15% entweder gehemmt oder gefördert wird. Bemerkenswert ist bei diesem Experiment die resonanzartige Frequenzabhängigkeit des Wachstums mit Halbwertsbreiten von nur 8 MHz, bei einer Frequenz von beispielsweise 41,782 ± 0,001 GHz. Ein derartiges spektrales Verhalten schließt aus, daß der Effekt thermischer Natur sein kann, weil nach aller derzeitiger Kenntnis die dielektrischen Eigenschaften von biologischen Materialien, und damit die Absorption, nur sehr langsam mit der Frequenz variieren.

2. Wirkung auf Riesenchromosomen. Es wurden Riesenchromosomen aus Speicheldrüsen der Zuckmücke bestrahlt. Nach Bestrahlung mit Mikrowellen des Frequenzbereichs zwischen 40 GHz und 80 GHz, Intensität 6 mW/cm^2, zeigten sich drastische Rückbildungen, die als weitgehende Verminderung der genetischen Aktivität am Genort zu deuten sind.

3. Wirkung auf Wurzelwachstum. Hier wurde bei Wurzeln von Kresse oder Maiskeimlingen die Wachstumsgeschwindigkeit bestimmt. Die Einstrahlung von Mikrowellen der Frequenz 42 GHz auf die Wurzelspitze mit einer Intensität von 5 mW/cm^2 führte zu einer drastischen Verlangsamung des Wachstums. Es wird letztlich die Meinung geäußert, daß die beschriebenen Mikrowelleneffekte keinen Anlaß gäben, von einer direkten Gefährdung für Mensch und Umwelt zu sprechen. Aber sie zeigten, daß Mikrowellen schon bei Intensitäten, die klar unterhalb des Sicherheitsstandards von 10 mW/cm^2 liegen, biologische Wirkung zeigen könnten.

Es verbleibt vorerst bei der Hoffnung, daß diese optimistische Einstellung sich beispielsweise auch im Zusammenhang mit dem Waldsterben bestätigt. Hier wurde ja der Verdacht geäußert, daß starke Mikrowellenstrahlung jedenfalls in irgendeiner Form an diesem Phänomen mit beteiligt sei.

Einen weiteren Übersichtsbeitrag hinsichtlich der nichtthermischen Wirkung von Mikrowellen liefert Keilmann[600], wobei er sich mit der biologischen Resonanzwirkung von Mikrowellen in diesem Zusammenhang näher befaßt. Wie aus Abbildung 106 zu ersehen ist, werden hier frequenzabhängig Effekte beobachtet, für die eine Bestrahlungsintensität von nur etwa 0,01 mW/cm^2 nötig ist. Somit handelt es sich hier eindeutig um einen nichtthermischen Effekt.

Erste Beobachtungen über eine Veränderung der Protein-Muster in der CSF (Cerebrospinal fluid) gleicher Art bei Kaninchen und Arbeitern in Radaranlagen werden von Rozzell[592] angegeben. Im Zusammenhang mit den noch nicht abgeschlossenen Untersuchungen wird vermutet, daß es sich hier möglicherweise um einen neuen Effekt handelt, der durch starke Mikrowellenstrahlung ausgelöst werden könnte. Man zieht in Erwägung, speziell zum Schutz des unmittelbar an den Antennen arbeitenden Personals hierfür neue Strahlungs-Standardwerte festzulegen.

Etwas anders steht die Berufsgenossenschaft der Feinmechanik und Elektrotechnik zur Frage der biologischen Wirkungen von Hochfrequenz-Feldern. Wie schon im Zusammenhang mit der Problematik einer zur Debatte stehenden Gefahr einer Gesund-

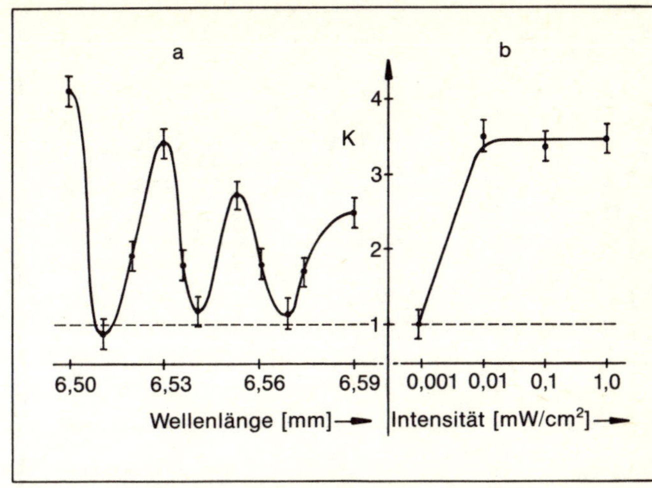

106 Mikrowelleneffekt der Erhöhung der Produktion K von Colicin durch E. coli Bakterien, a) als Funktion der Wellenlänge, b) als Funktion der Intensität der Mikrowellen, nach Keilmann.

heitsschädlichkeit energietechnischer Felder von 50 Hz, die vor allem von Schaefer[584] als nicht existent dargelegt wird, vertritt derselbe Autor im Rahmen einer generellen Untersuchung über die Wirkung hochfrequenter elektromagnetischer Felder (1 kHz bis 1000 GHz) auf den Menschen in einem Medizinisch-Technischen Bericht von Frucht et al.[595] auch hier diese Ansicht mit. Wie in der Arbeit dargelegt wird, lassen sich die verschiedenen geschilderten Beschwerde-Phänomene beim Menschen (erhöhte Gerinnbarkeit des Blutes mit der Folge von Infarkten, Magenbeschwerden, Kopfschmerzen und viele Symptome gestörten Wohlbefindens) letztlich immer als Folge einer inneren Überwärmung deuten und seien sicher zu vermeiden, wenn die schon bestehenden Sicherheitsgrenzen eingehalten werden. Selbst subjektive Beschwerden waren nicht mehr zu finden, wenn die Feldintensität unter den derzeit geltenden Höchstwerten lag (siehe auch Abbildung 107).

Mikrowellen-Standard. Eine aus dieser Auffassung sich ergebende Konsequenz zogen offenbar die zuständigen amerikanischen Behörden bezüglich des Mikrowellenstrahlung Standards[552]. Sie verschärften die Sicherheitswerte bezüglich der Einstrahlung von elektromagnetischen Wellen auf Menschen und legten sie im Frequenzbereich von 300 kHz bis 100 GHz dementsprechend neu fest. Wie aus Abbildung 107 ersichtlich ist, wurde die höchst zulässige Strahlungsdichte zum Beispiel im Frequenzbereich zwischen 30 MHz bis 300 MHz auf 1,0 mW/cm^2 reduziert. Dies ist im Vergleich zu den früheren Bestimmungen ein um den Faktor 10 geringerer Wert.

Noch strengere Maßstäbe werden in China bezüglich des Mikrowellen- Standards[550] angelegt. Im Vergleich zu den USA und den meisten anderen westlichen Ländern, die eine maximale Strahlungsbelastung für Mikrowellenstrahlung in der Größenordnung zwischen 2,5–100 mW/cm^2 als zulässig gesetzlich verankert haben, wurde in China diese höchste Belastungsgrenze nochmals deutlich tiefer angesetzt. Man entschloß sich

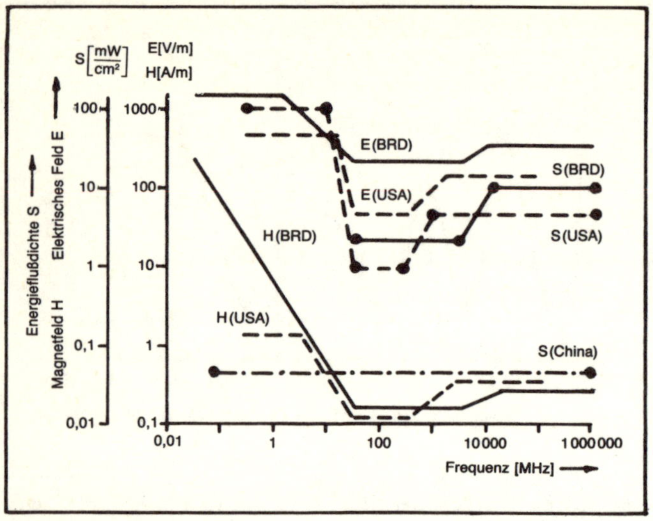

107 Mikrowellen-Standard. Die zulässigen Belastungsgrenzen für die Energieflußdichte S, das elektrische Feld E und das Magnetfeld H, für verschiedene Länder (—— BRD, --- USA, -·-· China) in Abhängigkeit von der Frequenz.

dort zur Einführung einer höchstzulässigen Strahlungsdichte von 50 Mikrowatt pro cm^2 als frequenzunabhängigen Standardwert für Mikrowellenbestrahlung. In der UdSSR gelten im Frequenzbereich 300 MHz bis 300 GHz sogar als Grenzwerte nur 10 Mikrowatt pro cm^2.

Vergleichbar mit den Bestimmungen in den USA sind die neuesten Richtlinien bezüglich des Mikrowellen-Standards[551] in der Bundesrepublik Deutschland. Zur Festlegung der Grenzwerte für die Gefährdung von Personen durch elektromagnetische Felder wurde dabei von zwei unterschiedlichen Konzepten ausgegangen: Für Frequenzen über etwa 2 MHz (Bereich I) sind Gefahren aufgrund von Wärmewirkungen grenzwertbestimmend und für Frequenzen unter 30 kHz (Bereich II) wurde die Möglichkeit einer Wechselwirkung elektromagnetischer Felder mit Nervenzellen nicht ausgeschlossen. Im Bereich I gilt als geringster Wert 2,5 mW/cm^2 für eine maximal zulässige Leistungsflußdichte.

2.7.2 *Modulierte Hochfrequenz- und Mikrowellenfelder:* Faßt man die Erkenntnisse über die biologische Wirkung niederfrequenter elektromagnetischer Felder (ELF- und VLF-Bereich) einerseits und die der Hochfrequenzfelder andererseits zusammen, so führt dies folgerichtig zur Anwendung niederfrequent modulierter Hochfrequenzfelder, einer Kombination der beiden Feldtypen. Man bekommt so die Möglichkeit, Energien des niederfrequenten Bereichs, der die sogenannten biologischen Frequenzen umfaßt, durch eine bewußt ausgewählte Frequenz einer Hochfrequenzträgerenergie lokal gezielt anzuwenden, wie es von Hartmann et al.[218] beschrieben wurde.

Diese Zusammenhänge erkannten offenbar auch Bawin et al.[219], und deshalb dürften ihren Untersuchungen eine besondere Bedeutung zuzumessen sein. Zur Erforschung der biologischen Wirksamkeit von schwachen (1 mW/cm^2 oder weniger) elektrischen Feldern verwenden sie die sinnvolle Kombination eines Hochfrequenzträgers (147 MHz) mit Signalinformationen der Frequenzen 0,1 bis 100 Hz. Die Wirksamkeit solcher entsprechend amplitudenmodulierter Felder wurde an Katzen untersucht. Sie unterlagen einem Training, alle 30 Sekunden aufgrund eines Lichtblitzes einen spezifischen Impuls im Gehirn zu erzeugen, der mittels ihres EEG's registriert wurde. Die Wirkung des Feldes wurde durch Vergleich mit einer entsprechenden Kontrollgruppe überwacht. Dabei zeigte sich, daß die bestrahlten Tiere einen markanten Unterschied zur Kontrollgruppe bezüglich Leistungsfähigkeit, Genauigkeit der verstärkten Muster und Resistenz gegen deren Auslöschung aufwiesen (mindestens 50 Tage gegenüber 10 Tage bei den Kontrolltieren). Die Untersuchung der spezifischen Wirkung der Modulationsfrequenz in einem weiteren Experiment ergab eindeutig: Felder wirken nur dann als »Verstärker« (Anstieg der Anzahl von Erscheinungen spontaner Rhythmen), wenn die Modulationsfrequenz nahe bei den in Beziehung zu den durchgeführten Experimenten stehenden, biologisch dominierenden Frequenzen des natürlichen EEG's lag.

Eine Auswirkung von Langzeitbestrahlung mit gepulster Zentimeterwellenenergie auf den Blutdruck ergab sich gemäß Gordon[220] bei Experimenten mit Ratten. An 220 Tieren, aufgeteilt in vier Experimentiergruppen und einer Kontrollgruppe, wurde jeweils Dezimeter-, 10-Zentimeter-, 3-Zentimeter- und Millimeterwellen-Bestrahlung vorgenommen. Die Intensität für alle Gruppen betrug 10 mW/cm^2, die Dauer der Bestrahlung 1 Stunde pro Tag. Die Behandlung erfolgte über 6 bis 8 Monate. Die Dezimeter- und Zentimeterwellen-Bestrahlung zeigte eine Zweiphasenreaktion des Blutdrucks: Ein Anstieg in den ersten Wochen der Bestrahlung, gefolgt von einer kontinuierlichen Reduzierung von der 20. bis zur 24. Woche. Im Fall der 3-Zentimeter- und Millimeterwellen war jedoch nur eine Phase zu beobachten — ein Rückgang des Blutdrucks, welcher innerhalb der ersten Wochen der Bestrahlung begann. Ein Vergleich der Effekte, die durch gepulste oder andauernde 10-Zentimeterwellen erzeugt wurden, ergab keinen Wirkungsunterschied.

Zwischen der Behandlung mit Millimeter- beziehungsweise mit Zentimeterwellen ergaben sich Unterschiede bezüglich der für die Bestrahlung benutzten Intensität. Eine Bestrahlung mit 3-Zentimeterwellen bei einer Intensität von 1 mW/cm^2 zeigte praktisch keinen Effekt, und auch der Anstieg der Intensität von 10 auf 40 — 100 mW/cm^2 blieb fast ohne Einfluß. Dezimeter- und Zentimeterwellen führten hingegen bereits bei einer Intensität von 1 mW/cm^2 zu Reaktionen; dabei fiel als Besonderheit die reduzierte Wirksamkeit der 10-Zentimeter-Wellen auf, wenn deren Intensität um den Faktor 10 gesteigert wurde.

Effekte gepulster Mikrowellenstrahlung wurden von Tanner[221] auch an Vögeln studiert. Er ging von der Vermutung aus, daß nicht nur Mikrowellenstrahlung thermisch biologisch wirke, sondern auch induzierte, elektrische Ströme die Aktivität des Nervensystems der Tiere beeinflusse. Tierisches Gewebe absorbiert Mikrowellenstrahlung diffus, und da solches Gewebe Membranzwischenschichten enthält, welche Halbleitereigenschaften besitzen, kann ein Polarisationseffekt auftreten. Tritt die Mikrowellenstrahlung in gepulster Form auf, dann werden die hierbei entstehenden elektrischen Ströme mit dem entsprechenden Tastverhältnis moduliert. Hinzu kommt die Möglichkeit, daß die Mikrowellenstrahlung einen von der Eindringtiefe der Strahlung abhängigen Effekt auf das Nervensystem der Tiere ausübt.

Zur näheren Erforschung dieses Problems wurden 14 Wochen alte Hühner mit einer Leistung von 10 bis 30 mW/cm² bei einer Frequenz von 16 000 MHz bestrahlt, wobei eine Impulsmodulation von 8000 Impulsen/Sekunde zum Einsatz kam. Mit Hilfe einer Hornantenne war es möglich, die zur Bestrahlung verwandte Mikrowellenenergie von oben, von der Seite und von unten einwirken zu lassen. Es zeigte sich nun Folgendes: Die Strahlung war nur wirksam, wenn sie von oben kam. Gleichgültig, ob dabei der Kopf oder der Körper abgeschirmt war, ergab sich bei den Hühnern immer eine Sekunde nach dem Beginn der Strahlung eine Streckaktivität eines Flügels oder eines Beines. Aufgrund der geringen Feldintensität und der kurzen Bestrahlungszeit (weniger als 60 Sekunden) ist die Erzeugung von Wärme als Kausalfaktor für die Manifestation der Streckenaktivität ausgeschlossen. Denn Mikrowellenstrahlung kann in biologischen Systemen sowohl thermische als auch nicht-thermische Effekte erzeugen. Der thermische Effekt manifestiert sich primär in einem Anstieg der Temperatur des irritierten Systems und ist begleitet von physiologischen Reaktionen, die von der Intensität und der Dauer der Strahlung abhängen. Durch Resonanzabsorption und induzierte elektromotorische Kräfte können auch nicht-thermische Effekte Veränderungen in der Zellstruktur verursachen, die oft, wenn Nervenstrukturen mitbetroffen sind, von spezifischen Verhaltensweisen der betroffenen Lebewesen begleitet werden.

Vögelschwärme in der Nähe von Start- und Landebahnen stellen für die Luftfahrt eine gewisse Gefahr dar. Tanner[222] prüfte daher durch Experimente, ob die Vögel nicht mit Hilfe von Mikrowellenstrahlung zum Verlassen dieser kritischen Aufenthaltsstellen veranlaßt werden könnten, und wie bei ihnen eine möglichst wirkungsvolle Fluchtreaktion auszulösen sei. Man bestrahlte deshalb Hühner zu Testzwecken mit einem 9,3 GHz-Feld, das mit 416 Impulsen/Sekunde, bei einer Pulsbreite von 2,3 msec, getastet war. Die von einer Hornantenne abgegebene Spitzenleistung betrug 94 kW, die durchschnittliche Leistung 90 W. Die Eichung der Feldintensität in einem Testkäfig in einer Höhe von etwa 15 cm über dem Boden ergab durchschnittlich 46 mW/cm². Sowohl bei jungen als auch bei voll ausgewachsenen Hühnern zeigten sich dabei folgende Reaktionen: Seitliche Bestrahlung führte sowohl für den betroffenen Flügel wie auch für das Bein zu einem kraftlosen Zustand, während auf der entgegengesetzten Seite ein Ausstreckungseffekt zu beobachten war. Die Hühner erhoben ihre Köpfe und orientierten sie in Richtung der stärksten Stelle des Feldes. Waren die Hühner durch die dem Experiment vorangehenden Handlungen bereits aufgeregt, so liefen sie teilweise am Rand der gebündelten Strahlung entlang, sie wechselweise mit einer Seite des Körpers tangierend. Die unterschiedlichen Reaktionen der Tiere hingen davon ab, welcher Teil der Oberfläche des Tieres in den Bestrahlungsbereich gekommen war. Nur bei Bestrahlung von unten zeigte sich bei den Tieren kaum eine oder gar keine Reaktion. Andernfalls gab den Anstoß zu einer Lageänderung immer ein Anregungseffekt, der bei Vögeln eine Flugänderung oder gar eine Art Zusammenbruch herbeiführen könnte.

Von ausführlichen Untersuchungen an einem Nerven-Muskel-Präparat in Hochfrequenzfeldern der Frequenz 3000 MHz berichtet Kamenski[223]. Er verwandte sowohl ein Dauerfeld der Intensität zwischen 10—1000 mW/cm² als auch ein getastetes Feld mit einer Pulsdauer von 1 μsec und einer Pulsfolgefrequenz von 100—700 Hz mit einer mittleren Intensität von ungefähr 10 mW/cm².

Doch benutzte er auch Gleichstromimpulse mit einer Dauer von 0,1—1 μsec bei einer Anwendungshäufigkeit von 2 Impulsen/Sekunde. Er kam zu folgenden Ergebnissen:

1. Das kontinuierliche Hochfrequenzfeld erwärmte den Nerv um 2° C innerhalb von 30 Minuten, was nur zu einem Anstieg in der Geschwindigkeit der Erregungsleitfähigkeit führte. Bei höheren Feldintensitäten stieg dieser Effekt noch weiter an. Zusätzliche Überlegungen und Untersuchungen ergaben, daß der Effekt entgegen aller Erwartung nicht thermischer Natur ist.
2. Experimente mit gepulsten Hochfrequenzfeldern, die den Nerv ebenfalls um 2° C innerhalb von 30 Minuten erwärmten, führten zu einem Anstieg der Erregbarkeit (Erniedrigung der Erregbarkeitsschwelle).

Auch Presman[72] lieferte im Zusammenhang mit genetischen Effekten einen Beitrag zur Frage der Wirkung modulierter elektromagnetischer Felder.

Mit Feldern der Frequenz 5—40 MHz, Pulslänge 15—50 μsec, Pulsrate 500—1000 Impulse/Sekunde und Feldstärkewerte 250—6000 V/m bei einer Bestrahlungsdauer von 5 Minuten wurde ein Einfluß auf die Chromosomen von Knoblauch festgestellt. Ferner zeigte sich bei einer größeren Serie von Untersuchungen die Wirksamkeit solcher elektromagnetischer Felder auf Bakterien bei der Frequenz 31 MHz und auf Sporen bestimmter Penicillinstämme im Frequenzbereich zwischen 2 MHz und 11 MHz.

Bei der Behandlung ausgewachsener Taufliegen (Drosophila) mit Feldern der Frequenz von ungefähr 25 MHz enthielt die erste Generation achtmal mehr Weibchen als Männchen, während eine Bestrahlung mit 30 MHz-Feldern zu einer Veränderung in der zweiten Generation führte. Hier gab es doppelt so viele Männchen als Weibchen.

Alle diese durch elektromagnetische Felder erzeugten Auswirkungen entstanden insbesondere bei einer ganz bestimmten Kombination der verschiedenen Behandlungsparameter. Diese lagen innerhalb folgender Bereiche: Frequenz 1—250 MHz; Impulslänge 1—10 μsec; Impulsrate 30—10 000 Impulse/Sekunde und Feldstärke (der Impulse) zwischen einigen 100 V/m bis zu einigen 10 kV/m. Sie waren so bemessen, daß keine signifikante Erwärmung bei den Objekten auftreten konnte; Frequenz und Feldstärke kamen dabei in Übereinstimmung mit dem gewünschten Effekt zum Einsatz. Bei der Erzeugung der Felder in Luft hatten die Versuchsobjekte keinen direkten Kontakt mit den das Feld erzeugenden Elektroden.

Dieses Kapitel sei abschließend noch durch folgende Information ergänzt. Aus einer interessanten Zufallsentdeckung amerikanischer Wissenschaftler[224*] im Rahmen einer experimentellen Studie über die Strahlungsgefährdung des Menschen durch hochfrequente Energien geht hervor, welche Bedeutung der weiteren Erforschung der biologischen Wirksamkeit elektromagnetischer Felder in Zukunft zukommen könnte. Eine Versuchsperson gab an, daß sie die für die Untersuchungen benutzten Signale, elektromagnetische Wellen mit der Wellenlänge 3,6 cm und 10 cm, ohne Hilfsmittel wahrnehmen würde. Dies war der Anlaß, mit mehreren Versuchspersonen Experimente mit 1 mW starken Impulsen (Modulationsfrequenz 100—1000 Hz) durchzuführen, wobei mit Kupferplatten, die als Abschirmung dienten, die Strahlung »ein-« beziehungsweise »ausgeschaltet« wurde. Nach den Angaben konnte dabei genau der Augenblick der Verwendung einer Abschirmung angegeben werden oder der Änderung der Frequenz der Impulsmodulation. Hinweise bezüglich möglicher Erklärungen für diese Effekte wurden nicht gegeben.

2.8 Infrarotstrahlung, Licht, UV-, Röntgen- und Gamma- Strahlung, Photonen, Neutronen

Die Infrarotstrahlung ist als Wärmestrahlung allgemein bekannt. Die Haut funktioniert beispielsweise hier als »Strahlungsdetektor« (Kachelofeneffekt).

Chemische und physikalische Reaktionen durch Feldeinwirkung:

Seit 1935 beschäftigte sich Piccardi[225] mit der Wirkung extraterrestrischer Strahlung auf chemische Reaktionen. 1936 beobachtete er, daß ein über Reaktionsgefäße gebreiteter Kupferschirm die darin stattfindenden chemischen Reaktionen verändern kann, weil vermutlich bestimmte Strahlen absorbiert werden, welche den Reaktionsablauf beeinflussen können. Zum Beweis untersuchte Piccardi[225] die Ausfällung eines Polymerisationsprodukts aus einer Lösung von monomerem Acrylnitril in Wasser. Die Lösung wurde dabei in mehrere Gläschen gefüllt und die Hälfte der Gläschen mit einem 0,1 mm dicken Kupferschirm abgedeckt. Es zeigte sich, daß in 80 von 108 Experimenten das Gewicht des ausgefällten Polymers in den Gefäßen unter dem Schirm geringer war als in den nicht abgeschirmten Gefäßen.

In einer weiteren Versuchsreihe mit 1000 Einzelversuchen beobachtete Piccardi[225] die Ausfällung von Wismutylchlorid. In 1000 Kontrollversuchen ergab sich eine Gaußsche Verteilungskurve, wenn untersucht wurde, wie oft in 10 rot gekennzeichneten Reaktionsgläschen die Sedimentation von Wismutylchlorid schneller erfolgte als in anderen zehn blau gekennzeichneten Gläschen. Wurden dagegen die rot markierten Gläschen mit einem Kupferschirm abgedeckt, so erfolgte in etwa 70 % dieser Gläschen die Sedimentation schneller als in den blau gekennzeichneten Gläschen. Nach Piccardi[225] zeigen diese Versuche, daß chemische Reaktionen durch äußere (möglicherweise extraterrestrische) Umweltfaktoren beeinflußt werden. Im Hinblick auf diese Untersuchungen war die Frage von Interesse, inwieweit es möglich ist, eine einfache chemische Reaktion (entsprechend dem Piccardi-Test) durch künstlich erzeugte elektromagnetische Strahlung verschiedener Wellenlänge im Laboratorium zu beeinflussen. Hierüber berichten Eichmeier und Büger[226]. Sie studierten die Wirkung von Infrarotstrahlung, sichtbarem Licht, UV-, Röntgen- und Gamma-Strahlung auf die Koagulationsgeschwindigkeit von BiOCl entsprechend der Testreaktion nach Piccardi[225] und machten zusätzliche Versuche mit Kupfer- und Bleiabschirmungen. Hierbei zeigte sich Folgendes. Die Koagulation wird durch IR-Strahlung sowie durch Kupfer- und Bleiabschirmung beschleunigt, durch UV-, Röntgen- und Gamma-Strahlung dagegen verzögert. Bei sichtbarem Licht war kein so deutlicher Effekt erkennbar. Die Beobachtungen können vermutlich durch die Wirkung der elektromagnetischen Strahlen erklärt werden, die die den Koagulationsmechanismus steuernde Hydrathüllenbildung an der Oberfläche der bei der Reaktion entstehenden BiO^+-Ionen beeinflußt.

Ebenfalls wegen der von Piccardi[225] berichteten Fällungsreaktionen in verschiedenen kollodialen Systemen und um Zusammenhänge mit der elektromagnetischen Strahlung natürlichen Ursprungs näher zu klären, führten Fischer et al.[227] ausgewählte Experimente mit künstlich erzeugten Feldern durch. Man erhoffte sich dadurch neue Erkenntnisse über die Reaktionsvorgänge in den beschriebenen Prozessen. Zu diesem Zweck wurde einmal der Sedimentationsvorgang von Silicon-Dioxid in Caliumlauge unter dem Einfluß verschiedener elektrischer und magnetischer Felder studiert (desgleichen für Wismuth-Chlorid). Aufgrund einer Behandlung mit Feldern zeigten sich maximale Effekte im Bereich um 10 kHz und zwischen 10 MHz und 100 MHz, dem ein Minimum bei 500 MHz folgt. Hieran schließt sich ein steigender Effekt an bis zu Frequenzen von ca. 50 GHz (rund 6 mm Wellenlänge).

Bei weiteren Experimenten wurde nur das für die Fällungsreaktion verwendete Wasser vorher einem elektromagnetischen Feld ausgesetzt und der erzielte Effekt auf die Fällungsreaktionen frequenzabhängig beobachtet. Nahe 10 kHz war ein deutliches Minimum zu beobachten, dem sich ein ausgeprägtes Maximum anschloß, das sich bis zu 100 kHz erstreckte. Diesem folgte wiederum ein breites Minimum zwischen 1 MHz bis 10 MHz. Zwischen 10 und 500 MHz ist letztlich eine steigende Tendenz des Effekts zu erkennen, die wohl auf der elektrophoretischen Beweglichkeit von Silizium-Dioxid (Kieselerde) beruht.

In diesem Zusammenhang fand auch ein Test des spezifischen elektrischen Widerstandes statt. Die Behandlung von Wasser mit elektromagnetischen Feldern der Frequenzen im Bereich zwischen 10 Hz und 10 KHz ergab dabei im Bereich zwischen 100 Hz und 5000 Hz ein Minimum des elektrischen Widerstandes des Wassers. Diesem schloß sich bei 10 kHz ein ausgeprägtes Maximum an, gefolgt von einem weiteren flachen Minimum bei etwa 1 MHz. Ein weiteres, relativ scharfes Maximum der elektrischen Leitfähigkeit des Wassers zeigte sich bei dessen Behandlung mit elektromagnetischen Feldern der Frequenzen um 200 MHz. Diese Versuche stimmen mit den Resultaten überein, die Presman[72], Dardymov et al.[133] und Varga[134] bei ähnlichen Versuchen erzielten (siehe auch Abschnitt C 2.3).

Zusammenfassend wird festgestellt: Elektromagnetische und elektrische Wechselfelder im Intensitätsbereich von 1 V/m bis 10^4 V/m beziehungsweise 3,75 mTesla (37,5 Gauß), die auf kolloidale Systeme oder deren Suspensionsmedien einwirken, führen offenbar zu einem Anstieg der Sedimentationsrate, der elektrophoretischen Beweglichkeit, des spezifischen Widerstands, von Viskosität und Schock-Gefriertemperatur, während magnetische Felder und statische elektrische Felder wohl eine Verlangsamung der Sedimentationsrate verursachen. Informationen über den Effekt von höherfrequenten Feldern auf die physikalischen Eigenschaften des Wassers liegen ferner von Plaskin[228] vor. Die Exposition des Wassers in Feldern der Frequenzen zwischen 100 kHz und 8 MHz während 30 Minuten führte zu einem Anstieg der optischen Dichte von Wasser im Bereich zwischen 380—691 nm (10^{-9} m). Valfre et al.[229] berichten noch, daß das Gewicht von Meerschweinchen und Mäusen, welche nur Wasser erhielten, das mit einem elektromagnetischen Feld der Frequenz von 10 kHz aktiviert worden war, im Vergleich zu Tieren, die normales Wasser erhielten, abnahm. Ein ähnlicher Effekt zeigte sich in der zweiten Generation der Tiere, auch wenn diese wieder normales Wasser bekamen. Zudem war während Perioden solarer Aktivität der durch das behandelte Wasser erzielte Effekt besonders ausgeprägt.

Natürliches und künstliches Licht. Die Wirkung des natürlichen und künstlichen Lichtes über das Auge auf den Hormon- und Stoffwechselhaushalt des Menschen wurde von Hollwich et al.[514] untersucht. Demnach läßt sich eine deutliche stimulierende Wirkung des Lichtes auf den menschlichen Hormonhaushalt über den Hormonspiegel bei Blinden im Vergleich mit praktisch Blinden und normal Sehenden sowie mittels Hormonbestimmungen unter gesteigerter Kunstlichteinwirkung erkennen. Die Wirkung des Lichtes verläuft hierbei über eine intakte Lichtperzeption des Auges »via energetischer Anteil« der Sehbahn. Die Steigerung der Intensität künstlichen Lichtes durch Leuchtstoffröhren führte zum »Lichtstreß«, nachweisbar durch gesteigerte Hormonproduktion insbesondere des Streßhormons »Cortisol«. Die Ansicht, daß Kunstlicht dem Tageslicht gleich ist und dieses voll ersetzen kann, ist in medizinischer Hinsicht demnach unzutreffend und korrekturbedürftig.

UV-Strahlung: Nach einem Bericht des Bundesgesundheitsamts[583*] ist eine Zunahme des malignen Melanoms (Hautkrebs) in der Bundesrepublik Deutschland von vier auf etwa zwanzig pro hunderttausend Personen in den letzten 5 bis 7 Jahren festzustellen. Dieses Ansteigen wird mit dem Wunsch der Bevölkerung nach Bräune, die durch ausgedehnte Sonnenbäder und durch den häufigen Gebrauch von künstlichen UV-Strahlenquellen erlangt oder erhalten werden soll, in Verbindung gebracht.

Bei einer Untersuchung wurden die eingesetzten Bräunungsgeräte über die wellenlängenabhängige biologische Wirkung der UV-Strahlung in Bezug auf das Erythem und die Pigmentierung bewertet. Unter dieser Voraussetzung ergab die Bestrahlung durch Höhensonnen und Vital-Solarien ein im Vergleich zur Bestrahlung durch die Sonne erhöhtes Risiko.

Im Zusammenhang mit den Ergebnissen neuerer Tests schälte sich nun folgendes heraus. Eine zusätzliche UVA-Bestrahlung (zum Beispiel mittels Solarium, was alleinig kein nennenswertes Risiko darstellt) kann die durch eine geringe UVB-Bestrahlung bedingte Hautkrebsrate erhöhen. Deswegen spricht einiges dafür, daß auch der Gebrauch von UVA-Solarien bei zeitlich parallel stattfindender UVB-Exposition durch die Sonne mit einem erhöhten Melanomrisiko verbunden ist (siehe hierzu auch Tabelle 14).

Strahlungsquelle	I(ery)	T(med)	I(dpd)	T(mpd)
Höhensonne	188 μW/cm	3 min	610 μW/cm	280 min
Vital Solarium	60 μW/cm	10 min	655 μW/cm	250 min
UVA Solarium	6,4 μW/cm	100 min	19 μW/cm	9 min
Sonne (DIN 5050)	18 μW/cm	30 min	4,2 μW/cm	40 min

Tabelle 14 Erythem- und Pigmentierungswirksamkeit für drei unterschiedliche zur Bräunung benutzte UV-Strahlenquellen im Vergleich zur Sonne, nach Bundesgesundheitsamt. *I(ery) die vom Strahler im Bestrahlungsabstand erzeugte erythemwirksame Bestrahlungsstärke, I(dpd) die für die direkte Pigmentierung wirksame Bestrahlungsstärke, T(med) Bestrahlungsdauer, die für eine minimale Erythemdosis notwendig ist, T(mpd) die Dauer für eine minimale Pigmentierungsdosis.*

Photonenstrahlung biologischer Systeme. Es ist offensichtlich der Nachweis gelungen, daß von aktiven biologischen Systemen eine extrem schwache Photonenstrahlung ausgeht (Popp et al.[526 527]). Je nachdem, ob es sich dabei um Pflanzen oder um tierisches Gewebe als Strahler handelt, waren unterschiedliche Strahlungsintensitäten gemessen worden. Es lag nahe, diese neuen Kenntnisse zu einer Methode weiterzuentwikkeln, die es erlaubt, biologische Zustände von Pflanzen objektiv meßbar zu machen. Teubner et al.[531] berichten von signifikanten Unterschieden in der Strahlenemission von Pflanzen in Abhängigkeit von ihren Wachstumsbedingungen. Hierbei wurden zum Beispiel auch der unterschiedliche Einfluß von Kunstdünger oder Naturdünger getestet. Die Methode kam zunächst an einer Heilpflanze und an verschiedenen Früchten zur Erprobung. Die Ergebnisse zeigen bei einer biologischen Düngung eine um den Faktor 2 bis 3 intensivere Photonenstrahlung der untersuchten Proben.

Erstaunliche Ergebnisse über die Möglichkeit, daß lebende Zellen durch Photonen — und zwar durch Licht im ultravioletten Bereich — Informationen weitergeben können, wurden von Kasnatschej et al.[407°] berichtet.

In zwei Gefäßen aus Quarzglas wurden lebende Zellen in geeigneten Nährlösungen kultiviert. Die Gefäße berührten einander mit den Wänden. Dann wurde eine der Zellkulturen mit einem Virus angesteckt: Fast gleichzeitig erkrankten die Zellen der Nachbarkolonie. Das gleiche geschah, wenn die Zellen tödlichen Dosen von ultravioletten Strahlen ausgesetzt oder mit Sublimat (Quecksilber-II-Chlorid) vergiftet wurden. Jedesmal erkrankten auch die Nachbarzellen, die doch eigentlich durch Quarzglas vor den Auswirkungen der vergifteten Zellen hätten geschützt sein müssen, mit genau den gleichen Symptomen. Nur wenn statt Quarzglas normales Glas als Wandmaterial benutzt wurde, blieben die Nachbarzellen unbeeinflußt.

108 Kosmische Strahlenbelastung (Ionisierungs- und Neutronenkomponente) in Abhängigkeit von der Höhe in der geographischen Breite der Bundesrepublik Deutschland. Auf der Zugspitze ist die kosmische Strahlung fünfmal stärker als in Hamburg, nach Bonka.

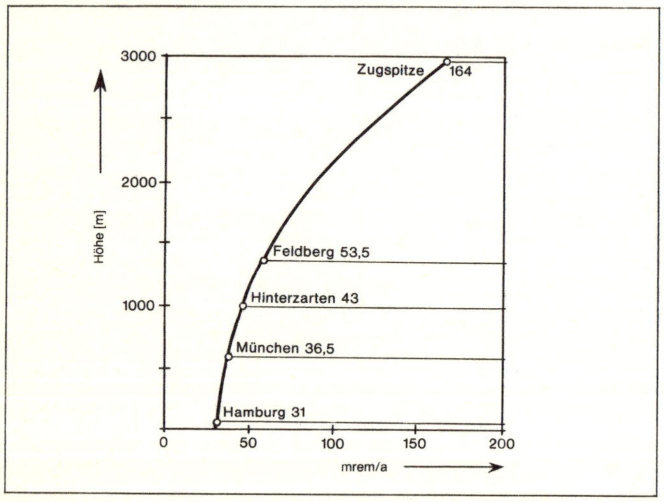

Röntgen- und Gammastrahlung. Nutzen und Schädlichkeit derartiger Strahlung – als Sammelbegriff auch mit »Ionisierende Strahlung« bezeichnet – ist allgemein hinreichend bekannt. Eine sehr interessante Untersuchung führte Bonka[373°] über die Strahlenbelastung in der Bundesrepublik Deutschland durch. Wie bereits an anderer Stelle ausführlich erläutert, sind radioaktive Nuklide in der Erdrinde, die α-, β- und γ-Strahlung aussenden, die Ursache dieser Strahlung, sowie primäre kosmische Strahlung, die in der Atmosphäre eindringt.

Untersucht man die Strahlenbelastung für den Menschen, so teilt man die gesamte natürliche Strahlenbelastung sinnvollerweise nach ihrem Ursprung in kosmische, terrestrische und innere (körpereigene) Anteile auf: Zu der kosmischen Komponente gehört der Beitrag, der direkt durch geladene Teilchen aus dem Weltall hervorgerufen wird, beziehungsweise durch sekundäre geladene Teilchen (zum Beispiel Elektronen) entsteht, die ihrerseits auf Reaktion der primären Teilchen mit der Luft zurückzuführen sind. Unter der terrestrischen Komponente versteht man den Anteil, der durch die vom Erdreich und der Bebauung ausgesandten γ-Strahlung bewirkt wird. Die innere Strahlenbelastung ist schließlich der Anteil, der durch Zerfall der im menschlichen Körper über Nahrungsaufnahme und Einatmung inkorporierten natürlichen Radionuklide wie Tritium, Radiokohlenstoff, Kalium-40 und andere entsteht.

Die kosmische Strahlenbelastung hängt in der geographischen Breite der Bundesrepublik Deutschland praktisch allein von der Höhe über dem Meeresspiegel ab, wie dies zum Beispiel Abbildung 108 zeigt. Die mittlere terrestrische Strahlenbelastung außerhalb von Städten schwankt zwischen 30 bis 45 mrem/a (beispielsweise in Oberbayern, Niederbayern, Württemberg und im Raum Frankfurt/Köln) und den Maximalwerten von 105—150 mrem/a (Bayerischer Wald, Schwarzwald); der Mittelwert für die gesamte Bevölkerung beträgt etwa 55 mrem/a. Die mittlere natürliche Strahlenbelastung der Bevölkerung liegt im Bereich zwischen 95 und 125 mrem/a, mit Extremwerten von 65 und 300 mrem/a.

Über die Bedeutung der Partikelstrahlung bezüglich der Anfälligkeit der Gene berichtete Searle[479°]. Im Zusammenhang mit einer Testreihe bei 100 000 Mäusen ergab sich, daß bei den Tieren nach Neutronenbeschuß Mutationen 20mal häufiger als nach langdauernder Gammabestrahlung und 5mal häufiger als nach Röntgenbestrahlung festgestellt wurden. Die Tiere waren den Neutronen jeweils 3 Monate lang ausgesetzt. Dominante Mutationen traten bei einer von 2000 Mäusen auf. Es waren dies vor allem veränderte Farben des Pelzes, krauses Fell, Ringelschwanz, verkrüppelte Gliedmaßen und Ohren sowie ungewöhnliche Augenfarben. Wurden Mutationsträger gekreuzt, kamen durchwegs nur tote Junge zur Welt. Bei Tieren, die kurzfristiger aber hochdosierter Neutronenstrahlung ausgesetzt waren, zeigten sich erheblich weniger Defekte der Gene.

Über Chromosomenschäden durch schwache Radioaktivität wird im Zusammenhang mit einer Untersuchung bei Werftarbeitern von Eckert[564] berichtet, die mit dem Wiederauffüllen von Reaktoren in Atom-Unterseeboten beschäftigt, einer Gamma- und Neutronenstrahlung ausgesetzt sind. Die Untersuchung der Lymphozyten bei 197 Werftarbeitern hat gezeigt, daß die Häufigkeit von Chromosomenschäden linear mit der Dosis anwächst. Die Ergebnisse führen zu dem Schluß, daß ein Dosis-Schwellwert für genetische Schäden nicht exisitert, das heißt, kleinste Dosen bereits zu Schäden führen können.

Wurde bisher die Emission aus Kernkraftwerken mit dem Waldsterben in Verbindung gebracht, so galt dies aufgrund einer Hausmitteilung 1/86 des Kernforschungszentrums Karlsruhe als »Hirngespinst«. Inzwischen gibt es jedoch gravierende Hinweise, daß die Radioaktivität in irgend einer Form im Zusammenwirken mit anderen Faktoren beim Waldsterben eine Rolle spielt (Reichelt[603]). Entsprechende, geländemäßig fein aufgelöste Untersuchungen ergaben, unter Berücksichtigung aller Nebenfaktoren, daß mit der in den USA schon angesprochenen Beeinflussung klassischer Schadstoffe, wie Schwefeldioxid, durch ionisierende Strahlung tatsächlich zu rechnen ist. Man spricht von der Bildung eines fotochemischen Smog, also von pflanzengiftigen Peroxiden und Ozon. Es werden in diesem Zusammenhang noch genauere Untersuchungen gefordert.

Neutronenstrahlung. Einen Überblick hinsichtlich der irreversiblen biologischen Wirkung von Photonenstrahlung (siehe hierzu auch Abbildung 8) im Vergleich zur Neutronenstrahlung gibt für den Bereich größerer Strahlungsenergie Abbildung 109. Für den Bereich der Photonenstrahlung gilt dies für den ultravioletten Teil der Sonnenstrahlung und darüber hinaus vor allem im Bereich der Röntgen- und Gammastrahlung, die für medizinische Diagnostik und Therapie seit 90 Jahren genutzt werden. Mit Neutronen wird maximale Wirkung bei Energien knapp unterhalb einer Million Elektronenvolt erreicht. Auch langsame Neutronen sind biologisch wirksam.

Hinsichtlich einer Therapiewirkung von energiereicher Strahlung geht man von folgender Vorstellung aus (Koester[570]). Physikalisch ist Strahlung ein Transport von Energie. Bei Bestrahlung wird Energie in die Tiefe des biologischen Gewebes transportiert. Die an einer Stelle aufgenommene Strahlungsenergie bezogen auf die Masseneinheit des Gewebes gilt als Maß für die absorbierte Strahlendosis. Bei der Bestrahlung wird die mit Teilchen oder Photonen quantenweise transportierte Energie ebenso portionsweise in Wechselwirkungen mit Atomen absorbiert.

Die masselosen Photonen der Röntgen- oder Gammastrahlung können mit den Atomen in Wechselwirkung treten, wobei ein negatives Elektron ausgesandt wird, das den größten Teil der Energie des Photons übernimmt. Der eigentliche Energieübertrag erfolgt über dieses Elektron. Beim Zusammenstoß des

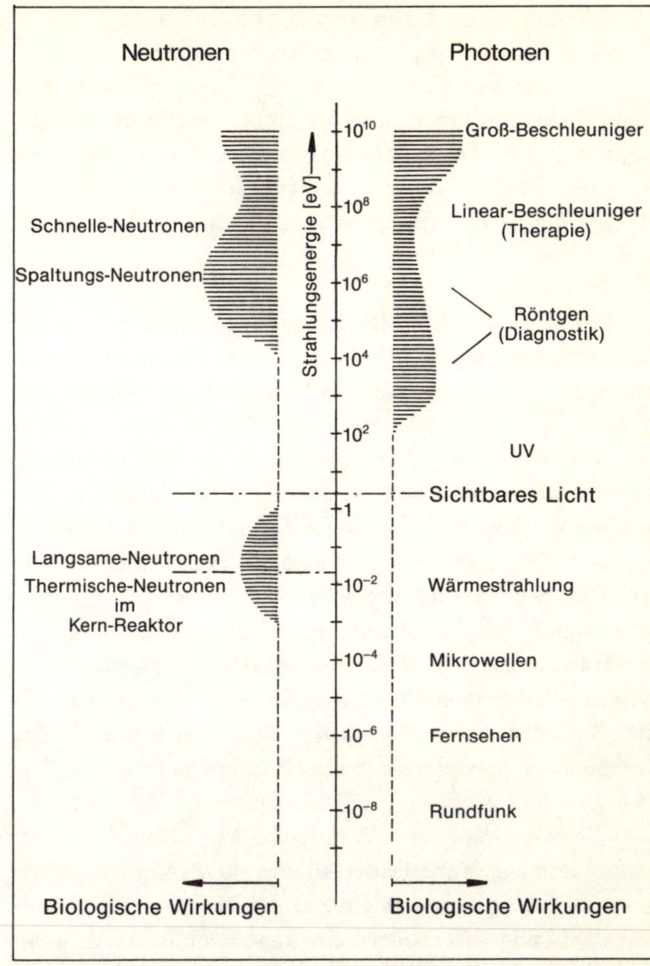

109 Relatives Ausmaß von biologischen Wirkungen (schraffierte Bereiche) und Zuordnung hinsichtlich der Strahlungsenergie (Elektronenvolt) der Strahlung von Neutronen und von Photonen, ergänzt mit den üblichen Bezeichnungen verschiedener Strahlungsenergiebereiche, nach Koester.

Elektrons mit einem Atom des Gewebes wird ein weiteres Elektron freigesetzt, wobei ein positives Ion zurückbleibt. Strahlung, bestehend aus schweren elektrisch geladenen Teilchen, wie Protonen, Pionen, Alpha-Teilchen oder aus schweren Ionen, wirkt ähnlich wie die Elektronenstrahlung, nur liegen die Stoßprozesse wesentlich dichter beieinander.

Das gilt auch für Neutronenstrahlung, die dadurch wirksam wird, daß das Neutron durch Stoß einen Teil seiner Bewegungsenergie auf einen Wasserstoffkern des Gewebes überträgt. Der Wasserstoffkern wirkt dann wie Protonenstrahlung, die im Gewebe entstanden ist. Langsame und schnelle Neutronen können außerdem mit Stickstoffatomen im Gewebe eine Reaktion eingehen, bei der energiereiche Protonen freigesetzt werden, die zu einer dichten Energieübertragung führen. Aus diesen Zusammenhängen resultiert eine radiobiologische Wirksamkeit der zur dichten Ionisation führenden Neutronenstrahlung, die 2–10mal oder mehr größer ist, als die Wirkung der Photonenstrahlung.

2.9 Allgemeine Bemerkungen zur biologischen Wirksamkeit elektromagnetischer Felder

2.9.1 *Wirkung:* Über die grundsätzlichen Wirkungen elektromagnetischer Felder, die bei experimentellen Untersuchungen mit biologischen Effekten entdeckt wurden, stellt Presman[72] für den ihm hauptsächlich bekannten hochfrequenten Bereich fest:

Welchen physiko-chemischen Prozessen unterliegen solche Effekte elektromagnetischer Felder auf Nervenzellen? Da immer noch verhältnismäßig wenig über die physiko-chemische Natur der Nervenanregung selbst bekannt ist, reicht das bisher vorliegende theoretische und experimentelle Informationsmaterial nicht aus, um diese Frage exakt beantworten zu können. Trotzdem ist es angesichts der experimentell über ein breites Frequenzband hin nachgewiesenen Empfindlichkeit von Nervenzellen gegenüber elektromagnetischen Feldern möglich, folgende Punkte festzuhalten:

1. Elektromagnetische Felder können in der Membran von Nervenzellen festgestellt werden, und daher ist nicht auszuschließen, daß bei verschiedenen Frequenzen eine direkte Komponente des gleichgerichteten Stromes, der durch äußere Felder erzeugt wird, zu einer Stimulation der Zellen oder zu einer Veränderung in ihrer Ansprechbarkeit führt.
2. Elektromagnetische Felder können die Beweglichkeit von Ionen beeinflussen, die im Prozeß der Nervenerregung mitverwickelt sind. Vibrationen der Ionen mit Frequenzen des äußerlich wirkenden Feldes werden auf deren Fähigkeit, in die Membrane der Nervenzellen einzudringen, Einfluß haben. Damit steuern sie deren Erregbarkeit.
3. Gewisse Vermutungen liegen nahe, daß die physikochemischen Eigenschaften des Wassers im Zusammenhang mit dem Zellenmechanismus eine Rolle spielen.
4. Diese Veränderung des Wassers könnte dann die Durchlässigkeit von Nervenzellenmembranen entsprechend bestimmen.
5. Elektromagnetische Felder können möglicherweise auch die sogenannte spontane Aktivität von Rezeptoren beeinflussen. Genaueres über diesen Effekt ist bisher noch nicht bekannt, jedoch ist er offensichtlich mit thermischen Störungen von Ionenprozessen in der Membran in Verbindung zu bringen.
6. Die additive Wirkung elektromagnetischer Kräfte auf gewisse Eigenschaften des Blutes deutet hier (wie auch bei einigen anderen biologischen Systemen) die Möglichkeit an, Information beziehungsweise irgendein Rauschsignal zu speichern.

Der Mechanismus der Wirksamkeit elektromagnetischer Felder auf die Regulation von physiologischen Prozessen im gesamten Organismus könnte jedoch auch von einem anderen Standpunkt her gesehen werden. Möglicherweise bestimmen die äußeren elektromagnetischen Felder die interne elektromagnetische Regulation, welche in verschiedenen Frequenzbereichen wirksam ist. Unter dem Gesichtspunkt dieser Hypothese wären elektromagnetische Felder in der Lage, die Funktion eines bestimmten Zweiges dieser Regulation zu beeinflussen beziehungsweise zu stören: Zum Beispiel durch Erhöhung von dessen Aktivität in Fällen, bei denen die Frequenz des einwirkenden elektromagnetischen Feldes nahe bei der natürlichen Frequenz dieser speziellen biologischen Struktur liegt oder durch Dämpfung beziehungsweise Reduzierung der Aktivität dieses Systems, wenn diese von einem Signal mit einer uncharakteristischen, also dem System fremden Frequenz ausgeht.

In Anbetracht seiner Untersuchungsergebnisse bei neurohumoralen Regulationsvorgängen zeigt Presman[72] für die Effekte elektromagnetischer Kräfte im gesamten Körper folgende gemeinsame Punkte auf:

1. Die Veränderungen im Organismus aufgrund von Behandlung mit elektromagnetischen Feldern sind nicht spezifisch.
2. Die Ursache der Veränderungen aufgrund der elektromagnetischen Kräfte liegt offenbar in ihrer Einwirkung auf verschiedene Teile des Nervensystems.
3. Wenn ein elektromagnetisches Feld auf einen ganz bestimmten Teil des Nervensystems einwirkt, ist die Art der Veränderung, die hierbei produziert wird, praktisch von der Frequenz unabhängig.
4. Die Art und die Größe der Veränderungen, welche aufgrund einer Behandlung peripherer Teile des Nervensystems mit elektromagnetischen Feldern entstehen, ist praktisch unabhängig von der Intensität der Felder. Gelangen jedoch Teile im Inneren des Körpers unter den Einfluß der Felder, dann hängen die erzielten Effekte offensichtlich primär von der Intensität der Felder ab. Es ist charakteristisch, daß das zentrale Nervensystem stärker auf relativ geringe Feldintensitäten als auf höhere Werte reagiert. In einzelnen Fällen ging dies sogar so weit, daß eine Reaktion überhaupt nur bei einer gewissen geringen Feldintensität auftrat, nach deren Steigerung hingegen vollständig ausblieb.
5. Wenn elektromagnetische Kräfte beziehungsweise Felder sowohl auf die zentralen als auch auf die peripheren Teile des Nervensystems wirken, gibt es gewöhnlich gewisse »Optimalintensitäten« (normalerweise zwei), bei denen die Reaktion des Feldes am stärksten ist. Die Reaktionsstärke variiert dabei in einfacher Weise mit der Dauer der Bestrahlung.
6. Die Reaktionen aufgrund von Feldbehandlungen unter gleichen Bedingungen haben zwei Phasen, die von der Intensität und von der Dauer der Behandlung abhängen: Bei geringen Intensitäten (oder kurzer Bestrahlungsdauer) sind die Änderungen im Organismus denjenigen bei hohen Intensitäten (oder langer Behandlungsdauer) entgegengesetzt.
7. Die Wirkung mehrfacher Behandlung mit Feldern ist im Organismus kumulativ, das heißt, sie addiert sich auf. In diesem Fall führt die Behandlung mit starken Feldern norma-

lerweise zu einer Anpassung im Zuge nachfolgender Behandlungen. Entsprechend schwache Felder verursachen hierzu im Gegensatz schrittweise größer werdende Veränderungen im Organismus. Diese durchlaufen dabei auch oft zwei typische Phasen. Der ganze Prozeß hängt jedoch letztlich von der Anzahl der Behandlungen ab.

2.9.2 *Bedeutung der Felder:* Die Einsichten über elektromagnetische Felder und die Regulation der Lebensaktivität von Organismen zusammenfassend, führt Presman[72] aus: Es gibt genügend experimentelle Beobachtungen und theoretische Argumente, welche direkt oder indirekt die Existenz von drei Arten informativer Zwischenverbindung in der Natur aufzeigen.

»Die Übertragung von Information von der äußeren Umgebung auf den Organismus,
informative Zwischenverbindung innerhalb der Organismen und
den Austausch von Informationen zwischen Organismen.«

Diese Verbindungen können offensichtlich nur im Zuge der Entwicklung der Organismen im Laufe der Evolution entstanden sein, durch die biologische Systeme mittels elektromagnetischer Felder in die Lage versetzt werden, Informationen zu empfangen, zu übertragen und diese Informationen wieder umzuwandeln. Solche Gedankengänge stimmen überein mit den Vermutungen von König und Ankermüller[81] bezüglich der in der Natur beobachteten 10 Hz-Schumann-Resonanzschwingungen und gewissen biologischen Rhythmen im gleichen Frequenzbereich (EEG, EKG, Muskelvibrationen usw.).

Zur Bestätigung dieser Hypothese können eine große Anzahl von Untersuchungsergebnissen zitiert werden, die statistisch gewisse Zusammenhänge zwischen der Sonnenaktivität und bestimmten biologischen Prozessen beweisen. Demnach besteht unter anderem zwischen Sonnenaktivität und der Anzahl von Gehirnhautentzündungen in New York eine Beziehung, oder zwischen Rückfällen bei Fieber im europäischen Teil der UdSSR. Auch dürfte eine Kopplung zwischen magnetischen Stürmen und der Anzahl der Todesfälle aufgrund von Nerven- und Kreislaufkrankheiten in Kopenhagen und Frankfurt am Main gegeben sein. Der Zusammenhang zwischen der »biologischen Uhr« und natürlichen elektromagnetischen Feldern gilt als ebenso eindeutig bewiesen wie die Orientierung lebender Organismen nach dem Tagesablauf des Erdmagnetfeldes oder des elektrischen Feldes; die Bewegungsaktivität von Schlangen in elektrostatischen Feldern oder im geomagnetischen Feld alleine; die Kopplung der über die Reaktionszeit zu messenden Leistungsfähigkeit an den Tagesgang natürlicher ELF-Signale; die Orientierung des Wurzelwachstums von Keimlingen im natürlichen magnetischen Feld; die statistisch gesicherte Abhängigkeit chemischer Reaktionen von astronomischen Daten und Konstellationen: Alle diese Fakten sprechen für eine Kopplung zwischen den äußeren elektromagnetischen Feldern und den inneren »Rezeptoren« in biologischen Systemen, die offenbar hierauf zu reagieren vermögen.

Über die Rolle anderer physikalischer Parameter (Schall, Ultraschall, Druck, Licht, Wärme usw.) als Informationsträger zwischen Organismen ist bereits viel bekannt, doch sind auch hier Strahlungen im Spiele. So können sich zum Beispiel Strudelwürmer sogar in schwachen Feldern von Gammastrahlung orientieren (nur 6mal stärker als der natürliche Strahlungspegel) und sind in der Lage, die Strahlungsquelle auszumachen.

Untersuchungen mit Ameisen erweisen die Möglichkeit einer Zwischenkommunikation, die auf ionisierender Strahlung beruht.

Jedenfalls ist die Vermutung begründet, daß elektromagnetische Felder der verschiedensten Frequenzen von Lebewesen auf viel breiterer Basis zur Signalübertragung verwendet werden, als man bislang gemeinhin annimmt. Dafür sprechen folgende Tatsachen:

1. Lebewesen sind höchst empfindlich gegen die meisten elektromagnetischen Felder, die insbesondere als bedingte Anregung für die Erzeugung von Reflexen dienen können.
2. Personen, die elektromagnetischen Feldern ausgesetzt werden, haben verschiedene Empfindungen; außerdem weisen einige Tiere spezielle Rezeptoren für solche Felder auf.
3. Elektromagnetische Felder der verschiedensten Frequenzbereiche wurden sowohl in der Nähe von isolierten Organen und Zellen als auch in nächster Nähe vollständiger Organismen beobachtet.

Zur Untermauerung dieser Behauptung sind beispielsweise die Phosphene (Näheres siehe hierzu in D 4.) anzuführen, die bei der Einwirkung elektromagnetischer Felder entstehen.

Auch akustische Empfindungen wurden durch elektromagnetische Energien ausgelöst. So konnten Personen, die einem pulsmodulierten elektromagnetischen Feld ausgesetzt waren, verschiedene Töne hören. Desgleichen weiß man, gewisse Fische reagieren auf verschiedene Arten von elektrischen Feldern.

Zudem war es möglich, nahe von Zellen und Organen das Entstehen elektromagnetischer Felder zwischenzeitlich nachzuweisen. So baut zum Beispiel ein Nerv, der sich in einem leitenden Medium befindet und angeregt wird, ein elektrisches Feld um sich herum auf. Bei Direktkontaktmessungen wurde Niederfrequenz- und Hochfrequenzabstrahlung im Bereich von 10 kHz bis 150 kHz während einer Muskelkontraktion beobachtet. Der größte Effekt war bei kleinen Muskeln festzustellen. Abbildung 110 zeigt das Ergebnis der kontaktlosen Messung von Feldern mittels einer Antenne, in einer Entfernung von ca. 1 cm vom Objekt angebracht (nach Malakhov et al.[230]).

Besonders überzeugende Messungen wurden von Gulyaev et al[231] bekannt. Mittels eines speziell entwickelten Tastkopfverstärkers war es möglich, elektromagnetische Felder in der

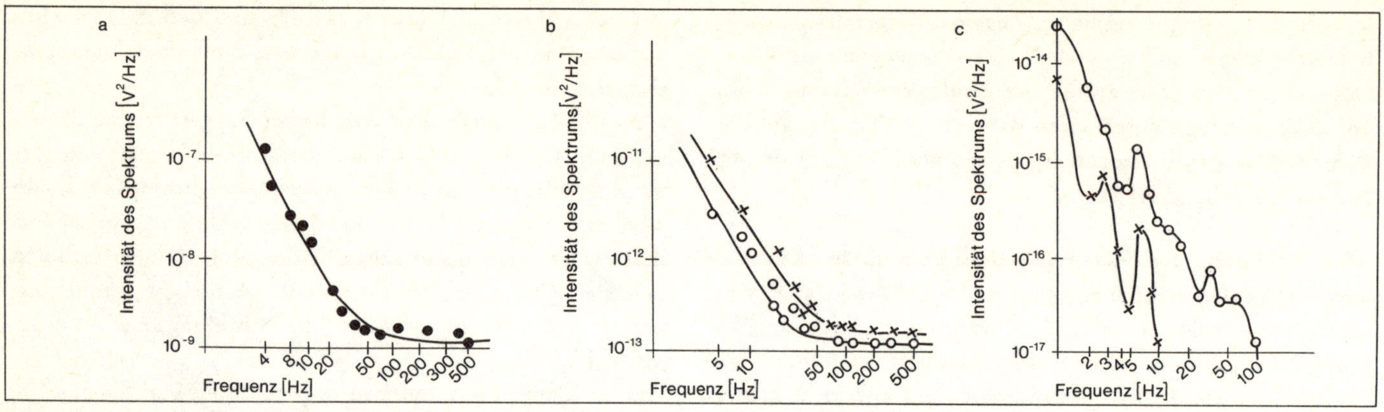

110 Messung der spektralen Charakteristiken von elektrischen Feldenergien lebender Organismen mittels Antenne über eine Entfernung von 1 cm hinweg; a) angespannter Vorderarmmuskel, b) Ohrläppchen einer Libelle und c) vom Gehirn eines Frosches (Kreise: Dunkelheitsadaptierte Augen; Kreuze: Beleuchtete Augen), nach Malakhov.

Umgebung von aktiven Nervenmuskeln und dem Herz des Frosches zu messen, sowie durch menschliche Muskulatur und das Herz erzeugte elektromagnetische Felder nachzuweisen. Es gelang, das sogenannte »Elektroauragramm« eines isolierten Froschnerves in einer Entfernung von 25 cm von diesem zu messen (dabei beträgt die Spannung — vermutlich gegenüber Bezugspotential — dort ca. 1 mV), das eines isolierten Muskels und das des Herzens des Frosches in einer Entfernung von 14 cm und das des Herzens und der Muskel des Menschen in einer Entfernung von 10 cm.

Auch für eine Informationsübertragung mit Hilfe elektromagnetischer Kräfte gibt es sehr eindeutige Hinweise, soweit dies die Informationsübermittlung zwischen verschiedenen Lebewesen betrifft. So deuten Gruppenmanöver von Vogelschwärmen beziehungsweise von Fischschwärmen eindeutig darauf hin, daß ein gewisses Signal von einem Führungstier ausgehen muß, das aufgrund der Umstände nur von elektromagnetischer Natur sein kann.

Das gelegentlich zu beobachtende synchrone Drehen und Wenden verschiedener Vogelspezies, insbesondere von Staren, veranlaßte Heppner und Haffner[232], die Verwendung elektromagnetischer Felder für die Kommunikation innerhalb dieser Vogelschwärme für möglich zu halten. Denn Untersuchungen erbrachten, daß Vögel gelegentlich Flugmanöver innerhalb von 5 Millisekunden durchführen, wenn sie in Schwärmen fliegen. Hunderte von Metern breite Starenschwärme regen zu der Frage an, wie die am äußersten Rand des Schwarms fliegenden Vögel innerhalb so kurzer Zeit Informationen zugeleitet bekommen, die sie zu entsprechenden Flugmanövern veranlassen. Eine Signalübertragung durch Schall dauert viel zu lange, die optische Sicht zum Leittier ist durch die vielen Körper der Tiere nicht gegeben, und auch eine Art Kettenreaktion aufgrund eines Flugmanövers beim jeweiligen Nachbartier scheidet wegen der gemessenen Reaktionszeiten als Erklärung aus. Eine Anzahl von Hinweisen auf die Fähigkeiten von Vögeln, das Erdmagnetfeld zu orten, führte zu der Hypothese, daß die Flugmanöver in Vögelschwärmen eventuell durch elektromagnetische Signale koordiniert werden. Ein derartiges Signal könnte alle Vögel eines Schwarms unabhängig von ihrer Position im Verhältnis zur Signalquelle augenblicklich erreichen, und würde auch genügend Informationen für Flugmanöver beinhalten.

Neben dieser schnellen Signalübertragung gibt es auch noch einen zweiten Typ der Übertragung von Bioinformationen, die relativ langsam vor sich geht: Zum Beispiel die Fähigkeit von Tieren, über sehr große Entfernungen hinweg ihren Weg nach Hause zu finden. Charakteristisch ist in diesem Zusammenhang die Abhängigkeit derartiger Navigationskräfte von dem emotionalen Zustand der Tiere.

2.9.3 *Zur Schädlichkeit:* Zum Problem der Schädlichkeit von Umweltfaktoren ist klarzustellen: Bei der Frage nach der biologischen Wirksamkeit eines Umweltfaktors auf den Menschen wird oft nicht unterschieden, ob echt gesundheitsschädliche Auswirkungen gemeint sind oder nur irgendeine biologische Wirkung, die sogar positiv sein kann. Der Übergang zwischen gesundheitsschädlich und einer allgemeinen Auswirkung im Sinne irgendeines biologischen Effekts ohne weiterreichende Konsequenz ist nämlich fließend. Als Ursache für diesen Übergangsbereich sind zwei Hauptpunkte anzugeben. Einmal spielt die Art des äußeren Einflusses, also die Art des Umweltfaktors eine entscheidende Rolle. Bei der biologischen Wirksamkeit elektromagnetischer Felder ist es vor allem deren Intensität; aber auch die Frequenz des Feldes und dessen Modulation oder Ähnliches spielen offenbar eine wichtige Rolle. Doch kommt auch der Empfindlichkeit des einzelnen biologischen Systems im allgemeinen und der des Menschen im speziellen eine entscheidende Bedeutung zu. Diese Empfindlichkeit streut nämlich von Objekt zu Objekt, von System zu System, beziehungsweise von Mensch zu Mensch. Aber auch die Ausgangslage eines einzelnen Systems, des einzelnen Menschen sowie die sonstigen Umweltparameter (zum Beispiel das Wetter) verändern sich zeitabhängig, wobei hier wiederum Langzeit- und Kurzzeiteffekte zu unterscheiden sind. Hinzu kommt noch der Ortsfaktor, die Ortsabhängigkeit einer Reaktion, die erfahrungsgemäß eine wesentliche

Rolle spielen kann. Daher ist es nicht weiter verwunderlich, daß ein konkretes Experiment mit einer bestimmten Person bei der Wiederholung am darauffolgenden Tag ein völlig anderes Ergebnis erbringen kann. Dies erschwert natürlich die Durchführung derartiger Experimente, eine Tatsache, die jedem erfahrenen Arzt, Psychologen oder Biologen bekannt ist, oder zumindest sein sollte, dem unbefaßten Techniker und Physiker wegen seiner völlig anders gearteten Denkweise jedoch manchmal Schwierigkeiten bereitet.

Welche entscheidende Bedeutung nun gerade dem Übergangsbereich zwischen Schädlichkeit und Unschädlichkeit von gewissen Umweltfaktoren zukommt, läßt sich am Beispiel der umweltbedingten Lärmbelästigung sehr eindringlich demonstrieren.

So berichten Effenberger und Jatho[233] Einzelheiten über deren Schädlichkeit Folgendes: In der Bundesrepublik wird die Zahl derer, die durch Lärm hörgeschädigt sind, mit 500 000 bis 800 000 Personen angegeben. Umfragen wiesen vor allem auf Straßengeräusche hin, die als unangenehm empfunden werden.

Für das vegetative Nervensystem gilt heute als gesichert, daß es unter Lärmeinwirkung auf Ergotropie umschaltet. Die peripheren Blutgefäße verengen sich, Blutdruck und Pulsfrequenz steigen, die Hauttemperatur sinkt, der Stoffwechsel wird beschleunigt, die Nebennierenrinde scheidet vermehrt Hormone aus, und die elektrische Muskelaktivität erhöht sich spontan.

Um diese vegetativen Reaktionen, die zum Teil nur kurzzeitig auftreten, zu provozieren, genügen meist schon akustische Signale von kurzer Dauer, etwa das Hupen eines Autos.

Als einer der wichtigsten Befunde neuerer EEG-Studien an schlafenden Versuchspersonen gilt dabei die Beobachtung, daß sich die Schlaftiefe unter Lärm stark vermindert. Wiederholt man nämlich nachts Störgeräusche, so kann der Tiefschlaf völlig verhindert werden. Die davon betroffenen Personen sind chronisch müde, leistungsschwach und krankheitsanfällig. Hier handelt es sich tatsächlich um einen Umweltfaktor, der eindeutig gesundheitsschädliche Auswirkungen haben kann, obwohl die Ursache, also der Lärm, vom Menschen überhaupt nicht wahrgenommen wird. Die Störgeräusche sind nämlich viel zu schwach, um bei den betroffenen Personen ein Erwachen auszulösen. Trotz ihrer Schädlichkeit wird aber selbst das bewußte Wahrnehmen derartiger Störgeräusche vom gesunden Menschen wohl kaum mit einer solchen Art krankmachender Auswirkung in Verbindung gebracht.

2.9.4 *Schlußbemerkungen*

1. *Grundsätzliches:* Seit vielen Jahrzehnten befaßt sich eine größere Anzahl von Forschern mit dem Problem der biologischen Wirksamkeit elektrischer und magnetischer Felder. Wie Reiter[234] hierzu richtig feststellt, besteht hierbei die fundamentale Schwierigkeit in der Tatsache, daß die Forschungsarbeit auf diesem Gebiet sehr komplex ist und beim derzeitigen Wissensstand eine sinnvolle Weiterführung der Forschungsarbeit nur auf interdisziplinarer Basis zweckmäßig erscheint. Außerdem hat die Öffentlichkeit Interesse an derartigen wissenschaftlichen Problemen gewonnen, so daß auch ein steigendes Informationsbedürfnis bei den Massenmedien entstand.

Zum derzeitigen Stand der Wissenschaft in diesem Forschungsbereich ist — nach Reiter — zu bemerken:

1. Die bisherigen Experimente zeigen klar, daß signifikante biologische Effekte von elektrischen, magnetischen und elektromagnetischen Feldern nachweisbar sind, auch für schwache Feldstärkenwerte. -Hiermit revidiert Reiter[235] seine frühere Meinung.-Eine Schwierigkeit besteht fast immer darin, daß die biologischen Effekte durch irgendwelche anderen aktiven Faktoren unserer täglichen Umgebungswelt verfälscht, beeinflußt oder verändert werden können. Es gilt daher, bei entsprechenden Beobachtungen ein Höchstmaß an Sorgfalt und Unterscheidungsvermögen aufzuwenden, um derartige Fehlerquellen zu eliminieren.
2. Angeregt durch die bisherigen Ergebnisse sollten die Forschungsbemühungen unter Berücksichtigung der neuesten technischen Hilfsmittel und im Rahmen einer interdisziplinären Zusammenarbeit auf breiter Basis fortgesetzt und intensiviert werden. Das steigende Interesse, fachliche Befunde zu ermitteln und der Wunsch, so schnell wie möglich mehr über die natürliche und technische Umgebung des Menschen herauszufinden, sind ein zusätzlicher Ansporn.
3. Jedoch sollte bei der Publikation derartiger wissenschaftlicher Ergebnisse darauf geachtet werden, den höchstmöglichen Standard anzuwenden, um auch hier den allgemein und international üblichen strengen Regeln klassischer Wissenschaft zu genügen.

In diesen Punkten kann Reiter[234] nur zugestimmt werden, doch sei hinzugefügt, daß manchmal ein gewisser Mut, noch nicht voll ausgereifte Erkenntnisse und Resultate zu publizieren, die Forschung auch weiterbringen kann. Bereits Charles Darwin stellte fest, daß unkorrekte Fakten, die oft über lange Zeit mitgeschleppt würden, für den wissenschaftlichen Fortschritt extrem hinderlich seien. Falsche Theorien hingegen verursachten weniger Unheil, da jedermann an ihrer Widerlegung höchstes Vergnügen fände. Außerdem würden die dabei oft eröffneten neuen Wege helfen, den wahren Sachverhalt aufzuspüren.

Die Diskussion über die Problematik der biologischen Wirksamkeit elektromagnetischer Felder kann man sicher von verschiedenen Standpunkten aus angehen. Einmal können die in unserer Umwelt existierenden natürlichen elektromagnetischen Felder als gegebene Faktoren gelten. Hinzu kommen die internen Felder in den Organismen, die der Koordination physiologischer Prozesse und vor allem auch der wechselseitigen Informationsübertragung zwischen einzelnen Organismen dienen. Die in der Umwelt vorhandenen elektromagnetischen Kräfte sind nochmals unterteilbar: Sie können sowohl natürlichen Ursprungs sein, als auch von künstlich erzeugten Feldern ausgehen, die vom Menschen in irgendeiner Form erzeugt oder verursacht werden.

Presman[72] postuliert daher sicher richtig, daß das natürliche elektromagnetische »Klima« bei der Entwicklung lebender Organismen im Sinne evolutionstheoretischer Betrachtungen eine Rolle gespielt haben muß. Es liegt also nahe, gerade hier auf die natürlichen elektromagnetischen Vorgänge im ELF-Bereich hinzuweisen, die bezüglich ihrer frequenzmäßigen Eigenschaften und ihrer Amplitude eine auffallende Ähnlichkeit mit den im Organismus vorhandenen sogenannten Signalen biologischer Frequenzen zeigen.

Presman[72] weist nun auf eine wichtige Erfahrung hin. Die Reaktion lebender Organismen auf elektromagnetische Kräfte tritt in einigen Fällen nur bei bestimmten optimalen Intensitäten auf, in anderen Fällen steigen die Effekte an, wenn die Intensität dieser Kräfte reduziert wird, oder führt die Reaktion bei zu niedrigen beziehungsweise zu hohen Intensitäten sogar zu Reaktionen mit oppositionellen Effekten. Auch wurden durch die wiederholte Benutzung elektromagnetischer Felder kumulative biologische Effekte produziert, deren Intensität unter der bekannten effektiven wirksamen Schwelle für eine einzelne Bestrahlung lag. Bei einer gleichen mittleren Energie, die durch das organische Gewebe absorbiert wurde, ergab sich zudem, daß die Art der Reaktion von der spezifischen Modulation des Feldes in erheblichem Maße abhängt. Gleiches gilt für die Wirkungsrichtung des elektrischen und magnetischen Feldvektors, zum Beispiel in bezug auf die Körperachse des bestrahlten Tieres. Derartige Fragen und Probleme spielen vor allem bei der Hochfrequenzbestrahlung eine Rolle.

Ebenso war festzustellen, daß periodische Veränderungen des »natürlichen elektromagnetischen Klimas« einen Regulationseffekt auf Lebensfunktionen ausüben können, so zum Beispiel auf den Rhythmus der wichtigsten physiologischen Vorgänge, auf die Fähigkeit von Tieren, sich im Raum zu orientieren usw. Normalerweise sind in lebenden Organismen die internen Systeme, die mittels elektromagnetischer Kräfte Informationen übertragen, weitgehend von den natürlichen elektromagnetischen Vorgängen und den damit verbundenen Störungen abgeschirmt. In pathologischen Fällen können jedoch spontane Veränderungen der äußeren elektromagnetischen Situation (Sonneneruptionen, Blitzentladungen usw.) den Regulationsprozeß physiologischer Vorgänge durcheinanderbringen.

Es zeichnet sich mehr und mehr ab, in welchem Ausmaß die lebende Natur beim Evolutionsprozeß elektromagnetische Felder benutzt hat, um den Lebewesen Wahrnehmungen von Informationen über Veränderungen und Vorgänge in ihrer Umgebung zu ermöglichen. Denn elektromagnetische Kräfte stellen die sichersten Informationsüberträger unter allen geophysikalischen Faktoren dar. Mit ihrer Hilfe sind Informationen durch jedes Medium, das von lebenden Organismen bewohnt wird, übertragbar, unter allen meteorologischen Bedingungen, während des Tages oder während der Nacht, in Flüssen, Seen, innerhalb der Erdkruste und schließlich im Gewebe der Organismen selbst; es muß nur der richtige Frequenzbereich und der richtige Feldtypus verwendet werden.

2. *Folgerungen:* Die bisherigen Forschungsergebnisse berechtigen zu der Annahme, daß die unterschiedliche Manifestation der biologischen Wirksamkeit elektromagnetischer Kräfte in lebenden Organismen spezifische Eigenschaften hat, die im Zuge der evolutionsmäßigen Entwicklung geformt wurden. Nur auf der Basis dieser Hypothese ist die experimentell beobachtete hohe Empfindlichkeit der Organismen gegenüber elektromagnetischen Kräften — vom Einzeller bis zum Menschen — zu erklären. Dies gilt auch für die Reaktionen der meisten der verschiedenen biologischen Systeme sowie für die Empfindlichkeit lebender Systeme auf die Wechsel in den natürlichen Umweltbedingungen, die durch elektromagnetische Felder gegeben sind.

Hierzu ist noch festzustellen: Der Regulationseffekt natürlicher elektromagnetischer Felder auf lebende Organismen und die Störung der Regulation und von Zwischenverbindungen im Organismus aufgrund von fehl angepaßten künstlichen elektromagnetischen Feldern in den unterschiedlichsten Variationen wurde im Zusammenhang mit Intensitäten beobachtet, bei denen irgendwelche denkbaren energetischen Effekte im Gewebe eigentlich unmöglich sind. Schon jetzt wird deutlich, daß die Art der Reaktion der Organismen auf solche Felder nicht nur von der Menge der elektromagnetischen Energie abhängt, die im Gewebe absorbiert wird, sondern hauptsächlich von Modulation und Zeitparametern dieser Felder und davon, welche Teile des Organismus von diesen betroffen werden. Auch die Erfahrung hilft weiter. So ist die Stärke einer ganz bestimmten Reaktion nicht zur Intensität der einwirkenden Feldkräfte proportional, sondern nimmt im Gegenteil in verschiedenen Fällen auffallend ab, wenn die Intensität ansteigt.

3. *Experimentelle Mißerfolge:* Natürlich fehlt es nicht an wissenschaftlichen Berichten über Mißerfolge bei Untersuchungen der biologischen Wirksamkeit elektromagnetischer Felder, dies sei hier ausdrücklich klar gestellt. Negativ verlaufende Wirkungsnachweis-Untersuchungen mit einer ganz bestimmten Strahlung an einem ganz bestimmten Objekt können aber jedenfalls die in großer Zahl vorliegenden Berichte über erfolgreiche Versuche keineswegs mehr in Frage stellen.

Wenn hier von »Mißerfolg« gesprochen wird, so im Sinne von erfolglos, hinsichtlich eines Wirkungsnachweises, und ohne einer Erwartungshaltung zugeneigt zu sein. Denn genausowenig, wie mit der vorgeprägten Meinung ein Projekt angegangen werden sollte, eine Feldunwirksamkeit »beweisen« zu wollen, ist auch eine gegenteilige Auffassung nicht vertretbar.

Des Forschers Interesse hinsichtlich der möglichen Wirksamkeit elektromagnetischer Felder jedoch alleine schon als eine seine Arbeiten beeinflussende Einstellung negativ zu bewerten, statt der natürlichen »Neugier« zuzuordnen, ginge zu weit. Im Rahmen einer freien Forschung würde dann nämlich überhaupt nichts mehr untersucht werden.
Wer angeblich unter einer solchen Voraussetzung noch frei forscht, wird dies wohl nur mit der Absicht tun, zu zeigen, daß *keine* Zusammenhänge existieren. Dies entspräche letztendlich aber klar der Situation einer interessensgebundenen Auftragsforschung.

Menschliche Aura: Wenn hier so ausführlich über elektromagnetische Energien und biologische Systeme gesprochen wird, so drängt sich schließlich auch die Frage auf, welche Rolle wohl hierbei die Aura des Menschen womöglich spielt. Existiert eine solche physikalisch meßbare Aura überhaupt? Gerade die Messung der von biologischen Systemen ausgehenden Photonenstrahlung gibt hier einen Anstoß, zusammenfassend noch einmal festzustellen, welche physikalischen nachweisbaren Strahlungen zum Beispiel vom Menschen ausgehend inzwischen feststellbar sind. Bekannt sind Potentialdifferenzen unter anderem zwischen den Händen. Folglich muß auch ein elektrostatisches Feld im Raum um den Körper vorhanden sein. Dieses elektrostatische Feld pulsiert im Rhythmus von Biosignalen (EKG). Vergleichbares gilt beispielsweise für Gehirnstrompotentiale (EEG). Mittels hochempfindlicher Magnetfeldmeßgeräte gelang es inzwischen weiter, das durch die Körperaktionsströme (EKG, EEG) entstehende Magnetfeld zu messen, das demnach auch außerhalb des Körpers vorhanden ist. Elektrische Felder im VLF-Bereich (Muskelaktionsströme) wurden ebenso in Körpernähe gemessen wie eine von der Hautoberfläche ausgehende Mikrowellenstrahlung. Hinzu kommt die Infrarotstrahlung, wie sie im Zusammenhang mit der Wärmestrahlung des Körpers entsteht und letztlich auch noch die neuerdings erwiesene Photonenstrahlung. Somit lassen sich also schon eine ganze Anzahl von verschiedenen Strahlungsarten nachweisen, die in der unmittelbaren Umgebung des menschlichen Körpers existieren. In den letzten Jahren war auch viel über die sogenannte Kirlian-Photographie bekannt geworden, die zum Beispiel nach einem Bericht von Kupka[522] sogar zu diagnostischen Zwecken verwendet wird. In diesem Zusammenhang ist der Irrtum weit verbreitet, daß es sich hierbei um eine körpereigene Strahlung im Sinne einer Aura handelt. Zur Erzielung sogenannter Kirlian-Photographien ist es jedoch nötig, das zu photographierende Teil an eine elektrische Hochspannung anzuschließen, womit ganz feine Funkenüberschläge (Korona) erzeugt und photographisch festgehalten werden.

2.9.5 *Zusammenfassung zur Biowirksamkeit elektromagnetischer Felder:* Anhand einer Übersicht wurde demonstriert, daß über den gesamten Frequenzbereich hin, experimentell klar und eindeutig gesichert, eine Vielfalt von biologischen Effekten im Zusammenhang mit elektromagnetischen Feldern existiert. Diese Effekte sind auf den unterschiedlichsten Ebenen bei Mensch, Tier und im Pflanzenreich, eigentlich bei allen biologischen Systemen – von Makromolekülen bis zu vollständigen Organismen – zu beobachten.
Ein besonderes Problem ist dabei die Stärke der Felder. Mit steigender Feldintensität lassen sich nur bereichsweise auch ausgeprägtere biologische Effekte erzielen. Besonders starke Felder rufen oft keine oder eine völlig unerwartete Reaktion hervor. Offenbar existieren häufig ein Bereich oder mehrere Bereiche maximal wirksamer Feldstärken im Zusammenhang mit Effekten elektromagnetischer Felder (Bachmann und Reichmanis[93], Murr[94], Möse et al.[102b], Schulz[114], Levengood[126], Varga[134], Haine und König[183], Gordon[220]).
Außerdem können zu hohe Feldstärkewerte als irreal und daher als nur rein wissenschaftlich interessant angesehen werden.
Die Übereinstimmung der beobachteten Empfindlichkeitswerte mit den in der Natur vorhandenen Feldintensitäten ist nicht unbedingt nötig, da sich verschiedene Systeme womöglich im Laufe der Entwicklung geändert haben könnten. Unter dieser Voraussetzung betrachte man die schematische Darstellung in Abbildung 111. Sie zeigt den Intensitätsbereich natürlicher elektromagnetischer Felder in den verschiedenen Frequenzbereichen und die Minimumschwelle der Intensität, bei welcher bisher eine Reaktion biologischer Systeme bei verschiedenen Frequenzen experimentell entdeckt wurde.
Hinzu kommt noch die für den Menschen wichtige persönlichkeitsspezifische Reaktion auf Felder sowie eine Frequenzabhängigkeit, die je nach Frequenzbereich sogar extrem ausgeprägt sein kann.

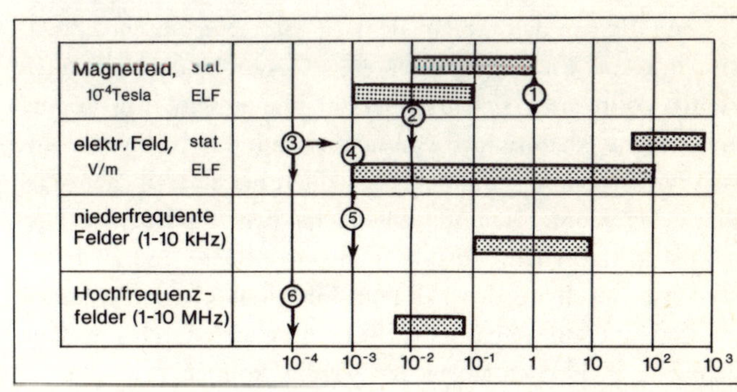

111 Intensitäten natürlicher elektromagnetischer Felder (schraffierte Bereiche) und niederste Schwelle von Reaktionen biologischer Systeme in Abhängigkeit von verschiedenen Frequenzbereichen: (1) Anstieg der Bewegungsaktivität von Vögeln; (2) Wünschelrutenausschläge; (3) bedingte Reflexe bei Fischen mit elektrischen Organen; (4) Reaktionszeitbeeinflussung beim Menschen; (5) bedingte Reflexe bei Fischen ohne elektrische Organe; (6) bedingte Muskelreflexe beim Menschen. Grundlinie: Magnetfeld (in 10^{-4} Tesla = 1 Gauß) beziehungsweise elektrisches Feld (V/m). Angaben nach Presman, *entsprechend ergänzt.*

D. SPEZIELLE PROBLEME

1. ELEKTRISCHE ENERGIEVERSORGUNGS-ANLAGEN IM UNMITTELBAREN LEBENSRAUM DES MENSCHEN

Die zunehmende Elektrifizierung des unmittelbaren Lebensraums des Menschen gibt Anlaß zu der dringenden Frage, ob diese nicht die Lebensbedingungen des Menschen vielleicht sogar einschneidend verändert. Besonders elektrische Hochspannungsleitungen können auf den nicht technisch befaßten Menschen unheimlich wirken und die Befürchtung erregen, daß sie vor allem, wenn sie unmittelbar an Wohngebäuden vorbeiführen, gesundheitsschädlich sein könnten. Doch nicht nur das Wohnen in der Nähe von Hochspannungsleitungen für den 50 Hz-Kraftstrom und den $16^{2}/_{3}$ Hz-Bahnkraftstrom, sondern schon das Wohnen in der Nähe von elektrischen Bahnstrecken (15 000 V, $16^{2}/_{3}$ Hz) ist problematisch. Denn dort treten unregelmäßig sehr starke Ströme in den Fahroberleitungen auf, verbunden mit einem Rückstrom, der nicht nur durch die Bahnschienen fließt. Da diese vom Erdboden isoliert sind, können erhebliche vagabundierende Ströme viele Kilometer von der Bahnstrecke entfernt entstehen. Auch die Lichtstromversorgung beziehungsweise der Kraftstrom in den einzelnen Haushalten, mit denen der heutige Mensch quasi auf Tuchfühlung zu leben hat, sollten berücksichtigt werden, selbst wenn sie spannungsmäßig mit 220 V, beziehungsweise 380 V wesentlich schwächer ausgerüstet sind. Von anderen Quellen elektromagnetischer Felder, wie Telefonanlagen, Rundfunk- und Fernsehgeräte und dergleichen sei vorerst abgesehen.

Was nun die von den verschiedensten energietechnischen Anlagen immer wieder befürchtete Gesundheitsschädlichkeit betrifft, sollte man sich darüber im klaren sein, daß es hier verschiedene Abstufungen von unwirksam, unschädlich, biologisch wirksam und gesundheitsschädlich bis zu tödlicher Wirkung geben kann. Die unterschiedliche, persönliche Ausgangslage jedes Menschen, sonstige Umwelteinflüsse und auch der Ortsfaktor machen jeden Fall zum Einzelfall. Generelle Aussagen sind nur auf statistischer Basis möglich, durch die dann Wahrscheinlichkeiten angegeben werden können.
Diese Überlegungen zeigen schon, daß es ohne großangelegte spezielle Untersuchungen unmöglich ist, ein Urteil über die Gesundheitsschädlichkeit beispielsweise von Hochspannungsleitungen zu fällen. In einer Zeit, in der der Mensch allmählich beginnt, ein Umweltbewußtsein zu entwickeln, darf jedoch trotzdem das Problem der möglichen biologischen Effekte von Hochspannungsleitungen und verwandter Dinge, die sich unmittelbar im Lebensraum der Bevölkerung befinden, nicht mehr unberücksichtigt bleiben.

Vor allem auch vom Standpunkt einer Umweltsanierung aus kann nicht bagatellisiert werden, daß Hochspannungsleitungen für die in allernächster Nähe lebenden Menschen einen störenden Anblick, aber auch eine akustische Belästigung darstellen. Denn das bei entsprechenden Windverhältnissen von den Drähten der Hochspannungsleitungen ausgehende Surren und Pfeifen bedeutet für geräuschempfindliche Menschen nicht nur eine akustische Belästigung, sondern auch eine nervliche Belastung. Noch störender sind die bei gewissen Wetterlagen (Vereisung auslösend, Nebel, überdurchschnittliche Luftfeuchtigkeit) zu erwartenden Koronaentladungen an Hochspannungsleitungen, da diese ein lautstarkes, andauerndes monotones Surren verursachen, das durch die bei dieser Wetterlage übliche überdurchschnittlich ruhige Ausgangslage besonders irritierend ist.
Auch Blitzeinschläge können Hochspannungsleitungen mit sich bringen. Doch ist es sehr problematisch, als Vorteil anzusehen — auch Fachleute tun das —, Blitze würden durch Hochspannungsleitungen von danebenstehenden Wohngebäuden abgelenkt werden, denn gleichzeitig erhöht sich die Zahl der für die Betroffenen unangenehmen Blitzeinschläge in ihrer unmittelbaren Umgebung.
Abgesehen davon sollen jedoch hier im weiteren die elektromagnetischen Aspekte einer Hochspannungsleitung näher untersucht werden.

1.1 Physikalische Gegebenheiten

1.1.1 *Technische Felder:* Eine Hochspannungsleitung baut aufgrund ihrer Betriebsspannung (Leiter-Leiter, Leiter-Erde) um sich herum ein elektrisches Feld auf, dessen Stärke von der Betriebsspannung sowie von den geometrischen Gegebenheiten der Stromseilanordnung (Raum zwischen den Seilen und der Umgebung, in der das elektrische Feld interessiert) und des Beobachtungsplatzes selbst abhängt.
Solange elektrischer Strom durch die Leitung fließt, existiert auch ein Magnetfeld, dessen Stärke primär von der Größe des fließenden Stromes und räumlich gesehen von der Leiteranordnung und den Gegebenheiten der Umgebung bestimmt ist. Dieses Problem wurde von der technischen Seite her ausführlich und genau schon sehr früh hinsichtlich des elektrischen Feldes von Schneider et al.[260] untersucht. Über die zu erwartenden Magnetfelder berichteten beispielsweise Hoffmann et al.[583].
Da Spannung und Strom in den Leitern die Frequenz von 50 Hz haben (bei der Bahn $16^{2}/_{3}$ Hz), gilt dies auch für die durch sie

Aufſuchen der Gänge mit der Wünſchelrute und durch Schürfgräben.
Die Wünſchelrute A. Ein Schürfgraben B.

Tafel XIII: Das Wünschelrutengehen ist seit dem Mittelalter bekannt. Hier eine Darstellung nach Georg Agricola, Zwölf Bücher vom Berg- und Hüttenwesen, aus dem Jahre 1556, über das Aufsuchen von Erzgängen mit Hilfe der Wünschelrute. Die Wünschelrute A, ein Schürfgraben B (Näheres hierzu im Kapitel D5.). Neuere Untersuchungen zeigen, daß zwar viele Behauptungen über die Fähigkeiten von Rutengängern übertrieben sind, ein gewisser harter Kern des Gesamtphänomens jedoch als existent angesehen werden muß.

Tafel XIV: Wünschelrutengänger bei Experimenten in künstlich erzeugten elektromagnetischen Feldern. Oben und Mitte rechts: Rutengängerin beim Abschreiten einer Experimentierstrecke unter Verwendung einer Vertikalrute. Es gilt aus acht Spulen die einzig stromdurchflossene herauszufinden.
Unten links und rechts: Rutengänger mit einer Spezialwünschelrute beim Experimentieren in künstlich erzeugten Hochfrequenzfeldern. Die Rute ist nach dem Prinzip der »Lecher-Leitung« aufgebaut. Hierdurch können resonanzspezifische Reaktionen untersucht werden.

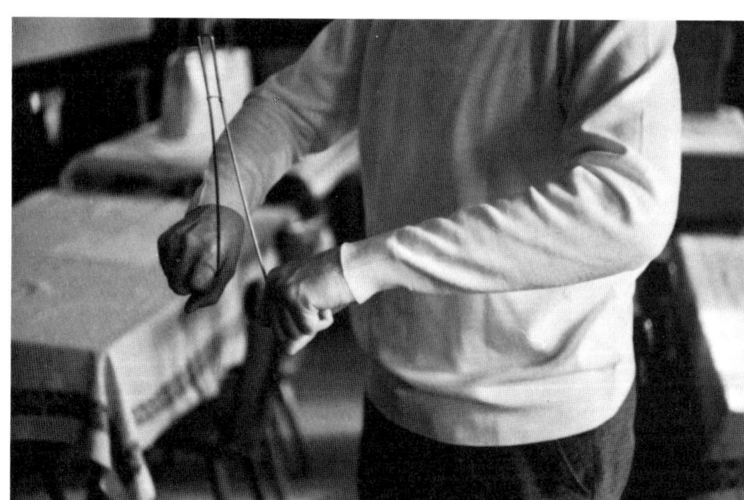

erzeugten jeweiligen Felder. Jedoch sind neben dieser Grundfrequnz auch höherfrequente Signalanteile in den Hochspannungsleitungen vorhanden. Die Amplituden dieser sogenannten Oberwellen sind normalerweise bei Spannung und Strom verschieden.

Aufgrund der Isolationsverhältnisse ist damit zu rechnen, daß in der Umgebung der Hochspannungsmasten beziehungsweise zwischen denselben und dazu im Erdboden gewisse Nebenströme fließen. Auch kann die induktive beziehungsweise kapazitive Kopplung zwischen den Leitungsseilen und dem Boden zu Erdströmen führen, deren Frequenzspektren sich im allgemeinen von denen der Leiterströme (Leiterspannungen) unterscheidet und die Anlaß zur Ausbildung vom Leitungssystem primär unabhängiger elektrischer und magnetischer Felder sind.

Bei Koronaentladungen treten noch Signale mit Spektralanteilen auf, die völlig unabhängig von der Frequenz des technischen Wechselstroms sind und normalerweise höheren Frequenzbereichen entstammen.

Werden die Hochspannungsseile schließlich durch Wind bewegt, dann ändern sich die gesamten, durch die geometrische Anordnung bedingten, elektromagnetischen Verhältnisse in deren Umgebung. Dies bedeutet, daß alle mit den Seilen zusammenhängenden elektrischen und magnetischen Felder im Rhythmus der mechanischen Bewegung der Seile eine zusätzliche amplitudenmäßige Modulation erleiden.

Ferner ist für Spannung und Strom der Hochspannungsleitungen zeitlich gesehen ein nicht rein periodisch sinusförmiger Verlauf, sondern aufgrund kurzzeitiger Spannungs- beziehungsweise Stromeinbrüche (oder -Spitzen) zusätzlich ein überlagertes, impulsartig auftretendes Feld anzunehmen.

Hochspannungsleitungen sind aber auch in der Lage, gewisse Signale über größere Entfernungen hin weiterzuleiten beziehungsweise zu übertragen, die sie auf kapazitivem, induktivem oder gar galvanischem Wege aufgenommen haben (von Blitzeinschlägen, Rundfunksendern, Fernsehsendern usw.).

Einflüsse von insbesondere aus Metall bestehenden Bauteilen (Maste, Seile usw.) auf die Feldverteilung von Hochfrequenzfeldern (Reflexionen, »Stehende Wellen« usw.), die hauptsächlich von kommerziellen Sendern (Rundfunkanstalten) erzeugt werden und deren Konsequenzen seien hier zumindest angedeutet.

1.1.2 *Natürliche Felder:* Auch das natürliche elektromagnetische Umweltklima ist eindeutig durch derartige Anlagen erheblich verändert, da alle natürlichen elektrischen und magnetischen Felder in der nächsten Umgebung von Hochspannungsleitungen schwer gestört sind. Insbesondere gilt dies für statische Felder und für Felder bis zum kHz-Bereich, die wegen der entsprechend großen Wellenlänge (wie sie diesem Niederfrequenzbereich zuzuordnen sind) eine Feldverteilung aufweisen, welche mit der statischer Felder gleichgesetzt werden kann.

Die Störung der natürlichen elektromagnetischen und der statischen Felder bedingt auch eine Störung der natürlichen Luftionisation. Vor allem die abschirmende beziehungsweise ableitende Wirkung der geerdeten Metallmaste und der Hochspannungsdrähte führt zu erheblichen Veränderungen des für die Luftionisation wichtigen statischen elektrischen Feldes. Da ionisierte Luft aus elektrisch geladenen Partikelchen besteht, auf die durch das luftelektrische Feld eine Kraftwirkung ausgeübt wird, besteht ein enger Zusammenhang zwischen dem Zustand der Luftionisation und den die natürlichen luftelektrischen Verhältnisse störenden technischen Einrichtungen. Doch auch die Existenz eines genügend starken 50 Hz- beziehungsweise $16^2/_3$ Hz-Wechselfeldes bewirkt eine gravierende Verschiebung des natürlichen Luftionenhaushaltes. Wie Messungen[261*] zeigten, wird der vom elektrischen Feld betroffene Raum in diesem Fall entionisiert, das heißt, die Luftionen werden unabhängig von ihrer Polarität von den das Feld erzeugenden Elektroden abgesaugt. Man könnte sich das damit erklären, daß ab einer gewissen Feldstärke und bei nicht zu hoher Frequenz des Wechselfeldes die Ionen aufgrund der Kraftwirkung des elektrischen Feldes im Rhythmus des Wechselfeldes sehr große Bewegungsamplituden erhalten. Diese könnten bis über eine nicht unerhebliche Entfernung von den Elektroden hinweg ausreichen, diesen die Luftionen zuzuführen, die dem Luftraum damit entzogen sind. Aufgrund der Tendenz der Ladungen, sich im Raum gleichmäßig zu verteilen, wird der in der Nähe der Elektroden entionisierte Raum laufend von neuen, nachwandernden Luftionen aufgefüllt, wobei auch diese von den Elektroden wieder abgeleitet werden. Dieser Prozeß könnte zur Folge haben, daß ein mit einem relativ starken ($\geqq$ 5 kV/m) elektrischen Wechselfeld (50 Hz) erfüllter Raum mit der Zeit entionisiert wird. Darüber hinaus bietet sich für diesen Effekt auch eine erhöhte Rekombinationsrate oder das Entstehen von Großionen durch erhöhte Anlagerungsraten im Zusammenhang mit dem Wechselfeld als Erklärung an.

1.1.3 *Feldstärkewerte:* In Hinblick auf die biologische Bedeutung elektromagnetischer Felder interessiert auch die Größenordnung der Stärke der gegebenen Störfelder im Vergleich zu den bisher als biologisch wirksam erkannten Feldstärken. Die Messung an Ort und Stelle ist der sicherste Weg, die Größe derartiger Felder zu bestimmen. Die Feldstärke in der Umgebung einer Hochspannungsleitung hängt offensichtlich von mehreren Faktoren ab. Bezüglich des elektrischen Feldes spielt die Betriebsspannung die bedeutendste Rolle. Sie kann bis weit über 100 000 V betragen. Bei der magnetischen Feldstärke ist der durch die Leiter fließende Strom, also der Betriebsstrom, maßgeblich, der – und mit ihm das Magnetfeld – während des Tagesablaufs im Gegensatz zur Betriebsspannung, die auf dem Betriebswert konstant bleiben sollte, erheblichen Schwankungen unterliegen kann. Einen weiteren erheblichen Einfluß auf die Feldstärkeintensität hat, wie schon gesagt, die gesamte geometrische Anordnung der Hochspannungsseile. Auf die Untersuchungen durch Schneider et al.[260] wurde bereits hingewiesen. Aber auch die Beschaffenheit des Raumes zwischen den Hochspannungsleitungen und der Stelle, an der die Feldstärke interessiert, spielt eine wesentliche Rolle. Sowohl elektrische als auch magnetische Felder können durch bestimmte Materialien und deren Anordnung merklich abgeschirmt beziehungsweise abgeschwächt werden (zum Beispiel große Fensterflächen, Stahlbetonbauweise oder Blechdach bei Wohngebäuden). Doch ist die jeweilige Entfernung zur Hochspannungsanlage am entscheidendsten für die Feldintensität. Denn die Intensität des elektrischen und magnetischen Feldes nimmt selbst unter ungestörten Verhältnissen mit der Entfernung ziemlich rapide ab. Trotz dieser komplizierten Zusammenhänge ist es vor allem auf theoretischer Basis möglich, für bestimmte Verhältnisse leidlich genaue Feldstärkewerte in der Umgebung von Hochspannungsleitungen anzugeben. Doch müßten im Spezialfall immer entsprechende Einzelmessungen durchgeführt werden.

Die Nahfeldsituation des ungestörten elektrischen Feldes ist für verschiedene Betriebsspannungen und Mastanordnungen in Abbildung 112 nach Schneider et al.[260], angegeben. Demnach sind im Entfernungsbereich 10–20 m selbst bei einer 110 kV-Leitung und in einer Höhe von nur 0,5 m über dem Erdboden die Feldstärkewerte immer größer als 100 V/m – ein Betrag, der um mehrere Zehnerpotenzen über dem Bereich liegt, der bis jetzt im ELF-Bereich als biologisch wirksam bekannt ist.
Der bei elektrischen Feldern auftretende Verschiebungsstrom durch aufrecht stehende Personen wird mit rund 15 µA pro kV/m angegeben und hat daher bei 100 V/m Feldstärke (0,5 Meter über dem Erdboden) die Stärke von 1,5 µA.
Beim Magnetfeld ist der kritische Entfernungsbereich wohl etwas kleiner (siehe hierzu auch Abbildung 114). In 50 m Entfernung ist mit einer magnetischen Flußdichte von etwa 1 µT bei 1000 A Betriebsstrom zu rechnen. Allerdings können im Zusammenhang mit Erdströmen Verhältnisse auftreten, die ganz erheblich von derartigen Abschätzungen abweichen. Wie eingangs schon erwähnt, spielen hierbei die von den Schienen von Bahnanlagen stammenden vagabundierenden Ströme oder auch die Nulleiter-Erdung bei Häusern eine besondere Rolle.
Somit schälen sich bei derartigen technischen Betriebseinrichtungen zwei wesentliche Punkte heraus:
1. Die natürlichen elektrischen und magnetischen Umweltbedingungen werden in der Umgebung derartiger Anlagen durch diese gravierend gestört.
2. Elektromagnetische Felder technischen Ursprungs haben hauptsächlich in erster Linie in mit Hochspannung betriebenen Freianlagen, in Bahn-, S-Bahn-, U-Bahn, Straßenbahn-Anlagen und sonstigen elektrifizierten Verkehrsmitteln, in entsprechenden technischen Betrieben über vergleichsweise größere Entfernungen nachweisbar und in geschlossenen Räumen durch EDV-Anlagen, elektrische Maschinen, elektrische Beleuchtung und anderen hausinternen Installationen im Nahbereich ihren Ursprung. Ihre Intensität reicht je nach Umgebung und sonstigen Bedingungen von extrem schwachen und daher wohl vernachlässigbaren Werten über solche, die den natürlichen Umweltbedingungen entsprechen, bis zu Werten, die um Zehnerpotenzen über der Stärke dieser natürlichen Felder liegen.

1.2 Biologische Situation

Welche Hinweise gibt es nun auf die biologische Wirksamkeit oder gar Schädlichkeit derartiger technischer Wechselfelder? In den vergangenen Jahren erschienen immer mehr Übersichtsarbeiten, die sich mit dieser Frage beschäftigten, wie zum Beispiel von Hauf[513], Kühne[521], Silny[558], Schaefer[477, 584] und von amerikanischer Seite Bridges and Preache[591], sowie Kleinstein[585–587], wobei die deutschen Autoren offenbar mit den Energieversorgungsunternehmen (EVU) in Verbindung stehen. Von speziellen Untersuchungen berichten folgende Arbeiten.

1.2.1 *Tierexperimente:* Tierexperimente erbrachten folgende Ergebnisse.
Eine ganze Serie von Untersuchungen, bei denen Mikroben (Listeria) in Mäuse und Meerschweinchen injiziert wurden, diente Odintsov[262] zur Erforschung immunbiologischer Zusammenhänge. Die Tiere kamen entweder einmal für 6,5 Stunden oder andauernd während 15 Tagen in ein 50 Hz-Magnetfeld der Stärke von 16 kA/m. Eine einmalige Feldbehandlung beeinflußte weder die tödliche Dosis der Mikroben, deren Verbreitung im Organismus, die Anzahl der Leukozyten noch deren phagozytische Aktivität. Bei mehrfacher Anwendung des Feldes reduzierte sich jedoch deutlich die natürliche Widerstandsfähigkeit des tierischen Organismus gegenüber den Mikroben (Listeria); ebenso waren die phagozytische Aktivität und die Gesamtzahl der Leukozyten reduziert.

Bei ähnlichen Experimenten mit 50 Hz-Feldern von Lantsman[263] wurden unter vergleichbaren Bedingungen Phagozytose-Aktivitäten bei Mäusen beobachtet. Bei einmaliger Feldbehandlung erfolgte zwar eine Stimulation der Phagocytosefähigkeit, bei mehrfacher Behandlung wurde sie jedoch verhindert.
Das Trinkverhalten von Ratten in einem 50 Hz-Hochspannungsfeld untersuchten Spittka et al.[264]. Sie gingen dabei von Experimenten aus, die Knickerbocker et al.[265] mit Mäusen in einem 60 Hz-Hochspannungsfeld mit einer Feldstärke von 160 kV/m ausführten. Obwohl die Tiere dem Feld über 1500 Stunden ausgesetzt waren, erbrachten sie gegenüber einer Kontrollgruppe keine signifikanten Unterschiede bezüglich Gewicht und sonstiger physiologischer Daten. Nur männliche Nachkommen von feldexponierten Vätern zeigten etwas geringere Gewichtszunahme als Söhne von Kontrollen. Spittka et al.[264] überprüften daher das Trinkverhalten von Ratten in

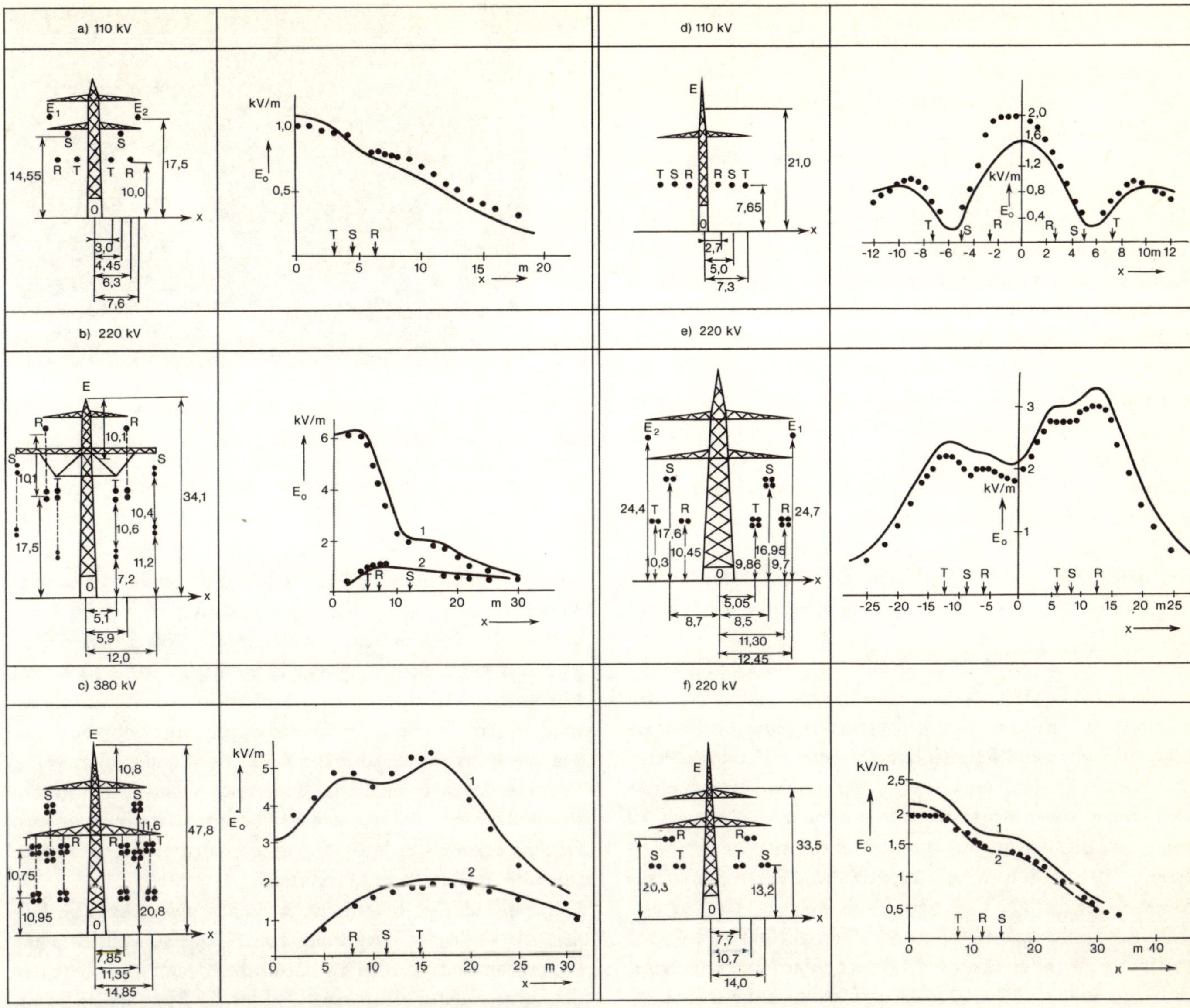

112 Elektrische Feldstärke E_o (— gerechnet, . . . gemessen) bei verschiedenen Arten von Hochspannungsmasten; Feldwerte 0,5 m über dem Boden, Abstand x von der Trassenachse, alle Maße in Meter; R S T Leitungsphasen; E Erdungsseil; alles Zweifach-Leitungssysteme; e unsymmetrische Anordnung, alle anderen Fälle symmetrisch; d Einfluß einer Bodenerhebung; f Einfluß von Vegetation, 1) berechnet für 0,5 m über dem Boden, 2) berechnet für 1 m über dem Boden; c 1) zwischen den Masten, 2) beim Mast, nach Schneider et al.

Wechselfeldern, um daran eine eventuelle Feldwirkung zu studieren. Die Anlage, in der die Ratten untergebracht waren, enthielt eine Drucktaste, die elektrisch mit einem Trinkgefäß so verschaltet war, daß mit jedem Tastendruck ein Wassertropfen freigegeben wurde. Registriert wurde die Hebeldruckrate pro Zeiteinheit (15 Sekunden) in Abhängigkeit von der Feldsituation (ein beziehungsweise aus). Vor allem zeigte sich ein signifikanter Rückgang der Hebeldruckrate beim Einschalten des Feldes (während der ersten 15 Sekunden), sowie individualspezifische Änderungen in der Tastendrucksequenz. Spittka[264] stellt fest, daß die Ergebnisse in Widerspruch zu den Befunden von Knickerbocker et al.[265] stünden, obwohl diese mit 160 kV/m eine höhere Feldstärke verwendeten als im vorliegenden Fall mit ca. 60 kV/m. Dies wird auf die ungünstigen Versuchsbedingungen von Knickerbocker et al.[265] zurückgeführt.

Den Einfluß eines elektrischen Feldes, das mittels der technischen Lichtspannung erzeugt wurde, wie sie in den USA mit 110 V, 60 Hz zur Verfügung steht, auf die Entwicklung von Mäusen untersuchten Moos et al.[266]. Hierzu registrierten sie das Gewicht der Mäuse über eine Periode von einem Monat hinweg und verglichen es mit entsprechenden Kontrollen. Mäuse mit fortwährendem Aufenthalt im elektrischen Feld von etwa 1 kV/m nahmen schneller an Gewicht zu als die Kontrolltiere. Der Unterschied war zwar klein, aber statistisch signifikant. Bei weiteren Experimenten setzte man die Tiere zuerst einer Röntgenstrahlung aus, um sie dann in das elektrische Feld zu bringen. Im Vergleich zu den nur bestrahlten starben diese Tiere früher. In drei von 26 Fällen jedoch wirkte das elektrische Feld lebenverlängernd, während in weiteren vier Fällen kein Unterschied auftrat. Ein erhöhter Gewichtsverlust machte sich bei dem Teil der bestrahlten Tiere bemerkbar, der sich zusätzlich in dem künstlich erzeugten 60 Hz-Feld aufhielt.

Andere Untersuchungen über die biologische Wirkung elektrischer Felder der Frequenz von 50 Hz liegen von Fischer et al.[266a] vor. Sie behandelten Mäuse mit einem Feld von maximal 15 kV/m und kontrollierten den O_2-Verbrauch (Atem). Gegenüber den Kontrolltieren ergab sich dabei ein um 10 bis 15 % signifikant ($p < 0{,}01$) erhöhter Verbrauch. Der O_2-Verbrauch der Leber der Versuchstiere war hingegen signifikant ($p = 0{,}01$) reduziert. Die Rektaltemperatur zeigte nach 7 Tagen Feldbehandlung bei den Versuchstieren keine abzusichernde Veränderung. Zusätzliche Experimente mit Ratten konnten beim EKG der Tiere keinen Effekt erzeugen, dagegen stieg unter Feldeinfluß die Pulsfrequenz vergleichsweise von 340 auf 400 signifikant ($p < 0{,}01$) an.

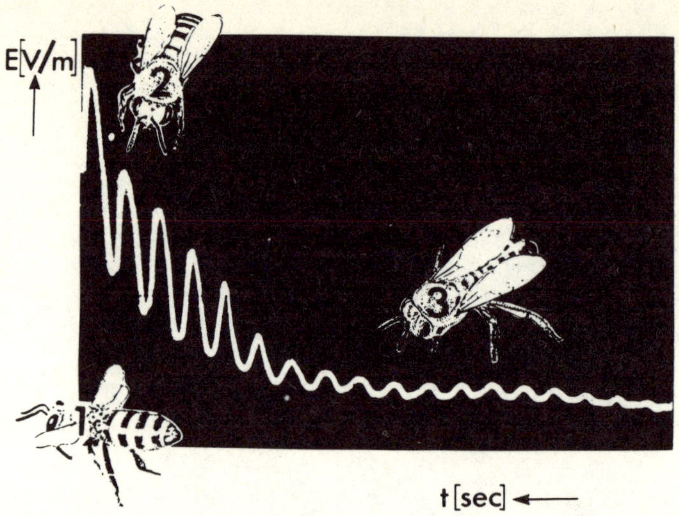

113 Oszillogramm des elektrischen Feldes einer vorbeifliegenden Biene (1). Bei Annäherung an einen Empfänger (2) steigt die Feldstärke, bei Entfernung von einem Empfänger (3) sinkt sie, nach Warnke.

Mit der Frage, ob das Verhalten der Bienen durch nahe Hochspannungsleitungen beeinflußt wird, befaßte sich Wellenstein[267]:

Bienen in Versuchsfeldern unter den Fernleitungen (100 kV- beziehungsweise 200 kV-Leitungen) zeigten gegenüber den 600—800 m entfernten Vergleichsvölkern eine deutlich erhöhte Aktivität und Reizbarkeit. Bei gutem Wetter und entsprechender Tracht sammelten die Versuchsvölker doppelt so viel Honig wie abseits stehende, verloren jedoch auch an Substanz (dies entspricht ähnlichen Erfahrungen von Altmann[97-99]). An kühlen und regnerischen Tagen waren die Bienen unter der 200 kV-Leitung ungewöhnlich stark gereizt und schwärmlustig. — Aufgrund dieser Erfahrungen wird empfohlen, Wandervölker nicht direkt unter Hochspannungsleitungen, sondern 50—100 m entfernt davon aufzustellen.

Untersuchungen mit Bienen unter dem Einfluß eines 50 Hz-Hochspannungsfeldes (maximal 6 kV/m, Effektivwert) von Altmann et al.[267a] erhärteten die Erfahrungen von Wellenstein[267]. Mehrere Bienenvölker wurden zu diesem Zweck in eine Versuchsanordnung gebracht, bei der das Hochspannungsfeld wahlweise aus- oder eingeschaltet werden konnte. Mittels Filmaufzeichnungen hielten Altmann et al.[267a] dokumentarisch das Verhalten der Bienen bei verschiedenen Versuchsbedingungen fest. Bei eingeschaltetem Feld zeigte das Volk (im Bienenstock und besonders vor dem Flugloch) eine auffallend große Unruhe. Alle herumlaufenden Bienen spreizten ihre Flügel und führten abrupte Bewegungen durch. Die Aggressivität war gesteigert und richtete sich auch gegen volkseigene Individuen, die vereinzelt totgestochen wurden. Die Kommunikation schien gestört. Das Brutnest, bei niedrigen Feldstärkewerten lückenhaft angelegt, wurde ab 4 kV/m von den Bienen wieder zerstört. Es erfolgte keine Einlagerung von Honig mehr, vorhandene Vorräte wurden wegen der hohen Stoffwechseltätigkeit verbraucht. Frisch umgesetzte Völker zogen unter Feldeinfluß regelmäßig schon nach 3 Tagen aus den Stöcken aus. Bewohnten die Völker bereits längere Zeit vor Versuchsbeginn die Stöcke, so setzte nach dem Einschalten des Feldes eine starke Verkittungstätigkeit insbesondere beim Flugloch ein. Dieses wurde innerhalb von 5 Tagen zuerst bis auf ein schmales Schlupfloch und endlich völlig verkittet. Da nun die Verbindung nach außen fehlte, gingen die Völker an Sauerstoffmangel zugrunde (verbrausten). Dieser Vorgang wurde als Abwehrverhalten der Bienen gegen störende Außenfaktoren gewertet.

Die empfindliche Reaktion von Bienen auf elektrische Felder, wie sie in der Umgebung von Hochspannungsleitungen vorhanden sind, werden verständlicher, wenn man die Rolle des körpereigenen elektrischen Feldes der Biene näher kennt, wie dies von Warnke[499] gemäß Abbildung 113 beschrieben ist.

Anhand von Tierversuchen demonstrierte Solov'ev[268] sogar eine tödliche Wirkung von 50 Hz-Wechselfeldern, wenn diese nur ausreichend stark sind. Feldstärken von 650 kV/m ergaben im Frequenzbereich zwischen 50 und 500 Hz bei Mäusen nach einer Bestrahlungsdauer von 60—120 Minuten eine Todesrate von 70—90 %. Bei einem anderen Experiment mit ausschließlich 50 Hz betrug bei einer Behandlungsdauer von 270 Minuten die Todesrate 50 %, wobei in diesen beiden Fällen keine eventuell durch das Feld verursachte Temperaturerhöhung im Körper der Versuchstiere festzustellen war.

Über die Wirkung elektrischer Felder auf die Ausbrütung von Küken berichtet Varga[269]. Zur Erzeugung des elektrischen Feldes dienten dabei Kondensatorplatten der Größe 30 × 30 cm, die in einem Abstand von 6 cm angeordnet waren und an die eine Gleichspannung und bei anderen Tests eine 50 Hz-Wechselspannung angelegt wurde. Die Stärke der Spannung betrug zwischen 4 V und 50 V. Die Wirkung des elektrischen Feldes ergab sich durch eine Vergleichs-Brutanordnung, die keinem Feld ausgesetzt war. Über 160 Meßwerte ergaben dabei:

1. Von den im elektrischen Feld befindlichen Eiern wurden gegenüber der Kontrolle nur etwa 72 % ausgebrütet.
2. Von den in Feldern ausgebrüteten Küken hatten etwa ein Drittel sichtbar degenerierte Extremitäten (ein Fuß oder beide Füße, die jeweils nicht voll ausgebildet waren). Die Hälfte dieser Küken starb nach etwa 5 bis 10 Tagen.
3. Die restlichen, überlebenden Küken konnten mit ihrem durchschnittlichen Körpergewicht nicht das Gewicht der unbehandelten Tiere erreichen.
4. Prinzipiell war die gleiche Wirkung bei elektrischen Gleichfeldern wie auch bei elektrischen Wechselfeldern von 50 Hz vorhanden.

Experimente mit Mäusen unter elektrostatischen sowie niederfrequenten Wechselfeldern führten Möse et al[524] durch. Untersucht wurden die Plaquebildungsraten bei den Tieren nach entsprechender Vorbehandlung. Demnach zeigte sich ohne eine vorherige Angleichung der Tiere an Faradaybedingungen die höchsten Antikörpertiter im Gleichfeld mit Restwelligkeit. Stufenweise darunter lagen die Werte bei Restwelligkeit allein sowie im reinen Gleichfeld. Minima der Plaques stellten sich im Faradaykäfig ein. Gerade die gegenteiligen Resultate wurden erhalten, wenn die Tiere vor den definierten Exponierungen unter Faradaybedingungen gehalten wurden. Analog hierzu waren die Meßdaten aus den Zählungen einer vorgenommenen Laufleistung der Tiere.

Bei Tierversuchen mit Ratten und auch mit Mäusen wird eine Wirkung des 50 Hz-Wechselfeldes auf die Tiere primär auf eine Reizung der Tiere über das Feld zurückgeführt. Fischer et al.[509] berichten in diesem Zusammenhang über Experimente, wobei Ratten einmal einem Feld der Stärke 50 V/m und einmal einem Feld von 5300 V/m ausgesetzt wurden. Das Untersuchungsergebnis ergab, daß die Herzrate der Tiere unter der Einwirkung des Feldes sinkt. Unter der geringeren Feldstärke von 50 V/m hielt sich die Abnahme vom Beginn bis zum Ende der Exponierzeit nahezu unverändert auf dem gleichen Niveau. Die relativ größere Feldstärke von 5300 V/m bewirkte dagegen nach 15 Minuten Aufenthaltsdauer einen starken Abfall der Meßwerte. Innerhalb von 2 Tagen glichen sich diese weitgehend den Kontrollbedingungen an. In der Folge nahm die Herzrate bis zum 50sten Tag der Exponierung geringfügig aber stetig ab. Von Interesse ist dabei die Reaktion der Tiere auch auf so schwache Feldstärken wie 50 V/m, bei der eine Reaktion der Tiere über den Fellreiz praktisch ausgeschlossen werden kann.

Um die Wirkung des 50 Hz-Wechselfeldes auf Ratten weiter zu erforschen, führten Fischer et al.[508] Experimente durch, die die Frage klären sollten, ob das niederfrequente Wechselfeld eine zentrale Wirkung ausübt. Angewandt wurde eine Feldstärke von 5300 V/m. Zu verschiedenen Intervallen der Exponierung erfolgte die Bestimmung von Noradrenalin im Gehirn. Die sich hierbei herausgestellten Änderungen im »turnover« des Noradrenalinstoffwechsels sprechen in Übereinstimmung mit Angaben im Schrifttum für die Auslösung zentraler Effekte durch die Feldenergien.

Der Einfluß elektrischer 50 Hz-Felder hoher Feldstärke und auch magnetischer Felder, verursacht hauptsächlich durch Hochspannungsanlagen, wird seit vielen Jahren durch die von Energieversorgungsunternehmen unterstützte Forschungsstelle für Elektropathologie in Freiburg i. Br. eingehend studiert. Gemäß Hauf[513] kann insgesamt geschlossen werden, daß Hochspannungsanlagen bis 400 kV Betriebsspannung keine Gefahr für die menschliche Gesundheit bedeuten. Auch die Berufsgenossenschaft der Feinmechanik und Elektrotechnik in Köln untersuchte mit besonderer Sorgfalt diese Frage. Nach Kühne[521] wird demnach durch das elektrische Feld die Reaktionszeit nicht beeinflußt, die Ergebnisse eines d-2-Tests und der Flimmerverschmelzungsfrequenz-Messung ergaben ebenfalls keinen Feldeinfluß, was auch für die Kreislaufparameter Blutdruck und Pulsfrequenz galt. Die Empfindlichkeitsschwellen der Probanden lagen im Mittel bei 10 kV/m. Die Untersuchungen konnten deshalb nicht als Blindversuche durchgeführt werden. Bei über 40 Blut- und Harnparameter zeigten sich keine feldbedingten Veränderungen. Geringe Beeinflussungen seien lediglich nicht auszuschließen bei der Blutsenkung und der Leukozytenzahl. Resümierend wird festgestellt, daß bei Feldstärken von 10 und 20 kV/m keine schädigende Beeinflussung des menschlichen Organismus zu erwarten sei. Hohe Feldstärken würden lediglich durch Vibrieren der Haare und Kribbeln der Haut verspürt. Daraus ergäben sich allenfalls unspezifische Reizwirkungen. Der Frage, welche Bedeutung dieselben für die Einzelperson haben könnten, wurde nicht näher nachgegangen.

Einen umfangreichen Einblick in den Stand der Forschung über biologische Effekte extrem niederfrequenter elektromagnetischer Felder aus US-amerikanischer Sicht geben Phillips et al.[525].

Eine Studie über das Gesamtblutbild der Maus unter dem Einfluß eines 50 Hz-Feldes mit unterschiedlicher Exponierungszeit fertigten Strampfer et al.[577] an. Im Zuge des Experiments wurden 360 Mäuse in Gruppen Faradaybedingungen, einem Wechselfeld mit einer Ausgangsfeldstärke von 5.300 V/m und natürlichen Feldbedingungen ausgesetzt. Das Experiment lief über 64 Tage, wobei den Mäusen immer wieder Venenblut zur Gewinnung eines Gesamtblutbildes abgenommen wurde. Als Ergebnis des Experiments ergab sich eine differenzierte Wirkung. Ein Einfluß durch das eingesetzte Wechselfeld ergab sich bei den Werten für: Erythrozyten, HbE, Lymphozyten und stabförmige Granulozyten; kein Einfluß war festzustellen bei: Hämoglobin, Leukozyten, Monozyten, Eosinophile Granulozyten und Basophile Granulozyten.

Untersuchungen über den Einfluß eines elektrischen 50 Hz-Wechselfeldes auf den Immunitätsgrad der Maus nach chronischer Exponierung führten Fischer et al.[541] durch. Die Untersuchungsergebnisse zeigten folgendes: Unter verschiedenen elektroklimatischen Umfeldvoraussetzungen ergab sich in einem elektrischen 50 Hz-Wechselfeld beziehungsweise für eine Faraday-Kammer, daß sich die Resultate dort als Kontrolle gegenüber der Laborbeziehungsweise der Feldbedingung durch charakteristische Unterschiede in der Immunantwort unterschieden. Im Faraday-Käfig war diese im Vergleich mit Laborvoraussetzungen stets gedämpft; hingegen übte das 50 Hz-Wechselfeld stimulierende Effekte aus. Diese kamen in der Feldkammer bei ungeschirmten Voraussetzungen deutlicher als unter geschirmten Bedingungen heraus. Hieraus schließen die Autoren in weitgehender Übereinstimmung mit der einschlägigen Literatur, daß das 50 Hz-Wechselfeld Stoffwechselvorgänge beeinflußt.

In Anlehnung an schon vorangegangene Experimente mit Ratten, die die Wahl hatten, sich im Einfluß eines elektrischen 60 Hz-Feldes aufzuhalten oder nicht, wurden von Hjeresen et al.[543] vergleichbare Experimente mit jungen Schweinen durchgeführt. Die Tiere wurden dabei einem elektrischen Feld von 30 kV/m während 20 Stunden pro Tag ausgesetzt, 7 Tage pro Woche und dies ununterbrochen über 6 Monate hinweg. Das untersuchte Wahlverhalten der Tiere bezüglich der Anwesenheit im elektrischen Feld ergab vergleichbar zu früheren Ergebnissen auch für die Ferkel während der Schlafperiode einen größeren Zeitanteil für den Aufenthalt außerhalb des Einflußbereichs des elektrischen Feldes als in ihm.

Magnetfeldeinwirkung. Unter kurzfristigem Einfluß schwacher magnetischer Felder (1 mT) kontrollierten Schober et al.[556] im Vollblut und Serum der weißen Maus Elektrolyte. Das Feld hatte einen rechteck- oder sinusförmigen zeitlichen Verlauf der Frequenz 50 Hz oder 100 Hz. Bei einer 50 Hz-Feldanwendung ergab sich eine signifikante Erniedrigung des Ca^{++}-Pegels bei den Testtieren, das 10 Hz-Rechteckfeld verringerte dagegen den Na^{+}- und den K^{+}-Pegel. Diese charakteristischen Unterschiede in den Ionenkonzentrationen ergeben offenbar die Möglichkeit der Beeinflussung des Fließgleichgewichtes von Hormonen im Exkretionssystem.

1.2.2 *Der Mensch als Testobjekt:* Neben diesen aus Experimenten mit Tieren (aber auch mit Pflanzen und Bakterien usw., wie Varga[134] berichtet) gewonnenen Erkenntnissen liegt eine nicht unerhebliche Anzahl von Informationen über den Menschen als Versuchsobjekt vor.

Bereits aus dem Jahre 1902 stammen Berichte von Beer[270] über die Beobachtung der biologischen Wirksamkeit niederfrequenter elektromagnetischer Felder. Auch Thompson und Birkland[271] und Fleischmann[272] berichteten hierüber. Letzterer registrierte Flimmerphänomene in den Augen sowie Kopfweh usw. bei Personen, die einem nahe ihren Köpfen erzeugten, starken magnetischen Wechselfeld der Frequenz von 50 Hz ausgesetzt waren.

Die ursprünglich in ihrer Konsequenz wohl am weitesten gehende Publikation auf diesem Forschungsgebiet von Korobkova[273, 274] befaßt sich mit besonderen Schutzbestimmungen in der UdSSR bei Arbeiten unter Höchstspannungsanlagen. Demnach kamen in den UdSSR besondere Schutzvorschriften heraus, die außerdem die maximal zulässige Aufenthaltsdauer in starken elektrischen Feldern festlegten (teilweise nur 5 Minuten). Später wurde dies jedoch nach Hauf[491] geändert und die Schwellwerte, das heißt die maximal zulässigen Werte der elektrischen Feldstärke für den Daueraufenthalt in technischen 50 Hz-Feldern, wie folgt festgelegt: In dicht besiedelten Gebieten 12 kV/m, in dünn besiedelten 15 kV/m und in nicht besiedelten Gebieten 20 kV/m.

Bei der Untersuchung des elektrischen Hautwiderstands von Testpersonen unter dem Einfluß von 50 Hz-Feldern beobachtete Hartmann[117] entsprechende Reaktionen.

Tromp[7] berichtete über die Wirkung von elektrischen beziehungsweise magnetischen 50 Hz-Feldern, die nach seinen Beobachtungen Augenflackern und Kopfweh erzeugten.

Bei Versuchen mit Testpersonen in Wechselfeldern zwischen 10 Hz und 5 kHz (und damit auch bei 50 Hz) stellte Reiter[6] unter anderem fest, daß sich die Gerinnungsfähigkeit des Blutes veränderte. Der Prothrombin-Index war nach dem Versuch gleichsinnig um 4–20% in Richtung auf eine Zunahme der Gerinnungsfähigkeit des Blutes verschoben.

Mit dem Problem der biologischen Wirksamkeit vor allem technischer elektrischer und elektromagnetischer Felder befaßten sich auch Hauf und Wiesinger[275] beziehungsweise Hauf junior[275a].

Um wissenschaftlich fundierte Erfahrungen auf diesem Gebiet zu sammeln, führte das Institut für Hochspannungs- und Anlagentechnik der Münchner Technischen Universität in Zusammenarbeit mit der Forschungsstelle für Elektropathologie in Freiburg erstmalig auf diesem Gebiet ein Forschungsprogramm durch. In einer vollständig isolierten Klimakammer angebrachte Hochspannungselektroden waren in der Lage, in der Umgebung von Testpersonen ein ungestörtes elektrisches Feld bis zu 25 kV/m im Frequenzbereich von 0–100 Hz zu erzeugen.

Für ein erstes Experiment diente ein 50 Hz-Wechselfeld von 1 kV/m und 15 kV/m. Die Versuche zeigten keine signifikanten Änderungen für das Elektrokardiogramm, das Elektroenzephalogramm, den Puls und den Blutdruck. Nur bezüglich der Reaktionszeitmessungen, welche immer nachmittags durchgeführt wurden, ergaben sich gewisse Effekte bei Feldern von 1 kV/m wie auch von 15 kV/m.

Die Beeinflussung wichtiger physiologischer Vorgänge und biologischer Zyklen mit sehr schwachen elektrischen Feldern wurde von Ross Adey[276] bei Tieren und im Anschluß daran beim Menschen gezeigt.

Ein gewisses Schwergewicht stellen offenbar die mit technischen 50 Hz-Feldern sich ergebenden Probleme dar, worüber Newi et al.[553] einen Einblick geben.

Einen signifikanten Anstieg in der Zahl der Fehlgeburten fand Wertheimer[581] bei Frauen, die elektrisch beheizte Bettdecken benutzten. Die Daten wurden durch Vergleich mit einer Kontrollgruppe gewonnen, die ihre Betten nicht entsprechend beheizten.

Eine Steigerung des Wachstums menschlicher Tumorzellen unter dem Einfluß elektromagnetischer und magnetischer energietechnischer Felder stellten Winters et al.[582] fest. Die Versuche ergaben bei verschiedenen Krebszellen übereinstimmende Ergebnisse hinsichtlich eines auffallend gesteigerten Wachstums. Die Autoren folgern, daß menschliche Zellen, die solchen magnetischen Feldern ausgesetzt werden, die Eigenschaft erhalten, für dauernd ihre Wachstumsfähigkeit zu verändern. Als Hauptkomponente für die Erzeugung dieses Effekts wird das Magnetfeld vermutet, möglicherweise in einem synergetischen Zusammenhang.

Die Reaktion des Organismus auf die Einwirkung schwacher magnetischer Impulsfelder geringer Frequenz wird seit mehreren Jahren untersucht und inzwischen auch für medizinische Zwecke eingesetzt. Warnke und Altmann[532] beobachteten diese Wirkung mit Hilfe des Thermographieverfahrens. Die Infrarotstrahlung des Menschen als physiologischer Wirkungsindikator besteht offenbar in einer von den Blutbahnen ausgehenden Gewebeerwärmung. Wichtige Parameter der Reaktion und Reaktionsdauer sind Frequenz und Amplitude des Magnetfeldes, Geschlecht und Alter der Versuchsperson sowie wahrscheinlich die Tageszeit der Behandlung. Die Reaktion tritt quantitativ am deutlichsten an den Händen und Unterarmen auf. Dies auch dann, wenn sich lediglich der Kopfbereich im Einfluß relativ schwacher Magnetfeldgeneratoren (etwa 10^{-3} T) befindet.

Ein weiterer Technischer Bericht der oben schon zitierten Berufsgenossenschaft liegt von Silny[558] vor. Er dient der Klärung der Frage, ob niederfrequente magnetische Felder den Organismus beeinflussen können: Ein Abfall ergab sich beispielsweise bei der EEG-Leistungsdichte bei Katzen sowie eine geringfügige Erhöhung der Herzfrequenz. Beim Menschen wurden die bekanntlich deutlich wahrnehmbaren Flimmererscheinungen durch solche Magnetfelder objektiv über evozierte Potentiale untersucht und dabei festgestellt, daß visuell evozierte Potentiale maßgebend beeinflußt werden. Demnach reagiert der Organismus bei einer Induktion über 5 mT (50 Gauß) auf Magnetfelder. Ferner hatten 13% der Probanden unangenehme oder schmerzhafte Gefühle, die sogar nach der Exposition anhielten. Es wird empfohlen, einen längeren Aufenthalt von Personen in derart starken Magnetfeldern zu unterbinden. Der bei einem kritischen Magnetfeldwert von 5 mT anzusetzende Sicherheitsfaktor wurde nicht diskutiert, was wegen der fast ausschließlich jungen Probanden zu einer zusätzlichen Problematik führt.

1.3 EDV-Anlagen

Eine deutliche Ähnlichkeit in der Problematik zeigt die Situation, wie sie sich im Zusammenhang mit EDV-Anlagen ergibt. Der Siegeszug dieser neuen technischen Errungenschaft ist unaufhaltsam. Sie wird in fast allen kommerziellen Bereichen eingesetzt und findet sich auch schon in sehr vielen Privathaushalten. Unzählige Menschen arbeiten mit solchen Anlagen und befinden sich häufig den ganzen Tag in deren unmittelbarer Nähe. Und auch hier werden immer häufiger Befürchtungen geäußert, daß von Bildschirmen, EDV-Terminals und sonstigen vergleichbaren Anlagen eine Art Strahlungsgefahr ausginge. Aus diesem Grund seien in Ergänzung zu den Ausführungen gerade dieses Kapitels zu dieser Problematik einige Informationen gegeben.

Es ist meßtechnisch ohne besondere Schwierigkeiten feststellbar, daß von EDV-Anlagen (zum Beispiel einem EDV-Terminal mit Bildschirm) speziell im Niederfrequenzbereich eine vielfältige elektrische und magnetische Strahlung ausgeht, die feldstärkemäßig für den Aufenthaltsbereich des Menschen mit

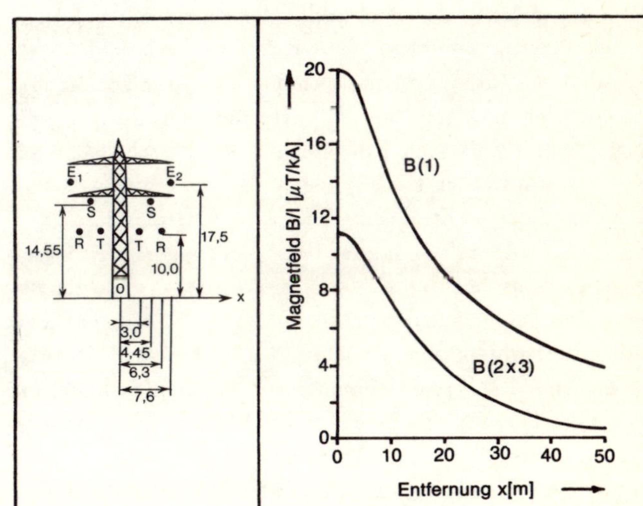

114 Magnetische Induktion B/I am Erdboden (B 2 × 3), bezogen auf einen Strom I = 1 kA für gleichmäßig belastete Phasen einer parallel betriebenen 110 kV-Drehstrom-Doppelleitung im Normalbetrieb, in Abhängigkeit von der Entfernung x von der Trassenmitte. Diese Magnetfeldwerte sind charakteristisch für die verschiedensten Kombinationen einfacher und doppelter Drehstrom-Leiteranordnungen, deren Feldwerte alle im Bereich um x = 0 bei 6,5 < μT/kA < 11 und im Abstand von x = 50 m bei 0,3 <μT/kA < 1,5 liegen. Vergleichsweise die Werte (B 1) für nur einen stromführenden Leiter (Phase R, horizontal in die Trassenmitte versetzt).

den oben genannten energietechnischen Anlagen vergleichbar sind. Dies liegt vor allem an dem geringen Abstand, die die mit diesen Anlagen arbeitenden Personen von den Geräten haben. Der Frequenzbereich der Strahlung reicht dabei hierzu im Gegensatz von besonders starken elektrostatischen Aufladungen (durch den Bildschirm bedingt) bis nahe an 100 kHz (beispielsweise das Magnetfeld betreffend).

So hat nun das besonders starke, von Bildschirmen ausgehende elektrostatische Bild die allgemein bekannte Staubablagerung auf dem Bildschirm zur Folge. Der im Arbeitsraum vorhandene Staub wird durch die Feldkräfte unmittelbar am Kopf der vor dem Bildschirm sitzenden Personen vorbei vom Bildschirm angezogen und mit ihm die darauf abgelagerten, im Raum vorhandenen Bakterien. Damit ist ausgerechnet im Bereich des Kopfes der vor dem Bildschirm arbeitenden Personen im Vergleich zur sonstigen allgemeinen Raumsituation eine erhöhte Bakterienkonzentration in der Luft vorhanden. Dies also zumindest dann, wenn nicht durch spezielle, inzwischen im Handel erhältliche, zu erdende Bildschirm-Gittermasken für entsprechende Abhilfe gesorgt wird.

Auch medizinische Fachzeitschriften befassen sich bereits mit diesem Thema. So berichtet beispielsweise Selecta[584*] über Meldungen, wonach Schwangere, die regelmäßig an Sichtschirmgeräten gearbeitet hatten, zu einem beunruhigend hohen Prozentsatz Fehlgeburten oder mißgebildete Kinder hatten. Das kanadische Arbeitsminsiterium soll eine diesbezügliche Untersuchung veranlaßt haben. Die damit beauftragte Kommission forderte, daß Sichtschirm-Arbeiter jeden Geschlechts nur fünf Stunden täglich vor dem Bildschirm sitzen sollten. Seitens der Selecta wird diese Meldung verharmlost durch die Feststellung, daß ein Zusammenhang zwischen der Strahlenbelastung eines Sichtschirm-Geräts und Video-Terminals und den Schädigungen von Feten auch einigermaßen unwahrscheinlich sei. Solche Geräte würden keine größeren Risiken erwarten lassen, als der häusliche Farbfernseher. Hierbei wird seitens der Selecta jedoch völlig die relativ starke Abnahme des gesamten Strahlungsspektrums mit der Entfernung von den Vorrichtungen vernachlässigt. Niemand wird sich auf Dauer 50 cm vor dem häuslichen Farbfernseher aufhalten, wo hingegen EDV-Anlagen bedienendes Personal unmittelbar vor dem Sichtschirm-Gerät sitzt. Die sich damit ergebenden Feldstärkewerte wurden oben bereits angesprochen. Hierzu ist vergleichsweise die dabei zitierte atmosphärische Strahlung jedenfalls vernachlässigbar klein.

*

Ob die Wirkung gerade der energietechnischen elektromagnetischen Felder auch als Streßreaktion anzusehen ist, wird seit vielen Jahren von einigen Wissenschaftlern eingehend diskutiert. Dieser Frage widmet sich daher Siegnot Lang nachfolgend in einem eigenen Beitrag.

1.4 Biologische Wirkungen elektrischer, magnetischer und elektromagnetischer Felder – Stress oder Therapie?

Ein spezieller Beitrag von Siegnot Lang

Ein Orientierungsvermögen des biologischen Organismus nach magnetischen und elektrischen Feldern ist für die verschiedensten Tierarten – von Einzellern, Würmern und Insekten bis hin zu Vögeln und Kleinsäugern – nachgewiesen worden. Dabei handelt es sich teilweise um Orientierungsleistungen, mit Hilfe derer lange Strecken und genaue Zielanflüge bewältigt werden, wie beim Rotkehlchen, zum anderen aber auch lediglich um Ausweichbewegungen oder Fluchtreaktionen, mit deren Hilfe störende geophysikalische Umwelteinflüsse gemieden werden können.
Die sogenannte Evolutionshypothese bezüglich der Einwirkung elektrischer, magnetischer und elektromagnetischer Felder auf den Organismus stellte Presman[72] bereits 1968 auf, die im folgenden von der Lang[178] angehörenden Arbeitsgruppe weiterentwickelt wurde. Danach sind die durchschnittlichen Intensitäten sowie rhythmische und arhythmische Intensitätsschwankungen der atmosphärisch-elektrischen und magnetischen Felder auf der Erdoberfläche während der Evolution der Organismen im großen und ganzen die gleichen gewesen wie heute.

Jede Art von Lebewesen hat sich an diese elektrischen und magnetischen Klimate beziehungsweise an die in seinem individuellen Biotop herrschenden Mikroklimate angepaßt, so daß es das Intensitäts- und Zeitmuster der einwirkenden geophysikalischen Faktoren als adäquat empfindet. Fehlen nun diese Umweltreize völlig oder wirken sie in unnatürlichen Mustern (zeitliche Folge, Intensitäten) auf den Organismus ein, dann stellt ein derartiges Milieu einen biologisch inadäquaten Zustand dar, der erwartungsgemäß in den verschiedensten stoffwechsel- und verhaltensphysiologischen Änderungen seinen Ausdruck finden müßte. Die Klassifizierung der heute bekannten biologischen Effekte elektrischer, magnetischer und elektromagnetischer Felder als »Orientierungsleistungen«, »frequenzspezifische Antworten«, »Streßreaktionen« und »feldspezifische Anpassungsreaktionen« soll im folgenden erläutert werden.

1.4.1 *Orientierungsleistungen.*

Goldhamster, Mäuse, Ratten, Bienen, Goldfische, Vögel, Aale und Maikäfer »bemerken« elektrische Felder und empfinden sie offensichtlich bei höheren Feldstärken als Störung ihrer Umwelt, der sie auszuweichen versuchen (Schua[180]; Zahner[181]; Warnke[500°]; Altmann und Lang[179]; Lang et al.[423°]; Brinkmann[374°]). Während der Aktivitätsphasen der

Tiere werden elektrische Felder bei einigermaßen adäquater Feldstärke (und Frequenz) gemäß Altmann und Lang[179] wie auch Lang[419°] akzeptiert. Nicht adäquate Feldstärken führen zu erhöhter Aktivität und Aggressivität, sofern gemäß Schua[180] oder Warnke[500°] die Tiere dem Feld nicht ausweichen können. Eine Beziehung zwischen der Feldstärke und der Einwirkungszeit des Feldes sowie der Reaktion der Tiere ist diesen Befunden nach nicht eindeutig zu entnehmen, da die entsprechenden Parameter zunächst hauptsächlich aus versuchstechnischen Gründen weniger von biologischen Überlegungen her bestimmt wurden. In jedem Falle eine äußerst empfindliche Reaktion zeigten die Bienen, die auf Feldstärken von 800 V_{ss}/m und der Frequenz von 50 Hz bereits gemäß Warnke und Paul[502°] nach 22 Sekunden mit Nestflucht reagierten. Auch die Resynchronisation der Circadianic, wie sie Wever[166-168, 504°] beschrieb, scheint bei einer Feldstärke von 2,5 V/m eine sehr empfindliche Reaktion darzustellen. Kleinsäuger zeigen ein gewisses Beharrungsvermögen, das heißt, sie haben sich an ihre Reviere einfach gewöhnt. Wie die Wahlverhaltensuntersuchungen der Arbeitsgruppe um Altmann und Lang[179] beweisen, müssen daher einwirkende Felder nicht nur eine konstante Reizschwelle bestimmten Ausmaßes übersteigen, bis eine entsprechende Empfindung ausgelöst wird, sondern es wird die Höhe dieser Reizschwelle entscheidend von dem Wohlbefinden beziehungsweise der Gewöhnung der Tiere an ihre Umgebung mitbestimmt. Aus dem Befund, daß gemäß Dowse und Palmer[101] die Circadianic sowohl mit einem Gleichfeld wie mit einem Spektrum von Wechselfeldern zu beeinflussen ist, ergeben sich verschiedene Deutungsmöglichkeiten. Zum einen konnten bestimmte Frequenzen — das Gleichfeld wirkt ebenfalls wie ein Wechselfeld in dem Frequenzbereich von 1—20 Hz (siehe unten) — rhythmische physiologische Prozesse von außen triggern, zum anderen könnte der elektrische Reiz eine völlig unspezifische Anregung der Regulationssysteme des Organismus bewirken.

Allerdings weist der Organismus auch gegenüber solchen Umweltfaktoren wie Temperatur, Feuchte oder Lichtstrahlung offensichtlich eine weit differenziertere Sensitivität auf, als bisher angenommen. Warnke[496°-500°] wies weiter auf die Bedeutung der elektrostatischen Aufladbarkeit diverser Körpermaterialien der Organismen hin.

Leitfähigkeitsmessungen an Körperoberflächenproben ergaben sowohl in Anlehnung an die Versuche von Becker und Speck[368°] als auch an die Ergebnisse von Athenstaedt[357°, 358°] beziehungsweise Ellenby und Smith[385°], daß sowohl die umgebende Luftfeuchtigkeit wie die Konzentration der Kleinionen, die Lufttemperatur und die elektromagnetische Lichtstrahlung in der Lage sind, die elektrischen Leitfähigkeitseigenschaften von Insektenkutikula zu beeinflussen. Für den kurzwelligen Lichtbereich konnte für Insektengewebe ein Photoeffekt nachgewiesen werden. Pyro- und piezoelektrische Effekte zeigten, daß elektromagnetische Schwingungen vor allem im Resonanzbereich an Körperoberflächen mechanische Mikroschwingungen auslösen. Umgekehrt werden durch Luftdruckschwankungen beziehungsweise Schallwellen elektrische Impulse in der Haut verursacht. Die Bedeutung dieser Effekte ist heute in ihrer Reichweite noch nicht absehbar.

Arendse[352°] berichtete über Versuche mit Mehlwürmern, die er nach der Aufzucht in verschiedenen künstlichen Biotopen teils magnetfeldfreien (Erdfeld gegenkompensiert) Bedingungen teils gezielt gerichteten Magnetfeldern ausgesetzt hatte. Die Tiere zeigten normalerweise eine Richtungsbevorzugung, die der Dunkelrichtung in ihren Aufzuchtbehältern entsprach. Diese Orientierung vermochten sie aber nur dann aufrechtzuerhalten, wenn ein magnetisches Feld richtungsweisend auf sie einwirkte. Unter magnetfeldfreien Bedingungen war diese Orientierungsmöglichkeit ausgeschaltet, die Tiere verteilten sich wahllos. Mit künstlich angelegten Magnetfeldern konnte je nach Lage des Horizontalvektors des Feldes die Orientierung der Tiere willkürlich beeinflußt werden.

Ausgehend von Versuchen, die Merkel und Fromme[447°] bereits 1968 durchgeführt hatten, konnte Wiltschko[505°, 506°] nachweisen, daß Rotkehlchen die Polarität der Horizontalkomponente des Erdmagnetfeldes wahrnehmen. Allerdings gelingt den Tieren diese Orientierung nur in Verbindung mit der gleichzeitigen Orientierung nach der einwirkenden Schwerkraft. Der Magnetkompaß von Rotkehlchen funktioniert nur in einem sehr engen Intensitätsbereich. Bei einer Minderung der Totalintensität des Erdmagnetfeldes um 25 % beziehungsweise Erhöhung um mehr als 50 % sind die Vögel nicht mehr in der Lage, sich zu orientieren. Wiltschko und Fleissner[506°] testeten Rotkehlchen in energiegleichen magnetischen Wechselfeldern der Frequenzen von 50 Hz, 1 Hz und 0,8 Hz. Während das 50 Hz-Feld eine Desorientierung der Tiere bewirkte und die angebotenen sinusförmigen Felder ihnen keine Orientierungsmöglichkeiten boten, konnten sie in den Feldern mit rechteckförmigem zeitlichen Verlauf der Frequenzen 1 Hz und 0,8 Hz ihre Zugrichtung auffinden.

Termiten werden bezüglich ihrer Freßaktivität durch atmosphärisch magnetische Felder beeinflußt. Der tägliche Holzfraß dieser Tiere korreliert nach Becker[364°-367°] mit der atmosphärisch-magnetischen Unruhe in Abhängigkeit von der 27tägigen Rotation der Sonne. Ebenso ist eine Beeinflussung durch Wetterlagen und dabei vor allem durch die Atmosphericsaktivität festzustellen.

Eine umfassende Übersicht speziell bezüglich der Orientierungsleistung von Tieren im magnetischen Erdfeld geben Martin und Lindauer[444].

1.4.2 *Frequenzspezifische Antwort.*

Neben den beschriebenen, weitestgehend frequenzunabhängigen Orientierungsleistungen zeigte sich jedoch zum Beispiel bei Rotkehlchen eine deutliche Abhängigkeit des Vermögens der Tiere, sich in magnetischen Feldern auszurichten, von der Impulsform und Frequenz der verwendeten Schwingungen. Im folgenden werden biologische Effekte elektrischer und magnetischer Felder beschrieben, die eine deutliche Abhängigkeit von der jeweils verwendeten Frequenz aufweisen.

Tierversuche: Bereits 1935 wies Petrow[466] – bis heute ziemlich unbeachtet – darauf hin, wie man mit einer elektromagnetischen Schwingung von 1 kHz ein Nervmuskelpräparat sowohl in vitro wie in vivo erregen könne, während eine höherfrequente Schwingung von 33 MHz keine Effekte zeige. 40 Jahre später konnten Lott und Linn[434°] dann nachweisen, daß die Höhe der Aktionspotentiale des Nervus Ischiadicus beim Frosch in vitro durch ein elektrisches 10 Hz-Rechteckfeld zu vergrößern sei. In einer feuchten Kammer, die sich in einem Faradaykäfig befand, wurde zu diesem Zweck der isolierte Nervus Ischiadicus eines Frosches einem Feld der errechneten Feldstärke von 4000 V/m ausgesetzt. Es zeigte sich, daß das elektrische Feld einen sofortigen und anhaltenden Anstieg der Amplitude der Aktionspotentiale bei allen getesteten Präparaten zur Folge hatte. Dieser Effekt konnte bis über eine Stunde erzeugt werden. Lott und Linn[434°] diskutierten als Ursache für diese beobachteten Phänomene die Möglichkeit einer physikalischen Änderung (Porendeformation) in der Membran oder einer Beeinflussung des Stoffwechsels der Zelle durch das Feld, wodurch eine Änderung des Ionenflusses herbeigeführt sein könnte.
Die Befunde von Altmann et al.[346°] über die Erhöhung des Bauchhautpotentials am Frosch durch ein 10 Hz-Rechteckimpulsfeld beziehungsweise die erhöhte Calciumausschüttung aus dem Gehirn von Hühnern beim Einfluß von elektrischen Wechselfeldern der Frequenz 10 Hz nach Adey[342°] können dennoch bis heute keine eindeutige Erklärung geben, wie die von Lott und McCain[184] gemessene Erhöhung der Gehirn- und Hypothalamusaktivität unter Einfluß eines niederstfrequenten elektrischen Feldes primär verursacht wird. Die Untersuchungen der Arbeitsgruppe Persinger[149] über die pränatale Beeinflussung des Organismus durch magnetische Wechselfelder der Frequenz 0,5 Hz und der magnetischen Induktion von 0,05—3 mT konnten in der letzten Zeit von Ossenkopp und Ossenkopp[453°] durch folgende Befunde ergänzt werden. Die Applikation des Feldes auf schwangere Ratten bewirkte eine reduzierte Aktivität bei einer erhöhten Defäkation sowohl der weiblichen wie der männlichen Nachkommen. Wirkten die Feldbedingungen nach der Geburt während der Jugendzeit auf die Jungtiere ein, zeigten die männlichen Tiere sowohl eine erhöhte Aktivität als auch eine erhöhte Defäkation. Bei den weiblichen Tieren war die Defäkation erhöht, während sich die Aktivität nicht von denen der Kontrolltiere unterschied. Persinger und Lafrenière[464°] berichteten vergleichsweise von Schilddrüsenuntersuchungen an Ratten, die Feldern von 10 Gauß, 1 Gauß, 0,05 Gauß oder 10^{-4} Gauß (Kontrollbedingungen) ausgesetzt worden waren. Während das Gewicht der Schilddrüsen der Tiere bei 10 Gauß signifikant erhöht war, zeigten sich bezüglich der Follikelzahl im Schilddrüsengewebe Erhöhungen nur bei den Ratten in dem 0,5 Gauß starken Feld. Die übrigen Feldbedingungen bewirkten unterschiedliche Effekte.
Natürliche geomagnetische Stürme (5.—6.7.74) bewirkten nach Persinger[462°] ebenfalls eine Erhöhung der Aktivität bei Ratten. Ähnlich den Befunden von Becker[364°-367°] bei Termiten konnte auch bei diesen Messungen eine gewisse Verzögerung des Effekts beobachtet werden, so daß die Aktivitätserhöhungen erst jeweils ein bis zwei Tage nach den Registrierungen der erhöhten magnetischen Aktivität zu verzeichnen waren.
Bawin et al.[362°] inkubierten die Gehirne von 500 neugeborenen Küken (2—7 Tage alt) in ein physiologisches Medium mit $^{45}Ca^{2+}$. Danach wurden die Präparate gewaschen und den künstlichen Feldbedingungen ausgesetzt: 147 MHz als Trägerfrequenz, auf die sinusförmige Schwingungen von 0,5—35 Hz moduliert waren (maximal 1—2 mW/cm²). Die Erhöhung der Calciumausschüttung aus diesen Gehirnen in Abhängigkeit von der modulierten Frequenz zeigt Abbildung 115. Die hier demonstrierte Feldwirkung konnte nicht mit Cyanidionen abgeblockt werden, das heißt, sie ist unabhängig von irgendwelchen Stoffwechselvorgängen.

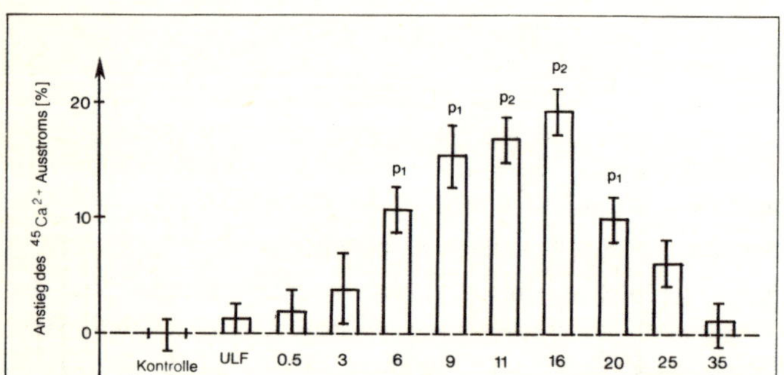

115 Auswirkungen von verschieden amplitudenmodulierten 147 MHz-Feldern auf den $^{45}Ca^{2+}$-Ausstrom aus dem isolierten Vorhirn von neugeborenen Küken. Ergebnisse in Prozent des Anstiegs des Calciumausstroms, im Vergleich mit den Kontrollbedingungen ohne Feld, $p_1 < 0{,}05$; $p_2 < 0{,}01$, nach Bawin et al.

Humanversuche: Die bereits 1962 von König und Ankermüller[81] ermittelte Frequenzspezifität bei der Einwirkung von speziellen elektrischen Feldern auf das Reaktionsvermögen von Probanden findet in diesen Ergebnissen ein mögliches Korrelat. Auch Maxey[445] konnte diese frequenzspezifische Wirkung beobachten, als er Versuchspersonen magnetischen Wechselfeldern mit Frequenzen im Bereich von 1,6 Hz bis 11,4 Hz (bei 1000 Gamma = 10^{-6} T) aussetzte. 10% seiner Probanden reagierten auf 7,8 Hz mit einer direkten Koppelung der betreffenden Alpha-Wellen des EEG's solange der Feldeinfluß währte. Etwa vier Sekunden nach Beginn der Feldeinwirkung war ein Ausbruch von Theta-Wellen im Bereich von 4 Hz bis 7 Hz des EEG's festzustellen. Derselbe Effekt trat bei 10,8 Hz und 11,4 Hz auf, während er bei 1,6 Hz nicht beobachtet werden konnte. Maxey[445] verglich diesen Effekt mit der bekannten individual-spezifischen Sensibilität bestimmter Menschen auf niederstfrequente Lichtimpulse und wies bezüglich der Beeinträchtigung der Konzentrationsfähigkeit und des Reaktionsvermögens durch diesen Effekt auf Korrelationen zwischen atmosphärisch-magnetischen Stürmen und Flugzeugunfällen hin (Pilot Error Weather).

Nachdem zunächst Jacobi et al.[404°] unter anderem eine statistische Korrelation der Thrombozytenadhäsivität mit der Großwetterlage, den Wettervorgängen, der Dynamik der Atmosphäre und der elektro-magnetischen Strahlung ermittelt hatten, simulierten sie dann in Stahlkammern als Faraday-Käfigen künstliche Sferics, um deren Einfluß bei Versuchspersonen auf verschiedene Parameter zu überprüfen. Dabei erhöhten gemäß Abbildung 116 Impulsfrequenzen von 10 Hz bei 0,4 V/m (Trägerfrequenz von 10 kHz) die Thrombozytenadhäsivität nach einer Verweildauer von 3 Stunden hochsignifikant im Vergleich zu abgeschirmten, feldlosen Bedingungen beziehungsweise gegenüber Impulsfolgefrequenzen von 2,5 Hz und 20 Hz. Dieser Effekt konnte durch die Verabreichung von 75 mg Dipyridamol und 300 mg Azetylsalizylsäure verhindert werden. 10 Hz-Impulsfolgefrequenz verschlechterte das Reaktionsvermögen. Psychisch labile Versuchspersonen zeigten stärkere Reaktionen als psychisch stabile (Jacobi und Krüskemper[405°, 406°]).

Bein[370°] konnte in einer umfassenden Studie an 110 Versuchspersonen in einem elektrischen Gleichfeld unter besonderer Berücksichtigung des meteorologischen Geschehens während der Versuchszeit eine Erhöhung der psychischen Aktivität der Probanden ermitteln, die allerdings — wie oben erwähnt — ebenfalls als Auswirkung eines elektrischen Wechselfeldes angesehen werden muß, entsprechend den durchschnittlichen Atem- beziehungsweise Bewegungsfrequenzen der Probanden.

Persinger et al.[465°] setzten 70 männliche und weibliche Versuchspersonen einem 40minütigen Feldprogramm aus, bei dem jeweils 10 Minuten lang ein elektrisches Feld der Frequenz 10 Hz (sinusförmig) beziehungsweise der Frequenz 3 Hz auf die Probanden einwirkte. Dieses Programm wurde in drei Ansätzen mit Feldstärken von 3,0 V/m, 0,3 V/m und unter Faraday-Bedingung durchgeführt und dabei jeweils über die gesamte Versuchsdauer die Reaktionszeit der Probanden gemessen. Die Mittelwerte ergaben keine Unterschiede zwischen den verwendeten Feldprogrammen, den Feldstärken, den Frequenzen beziehungsweise dem Geschlecht der Probanden. Die statistische Auswertung bezüglich der Standardabweichungen, die in gewissem Sinn ein Maß für die Beständigkeit der erforderlichen Konzentrationsleistungen darstellten, zeigte bei ständiger Leistungsbereitschaft der Probanden über 40 Minuten ein kontinuierlicheres Leistungsvermögen der weiblichen Teilnehmer unter Feldeinfluß. Bei Intervallbelastung bewirkte das schwächere wie das stärkere elektrische Feld eine signifikant größere Regelmäßigkeit bezüglich der zu erbringenden Leistung der männlichen Teilnehmer.

Persinger[459°, 461°] wies in diesem Zusammenhang auf die zahlreich beschriebenen Sensationen hin, die der menschliche Organismus bei Störungen des magnetischen Erdfeldes empfinden kann. Persinger und Janes[463°] sicherten dabei eine signifikante Korrelation zwischen der Ängstlichkeit von Studenten und magnetischen Stürmen, die vor und nach der Geburt der getesteten Versuchspersonen geherrscht hatten. Die Korrelation zwischen täglichen Selbstbeschreibungen der jeweiligen gefühlsmäßigen Stimmungslage und meteorologischen Parametern, wie Temperatur, Druck, relativer Feuchte, Sonnenscheindauer, Windgeschwindigkeit und geomagnetische Aktivität konnten mit einem Koeffizienten von 0,27 bezüglich der Verknüpfung von »schlechter Stimmung« mit geringer Sonnenscheindauer und höherer relativer Feuchte beziehungsweise niedrigerer relativer Feuchte und »gehobener Stimmung« gesichert werden.

116 Prozentuale Veränderung der Thrombozytenadhäsivität im Blut von Probanden (n), die drei Stunden simulierten Atmospherics der Trägerfrequenz 10 kHz bei Impulsfolgefrequenzen von 0 Hz, 5 Hz und 20 Hz bei einer Impulsstärke von 0,4 V/m ausgesetzt waren, nach Jacobi *und* Krüskemper.

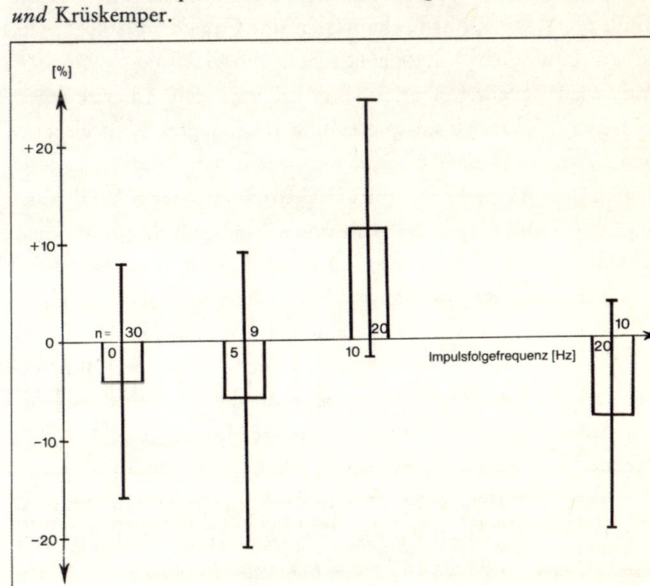

1.4.3 *Streßreaktionen.*

Das Streßsyndrom: Allgemein bewirken mehr oder weniger starke Stimulationen des menschlichen Organismus bis hin zum Streß eine genormte stereotype Reizantwort, die phylogenetisch sehr alt ist. Durch die systolische Blutdruckerhöhung mit gleichzeitiger kollateraler peripherer Vasokonstriktion wird nämlich eine optimale Versorgung der Muskeln mit Nährstoffen erzielt. Diese wird noch dadurch unterstützt, daß das Adrenalin in der Leber die Reaktionen der Glycogenolyse und des Fettabbaus aus den Depots beschleunigt. Diese »sympathische Notfallreaktion« des Organismus stellt die Phase der Alarmreaktion des »General Adaption Syndroms« dar, mit der der Organismus einem auf ihn einwirkenden Stressor entgegenwirkt.

Das besondere Kennzeichen dieser Streßantwort ist das stereotype Schema, mit dem die einzelnen physiologischen Mechanismen ablaufen und daß der Organismus auf jedwede Änderung seiner Umwelt zunächst in ein und derselben Weise reagiert – die Katecholaminausschüttung im menschlichen Organismus erhöht sich sowohl bei großer Freude wie bei starker Furcht (siehe Wörner[507]).

Elektrische Felder als Stressoren: Becker[369] und Marino[443] sprachen anläßlich des Common Record Hearings on Health and Safety of 765 kV Transmission Lines vor der Public Service Commission des Staates New York 1975 im Zusammenhang mit der Frage der Errichtung neuer Hochspannungsleitungen die Bedeutung des durch die hier möglichen enormen Feldstärken bewirkten Elektrostresses an.

In anderem Zusammenhang wies bereits 1959 Verheijen[494] darauf hin, daß die auf einen Organismus einwirkende Intensität künstlicher Umweltparameter nicht zu stark vom Wert von dessen natürlicher Intensität abweichen sollte. Diese Bedingung sei zu stellen, da sonst nicht davon ausgegangen werden könne, daß die Reizstärke größenordnungsmäßig innerhalb der Regelbreite der Regulationsmechanismen des Organismus liege, wie sie im Laufe der phylogenetischen Entwicklung entstanden sind. Das bedeutet aber, abgesehen von den Überlegungen bezüglich biologisch adäquater und inadäquater Umweltparameter, wie sie weiter oben erwähnt wurden, folgendes: Jede elektrische, magnetische oder elektromagnetische Feldbedingung wird vom Organismus als unnatürlicher Reiz empfunden, sobald die Feldstärke den im natürlichen Biotop vorkommenden Maximalwert übersteigt. Aktivitätserhöhungen, Freisetzung der Energiereserven (Fettstoffwechsel) und kardiovaskuläre Störungen sind neben der ursächlichen Katecholaminfreisetzung die wichtigsten Symptome, an denen der Ablauf der Alarmreaktion erkannt werden kann (Altmann und Lang[179]; Fischer[389]; Becker[364] sowie Moos[266]). Die für die ablaufenden Bewegungen notwendige erhöhte Energiezufuhr in Form von energiereichen Fettsäuren und Triglyceriden konnten Beischer et al.[148]; Lang und Reuß[427] sowie Klingenberg et al.[409, 410] an Ratten und Mäusen bestätigen.

Die durch den Katecholaminausstoß bedingte Erhöhung des Cholesterins im Blut hat eine erhöhte Gerinnungsfähigkeit des Blutes zur Folge, die sowohl von Brezowsky und Ranscht-Froemsdorff[203] unter Bedingungen mit künstlichen Atmospherics sowie von Boenko und Shakhgeldyan[372] unter Einfluß eines elektromagnetischen 8 kHz-Feldes der Intensität 1500 V/m beobachtet wurde. Jacobi und Krüskemper[405, 406] registrierten eine Erhöhung der Thrombozytenadhäsivität als Maß für die Gerinnbarkeit des Blutes beim Auftreten natürlicher Atmospherics und konnten diesen Effekt im Laborversuch mit künstlich nachgeahmten Atmospherics bestätigen. Die direkte Auswirkung der in der Streßsituation erhöhten Katecholamine auf den Kreislauf spiegeln die Ergebnisse Blanchis[371] wider, der bei Messungen des EKG's eine Verlängerung des PR- und R-Intervalls sowie des QRS-Komplexes feststellte. Seine Ratten überlebten dabei eine Dosis von 100 000 V/m und 50 Hz über 100 Stunden, wobei ihnen jeweils eine neunstündige Expositionszeit mit darauffolgender dreistündiger Erholung zugemutet wurde. Bei einer um die Hälfte niedrigeren Feldstärke von 50 000 V/m (50 Hz) und allerdings ganztägiger Einwirkung starben bei einem Versuchsansatz von Solov' ev[484] sämtliche Mäuse und Insekten innerhalb weniger Stunden. Fischer und Richter[393] reproduzierten mit 5000 V/m, 50 Hz über fünfzig Tage an Ratten den Befund von Blanchi[371], die Herzfrequenz der Tiere erniedrigte sich dabei kontinuierlich über die ganze Versuchszeit (siehe auch Abbildung 117).

Hauf[401] wies allerdings bezüglich der Aussagekraft der diesen Befunden widersprechenden russischen Ergebnisse (Asanova und Rakov[353], Korobkova[273, 274], Sazonova[476]) darauf hin, daß bei den meisten dieser Arbeiten nicht vergleichbare Probandengruppen beziehungsweise nicht vergleichbare Tätigkeitsparameter mit oftmals unzureichenden statistischen Verfahren die vorgenommenen Auswertungen fragwürdig erscheinen lassen würden. Zudem seien oftmals reine Elektrisierungsphänomene mit elektrischen Feldeffekten verwechselt worden.

Vergleichsweise hatte auch Fischer[266a] schon 1974 in Graz anläßlich des 1. Kolloquiums »Bioklimatische Wirkungen luftelektrischer und elektromagnetischer Faktoren« von Auswirkungen eines restwelligen Gleichfeldes auf den Stoffwechsel von Mäusen und Ratten berichtet. In dem Feldstärkebereich von 1000 bis 5000 V/m bei 1% Restwelligkeit waren die Mobilität, der Futter- und Trinkwasserverbrauch, der Sauerstoffverbrauch der Tiere und der Serotoninspiegel im Gehirn sowie die Produktion von Immunstoffen im Körper der Tiere im Vergleich zu den entsprechenden Stoffwechselwerten der Tiere erhöht, die in Faradaykäfigen gehalten wurden, in denen der niederfrequente Spektralanteil äußerer elektrischer Felder um mehr als 99% abgeschirmt war.

Glünder[397] wiederholte die Untersuchungen von Fischer mit einem elektrischen Gleichfeld und einem 10 Hz-Rechteckimpulsfeld an Hühnern und konnte die Ergebnisse Fi-

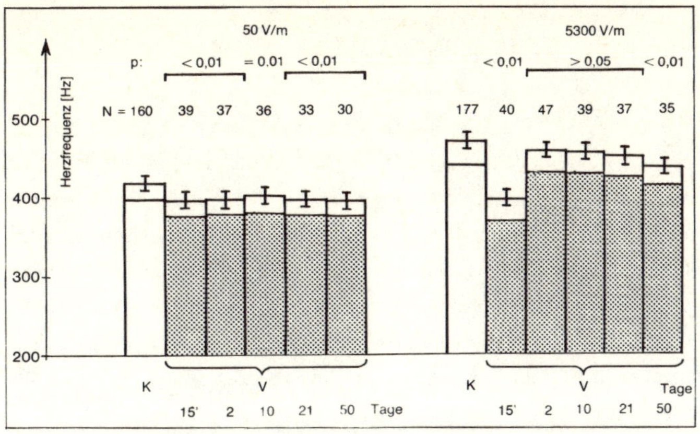

117 Beeinflussung der Herzfrequenz von Ratten durch ein 50 Hz-Feld, bei verschiedenen Feldstärken, in Abhängigkeit von der Einwirkzeit (K = Kontrolle, V = Versuch), nach Fischer.

schers mit seinem Versuchsmaterial nicht reproduzieren. Nach Angaben des Autors können jedoch methodische und versuchstechnische Unterschiede im Vergleich zu den Experimenten Fischers diese Befunde beeinflußt haben.

In der Zwischenzeit hat Fischer[391°-393°] nachweisen können, daß diese Effekte nur zu durchschnittlich einem Drittel auf die Wirkung des elektrostatischen Feldes, aber zu zwei Drittel auf die Wirkung der 50 Hz-Restwelligkeit des Feldes (ca. 10—50 Volt/m) zurückzuführen ist. Besonders interessant erscheint ein Vergleich der von Fischer[393°] durchgeführten Herzfrequenzmessungen an Ratten mit den Ergebnissen von Silny[483°]. Bei einer geringen 50 Hz-Feldstärke von 50 Volt/m erniedrigte sich die Herzfrequenz der Ratten signifikant um ca. 14 % bereits nach 15 Minuten und blieb während der Versuchsdauer von 50 Tagen erniedrigt (siehe Abbildung 117). Eine Feldstärke von 5300 Volt/m bewirkte sogar noch eine stärkere Verringerung um ca. 25 % nach 15 Minuten, die allerdings nach 2 Tagen nur mehr 4 % betrug, um dann bis zum 50. Tag wieder auf 11 % abzusinken. Ebenfalls im Gegensatz zu der Reaktion der Ratten in einem Feld von 80 kV/m erniedrigte sich auch die Körpertemperatur der Tiere bei 5 kV/m. Der Noradrenalingehalt im Gehirn der Ratten erhöhte sich innerhalb von 15 Minuten von 0,360 µg/g Frischgewicht auf 0,415 µg/g Frischgewicht, das bedeutet eine ca. 15 %ige Steigerung (siehe Abbildung 118). Nach 2 Stunden war nur noch eine leichte Erhöhung um 3%, nach 10 Stunden eine Erniedrigung von 25% nachzuweisen, die nach 21 Tagen immer noch 15% betrug. Fischer[393] erwähnte ebenfalls eine mögliche Rezeption des elektrischen Wechselfeldes durch die Tiere über Mikrovibrationen am Fell und an den Mikrovibrissen. Vor allem der erhöhte Adrenalinspiegel im Gehirn der Tiere veranlaßte Fischer dann, von einem Elektrostreß zu sprechen. Ausgehend von den den Ratten und Mäusen eigenen Besonderheiten der Temperaturregulation bewirkt nämlich der Adrenalinausstoß bei diesen Tieren (zum Beispiel im Gegensatz zum Menschen) eine stärkere Erregung des Kühlzentrums als des Wärmezentrums, wodurch die erniedrigte Körpertemperatur erklärbar ist. Das bedeutet aber, daß die Wärmeabgabe die Wärmeproduktion übertrifft, der vermehrte Wärmeverlust wird durch die erhöhte Motilität, Muskelaktivität und Freßtätigkeit kompensiert. Damit gekoppelt ist der vermehrte Sauerstoffverbrauch und eine generelle Beschleunigung von Stoffwechselabläufen. Die Noradrenalinausschüttung bewirkt weiter eine Vasokonstriktion, die einen Blutdruckanstieg zur Folge hat. Der Pressorezeptorenreflex stimuliert den Vagus, woraus die zu beobachtende Bradykardie resultiert.

Mit weit schwächeren elektrischen Feldern desselben Frequenzbereiches konnten Krüger und Reed[416°] entsprechende Ergebnisse an Mäusen nicht gewinnen. Sie untersuchten die Gewichtszunahme, den Serotoningehalt im Blut und Gehirn sowie die Anfälligkeit gegenüber Influenza-Viren von drei Wochen alten Mäusen, die sich 25 Tage in einem schwachen (5 V/m) und in einem starken (100 V/m) sinusförmigen 45 Hz- beziehungsweise 75 Hz-Feld aufhielten, gegenüber den Vergleichswerten von Kontrolltieren. Während und nach der beschriebenen Versuchszeit waren keine Unterschiede

118 Noradrenalinspiegel im Gehirn von Ratten während des Verweilens in einem 50 Hz-Feld (5300 V/m), in Abhängigkeit von der Zeit (K = Kontrolle), nach Fischer.

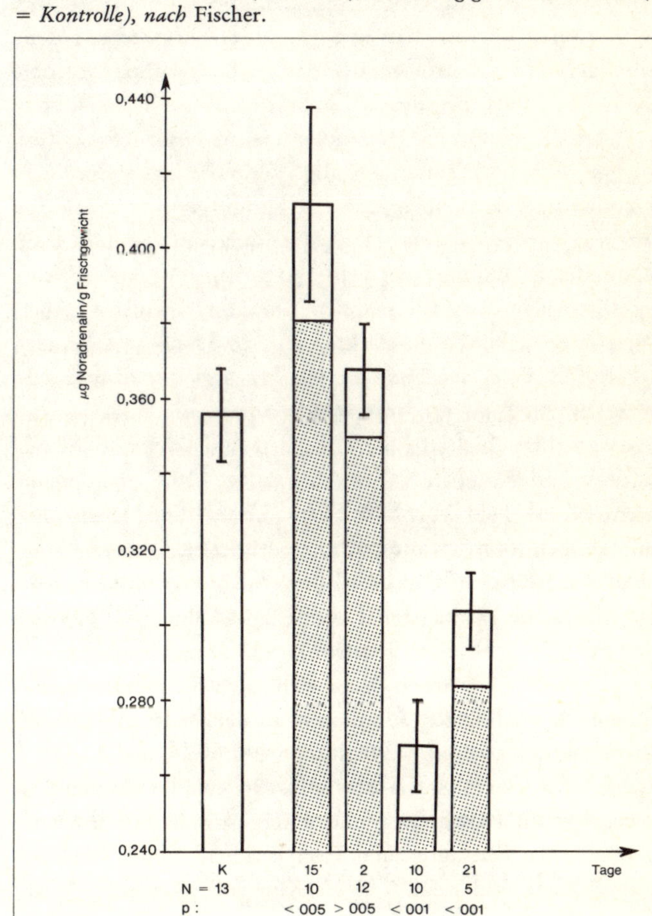

bezüglich der überprüften Parameter zwischen den Kontrolltieren und den Versuchstieren festzustellen.
Brinkmann[374°] untersuchte an Ratten, die ein Jahr lang ununterbrochen einem elektrischen Feld der Frequenz 50 Hz bei 100 kV/m ausgesetzt waren, stichpunktartig die motorische Aktivität und die Schreckzeit der Tiere auf akustische Reize (als Korrelat zur Reaktionszeit beim Menschen) sowie die Herzschlagfrequenz und den Blutstatus. Nach der Versuchszeit wurden die Tiere getötet und pathologisch anatomisch untersucht. Gegenüber Ratten ohne Feld hatten die Feldtiere eine um 23 % geringere Gesamtaktivität, wobei jedoch die Vergleichbarkeit der Aktivität der beiden Populationen vorher nicht überprüft worden war. Die Anzahl der weißen Blutkörperchen war um 30 % geringer. Keine Unterschiede konnten ermittelt werden bezüglich des Wachstums, der Aktivitätsrhythmik und der histologischen Befunde sowie der übrigen Blutuntersuchungen. Wenn den Tieren bezüglich ihres Nistplatzes die Möglichkeit gegeben wurde, zwischen Feld und feldlosen Bedingungen zu wählen, bevorzugten sie eindeutig den feldlosen Raum. Die geringste Feldstärke, mit der sich die Tiere von ihrem Nestplatz vertreiben ließen, lag zwischen 10 und 20 kV/m.
In einer Folgearbeit zu den Untersuchungen von Hauf[401°] und Mitarbeitern setzte Rupilius[475°] zehn Versuchspersonen einem kombinierten elektrischen (20 kV/m) und magnetischen (3 Gauß) Feld von 50 Hz aus. Die Aufenthaltsdauer der Personen im Feld betrug 3 Stunden. Entsprechend dem bisherigen Versuchsprogramm der Arbeitsgruppe wurden EKG, EEG, Puls, Blutdruck, Blutstatus, BSG Thrombozyten und Retikulozyten im Blut gemessen und der Quick-Test durchgeführt und außerdem die Veränderungen der Triglyceride und des Cholesterins im Serum geprüft sowie das Reaktionsverhalten getestet. Im Zusammenhang mit dem verwendeten kombinierten Feld waren keine Veränderungen gegenüber den Kontrollgruppen beobachtet worden. Auch die leichten Stimulationseffekte, wie sie Hauf[275a] in einem elektrischen Feld der Frequenz 50 Hz und derselben Feldstärke ermitteln konnte, traten nicht auf.
Meda et al.[446°] hielten Mäuse, Ratten und Schweine jeweils in dreistündigen Intervallen insgesamt 1000 Stunden in einem 50 Hz-Feld von 100 kV/m. Unter diesen Versuchsbedingungen konnten die auch von anderen Autoren beobachteten Unterschiede hinsichtlich der Konzentrationen von Blutkörperchen (siehe auch Hauf[275a]) und des EKG's (siehe auch Silny[483°]) gefunden werden.

Cabanes[378°, 379°*)] diskutierte die ihm bekannten Befunde speziell über biologische Wirkungen von 50 Hz-Feldern und wertete die scheinbare Unvereinbarkeit der verschiedenen Ergebnisse einseitig gesehen derart, daß man eine bedeutsame Wirksamkeit von technischen 50 Hz-Feldern auf den Menschen generell ausschließen könne.

De Lorge[432°] verfügt heute über zahlreiche Befunde bezüglich der Reaktion von Affen auf sinusförmige elektrische, magnetische und elektromagnetische Felder der Frequenzen 7, 10, 15, 45, 60 und 75 Hz bei den verschiedensten magnetischen und elektrischen Feldstärken. Insgesamt konnten dabei keine beständigen Auswirkungen hinsichtlich der Aktivität, dem Körpergewicht, verschiedener Verhaltensparameter und einer Reihe von Stoffwechselwerten ermittelt werden.

Ng und Piekarsky[451°] fixierten Ratten in Käfiganordnungen dergestalt, daß sie sich nicht bewegen konnten. Auf den rasierten Rücken der Tiere wurde über eine isolierte, an 7 kV angeschlossene Metallelektrode ein Gleichfeld appliziert. Bei einer täglichen Expositionszeit von 3 Stunden waren nach 8 Tagen bei den feldausgesetzten Tieren im Vergleich zu den Kontrolltieren die Atemfrequenz erhöht, die Haare langsamer gewachsen und die Mitoserate der Epidermiszellen der Haut erniedrigt. Diese Effekte konnten sowohl mit einem negativen wie mit einem positiven Feld erzielt werden. Die Autoren erklärten die Befunde durch die Abhängigkeit der Mitoserate von der Höhe des transmembranösen Potentials (Cone[381°]), das durch das exogene elektrische Feld beeinflußt worden sei. Bei derartigen Feldstärken — bei angenommenem Elektrodenabstand (über den keine Angaben gemacht sind) im Bereich von 5 bis 1 cm kann die Feldstärke auf 140—700 kV/m geschätzt werden — können durchaus Ausrichtungseffekte auf Dipolstrukturen im physiologischen Substrat vorliegen. Wesentlicher erscheinen die durch die Atembewegungen der Tiere auftretenden mechanischen Körperschwingungen und die dadurch im Gleichfeld verursachten Wechselfelder in deren Frequenzbereiche, wie sie sich beispielsweise durch die mechanische Absenkung beziehungsweise Anhebung der Rückenfläche einer Ratte im 2 Hz-Rhythmus ergeben.

Luftionisation als Stressor: Unter bestimmten Bedingungen trägt bei Hochspannungsanlagen die Korona-Entladung speziell zur Luftionisation bei. Über die Auslösung eines Streßeffektes durch die dabei entstehenden Kleinionen berichten Udermann und Fischer[578]. Untersucht wurde die Einwirkung einer mit positiven oder negativen Kleinionen angereicherten Atmosphäre (jeweils 52 000 Ladungsträger/cm^3 Luft) auf den Noradrenalingehalt im Gehirn bei Mäusen. Als Ergebnis ergab sich eine indifferente Wirkung der negativen Ionen unter den gegebenen bioklimatischen Voraussetzungen. Hingegen hatten positive Ladungsträger nach kurzfristiger Anwendung im Überschuß einen Streßeffekt zur Folge. Nach längerer Dauer der Exponierung war ein Erschöpfungszustand in Form eines erniedrigten Katecholaminspiegels festzustellen.

*) Aus technischen Gründen sind die an derselben Stelle veröffentlichten Beiträge der übrigen Autoren zu diesem Thema im Literaturverzeichnis unter »Cabanes[379a°-379i°]« aufgeführt.

1.4.4 *Feldspezifische Anpassungsreaktion.*

Im Verlauf der Streßreaktion des Organismus werden nach Ablauf der Alarmreaktion (Katecholaminausschüttung) über die Ausschüttung der Glucocorticoide aus der Nebennierenrinde Anpassungsreaktionen eingeleitet, die gewissermaßen eine »rekonvaleszente« Phase charakterisieren, in der die Folgen der mit der Alarmphase verbundenen starken Belastungen des Organismus behoben werden können. Die Glucocorticoide haben in diesem Zusammenhang einen mineralocorticoiden Nebeneffekt, so daß ohne eine Beeinflussung der durch die Koppelung mit der Reninausschüttung des juxtaglomerulären Apparates der Niere gesteuerten Aldosteronausschüttung der Nebennierenrinde bei einer Streßreaktion eine extra-intrazelluläre Verschiebung der Elektrolyte auftritt.

Dabei strömen Natriumionen in die Zellen und die Kaliumkonzentration in der Zelle wird verringert, wie dies Krück[415] beschrieb. Tatsächlich war aber nach Altmann et al.[347] sowie Lang[419] bei Ratten in einem starken 10 Hz-Dauerfeld die Kaliumkonzentration in den Erythrozyten erhöht, die Natriumkonzentration erniedrigt (siehe hierzu auch Abbildung 119). Diese verstärkte Wirkung der Natriumpumpe ist vielleicht ein Analogon zu dem oben erwähnten Befund des erhöhten Membranpotentials bei Fröschen (Altmann et al.[346]). Analysen des Harns von Ratten und Mäusen unter elektrischen Feldbedingungen bestätigen dann auch direkt die intra-extrazellulären Elektrolytverschiebungen: Der Harn von Ratten in starken und andauernden elektrischen 10 Hz-Rechteckimpulsfeldern wies eine erhöhte Natriumkonzentration auf, während Kalium retentiert wird. Diese Ergebnisse sind nur durch eine erniedrigte Mineralcorticoidkonzentration im Blut der Tiere zu erklären, die um so größer sein sollte, als die aufgezeigte mineralocorticoidale Nebenwirkung der erhöhten Glucocorticoide noch kompensiert sein muß. Hier handelt es sich also eindeutig um eine Reaktion des Säugerorganismus, die unabhängig vom General Adaption Syndrom der Streßreaktion als spezifische Antwort auf die Einwirkung elektrischer Felder angesehen werden kann. Ebenfalls spezifisch reagiert der Organismus mit einer erniedrigten ADH(antidiuretisches Hormon)-Ausschüttung. Der Wassergehalt im Blut und den Geweben von Mäusen und Ratten ist erniedrigt, die ausgeschiedene Urinmenge erhöht (Lang[429]; Altmann et al.[347]; Altmann und Soltau[350]). Auch die Gewichtserniedrigungen, die von Marino[443] und Knickerbocker et al.[265] beschrieben wurden, stellen nach den vorliegenden Erfahrungen nichts anderes als die Folge einer erhöhten Clearance bei den Tieren in den elektrischen Feldern dar. Der mit dem erniedrigten Wassergehalt im Blut gleichzeitig erhöhte osmotische Druck konnte neben den Befunden von Altmann et al.[347] auch von der Gruppe Klingenberg et al.[409, 410] bestätigt werden. Auf eine Erklärungsmöglichkeit für dieses Verhalten wurde von Lang[419] in einem Reaktionsmechanismus hingewiesen, durch den der Organismus in der Lage wäre, sich den exogenen elektrischen Feldsituationen anzupassen.

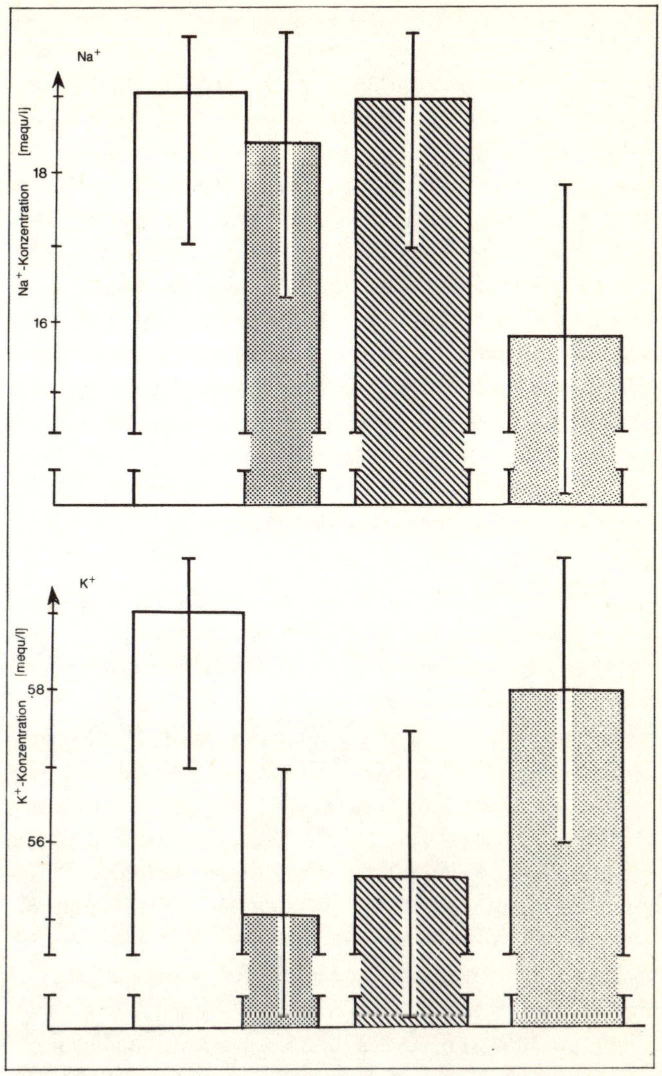

119 Veränderungen der Natrium- beziehungsweise Kaliumkonzentration in den Erythrozyten von Ratten unter Normalbedingungen bei niedriger Biotropie (schraffurfrei), bei hoher Biotropie (gepunktet), unter Faraday-Bedingungen (Schrägschraffur) und in einem elektrischen Rechteckimpulsfeld der Frequenz 10 Hz (hell gepunktet), der Feldstärke 200 V/m, nach einer Einwirkdauer von 8 Tagen.

Der biologische Organismus stellt demnach in einem luftelektrischen Feld einen elektrisch gut leitenden Körper dar und zieht daher die Feldlinien auf sich. Die elektrische Kraft wirkt räumlich gesehen zunächst auf die äußeren Hautbereiche.
Pischinger[467] wies schon frühzeitig deutlich auf die Bedeutung dieses interstitiellen peripheren Bereichs als Ort wichtiger Regulationsleistungen des Organismus hin. Die Leistungen der Haut als wichtigstes Sinnesorgan für exogene Einwirkungen können daher nur richtig interpretiert werden, wenn das bindegewebige Zelle-Milieu-System als »synergetistisches System von Zelle, Kapillare und Nerv mit dem gemeinsamen Wirkfeld der interzellulären Flüssigkeit« (Definition Pischinger[467]) gesehen wird.
So kann man Oszillationen, zu denen elektrisch geladene Teilchen in der interstitiellen Flüssigkeit von exogen einwirken-

den Feldern angeregt werden könnten, kaum eine physiologische Wirkung zuschreiben, wenn diese zusätzliche Bewegung der Ionen oder geladenen Moleküle lediglich als weiterer Bewegungsimpuls mit der Brown'schen Molekularbewegung konkurriert.
Busch[377] stellte fest, daß geringste Reize, gleich welcher Art, sei es durch Druck, Feuchte, Chemikalien, Temperatur oder elektrische Felder, lokale Antworten der betroffenen Hautbereiche auslösen. Diese Untersuchungen ergaben weiterhin, daß sich die elektrische Leitfähigkeit in den Hautbezirken erniedrigte, an die ein elektrisches Feld angelegt wurde. Berücksichtigt man nun die Berechnungen und Messungen von Ludwig[150] über die Antennenwirkung kollagener Fasern, dann läßt sich die beobachtete Erhöhung der elektrischen Leitfähigkeit des Gewebes an Hand der molekularen Struktur des Raumes im äußeren Bereich des Zwischengewebes auch erklären.

Unter natürlichen Bedingungen wirken die atmosphärisch-elektrischen Feldkräfte ungehindert auf den Organismus ein, der Gleichgewichtszustand des Polysaccharid-Glykoproteidnetzwerks ist demnach relativ auf die Seite der Polymerisation verschoben. Diese Situation stellt den Normalzustand dar, an den der Organismus sich gewöhnt hat. Natürliche oder künstliche Faraday-Bedingungen bewirken nun über die lokale Reaktion der Haut eine erhöhte Dissoziation der polymeren Grundsubstanzstruktur im peripheren interstitiellen Raum und damit eine erhöhte Leitfähigkeit des Gewebes als kompensatorischen Effekt. Gleichzeitig wird aber auch die Erregung der freien Nervenendigungen vermindert. Voruntersuchungen zeigten, daß der Vasopressingehalt im Blut von Ratten in Faraday'schen Bedingungen angestiegen ist. Man muß also davon ausgehen, daß die verringerte Erregung der freien Nervenendigungen eine erhöhte Vasopressinausschüttung zur Folge hat. Das führt zu der unter Faraday-Bedingungen sowohl an Mäusen wie an Meerschweinchen und Ratten festgestellten Wasserretention. Dieser Effekt ist hoch signifikant gesichert worden. Die dadurch bedingte Wasseranreicherung im Blut der Tiere unter Faraday'schen Bedingungen betrug bei Mäusen 4,8 %, bei Ratten 3 %. Die Natriumkonzentration im Blut der Ratten ist um 5,5 % signifikant, die Kaliumkonzentration um 7,3 % erniedrigt. Diese Konzentrationsverschiebungen sind nach Lang[417°] in den Erythrozyten wiederzufinden.
Die Wasseranreicherung in den Geweben bewirkt einen allgemeinen »Verdünnungseffekt«. Die Erythrocytenzahl pro Volumeneinheit ist vermindert, der Hämoglobingehalt sowie der Eiweißgehalt im Blutplasma durch den erhöhten Wassergehalt stark erniedrigt, so daß der kolloidosmotische Druck im Blutplasma nicht ausreicht und es zu einem Wasserausstrom vom intravaskulären in den interstitiellen Bereich kommt. Der dadurch in allen Geweben erhöhte Wassergehalt begünstigt aber die Dissoziation schwacher Elektrolyte wie sie die Mucopolysaccharide der interstitiellen Flüssigkeit mit ihren polaren Seitengruppen darstellen. Dadurch lockert sich das polymere Netzwerk dieser Strukturen und es ist nun im gesamten Bereich des Organismus eine erhöhte elektrische Leitfähigkeit der Gewebe gegeben. Dieser Effekt bewirkt, vielleicht wegen einer dadurch bedingten, veränderten Feldverteilung im Organismus, aber vor allem wegen der jetzt erhöhten Beweglichkeit der Moleküle, eine Sensibilisierung des Organismus gegenüber exogenen elektrischen Faktoren. Dies bedeutet eine Kompensierung der Faraday'schen Abschirmung mit der Konsequenz, daß abgeschwächte exogene elektrische Felder stärker einwirken können, als dies normalerweise möglich wäre.

Biologische Sensibilität gegenüber den Feldern: Bezüglich der Sensibilität des biologischen Organismus wurde bereits darauf hingewiesen, daß nach Verheijen[494] eine physiologisch sinnvolle Perzeption von Umweltfaktoren zunächst nur in dem Intensitätsbereich gefordert und gesucht werden kann, der der natürlichen Streuungsbreite dieses Faktors in der ungestörten Umwelt entspricht. Wiltschko und Fleissner[506°] lieferten dazu einen interessanten Befund, als sie feststellen konnten, daß Rotkehlchen, die sich am natürlichen Magnetfeld zu orientieren vermögen, in künstlichen Magnetfeldern nur dann ihre Ziele fanden, wenn diese künstlichen Bedingungen die natürlichen Feldstärken um nicht mehr als 25 % unter- beziehungsweise 50 % überschritten. Die obere Intensitätsgrenze entspricht dabei in etwa den in der freien Natur auftretenden Maximalwerten des natürlichen geomagnetischen Feldes. Für das atmosphärische elektrische Gleichfeld ergibt sich aber ein analoger Intensitätsbereich von maximal $\pm$ 4 kV/m; für die Wechselfelder muß der Bereich, in dem eine physiologische Anpassung stattgefunden hat, jeweils frequenzspezifisch angegeben werden. Das bedeutet aber, daß angemessene Feldstärken zumindest für ELF- beziehungsweise VLF-Felder maximal im unteren Volt- und nicht im Kilovolt-Bereich zu finden sind.
So zeigt auch der Vergleich der Wahlverhaltensuntersuchungen von Altmann und Lang[179] mit denen von Brinkmann[374°], wie Kleinsäuger auf den Einfluß biologisch adäquater Felder auch natürlich reagieren, indem sie sich gemäß ihrer Anpassung an die natürlichen Bedingungen in einem künstlichen 10 Hz-Feld während ihrer Aktivitätsphase aufhalten und in abgeschirmte Bedingungen, die ihren unterirdischen Schlupfwinkeln im Freien entsprechen, schlafen. Die dabei auf die Tiere einwirkenden elektrischen Felder lagen stärkemäßig effektiv im Volt-Bereich.
Allerdings weisen einige Befunde darauf hin, daß die Sensibilität gegenüber derartigen Umweltfaktoren auch »erlernt« werden kann. Werden Mäuse über 12 Generationen in einem Faradaykäfig aufgezogen, der sämtliche elektrischen Felder bis 10 kHz um mehr als 99,9 % abschirmt, dann ist die nachfolgende Generation nicht mehr in der Lage, zwischen angebotenen 10 Hz-Rechteck-Feldbedingun-

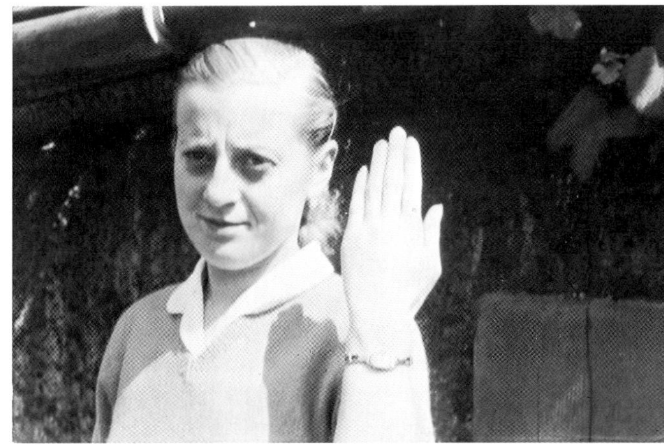

Feuchte Hauswände (Mitte links), atypischer Pflanzenwuchs (Mitte rechts) sind nach Hartmann charakteristische Stellen, wo auch Rutengänger reagieren. Sogenannte Abschirmgeräte (rechts unten eine Auswahl) sollen gegen »Erdstrahlen« schützen, die jedoch unter naturwissenschaftlichen Gesichtspunkten bislang als nichtexistent anzusehen sind.

Tafel XV: Immer mehr schält sich eine typenverschiedene Reaktion der Menschen auf diverse Umweltreize und auch auf elektromagnetische Vorgänge heraus. Hier (oben) sogenannte W- und K-Typen (rechts).

Tafel XVI: Nicht nur rein optisch unterscheidet sich ein Gebäude in Stahlbeton-Bauweise von einem bevorzugt aus Holz erstellten Haus. Das natürliche elektromagnetische Klima ist in Stahlbetonbauten ganz erheblich verändert. Die »Baubiologie« befaßt sich mit derartigen Fragen. Die neuesten wissenschaftlichen Erkenntnisse lassen die Beantwortung der Frage nach der gesundheitlichen Bedeutung derartiger Unterschiede im Wohnmilieu immer dringender erscheinen.

gen und Faraday-Bedingungen zu untescheiden, wie das normal aufgezogene Tiere vermögen (Lang et al.[423]).

Andererseits ergibt ein Vergleich der vorliegenden Ergebnisse über physiologische Wirkungen elektrischer, magnetischer und elektromagnetischer Wechselfelder im Bereich der Schumann-Resonanzen, daß auch die Form der verwendeten Schwingungen und die damit verbundene Ansprechbarkeit des biologischen Gewebes gegenüber diesen Schwingungen eine entscheidende Rolle spielt. Direkte und reproduzierbare biologische Wirkungen konnten mit elektrischen, stark oberwellenhaltigen Rechteckimpulsen der Frequenz 10 Hz, mit 10 Hz modulierten elektrischen Schwingungen der Trägerfrequenz von 461 MHz, mit 10 Hz modulierten elektrischen Feldern der Trägerfrequenz von 10 kHz sowie mit oberwellenhaltigen magnetischen Feldschwingungen der Grundfrequenz 10 Hz bei jeweils schwacher Feldstärke hervorgerufen werden. Dagegen bewirkten elektrische sinusförmige Feldschwankungen dieser Frequenz meist keine, magnetische sinusförmige Feldschwankungen dieser Frequenz nur teilweise entsprechende Effekte (Lang[419°]; Altmann et al.[345°]; Anselm et al.[351°]; Fischer[391°-393°]; Jacobi und Krüskemper[405°]; Bawin et al.[362°]; Ludwig et al.[439°]; Maxey[445°]; Wiltschko und Fleißner[506°]; König und Ankermüller[81]).

Diskussion: Berücksichtigt man die aufgeführten Argumente, dann erweisen sich die oftmals zitierten »widersprüchlichen Ergebnisse« der biometeorologischen Forschung über die Einwirkung elektrischer, magnetischer und elektromagnetischer Felder auf den Organismus als in ihrer Aussage trotzdem auch vergleichbar und lassen sich bei sorgfältiger Auswertung dabei als *Streßreaktion, feldspezifische Anpassungsreaktion* und *frequenzspezifische Antwort* interpretieren.

Die Streß- oder Stimulationsreaktion des Organismus auf derartige Felder ist bisher durch Becker[369°] und Marino[443°] beziehungsweise Lang[417°] sowie Fischer[391°, 392°] am eindeutigsten beschrieben worden und zeigte sich jeweils durch 50 Hz-Felder, aber auch Gleichfelder beziehungsweise 10 Hz-Felder zu hoher Feldstärken ausgelöst.

Im Ablauf des General Adaption Syndroms der Streßreaktion des Organismus stellt die Ausschüttung der Glucocorticoide den Beginn einer Anpassungsreaktion dar, mit der sich das Lebewesen auf die einwirkende Umwelt weiter einstellt beziehungsweise sich zu regenerieren sucht. Die »feldspezifische Anpassungsreaktion«, wie sie hier genannt wird, stimmt in entscheidenden hormonalen Regulationsleistungen nicht mit dem stereotypen Ablauf der Anpassungsreaktion im Streßsyndrom überein, sondern charakterisiert die Bemühungen des Organismus, sich speziell auf die geänderten elektrischen Umweltbedingungen einzustellen. Allerdings scheint es sich hier ebenfalls, ähnlich wie bei der Streßantwort, um eine phylogenetisch sehr alte Reaktion zu handeln, da dieselben Beeinträchtigungen, wie sie bei relativ hochentwickelten Kleinsäugern (Mäusen und Ratten) gefunden werden konnten, sich auch bei weit primitiveren Organismen wie Fröschen feststellen ließen (Altmann et al.[349°]). Damit ist ein interessantes Argument gegen die von verschiedener Seite vertretene Ansicht gegeben, die die elektrostatische Auslenkung der Fellhaare beziehungsweise der Vibrissen der Ratten als den primären Einwirkvorgang niederstfrequenter elektrischer Felder bezeichnet: Die stets feuchte Hautoberfläche des Frosches bietet keine Möglichkeiten derartiger Beeinflussungen.

Zweifelsohne kann heute bei weitem nicht bei allen Befunden eine eindeutige Zuordnung der ermittelten Reaktionen des biologischen Systems zu einem der aufgezeigten Reaktionsmuster getroffen werden. Auch lassen sich eine Reihe von Ergebnissen, sei es aus versuchstechnischen, sei es aus meßtechnisch apparativen Gründen, in ihrer Aussage nicht miteinander vergleichen. Die aufgezeigten Reaktionsschemata, nach denen die Organismen auf die exogenen elektrischen Felder reagieren, fordern aber weiterhin ein gerichtetes Vorgehen beim Überprüfen von biologischen Auswirkungen elektrischer Felder.

Die klimatischen und medizintherapeutischen Anwendungsmöglichkeiten für niederstfrequente elektrische und magnetische Felder werden wohl zumindest in gewissen Bereichen in der Kompensierung der durch technische Maßnahmen abgeschirmten biologisch adäquaten natürlichen Felder zu suchen sein. Sicher sind sowohl die nachteiligen wie auch die vorteilhaften biologischen Wirkungen dieser Felder in ihrem Ausmaß nicht den traditionellen Umweltparametern wie Temperatur, Feuchte usw. zuzuordnen, aber die verschiedenen »primären« und »sekundären« meteorologischen Faktoren wirken additiv auf den Organismus ein, so daß am Ende eine spürbare Belastung oder Erleichterung entstehen kann.

Schlußbemerkung: Der Titel dieses Kapitels von Siegnot Lang provoziert eine Entscheidung zwischen den Alternativen: Biologische Wirkungen elektrischer, magnetischer und elektromagnetischer Felder stellen einen Streß dar oder können therapeutisch genutzt werden!

Die vorliegenden wissenschaftlichen Ergebnisse lassen nach der damaligen Ansicht von Siegnot Lang bezüglich dieser angewandten Seite der aufgezeigten biometeorologischen Thematik folgende Feststellungen zu:

1. Die Gefahr eines Elektrostresses ist für einen gesunden Menschen bei vorübergehendem Aufenthalt unter Hochspannungsleitungen üblicher Dimensionierung wahrscheinlich nur in relativ geringem Maße gegeben, im speziellen Einzelfall mit absoluter Sicherheit aber auch nicht auszuschließen.
2. Die Effekte von Dauereinwirkungen derartiger starker 50 Hz-Felder sollten noch eingehender unter streng definierten Versuchsbedingungen am Menschen überprüft werden, um eine endgültige Aussage treffen zu können.

3. Für psychisch und physisch belastete Personen scheint eine besondere Sorgfalt bei der Beurteilung möglicher zusätzlicher Belastungen durch energietechnische Felder erforderlich zu sein. Kumulationseffekte bei der Beeinflussung des Organismus durch verschiedenartige Stimulatoren beziehungsweise Stressoren können mit hoher Sicherheit im Einzelfalle zu Beeinträchtigungen führen, wie sie von Becker[369] und Marino[443] als Elektrostreß bezeichnet wurden.

4. Die beschriebene frequenzspezifische Antwort des Organismus sowie auch die sogenannte feldspezifische Anpassungsreaktion scheinen bei geeigneter Optimierung der gewählten Feldbedingungen therapeutisch nutzbar zu sein. Inwieweit diese Effekte generell für nicht selektierte Patienten oder Probandenkollektive als nur vorteilhaft bewertet werden können, kann nach strengsten wissenschaftlichen Kritèrien zur Zeit zumindest allumfassend noch nicht endgültig entschieden werden.

1.5 Folgerungen

Aufgrund des bisherigen Standes der Wissenschaft muß zumindest die biologische Wirksamkeit elektromagnetischer Felder technischen Ursprungs in Rechnung gestellt werden. Man sollte daher im Rahmen des Möglichen alles tun, um einer weiteren Verschlechterung der Verhältnisse auf dem hier angesprochenen Gebiet zu begegnen. Dies betrifft insbesondere die Verlegung von freigespannten Hochspannungsleitungen über und durch besiedelte Gebiete, die heute beim derzeitigen Stand der Technik zu vermeiden und daher auch abzulehnen ist. Vor allem, wenn bei der Projektierung solcher Leitungen die Möglichkeit besteht, durch eine gewisse Abweichung von der geplanten Trasse besiedelte Gebiete zu umgehen. Forstwirtschaftliche und agrarwirtschaftliche Einwände sollten auf jeden Fall mit den menschlichen Grundbedürfnissen abgestimmt werden. Als weitere Lösung bietet sich durch die moderne Technik auch noch die streckenweise unterirdische Verkabelung solcher Leitungen an, die derzeit bis 100 kV Betriebsspannung, allen finanziellen und betriebssicherheitlichen Gegenargumenten zum Trotz,

120 Unter natürlichen Umweltbedingungen gilt die therapeutische Wirkung der hier vorhandenen Strahlungen als gegeben (Kössen, Kaisergebirge, in Tirol).

ohne weiteres möglich ist (siehe auch Abbildung 121). Koaxialkabel streuen nach außen praktisch keine Felder ab, auch das magnetische nicht, wenn im Innen- und im Außenleiter der selbe Strom, also eine Hin-Rückstrom-Indentität gewährleistet ist. Sie könnten bei einer entsprechenden Verschaltung auch für Drehstrombetrieb benutzt werden (ein Kabel pro Phase). Manches Umweltproblem wäre damit bereits gelöst.
In einer Zeit, wo der Umweltschutz in aller Munde ist, wäre auch für solche Maßnahmen immer noch genügend kalkulatorischer Spielraum zu erwarten, um eine Beeinträchtigung der Umweltbedingungen durch die Installation weiterer Energieversorgungs-Anlagen zu vermeiden. Letztlich wird ja doch der Verbraucher selbst für seine Forderungen zur Kasse gebeten.

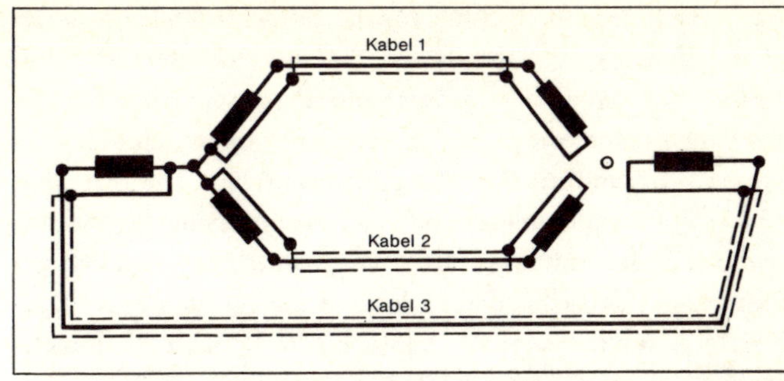

121 Abschirmgerechte Verkabelung einer 3-Phasen-Drehstromleitung mittels Koaxialkabel als Verbindung zweier Transformatoren.

1.6 Epidemiologische Studien

Waren es anfänglich nur einzelne Arbeiten mit bestimmten Objekten, die hauptsächlich Beiträge zu der hier behandelten Problematik lieferten, so wurden ab 1979 auch im größeren Maßstab einschlägige epidemiologische Studien bekannt. Solche statistischen Erhebungen dienten dazu, festzustellen, ob in der Nähe von energietechnischen Anlagen (beispielsweise Hochspannungsleitungen oder entsprechende betriebliche Anlagen) lebende Personen vergleichsweise stärker gesundheitsgefährdet seien als die übrige Bevölkerung. Einen Überblick hierzu gibt Kleinstein[586–588]: Demnach berichten Wertheimer und Leeper[598] (1979) von einer erhöhten Häufigkeit von Erkrankung an Leukämie bei Kindern; Schulten et al. (1980) konnten dies bei ihrer Untersuchung nicht feststellen; Perry et al.[601] (1981) gaben eine erhöhte Selbstmordrate an; Tomenius et al.[602] (1982) ein erhöhtes Auftreten von Tumoren bei Kindern; Wertheimer und Leeper[593] (1982) bestätigten die Leukämie auch für Erwachsene; für berufsmäßig in der Nähe von energietechnischen Anlagen tätigen Personen wird von Milham (1979) eine erhöhte Häufigkeit der Erkrankung an Lungenkrebs angegeben; die US-Navy berichtet über eine Zunahme der Triglyceride im Blut; Milham[595] (1982) von Blutkrebs und Lungenkrebs; Wright et al.[594] (1982), McDowall[599] (1983) sowie Coleman (1983) sprechen unabhängig voneinander ebenfalls von einer erhöhten Zahl von Erkrankungen an Leukämie und schließlich geben Nordstern et al.[596] (1983) an, eine Abnahme der »normalen Schwangerschaftsbereitschaft« und eine Zunahme von Mißgeburten vergleichsweise ermittelt zu haben. Über die Zunahme der Selbstmordrate wurden auch vorher schon von Reichmanis et al.[590] Angaben gemacht. Die Ergebnisse von Wertheimer und Leeper[598] (1979), Reichmanis et al.[590], Perry et al.[601] (1981), sowie Milham[595] (1982) stellt Schaefer[584] aus medizinischen Erwägungen heraus wie auch wegen methodischer Mängel in Zweifel. Zu den neueren Arbeiten ist keine Stellungnahme bekannt. Es ist jedoch zu erwarten, daß generell zu all diesen Untersuchungsergebnissen von fachkompetenter Seite auch immer wieder ernsthafte Entgegenhaltungen vorgetragen werden.

Trotzdem und vielleicht gerade deshalb verbleibt in diesem Zusammenhang bei einem Außenstehenden das Gefühl, hier an die Situation erinnert zu werden, wie sie vor längerer Zeit beim Bekanntwerden der ersten statistischen Erhebungen hinsichtlich des Zusammenhangs zwischen Rauchen und Lungenkrebserkrankung entstanden war. Pro- und Kontraberichte lösten sich laufend ab, bis sich letztlich doch ein klares statistisches zahlenmäßiges Bild über die vorhandenen Risiken herausschälte.

1.7 Schlußbetrachtung

Zusammenfassend ist zum Problem der biologischen Wirksamkeit elektromagnetischer Felder im niederfrequenten technischen Frequenzbereich festzustellen: Sicher wird die Lebensqualität der meisten Menschen von den genannten Feldern nicht unmittelbar spürbar beeinträchtigt – sei es aus dem technischen Grund, räumlich hiervon nicht betroffen zu sein oder wegen einer hinreichenden gesundheitlichen Stabilität. Doch ist dieser Umstand nicht geeignet, die völlige Unwirksamkeit oder gar Unschädlichkeit derartiger Felder zu beweisen. Es liegen inzwischen auf internationaler Basis genügend Untersuchungen vor, die zumindest auf die biologische Wirksamkeit derartiger Felder hinweisen. Diese Untersuchungsergebnisse sind nicht zu übersehen und können in ihrem Wert auch nicht mehr durch rein verbale Gegenargumente in Frage gestellt werden. Das bisherige Wissen sollte deshalb für alle zuständigen Institutionen eine ausreichende Anregung dafür sein, das Problem auf noch breiterer wissenschaftlicher und damit auch statistischer Basis zu untersuchen, denn gerade diese ist der einzige Weg, hier im vollen Umfang Klarheit zu schaffen. Die Öffentlichkeit hat ein Recht und einen Anspruch darauf zu wissen, in welchem Maß, das heißt, mit welcher Wahrscheinlichkeit der Einzelne unter Umständen durch derartige Felder in seinem Lebensbereich beeinflußt oder gar gesundheitlich gefährdet ist.
Vorliegende Ausführungen wollen keinesfalls irgendwelchen Einschränkungen eines weiteren Ausbaus unserer energiemäßigen Versorgung das Wort reden, vor allem, wenn er nötig ist; es geht um den Vorrang menschlicher Belange.

Grenzwerte. Unabhängig hiervon sei an dieser Stelle nochmals auf die sicher sehr wesentlichen Beiträge von Becker[369] und Marino[443] zu den in diesem Zusammehang anstehenden Problemen eingegangen, die anläßlich von Anhörungen über Sicherheit und Gesundheit im Zusammenhang mit dem Bau von 765 kV-Überlandleitungen vor einer Kommission des Staates New York entstanden. Auf die dort gestellte Frage nämlich, ob nicht aus der Tatsache, daß in der einschlägigen wissenschaftlichen Literatur teilweise widersprüchliche Berichte zu entnehmen sind, wonach eine Schädlichkeit von Energiefeldern, aber auch deren Unschädlichkeit abgeleitet werden könnte, wurde festgestellt: Solche unterschiedliche Untersuchungsergebnisse bewiesen keinesfalls die generelle Unschädlichkeit derartiger energietechnischer Felder. Es sei daraus nur zu schließen, daß eine entsprechende Wirkung nicht in jedem Fall existiere. Die Ursache hierfür sei einmal in der Tatsache einer nicht immer einwandfrei reproduzierten Versuchsanlage zu suchen, zum anderen aber auch in der individuell streuenden Reaktionsempfindlichkeit der einzelnen Versuchsobjekte. Und dies erfordere letztlich einmal mehr entsprechende statistische Mittel einzusetzen. Im weiteren wird auch auf die Frage einer maximal zulässigen Feldstärke eingegangen und auf den in der Lebensmittelchemie üblichen Sicherheitsfaktor von 1:100 im Zusammenhang mit der Giftwirkung von Stoffen Bezug genommen. Dieser Sicherheitsfaktor wird nämlich dort bei der Dosis von Giftstoffen angesetzt, für die gerade keine Giftwirkung mehr nachzuweisen ist, weil damit in jedem Fall eine Unschädlichkeit derartiger Stoffe auch bei Sonderfällen gewährleistet scheint. Diesen Sicherheitsfaktor im Falle der energietechnischen Felder angewandt, würde folgendes bedeuten. Aus den bis jetzt in der Literatur beschriebenen Versuchsergebnissen scheint sich als kritischer Grenzwert eine Feldstärke von etwa 5–10 kV/m herauszuschälen. Würde man hierauf diesen Sicherheitsfaktor 1:100 ansetzen, so hieße dies, daß zumindest langfristig gesehen bei entsprechend anfälligen Personen der Aufenthalt in Bereichen nicht ratsam scheint, für die eine elektrische Feldstärke größer als 50–100 V/m zu erwarten ist.

Nimmt man für das magnetische Feld eine Wirkungsnachweisgrenze von 500 µT an, so ergäbe sich hier vergleichbar ein Grenzwert von 5 µT. Diese Grenzwerte entsprechen zweifellos den Belastungen, wie sie auch in bestimmten Haushaltsbereichen vorliegen können. Dieser Umstand wird von manchen Stellen in nicht logisch-schlüssiger Weise als Argument für eine generelle Unschädlichkeit, wenn nicht gar Unwirksamkeit dieser Strahlung verwendet, oder es wird hieraus sogar die Unsinnigkeit gefolgert, sich über die Problematik noch weitere Gedanken machen zu müssen. Derartige Denkansätze zielen an der eigentlichen Problematik vorbei. Wie oben ja schon festgestellt wurde, zeigen die bisherigen Untersuchungsergebnisse im Sinne einer unausbleiblichen gesundheitlichen Schädigung zweifellos keine generelle Gefährdung der Bevölkerung an. Es geht hier um ein statistisches Problem, wonach zwar die Allgemeinheit in ihrer Mehrheit nicht betroffen sein mag, der Einzelne aber sehr wohl. Die einzelne Person hat aber im Rahmen ihrer privaten Sphäre zu Hause sehr wohl die Möglichkeit, nach eigenem Willen zu entscheiden, ob und wieviel Strahlungsbelastung sie sich durch die Einrichtung im eigenen Haushalt aussetzen will – und sei es durch das einfache Herausschrauben der Sicherung. Als wesentlicher Unterschied ist dies beispielsweise bei einer am Haus vorbeiführenden Hochspannungsleitung eben nicht möglich!

Zusammenfassung. In der Umgebung von energietechnischen Anlagen existieren Strahlungen in Form von Energiefeldern, die in ihrer Art primär von der Betriebsspannung (elektrisches Feld) und vom Betriebsstrom (magnetisches Feld) sowie von der Entfernung zwischen der Beobachtungsstelle und der Leitung abhängen. Darüber hinaus spielen auch die geometrische Anordnung der Leitung und Bäume, Gebäude usw. im fraglichen Raum eine mitbestimmende Rolle. Der zeitliche Verlauf der Feldstärke (50 Hz, 16⅔ Hz, usw.) folgt dem des Verursachers, nämlich Spannung oder Strom. Die prinzipielle Frage, ob von Hochspannungsleitungen schädliche Wirkungen ausgehen oder nicht und welche Konsequenzen sich im ungünstigsten Fall ergeben, sowie die damit angeschnittene überaus komplexe Problematik der biologischen Wirksamkeit elektrischer magnetischer und elektromagnetischer Felder überhaupt, kann nicht eindeutig und kurz beantwortet werden. Folgende Punkte sind jedoch bei wissenschaftlich-theoretischer beziehungsweise experimenteller, aber auch bei technisch angewandter Behandlung dieser Fragen zu berücksichtigen:

1. Mögliche Effekte hängen in jedem Einzelfall von der am Beobachtungsort vorhandenen Feldstärke und sonstigen technischen Daten ab, die es jeweils zu ermitteln gilt.

2. Die überwiegende Zahl der bisher vorliegenden Untersuchungsergebnisse, die auf eine schädliche Wirkung hinweisen, wurden im Zusammenhang mit Tierexperimenten gewonnen. Der Versuch, schädliche Effekte beim Menschen zu provozieren, scheidet aus ethischen Gründen aus. Hier sind nur statistische Erhebungen möglich.

3. Wo liegt die Grenze zwischen Schädlichkeit und noch zumutbarer Beeinträchtigung der Lebensqualität? Die Frage nach der Schädlichkeit betrifft dabei nicht nur den rein medizinischen Aspekt. Hier müssen physisch wie auch psychisch die Grenzen gesetzt werden zwischen tödlich, gesundheitsschädlich, biologisch wirksam und völlig unwirksam. Und welche Beeinflussung muß der Mensch hinnehmen, nur weil die zu beobachtenden Effekte innerhalb der physiologischen Norm liegen?
Ferner: Biologische Reaktionen sind im allgemeinen nur mittels statistischer Methoden naturwissenschaftlich entsprechend zu beschreiben und zu umreißen.
Nach welchen Maßstäben ist in diesem Fall für die Einzelperson

Betriebsspannung	Abstand von der Trasse Feldstärke < 50 V/m (sicher unschädlich)	< 150 V/m (wahrscheinlich unschädlich)	< 5 kV/m (vermutlich gefährlich)
380 kV	180–250 m	100–140 m	15–20 m (Masthöhe > 50 m)
220 kV	140–180 m	75–90 m	6–10 m (Masthöhe > 30 m)
100 kV	80–120 m	45–60 m	–
50 kV	50–70 m	34–45 m	–

Tabelle 15 Gegebenenfalls zu fordernde Abstände von der Trassenführung von Hochspannungsleitungen im Zusammenhang mit einem sich ungehindert ausbreitenden elektrischen Feld, für verschiedene Betriebsspannungen und drei gestaffelte Sicherheitsfaktoren – auch für ein entsprechendes Magnetfeld zutreffend –, wenn sich die Schädlichkeit derartiger Felder bestätigen sollte.

eine Schädigung zumutbar, nur weil die Allgemeinheit hiervon nicht betroffen ist?

4. Es fehlen bis jetzt gezielte Langzeitexperimente, die bei einer Laufzeit von wenigstens einem Jahr Dauerbelastung Auskunft über die Art der Wirkung von Feldern von verhältnismäßig geringer Stärke geben, so wie sie auch in etwas größerer Entfernung von entsprechenden Anlagen zu messen sind.

5. Klärende Untersuchungen sollten primär von unabhängigen Stellen durchgeführt werden, die in jedem Fall besondere einschlägige Erfahrungen vorzuweisen hätten.

6. Der Mensch als biologisches System ist in keine Einheitsnorm zu pressen. Das Problem der Auswirkung von Feldern ist daher vor allem unter statistischen Aspekten zu betrachten. Das Alter und der Gesundheitszustand des Menschen sind in derartige Überlegungen mit einzubeziehen.

7. Welcher Sicherheitsraum ist gegebenenfalls bezüglich einer maximal zulässigen Feldstärke vor allem in Hinblick auf eine Dauerbelastung zu fordern (Mindestabstand von Wohnhäusern von der Trassenführung von Hochspannungsleitungen oder vergleichbaren Anlagen)?

8. Wo liegt die Grenze einer zumutbaren finanziellen Belastung für die Erstellung umweltfreundlicher Energieübertragungsanlagen (Verkabelung) oder für die Verlegung der Trassenführung in ein anderes Gebiet?

Bereits diese sicher unvollständige Aufzählung weist darauf hin, welche Interessenssphären hier tangiert werden.

In einer für die Ökologie typischen Art zeigt sich, wie differenziert und komplex die hier speziell angeschnittene Gesamtproblematik ist (siehe hierzu auch König[588]). Betrachtet man daher unter dieser Prämisse die internationale Literatur hinsichtlich der Frage nach einer generellen biologischen Wirksamkeit elektromagnetischer Strahlung, so kann dies folgerichtig nur zu einem völlig widersprüchlichen Eindruck hinsichtlich der Gesamtsituation führen.

Wenn somit heute noch wegen der unterschiedlichen Untersuchungsergebnisse Meinungen der Fachwelt über die schädlichen Auswirkungen von Hochspannungsleitungen und anderen vergleichbaren Anlagen nicht einhellig sind, so ist hierzu folgendes festzustellen:

1. Die prinzipielle biologische Wirksamkeit elektrischer und magnetischer Felder muß eindeutig als erwiesen gelten.

2. Die biologische Wirkung elektrischer und magnetischer Felder im allgemeinen ist denkbar in der Form von:

- frequenzspezifischen (zeitlicher Verlauf) Wirkungen biologisch adäquater Feldbedingungen,
- einer Streßwirkung bei biologischen inadäquaten Feldbedingungen (zum Beispiel technische Felder) und
- einer feldspezifischen Anpassungsreaktion.

3. Selbst wenn zur Zeit nichts für eine allgemeine Schädlichkeit technischer Felder spräche, im speziellen Einzelfall ist damit eine Unschädlichkeit nicht bewiesen. Dies zumindest solange nicht, bis alles bis ins letzte erforscht ist. Hierbei einfach festzustellen, wo nichts sei, könne auch nichts bewiesen werden, wäre polemisch und unwissenschaftlich.

4. Es gilt festzuhalten, daß mit Sicherheit nicht in jedem Fall mit einer schädlichen Wirkung zu rechnen ist, wenn auch hierzu bei vorbelasteten Personen eine größere Gefahr besteht. Bis jetzt liegen jedenfalls noch keine Versuchsergebnisse vor, die eine generelle Schädlichkeit in medizinischem Sinn am gesunden Menschen beweisen würden. Die Ergebnisse der erwähnten statistischen Erhebungen lassen hierauf jedenfalls keinen Rückschluß zu.

5. Feldeinwirkungen stellen im biometeorologischen Sinn sicherlich Effekte II. Ordnung dar (im Gegensatz zu solchen I. Ordnung, wie zum Beispiel durch Temperatur, Feuchte usw.).

6. Unter Würdigung des USA-Sicherheitsfaktors von 100:1 ergäbe sich ein unterster kritischer Feldstärkewert von etwas über 50 V/m für Dauerbelastung in einem elektrischen 50 Hz-Feld (im Magnetfeld 5 μT). Berechnet man hierzu die nötigen Abstände von Hochspannungsleitungen, die für Drehstromübertragung ausgelegt sind, so ergeben sich die für eine völlig ungehinderte Ausbreitung des elektrischen Feldes in der Umgebung derartiger Anlagen in Tabelle 15 eingetragenen Mindestabstandswerte von der Trasse derartiger Hochspannungsleitungen. Für die magnetische Komponente des Feldes würden bei gleichen Ansätzen entsprechend die selben Größenordnungen für Mindestabstandswerte gelten, wie sie für den Feldstärkewert 50 V/m angegeben sind.

2. VERSCHIEDENES

2.1 Parapsychologische Beobachtungen

Bei der Frage nach dem Austausch von Informationen mit Hilfe elektromagnetischer Kräfte durch Lebewesen läßt sich nach Presman[72] nicht vermeiden, auch das Problem der Parapsychologie zu streifen. Er führt dazu aus:

Die Beobachtung parapsychologischer Phänomene begann mit der Gründung der »Society for Psychical Research« in London im Jahre 1882. Es ging um die Fähigkeit, auf geistigem Wege ohne die Hilfe der bekannten Sinnesorgane Informationen zu übertragen und zu empfangen (»Telepathie«), die Natur und Lage von Objekten zu bestimmen, die wir mit unseren normalen Sinnesorganen nicht erfassen können (»Telestesie«), Objekte durch geistige Kräfte zu bewegen (»Telekinese«), Vergangenes zu erfassen (»Retroskopie«) und die Zukunft vorauszusagen (»Preskopie«).

Die Methoden der parapsychologischen Beobachtungen von Telepathie und Telestesie sind auf die folgenden Phänomene zu reduzieren:

1. Beobachtung und Analyse von Fällen »spontaner Telepathie«. Hier empfinden Personen plötzlich ein Angstgefühl bezüglich naher Freunde oder Verwandten, ohne dabei in diesem Moment irgendwelche Nachrichten beziehungsweise Informationen zu empfangen. Dieses Gefühl ist dabei entweder eine vage Angst oder ein genaueres Empfinden, jemand sei zum Beispiel krank geworden, habe ein Unglück erlitten oder sei gestorben.
2. Experimente mit einer aufnehmenden Person, welche ohne oder mit persönlichem Kontakt (Hände halten) versucht, von einer anderen Person Informationen zu erhalten.
3. Experimente mit Karten (sogenannte Zenerkarten, 5 Karten mit 5 verschiedenen geometrischen Figuren). Hier wird mittels »Geistesübertragung« versucht, das Wissen über eine zufällig entstandene Reihenfolge der Karten von einer Person zur anderen weiterzugeben.
4. Experimente, bei denen eine Person versucht, einen Gegenstand zu erraten, den eine andere Person gesehen hat.

Derartige Untersuchungen sind Gegenstand verschiedener Publikationen, die Fälle von Telepathie und Telestesie mit einer hierfür speziell geeigneten Person (»Medium«) beschreiben. Es wird dabei von Experimenten über Entfernungen von mehreren 1000 Kilometern berichtet, wobei sich eine der beteiligten Personen sogar in einem abgeschirmten Raum befand. Aufsehenerregende, angeblich telekinetische Experimente (Verbiegen von Eßwerkzeugen) erreichten gerade in letzter Zeit eine erhebliche Publizität.

Die Ergebnisse solcher Untersuchungen veranlaßten die Parapsychologen zu erklären, daß zumindest telepathische Nachrichtenübermittlung unabhängig von Entfernung und Materialbarrieren möglich sein könnte. Zur Erklärung der verschiedenen Phänomene werden nach Wassermann[278] Energieformen postuliert, zum Beispiel »Psi-Feld«, »biologische Quanten« usw. Auch tiefeindringende Neutrinos oder das Gravitationsfeld kamen ins Gespräch. Die telepathische Nachrichtenübermittlung könnte demnach aber auch von elektromagnetischer Natur sein, zum Beispiel mittels Signalen des Frequenzbereiches zwischen 10^{19}—10^{29} Hz. Signale eines entsprechend niederfrequenten Frequenzbereichs, der bis zu dem extrem langer Radiowellen herunterreicht, werden gleichfalls hiermit in Verbindung gebracht.

Der italienische Forscher Cazzamali[279] berichtet sogar, daß elektromagnetische Wellen vom Gehirn abgestrahlt werden sollen. Bisher liegen jedoch keine Berichte vor, die Cazzamalis Messungen bestätigen. Seine anderen Experimente jedoch, die Erzeugung von Halluzinationen bei Personen mittels elektromagnetischer Felder, wurden inzwischen von Jaski[279a] erfolgreich reproduziert.

Die Tatsache, daß fast alle bisher vorliegenden Untersuchungsergebnisse nicht reproduzierbar waren, führte zu begründetem Zweifel an der Richtigkeit der berichteten Resultate. Insbesondere Hansel[280] kommt zu der eindeutigen Schlußfolgerung, daß absolut alle Ergebnisse von telepathischen Untersuchungen unzuverlässig seien, mit falschen experimentellen Vorgängen zusammenhängen würden oder durch unkorrekt ausgewertete statistische Daten entstanden seien.

Doch Hansel[280] schließt trotz einer derart ablehnenden Haltung die Möglichkeit telepathischer Phänomene nicht aus, fordert jedoch, den Nachweis korrekt durchgeführter und reproduzierbarer Experimente zu erbringen.

Jedenfalls sind entsprechende Techniken für den direkten Empfang von Signalübertragungen zwischen den Tieren bekannt. Doch gibt es zum gegenwärtigen Zeitpunkt keinen theoretischen oder experimentellen Hinweis dafür, daß beim Menschen mit der Übertragung von Bio-Informationen (»telepathische Nachrichtenübertragung«) oder gar Bio-Kräften (»Telekinese«) zu rechnen ist. Es wird auch international vertreten, daß alle Ergebnisse parapsychologischer Untersuchungen in dieser Richtung offensichtlich nicht als ausreichend zuverlässig angesehen werden können.

2.2 Akzeleration

In den letzten 100 bis 150 Jahren ist ein beschleunigtes Tempo des Wachstums und der Entwicklung der Kinder zu verzeichnen — die Akzeleration. Mit dieser Tatsache befaßt sich Presman[281] und stellt quantitative und qualitative Charakteristika der Akzeleration fest:

1. Ein beschleunigtes Wachstum wird bereits im Stadium der Entwicklung der Leibesfrucht verzeichnet. Die Neugeborenen nahmen in den letzten 100 Jahren durchschnittlich an Größe um 5—6 cm und an Gewicht um 3—5 % zu.
2. Die Beschleunigung der Geschlechtsreife äußert sich bei Jungen durch eine Vorverlagerung der Pupertät innerhalb von 100 Jahren um etwa 2 Jahre, beim Mädchen um 3 Jahre.

Außerdem wird bei Frauen innerhalb der letzten 50 Jahre eine durchschnittliche Verzögerung des Eintritts der Menopause um 3 Jahre festgestellt.

3. Die Akzeleration entwickelt sich ungleichmäßig. Im Zeitraum von etwa 1830 bis zum Beginn der dreißiger Jahre des 20. Jahrhunderts erhöhte sich die mittlere Größe der Halbwüchsigen um etwa 0,5 cm je Jahrzehnt, jedoch in den letzten 40 bis 45 Jahren vergrößerte sich das Wachstum rapide – bis zu 5 cm je Jahrzehnt. Bei diesen Angaben drängt sich die Vermutung auf, daß die Zunahme, wie alle biologischen Prozesse, nach einer exponentiellen Funktion verlaufen könnte.

4. Die Akzeleration wird weltweit beobachtet.

5. Die Akzeleration ist in Großstädten am ausgeprägtesten, auf dem Land am geringsten.

Presman[72] befaßt sich nun mit den verschiedenen möglichen Ursachen der Akzeleration: Nach der Heliogen-Hypothese beruht sie auf dem häufigeren Aufenthalt der Kinder in der Sonne; nach der verbreitetsten Hypothese auf der Verbesserung der Ernährung. Weitere Ursachen könnten die größere Vitaminaufnahme der Mütter und der Kinder (vor allem der Gebrauch des Vitamins B_6 stimuliert das Wachstum), die erhöhte intellektuelle Belastung der Kinder oder auch die Erfolge der Medizin sein. Man vermutet ferner, daß die Akzeleration mit der sich vergrößernden Einwirkung ionisierender Strahlungen in Zusammenhang stehe. Doch ist das wenig wahrscheinlich, da die epochale Verschiebung lange vor der breiten Anwendung von Röntgenuntersuchungen und der Durchführung von Atomtests zu bemerken war. Jedem der genannten Faktoren ist wohl eine gewisse Rolle zuzuweisen, doch erklärt keiner von ihnen alle Erscheinungsformen der Akzeleration: Den globalen Charakter, die Dauer der Perioden ihres Auftretens und die Ungleichmäßigkeit des Tempos. Presman[281] stellt nun die Hypothese auf, die Hauptursache der Akzeleration könnte die allmähliche Erhöhung der natürlichen und künstlichen elektromagnetischen Feldenergien des nieder- und radiofrequenten Bereichs in der Biosphäre sein, und sie sei daher eine Erscheinung der Anpassung des menschlichen Organismus an eben diese Änderungen in der Biosphäre. Zweifellos spricht viel für diese Hypothese, jedoch müssen starke Bedenken angemeldet werden, wenn eine allmähliche Erhöhung auch der natürlichen elektromagnetischen Feldern der Biosphäre als maßgeblich beteiligter Faktor angesehen wird. Abgesehen von gewissen Langzeitschwankungen, die seit Bestehen der Erde wohl immer schon existierten, spielen hier nach Presman[281] die in großen Städten konzentriert vorhandenen hohen Gebäude eine besondere Rolle. Die durch die Gewitterentladungen und auch nicht an Gewitter gebundenen Entladungen erzeugten elektromagnetischen Vorgänge sollen in solchen Gebieten zunehmen. Jedoch berücksichtigt Presman[281] dabei die durch die moderne Bauweise der Gebäude zusätzlich vorhandene abschirmende Wirkung nicht. Gerade bei den genannten Vorgängen spielt das elektrische Feld die dominierende Rolle. Es wird zwischen Gebäuden, durch deren feldverzerrende Wirkung, erheblich mehr geschwächt als zum Beispiel in einem Dorf, wo die Bauweise wesentlich aufgelockerter ist, die Häuser niedriger sind und zum großen Teil auch noch viel Holz als Baumaterial enthalten. Noch stärker werden die Bedenken, wenn man die Aufenthaltszeit der Menschen in den Wohnungen mit in Betracht zieht, da es sich meistens um Räume in Gebäuden mit Stahlbeton handelt. Vor allem die natürlichen elektrischen Felder werden aber durch derartige Gebäude erheblich abgeschwächt, so daß in der Stadt eher eine Wachstumsverlangsamung als eine Akzeleration erwartet werden müßte.

So dürfte es wahrscheinlich sein, daß die seit Beginn der 30er Jahre unseres Jahrhunderts immer mehr zunehmenden künstlichen elektromagnetischen Energieerzeuger (also technischen Ursprungs) in der Biosphäre an Bedeutung gewinnen: Kraftstromversorgung, Telefonanlagen, Radiostationen, Fernsehsender, um nur die wichtigsten zu nennen. Presman[281] geht nun bei seinen Betrachtungen erstaunlicherweise nur auf die durch Radio- und Fernsehstationen erzeugten Radiowellen in den verschiedenen Frequenzbereichen ein und übersieht offenbar die Existenz künstlicher, niederfrequenter elektromagnetischer Energien. Eine besondere Bedeutung kommt dem Kraftstromnetz zu (50 Hz beziehungsweise 60 Hz Lichtnetz, $16^2/_3$ Hz Bahnstromversorgung, elektrische Nahverkehrsmittel und sonstige mit Gleichstrom betriebene Anlagen), das wohl bis in den letzten Winkel der zivilisierten Menschheit vorgedrungen ist. Die biologische Wirksamkeit solcher elektromagnetischer Felder ist nicht mehr abzustreiten. Doch ist Presman[281] über den neuesten Stand der Wissenschaft bezüglich niederfrequenter Felder vermutlich nicht ausreichend informiert, sonst würde er nicht nur bei der natürlichen und der künstlichen Hochfrequenzstrahlung zwischen Impulsförmigkeit und höherem Intensitätsniveau der natürlichen elektromagnetischen Felder während der Nacht unterscheiden. Dies ist nur bei der Hochfrequenzstrahlung zutreffend, im Bereich der Schumann-Resonanzen (10 Hz) sind die Verhältnisse genau umgekehrt.

Wenn elektromagnetische Energien für die Akzeleration verantwortlich sind, dann sind es die künstlich erzeugten Hochfrequenz- und Niederfrequenzenergien, die inzwischen in jedem Haushalt und in jeder Wohnung vorhanden sind (Fernsehgeräte, Radio, Telefon, Beleuchtung, Kühlschrank, elektrische Kochgeräte, elektrische Haushaltsgeräte usw.).

Hierbei sei von Wirkungen nahegelegener Hochspannungsleitungen, Bahnoberleitungen, wechselstrom- oder gleichstrombetriebener S- oder U-Bahnen einmal abgesehen.

Weiter weist Presman[281] darauf hin, daß eine chronische Einwirkung von elektromagnetischen Feldern mit höherer Intensität als der natürlicher Felder entsprechender Frequenzbereiche offenbar zur Unterdrückung der reproduktiven Fähigkeit und damit auch zu Entwicklungshemmungen führen könne. Doch ermögliche diese im Verlauf von lediglich einigen Jahrzehnten so plötzlich veränderte Situation in der Bio-

122 Die Hypothese einer Wachstumsbeschleunigung durch eine Erhöhung der Energie der natürlichen und künstlichen elektromagnetischen Felder in der Biosphäre in diesem Jahrhundert wurde von Presman *aufgestellt (siehe hierzu auch Abschnitt 2.2). Auffallend ist jedenfalls die Anzahl großgewachsener junger Leute (Kaufinger-, Neuhauser Straße, München).*

sphäre kaum eine solche Anpassung an die neue Situation, zum Beispiel auf der Ebene der Gene. Wahrscheinlich handle es sich um eine Anpassung phänotypischer Art. Das Auftreten der Akzeleration – die verlängerte reproduktive Periode, die beschleunigte Geschlechtsreife und die erhöhte Wachstumsgeschwindigkeit – müsse daher als eine Überkompensation der diese Prozesse bremsenden Erhöhung des Pegels der elektromagnetischen Kräfte in der Biosphäre angesehen werden.

2.3 Hereditát

Liest man die Untersuchungen über die planetare Heredität von Gauquelin[282], sieht man sich in bezug auf elektromagnetische Strahlungen zu Spekulationen veranlaßt.
Dort wird berichtet: Eine Untersuchung von mehr als 40 000 Vergleichen zwischen den Planetenpositionen von Eltern und ihren Kindern zeigte, daß bei normalen Geburtsumständen eine Vererbung gewisser Gestirnspositionen besteht. Das Gesetz kann folgendermaßen formuliert werden: Mars, Jupiter, Saturn, Mond, dazu auch Venus zeigen bei der Geburt von Kindern Ähnlichkeiten ihrer auf den täglichen Umlauf bezogenen Positionen mit den Stellungen, die sie bei der Geburt der Eltern innehatten. So werden Kinder häufiger nach dem Aufgang oder der Kulmination einer der in Frage stehenden Planeten geboren, wenn derselbe Planet sich bei den Eltern in den gleichen Himmelsregionen befand. Die Ergebnisse sind von den Geburtsumständen abhängig: Sie sind eindeutig für die natürlichen Geburten, bei denen keine steuernden Eingriffe erfolgten, während sie bei zeitlich künstlich beeinflußten Geburten entsprechend verfälscht sind. Bei den fünf beobachteten Planeten bestehen große Unterschiede in bezug auf das Ausmaß des hereditären Effektes. Die statistisch nachweisbare Beziehung nimmt vom Mond zum Saturn hin ab und tritt bei letzterem kaum mehr in Erscheinung. So bleibt letztlich die Frage, ob hierin vielleicht eine wissenschaftliche Basis für die Astrologie zu sehen ist?
Gleiches gilt für folgendes: Auf die Frage nach Zusammenhängen zwischen Geburtsmonat und Partnerwahl bei der Heirat suchten Kop und Heuts[412a] mit Hilfe statistischer Untersuchungen eine Antwort zu erhalten. Sie kamen dabei zu folgenden Ergebnissen: In der zweiten Januarhälfte geborene Männer scheinen bevorzugt Frauen zu heiraten, die in der zweiten Hälfte des Oktober geboren sind; der gleiche Zusammenhang gilt für April bis erste Maihälfte geborene Männer, die Frauen der gleichen Zeitperiode heiraten; Mitte Juni bis Juli geborene Männer heiraten bevorzugt Mitte Juli bis Mitte August geborene Frauen; Partner heiraten sich öfters, deren Geburtsmonate null bis zwei Monate früher oder später als der eigene Geburtsmonat liegen. Bezüg-

lich Ehescheidungen ergibt sich weiter: Im März geborene Männer, die im Juli geborene Frauen heiraten, werden mit einer 8mal höheren Wahrscheinlichkeit geschieden, als bei anderen Kombinationen von Geburtsmonaten. Eine ähnliche, wenn auch schwächere Tendenz, besteht bei im Februar geborenen Männern, deren Frauen im Mai Geburtstag haben; in der zweiten Novemberhälfte geborene Männer werden im allgemeinen mehr als doppelt so oft geschieden als andere Männer.

2.4 Heliobiologie

Sicher spielt die Sonnenaktivität und alles, was damit zusammenhängt, direkt oder indirekt beim Ablauf der verschiedensten biologischen Prozesse eine entscheidende Rolle.

Nach einem Bericht von Gnevyshev und Novekova[283] wurde deshalb in der UdSSR bereits vorgeschlagen, einen neuen Wissenschaftszweig einzuführen: Die Heliobiologie. Die Motivation hierzu ging unter anderem aus von dem Ergebnis einer Untersuchung über den Zusammenhang zwischen Herzanfällen und den Tagen mit starker geomagnetischer Aktivität. Hier konnte ein statistisch abzusichernder Unterschied aller Fälle ermittelt werden, die zeitlich gesehen mit einer geomagnetischen Aktivität zusammenhingen. Außerdem zeigte sich vor allem bei den tödlich verlaufenen Herzanfällen eine ausgeprägte Relevanz. Ein entsprechender Vergleich der Daten von Gehirnschlägen erbrachte das gleiche Resultat.

Die Untersuchungen werden als Bestätigung angesehen, daß geomagnetische Faktoren, die aufgrund von Fluktuationen in der Sonnenaktivität zu beobachten sind, einen wichtigen direkt oder indirekt mitbestimmenden Faktor bei einer Beeinflussung lebender Organismen darstellen.

Ein weiteres Beispiel ist der bereits vor geraumer Zeit von Takata[284, 285] beschriebene Einfluß des Sonnenaufgangs auf die Flockungszahlwerte des menschlichen Blutes. Zur Klärung der dabei noch anstehenden Probleme bieten sich nämlich Forschungsergebnisse an, die insbesondere im Zusammenhang mit ELF-Atmospherics in letzter Zeit bekannt wurden. Dies um so mehr, als Baudrexl[286] beim Nachvollziehen der Takata-Experimente zeigen konnte, daß durch elektrophoretische Serumuntersuchungen eine zum Sonnenaufgangseffekt nach Takata[284, 285] parallel gehende Veränderung des Albumin/Globulin-Quotienten feststellbar ist. Außerdem kann der Sonnenaufgangseffekt nur bei elektrisch isolierter Blutentnahme nachgewiesen werden, wie es der Angabe Takatas entspricht. Auch eine künstliche elektrische Aufladung von Testpersonen bewirkte eine Änderung der Eiweißzusammensetzung des Serums. Gerade die Existenz spezieller luftelektrischer Vorgänge im ELF-Bereich zur Zeit des Sonnenaufgangs (siehe Abbildung 32 beziehungsweise 55, Typ IV) bietet sich hier nun als Brücke zu diesen elektrischen Phänomenen an, um eine Erklärung für derartige Erscheinungen zu finden.

Die Möglichkeit biologischer Effekte durch die Sonnenaktivität wird gerade in der UdSSR besonders intensiv untersucht. Gauquelin und Gauquelin[396°] gaben über die dort erschienenen Arbeiten im Zusammenhang mit Pflanzenwachstum, Tierverhalten, Krankheitsepidemien und Kreislauferkrankungen, die in letzter Zeit bekannt wurden, eine entsprechende Literaturübersicht.

Sowjetische und britische Wissenschaftler (Brookes et al.[375°]) wiesen nach, daß die Sonne im Rhythmus von zwei Stunden und 40 ± 0,5 Minuten pulsiert. Demnach bewegt sich die Sonnenoberfläche in der Sichtlinie, also radial, auf und ab; die mittlere Geschwindigkeit dieser Schwingungen beträgt 2 m/sec, ihre Amplitude rund 10 km. Unabhängig davon, daß sich hieraus für die Astronomen gewisse theoretische Probleme bezüglich des Aufbaus in der Sonne ergeben, dürfte es auch sinnvoll sein, in diesem Zusammenhang nach geophysikalischen Rhythmen zu suchen, die die gleiche Periodendauer haben. Gewisse Zusammenhänge mit hierzu wiederum parallel verlaufenden biologischen Rhythmen sind nämlich nicht von der Hand zu weisen.

D.3 BIOMETEOROLOGIE

Die biologische Wirksamkeit des Wettergeschehens auf das Befinden des Menschen hat das Interesse von Laien wie von Wissenschaftlern erregt. Für diesen Zweig der Wissenschaft wurde das Wort Biometeorologie geprägt. Es gibt auch schon Fachzeitschriften*, die sich mit Wetter, Klima und lebenden Organismen befassen. Umfangreiche Werke, wie zum Beispiel das von Tromp[7], der in Zusammenarbeit mit 26 anderen Autoren ziemlich vollständig die Problematik der Biometeorologie abhandelt, geben einen Überblick.

Über Erfahrung bezüglich »Wetterfühligkeit« und »Wetterschmerz« verfügt Ranscht-Froemsdorff[470°]. Im Zusammenhang mit einem achtjährigen Beratungsdienst konnten folgende Zahlen ermittelt werden: Wetterstabil sind ca. 60 bis 70 % der Personen, davon nicht wetterfühlige 30 bis 35 % und pseudo-wetterfühlige ebenfalls 30 bis 35 %. Als wetterlabil müssen etwa 30 bis 40 % angesprochen werden. Davon sind 30 bis 35 % wetterfühlige und etwa 3 bis 5 % wetterempfindliche Personen.

Ein Teilgebiet dieser Wissenschaft besteht in der speziellen Erforschung der Zusammenhänge zwischen biologisch wirksamen luftelektrischen beziehungsweise elektromagnetischen Vorgängen und der klassischen Meteorologie (wesentliche Faktoren sind hier Luftdruck, Niederschläge, Feuchte, Bewölkung, Temperatur, Wind oder Sonnenschein). Tromp[7a] gibt einen Überblick über die saisonale und jährliche Fluktuation von meteorologisch bedingten elektromagnetischen Vorgängen in der Atmosphäre und ihre mögliche biologische Signifikanz. Auch Reiter[6] widmete sich diesem Problem ausführlich.

*) Zum Beispiel das »Journal of Biometeorology«, Swets & Zeitlinger B.V., Amsterdam

Gerade das elektrische Feld spielt im niederfrequenten Bereich beim Wettergeschehen eine besondere Rolle (was magnetische Vorgänge ja nicht ausschließt). Die physikalische Messung von elektrischen Feldschwankungen von einigen Hertz (höherfrequente Signale aufgrund ihrer Impulsfolgefrequenzen im gleichen Bereich mit eingeschlossen), die bei ganz bestimmten Wetterlagen zu beobachten sind, auf der einen Seite und die völlige luftelektrische Passivität bei bestimmten anderen Wetterlagen — wie bei Föhn — deuten aufgrund der bisher vorliegenden objektiven biologischen Untersuchungsergebnisse andererseits eindeutig auf Einflüsse hin.

Wie schon an anderer Stelle erwähnt wurde, weiß man inzwischen auch von der unterschiedlichen Reaktion einzelner Personen auf derartige Vorgänge. So bietet sich als plausible Erklärung für das voneinander abweichende Befinden verschiedener Personen bei einer bestimmten Wetterlage an, was bislang eines der Hauptgegenargumente bei derartigen Spekulationen war.

Drei in ihren Auswirkungen eng miteinander verbundene Punkte dürften für das äußerlich etwas verwirrende Erscheinungsbild der »Wetterfühligkeit« verantwortlich sein.

1. Im Sinne der eingangs bereits erwähnten evolutionstheoretischen Überlegungen spricht vieles dafür, daß der Mensch normalerweise einen gewissen, von außen kommenden Streß, das heißt ein »elektromagnetisches Klima« benötigt, um sich wohlzufühlen.
2. Dieser durch meteorologische Prozesse bedingte Streß variiert wegen der extrem breiten Intensitätsskala der Felder gleichfalls, er kann also einmal zu stark und einmal zu schwach sein. Außerdem ist er noch frequenzabhängig.
3. Über eine gleichgroße Empfindlichkeits-Streubreite reagieren sicher auch die Menschen auf diese äußeren Reize, was wohl in der unterschiedlichen Veranlagung des Einzelnen bedingt ist. Jeder benötigt eine für ihn spezifische, optimale Dosis von Anregung von außen her, die auch noch zeitabhängig variieren kann.

Aufgrund der bisherigen Erfahrungen schält sich folgendes Wirkungsbild heraus: Prinzipiell scheint zur Aufrechterhaltung normaler biologischer Zellfunktionen ein ständiger Außenreiz erforderlich, der wahrscheinlich schon durch geringste elektromagnetische Felder gegeben ist. Personen mit einem individuell vorhandenen Übermaß an »innerer Spannung« werden durch einen auf äußere luftelektrische Vorgänge beruhenden zusätzlichen Streß (wie beim Herannahen von Wetterfronten oder vor Föhneinbrüchen) überbelastet und reagieren mit den bekannten, unangenehmen »Wetterbeschwerden« (Kopfweh, Herzbeschwerden, Nervosität usw.). Herrscht jedoch eine Wetterlage, bei der alle äußeren luftelektrischen Vorgänge weitestgehend abgeschirmt oder nicht vorhanden sind (nach dem Eintreten von Föhn oder auch bei bestimmten Inversionswetterlagen) wird sich dieser Personenkreis besonders wohlfühlen, da er die von außen zusätzlich einwirkenden luftelektrischen Reize nicht oder nur minimal benötigt.

Der Typus, welcher zu wenig »innere Anregung« besitzt, ist auf eine Stimulation von außen durch die Umwelt angewiesen und wird sich im Gegensatz zum oben geschilderten Typ gerade bei starker luftelektrischer Tätigkeit besonders wohlfühlen. Deren Wegfall hat für ihn »Wettermüdigkeit« und Abgespanntheit zur Folge.

Zwischen diesen extremen Bereichen sind natürlich alle Spielarten möglich. Nach den bisherigen Erfahrungen scheint im Laufe der Zeit auch eine gewisse Sensibilisierung möglich zu sein.

Diese Hypothese beruht auf einer Vielzahl von Einzelbeobachtungen bezüglich der typischen Reaktionen bei bestimmten Wetterlagen (Kopfweh, beklemmendes Gefühl in der Herzgegend, Nervosität, Müdigkeit usw.). Doch ergaben sich bei Experimenten mit künstlichen Feldern subjektiv die gleichen Beschwerden, so daß sich der Zusammenhang zwischen der »Wetterfühligkeit« und luftelektrischen Feldern auch von dieser Seite her geradezu aufdrängt.

ELF-Felder

Aus diesem Grund soll einleitend zu einigen speziellen biometeorologischen Beiträgen ein eigenes Experiment mit einer geeigneten Testperson hier nicht unerwähnt bleiben, weil es in jeder Beziehung als besonders charakteristisch angesehen werden muß. Vor diese an einem Tisch sitzende Testperson wurde ein speziell konstruiertes Gerät der Größe zweier aufeinandergestellter Zigarrenkistchen aufgestellt (Abbildung 123), das dazu diente, ein elektrisches Feld mittels einer aufgesteckten, handflächengroßen Blechelektrode zu erzeugen, wobei es selbst die Gegenelektrode darstellte. Die Testperson befand sich etwa 1 m entfernt im Streufeld der beiden im Abstand von ca. 20 cm voneinander entfernten Elektroden und sollte versuchen anzugeben, ob ein Feld eingeschaltet sei oder nicht.

Das Versuchsergebnis war frappierend: Die Testperson »erfühlte« nicht nur das Feld, sondern machte auch, ohne befragt zu werden, ohne zu wissen, was mit dem Gerät eingestellt oder was daran verändert wurde, und ohne von möglichen Reaktionen eine Ahnung zu haben, folgende Angaben: Nach 2 bis 3 Minuten bekam sie bei einer Rechteckspannung mit einem Spitzenwert von etwa 40 V zwischen den Elektroden (Frequenz am unteren Ende des ELF-Bereichs) Kopfweh. Eine Erhöhung der Betriebsfrequenz hatte eine wohltuende Wärme im Körper zur Folge. Nach Reduzierung der Betriebsfrequenz auf einen mittleren Wert gab die Testperson (unter tiefem Luftholen) Herzbeklemmungsgefühle an. Eine zweite Versuchsperson bekam bei den gleichen Versuchsbedingungen dieselben Beschwerden.

Sicher handelt es sich hier um einzelne, subjektive Angaben von vielleicht besonders empfindlichen Testpersonen, doch können solche detaillierten Aussagen über Beschwerden von

Testpersonen, die nicht wußten, um was es bei diesem Versuch ging und diese Angaben aus freien Stücken machten, nicht als zufällig angesehen werden. Sie erfüllen vielmehr alle Anforderungen, die an einen Blindversuch gestellt werden. Interessanterweise liegen ähnliche Versuchsergebnisse auch von Leventhal[286a] vor, die dieser bei der Exposition von Testpersonen in rein mechanische Luftschwingungen erzielte.
Von persönlichkeitsspezifischen Meßergebnissen bei der Verwendung von ELF-Strömen berichtet auch Kracmar[287]. Er führte eine RC-Messung (ohm'sche und kapazitive Komponente des Scheinwiderstands des menschlichen Körpers) durch, um damit die unterschiedliche Reaktion der Testperson nachzuweisen (sogenannte Sympathikus- beziehungsweise Vagus-Anregung oder -Dämpfung). Je nach der Verwendung von Kippschwingungsströmen verschiedener Frequenzen im ELF-Bereich waren unterschiedliche Scheinwiderstandswerte zu messen.
Diese Erfahrungen seien eine Aufforderung, auch in dieser Richtung eingehendere wissenschaftliche Untersuchungen auf breiter, statistisch gesicherter Basis durchzuführen, da sich hieraus Erkenntnisse mit erheblicher Bedeutung für die Allgemeinheit ergeben könnten.

VLF-Atmospherics

Auch Ranscht-Froemsdorff[288] befaßte sich eingehend mit biometeorologischen Problemen. Er bezieht sich hierbei auf die Wirkung von VLF-Atmospherics, die schon im Kapitel C 2.6 dargelegt wurde, und kommt dabei zu Ergebnissen, die sich gut in die hier dargelegten Thesen einordnen lassen.
Bei bestimmten Wetterbedingungen existiert eine »Nullage«, wie sie typisch bei einem »Abgleiten« und dem »Alpenföhn« zu beobachten ist. Das Impulsdefizit der Atmospherics in solchen Fällen läßt nach Ranscht-Froemsdorff[288] gehäuft erwarten:

1. Herzinfarkte, beziehungsweise Angina pectoris,
2. Blutungsneigung,
3. Vegetative Dystonie,
4. Allergien und anderes.

Entsprechend starke Impulstätigkeit der Atmospherics hat zur Folge:

1. Spasmen,
2. Koliken,
3. Embolien,
4. Rheumabeschwerden und ähnliches.

Ranscht-Froemsdorff[288] weist auch auf die Möglichkeit hin, mittels entsprechender Bauweise (zum Beispiel ein Metallhaus, das einen hohen abschirmenden Effekt hat) die vorhandene natürliche Atmospherics-Strahlung abzuschirmen, wodurch eine Art Elektroklima geschaffen werden könne. Doch sollten derartige Wohnbauten nicht als allgemein günstig propagiert werden, da übergroße Abschirmung und zuviel »künstliche Umwelt« nach den bisherigen Erfahrungen nur in wenigen Fällen als vorteilhaft angesehen werden können. Gezielte therapeutische Anwendung sei hier ausgenommen.
Die Bedeutung elektromagnetischer Energien im ELF- und VLF-Bereich bei biometeorologischen Problemen hat auch Persinger[152] erkannt (im Abschnitt C 2.4 wurde darauf bereits eingehender hingewiesen).

Luftelektrische Faktoren

Sulman[289] untersuchte die biologischen Wirkungen der heißen trockenen Wüstenluft vor allem im südlichen Mittelmeerraum, die dem Föhn des nördlichen Voralpenraums ähnelt. Er stellte dabei fest, daß vor allem Alteingesessene unter derartigen Föhnwinden in besonderem Maße leiden.
Sulman[289] erklärt die Wirkung des Warmluftstreß biochemisch und weist bezüglich des bei Warmluft auftretenden Wasserverlustes auf eine toxische Wirkung durch den dabei erzeugten Kaliumüberschuß auf den Herzmuskel hin. Hiermit erkläre sich die spezifische Anfälligkeit von Herzkranken

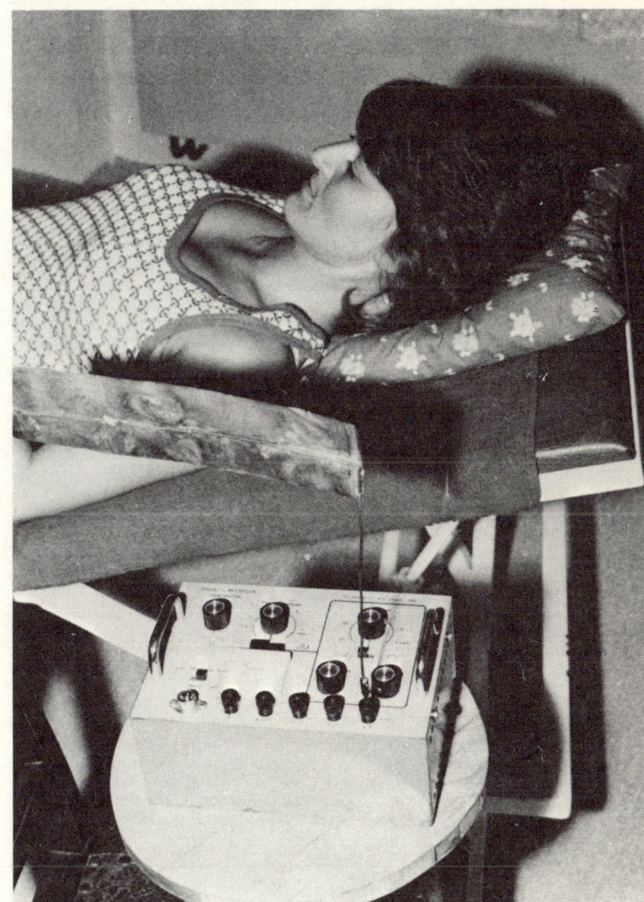

123 Kleines Testgerät zur Erzeugung eines künstlichen elektrischen Feldes, wie es in der Natur bei bestimmtem Wetterzustand zu messen ist. Die »Fahne« stellt eine Elektrode, das Kästchen selbst die Gegenelektrode dar.

bei Föhnwetterlagen. Aufgrund vielfältiger Untersuchungen stellte Sulman[289] dann biochemische Arbeitshypothesen auf und versuchte, alle im menschlichen Körper festgestellten Reaktionen der einem Wetterumschwung vorausgehenden besonderen Situation der Luftionisierung ursächlich zuzuordnen. Eine besondere Rolle soll dabei die bei Föhn stark zu positiven Werten hin verschobene Ionisation spielen.

In einer anderen Arbeit weist Sulman[290] noch darauf hin, daß neben der auffallenden Veränderung der gängigen meteorologischen Daten (zum Beispiel Lufttemperatur oder Feuchtigkeit), die bei föhnähnlichen warmen Winden zu beobachten ist, ein hoher Pegel negativ geladener »gefährlicher« Ionen, verbunden mit einem gleichzeitigen Auftreten von teilweise 1500 Kleinionen/cm³, zu messen sei.

Auch wenn die angeführten Veränderungen der Ionenkonzentration wesentlich geringer sind als bei Laborversuchen, auf die sich Sulman[289, 290] bezüglich des Nachweises der biologischen Wirksamkeit derartiger Luftionisationsverhältnisse beruft, schließt dies noch nicht jede Verbindung zwischen Föhnbeschwerden und speziellen Luftionisationsverhältnissen aus. Man wird nicht darum herumkommen, Experimente mit entsprechend geringeren Ionenkonzentrationen durchzuführen, um nachzuweisen, daß solche biologischen Wirkungen selbst damit erzeugt werden können – wenn auch nur im Rahmen von Langzeitexperimenten. Die Dauer der bisher bekannten Laborversuche wurde solchen Forderungen nicht gerecht. Doch bleibt davon unabhängig noch das Problem bestehen, daß gewisse Föhnbeschwerden bereits zu einem Zeitpunkt auftreten, bei dem der Föhnwind noch gar nicht eingesetzt hat, so daß auch die als Ursache angesehenen veränderten Verhältnisse der Luftionisation noch nicht vorhanden sein können. In diesen Fällen wird man den Wirkungsfaktor bei den von Fronten oder anderen meteorologischen Vorgängen sich ausbreitenden elektromagnetischen Feldenergien zu suchen haben.

In übersichtlicher und anschaulicher Weise befaßten sich Faust et al.[338] mit dem Problem der klassischen Meteorologie und der damit zusammenhängenden Biometeorologie. Ausgehend von der Tatsache, daß sich laut demoskopischen Untersuchungen 50% bis 70% der Bevölkerung durch das Wetter zumindest intermittierend in ihrem Wohlbefinden gestört fühlen, definierten und klassifizierten die Autoren die Biometeorologie. Meteorogene Befindensschwankungen und Erkrankungen durch bestimmte Witterungsverhältnisse werden nach Ansicht der Autoren nur ausgelöst oder intensiviert. Die meteorologisch bedingte Anfälligkeit ist demnach keine Krankheit: Das Wetter stellt lediglich einen Indikator für den individuellen locus minoris resistentiae dar.

D.4 FELDER UND STRÖME IN DER MEDIZIN

Zu dieser Thematik soll hier kein umfassender Überblick gegeben werden, da die Verwendung elektrischer Ströme und elektronischer Meßmethoden (EKG, EEG usw.) in der Medizin nicht neu ist. Doch scheint die Medizin in diesem Fall nicht alle Möglichkeiten auszuschöpfen, die sich ihr anbieten. Auch an gewisse »Außenseitermethoden« ist hier gedacht, die in einigen Bereichen vielleicht brauchbar sind und die genauer erforscht werden sollten. Einige Anwendungsmöglichkeiten seien angedeutet, die sich im Zusammenhang mit elektromagnetischen Feldern und elektrischen Strömen ergeben und die vielleicht allgemein nicht so bekannt sind.

Obwohl seit vielen Jahren vor allem auch die Elektro-Akupunktur in der klassischen Medizin Eingang gefunden hat (inzwischen sind allein in der BRD mehrere tausend Herzoperationen mit ihrer Hilfe durchgeführt worden), stellt nicht nur die Akupunktur, sondern sogar auch noch die Elektro-Akupunktur für die Mediziner immer noch einen Streitstoff dar, zu dem im Medizinischen Forum der Selecta[481°] von fachkompetenter Seite Stellung genommen wurde. Die bei der Akupunktur wie auch bei der Elektro-Akupunktur anstehenden Probleme wurden hier eingehend diskutiert, ergänzt durch den Hinweis, daß die Elektro-Akupunktur nicht mit der elektrischen Stimulation einzelner Punkte zu verwechseln sei, was besonders für die Akupunktur-Analgesie gelte.

Auf die Bedeutung pulsierender magnetischer Felder für die Medizin gingen Evertz und König[387°] näher ein, unter spezieller Würdigung der Fragen, die sich aus der physikalisch-therapeutischen Nutzung pulsierender Magnetfelder ergeben. Diese stellen heute in der Medizin die Konsquenz einer Entwicklung dar, die letztlich mit der Kenntnis biochemischer und magnetischer Zusammenhänge in der modernen Krebsforschung endet. Es wird der Versuch einer Interpretation der biologischen und medizinischen Wirkung der Magnetfelder auf biologische Systeme vorgenommen und darüberhinaus, aus medizinischer Sicht gesehen, vor allem auf neue aussichtsreiche Behandlungsmöglichkeiten Bezug genommen.

Eine ähnliche Anwendung des Magnetfeldes zu Heilzwecken sieht Gleichmann[292] vor, die in ihrer Art der sogenannten Arsonvalisation[292a] * entspricht. Im Gegensatz zu Kraus und Lechner[291] verwendet er wesentlich größere Spulenkörper (Durchmesser 0,45 m), die gestatten, nicht nur Gliedmaßen, sondern den ganzen Körper in die Anordnung zu bringen. Im Spulenzentrum kann mittels eines maximalen effektiven Stromes von 6 A ein Magnetfeld von 0,01 Tesla (100 Gauß) erzeugt werden, dessen zeitlicher Verlauf einem pulsierenden Gleichfeld entspricht. Hierzu wird der 50 Hz-Wechselstrom der Spule einweggleichgerichtet, was auch für Ströme in der Physikotherapeutik bekannt ist.

Schon aufgrund dieses Magnetfeldes zeigten sich erstaunliche Heilreaktionen, ohne daß mittels speziell implantierter Elektroden im Körper besondere Ströme erzeugt würden.

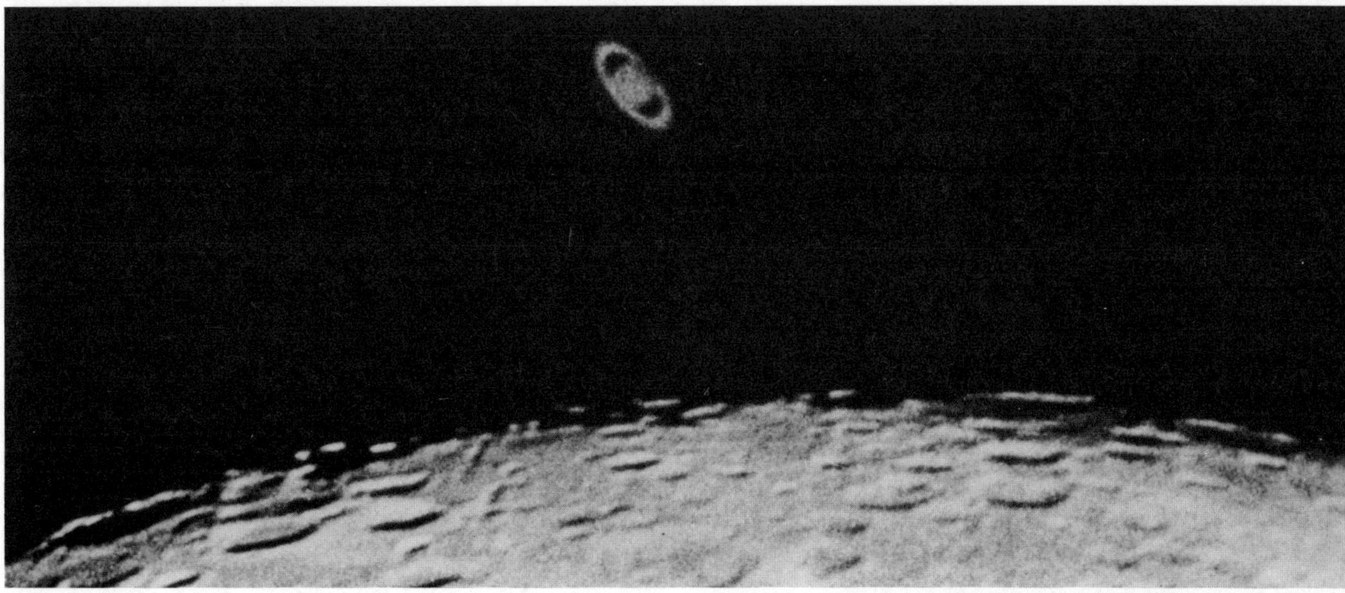

124 Eine wissenschaftlich fundierte Erklärung über die Bedeutung der Planeten im Zusammenhang mit der Astrologie liegt bis jetzt nicht vor. Statistische Untersuchungen ergaben aber immerhin einige interessante Aspekte (fotografische Aufnahme des Saturns von der Bochumer Sternwarte aus, über die Mondkrater hinweg).

Auch die sogenannte Elektro-Schlaftherapie machte in letzter Zeit immer wieder von sich reden. Wageneder et al.[293] meinen hierzu, diese Bezeichnung würde von fachlicher Seite abgelehnt. Da der Wirkungsmechanismus des von außen ins Gehirn geleiteten elektrischen Stroms bisher nicht geklärt ist, werden die Stromarten und -formen rein empirisch gewählt. Am gebräuchlichsten sind:

1. Über zwei Kanäle zugeleitete unterschiedliche Wechselströme mit gleich großer Amplitude, deren Frequenzen jedoch etwas differieren. Die Interferenz ergibt einen schwebenden Wechselstrom.
2. Rechteckimpulse, die einem kleineren Gleichstrom überlagert sind; Impulsfrequenz 100 Hz, Impulsbreite 1 msec.
3. Wechselstrom mit reiner Sinusform, vornehmlich in der Veterinärmedizin verwendet, Frequenz ca. 700 Hz.
4. Ein Gemisch von sämtlichen Frequenzen zwischen 10 Hz bis 20 kHz (Rauschsignal) mit begrenzter Amplitude.
5. Ein Doppeldreieckimpuls mit Impulsfrequenzen von etwa 60 Hz und eine Gesamtbreite der beiden Dreiecke von 3 msec.
6. Ein getasteter Hochfrequenzstrom von 100 kHz mit der Impulsfolgefrequenz von 100 Hz, Impulsdauer 1 msec.

Für zerebrale Elektrotherapie betragen die Stromstärken etwa 0,2 — 1,5 mA, für Elektroanästhesie bis zu 50 mA.

Bei 85 % der Fälle von Schlaflosigkeit war die Behandlung mit entsprechenden Strömen innerhalb kürzerer oder längerer Zeit erfolgreich.

Die vielversprechende Beschleunigung der Heilung von Knochenbrüchen durch Magnetfelder war Anregung zu Experimenten mit Ratten, um damit die Wirkung des Feldes auf unterbrochene Nervenbahnen zu studieren[294]*. Es gelang bisher zwar nicht, hier Heilungserfolge zu erzielen, jedoch ergaben sich bemerkenswerte andere Effekte. Die durch das Nachschleifen des Beines entstehenden Hautwunden (Druckgeschwüre) an dem auf dem Boden liegenden Teil des Beines mit den durchtrennten Nervenbahnen waren bei den mit Feldern behandelten Tieren auffallend weniger ausgeprägt. Bei diesen Tieren trat außerdem eine deutlich erkennbare und nicht erklärbare Muskelhypertrophie auf (Zunahme des Muskelvolumens).

Einen interessanten Beitrag zur Meßbarkeit der menschlichen Basisregulation mit physikalischen Meßmethoden lieferten Busch und Busch[295]. Sie berichten über zwei an sich schon bekannte Meßmethoden für derartige Untersuchungen: Eine elektrische und eine thermische. Zur Messung der elektrischen Werte diente eine RC-Brückenschaltung, die mit einer Stromstärke von 30 bis höchstens 50 μA und einer Spannung von etwa 1 V bei einer Frequenz von 9 kHz arbeitete. Gemessen wurde der Wechselstromwiderstand über eine differente Silberelektrode mit einem Durchmesser von 3 mm und einem Federandruck von 100 p sowie einer indifferenten großflächigen Metallelektrode, die der Proband in der Hand zu halten hatte. Beim Aufsetzen der Silberelektrode an verschiedene Körperstellen konnte so der Wechselstromwiderstand zwischen diesen Körperstellen und der Handelektrode erfaßt werden. Derartige Widerstandsmessungen des gesamten Körpers sowie parallele Strahlungstemperaturmessungen (mit Hilfe eines Infrarotstrahlungsmeßgerätes), reliefmäßig dargestellt, können dem Arzt anhand der Abweichungen von gewissen Normgrößen und Symmetrieeigenschaften wichtige Hinweise auf den Gesundheitszustand der Testperson geben. Offenbar ermöglicht dieses Verfahren, die Regulation des vermaschten (komplexen) Regelsystems des menschlichen

Körpers mit physikalischen Meßmethoden zu erfassen. Denn mechanische und thermische Reize der menschlichen Körperoberfläche werden deutlich mit Änderungen von Leitwerten und Strahlungstemperatur beantwortet, die mit zwei völlig voneinander verschiedenen physikalischen Meßmethoden nachweisbar sind und Parallelität der Verläufe zeigen.

Im Zusammenhang mit der Verwendung des elektrischen Stromes auf medizinischem Gebiet sei auch noch kurz auf das Verfahren der Reizung und Stimulierung von Nerven und Muskeln hingewiesen, das zur diagnostischen wie zur therapeutischen Behandlung bei neurologischen Problemen bereits allgemein eingesetzt wird.

Physikotherapeutische Maßnahmen werden zum Beispiel bei Frakturen ergriffen, bei denen auch Nerven verletzt worden sind. Um den betroffenen Muskel zu erhalten und vor einer Muskelatrophie (Schwund) zu schützen, wird er (ersatzweise für die ausfallenden Ströme der beschädigten Nerven) durch Gleichstrom (bis ca. 60 mA) beziehungsweise Wechselstrom (sägezahnförmig, bei ca. 0,5 Sekunden Anstiegszeit und abruptem Abfall, Pause von der doppelten Zeit der Anstiegszeit) gereizt und damit aktiviert. Auch zu diagnostischen Zwecken eignen sich solche Ströme. Eine Kontrolle der Nervenfunktionstüchtigkeit bietet sich durch die Ausnützung verschiedener Anstiegszeiten bei Sägezahnkurvenstrom an, denn nur der gesunde Nerv ist in der Lage, auf relativ kurze Anstiegszeiten (20 bis 50 msec) bei der Übertragung von künstlichen Steuerimpulsen auf den Muskel zu reagieren. Bei beschädigten Nerven beträgt diese Zeit 2 bis 5 Sekunden. Das Verfahren kann auch zum Zweck eines Muskeltrainings verwendet werden. Weiter ist eine Therapie bei Schmerzzuständen möglich, die bei degenerativen Gelenken (Halswirbelsäulenbeschwerden, Rückenschmerzen), schmerzhafter Schultersteife, Prellungen usw. bekannt sind. Hierzu dient Gleichstrom und/oder Wechselstrom (50 Hz oder 100 Hz) im Bereich 10 bis 50 mA.

Durch Auftragen von entsprechender Salbe auf die Elektroden ist mittels Strom auch eine lokal gezielte Medikamenteneinführung möglich. Dabei werden manchmal Metallelektroden durch ein Wasserbad ersetzt. Neben diesen Verfahren, die eine direkte Kontaktbildung zur Herstellung eines geschlossenen Stromkreises verwenden, sei auch noch an die Kurzwellen- und Mikrowellentherapie erinnert, die eine gezielte Erzeugung von Wärme gestattet.

Interessanterweise gelang es offenbar auch, die von der chinesischen Akupunktur her bekannten diskreten Punkte auf der Hautoberfläche des Menschen physikalisch-meßtechnisch zu sondieren, da sie sich gegenüber ihrer Umgebung als engbegrenzte Stellen mit einem auffallend veränderten elektrischen Widerstand auszeichnen. Insbesondere Voll[296] lieferte auf diesem Gebiet der sogenannten Elektroakupunktur viele wertvolle Beiträge. Die Abweichung der gemessenen Widerstandswerte von einer gewissen Erfahrungsnorm dient demnach als diagnostisches Hilfsmittel. Darüber hinaus werden aber auch elektrische Ströme im Frequenzbereich zwischen 0,9 und 10 Hz über die Akupunkturstellen oder zum Beispiel auch durch Handelektroden Testpersonen beziehungsweise Patienten zugeführt. Mittels derartiger Behandlungen lassen sich von der Norm abgewichene Widerstandswerte vermutlich mit einem gleichzeitigen Therapieeffekt wieder auf ihre ursprüngliche Größe zurückbringen. Da das Karzinomgewebe eine bioelektrische Inaktivität besitzen soll – selbst äußeres, gesundes Gewebe ist bioelektrisch zum Beispiel beim Magenkarzinom bereits tot – bietet sich versuchsweise die Möglichkeit an, durch von außen zugeleitete Ströme dagegen vorzugehen. Doch müßten die erhofften therapeutischen Effekte erst noch durch experimentelle Ergebnisse bestätigt werden.

Auch bei chirurgischen Eingriffen kommt die Elektroakupunktur zum Einsatz. Das Deutsche Herzzentrum in München führte bereits über 100 Operationen an offenen Herzen statt mit Narkose nur mit Hilfe der Elektroakupunktur durch.

Alle Versuche, Akupunkturpunkte des Körpers anatomisch im Verlauf von oder an Einzelstellen festzustellen, scheiterten: Keine Nerven-, Gefäß- oder Lymphstränge, keine anatomischen Strukturveränderungen, wie Zell-Lumen-Veränderungen in vivo und in vitro sind nachweisbar. Nach Schuldt[297a] könnten bei der Elektroakupunktur aber gewisse Kraftfeldverdichtungen eine Rolle spielen, die an keine anatomischen Leitstränge gebunden, sondern durch die körperliche Gesamtmorphologie bedingt sind.

Mit einer technisch verfeinerten Methode widmeten sich Vill und Jahnke[297] vor allem dem diagnostischen Problem. Sie registrierten einen alle 4 Sekunden durch eine Gleichstrommessung mit maximal 10 μA unterbrochenen Impulsstrom der Folgefrequenz von 10 Hz. Jeweils acht solche Stromimpulsintervalle, abwechselnd negativ und positiv gepolt, durchfließen dabei in diesem Rhythmus nacheinander verschiedene Körperpartien, wobei ein ebenfalls meßbarer Körperrückstrom entsteht, der als eine Art Entladevorgang angesehen werden muß, wie er vergleichsweise von einem Akkumulator her bekannt ist (im Gegensatz zu einer Kondensatorentladung). Durch dieses Verfahren kann man folgende krankhafte Veränderungen beim Menschen erkennen:

1. Hirnhaut- und Hirnschäden.
2. Chronische Herde im Kopf- und Halsbereich.
3. Chronische Störungen im Darm-Lymphsystem.
4. Chronische Störungen einzelner Organe.
5. Chronische Verschleißerscheinungen und Intoxationen (Vergiftungen).
6. Akut entzündliche Organstörungen.
7. Akute schwere Schockerscheinungen an den Organen, zum Beispiel Herzinfarkt.

Entsprechende Langzeitversuche mit dem von Vill und

Jahnke[297] auf den Grundlagen von Voll[296] entwickelten Gerät führte Schuldt[297a] durch.

Impulsdermogramm. Die sogenannte Impulsdermographie weist einmal mehr auf die Elektromedizinische Bedeutung niederstfrequenter Signale im 10 Hz-Bereich hin. Nach Vill und Jahnke[297] soll das Impulsdermogramm die bioelektrischen Verhältnisse im Organismus erfassen, wobei sich aus Abweichungen von der Norm diagnostische Rückschlüsse ergeben. Untersuchungen von Bergsmann[537] ergaben in diesem Zusammenhang unter Anwendung dieser Methode, daß im derartigen Stadium die Impulsdermographie keine diagnostische Bereicherung zumindest im klinischen Sektor der Pulmologie darstellt. Sie ist aber geeignet, physiotherapeutische Methoden zu leiten und zu kontrollieren. Im Rahmen einer anderen Untersuchung stellt Bergsmann[538] fest, daß Versuche mit dem quadranten-orientierten Parallelogramm der Impulsdermographie zu befriedigenden Versuchsergebnissen führten. Eine entsprechende Elektrodenlage erlaubte exakte topographisch-orientierte Aussagen über die bioelektrischen Verhältnisse im Organismus. Der Test am Patienten zum Beispiel mit definierten Lungenprozessen zeigte, daß die vom Prozeß reflektorisch ausgelösten Veränderungen an der Körperoberfläche exakt und vergleichbar zu erfassen sind. Auch der Reizerfolg durch positive oder negative Impulsströme konnte exakt bestimmten Körperregionen zugeordnet werden, wodurch sich eine echte lokalisierte Funktionsdiagnostik eröffnet.

Über eine weitere interessante Anwendungsmöglichkeit des elektrischen Stromes berichtet Lampert[298] im Zusammenhang mit der Embolieverhütung und Rekanalisierung des Thrombus. Die meisten Erfahrungen sammelte man hier bei Venenentzündungen und bei Venenthrombosen beziehungsweise Thrombophlebitiden, wobei die Beseitigung der Stauzustände bei 85 % sehr guten, bei 12 % guten und nur bei 3 % keinen Erfolg hatte. Als Nebenindikation ergab sich die schnelle Resorption großflächiger Blutergüsse, die ja ebenfalls subcutane Blutgerinsel darstellen. Auch Koronarthrombosen wurden ohne die Verwendung koronarangiographischer Beweismethoden mit diesem Verfahren behandelt. Als Stromquelle diente ein von Null bis 30 V stetig regulierbares Netzgerät, das über Elektroden in die gefährdeten Zonen einen Strom von etwa 20 bis 30 mA lieferte. Dieser muß von Null beginnend sehr langsam (innerhalb einiger Minuten) auf seinen Endwert gesteigert werden, wobei bei wiederholten Behandlungen auf eine gleichbleibende Polarität des Gleichstromes zu achten ist. Lampert[298] führt den Erfolg der Behandlung darauf zurück, daß durch den galvanischen Strom der Thrombus nur an einer Seite abgelöst wird. Durch die Konzentration der OH-Ionen an der Anodenseite kommt es zur Auflösung des Fibrins und der Blutkörperchen und damit zu einer Rekanalisation des Gefäßes.

Gerade auf dem Gebiet der Erforschung der Gehirnströme sind noch wichtige Resultate zu erwarten. So sei hier nur nebenbei bemerkt, daß es Dewan[299] gelang nachzuweisen, daß mittels einer freiwilligen, bewußten Kontrolle der elektroenzephalographischen Ströme eine Verständigung möglich ist. Offenbar konnte der Alpharhythmus im Gehirn willentlich und mit ausreichender Genauigkeit gesteuert und damit dem EEG Morsesignale aufmoduliert werden. Den Versuchsergebnissen nach ist auf diese Weise jede beliebige Nachricht auf ein Registriergerät zu übermitteln. Die Frage nach einem Informationsfluß in umgekehrter Richtung blieb bislang allerdings noch unbeantwortet, auch wenn sich hier mit der Anwendung elektromagnetischer Felder neue Perspektiven anzeigen.

Magnetfeldtherapie. Erheblich erweitert wurden die Kenntnisse über die Wirkung von Magnetfeldbehandlungen unter gegebenenfalls zusätzlicher Verwendung von Elektrodenschrauben. So führten Faensen et al.[540] und Schmidt-Neuerburg et al.[555] Experimente mit Schafen beziehungsweise Hunden durch und berichten über eine Wirksamkeit der Behandlungsmethode in Bezug auf die vermehrte Aktivität im Knochenszintigramm beziehungsweise von einer Beschleunigung der Einheilung und des lamellären Umbaus der Spongiosa (Frequenz 38 Hz). Besondere Heilungserfolge berichten ferner Lechner et al.[548, 549] sowie Wiendl[560] im Zusammenhang mit klinischen Erfahrungen bei der postoperativen elektromagnetischen Stimulation von Pseudarthrosen und empfehlen aus diesem Grunde diese Heilmethode. Sie bewährte sich nach Knahr und Wanura[546] auch bei gelockerten Hüfttotalendoprothesen. So erzielte man insbesondere bei zementfreien Hüften mit der Magnetfeldtherapie einen deutlichen Heilerfolg, weshalb offenbar jetzt auch zumindest für die oben angesprochenen Einsatzbereiche der Magnetfeldtherapie seitens der Krankenkassen eine befriedigende Lösung ermöglicht wurde.

In einer Übersichtsarbeit befaßte sich Kraus[571] mit dem Stand der Forschung hinsichtlich der Magnetfeldtherapie und magnetisch induzierter Elektrostimulation in der Orthopädie. Unter Magnetfeldtherapie wird hierbei die konservative Anwendung von Magnetfeldern mit rein sinusförmigem Verlauf im Frequenzbereich von 0,2 Hz–20 Hz verstanden, mit magnetischen Flußdichten von 2–10 mT. Die Übertragung stimulierender elektrischer Ströme auf den Knochen erfolgt nach dem Transformator-Prinzip (Implantierung eines Übertragers im Bereich der Knochenläsion). Als problematisch muß man die Verwendung sogenannter pulsierender Magnetfelder ansehen, die aus Pulspaketen höherfrequenter Magnetfelder bestehen (Impulsmodulation eines höherfrequenten Trägersignals). Gemäß den durch das Induktionsgesetz beschriebenen Zusammenhängen induzieren diese höherfrequenten Magnetfelder frequenzproportional vor allem bei Magnetfeldsprüngen im Zuge der

Tastung der Pulspakete unmittelbar im Gewebe oder im implantierten Übertrager relativ hohe Spannungen, die ein unerwünschtes Ausmaß erreichen und sogar zu Schädigungen führen können.

Speziell die Bedeutung der Magnetfeldtherapie wird durch die vorliegenden Experimente inzwischen eindeutig dokumentiert. In diesem Zusammenhang wurden folgende Fragen abgehandelt: Stimulation des Knochenwachstums, Einfluß niederfrequenter Magnetfelder auf die Wundheilung, Magnetfeldbehandlung der Nervenläsion, Kontrollversuche an malignen Tumoren und magnetisch induzierte Elektrostimulation im Experiment. Ausführlich wird über Resultate der klinischen und ambulanten Anwendung berichtet: Magnetfeldtherapie bei Pseudarthrosen und Beschwerden durch die Lockerung der Totalendoprothese des Hüftgelenks, Magnetfeldtherapie der Sudeck'schen Dystrophie sowie die magnetisch induzierte Elektrostimulation zur Unterstützung der operativen Knochenbruchbehandlung. Die Erfolge der Magnetfeldbehandlung werden durch Zahlen belegt. Beispielsweise ergab sich bei 659 Patienten mit Beschwerden durch Lockerung der Totalendoprothese des Hüftgelenks, bei 60,3% eine so weitgehende Besserung des Zustands, daß eine neuerliche Operation nicht mehr nötig war. Im Falle des Sudeck-Syndroms der Stadien I und II führte in 88,5% bei 192 Fällen nach 10–30 Behandlungen dies zum Rückgang des Ödems und der Schmerzen, vorausgesetzt, daß die Frequenz kontinuierlicher Sinusschwingungen von 4–6 Hz im Stadium I und von 6–12 Hz im Stadium II nicht überschritten wurde.

Subjektive Lichtmuster

Die Forschung über die Erzeugung subjektiver Lichtmuster mit Hilfe galvanischer Ströme (sogenannte Phosphene) steht zwar nur indirekt in Zusammenhang mit der biologischen Wirksamkeit elektromagnetischer Felder, ist jedoch interessant genug, um in diesem Kapitel abschließend noch angeführt zu werden. Knoll et al.[300] erwähnten, daß solche Lichtphänomene bereits 1816 durch Volta und 1819 durch Purkinje beschrieben wurden. Sie erzeugten »galvanische Lichtmuster« (Streifen und Bögen) mit einer Volta-Zelle von 20 V.

Zur Erzeugung des Phänomens befestigten Knoll et al.[300] zwei in einer Ringer-Lösung befeuchtete Silberelektroden an der Stirn von Testpersonen. An diese wurde eine Rechteckspannung (gepulster Gleichstrom, Tastverhältnis von 1 : 4 oder auch 1 : 1) von 0,5 — 3,5 V angeschlossen. Die Testpersonen konnten daraufhin »Muster sehen«, die in Abbildung 101, nach Knoll und Kugler[301], abhängig von der Frequenz nach Angaben 20 geisteskranker Patienten und 10 technischer Studenten dargestellt sind. Ohne jeden operativen Eingriff waren die hier beschriebenen Muster bei einem Drittel der untersuchten Personen erzeugbar. Dabei zeigte sich:

1. Einige subjektive Muster änderten während konstanter Anregung gelegentlich ihre Form. Auch die mittlere Anregungsfrequenz von vielen Mustern wechselte mit der Zeit.
2. Viele der beschriebenen Muster können auch durch »nicht elektrische« Anregung entstehen, zum Beispiel durch einen mechanischen, akustischen oder chemischen Schock.
3. Alle durch die Testpersonen aufgezeichneten Muster sind abstrakter Natur (meist geometrisch).
4. Die Anzahl der subjektiv erzeugbaren Muster pro Testperson war bei geisteskranken Patienten größer als bei einer gesunden Kontrollgruppe.

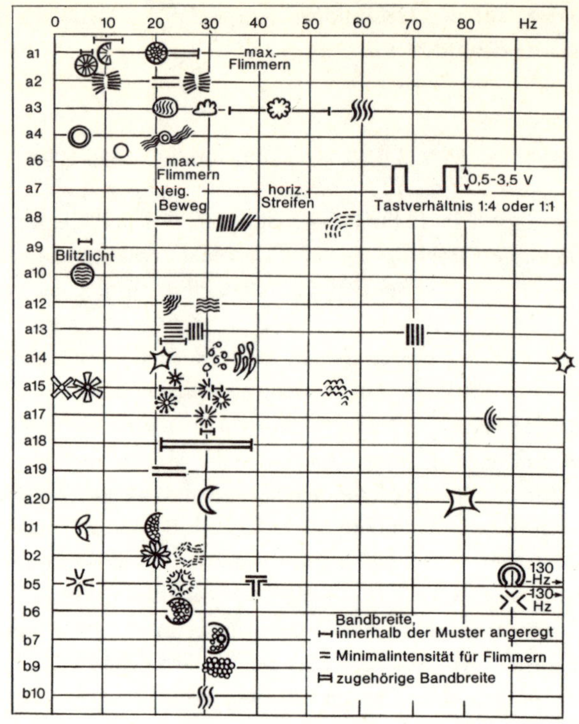

125 Spektrum individuell angeregter Muster, die aufgrund schwacher, durch den Kopf fließender elektrischer Ströme des angegebenen Frequenzbereiches (0 bis 130 Hz) deutlich »gesehen« wurden. VP a1 – a20 geisteskranke Personen, VP b1 – b10 Studenten, nach Knoll *und* Kugler.

Neben den Phosphenen, die durch elektrische Impulsreizung (also mit Hilfe von Kopfelektroden) erzeugt werden, können ähnliche Erscheinungen auch durch Magnetfelder ausgelöst werden. Seidel et al.[301a] berichten, daß mittels einer in Kopfnähe angebrachten Reizspule durch magnetische Induktion Phosphene entstehen, wobei die nötige Induktion im Frequenzbereich zwischen 2 Hz und 50 Hz etwa 0,02 — 0,1 Tesla (200 — 1000 Gauß) beträgt. Alle bei den Experimenten gefundenen Muster sind mit geometrischen Phosphenformen identisch, die mit den oben beschriebenen elektrischen Reizversuchen erzielt wurden (siehe Abbildung 125); jedoch ist die prozentuale Häufigkeit von der der elektrischen Muster verschieden. Eine Betrachtung der Leitfähigkeitsverteilung im Schädelmodell führte zu der Vermutung, daß eine Dichteerhöhung der induzierten Reizströme in der Nähe gut leitender Medien (beispielsweise der Bulbi und damit der Retina) für die magnetische Phosphenanregung verantwortlich sein könnte.

5. DER WÜNSCHELRUTENEFFEKT

EIN PHÄNOMEN DER BIOLOGISCHEN WIRKSAMKEIT ELEKTROMAGNETISCHER FELDER?

5.1 Einleitung*

Es kann nicht der Sinn der folgenden Ausführungen sein, das Problem der Wünschelrute als vollständig geklärt darzustellen, sondern es soll vielmehr ein Überblick über Erkenntnisse neuerer Untersuchungen, die sich auf diesem Gebiet im Hinblick auf elektromagnetische Felder herauszuschälen beginnen, gegeben werden.

Das Problem der Wünschelrute provozierte die Wissenschaft durch das Verhalten vieler Wünschelrutengänger, die glaubten, ihre vielleicht unbestreitbaren Fähigkeiten auf pseudowissenschaftliche Art erklären und begründen zu müssen, meist zu einer oppositionellen Haltung. Man entlieh sich aus der klassischen Wissenschaft und hier aus der Physik hochtrabende Begriffe, ohne sich über deren Bedeutung im klaren zu sein und verwendete sie zur Erklärung des Wünschelrutenphänomens. Die Reaktion der exakten Wissenschaft auf eine solche Vergewaltigung ihrer Thesen und Begriffe und auch des gesamten physikalischen Weltbildes ist daher wohl nicht verwunderlich. Das Wünschelrutengehen wurde in das Reich des Okkulten verwiesen, wenn nicht gar als Verdummungsaktion der Mitmenschen angesehen, was durch das Problem der sogenannten Entstörgeräte nicht besser wurde.

Dessen ungeachtet sei versucht, einen gewissen Überblick darüber zu geben, was im Zusammenhang mit der Erforschung des Problems der Wünschelrute bekannt geworden ist und den Rahmen zumindest des Amateurhaften übersteigt.

Bei dieser Materie handelt es sich im Grunde genommen um zwei Dinge:

1. Das Wünschelrutenphänomen als solches, das heißt, die Fähigkeit einer bestimmten Person — des Wünschelrutengängers — unter bestimmten Voraussetzungen eine Reaktion zu zeigen, den »Rutenausschlag«. Damit stellt sich die Frage, ob dieser Rutenausschlag auf irgend welchen äußeren Einflüssen beruht, oder ob es sich hier um eine mehr subjektiv bedingte Reaktion handelt, die sich nicht objektivieren läßt und die damit keinen Aussagewert hat. Eine weitere Frage ist, stellt der Rutengänger eine Art Meßinstrument dar, das unter bestimmten Bedingungen einen Ausschlag zeigt und wie könnte diese Reaktion physiologisch erklärbar sein.
2. Der andere Punkt betrifft den Anlaß, den Grund, der den Rutengänger zu seinem sogenannten Ausschlag bringt. Hier scheint der Ort eine dominierende Rolle zu spielen, an dem diese Reaktion stattfindet, »Reizstreifen« beziehungsweise »Kreuzung« genannt (auf dem Boden gedachte Streifen oder deren Kreuzungen). Normalerweise wird der Rutengänger beim Überqueren dieser Stellen durch eine bestimmte Bewegung seiner Rute (oder auch eines Pendels) reagieren. Bedeutung erhält diese Begabung, weil der Rutengänger durch sie in der Lage sein soll, Wasserquellen, oder gar Öl- oder Gasfelder zu entdecken, was der modernen Wissenschaft nur mit weitaus größerem Aufwand und auch keineswegs immer gelingt. Problematischer, wenn nicht bedeutungsvoller, wird diese Tatsache durch gesundheitliche beziehungsweise medizinische Aspekte. Schon immer behaupteten die Rutengänger, daß jene Streifen und insbesondere deren Kreuzungen Stellen sind, die eine gesundheitsschädigende Strahlung haben, besonders dann, wenn sich Personen an diesen Stellen längere Zeit aufhalten, beispielsweise dort ihre Schlafstelle haben würden. Deshalb wird auch von sogenannten geopathogenen Zonen gesprochen, die Gesundheit und Befinden des Menschen beeinflussen. Sollte es sich tatsächlich herausstellen, daß Stellen existieren, die bei einem Langzeitaufenthalt pathogen wirken, so verdient dieses Problem im Interesse aller näher untersucht und geklärt zu werden.

Doch handelt es sich hier um ein komplexes Problem, das unmöglich von einem Arzt, einem Physiker oder Biologen allein beurteilt, geschweige gelöst werden kann. Die Vielschichtigkeit dieser Materie zeigt sich auch darin, daß sich in letzter Zeit sowohl Physiker (Brüche[302]) als auch Ärzte (Hartmann[117]) eingehend mit diesem Phänomen befaßten. Insbesondere Hartmann[117] behauptet aufgrund jahrzehntelanger Erfahrung entschieden die Existenz solcher geopathogener Zonen, die erheblich der Gesundheit des Menschen schaden können.

Er wird darin durch Diehl und Tromp[303] unterstützt, die das Problem der geographischen und geologischen Häufigkeitsverteilung der Krebssterblichkeit in Holland untersuchten. Es zeigte sich dabei, daß zwischen der Krebshäufigkeit und der Bodenart eine signifikante Beziehung besteht.

5.2 Experimentelle Untersuchungen

Generell wurde bis jetzt auf dem Gebiet des Wünschelrutengehens schon ein umfangreiches Beobachtungsmaterial zusammengetragen. Wenn es sich dabei auch fast immer um die Angabe konkreter Fälle, also um Einzelberichte handelt, die als Fall sicher von Bedeutung sind, und die insgesamt ge-

*) Nur durch die positive Zusammenarbeit mit dem Forschungskreis Geobiologie, Eberbach/Neckar, beziehungsweise Adlerweg in Waldkatzenbach, D-6935 Waldbrunn, und nur durch das sich selbstlos zur Verfügungstellen hunderter von Wünschelrutengängern im Laufe vieler Jahre – vom Anfänger bis zum Experten – für eine große Anzahl von Experimenten konnte der in diesem Kapitel beschriebene Erkenntnisstand in diesem Umfang erreicht werden.

sehen auch eine gewisse statistische Bedeutung haben, so lassen diese doch aus rein wissenschaftlicher Sicht noch erheblich zu wünschen übrig. Zwar gibt es einige Ansätze in Form großangelegter Untersuchungen, die zu erfolgreichen, allgemeingültigen Resultaten führten, jedoch halten sie strengen wissenschaftlichen Maßstäben nicht stand. Aber vielleicht war dies – aus welchen Gründen auch immer – auch gar nicht beabsichtigt.

5.2.1 *Historisches:* In jedem Fall sollte das Problem auch unter Mithilfe von Vertretern der klassischen Wissenschaften völlig geklärt werden, denn die Konsequenzen der bisher vorgebrachten Erkenntnisse wären folgenschwer, sollten sie sich letztlich bestätigen. Um was geht es hier? Bereits 1930 berichtete zum Beispiel von Pohl[304] über Krankheiten durch »Erdausstrahlungen«. Um dies zu beweisen, suchte er in verschiedenen Kleinstädten Bayerns mit der Wünschelrute nach sogenannten Untergrundströmen. Der Vergleich mit Krebsfällen, die in Häusern von Vilsbiburg auftraten, die auf diesen sogenannten Untergrundströmen lagen, erbrachte beim ersten Hinsehen aufsehenerregende Zusammenhänge zwischen Krankheit und Untergrund. Sie stellten sich bei genauer Überprüfung und bei Anwendung entsprechender wissenschaftlicher Maßstäbe jedoch als nicht eindeutig heraus.
Rambeau[305] veröffentlichte 1934 ähnliche Ergebnisse von Untersuchungen in Dörfern. Er benutzte aber nicht die Wünschelrute, sondern geophysikalische Apparate, die in der damaligen Zeit zur Auffindung von Brüchen und Verwerfungen im Erdboden verwendet wurden (tragbare Sende- und Empfangsanlage des Mittelwellenbereichs zwecks Feldstärkemessungen). Am Schluß seines Untersuchungsberichts steht der immerhin bemerkenswerte Satz: »Wir haben in unserer statistischen Arbeit das Haus gesucht, das auf geologisch nicht gestörtem Gelände liegt und trotzdem von an Krebs erkrankten Menschen (langfristig) bewohnt wird, und dieses Haus haben wir nicht gefunden.«
Somit schälen sich bei der Behandlung des Wünschelrutenproblems zwei Hauptaufgaben heraus. Einmal müßte festgestellt werden, inwieweit es tatsächlich Streifen oder Punkte auf der Erdoberfläche gibt, die vor allem im Zusammenhang mit der Erkrankung des Menschen – insbesondere an Krebs – eine Rolle spielen, und welche physikalischen Faktoren hierbei eine Rolle spielen könnten. Zum anderen wäre es jedoch genauso interessant, das Rutengängerphänomen als solches besser verstehen zu lernen, da dies Rückschlüsse auf die Eigenschaften der »geopathogenen Zonen« erlauben würde.
Die in den vorherigen Kapiteln generell behandelte Thematik der elektromagnetischen Strahlung als Umweltphänomen fordert geradezu heraus, sich mit der Frage zu beschäftigen, welche Bedeutung diese Strahlung womöglich im Zusammenhang mit dem Wünschelrutenphänomen hat. Es kann daher nicht die Aufgabe dieser Ausführungen sein, überhaupt auf alle mit der Radiästhesie zusammenhängenden Fragen und Probleme einzugehen, sondern als Leitlinie dient die in diesem Zusammenhang denkbare, unmittelbare biologische Wirkung elektromagnetischer Felder.

5.2.2 *Rutenausschlag:* Ausgangspunkt der gesamten hier angeschnittenen Problematik ist somit die Annahme der Existenz eines reellen Wünschelrutenausschlags im Sinne der einleitenden Fragestellung. Allein schon hieraus läßt sich eine Priorität in der Reihenfolge der zu klärenden Punkte ableiten: Ist der Ausschlag der Wünschelrute – oder eines ähnlichen Werkzeuges für den selben Zweck – ein Zufallsprodukt, oder reagiert die Rute in der Hand des Menschen nach einer gewissen Gesetzmäßigkeit. Diese Frage läßt sich wegen der biologischen Zusammenhänge nur mit statistischen Mitteln beantworten.
Will man auf den eigentlichen Kern des Wünschelrutenphänomens kommen, muß sowohl die bewußte wie auch die unbewußte Auslösung des Rutenausschlags durch triviale Anlässe ausgeschlossen bleiben, wie zum Beispiel im Zusammenhang mit einem speziellen optischen Reiz (ein bestimmter Streifen eines Graswuchses auf einer Wiese, eine feuchte Stelle oder Risse bei Wänden, Stellen mit Wachstumsstörungen bei Hecken usw.). Ein Rutenausschlag läßt sich außerdem jederzeit gewollt produzieren, was gerade von vielen staunenden Laien völlig übersehen wird. Oder es erfolgt ein unbewußtes Ankoppeln an andere äußere Vorgänge, wie zum Beispiel das Beobachten des Rutenausschlags bei einem anderen Rutengänger.
Bei der Überprüfung von Rutengängern stellt es immer noch das klassische Experiment dar, den »reellen« Ausschlag einer Wünschelrute zu beweisen beziehungsweise zu widerlegen, indem man mehrere Rutengänger längs einer Teststrecke laufen läßt – um dann womöglich hinterher entsetzt beziehungsweise befriedigt festzustellen, an wieviel verschiedenen Stellen ein Rutenausschlag zu beobachten war. Doch die sich ergebende Streuung der Rutenausschläge längs der Teststrecke muß prinzipiell existieren, ein anderes Ergebnis wäre sozusagen wider die Natur und würde für einen groben Fehler des Experimentators sprechen. Wünschelrutengänger sind keine physikalischen Meßgeräte, mit deren Hilfe eindeutige und jederzeit reproduzierbare Ergebnisse erzielbar sind.
Studiert man in der Literatur historische Berichte über derartige Experimente, so fällt auf, wie gerade auch prominente Naturwissenschaftler auf Behauptungen von Rutengängern eingingen, um nicht zu sagen hereinfielen, solcherart Experimente jederzeit erfolgreich durchführen zu können. Die Folge waren immer Versuche mit nur ganz wenigen Rutengängern, das Ergebnis eine starke Streuung in den Angaben und das Urteil entsprechend negativ bis vernichtend, weil sich die von den Rutengängern in Überheblichkeit gemachten Aussagen bezüglich der eigenen Fähigkeiten selbst annähernd nicht bestätigten. Vom Forschungskreis oder in Zusammenarbeit mit dem Forschungskreis für Geobiologie, Eberbach-Waldkatzenbach, durchgeführte Großexperimente, die diesbezügliche reichhaltige Erfahrung des 1. Vorsitzenden des Forschungskreises, Dr.

med. Ernst Hartmann und seiner Mitarbeiter sowie das Interesse vieler hunderter von Wünschelrutengängern mit den unterschiedlichsten Fähigkeiten (getestet wurde vom Anfänger bis zu Personen mit jahrzehntelanger Rutengehpraxis) ergaben das nötige umfangreiche statistische Untersuchungsmaterial, um hier einen ersten wirklich fundierten Überblick zu bekommen (König[589]). Bei den einzelnen Experimenten wie auch bei einer beurteilungsmäßigen Zusammenfassung aller dieser Experimente zeigte sich das gleiche Bild: prinzipiell eine Streuung bezüglich der ortsmäßigen Zuordnung der Rutenausschläge über die gesamte Länge der Teststrecke und dem übergeordnet Stellen, die eine statistisch überzufällig gehäufte Übereinstimmung von Rutenausschlägen der verschiedensten Rutengänger aufwiesen. Eine kritische Analyse dieses Ergebnisses besagt somit zumindest einmal, daß es offensichtlich immer wieder Stellen geben kann, an denen wenigstens statistisch überzufällig Rutenausschläge zu beobachten sind. Es bestätigt sich aber auch praktisch die Unmöglichkeit, bei einem Experiment nur annähernd alle Ausschläge an einer einzigen Stelle zu bekommen, wenn alle trivialen Ursachen für Ausschläge ausgeschaltet waren. Selbst bei Gruppen mit jahrzehntelanger Praxis beim Rutengehen (Experten) war diese starke statistische Streuung zu beobachten. Die hier ausgewerteten Versuche (siehe Abbildungen 126 und 127) wurden mit über 200 Wünschelrutengängern durchgeführt. Hierbei handelte es sich um reine Anfänger, Fortgeschrittene und sogenannte Experten, anteilig annähernd gleichmäßig vertreten. Interessanterweise erzielten reine Anfänger, die erst seit einigen Tagen überhaupt gelernt hatten, mit einer Wünschelrute umzugehen, fast ähnliche Ergebnisse wie die Experten. Die als Fortgeschrittene zu bezeichnende Gruppe schnitt demgegenüber deutlich schlechter ab.

Ergänzend hierzu schälten sich auch noch andere Erkenntnisse heraus. So erlaubt die vergleichsweise große Anzahl von Testpersonen beispielsweise einen gewissen Rückschluß auf deren generelle Fähigkeit, mit einer Wünschelrute umzugehen, soweit es sich hierbei um sogenannte Anfänger handelt. Bei dieser Personengruppe ist nämlich mit einiger Sicherheit davon auszugehen, daß alleine schon das grundsätzliche Interesse am Hantieren mit einer Wünschelrute noch keine wesentliche Vorselektion bezüglich einer sogenannten Rutenfühligkeit darstellt, also mit der anzunehmenden Eigenschaft, auf irgendwelche Umweltreize mit einem »echten« Rutenausschlag zu reagieren.

Ein offensichtlich für solche Experimente ungeeigneter Personenkreis setzt sich demnach im wesentlichen aus zwei Gruppen zusammen. Bei der einen fehlt die nötige manuelle Geschicklichkeit, eine Wünschelrute funktionsgerecht in der Hand zu halten. Dies gilt insbesondere bei der Verwendung des Typs von Wünschelruten, die in der Art dem gegabelten Weidenzweig gleichen (Horizontalrute). Entweder wird hier die Rute wie ein Wäschekorb in der Hand gehalten, so daß es selbst beim Durchlaufen einer kilometerlangen Strecke zu keinem Rutenausschlag kommen kann. Oder die Rute wird viel zu labil in der Hand geführt, wodurch bereits die leichte Erschütterung des Körpers beim Gehen ausreicht, um immer nach der gleichen Anzahl von Schritten (meistens zwischen drei und fünf) die Rute zum Kippen zu bringen.

Bei dieser ersten Gruppe fehlen folglich die technischen Voraussetzungen zum Rutengehen.

Die andere Gruppe der ungeeigneten Personen bringt zwar die nötigen technischen Voraussetzungen mit, reagiert aber offensichtlich selbst an »markanten« Stellen nicht mit einem Rutenausschlag, oder ist im anderen Extremfall nicht in der Lage, bei einer Vielzahl völlig willkürlicher Ausschläge, diese zu interpretieren beziehungsweise unter Kontrolle zu bringen.

Im Rahmen der hier beschriebenen Teststrecken-Experimente galt es zumindest die Testpersonen auszuscheiden, welche ganz offensichtlich aus diesen Gründen ungeeignet erschienen. Aus dem Kreis der als unerfahren einzustufenden Testpersonen, die also noch keine lange Rutengehpraxis aufweisen konnten, waren hiervon etwa 10% bis 15% betroffen. Sie blieben somit bei der Versuchsauswertung unberücksichtigt. Dieser Prozentzahlenbereich dürfte auf den allgemeinen Bevölkerungsquerschnitt bezogen mit hinreichender Sicherheit noch höher anzusetzen sein. Er beweist aber jedenfalls ganz eindeutig, daß gerade die von vielen erfahrenen Rutengängern immer wieder vertretene Meinung, praktisch jeder könne mit einer Wünschelrute entsprechend umgehen, falsch sein muß. Hier werden offensichtlich eigene Fähigkeiten als so selbstverständlich hingenommen, daß sie generalisierend auf jedermann übertragen werden.

Die sich aus diesen Tests ergebenden Erkenntnisse müssen letztendlich auf die Einzelperson übertragen werden. Darum gilt es eindringlich erstens einmal festzuhalten: Bei einer einzelnen, ganz bestimmten spezifischen Aussage eines Wünschelrutengängers kann dieser Aussage nur eine statistisch begründete Wertmessung zugeordnet werden. Es gibt keine »echte« Aussage, auf die zu 100% Verlaß ist, die also jeden Irrtum ausschließt. Es ist immer nur eine Frage der Wahrscheinlichkeit, wie richtig eine Aussage ist. Bei einem Anfänger mag sie mit 60% Wahrscheinlichkeit zutreffen, bei einem Experten zu 99%. Aber auch beim Experten weiß man eben nicht, ob er sich nicht gerade bei einem entscheidenden einzelnen Fall irrt.

Als zweites ist prinzipiell festzuhalten, daß aus einer überzufälligen Häufung von Rutenausschlägen an einer bestimmten Stelle normalerweise noch keinerlei eindeutige Rückschlüsse auf die Ursache dieser Tatsache zu ziehen sind. Zwar mag es sein, daß sogar nachgewiesenermaßen unter dieser Stelle eine Wasserader hindurchführt. Dies beweist im Zusammenhang mit dem Test aber noch lange nicht die Kausalität zwischen Wasserader und Rutenausschlägen, zumindest was die Existenz von Wasser betrifft. Hier wird lediglich die Vermutung eines Zusammenhangs bestärkt. Überhaupt keine Erklärung ergibt sich daraus auf die Frage nach den ortsspezifischen Umweltreizen beziehungsweise nach den Wirkungsmechanismen, die letztlich als

Endergebnis den sichtbaren Rutenausschlag produzieren. Die in einer gewissen Tiefe vorhandene Wasserführung als solche hat damit jedenfalls zumindest unmittelbar nichts zu tun.
Als drittes ist letztlich bei einer besonders kritischen Betrachtung ein doch immer möglicher Einfluß zumindest 2. Ordnung in Betracht zu ziehen, aufgrund dessen die beobachtete Häufung von Rutenausschlägen an bestimmten Stellen aus trivialen Gründen eingetreten sein konnte. Selbst bei sorgfältigster Überprüfung von Teststrecken sind eben solche Nebenumstände nicht mit letzter Sicherheit auszuschließen, die im Grunde genommen das Experiment dann in seiner Aussage beeinträchtigen, wenn nicht sogar verfälschen oder wertlos machen. Es galt daher, die Realität des Ausschlags einer Wünschelrute in der Hand des Menschen noch mit anderen Methoden zu überprüfen, so daß vom Versuchsergebnis eindeutig kausale Zusammenhänge abzuleiten waren. Hierzu bot sich in verschiedener Hinsicht die Verwendung elektromagnetischer Energien an.

5.2.3 Felder-Experimente: Hartmann[117] berichtet, daß bereits 1937 Heinrich und Dannert mit einem Kippschwingungssender operierten, der bei schwachen Intensitäten Signalfrequenzen zwischen 1 Hz und 10 Hz aussandte. Experimente mit Mäusen sollen bereits damals bei Verwendung einer Frequenz von 1,8 Hz angeblich spontan Krebs erzeugt oder forciert haben. Derartige Kippschwingungsfelder auf den Menschen angewandt, ergab bei Signalfrequenzen zwischen 1 und 20 Hz die verschiedensten Empfindungen. Signale einer bestimmten Frequenzgruppe verursachten Kopfschmerzen, die einer anderen Herzklopfen, die einer dritten dagegen leichte Sehstörungen (Experimente des Autors ergaben teilweise ähnliche Erfahrungen). Die Untersuchungen wurden durchgeführt, da offenbar damals einige der Rutengänger aufgrund solcher künstlich erzeugter Felder einen Rutenausschlag bekamen und man einen Zusammenhang zwischen diesen niederfrequenten Feldern und den sogenannten geopathogenen Zonen vermutete.
Ferner führte beispielsweise Rocard[329] Experimente mit künstlich erzeugten statischen Magnetfeldern durch. Rutengänger mußten zu diesem Zweck an einem Rahmen der Größe 50 × 100 cm, mit 100 Windungen Draht bewickelt, vorbeigehen. Ein Gleichstrom von einigen mA erzeugte im Zentrum ein Magnetfeld von etwa 0,1 A/m, also einige Millioersted (in Luft mG). Bei einer Geschwindigkeit von 1 bis 1,2 m/sec durchliefen sie damit eine Anomalie von etwa 10 mA/m (einige Zehntel Millioersted beziehungsweise mG in Luft) in 1,5 bis 2 Sekunden. Nach einem entsprechenden Training waren gute Rutengänger in der Lage, 5 oder 6 Experimente mit 30 bis 36 Passagen an der Testspule durchzuführen, wobei sie sich »fast nie« (eine Überarbeitung ausgeschlossen) in der Angabe irrten, ob die Spule stromdurchflossen sei oder nicht, also ein Magnetfeld erzeuge (die hier zitierten Ergebnisse weisen deutlich auf den Mangel zumindest einer kritischen Bewertung und vor allem des Fehlens einer statistischen Auswertung der Versuchsergebnisse hin; auch ist nicht geklärt, unter welchen Umständen ein Irrtum nur durch Überarbeitung entstand). Eine Verstärkung des Ruteneffekts zeigte sich, wenn zwei derartige Rahmen in etwa 3 m Entfernung angeordnet wurden und die Rutengänger Gelegenheit hatten, in einem Durchgang an beiden stromdurchflossenen Rahmen vorbeizugehen.
Parallel hierzu ließ sich feststellen, daß der elektrische Widerstand zwischen den beiden Handflächen offenbar ein gutes Maß für die Eignung einzelner Personen als Rutengänger darstellt. Bei guten Rutengängern soll demnach der Widerstand nur $^1/_3$ oder $^1/_4$ des Wertes betragen, den ungeeignete Personen haben.

Bei eigenen Experimenten wurden ebenfalls Magnetfelder benutzt, um damit die Reaktionsfähigkeit von Wünschelrutengängern zu testen. Ziel der Untersuchungen war dabei weniger, den Nachweis zu erbringen, daß Magnetfelder für den Rutenausschlag verantwortlich seien, sondern es ging vielmehr darum, die »Echtheit« des Rutenausschlags zu überprüfen. Derartige Experimente mit künstlichen Feldern können praktisch nur auf 3 verschiedene Arten durchgeführt werden: Der Rutengänger spürt innerhalb einer vorgegebenen Fläche an einer bestimmten Stelle ein künstliches Feld auf; oder man erzeugt an einer bekannten Stelle wechselweise ein künstliches Feld und läßt den Rutengänger entscheiden, ob das Feld existiert oder nicht; oder man kann an mehreren Stellen Vorrichtungen zur Schaffung künstlicher Felder aufstellen, von denen zum Beispiel nur eine betrieben wird. Der Rutengänger hat dann zu entscheiden, welche dieser Vorrichtungen ein Feld erzeugt. Die beiden letzten Untersuchungsmethoden sind sicher die geeigneteren, da sie vom Rutengänger eine klare Ja-Nein-Entscheidung verlangen. Diese Experimente können dann auch strengsten wissenschaftlichen Maßstäben standhalten, denn:

1. die Experimentsituation ist eindeutig reproduzierbar;

2. die Experimente können auch im Sinne eines doppelten Blindversuches durchgeführt werden. Das heißt, sowohl der Versuchsleiter als auch die jeweilige Testperson wissen nichts über die Lösung der gestellten Aufgabe;

3. der Test ist auch eindeutig und auf relativ einfache Weise statistisch auswertbar.

Der Ablauf des Experiments richtete sich deshalb nach dem von Fadini[313-315] erarbeiteten Richtlinien: Eine richtige Lösung ist aus acht verschiedenen Varianten herauszufinden.
Die Versuchspersonen konnten hierzu jede beliebige Wünschelrute verwenden (siehe Abbildung 128).
Bei einem ersten Test wurde eine einzelne Spule mit 24 Windungen und einem Durchmesser von 0,5 m an einem Holzständer befestigt, so daß die Spulenachse in einer Höhe von

ca. 1,5 m lag. Die Stromzuleitung und auch die Spule selbst waren mit keiner Abschirmung gegen das streuende elektrische Feld versehen. Theoretisch muß somit zumindest in Ansatz gebracht werden, daß durch den in der Spule das Magnetfeld erzeugenden Strom ein elektrisches Feld von schätzungsweise 10^{-6} V/m in einer Entfernung von 0,5 bis 1 m um die Experimentierspule erzeugt wurde.

Der Versuch selbst lief dann folgendermaßen ab: Den Testpersonen wurde Gelegenheit gegeben, sich auf eine bekannte Feld-»Ein«- und Feld-»Aus«-Situation einzustellen. Glaubte eine Testperson, den Unterschied zu erfühlen, so bekam sie danach zur Aufgabe, aus 8 Möglichkeiten, die durch einen Wahlschalter gegeben waren, den einen Fall herauszufinden, bei dem das künstliche Feld eingeschaltet war. Die Trefferchance betrug also 1 : 7. Testpersonen, die bereits bei dem Vortest keine Reaktion auf das künstlich erzeugte Magnetfeld zeigten, schieden unbewertet aus dem Experiment aus.

Die Tests wurden vorläufig in der überwiegenden Zahl nur als einfache Blindversuche durchgeführt, um Erfahrungen zu sammeln. Als Ergebnis zeigte sich: Bei einer Stromstärke durch die Spule von 70 mA und einer Frequenz von 6 Hz (Rechteckstrom), was im Spulenzentrum ein Magnetfeld von $4 \cdot 10^{-6}$ Tesla (0,04 Gauß) ergab, waren bei 30 Versuchen 6 erfolgreich. Unter gleichen Feldbedingungen, jedoch bei einer Frequenz von 200 Hz, verliefen von 15 Versuchen ebenfalls 6 erfolgreich. Eine Sonderstellung nahm ein Einzelversuch ein, der mit einem Feld der Frequenz von 59 Hz bei einer Stromstärke von 30 mA ($1{,}7 \cdot 10^{-6}$ Tesla beziehungsweise 0,017 Gauß im Spulenzentrum) erfolgreich verlief, und dies sogar im doppelten Blindversuch.

Die angegebenen magnetischen Feldstärken beziehen sich auf das Spulenzentrum; sie nehmen mit der Entfernung sehr schnell ab (Abbildung 129). Die Rutengänger gingen axial auf die Spule zu oder seitlich an ihr in einem Abstand von etwa 0,5 m bis 0,75 m vorbei, einem Abstand, in dem die im Spulenkern vorhandene maximale Feldstärke bereits auf weniger als 10 % abgefallen ist. Der Rutenausschlag selbst trat jedoch bei den meisten Personen schon in einer Entfernung von 1 bis teilweise über 2 m vom Spulenzentrum entfernt auf. Das Feld hat dort dann nur mehr eine Stärke, die um mehrere Zehnerpotenzen unter der lag, wie sie zum Beispiel durch das Erdmagnetfeld gegeben ist.

Als experimentiertechnischer Nachteil erwies sich, daß das wiederholte Angehen der Testspule für die Rutengänger ungünstig ist. Bei einer zweiten Versuchsserie mit anderen Testpersonen wurden daher 8 gleichartige Spulen in einer Reihe angeordnet, wobei jede dieser Spulen mit Strom zu beschalten war. So konnten die Rutengänger in einem Zuge an dieser Teststrecke entlanglaufen, was mehr ihrer sonstigen Praxis entsprach. Bei diesem Experiment wurde grundsätzlich nur mit einer Frequenz, nämlich 30 Hz operiert, wohingegen die Stromstärke, das heißt also die Stärke des Magnetfeldes, variabel blieb. Das Ergebnis dieser Testserie (ebenfalls nur als einfache Blindversuche) ist in Tabelle 16 zusammengefaßt. Demnach gelang es den Testpersonen bei 46 Versuchen immerhin in 23 Fällen, die richtige Spule zu ermitteln. Dem gegenüber wäre ein Achtel, also knapp 6 Fälle, rein zufallsbedingt gewesen. Eine statistische Auswertung des Ergebnisses nach Fadini[313-315] zeigt, daß es somit mit 99,9999%iger Sicherheit nicht mehr als Zufall anzusehen ist, wenn es dem ausgewählten Kreis von Versuchspersonen gelang, solche künstlich erzeugte Magnetfelder mit Hilfe einer Wünschelrute zu erkennen. Selbstverständlich ist hier die Einschränkung zu machen, daß bei den Experimenten der Versuchsleiter in den meisten Fällen wußte, welche der Spulen stromdurchflossen war, so daß es sich nur um einen einfachen Blindversuch handelte. Dies dürfte das Testergebnis jedoch nur unwesentlich zumindest hinsichtlich seines Erkenntniswertes schmälern.

Jedenfalls konnte gezeigt werden, daß tatsächlich mit einer derart hohen Wahrscheinlichkeit zu erwarten ist, einen »echten« Rutenausschlag erzeugen zu können; einen Rutenausschlag als Folge eines gegebenen, physikalisch beschreib- und meßbaren Umweltreizes. Ergänzend hierzu sei jedoch nochmals ausdrücklich auf die besonderen Umstände im Zusammenhang mit diesem Experiment hingewiesen: Zu derartigen Aussagen war offensichtlich nur eine begrenzte Anzahl von Personen in der Lage, die es erst herauszufinden galt, und nur mit diesen wurde das eigentliche Hauptexperiment durchgeführt. Aus dem Versuchsergebnis können somit keine allgemeinen Rückschlüsse gezogen werden. Deshalb besagt es für diese Gruppe der Rutengänger oder gar für alle keinesfalls, daß sie mit einer derart hohen Trefferwahrscheinlichkeit die Wünschelrute handhaben können, und es gibt keine Auskunft über die generelle Eignung von Personen zum Wünschelrutengehen. Aus dem Versuchsergebnis läßt sich einzig schließen, aber dies mit einer Sicherheit von 99,9999%, daß zumindest das Phänomen Wünschelrutenausschlag als solches tatsächlich existiert.

Gerade dieses Versuchsergebnis, erhärtet und bestärkt durch die eingangs geschilderten Experimente längs Teststrecken ohne jede sonstige künstliche Beeinflussung von Probanden, läßt es gerechtfertigt erscheinen, auch über Ursache und Konsequenzen dieses Phänomens im Rahmen der klassischen Naturwissenschaften sich weitere Gedanken zu machen.

5.2.4 Die Wünschelrute: Aufgrund der Größe und der Form der Wünschelrute ist es sicher nicht abwegig, dieses Gebilde als eine Art abgestimmte Hochfrequenzantenne zu betrachten. Nach eingehenden Untersuchungen stellte sich Schneider[330] unter Weiterführung der Vorstellungen von Wüst und Wimmer[604] auf den Standpunkt, daß sich die von einem Rutengänger gehaltene Wünschelrute wie ein elektromagnetischer Strahler vom Dipol-Typus durch hochfrequente Energie anregen lassen müßte. Die Eigenschaften der Wünschelrute als Strahler oder Resonator sind mit guter Genauigkeit zu beschreiben, wenn man sie als V-Dipol auffaßt, unter Berücksichtigung des in der Hochfrequenztechnik üblichen Verkürzungsfaktors. Experi-

mente mit künstlich erzeugten Hochfrequenzfeldern zeigen vielversprechende Ansätze in Richtung einer Reaktion des Rutengängers auf derartige Energien. In diesem Zusammenhang wurde auch eine unter dem Gesichtspunkt der Hochfrequenztechnik entwickelte Rute verwendet, die aufgrund ihrer Formgebung eine Wirkungsweise haben müßte, die der einer »Lecherleitung« entspricht (siehe Abbildung 128). Die Lecherleitung arbeitet aufgrund der im System reflektierten elektromagnetischen Energien wie eine Art Resonator. Die Experimente von Schneider[330] mit Rutengängern zeigen nun ein selektives Ansprechen der Rutengänger auf bestimmte Frequenzen. Genauere Untersuchungen müssen jedoch noch klären, ob dies mit frequenzabhängigen Reflexionen der Hochfrequenzenergie zusammenhängt, die vor allem durch die geometrischen Gegebenheiten des Versuchsraums bedingt sind, oder ob tatsächlich die Resonanzabstimmung der Lecherleitung diesen Effekt erzeugt. Vorläufige Messungen der hochfrequenztechnischen Eigenschaften einer solchen Rute führten jedenfalls noch zu keiner eindeutigen Klärung dieser Frage. Es ergaben sich echte Resonanzüberhöhungen bei etwa 570 MHz, 1,2 GHz und 1,8 GHz für eine ganz bestimmte Ausführungsart. Dabei waren die Resonanzeigenschaften des Gebildes durch das In-der-Hand-Halten nicht völlig eliminiert, aber stark verschlechtert (nur noch ca. 10 db Resonanz-Überhöhung). Somit erscheint es fragwürdig, ob diese relativ geringen selektiven Eigenschaften einer derartigen Rute ausreichen, um frequenzabhängige Effekte damit verbinden zu können.
Die Bedeutung von Hochfrequenzenergie für das Wünschelrutenphänomen bestätigen fürs erste auch einige spezielle Vorversuche, die mit Hilfe eines Meßsenders bei der Frequenz von etwa 1,6 GHz durchgeführt wurden. Bei dieser Frequenz zeigten einige Rutengänger wiederum eine Art resonanzabhängiges Reaktionsverhalten. Wurde nun das Signal über eine Bandbreite von etwa 150 MHz entsprechend langsam gewobbelt (zum Beispiel ein alle 2 Sekunden wiederholtes Durchlaufen des angegebenen Frequenzbereiches des Sendesignals), so hatten die Rutengänger synchron zur Wobbelfrequenz im gleichen Rhythmus (also alle 2 Sekunden) einen Rutenausschlag.

Unabhängig davon ist aufgrund der bisher vorliegenden Erfahrungen zum Wirkungsmechanismus der Wünschelrute festzustellen: Die Rute kann, gleichgültig ob aus Metall oder einem Isolierstoff, im Hochfrequenzbereich als eine Art selektive (Dipol-)Antenne angesehen werden und somit dem Rutengänger die aufgenommene Energie zwar auf irgend eine Weise zuführen und so den Rutenausschlag verursachen. Gerade die Experimente mit niederfrequenten Feldern zeigen aber, daß dies nicht die einzige Möglichkeit ist. Wenn hier sowohl mit Metall- als auch mit Plastikruten erfolgreiche Experimente vorliegen, so ist im Zusammenhang mit solchen elektrischen und magnetischen Feldern das Rutenphänomen nicht mehr einzig mit der Hochfrequenz-Antennenwirkung der Rute selbst zu erklären. Hier muß ganz offensichtlich der Mensch selbst der »Empfänger« sein; die Rute bringt demnach wegen der besonders labilen Ausgangslage in der Hand des Rutengängers dessen geringste Reaktion nur nach außen deutlich sichtbar (im Sinne eines Verstärkungsvorgangs) zum Ausdruck.
Zu Recht wird darum auf die Unterstützung der »mentalen Einstellung« hingewiesen, die durch das bewußte Einjustieren der Lecherleitung-Rute auf eine bestimmte Frequenz erfolgt. Statt sich beispielsweise auf das Auffinden von Wasser zu konzentrieren, ist es jetzt eine vom Wasser ausgehende Strahlung einer bestimmten Frequenz, die eingestellt zu haben den Rutengänger »vorprogrammiert«. Darüber hinaus fehlt bisher immer noch der meßtechnische Nachweis über die ortsabhängige Existenz derartiger frequenzspezifischer Mikrowellen-Strahlung einer hinreichenden Stärke an den zu erwartenden Stellen.

Faßt man alle mit elektromagnetischen Energien vorliegenden Erfahrungen im Zusammenhang mit dem Rutenausschlag zusammen, so schält sich immer deutlicher eine statistisch interpretierbare Beeinflussungsmöglichkeit von Wünschelrutengängern durch elektromagnetische Energien aller technisch erfaßbarer Frequenzen heraus.
Demnach sollte es für jeden Bereich der gesamten Frequenzskala möglich sein, zumindest eine bestimmte begrenzte Anzahl von Rutengängern zu finden, die auf derartige Energieformen mit einem Rutenausschlag reagieren. Darüber hinaus führen diese Erfahrungen aber auch zu folgender Schlußfolgerung hin. Geht man davon aus, mittels elektromagnetischer Energieformen das Wünschelrutenphänomen zu erklären, so kann es sich hier keinesfalls um das Phänomen einer elektromagnetischen Strahlung eines einzigen bestimmten Frequenzbereichs handeln (zum Beispiel des Mikrowellenbereiches) oder gar einer bestimmten Frequenz. Die Vielfalt der beobachtbaren Reaktionen im Zusammenhang mit den unterschiedlichsten Frequenzen läßt vielmehr die Möglichkeit einer generellen Empfindlichkeit der Rutengänger auf elektromagnetische Energie erwarten, wie sie in entsprechender Vielfalt auch schon immer in der Natur vorhanden war beziehungsweise ist.
Darüberhinaus erscheint es aber dann auch konsequenterweise müßig, nach den sogenannten Erdstrahlen zu suchen und zu forschen, die in Form einer einzigen, ganz bestimmten Strahlungsart für das Wünschelrutenphänomen verantwortlich sein könnten. Die bezüglich ihrer physikalischen Eigenschaften sehr divergierenden verschiedenen charakteristischen elektromagnetischen Energieformen insgesamt, sowie der Feldgradient der Strahlung – also deren räumliche Veränderung bezüglich der Stärke und ihre räumliche Orientierung – und womöglich auch noch deren Modulation weisen auf extrem komplexe Zusammenhänge und Möglichkeiten hin. Diese müßten demnach einzeln oder im Zusammenspiel zumindest ein wesentliches Agens für den Ausschlag einer Wünschelrute in der Hand des Rutengängers sein.
Unabhängig hiervon lassen derartige Überlegungen selbstverständlich nicht den Schluß zu, daß es darüber hinaus zusätzlich

keine anderen Arten von »Strahlungen« noch geben könnte, die hier in Frage kämen. Ihre Existenz würde obige These gegen die »Erdstrahlen« und für eine Komplexität des Phänomens jedoch nur erhärten.

Bei der derzeitigen Einschätzung der Sachlage müßten solche Strahlungen dann aber vermutlich den Parawissenschaften zugeordnet werden. Dies gilt insbesondere für den Bereich der Radiästhesie, der mit dem Begriff »Fernmutung« beschrieben wird. Hier gibt der Wünschelrutengänger Informationen für räumliche Bereiche ab, die mehr oder weniger weit von seinem Standort entfernt sind (10 m, 100 m oder gar viele Kilometer). Unter solchen Voraussetzungen kann nicht mehr von einer unmittelbaren Wechselwirkung zwischen einer physikalischen Strahlung und dem menschlichen Körper ausgegangen werden. Auf derartige, außerhalb des physikalischen Bereiches klassischer Art liegende Phänomene soll hier jedoch nicht eingegangen werden.

5.2.5 Der Rutenausschlag als Einzelphänomen: Im Rahmen der generellen Diskussion der Realität des Rutenausschlages sind schließlich auch Phänomene anzusprechen, die nur mit einzelnen Rutengängern zu tun haben. Solche Einzelaussagen liegen meistens im Zusammenhang mit der Wassersuche vor. Der gerufene Wünschelrutengänger bezeichnet eine Stelle, an der seiner Meinung nach Wasser zu finden sein soll. Es gibt viele Informationen über das solcherart erfolgreiche Aufsuchen von Wasser, in den meisten Fällen können daraus jedoch keine konkreten Rückschlüsse auf die eigentlichen Zusammenhänge gezogen oder gar allgemeine Erkenntnisse abgeleitet werden.

Im Gegensatz zu den einleitend angesprochenen Experimenten, wo beabsichtigt war, anhand einer von vielen Rutengängern durchlaufenen Teststrecke oder mit vielen Rutengängern durchgeführte Experimente generell gültige, statistisch fundierte Informationen zu erhalten und Ergebnisse zu gewinnen, liegen aber auch zumindest in einigen Einzelfällen Unterlagen vor, demnach mit keiner vernünftigen Argumentation mehr die erfolgreiche und gezielte Arbeit eines Wünschelrutengängers zu bestreiten ist. Hier sind fürs erste zumindest keine trivialen Ursachen mehr für den Ausschlag einer Wünschelrute zu erkennen.

Gemeint ist damit zum Beispiel der authentische Fall, wo der Architekt wegen einer verstopften Abwasserleitung vom Hausherrn beauftragt wurde, einen Wünschelrutengänger zu besorgen, um die schadhafte Abwasserleitung im Garten zu suchen, da keine Pläne über die Rohrverlegung mehr existierten und auch niemand sonst Bescheid wußte und erkennen konnte, wo die Rohre verlegt waren. Die gerufene Wünschelrutengängerin fand neben verschiedenen Elektrokabeln nicht nur das Abwasserrohr, sie gab auch genau die Stelle an, wo es verstopft war.

Genauso erstaunlich sind Berichte, die mit der unmittelbaren Suche nach Quellwasser zusammenhängen. Einen klassischen Fall, der auch aktenmäßig durch Dokumente voll abgedeckt ist, stellt in dieser Hinsicht das Auffinden der Benediktus-Heilquelle im Kurpark des Städtchens Tegernsee im Süden von München dar. In den ersten Jahren nach dem letzten Krieg fand hier Herr Kittemann mit Assistenz seiner Tochter Emmy mit der Wünschelrute im Kurpark von Tegernsee eine Stelle, für die die beiden Rutengänger in etwa 200 m Tiefe nicht nur Wasser, sondern sogar eine Heilquelle prognostizierten. Wasser wäre im Bereich von Tegernsee völlig uninteressant gewesen, da es dort überall hinreichend zur Verfügung steht. Trotz einer von der Stadtverwaltung Tegernsee eingeholten geologischen Begutachtung, die eine solche Möglichkeit ausschloß, wurde mit Privatmitteln an der angegebenen Stelle eine Bohrung ermöglicht, die letztendlich alle Vorhersagen des Rutengängers Kittemann bestätigte.

Hier schied zweifellos jede Art äußerer Orientierungshilfe absolut sicher aus. Gerade ein derartiges Phänomen stellt für die Naturwissenschaft eine besondere Herausforderung dar, hier die möglichen physikalischen Hintergründe zu erforschen, die für eine solche Leistung die Ursache gewesen sein könnten. Es sind dabei jedoch sicher alle betroffenen Fachdisziplinen überfordert, auf Anhieb vernünftige, eine akzeptable Erklärung für dieses Phänomen darstellende Hypothesen zu offerieren.

Es stellt sich die Frage: Welche Strahlungsform oder welche geophysikalischen Zusammenhänge ermöglichen eine theoretische Verbindung zu knüpfen zwischen einer rund 200 m tiefen Wasserführung und dem, was der Rutengänger als »Reizstreifen« bezeichnet? Es kann wohl kaum verwundern, wenn als letzter Ausweg erklärungsmäßig Anleihen beim Hellsehen gemacht werden.

Bei derartigen Fällen ist womöglich davon auszugehen, daß gewisse Grenzbereiche erreicht, wenn nicht gar überschritten wurden. Grenzbereiche für Phänomene, die zwar immer noch mittels bestimmter vager physikalischer Theorien mit einem gewissen hypothetischen Background versehen werden können, wo aber sicher die medizinisch-theoretische Seite in dieser Hinsicht völlig überfordert ist. Im klassischen medizinischen Schulwissen gibt es derzeit keine physiologisch fundierten Erklärungen für die Möglichkeit biologischer Reaktionen im Zusammenhang mit dem Einwirken derart schwacher äußerer Energien, wie sie wenigstens seitens der Physik, insbesondere in Verbindung mit informationstheoretischen Argumenten, als einzige Aufhänger gegebenenfalls zur Diskussion zu stellen wären. Dies sollte aber noch lange kein Grund sein, nur deswegen die hier angesprochenen Phänomene ad absurdum zu führen. Der Mangel an einer theoretischen Erklärung reicht nicht aus, um ein sauber untersuchtes Phänomen nur damit alleine als irrelevant hinzustellen und dies insbesondere dann, wenn hierauf nur eine von mehreren anzusprechenden Fachdisziplinen betroffen ist.

5.2.6 Schachtelversuch: Als ein weiteres typisches Beispiel und einen deutlichen Schritt in den Grenzbereich Naturwissenschaft-Parawissenschaft hinein können die sogenannten Schachtelversuche angesprochen werden. Bereits vor vielen Jahrzehnten wurden Experimente mit Wünschelrutengängern durchgeführt, die angaben, aus mehreren Schachteln diejenige herauszufinden, die einen bestimmten Gegenstand beinhalte (zum Beispiel ein Stück Eisen oder Kupfer, eine Goldmünze oder ähnliches), einfach aufgrund der von dieser speziellen Schachtel ausgehenden »Strahlung«. Da die geschilderten Experimente jedoch nicht, wie von den Rutengängern immer wieder angekündigt, erfolgreich verliefen, werden sie oft als Gegenbeweis schlechthin für das Wünschelrutenphänomen zitiert. Ein Studium der hier angesprochenen Literatur zeigt aber auch hier wieder einmal mehr, daß die bei solchen Experimenten unumgänglich nötige Einbeziehung statistischer Betrachtungsweisen nicht erfolgt war.

Um im Zusammenhang mit diesen Experimenten weitere Erkenntnisse zu erhalten, wurden sie entsprechend kontrolliert und wohlüberlegt nachvollzogen. Im Rahmen einer sich über ein Jahr erstreckenden Testserie*) dieser Art, ergaben sich bei rund 130 Einzelexperimenten mit einer speziell ausgesuchten und hierfür offenbar besonders geeigneten Testperson tatsächlich statistisch überzufällige Trefferzahlen, die mit einer Zufallswahrscheinlichkeit von 10^{-7} abzusichern waren (siehe hierzu auch die Abbildungen 130 und 131). Dies bedeutet, daß von der Fähigkeit bestimmter, einzelner Personen auszugehen ist, hier statistisch überzufällig richtige Angaben machen zu können – aber auch nicht mehr.

Um eine Stufe gesteigert wird die Problematik, wenn es gilt, zusätzlich zum Beispiel noch ein Stück Eisen von einem Stück Aluminium zu unterscheiden. Der Schritt hinüber zum Hellsehen wäre sicher getan, falls letztlich solcherart Schachtelversuche über eine gewisse Entfernung von wenigstens einigen Metern oder gar noch größere Abstände hinweg durchgeführt würden.

5.3 Energieniveau

Im Zusammenhang mit einer naturwissenschaftlichen Deutung des Rutenausschlags, ausgelöst durch extrem schwache elektromagnetische Umweltreize, erfolgt sowohl seitens der Mediziner wie auch der Physiker immer wieder der Einwand, daß es – und hier insbesondere gerade bei niederfrequenten elektromagnetischen Feldern – um ein Energieniveau gehe, für dessen Wirksamkeit derzeit sogar jede hypothetische Grundlage fehle. Dem ist unter einem reinen energiebezüglichen Aspekt nicht zu widersprechen. Aber es wird dabei völlig die informationstheoretische Seite des Problems übergangen beziehungsweise vergessen. Nicht nur durch die Existenz von Energie kann ein biologischer Effekt ausgelöst werden, auch durch die Übermittlung einer entsprechenden, energiearmen Information ist dies möglich. Zum allgemeinen Verständnis sei dies mittels zweier für obige Berufsgruppen speziell relevanter Beispiele veranschaulicht.

Technik. Die moderne Transistortechnik bietet mit speziellen Typen (zum Beispiel FET-Typen) die Möglichkeit, mittels geringer Ströme beziehungsweise geringster Mengen von Veränderungen einer elektrischen Ladung energetische Effekte auszulösen, die wenigstens um den Faktor 10^{12} bis 10^{15} stärker sind.

Biologie. Ein Turnierpferd, das durch einen Reiter über ein Hindernis gelenkt wird (Abbildung 132), nimmt mit seinen Augen mittels Lichtphotonen die Information der gegebenen Situation auf. Dies erfordert energiemäßig nur einen extrem geringen Beitrag, der für die Arbeit des Sprungvorgangs als auslösendes und steuerndes Element im Sinne einer Information ausreicht, etwa eine Tonne Lebendmasse über ein knapp 2 m hohes Hindernis hinwegzubefördern. Auch hier ist energetisch gesehen ein Effekt-Unterschied vorhanden, der wenigstens mit dem Faktor 10^{15} angesetzt werden muß.

5.4 Biologische Effekte

Die Rutengänger geben ziemlich einheitlich an, daß spezielle sogenannte Reizstreifen auf der Erdoberfläche auch netzartig verlaufen (Global-Gitternetz nach Hartmann, Curry-Netz, Wittmann-Gitter). Der Abstand der einzelnen Parallelstreifen liege zumeist in der Größenordnung von etwa 2 m. Die Kreuzungsstellen dieser Streifen sollen für sich dort längere Zeit aufhaltende Personen (Schlafplatz) besonders dann schädlich sein, wenn sie örtlich mit sogenannten Wasseradern zusammenfallen. Hartmann[117] berichtet über zahlreiche, erstaunliche Heilerfolge – insbesondere bei chronischen Fällen –, die er allein durch geringfügiges Verschieben (von diesen Streifen weg) der Betten von Kranken erzielt haben will.

Durch viele Untersuchungen wurde versucht, die Auswirkung der sogenannten geopathogenen Stellen auf den Menschen oder sonstige Organismen nachzuweisen. Zum Beispiel verändert sich die Infrarotemission des Menschen, je nachdem ob er sich auf einer oder neben einer solchen kritischen Stelle befindet. Petschke[306, 307] wies durch zahlreiche Experimente eine Beziehung zwischen der Blutkörperchensenkung und derartigen geopathogenen Stellen nach. Er suchte sich drei nur wenige Meter voneinander entfernte Stellen aus, eine neutrale, eine auf einem einfachen Reizstreifen und eine auf einer Kreuzung solcher Streifen. Bei insgesamt 62 Versuchsreihen über mindestens 8 Stunden Dauer wurden die bei jeder Reihe ermittelten 72 Stunden-Resultate auf 24 Mittelwerte umgerechnet, so daß einschließlich der Halbstundenwerte immerhin mehr als 5000 Ablesungsergebnisse zur Beurteilung kamen. Es ergab sich:

*) In Zusammenarbeit mit Prof. Dr. H. D. Betz, Ludwig-Maximilian-Universität München

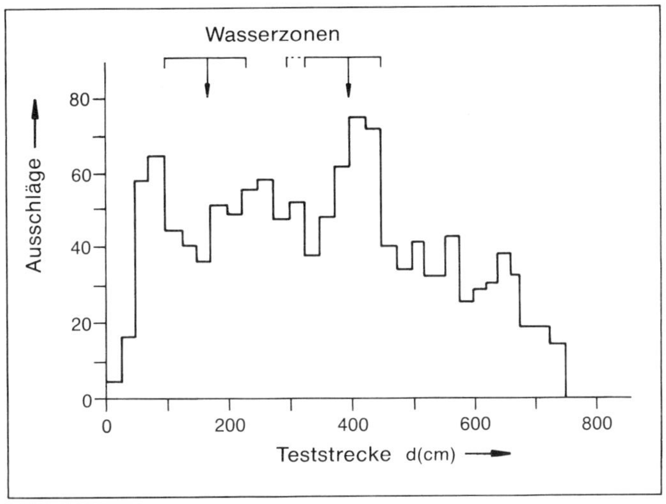

127 Verteilung von Ausschlägen der Wünschelrute längs einer 700 cm langen Teststrecke. Getestet wurden 217 Personen mit völlig unterschiedlichen Erfahrungen. Es erfolgte eine Bewertung der Ausschläge, um die im einzelnen gegebenen zusätzlichen Interpretationen der Rutengänger zu ihren Ausschlägen in einer gemeinsamen Statistik darstellen zu können. Gemäß den Angaben von »Experten« soll in den Bereichen 110–230 cm und 315(350)–450 cm jeweils eine »Wasserader« vorhanden sein.

126 Wünschelrutengänger beim Abschreiten einer Teststrecke. Anhand des auf dem Boden liegenden Maßbandes wird die Stelle des Rutenausschlags festgehalten. Erst mit Hilfe einer hinreichend großen Anzahl von Testpersonen läßt sich eine aussagekräftige Verteilungsstatistik erstellen. Hier eine 20 m lange Teststrecke in einem Verbindungsgang zwischen zwei Gebäuden. Im darunterliegenden Kellergang war quer zur Laufrichtung des Rutengängers ein künstliches Gerinne mit fließendem Wasser mittels einer besonderen Vorrichtung so installiert, daß die Wasserführung variabel an jeder Stelle des Gangs in Betrieb genommen werden konnte. Die Vorteile einer solchen Vorrichtung liegen auf der Hand. Vor allem konnte damit jede Art Orientierungshilfe ausgeschlossen werden und es waren mit einer Testperson ganze Versuchsserien möglich.

1. Die Senkungsgeschwindigkeit der über einfachen Reizstreifen sowie der Reizstreifenkreuzung sich befindenden Blutsenkungsreaktionsgruppen war gegenüber derjenigen auf neutralem Boden verändert. Die Abweichungen der beiden veränderten Gruppen hatten einen parallelen Verlauf, was gegen Zufälligkeit spricht.
2. Die Beeinflussung der Blutsenkungsreaktion über Reizzonen und Kreuzungen hat nicht immer eine beschleunigende, sondern häufig auch eine hemmende Tendenz.

Über ähnliche Versuche berichtet Hartmann[117]. Er befestigte an einer Latte im Abstand von 6 cm Blutsenkungsröhrchen und brachte diese Anordnung quer über der Schlafstelle einer Wohnung an, wo bereits zwei Generationen an einer gleichartigen Krebserkrankung gestorben waren. Die Stelle über dem Boden, die dem erkrankten Organ der betreffenden Personen im Bett zuzuordnen war, gaben Rutengänger als geopathogen an. Von den Blutsenkungsröhrchen befand sich nun ein Teil über dieser kritischen Stelle, während die größere Anzahl außerhalb lag. Derartige Untersuchungen, häufig unternommen, zeigten bei den Blutsenkungsröhrchen über der geopathogenen Stelle einen auffallend anomalen Vorgang beim Ablauf der Blutsenkung. Solche reproduzierbare Abweichungen, die vom Ort des Experiments abhingen, ergaben sich auch bei Keimversuchen mit Gurken, Bohnen, Erbsen, Radieschen, Mais usw., wobei die Keimung an solchen Stellen zum Teil ausfiel. Bei den Blutsenkungsexperimenten berichten alle Beobachter ähnlicher experimenteller Vorgänge von einer Variation im Ablauf der Blutsenkung, die offenbar mit dem Wetter zusätzlich in Verbindung zu stehen scheint.

128 Verschiedene Arten von Wünschelruten: Horizontalrute aus Plastikmaterial, Vertikalrute und eine Spezialrute aus Messing, die nach dem Prinzip einer »Lecher-Leitung« konstruiert ist, um damit die Bedeutung von Hochfrequenzfeldern im Zusammenhang mit dem Wünschelrutenphänomen zu erforschen (von links).

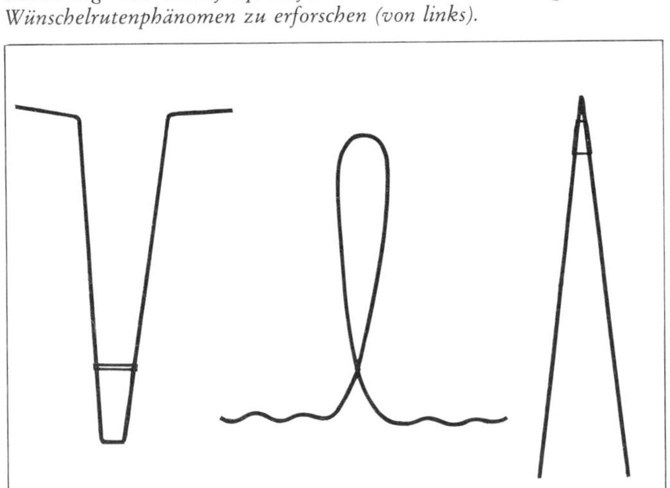

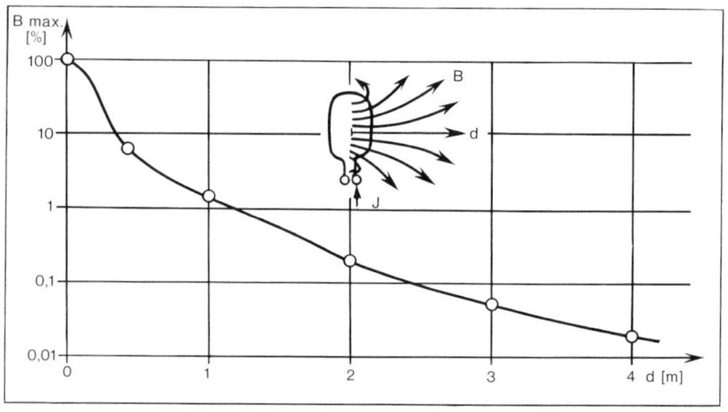

129 Prozentuale Abnahme des maximalen Wertes des Magnetfeldes B_{max}, wie es im Spulenzentrum auftritt, erzeugt mit Hilfe einer idealisierten Spule von 0,5 m Durchmesser, als Funktion der axialen Entfernung d in Metern vom Spulenmittelpunkt.

Künstliches Feld Unveränderte Frequenz, f = 30 Hz			Erkennen der felderzeugenden Spule (Anzahl der Fälle bzw. Tests)			
(mA), Rechteck	Induktion (in 10^{-7} Tesla = mG) im Spulenkern	1 m achsialer Abstand	richtig	falsch	keine Aussage	Test insges.
80	263	1,1	7	n.b.	n.b.	
32	105	0,46	2	n.b.	n.b.	
25	84,2	0,37	11	n.b.	n.b.	
16	52,6	0,22	1	n.b.	n.b.	
4,8	15,8	0,07	2	n.b.	n.b.	
		Insgesamt:	23	16	7	46

Tabelle 16 Versuchsergebnis einer Testserie, bei der ausgewählte Versuchspersonen (Rutengänger) aus 8 gleichen Spulen diejenige herausfinden sollten, die als einzige stromdurchflossen war, also ein Magnetfeld erzeugte. Bei insgesamt 46 durchgeführten Tests konnten in 23 Fällen die Probanden die Spule richtig ausmachen, 16mal wurde eine falsche und 7mal keine Aussage gemacht.

Abbildung 130 Experimente mit einer ganz speziell ausgewählten Person zeigten im Zusammenhang mit sogenannten Schachtelversuchen, daß mit Hilfe der Wünschelrute hochsignifikante Ergebnisse erzielt werden können (siehe hierzu Abbildung 131). Hier galt es zum Beispiel eine 10 cm im Durchmesser große Kupferscheibe der Stärke von 3 mm aufzuspüren, die unter einer von drei gleichen Pappschachteln verborgen war.

Abbildung 131 Zum Ablauf des Experiments: Im Verlauf von 11 Sitzungen wurden über 130 Einzeltests durchgeführt. Die zu errechnende Wahrscheinlichkeit P(a), daß das richtige Herausfinden der unter einer der drei Schachteln verborgenen Kupferscheibe rein zufällig geschah, nahm mit fortschreitender Anzahl N der Einzelversuche ab.

Bereits nach 50 Einzelversuchen hatte P(a) eine Art Endwert von etwa 10^{-6}–10^{-7} erreicht, um den sie im Verlauf der weiteren Experimente nur mehr schwankte. Dieser Wert dürfte persönlichkeitsspezifisch gerade für diese eine Versuchsperson charakteristisch sein. Er ermöglicht keine Rückschlüsse auf andere Personen oder Experimente.

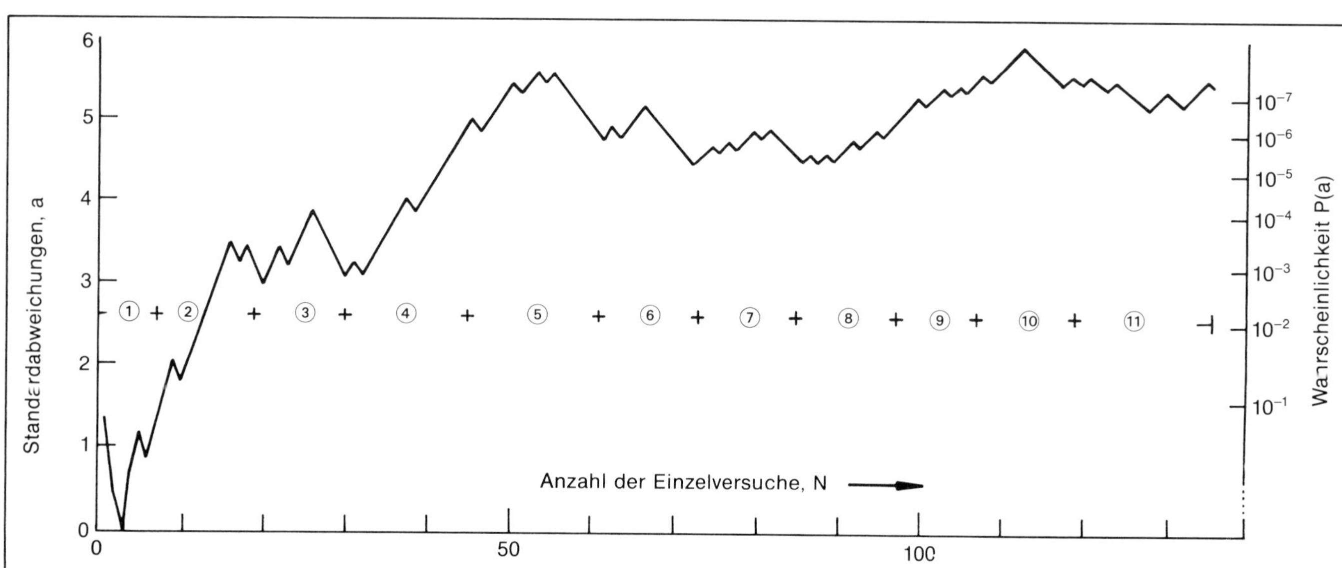

132 Nicht nur die Energie als solche, sondern auch ihr Informationsgehalt ist für eine biologische Reaktion entscheidend: Ein Turnierpferd springt über ein Hindernis. Die extrem geringe Energie der durch das Auge des Pferdes aufgenommenen Lichtphotonen und deren Informationsgehalt reichen aus, um etwa eine Tonne Lebendmasse über ein knapp 2 m hohes Hindernis hinwegzubefördern. Energetisch ist hier zwischen Ursache und Effekt ein Unterschied in der Größenordnung eines Faktors von 10^{15}–10^{18} anzusetzen.

Sollte es bestimmte Stellen geben, die sich bezüglich ihrer ionisierenden Strahlungen von ihrer unmittelbaren Umgebung merkbar unterscheiden, so dürfte dies für betroffene Schlafstellen sicher von erheblicher Bedeutung sein. Zum Nachweis der biologischen Wirkung derartiger Strahlung entwickelte Scheller[308] ein Testverfahren. Ortsabhängige Untersuchungen von Blut zeigten, daß sich an den Punkten mit erhöhter Einstrahlung im normalen Blut allmählich Körnchen, Kügelchen, Bläschen, Fäden, also die verschiedensten Partikel bildeten, die vorher nicht zu finden waren. Derartige Veränderungen können mit dem sogenannten Scheller-Test in den Erythrozyten nachgewiesen werden. Es gelingt hier Ultrastrukturen vom Typ der Mitochondrien im Dunkelfeld darzustellen. Dieses Untersuchungsverfahren könnte beweisen, daß Strahleneinwirkung im Blut einen sichtbaren, gesicherten biologischen Effekt im strahlenempfindlichsten Organ, in den Erythrozyten, hat.

Gemäß Scheller[308] wirkt somit ionisierende Strahlung auf die Erythrozyten ein und verändert sie, entgegen bisherigem Wissen, bis Krebs entstehen kann. Sollte sich dies bestätigen, würde das ein Hinweis auf Krebsgefährdung durch pathogene Stellen sein. Messungen bestärken zwar diese Vermutung, denn es lassen sich für diese Stellen besondere Verhältnisse für die ionisierende Strahlung nachweisen (zumindest bei einer bestimmten Art geopatogener Zonen). Andererseits scheint aber eine Verallgemeinerung dieser Hypothese auch nicht vertretbar. Einen weiteren Hinweis auf die besonderen biologischen Eigenschaften sogenannter geopathogener Stellen lieferte Hartmann[309] mit Hilfe von Reaktionszeitmessungen. Diese wurden an zwei etwa 1,20 m voneinander entfernten Stellen durchgeführt und ergaben an der »kritischen Stelle« für die Testpersonen eine um 1% bis 10% längere Reaktionszeit als bei Vergleichsmessungen auf einem »ungestörten« Platz (eine statistische Auswertung hierzu fehlt).

Das Problem der möglichen Wirkung geophysikalischer Faktoren auf biologische Reaktionen im Sinne der Geobiologie wird auch von anderen Stellen bearbeitet. So berichten Bortels et al.[310] über die Untersuchung der Intensität sowohl der aeroben Atmung als auch der anaeroben Gärung von Saccharomyces-Hefe unter sogenannten »konstanten« Versuchsbedingungen. Hierbei variierten die biologischen Meßgrößen zeitlich und örtlich. Mehrere jeweils parallele Versuche fanden in dem dünnwandigen Dachraum und in dem Kellerraum eines sehr massiven Gebäudes unter sonst identischen Bedingungen statt.

Relative Maxima beziehungsweise Minima der Hefeatmung koinzidierten mit starkem Druckanstieg beziehungsweise fallendem Luftdruck. Diese Ergebnisse waren für beide Versuchsorte qualitativ gleich. Die durchschnittliche Intensität der Atmung war im Kellerraum dagegen kleiner als die gleichzeitig gemessene im Dachraum.

Relative Maxima der Gährungsintensität im Dachraum koinzidierten im Mittel mit Luftdruckminima nach einem direkt vorhergehenden starken Luftdruckfall, das heißt, mit der Lage im Warmsektor einer Zyklone (Tief), relative Minima mit Luftdruckmaxima nach einem direkt vorhergehenden starken Druckanstieg, das heißt, mit der Lage im Bereich einer Antizyklone (Hoch). Im Kellerraum waren diese korrelativen Beziehungen jedoch invers, sie verliefen also entgegengesetzt.

Gerade die Untersuchung ortsabhängiger Effekte, wie sie innerhalb kleinster Flächen von etwa 20 × 20 cm möglich sind, erbrachte interessante Ergebnisse. So wurden auf einem »Kreuzungspunkt« (geopathogene Stelle), auf einem sogenannten neutralen Punkt (nur ca. 0,5 m daneben) und in einem Faraday-Käfig an einer anderen Stelle je 4 Mäuse (3 Weibchen und 1 Männchen) in einem bestimmten Raum zu Versuchszwecken in Käfigen gehalten. Innerhalb von 6 Monaten brachten nach Hartmann[311] die 3 Mäuse des Käfigs über dem »neutralen Punkt« 124 Junge, die im Faraday-

Käfig 118 und die auf der »kritischen Stelle« dagegen nur 56 zur Welt. Die Mäuse auf der »Kreuzung« waren immer unruhig, plusterten sich auf und fraßen bei zunehmender Versuchsdauer ständig ihre Jungen auf. Auch sonst war ihr Verhalten offensichtlich erheblich von dem der Vergleichstiere verschieden.

Um die Möglichkeit von standortabhängigen biologischen Effekten weiter zu objektivieren, machte Hartmann[312] an der gleichen Stelle auch Experimente mit Ratten, wobei er von folgender Fragestellung ausging:

1. Weisen Ratten, geimpft mit Yoshida-Tumor Subcutan, auf bestimmten (geopathogene) Stellen gegenüber der näheren (»ungestörten«) Umgebung ein unterschiedliches Tumor-Wachstum auf?
2. Übt der Aufenthalt in einem Faraday-Käfig und der damit verbundene Abschirmeffekt auf tumorgeimpfte Ratten irgend einen Einfluß aus?

133 Tumorwachstum bei Ratten unter ortsabhängigen Bedingungen. 1) Wachstum auf einer »Kreuzung« (Ca.-Punkt); 2) Wachstum auf einer »neutralen Stelle« (etwa 1 m von der »Kreuzung« entfernt); 3) Vergleichsweises Wachstum in einem Faraday-Käfig, in dem die Tiere zusätzlich mit ELF-modulierter Hochfrequenzenergie bestrahlt wurden, nach Hartmann.

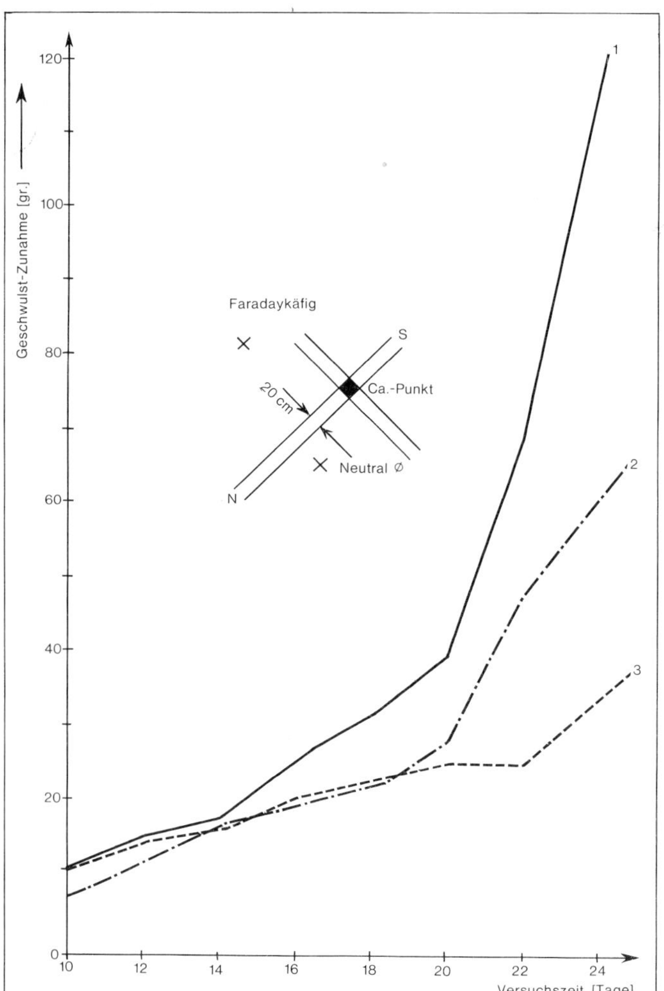

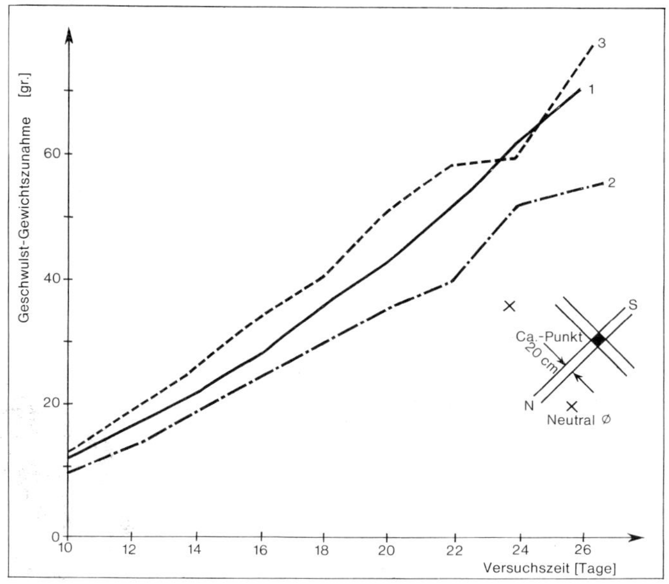

134 Tumorwachstum bei Ratten unter ortsabhängigen Bedingungen. 1) und 2) unter den gleichen Bedingungen wie bei Abbildung 133; 3) zeigt vergleichsweise den Wachstumsverlauf unter reinen Faraday-Bedingungen, nach Hartmann.

3. Beeinflußt eine niederfrequent modulierte Hochfrequenzstrahlung das Tumorwachstum?

In 12 Versuchsreihen – eine Versuchsreihe dauerte 3 bis 4 Wochen – wurden 132 Tiere getestet. Bei den ersten 4 Versuchsreihen waren je 3 Tiere in 3 Käfigen untergebracht; ein Käfig stand dabei auf dem »kritischen« Platz, die beiden anderen Käfige waren ca. 1 m bis 1,30 m entfernt aufgestellt. Bei den ersten 4 Versuchsreihen wurden die Ratten im Faraday-Käfig für je zweimal 15 Minuten mit einer 21 cm-Hochfrequenzstrahlung, die mit 1,75 Hz moduliert war, behandelt. Die Leistungsdichte lag in der Größenordnung von 1 mW/cm². Die Bestrahlung erfolgte bei jedem Versuch sofort nach der Impfung.

Bei einer zweiten Versuchsreihe wurde zusätzlich ein vierter Käfig eingesetzt, der während der 8 Einzelversuchsreihen etwa 30 cm neben einem der beiden anderen, abseits stehenden Käfige dazu diente zu kontrollieren, ob die Tiere auch über relativ kleine Entfernungen hinweg noch Unterschiede im Tumorwachstum aufweisen würden. Dies war nicht der Fall, so daß diese Unterscheidung entfallen konnte. Im Gegensatz zur ersten Versuchsreihe erfolgte bei den im Faraday-Käfig untergebrachten Ratten nach deren Impfung keine Behandlung mehr.

Bei den Tieren erfolgte eine Beimpfung mit Tumoraufschwemmungen unter Beachtung, daß sie alle aus derselben Population stammten. Nach 10tägiger Exponierung an den Versuchsplätzen wurden nach einer üblichen Methode die Tumoren abgetastet, mit Plastilin nachgeformt und gewogen (durchgeführt von einem Tierarzt der Universität Heidelberg). Der Verlauf des Tumorwachstums ist aus Abbildung 133 zu ersehen. Die Kurven für die 1. Versuchsserie repräsentieren den Mittelwert aus 4 Versuchsreihen mit insgesamt 9 Ratten pro Versuchsreihe, wobei Kurve 1 (Werte für den »Krebspunkt«) deutlich den steilsten Wachstumsanstieg belegt. Kurve 2 zeigt die Mittelwerte auf dem »ungestörten neutralen« Platz. Die 3. Kurve stellt Mittelwerte dar, die sich für die bestrahlten Tiere im Faraday-Käfig ergaben. Sie deutet gegenüber dem sonst bei biologischen Wachstumsprozessen zu erwartenden exponentiellen Anstieg praktisch eine Hemmung an.

Das Ergebnis der 2. Versuchsreihe ist in Abbildung 134 dargestellt. Hier sind die Mittelwerte aus 8 Versuchsreihen mit 96 Ratten zusammengefaßt. Im Gegensatz zu Abbildung 133 ergab sich für die diesmal ohne Bestrahlung im Faraday-Käfig

135 Messung der magnetischen Feldstärke des Erdmagnetfeldes an einem »Krebspunkt«. In der Nord-Süd-Meßrichtung (2) sinkt die Feldstärke von 0,025 mTesla (0,25 Gauß) auf etwa 0,005 mTesla (0,05 Gauß) bei einer Hallsondenbewegung von etwa 0,5 m/sec. In Ost-West-Richtung (1) tritt ein solcher Effekt praktisch nicht auf, nach Hartmann *beziehungsweise* Varga.

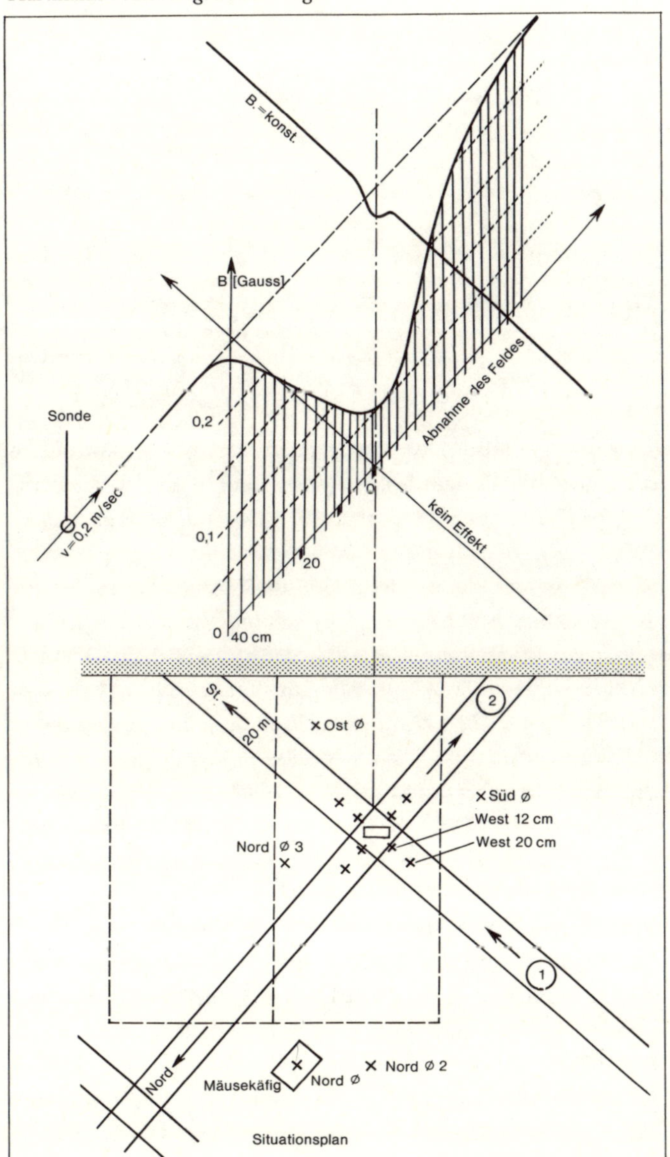

gehaltenen Tiere ein anderer Gewichtskurvenverlauf der Tumoren, die hier am größten waren. Die beiden anderen Kurven deuten eine analoge Tendenz wie in Abbildung 133 an. Die Versuchsergebnisse lassen darauf schließen, daß die Intensität des Geschwulstwachstums offensichtlich von verschiedenen, bisher unbekannten Standort- und Milieubedingungen abhängt. Die bei diesen Versuchen als »Krebspunkt« bezeichnete Stelle wurde in Zusammenarbeit mit der Elektroklimatischen Forschungsstelle des Hygieneinstituts der Universität Heidelberg bezüglich des statischen Magnetfeldes vermessen. Wie aus Abbildung 135 zu ersehen ist, ergab sich dabei in einer Durchgangsrichtung ein Einbruch der magnetischen Feldstärke, bei dem das Feld auf rund ⅕ des normalen Wertes zurückging. Da sich an der gleichen Stelle bereits bei früheren Messungen eine zeitweise um 10 % bis 20 % erhöhte Radioaktivität (Gammastrahlung) messen ließ, wird angenommen, daß dort die — wegen der diamagnetischen Eigenschaften des Sauerstoffs — besonderen Verhältnisse für Sauerstoffionisation und Sauerstoffkonzentration der Luft für den Magnetfeldeffekt verantwortlich sein könnten.

Hartmann[312] sieht in diesem Versuchsergebnis einen entscheidenden Beitrag zu der Erkenntnis, daß in Wohnräumen engbegrenzte Stellen angenommen werden müssen, die das biologische Geschehen stören, wenn nur ein genügend langer Wirkungszeitraum zur Verfügung steht. Demnach muß offensichtlich auch im Zusammenhang mit dem Krebsproblem mit einem geophysikalischen Standort- und Milieufaktor gerechnet werden.

Flimmerverschmelzungsfrequenz. Mit Hilfe der Flimmerverschmelzungsfrequenz beschreibt man frequenzmäßig den subjektiv empfundenen Unterschied zwischen einer flackernden und einer gleichmäßig leuchtenden Lichtquelle. Die Schnelligkeit des Flimmerns, also die Flimmerfrequenz, das Ausmaß des Hell-Dunkelunterschiedes, der zeitliche Verlauf einer Flimmerperiode, die Grundhelligkeit, die farbliche Zusammensetzung des Lichtes sind beispielsweise die wesentlichsten äußeren Einflußfaktoren, die hier eine Rolle spielen, und von denen es abhängt, ab welcher Frequenz ein flackerndes Licht subjektiv als gleichmäßig leuchtende Lichtquelle empfunden wird. Offensichtlich repräsentiert die Flimmerverschmelzungsfrequenz auch einen arbeitsphysiologischen Parameter. Von besonderem Interesse sind deswegen Beobachtungen, wonach die FVF durch äußerlich angewandte Gleich- und Wechselfelder – je nach Art des Feldes – sogar in gegensätzlicher Weise beeinflußt werden kann.

Untersuchungen über die Einwirkung des Ortsfaktors auf die FVF wurden im Rahmen des Forschungskreises[510] für Geobiologie durchgeführt. Zur Messung kam die FVF bei 23 Probanden in 2 Meßvorgängen, wobei sich diese für eine 1. Messung zuerst an eine Stelle setzten, die von Rutengängern als »neutral« ausgesucht war. Danach wechselten die Probanden auf einen sogenannten kritischen Punkt (Kreu-

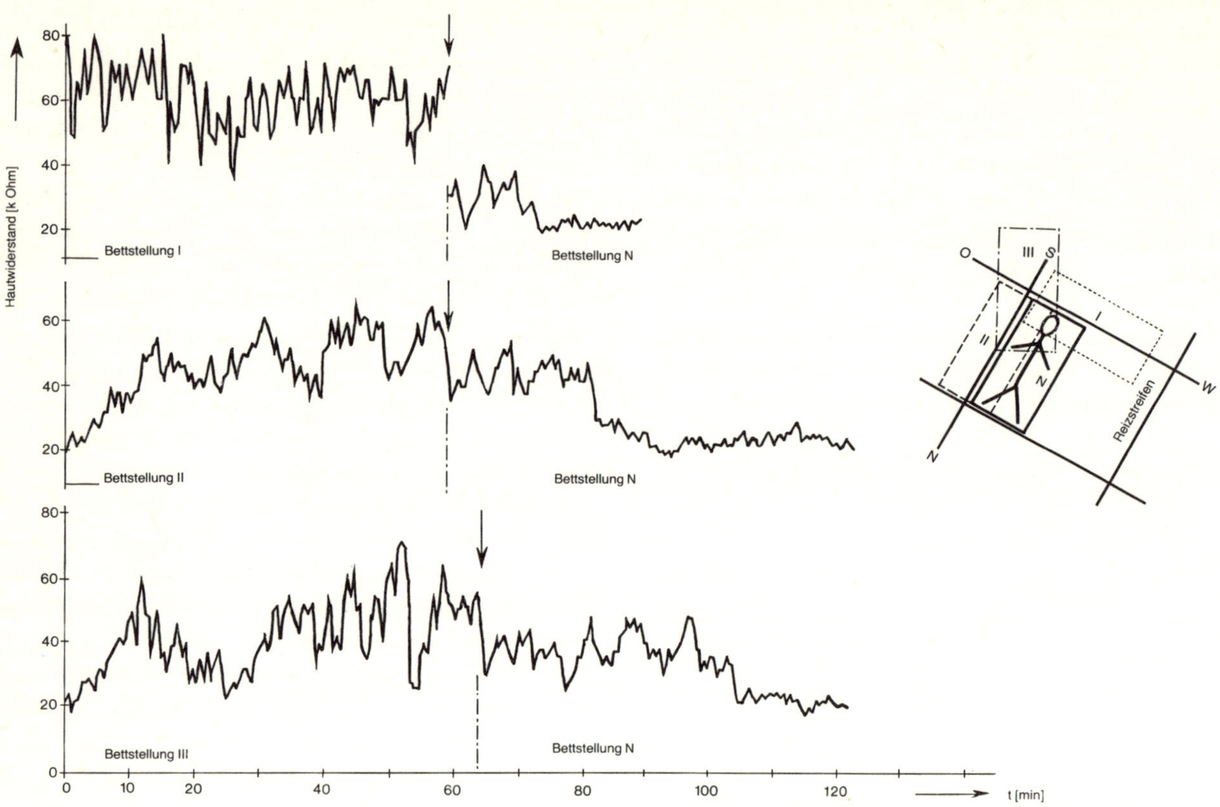

136 Vergleichende Messung eines Georhythmogramms. Eine Versuchsperson befand sich in einem Bett einmal auf einem sogenannten Reizstreifen (I), einmal auf einem quer dazu verlaufenden Streifen (II) und einmal direkt auf einem sogenannten Krebspunkt (III), jeweils verglichen mit den Meßwerten einer neutralen Stelle, nach Hartmann.

zung), der nur 0,5 Meter neben dem 1. Meßplatz lag. Dort erfolgte die 2. Messung.

Als Versuchsergebnis zeigte sich, daß mit einer ortsabhängigen Beeinflussung der FVF zu rechnen ist. An den sogenannten neutralen Stellen lag die FVF aller bisher getesteten Probanden ausnahmslos mehr oder weniger höher als an der kritischen Vergleichsstelle, wenn hierfür nur die richtige Stelle ausgesucht wurde. Der bei den Probanden ermittelte Frequenzunterschied für die FVF betrug etwa 0,5 Hz bis 2,5 Hz. Im Mittelwert ging die FVF von 33,7 Hz auf 31,2 Hz zurück. Interessanterweise zeigte sich auch hier wieder eine relativ schnelle Reaktion (innerhalb von etwa 20 bis 30 Sekunden) auf den vorgenommenen Ortswechsel.

Georhythmogramm. Durch das einfache Verfahren der Gleichstrommessung zwischen den Händen von Testpersonen zur Widerstandsbestimmung lassen sich nach mehrjähriger Erfahrung von Hartmann[117] ebenfalls erstaunliche Ergebnisse erzielen. Werden die Messungen genau durchgeführt, steht zu erwarten, daß die gemessenen Widerstandswerte zumindest nicht mehr direkt durch die Testpersonen beeinflußt werden können, das heißt, man kann dieses Meßverfahren als objektiv betrachten (Abbildung 136).

Die bei Testpersonen zwischen den beiden Händen gemessenen Widerstandswerte können zeitabhängig einen deutlich unterschiedlichen Verlauf haben, je nachdem, ob man sie auf einer sogenannten neutralen Stelle oder auf einer geopathogenen Stelle mißt. Der Unterschied der Widerstandswerte ist darüber hinaus deutlich vom jeweiligen Wetterzustand abhängig. Die so von Hartmann[117] gewonnenen Kurvenverläufe – als Georhythmogramm bezeichnet – zeigen nach Eckert[322] immer dann, wenn sich die Versuchspersonen auf den kritischen Stellen befinden, sowohl im Mittelwert abweichende Widerstandswerte als auch vor allem erheblich stärkere kurzzeitige Widerstandsschwankungen im Vergleich zu den sonstigen Zeitabschnitten. Eine derartige Analyse von Meßdaten erfüllt auch die Voraussetzungen einer wissenschaftlichen Interpretation der Ergebnisse.

Nach Hartmann[117] eignet sich dieses Georhythmogramm beispielsweise besonders gut zur Erforschung der oben erwähnten ortsabhängigen Effekte oder (jeweils am gleichen Ort) zum Nachweis der Beeinflussung von Testpersonen durch variierende Umgebungsbedingungen (unterschiedliche Sitzgelegenheiten wie Holz, Paraffin usw.) beziehungsweise zur Beobachtung der Reaktionen auf verschiedene Verhaltensweisen (Kaffeetrinken, Rauchen usw.).

Sowohl die Messung der Flimmerverschmelzungsfrequenz wie auch das Erstellen eines Georhythmogramms bieten sich als Methoden an, mittels einer zumindest weitgehend objektiven

Messung eines biologischen Vorgangs die Aussage des Wünschelrutengängers über eine ortsabhängige biologische Reaktion zu überprüfen. Einen Ersatz für die Tätigkeit des Rutengängers stellt dies jedoch keinesfalls dar.

Allen in diesem Abschnitt *biologische Effekte* angeführten Untersuchungsergebnissen kommt gerade hinsichtlich der zur Diskussion stehenden Existenz sogenannter geopathogener Orte eine besondere Bedeutung zu. Da jedoch nur die wenigsten der durchgeführten Experimente strengsten wissenschaftlichen Anforderungen genüge leisten, ergibt sich im allgemeinen Interesse um so dringender die Forderung nach einer weiteren fundierten Erforschung der Zusammenhänge.

5.5 Physikalische Parameter

Parallel zu den durchgeführten biologisch orientierten Untersuchungen interessierte gleichermaßen die Frage, inwieweit sich an den behaupteten geopathogenen Stellen physikalisch meßbare Besonderheiten im Vergleich zur unmittelbaren Umgebung erfassen lassen. Die vorliegenden Hinweise stammen auch wieder aus wissenschaftlich sehr unterschiedlich fundierten Quellen und sind dementsprechend zu bewerten.
Der vorangehende Abschnitt zeigt, daß Untersuchungsergebnisse offensichtlich als Hinweis auf die biologische Bedeutung der Stellen, die von Rutengängern »aufgespürt« werden, gelten können. Ergänzend hierzu wurden von den verschiedensten fachkompetenten Interessenten aber auch von Laien zusätzliche Experimente durchgeführt, um weitere und diesmal physikalisch meßbare Parameter zu finden, die an derartigen Stellen besondere Anomalien aufweisen:

Nach einer Teilübersicht von Hartmann[117] lassen magnetometrische Messungen an den von Rutengängern angegebenen Stellen mit Hilfe eines Doppelkompasses Besonderheiten erkennen. Ähnliches ergab sich bei Aufstellung eines Gerameter-Meßdiagramms. Große Verdienste in dieser Richtung erwarb sich auch Wüst[316], der mit Hilfe der Feldwaage sowie des Lokalvariometers deutliche Anomalien des Magnetfeldes für solche besondere, von Rutengängern angegebene Stellen nachweisen konnte.

Wüst und Petschke[317] untersuchten in der Umgebung der sogenannten Reizstreifen auch den elektrischen Bodenwiderstand, der dort erheblich veränderte Meßwerte aufwies. Tromp[318] berichtet für die sogenannten Reizstreifen ein deutliches Maximum der Bodenleitfähigkeit, jedoch auch auffallende Bodenwiderstandsmaxima. Eine deutliche Verringerung des Potentialgefälles (bis zum Faktor 2) des elektrostatischen Feldes über derartigen Stellen wies Lehmann[319] bereits im Jahre 1931 nach. Er konstatierte auch eine auffallende Erhöhung der Leitfähigkeit der Luft über Stellen, unter denen nach Angaben von Rutengängern eine »Wasserader« verlaufen soll. Nach Brüche[302] macht sich dort auch eine auffallend veränderte Radioaktivität – je nach Wetterlage erhöht oder geschwächt – gegenüber der Umgebung bemerkbar.

Wüst[320] stellte erstmalig im Jahre 1958 eine besonders bedeutungsvolle Meßmethode vor. Er zeigte, daß an den sogenannten Reizstreifen deutliche Abweichungen der UKW-Feldstärke unserer üblichen UKW-Rundfunksender vorliegen. Dies gilt sowohl für das freie Gelände als auch in Häusern, also in Wohnräumen. Hartmann[117] zog daraus in seiner medizinischen Praxis Nutzen. Der von ihm geleitete Forschungskreis für Geobiologie wies anhand einer erheblichen Anzahl von Untersuchungen nach, daß das im Raum um häusliche Krankenbetten meßbare UKW-Feld und dessen Anomalien (insbesondere extreme Minima der Feldstärke) in einem gewissen Zusammenhang mit dem Auftreten von Krankheiten stehen. Doch lassen solche Vergleichsuntersuchungen nicht unbedingt den Schluß auf eine ursächliche Verbindung zwischen den festgestellten Krankheiten und dem UKW-Feld zu, sondern dem Feld kann auch eine reine Indikatorfunktion zukommen. Unabhängig davon zeigen jedenfalls Untersuchungen beziehungsweise theoretische Überlegungen auf rein technischem Gebiet die größenordnungsmäßige Übereinstimmung von Wohnraumdimensionen und Wellenlängen von UKW-Feldern. Deshalb können in Wohnräumen aufgrund von Reflexionen teilweise »Stehende Wellen« erzeugt werden, die zur Ausbildung der dort gemessenen Maxima und Minima in Räumen führen. Ob nun die UKW-Felder allein oder im Zusammenhang mit anderen physikalischen Faktoren für die beobachteten pathogenen Effekte verantwortlich sind, oder ob eben die UKW-Felder lediglich eine meßtechnische Funktion erfüllen, so daß an den gleichen Stellen aufgrund bestimmter physikalischer Zusammenhänge auch andere physikalisch-technische Besonderheiten bestehen, die nun wiederum für die Auslösung biologischer Reaktionen in Frage kommen, wäre noch zu klären.
Aschoff[321] berichtet zum Beispiel aus seiner medizinischen Praxis über UKW-Feldstärkemessungen bei mehr als 125 Patientenbetten. Als 85 von ihnen in ein UKW-feldstärkemäßig ausgeglichenes Gebiet innerhalb des Wohnraums verlegt wurden, zeigten mehr als 28 Patienten, teilweise nach vorhergegangener erfolgloser Therapie, eine sofortige Besserung der chronischen Leiden, die über Jahre erfolglos behandelt worden waren.
Aufgrund all dieser erfolgversprechenden Untersuchungen entwickelte Hartmann[117] ein sogenanntes GT-Gerät (geopathisches Testgerät), das aus einer tragbaren Anordnung besteht und im Prinzip der Meßanordnung von Rambeau[305] entspricht: Ein UKW-Sender mit vertikal orientierter Stabantenne, Grundfrequenz 32 MHz, und ein Empfänger (auf die dreifache Senderfrequenz abgestimmt) mit einer horizon-

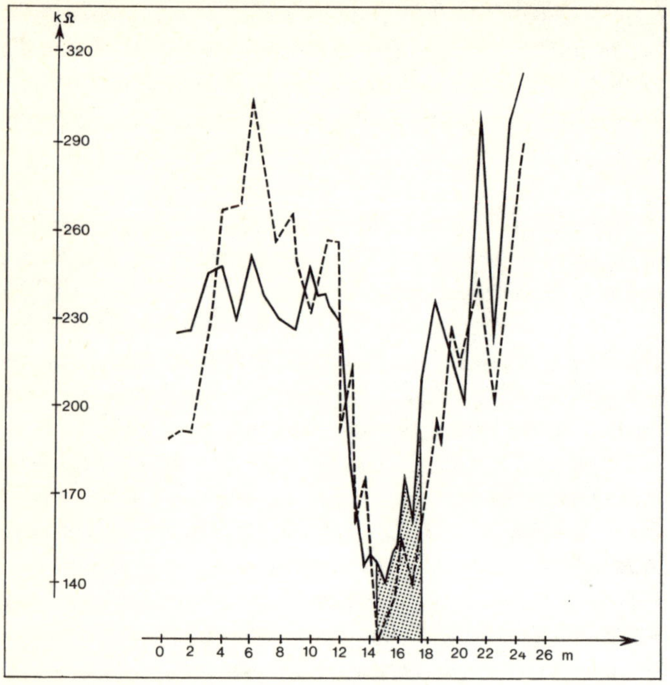

137 Verlauf des Bodenwiderstands quer über einen »Reizstreifen« (schraffiert) in 1 m Tiefe. Ein ausgeprägtes Widerstandsminimum ist ersichtlich. Die beiden Messungen (ausgezogene und gestrichelte Linie) wurden 2 m parallel versetzt durchgeführt, nach Wüst.

tal orientierten Stabantenne; beide Antennen etwa 30 cm lang, und beide Geräte auf ein Brett im Abstand von ca. 60 cm montiert. Diese Anordnung, etwa in Nabelhöhe horizontal getragen, machte die UKW-Feldmessungen in Räumen von äußeren Rundfunksendern unabhängig. Auch diese Apparatur bestätigte die vorher ohne eigenen Sender mit UKW-Feldern gesammelten Erfahrungen. Mit dieser Meßanordnung glaubt Hartmann[117] zudem Beobachtungen gemacht zu haben, nach denen der in das gesamte Antennensystem miteinbezogene Mensch bei den Messungen eine gewisse – womöglich sogar zeitabhängige – Rolle spielen könnte.

Elektronische Wünschelrute. Derartige Vermutungen sind jedoch mit großer Zurückhaltung zu beurteilen. Hier führt der Weg einmal mehr meistens zur sogenannten elektronischen oder technischen Wünschelrute. Der Rutengänger benutzt eine möglichst komplizierte technische (elektronische) Apparatur und demonstriert damit einen ortsabhängigen Effekt. Es wird dabei jedoch die Einbeziehung des Menschen in das gesamte Meßsystem übersehen.
Kontrollversuche zeigten immer wieder, wie leicht eine Täuschung möglich ist: Es ist in einer für den Rutengänger und für den Beobachter völlig unbemerkbaren Weise möglich, daß durch eine ansonsten den Rutenausschlag auslösende Körperreaktion ein meßtechnisch erfaßbarer Effekt entsteht. Fälschlich als rein technisch gemessen hingestellt, obwohl ursächlich durch den Menschen erzeugt.

Ortsabhängigkeit physikalischer Parameter. Teilweise aufwendige Untersuchungen der physikalischen Wirkung unterirdischer Wasserführungen wurden auch von Endrös[323] durchgeführt. Obwohl fachlich nicht unmittelbar kompetent, befaßte er sich insbesondere mit der Infrarotstrahlung und der Mikrowellenstrahlung und entwickelte eigene Theorien, die zur Erklärung gewisser Rutengängerphänomene dienen könnten, falls sie sich bestätigen sollten.
Eingehende Untersuchungen von Wüst und Petschke[317] zeigten, daß immer an den Stellen, die bei den Rutengängern einen Rutenausschlag verursachten, Anomalien der Bodenleitfähigkeit zu messen sind, von denen es zwei verschiedene typische Arten gibt: Einmal eine erheblich erhöhte Bodenleitfähigkeit über eine kurze Strecke von etwa 2 m eines geraden Weges; also eine Art Widerstandseinbruch längs dieser kurzen Strecke (Abbildung 137). Zum anderen kommt hierfür jedoch auch ein Grenzstreifen zweier aneinandergrenzender Gebiete unterschiedlicher Leitfähigkeit in Frage (Abbildung 138). Während im ersten Fall sicher der Absolutwert der Bodenleitfähigkeit eine entscheidende Bedeutung hat, dürfte es im zweiten Fall mehr auf den Gradienten ankommen. Diese Anomalien der Bodenleitfähigkeit beeinflussen nicht unwesentlich elektrische und magnetische Felder, die Luftionisation, den vertikalen Luftstrom, aber auch im Erdboden fließende Ströme, womit eine Verbindung zum Rutengängerphänomen hergestellt werden kann.

Die Messung der Intensität von VLF-Atmospherics unter Berücksichtigung der Ortsabhängigkeit ergab nach Hartmann[324], daß in einem Versuchsraum im engen Bereich einer sogenannten pathogenen Stelle die Einfallshäufigkeit von Atmospherics bis zu 30% gegenüber der Umgebung variierte. Offenbar sind also kleinsträumig unterschiedliche Empfangsverhältnisse möglich, ein Effekt, der sich auf physikalischer Ebene auch theoretisch, zum Beispiel durch die oben erwähnten Widerstandsanomalien, erklären ließe.

Über Untersuchungen bezüglich der erhöhten Blitzeinschlagshäufigkeit in Überlandstrommasten (Niedervoltspannung) berichtete Bürklin[325]: Alle Strommasten, die Blitzeinschläge auf sich zogen und so eine verkürzte Lebensdauer gegenüber dem Durchschnitt hatten, befanden sich nach Angaben von

138 Verlauf des Bodenwiderstands quer über einen »Reizstreifen« (schraffiert). Die Grenze zweier unterschiedlicher Widerstandsbereiche ist ersichtlich, nach Wüst.

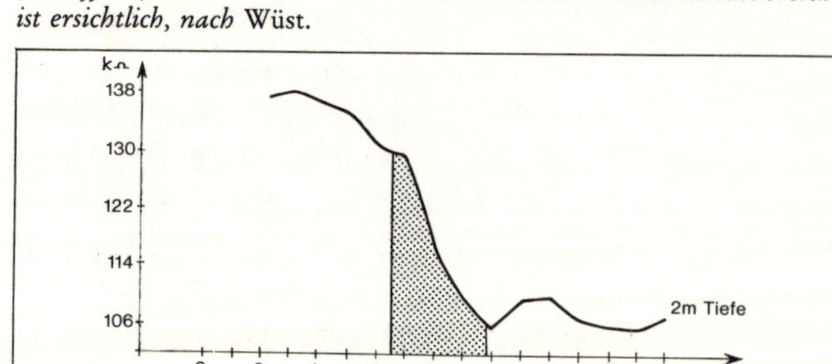

Rutengängern an kritischen Stellen. Die Erdung von Erdseilen an den von Rutengängern angegebenen Kreuzungspunkten ergab offenbar einen besonders guten Blitzschutz.
Weiter wurde zufällig entdeckt, daß in einem Keller gelagerte Paraffin-Graphitblöcke bei Rutengängern in den darüberliegenden Etagen – genau über den eingelagerten Blökken – einen Rutenausschlag verursachten.
Messungen zeigten über diesen Paraffin-Graphitblöcken eine Strahlung von der Erde her, die sich meßtechnisch wie Neutronenstrahlung verhielt, wenn sie vorher in ihrer Energie etwa um den Faktor 100 reduziert, das heißt, abgebremst wurde. Paraffin-Graphitblöcke dienten Rutengängern auch zu Experimenten. Eine gewisse zeitliche Verzögerung im Erkennen der Versuchssituation läßt die Existenz einer ionisierten Luftsäule über den Blöcken vermuten, erzeugt durch die energiereiche Strahlung, die sich bei Veränderung der Versuchsbedingung erst nach einer gewissen Zeit auf- oder abbaute. – Das Vorhandensein solcher ionisierter Luftsäulen würde auch die bevorzugten Einschlagstellen der Blitze erklären.
Auch von anderer Seite wird die Blitzeinschlaghäufigkeit gerade in elektrische Freileitungen zum Anlaß genommen zu untersuchen, ob nicht besondere Verhältnisse der geophysikalischen Bodenbeschaffenheit und damit verbunden die geoelektrische Struktur des Untergrundes dafür verantwortlich zu machen sind. Kretschmar[326] weist auf die Existenz von Blitznestern hin, die durch die Oberflächenform der Erde, aber auch durch die elektrische Beschaffenheit des Untergrundes bestimmt sind. Zwar bleibt zunächst einmal die absolute Leitfähigkeit des Untergrundes, solange dieser vollständig homogen ist, für die Blitzgefährdung ohne Bedeutung. Wesentlich ist die elektrische Struktur des Untergrundes jedoch dann, wenn sie nicht mehr homogen ist, denn dann wird der Ausgangspunkt der Blitzgegenentladung und damit der Verlauf der Hauptentladung beeinflußt. Es zeigten sich jene Zonen besonders gefährdet, in denen gute und schlechte geologische Leiter aneinandergrenzen, woraus sich ableiten läßt, daß Kontakte, Verwerfungen und geologische Störzonen stärker gefährdet sind als elektrisch homogener Untergrund. Derartige Erkenntnisse lassen auch für andere geophysikalische Parameter Folgerungen zu. So ist dann vor allem mit ortsabhängigen Feldstärkevariationen des elektrischen Feldes und bei elektromagnetischen Wellen zu rechnen.

Einen nicht unwesentlichen Beitrag zur Objektivierung des Wünschelrutenphänomens erbrachte Stängle[327] durch die Messung unterirdischer Wasserführungen mit Hilfe von Szintillationszählern. Er verwendete als Szintillator Natriumjodid, welches allgemein für den Nachweis von Gammastrahlen bevorzugt wird. Der vor dem Kristall angebrachte Moderator beeinflußt eine von unten kommende Strahlung derart, daß der Szintillator angeregt werden kann. Stängle[327] hat sich auf einem geländegängigen Gestell mit Rädern eine An-

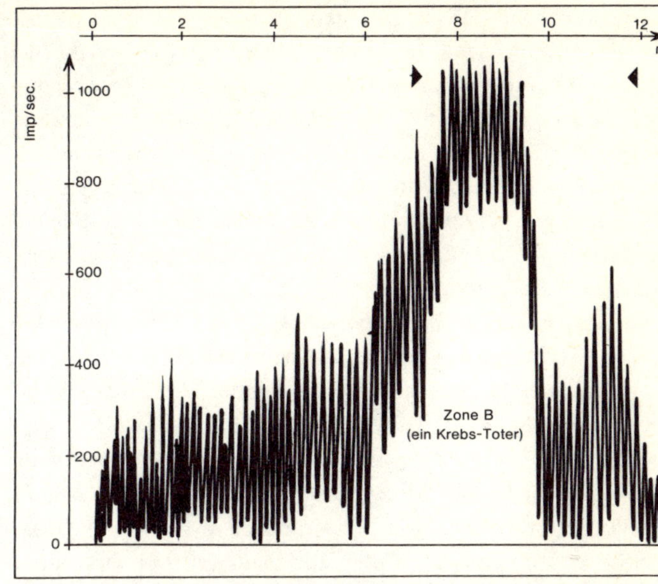

139 Messung der Grundstrahlung mittels Szintillationszähler nach Stängle. *Die in Vilsbiburg von* Stängle *nachvollzogenen Untersuchungen von* Pohl's *mit der Rute bestätigten angeblich die Existenz von Streifen mit einer überzufälligen Anzahl tödlicher Krebserkrankungen, die mit Streifen anomaler Meßwerte zusammenfielen.*

ordnung aufgebaut, die die eintretende Grundstrahlung in meßbare Impulse umwandelt, wobei mittels einer automatischen Registriervorrichtung das Zählergebnis fortlaufend als Meßkurve aufgezeichnet wird. Die Anordnung bewährte sich bisher als zuverlässig zum Erbohren zahlreicher Wasserquellen und zwar mit einer Sicherheit, die heute ihr gezieltes Ansetzen für Bohrungen unterirdischer Wasserquellen gestattet.
Auf die Untersuchungen von Pohl's[304] in dem niederbayerischen Ort Vilsbiburg im Jahre 1929 wurde hier schon hingewiesen, aber auch auf die damit verbundene Problematik hinsichtlich deren Aussagekraft.
Stängle[327] machte sich im Jahre 1972 die Mühe, mit seiner Meßapparatur die Untersuchungen von Pohl's[304] nachzukontrollieren, um Antwort auf folgende Fragen zu erhalten:
1. Sind über diesen »Reizzonen« Grundstrahlungsverformungen im Sinne einer Erhöhung der Strahlungsintensität vorhanden?
2. Zeigen diese Grundstrahlungsveränderungen den nach seinen Erfahrungen für Wasserführungen charakteristischen Verlauf?
Die Meßergebnisse erwiesen angeblich, daß beide Fragen eindeutig mit ja beantwortet werden müssen (siehe hierzu Abbildung 139). Innerhalb der sogenannten Reizstreifen ist die Strahlungsintensität mehr als doppelt so groß als über den angrenzenden Stellen. Aufgrund seiner Erfahrungen bei der Wassersuche vermutet Stängle[327] an diesen Stellen entsprechende unterirdische Wasserführungen.
Leider besteht bisher keine Möglichkeit des Nachvollziehens der womöglich aussagekräftigen Meßmethode von Stängle, da alle hierzu nötigen technischen Detailinformationen nicht gegeben werden.

Gammastrahlung. Beim gesamten Komplex der Geobiologie beziehungsweise beim Rutengehen spielt somit die Ortsabhängigkeit der Gammastrahlung vermutlich mit eine interessante Rolle. Entgegen der oft anzutreffenden Meinung ist damit aber keinesfalls das gesamte Problem als geklärt anzusehen. Immerhin ergaben jedoch Untersuchungen, daß hochenergetische Strahlung, wie Gammastrahlung, bezüglich ihrer Stärke lokal mehr oder weniger eng begrenzt Anomalien gegenüber ihrer nächsten Umgebung zeigen kann:
Williams und Lorenz[328] berichten über Messungen der Gammastrahlung mit einem hochempfindlichen Instrument zum Nachweis geologischer Brüche, wodurch es gelang, geologische Brüche bis zu 1700 m Tiefe zu lokalisieren. Die Zunahme der Strahlung bei einem Bruch rührt offenbar vom Absatz radioaktiver Mineralien in Quellen oder Grundwasser her, aber auch von der Migration radioaktiver Gase, welche in geologischen Klüften zur Erdoberfläche aufsteigen. Die Hauptquelle der Strahlung wurde jedenfalls in den obersten zwei Metern der Erde festgestellt.

Zur näheren Klärung der Frage, welche Bedeutung der Gammastrahlung beim Phänomen des »Krebspunktes« zukommt, verglich Hartmann[117, 311] mittels Sonden die Strahlung an einer solchen »geopathogenen Stelle« mit der in der nächsten Umgebung. Dabei wies die kritische Stelle praktisch immer eine andere – meist höhere – Strahlungsimpulszahl auf als die nächste Umgebung (12 cm beziehungsweise 25 cm entfernt, gleichzeitig mit zwei Sonden gemessen). Die Messungen liefen über mehrere Monate und ermöglichten interessante Beobachtungen. Über Stunden hinweg ergab sich im Mittel die schon erwähnte höhere Gammastrahlung für die kritische Stelle. Die Impulsdifferenz entsteht dabei jedoch nicht durch ein mehr oder weniger gleichgroßes Impulsdefizit, sondern kommt auf eine rhythmische Art zustande. So sind zum Beispiel Periodizitäten von etwa 15 Minuten und 3 Stunden aus dem Kurvenverlauf der Abbildung 140 deutlich zu erkennen.

Um die Möglichkeit einer eventuellen radioaktiven Quelle im Fußboden des Experimentierraumes als Ursache des Effektes auszuschließen, wurden die Experimente mit Hilfe eines Holzgestelles in 1,75 m Höhe über dem Fußboden wiederholt; sie hatten dort das gleiche Ergebnis. Die erhöhte Radioaktivität ist demnach in einem schlauchartigen, senkrecht im Raum stehenden Gebilde zu suchen. Beobachtungen deuten auch auf eine gewisse Abhängigkeit der Gammastrahlung von der Wettersituation, das heißt von der Großwetterlage, hin.
Bei weiteren Experimenten zur Erforschung der Wirkung einer Bleiabschirmung wurde unter drei Meßsonden eine gleiche Menge Blei gelegt. Die Wirkung des Bleis war bei der kritischen Stelle überraschenderweise anders als bei den anderen Meßplätzen, was auf eine anders geartete Strahlung bei der kritischen Stelle als bei den Vergleichsstellen schließen läßt. Jedenfalls nahmen bei Blei die Impulszahlen der Strahlung im allgemeinen je nach Meßstelle unterschiedlich ab, während beim Zwischenlegen von ca. 10 cm dicken Paraffin-Graphitblöcken die Impulsraten im allgemeinen und je nach Meßstelle unterschiedlich stiegen.
Die Experimente zeigen, daß innerhalb ganz geringer Entfernungen von 20 – 40 cm mit deutlich unterschiedlichen radioaktiven Impulszahlen der Gammastrahlung gerechnet werden muß (Unterschiede zwischen 10 – 30 %), die sichtlich nichts mit dem unmittelbaren Bodenmaterial zu tun haben. Der Zusammenhang mit dem Wetter dagegen läßt eine gewisse Beziehung mit dem ortsspezifisch unterschiedlichen Austritt von radioaktiven Gasen (Radon) vermuten, der je nach der veränderten barometrischen Situation über geologischen Spalten im Erdboden durch Aus- und Einströmungsprozesse diese besondere Situation schaffen könnte. Da es sich hier um eine ionisierende Strahlung handelt, haben derartige Erkenntnisse eine weitreichende Bedeutung. Wenn es nämlich im Raum über bestimmten Bodenstellen eine Art ionisierter »Schläuche« geben kann, so hat dies erhebliche Konsequenzen für alle Arten von elektromagnetischen Feldern, den natürlichen luftelektrischen Strom, die Luftionisation usw. und damit für alle von diesen Parametern abhängigen Effekte. Aber auch direkte Ionisationsprozesse im engen Gewebsbereich könnten von Bedeutung sein. Hartmann[311] schließt jeden-

140 Unterschiedliche Gammastrahlung zweier nur 30 cm voneinander entfernter Meßpunkte (einer davon eine »Kreuzung«). Dem Überschuß an Impulsen der einen Meßstelle von ca. 1,2% im Durchschnitt ist ein rhythmisches Auf- und Abschwellen mit Periodizitäten von vornehmlich etwa 15 Minuten und 3 Stunden überlagert. Daten nach Hartmann, *entsprechend überarbeitet.*

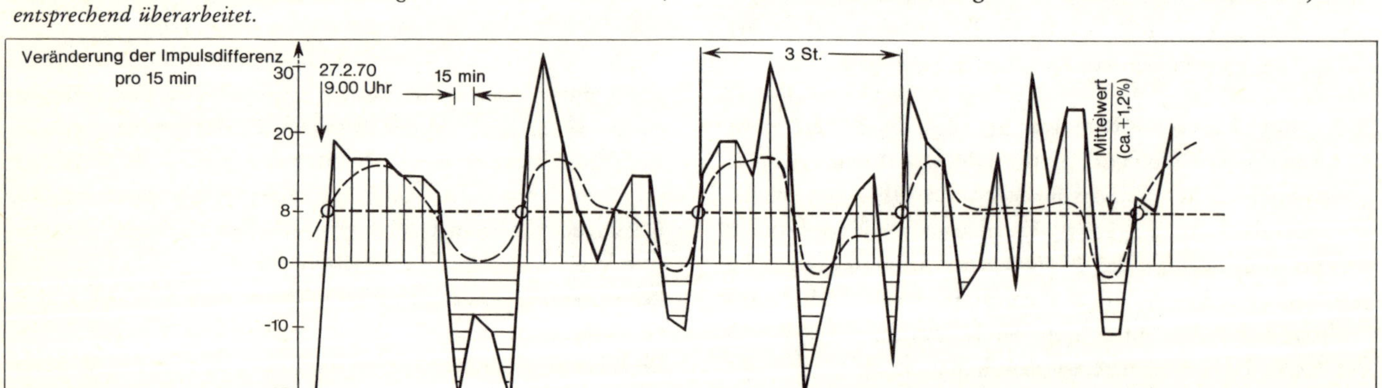

falls nicht aus, daß hier eine Ursache für eine Zellenentartung gegeben wäre, wobei er insbesondere an die Fälle denkt, wenn Personen an solchen Stellen ihr Nachtlager haben und ein Teil des Körpers über längere Zeiträume hinweg derart gestörten Verhältnissen ausgesetzt ist.

Doch müssen nach einem Bericht von Rocard[329] auch Anomalien des erdmagnetischen Feldes beim Wünschelrutenphänomen mit in Betracht gezogen werden. Demnach zeigt der Rutengänger eine Reaktion, wenn er mit gleichmäßiger Geschwindigkeit durch einen Bereich läuft, in dem das Erdmagnetfeld nicht vollständig gleichmäßig ist, also Anomalien aufweist. Für derartige Stellen gilt:

1. Ein Feldstärkegradient von 24 bis 40 mA/m/m (0,3 bis 0,5 mOe/m) kann von Rutengängern mit einer Zeitverzögerung von etwa einer Sekunde aufgespürt werden.
2. Ein Ansteigen des Gradienten auf 0,16 bis 0,24 A/m/m (2 bis 3 mOe/m) verbessert die Ortsangabe des Rutengängers.
3. Unterhalb 8 mA/m/m (0,1 mOe/m) wird jede Angabe völlig ungenau.
4. In einem Auto oder in einem Flugzeug sind aufgrund der höheren Geschwindigkeit, mit der die Feldanomalie durcheilt wird, auch schwächere Feldgradienten erkennbar.

Weiter können Rutengänger offenbar ruhendes Wasser in einem Teich oder fließendes Wasser in einem Fluß nicht erfühlen, im Gegensatz zu Wasser, das durch ein poröses Medium gefiltert wird, beziehungsweise Wasser, das permeable Schichten durchdringt. Bekanntlich entstehen hierbei Elektrofiltrationspotentiale, die als Ursache für die Anomalien des statischen Magnetfeldes in Frage kommen (siehe Abbildung 141). Messungen an Staumauern zeigten zum Beispiel Variationen des Magnetfeldes, die einen Bereich von $+ 4 \cdot 10^{-8}$ Tesla bis $-6 \cdot 10^{-8}$ Tesla (+40 Gamma bis –60 Gamma) überstreichen. Somit kommen also auch alle das Magnetfeld in irgendeiner Form beeinflussenden Fakten für die Ursache der Reaktion von Rutengängern in Frage.
Da aber gerade diese Ergebnisse offensichtlich aus einer verhältnismäßig sehr kleinen Zahl von Einzelexperimenten abgeleitet sind, können erst weitere Untersuchungen deren endgültige Bestätigung erbringen.

Technische Messung statt Wünschelrute. So vielfältig auch die Hinweise auf die verschiedensten technischen Möglichkeiten zum Auffinden von »Reizstreifen« sein mögen – und gerade auch deswegen –, so spricht die derzeitige Erfahrung allein schon aufgrund der rein physikalischen Gegebenheiten eindeutig gegen die Möglichkeit, zum Beispiel mit Hilfe dieser Meßmethoden den Menschen vollständig durch ein rein technisches Gerät ersetzen zu können (siehe auch *Elektronische Wünschelrute*). Zumindest in der alltäglichen Praxis wird es bis auf weiteres immer noch der Rutengänger sein, der die grundlegenden Informationen gibt. Mittels technischer Messungen

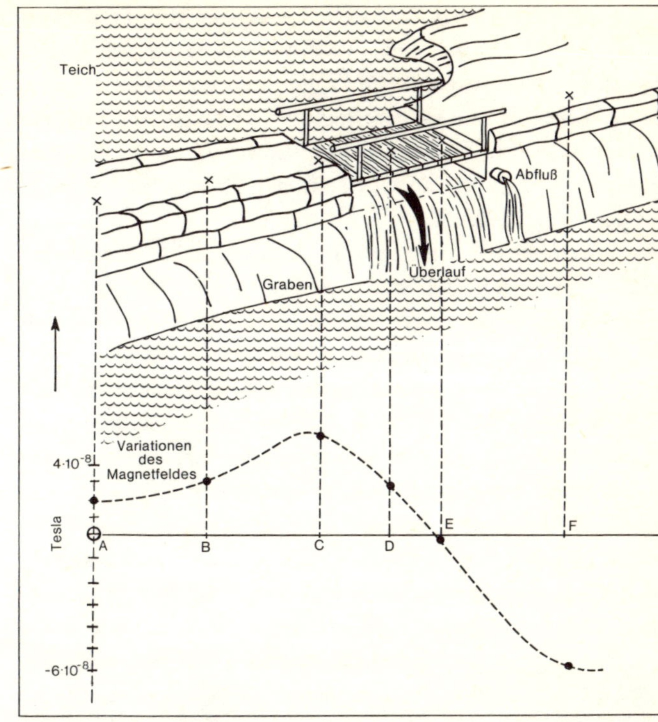

141 Anomalie des statischen Erdmagnetfeldes längs eines Damms an einem See mit verschiedenen Abflüssen. Die Feldvariationen sind in Tesla angegeben (1 T = 10^4 Gauß = 10^9 Gamma), nach Rocard.

können seine Angaben gewissermaßen nachvollzogen und dann bestärkt oder angezweifelt werden. Die Anzahl der verschiedenen technischen Messungen zu erhöhen, hilft dabei auch weiter – ebenso wie eine Vielzahl von Aussagen verschiedener Rutengänger statistisch ausgewertet werden kann. Meistens sind die Rutengänger jedoch überfordert, neben ihrer Rute auch noch die komplizierten technischen Apparaturen richtig handzuhaben, von deren Technik sie nichts verstehen. All dies trägt nicht gerade zur Verringerung der gesamten Problematik bei.

Gitternetze. Die Aussage über sogenannte Gitternetze (Hartmann-Gitter oder auch Globalnetzgitter, Curry-Netz, Wittmann-Gitter usw.) spielt bei den Rutengängern insbesondere beim Aufspüren geopathogener Stellen eine ganz wesentliche Rolle. Trotzdem gibt es bislang keine fundierten Hinweise auf deren physikalische Meßbarkeit, höchstens erste Ansätze:
Über auffallende engräumige Abweichungen der Intensität des Erdmagnetfeldes in einem Wohnraum berichtet Hartmann[511]. Entsprechend den vorliegenden Ergebnissen wurden selbst bei Abständen von nur einem Meter Abweichungen der Feldstärkeintensität des Erdmagnetfeldes um bis zu 300 Gamma beobachtet. Dieses »magnetische Eigenleben« von ganz eng begrenzten Stellen läßt sich offensichtlich auch mit gewissen anderen Umweltfaktoren korrelieren.
Kernstrahlungsmessungen zur Objektivierung des sogenannten Globalnetzgitters führten auf engsten Räumen zu ähnlichen Ergebnissen. Wie Hartmann[512] berichtet, dienten zur Messung drei in geringen Abständen aufgestellte Szintillationszählvor-

richtungen. Über lange Zeiträume hinweg wurden die Zählimpulse beobachtet und dabei unterschiedliche Abweichungen (bis zu 5%) beobachtet. Ergänzende und vergleichbare Erfahrungen liegen im Zusammenhang mit Messungen des luftelektrischen statischen Feldes und beim Empfang von VLF-Atmospherics vor, ergänzt durch Erfahrungen über Zusammenhänge mit der Luftionisation.

Das Gitternetz soll sogar auch hoch oben in Flugzeugen über dem Atlantik mit der Rute zu finden sein. Es ist somit naheliegend, hierfür keine ortsgebundene »Strahlung« mehr als Ursache zu suchen, sondern an eine Art persönlichkeitsgebundenes Raummuster zu denken, das jeder sozusagen mit sich selbst herumträgt. Auch die besonders auffallende Schwierigkeit der Rutengänger, unabhängig voneinander die Gittermuster deckungsgleich zu finden, spricht hierfür. Da historisch gesehen die Gitternetze erst seit der Zeit nach dem letzten Krieg erwähnt werden, wäre immerhin auch an einen Zusammenhang mit der Einführung technischer Strahlungen im Meterwellenbereich (UKW) zu denken (Wellenlänge etwa in der Größe des Menschen und den seitlichen Längen der Gitter entsprechend), wodurch dieses Phänomen entstanden sein könnte. Es müßte möglich sein, derartige Überlegungen mittels entsprechender statistisch fundierter Experimente zu überprüfen. Dies stellt sicher eine zusätzliche Herausforderung an die Wissenschaft dar.

5.6 Entstrahlung

Das Aufstellen irgendwelcher Gegenstände oder Geräte zum Zwecke der »Entstrahlung«, »Entstörung«, »Ableitung«, »Umleitung« und so weiter (Unschädlichmachung beziehungsweise Neutralisierung irgendeiner als schädlich vermuteten Strahlung) ist wohl so alt, wie das Wünschelrutengehen selbst. Schon durch den Zusammenhang mit der Wünschelrute mußten derartige Geräte in ein schiefes Licht geraten (siehe hierzu auch Tafel XV).

Vorab ist jedenfalls festzuhalten: Hier werden auf physikalischem wie auch auf biologischem Gebiet Behauptungen aufgestellt, die naturwissenschaftlich völlig unhaltbar sind. Sowohl durch eigene sauber durchgeführte Experimente wie auch durch sachliche Überlegungen kommt man immer wieder zum gleichen Ergebnis: Alle diese Vorrichtungen haben keinesfalls die besonderen Eigenschaften, die deren Erfinder und Verkäufer ihnen zuordnen.

Somit ist generell vor allen diesen Vorrichtungen aus zwei wesentlichen Gründen zu warnen!

Einmal wegen der oft verlangten, aber nicht zu vertretenden hohen Geldbeträge, die in keiner vernünftigen Relation mehr zum gebotenen Sachwert stehen. Aber auch von der sachlichen Seite her gesehen wird schon nach einigen Überlegungen klar, welche Widersprüche in diesem Zusammenhang im Raum stehen. Es gibt bei der Deutung des Phänomens »Erdstrahlen« wissenschaftlich gesehen nur zwei entscheidende Wege: Entweder wird alles mit der großen unbekannten Strahlung erklärt, die bisher noch nicht entdeckt wurde, also auf der Basis der Parawissenschaft. In diesem Fall spricht alles dagegen, mittels Vorrichtungen, die aus unserer realistischen naturwissenschaftlichen Denkweise entstanden sind, ausgerechnet parawissenschaftliche Phänomene »abschirmen« zu können. Das ist ein Widerspruch in sich. Aber auch eine gefühlsmäßige, transparente Erfassung dieser unbekannten Strahlungsart kann hier nicht zur Beweisführung herangezogen werden. Derart vielfältige Eigenschaften sind sogar bei einer unbekannten Strahlung nicht denkbar, wie die hier »per Gefühl« entstandenen, vielfältigen und in großer Zahl angebotenen Geräte summarisch angeblich erfassen. Und selbst wenn durch entsprechend exakte Untersuchungen sich ein Ausbleiben des Rutenausschlags beim Aufstellen eines solchen Gerätes bestätigen sollte, ist hieraus noch keine Unschädlichmachung irgendeiner gefährlichen Strahlung im Sinne einer Beweisführung abzuleiten. Man weiß ja inzwischen, daß durch eine Vielfalt von Umweltreizen ein Wünschelrutenausschlag ausgelöst werden kann und damit durch eine Veränderung der Umweltsituation auch verhindert werden kann – ohne daß dies somit etwas mit den möglicherweise gesundheitsschädlichen »Erdstrahlen« zu tun haben muß. Eine Gesundheitsschädlichkeit übrigens, die derzeit zumindest nach den strengen Regeln der Wissenschaft noch nicht einmal als bewiesen gilt.

Eine zweite mögliche Betrachtungsweise des Problems »Entstörgeräte« ist auf der Basis der klassischen Naturwissenschaft möglich. Entsprechend den hier schon gebrachten Überlegungen besteht sehr wohl eine gute Möglichkeit, das gesamte Phänomen mit Hilfe der Physik, der Geophysik und der Elektrophysik zumindest weitgehend zu erfassen. Dies führt aber letztlich zu einer Deutung des Phänomens im Sinne extrem komplexer Zusammenhänge, wonach es also überhaupt keine einzelne bestimmte Strahlungsform gibt, die man mit dem Begriff »Erdstrahlen« identifizieren könnte. Vielmehr ist davon auszugehen, daß räumlich vorhandene Anomalien – sowohl was die Stärke, die räumliche Orientierung und den Informationsgehalt betrifft – der verschiedensten bekannten Strahlungsarten für fast all die Phänomene verantwortlich gemacht werden können, wie sie im Zusammenhang mit den »Erdstrahlen« angesprochen werden. Eine derartige Auffassung ist zumindest so lange zu vertreten, wie sich der Mensch, das Tier oder die Pflanze »am Ort des Geschehens« befinden. Andernfalls zum Beispiel beim Menschen anzusetzende hellseherische, telepathische oder ähnliche Fähigkeiten beziehungsweise damit in Verbindung zu bringende Vorgänge sind dabei keinesfalls notwendigerweise auszuschließen oder stehen hierzu im Widerspruch. Sie seien nur aus diesen Betrachtungen generell ausgeklammert.

Geht man somit von klassisch-physikalischen Zusammenhängen aus, wie sie im Rahmen elektromagnetischer Energieformen beschrieben sind, so zeigt sich gleichfalls sofort die Unmöglichkeit einer »Entstörung« in dem hier angesprochenen Sinn. Wie sollte zum Beispiel ein einzelner Stab aus Eisen oder gar aus

Kupfer in einem ganzen Haus eine »entstörende« Wirkung auf das statische Erdmagnetfeld haben, wie sollte die gleiche Aufgabe von einem Mikrowellen-Dipol erfüllt werden, dessen Wirkung keinesfalls durch die Hauswände hindurch reicht, wie sollte eine radioaktive Strahlung durch Kupferspulen, Flaschen, Hochfrequenzresonanzgebilde usw. beeinflußt, geschwächt oder gar »abgeschirmt« werden und wie sollte eine Bleimatte einen Einfluß auf ein Magnetfeld haben?

Zweifelsohne können solche Vorrichtungen unter Umständen irgendeine physikalisch verändernde Wirkung auf die Erscheinungsform einer spezifischen Umweltstrahlung haben, was man im weitesten Sinn begriffstechnisch sogar bei einer entsprechenden Beeinflussung der näheren Umgebung großzügig als »Abschirmung« bezeichnen könnte. Dies sei anhand folgenden Beispiels gezeigt.

So entwickelte Hartmann[117] sogenannte Bioresonatoren, die er für die verschiedensten Experimente und Untersuchungen verwendete und mit denen er seinen Angaben nach erstaunliche Erfolge erzielte. Unabhängig davon wurden deshalb diese Resonatoren von König[331] unter rein technischen Gesichtspunkten auf ihre Eigenschaften als Höchstfrequenz-Resonanzkörper untersucht.

Die »Bioresonatoren« bestehen aus einem 3 mm dicken Draht aus Kupfer, Messing oder verzinktem Eisen, der zu einer Spule geformt ist, deren Durchmesser 105 mm bei einer Länge von 120 mm beträgt, woraus eine gesamte Wickeldrahtlänge von ca. 2 m resultiert. Die Spule hat auffallenderweise zwei gegensinnig gewickelte Hälften (siehe Abbildung 142). Dies ist jedoch nur scheinbar unsinnig, da man unter Berücksichtigung dieser Gegensinnigkeit die Resonanzfrequenz einer solchen Spule trotzdem rein theoretisch als in der Größenordnung von 1500 MHz liegend abschätzen kann.

Genauere Laboruntersuchungen ergaben, daß eine einzelne derartige Spule eine größere Anzahl elektrischer Resonanzen aufweist, die im Bereich zwischen 1,3 GHz und 2,0 GHz liegen.

142 »Entstörspulen« nach Hartmann *(Bioresonatoren), die typischerweise aus zwei gleichartigen, gegensinnig gewickelten Hälften pro Spule bestehen.*

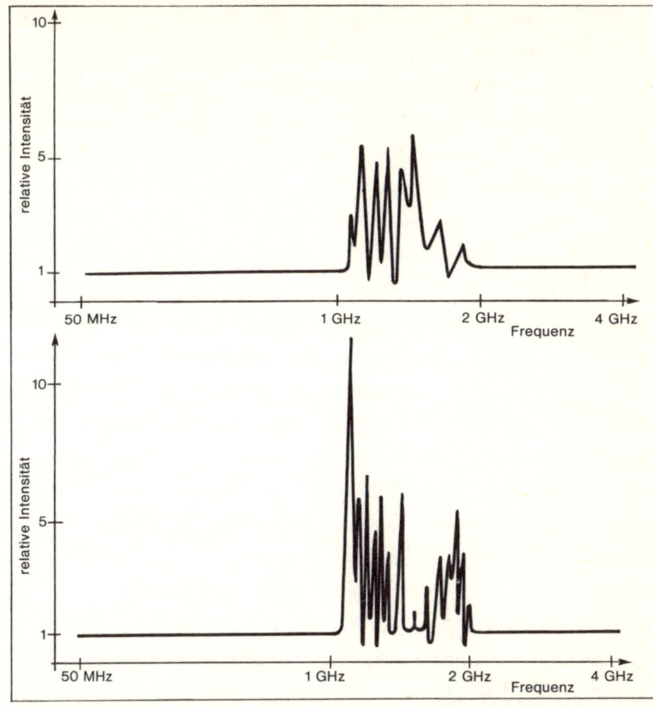

143 Charakteristische Frequenzgänge von »Entstörspulen« nach Hartmann *(gemäß Abbildung 142); oben: für eine Einzelspule, unten: für ein Spulenpaar. Es zeigen sich auffallend viele und starke Resonanzüberhöhungen im Bereich zwischen 1 GHz und 2 GHz.*

Verwendet man zwei in geringem Abstand nebeneinander montierte Spulen, so unterscheidet sich diese Anordnung von der Einzelspule eigentlich nur durch eine größere Anzahl zu messender Resonanzstellen innerhalb des gleichen Frequenzbandes (Abbildung 143). Technisch gesehen stellen diese Spulen demnach eine Art Breitband-Resonator dar, dessen Eigenschaften bei Verwendung eines Spulenpaares verbessert werden.

Die Spulen sind aus elastischem Drahtmaterial angefertigt und können daher bis zu einem gewissen Grad, nach der Art einer mechanischen Feder, leicht deformiert werden.

Diese Veränderung des Spulenaufbaus ergibt gleichzeitig eine Veränderung der elektrischen Werte der Spule und damit eine frequenzmäßige Verlagerung der verschiedenen Spulen-Eigenresonanzen.

Die mechanische Eigenresonanz des aus federndem Material hergestellten Spulengebildes liegt in der Größenordnung um 10 Hz und somit in einem Frequenzbereich, der bei elektromagnetischen Vorgängen nachgewiesenermaßen als biologisch wirksam gilt.

Berücksichtigt man bei der Aufstellung derartiger Gebilde besonders bei Wohnräumen die dort stets zu erwartenden Bodenerschütterungen, so liegt eine Beeinflussung eines vorhandenen Hochfrequenzfeldes durch derartige Hochfrequenzresonatoren in deren Umgebung, vor allem unter Berücksichtigung der oben erläuterten Möglichkeit einer niederfrequenten Modulation, auf der Hand.

Wie schon aus diesem Beispiel hervorgeht, handelt es sich hier – wie bei vielen anderen Vorrichtungen – aber nur um eine ganz

spezifische Wirkung, die unter Umständen feststellbar ist, und keinesfalls um eine generelle Abschirmung, wie dies im Sinne des allgemeinen Begriffs »Abschirmung« eigentlich zu erwarten wäre. Folglich ist bei der Vielzahl möglicher Strahlungsarten (Frequenzen) keinerlei Gewähr gegeben, gerade gegen die »richtige« etwas erreicht zu haben. Auch sei nicht zur Debatte gestellt, ob durch das Aufstellen einer Vorrichtung ein vorher beobachteter Wünschelrutenausschlag nicht mehr erfolgt. Dies mag objektiv vielleicht sogar sein. Hieraus aber ableiten zu wollen, jetzt sei alles »entstört« ist durch nichts gerechtfertigt, auch nicht durch die subjektive Empfindung eines Betroffenen, er fühle sich seit dem Aufstellen des Gerätes »deutlich besser«. Vielleicht mag auch das sogar unter Berücksichtigung aller berechtigten Einwände objektiv richtig sein, aufgrund einer möglicherweise vorhandenen positiven Befindenswirkung der Vorrichtung. Sollte aber tatsächlich eine zum Beispiel langfristig gesehen wirklich gesundheitsschädliche Strahlung anderer Art vorhanden sein, so würde diese durch das aufgestellte »Entstörgerät« nicht beseitigt worden sein und die betroffene Person würde sich ihr weiterhin aussetzen, in dem guten Glauben, jetzt sei alles »abgeschirmt«. Derartige Umstände könnte man mit dem Fall vergleichen, bei einem defekten Zahn durch eine schmerzlindernde Tablette die Beschwerden wegzunehmen und zu behaupten, damit sei der Zahn saniert – weil er nicht mehr schmerzt.
So ist zu folgern: Es mag bereits an fahrlässige Körperverletzung grenzen, einer betroffenen Person vorzumachen, »entstört« zu haben, obwohl wegen der im gleichen Atemzug vertretenen Meinung über »Erdstrahlen« unbedingt damit zu rechnen ist, daß sie sich weiterhin in einem möglicherweise gesundheitsgefährdenden Bereich aufhält!

5.7 Geopathologie

Einige immerhin gewichtige Argumente veranlassen Hartmann[332] und andere (Pohl[304], Diehl und Tromp[303]) zu behaupten, daß es eine geopathogene Krebsursache gäbe, das heißt einen Standortfaktor, der eine Krebserkrankung vorbestimme oder zumindest entscheidend mitbestimme:
Eine große Zahl der Krebserkrankungen beim Menschen wird demnach im Zusammenhang mit einem lokalen Ortsfaktor festgestellt, der eng begrenzt als »Krebspunkt« meist keine größere Fläche als 50 × 50 cm umfaßt. Dieser Standortfaktor kann reproduzierbar physikalisch, biophysikalisch und biologisch schon mehr oder weniger gut weitgehend bestimmt werden. Die davon betroffene kritische Stelle, der »Krebspunkt«, liegt nun zu auffallend oft an der Schlafstelle von Krebskranken, um dies noch als reinen Zufall ansehen zu können. Messungen und Experimente zeigten dabei:

1. Bei Blutsenkungsversuchen ergab sich auf diesen geopathogenen Punkten, Zonen (Streifen) oder deren Kreuzungen für die Blutsenkungsgeschwindigkeit gegenüber der engeren Umgebung normalerweise ein völlig anderer Verlauf. Keim- und Wachsversuche verschiedener Pflanzensorten ließen immer wieder einen Keimausfall auf diesen gestörten Plätzen erkennen. Mäuse, die in Kästen auf solchen Zonen untergebracht wurden, flüchteten. Geringere Wurfzahl, Gewichtsverlust, vermehrter spontaner Tumorbefall, vermehrtes Angehen von künstlich erzeugtem Krebs (Teerpinselung) gegenüber Kontrolltieren sind hier typisch.
2. Über längere Zeiträume hinweg kontrollierte Gleichstromwiderstandswerte des Menschen (zwischen den Händen) haben einen anderen Verlauf, wenn die Messungen an solchen Stellen durchgeführt werden.
3. Die mittels eines Galvanometers zu messenden Körperströme sind beim Menschen auffallend verändert.
4. UKW-Feldstärkewerte zeigen ausgeprägte Anomalien, das heißt Maxima oder Minima gegenüber der Umgebung.
5. Die elektrische Bodenleitfähigkeit ist verändert.
6. Anomalien des statischen Erdmagnetfeldes sind vorhanden.
7. Die radioaktive Strahlung zeigt eng begrenzt unterschiedliche Werte. Die Strahlung bestimmter terrestrischer Neutronen ist dort auffallend anders.
8. Die Einfallshäufigkeit beziehungsweise -Intensität von VLF-Atmospherics weicht gegenüber der in der nächsten Umgebung ab.

Eingehend mit dem Problem der Entstehung des Krebses auf sogenannten Reizzonen befaßte sich Aschoff[355°]. Er gab in einer Übersichtsdarstellung Hinweise, welche statistischen Untersuchungsmethoden in diesem Zusammenhang angewandt wurden und welche physikalischen Parameter an gewissen Stellen, den sogenannten Reizzonen, meßbar sind. Aschoff kam dabei resümierend zu dem Schluß, daß die offizielle Wissenschaft heute die Theorie von der Entstehung des Krebses auf Reizzonen eigentlich nicht mehr ablehnen könne.

Der vor allem auch von Hartmann[400°] energisch vertretene Standpunkt, daß die Ursache vieler Krankheiten mit ortsabhängigen Effekten zu tun hat, wird durch ein sogenanntes Georhythmogramm sehr eindrucksvoll untermauert. Die dabei angewandte und an anderer Stelle bereits beschriebene Methode der Hautwiderstandsregistrierung mittels zweier in den beiden Händen gehaltener Elektroden führt zu Widerstandswerten gemäß Abbildung 136. Bei einer Versuchsperson, deren Bett in 3 unterschiedlichen Positionen gegenüber einem »Kreuzungspunkt« (Krebspunkt) orientiert war, sind deutliche Unterschiede im zeitabhängigen Verlauf von deren Hautwiderstand zu erkennen. Für eine wissenschaftliche Interpretation der Widerstandskurven wäre es dabei sehr hilfreich, wenn diese in einem besser geeigneten (zum Beispiel logarithmischen) Maßstab aufgetragen und auch einer Kurvenanalyse im Sinne einer Spektralanalyse unterworfen würden.

5.8 Abschließende Bemerkungen zum Wünschelrutenproblem

Die Ausführungen dieses Kapitels reichen wohl kaum aus, über das Wünschelrutenproblem erschöpfende Auskunft zu geben. Das ist weder beabsichtigt noch möglich. Die hierüber existierende umfangreiche Literatur entspricht leider nur selten strengen wissenschaftlichen Ansprüchen, was im Einzelfall nicht nur am Wollen und Können liegt, sondern auch situationsbedingt sein mag. Sicher wird dieses Gebiet immer wieder und zu Recht auch mit Scharlatanerie in Zusammenhang gebracht und besonders, wenn von sogenannten Entstörgeräten die Rede ist. Hierüber berichtet zum Beispiel Brüche[333] in objektiver Weise.

Unabhängig davon werden jedoch immer mehr neue, wesentliche Erkenntnisse gewonnen, die in steigendem Maß auf einen gewissen harten Kern des Problems hinweisen.

Jedenfalls ist auch beim derzeitigen Wissensstand bereits festzustellen: Bei Wahrung eines objektiven und neutralen Standpunktes kann das Wünschelrutenphänomen nicht mehr als Phantasterei abgetan werden. Eine objektive Beurteilung dieser Problematik von außen her setzt dabei neben den notwendigen technisch-physikalischen Kenntnissen in jedem Fall und in nicht unerheblichem Maße Wissen und Erfahrung auf biologischem Gebiet voraus. Nur allzu oft lassen sich klassische Physiker und Techniker dazu verleiten, biologische Systeme bei Messungen wie einen Apparat zu behandeln – und dies insbesondere im vorliegenden Fall des Wünschelrutenproblems. Biologische Systeme und damit natürlich auch insbesondere der Mensch sind aufgrund ihrer Beschaffenheit von vorn herein nicht dazu geeignet, immer eindeutige und reproduzierbare Messungen zu ermöglichen.

Jedes biologische System ist unter dem Aspekt der Verschiedenheit des einzelnen Individuums zu beurteilen. Objektive Erkenntnisse und Aussagen sind deswegen gerade in kritischen Bereichen auf keinen Fall mit einzelnen Systemen, mit dem einzelnen Menschen zu erzielen. Zu wissenschaftlich verwertbaren Aussagen können hier nur statistisch verwertbare Untersuchungen führen. Und auch hier wird oft nur der erfahrene Forscher vor milieubedingten Untersuchungsfehlern bewahrt bleiben.

Das Phänomen des Ausschlags einer Wünschelrute in der Hand des Rutengängers muß im Zusammenhang mit physikalisch bedingten Umweltreizen jedenfalls als existent angesehen werden. Ähnlich wie bei der sogenannten »Wetterfühligkeit« ist auch hier nicht nur ein einzelnes Agens dafür verantwortlich zu machen. Elektrische und magnetische Felder, vom statischen Bereich bis zu den höchsten Frequenzen und damit im weiteren Sinne auch ionisierende Strahlung, die Luftionisation, der vertikale Luftstrom stellen die hier interessierenden, möglichen physikalischen Parameter dar, auf die der Rutengänger in irgendeiner Form ansprechen kann. Und da der Mensch eben »einmalig«, das heißt, ein nicht reproduzierbares Individuum ist, wird jeder Rutengänger auch spezifisch reagieren, also auf unterschiedliche Parameter in unterschiedlicher Weise. Hinzu kommt noch die Abhängigkeit von seiner Einstellung zu dem was er tut, seiner momentanen Verfassung und von sonstigen Umweltreizen. Diese Vielfalt an Möglichkeiten läßt verstehen, warum es bei Einzelversuchen in einem an der untersten Wahrnehmungsschwelle liegenden Bereich immer wieder zu derart gravierenden Widersprüchen kommt oder sogar kommen muß und daher auch immer wieder kommen wird.

Der Wunsch nach der Entwicklung einer physikalischen Meßmethode, die die Angaben des Rutengängers zumindest bestätigt, wenn schon nicht ersetzen kann, wird erst hierdurch in seiner Dringlichkeit so richtig klar. Je weiter man jedoch in die Materie eindringt, umso mehr verstärkt sich der Eindruck, daß es hier um extrem komplexe Zusammenhänge geht. Als Konsequenz zeichnet sich zunehmend ab: Der Mensch ist wohl kaum völlig durch eine technische Vorrichtung zu ersetzen und damit wird der gesamte Problembereich Einzelaussagen betreffend zumindest teilweise nicht objektiv erfaßbar bleiben.

Ferner lernt man, daß hier oft und in allen Bereichen stark übertrieben wird. Es mag dies der verzweifelte Versuch sein, auf sich selbst und auf die Probleme aufmerksam zu machen, mit denen man sich intensiv beschäftigt, wenn nicht gar identifiziert. Auch ein gutes Maß an Selbstdarstellung, wenn nicht gar Selbstverherrlichung kann mit hereinspielen. Darum sei mahnend darauf hingewiesen, daß sich nicht alles ganz einfach mit *»Erdstrahlen, Wasseradern, Reizstreifen, Kreuzungen, Gitternetzen, Krebspunkten«* usw. erklären läßt. Technisch meßbare Umweltfaktoren aller Art, unabhängig ablaufende biologische Prozesse oder rein psychische Probleme werden hier vor Eifer und Gläubigkeit oder gar Besessenheit und Fanatismus aus den verschiedensten persönlichen Gründen sonst übersehen und übergangen.

Trotzdem erscheint es aber aufgrund des bisherigen Wissensgutes sinnvoll, den vorliegenden Erfahrungsberichten über pathogene Langzeitwirkungen weiter nachzugehen, die von gewissen eng begrenzten Bereichen, den sogenannten geopathogenen Zonen ausgehen sollen.

Ermutigen muß hierzu einmal, daß sich sehr deutlich abzeichnet, welch wesentliche Rolle die verschiedensten Arten elektromagnetischer Energien hierbei offenbar spielen – zumindest beim größten Teil des angesprochenen Problembereichs –. Zum anderen die in erfreulicher Weise immer größer werdende Zahl der Anzeichen für eine zunehmende Aufgeschlossenheit hinsichtlich dieser Gesamtproblematik gerade im akademischen, technischen und im biologisch/medizinischen Bereich. Man diskutiert zumindest schon einmal und offen über alles, ohne gleich zu verurteilen. Es verstärkt sich dabei der Eindruck, daß bedeutende Entscheidungen bevorstehen und weitreichende Erkenntnisse zu erwarten sind. Es wird sich zeigen, ob für oder gegen die Existenz einer Geobiologie.

6. BAUBIOLOGIE

Wie in den vorangegangenen Abschnitten dargelegt ist, sind zwischen biometeorologischen wie auch geobiologischen Problemen und der Feldsituation und sonstigen elektrophysikalischen Parametern (beispielsweise der Luftionisation) enge Verknüpfungen vorhanden. Hieraus ergibt sich in letzter Konsequenz, diese neuen Erkenntnisse gleichfalls zum Nutzen des Menschen im Zusammenhang mit dem Wohnklima zu berücksichtigen. Betroffen ist hiervon die großräumige, städtebauliche Konzeption genauso wie das Wohnklima jedes einzelnen Wohnraumes, denn es ist offensichtlich, daß damit den Menschen umgebende elektrophysikalische Gegebenheiten mittelbar oder unmittelbar beeinflußt werden können.

In welchem Maße hiermit die von Jaekkel[334] berichteten Effekte der Pyramidenbauform bei der Konservierung von Mumien oder sonstige Präparierung (beispielsweise kein Bakterienwachstum innerhalb pyramidenförmiger Gebilde) auch in Beziehung zu bringen sind, mag offen bleiben und harrt noch der wissenschaftlichen Bestätigung.

Man hat zwischenzeitlich immerhin gelernt, daß beim Bauen doch einige Dinge mehr zu beachten sind, als man sich noch vor nicht allzu vielen Jahren denken konnte (gesundheitsschädliche Baustoffe, Schallisolierung, Wärmeisolierung, Heizungsfragen usw.). Eine besondere Rolle spielt hierbei die problembehaftete Geobiologie. Das vorige Kapitel zeigt schließlich, daß es sehr wohl vertretbar ist, mit der Existenz gewisser biologisch ungünstiger Streifen und deren Kreuzungen zu rechnen, wie sie geobiologisch beschrieben werden. Dies hat dann aber auch Konsequenzen hinsichtlich einer weitsichtigen städtebaulichen Planung zur Folge. Hinzu kommen bioklimatische Erkenntnisse. Somit müßten beim Bau von Wohnhäusern die unterschiedliche Wirkung von diversen Baustoffen (Holz, Ziegelstein, Beton, usw.) wie auch von verschiedenen Bautechniken (klassische Bauweise, Stahlbetonbauweise usw.) in bezug auf das optimale elektromagnetische Raumklima (biometeorologische Erkenntnisse eingeschlossen) mitberücksichtigt werden. Gewisse Vorkehrungen oder gar Abschirmmaßnahmen gegen eventuell störende Wechselfelder der technischen Frequenzen könnten schon jetzt mit in Betracht gezogen werden. Aber auch auf eine gefahrlose Stelle für das Ruhelager im Schlafraum müßte eigentlich wegen der Möglichkeit von Langzeiteinwirkung biologisch ungünstiger physikalischer Energien – selbst wenn diese noch so gering sind – nach dem derzeitigen Stand der Wissenschaft wenigstens vorsorglich geachtet werden.

Wenn man einerseits die biologische Wirksamkeit elektrischer, magnetischer, elektromagnetischer Felder, der Luftionisationsverhältnisse usw. als biologisch wirksam akzeptiert und weiß, daß hier auch Anlaß zu bedenklichen biologischen Prozessen gegeben sein kann, ist es naheliegend, diese Erkenntnis gleichfalls bei Wohnräumen zu berücksichtigen.

Für diesen speziellen Wissenschaftsbereich hat sich inzwischen der Begriff »Baubiologie« eingebürgert. Sicher ist man auf diesem Gebiet in vielen Bereichen immer noch in einem gewissen Anfangsstadium. Deutlich und vernehmlich wurde anfangs klar über das Ziel hinausgeschossen und der eigentlich guten Sache damit oft mehr geschadet als genutzt. Inzwischen hat aber das sich allgemein durchsetzende Umweltbewußtsein zu einer klaren Konsolidierung dieses Gedankenguts geführt, verbunden mit einer zunehmenden Versachlichung und einer ruhigeren Atmosphäre bei der Behandlung der Probleme.

Im Rahmen dieser Ausführungen können zu dieser Thematik nur einige allgemeine Hinweise gegeben werden, ergänzt durch spezielle Informationen aus dem Bereich der Elektroklimatologie. So ist Kaufmann[334a] für seine Hinweise hinsichtlich der Baubiologie seit vielen Jahren bekannt. Er trug dabei in Einzelarbeit eine Vielzahl von Daten und Befunden zusammen, um damit die Bedeutung und das Ausmaß baubiologischer Konsequenzen zu untermauern.

Palm[335] geht dagegen mehr auf die hier auftauchenden bautechnischen Probleme ein. Selbst wenn dabei viele bedeutende Punkte vorgebracht werden, so fehlt diesen Arbeiten aber doch die exakte wissenschaftliche Beweisführung, auf die auch hier nicht verzichtet werden kann. Die dabei geleistete Arbeit zeigt unabhängig hiervon auf, wo noch anzusetzen wäre, um die Baubiologie noch mehr aus dem Stand der Vermutung in den des genauen Wissens zu überführen.

Die Gründung einer Reihe sogenannter Institute mit dem Bestreben, hier speziell zu informieren oder anhand von Tagungen mit Hilfe etablierter Wissenschaftler die Thematik noch besser darzustellen (beispielsweise: Deutsches oder Österreichisches Institut für Baubiologie[603]), weist auf die Aktivitäten hier einschlägig interessierter Kreise hin.

Schließlich kommt gerade auf biologischem Gebiet einer Öffentlichkeitsarbeit Bedeutung zu. Ein Versuch, einen Überblick über den Stand der Dinge zu geben, wurde in einer Broschüre »Gesundes Bauen – Gesundes Wohnen« von einer Arbeitsgemeinschaft[336*] unternommen. Auch hierin ist noch ein großer Teil aufgrund von Erfahrung zusammengetragen und sehr viel, zumindest nach exakt wissenschaftlichen Maßstäben, unbewiesen. Trotzdem müßte allein schon der Versuch, solche Hinweise zu geben, wie, wo und womit gebaut werden sollte, begrüßt werden, da manchem Suchenden vielleicht jetzt schon die eine oder andere Information gegeben wird.

Ein typisches Beispiel zum Thema Baubiologie: Modernste Klimaanlagen ermöglichen heutzutage ganze Hochhäuser voll zu klimatisieren. Obwohl hier die bekannten Klimafaktoren (Temperatur, Feuchtigkeit) nach den neuesten Gesichtspunkten geregelt werden, sind doch die Klagen derer, die sich in solchen Räumen (vor allem von Stahlbetonbauten) aufhalten müssen, sattsam bekannt. In diesem Zusammenhang weisen nun Dirnagl et al.[605] in einem Forschungsbericht auf die Folgen eines vollklimatisierten Raumes bezüglich des vertikalen Temperaturgradienten hin. War in einem solchen Raum vom Fußboden bis in 2 m Höhe praktisch kein Temperaturunterschied zu messen, so betrug dieser in einem konservativ beheizten Raum immerhin 4° C. Bei befragten Personen vergleichsweise ermittelte Befindensbeschwerden im vollklimatisierten Raum werden unter anderem auch auf diesen Umstand zurückgeführt.

Vergleichbar interessant sind luftelektrische Daten: Eine Serie von Messungen diente so zur größenmäßigen Erfassung der Durchdringungsfähigkeit natürlicher Umweltstrahlung (Lang et al.[422], Ludwig[435], Usemann u. Vogl[492]). Die Messung der Intensität der einfallenden Atmospherics fand im Frequenzbereich zwischen 0,3 bis 30 Hz statt. An jedem Meßort wurden an verschiedenen Tagen mit jeweils günstiger Atmosphericsstrahlung bei Hochdruckwetterlagen zehn Messungen über den gesamten aufgezeigten Frequenzbereich durchgeführt und die Differenzen der gemessenen Intensitäten gegenüber den außen einfallenden gleich 100 Prozent gesetzten Werten als prozentuale Durchlässigkeit berechnet. Eine weitere Meßreihe erfaßte vergleichend die elektrische Situation in einem dichten Fichtenjungwald und in einem PKW. Die Ergebnisse der Messungen zeigt Abbildung 144. Dabei trug die mittlere Durchlässigkeit in dem gesamten Frequenzbereich für den Fichtenjungwald 46%, für das Auto 10%. In den Gebäuden nahm sie in der aufgezeigten Reihenfolge von 57% (Ziegelstein) bis 3% (Stahlbetonbau) ab.

Ludwig[435] sowie Lenke und Bonzel[431] registrierten das atmosphärisch-elektrische Gleichfeld in und außerhalb von umbauten Räumen und stellten fest, daß zwar im Inneren der Räume keine natürliche Gleichfeldkomponente zu finden sei, bei normaler Nutzung der Räume durch die elektrostatischen Aufladungen von Kleidungsstücken und die Bewegungen der Personen, sowie durch elektrische Schaltvorgänge technischer Anlagen jedoch periodisch schwankende Potentiale auftraten, deren Frequenzen im ULF- beziehungsweise im unteren ELF-Bereich lagen. Diese künstlichen ELF-Felder überlagerten dann auch die Messungen der natürlichen Atmospherics im Inneren der Räume, sobald diese normal benutzt waren. Die Interpretation dieser Ergebnisse dahingehend, daß bezüglich der Abschirmeigenschaften der verschiedenen Baumaterialien keine Unterschiede vorlägen, da das bei Nutzung der Innenräume künstlich entstehende Elektroklima dem natürlichen weitgehend entspräche, scheint allerdings fragwürdig. Die Meßzeiten betrugen nämlich nur etwa 30 Minuten, so daß tagesperiodische Vorgänge, bei denen sich die Unterschiede zwischen dem technischen und dem natürlichen Elektroklima deutlich gezeigt hätten, nicht erfaßt werden konnten. Ferner ist der tatsächliche zeitliche Verlauf der Feldstärke des ELF-Musters des technischen Elektroklimas nicht zu vergleichen mit dem der natürlichen Atmospherics in diesem Frequenzbereich. Und außerdem konnte bezüglich des künstlichen Elektroklimas keine Aussage dahingehend getroffen werden, welche Anteile auf elektrostatische Aufladungen bewegter Flächen beziehungsweise auf Schaltvorgänge technischer elektrischer Anlagen zurückzuführen waren.

In einem weiteren Versuchsansatz beschränkten Lang et al.[422] die Vermessung der elektrischen Umwelt in Arbeitsräumen

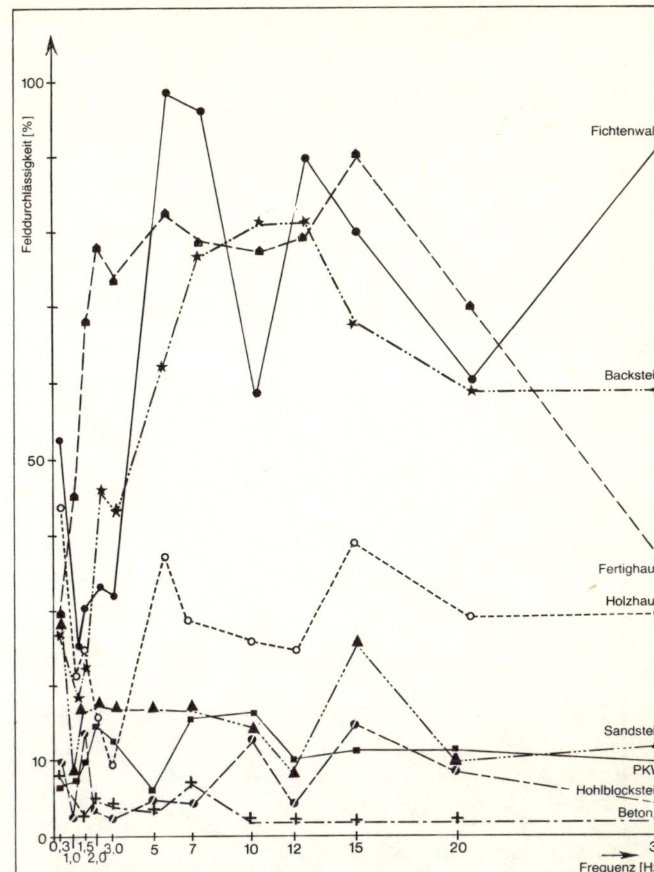

144 Durchlässigkeit für atmosphärisch-elektrische Felder im Bereich zwischen 0,3 Hz und 30 Hz unter verschiedenen Bedingungen, in Abhängigkeit von der Frequenz.

zunächst auf Messungen der 50 Hz-Felder, Konzentration der Kleinionen und elektrostatische Aufladungseffekte, um anhand dieser wichtigsten Parameter ein schematisiertes Meßprinzip zu entwickeln. Abbildung 145 zeigt die Situation in einem der Klassenräume, dessen Rückwand durch eine Undichtigkeit im Dach des Gebäudes ständig feucht war. Im Vergleich zu den übrigen Räumen, die eine relativ symmetrische Verteilung der abgestrahlten 50 Hz-Felder im Raum aufzeigten, erzeugte diese Rückwand ein um das zehnfache höheres Potential. An dem Schukosystem der in der Wand gelegten Leitungen und Steckdosen konnten dabei keine Fehler festgestellt werden. Beim Einschalten der Deckenbeleuchtung erhöhte sich das Potential des 50 Hz-Feldes mit zunehmender Raumhöhe. Eine nicht geerdete Lampenanordnung an der Vorderseite des Raumes bewirkte Potentiale bis zu 56 V_{ss}. Insgesamt zeigte sich, daß in Wandnähe eines Raumes normalerweise 50 Hz-Potentiale in der Größenordnung von 2 V_{ss} bis 20 V_{ss} auftraten, die bei defektem Leitungssystem beziehungsweise Bauschäden der erwähnten Art bis zehnfach erhöht sein konnten.

Die kunststoffbeschichteten Tisch- und Stuhloberflächen hatten bei normaler Belegung des Klassenraums eine Aufladung, die sich in der unmittelbaren Umgebung der Gegenstände durch ein elektrisches Feld der Stärke von etwa 800 V/m manifestierte.

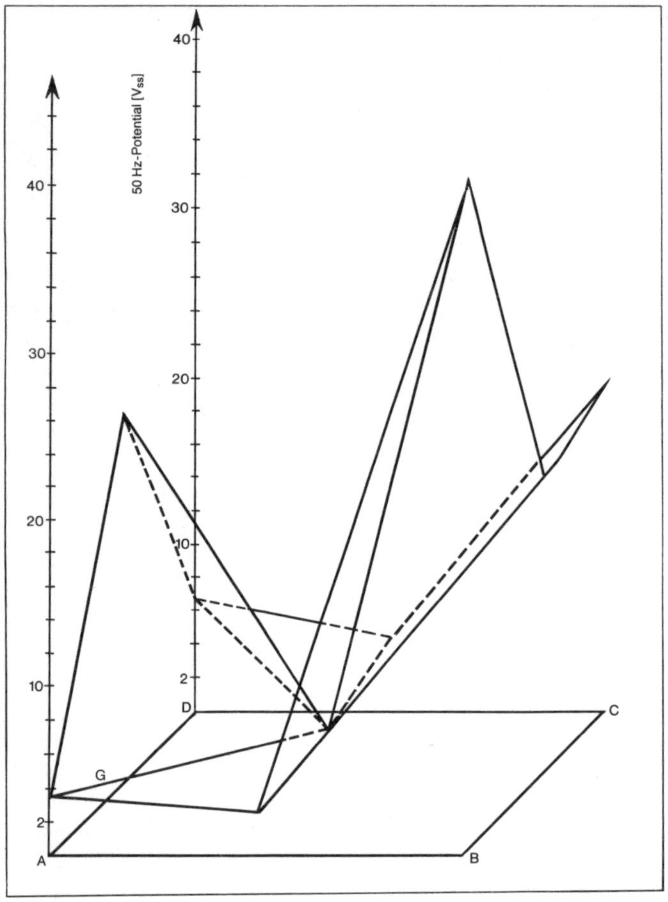

145 Räumliche Potentialverteilung des 50 Hz-Feldes in einem Klassenraum in einer Schule der Grundfläche ABCD (6,4 × 9,2 Meter) in 1,80 Meter Höhe gemessen.

Mit dem hier beschriebenen Meßansatz bietet sich insgesamt für umbaute Räume ein modellhafter Vorschlag zur genormten Erfassung an

1. der elektrischen Abschirmsituation gegenüber den atmosphärisch elektrischen Feldern,
2. des Spektrums technischer elektrischer Felder im ULF- und ELF-Bereich,
3. der elektrostatischen Aufladungsphänomene und
4. der Kleinionenkonzentration.

Dieses Konzept muß sicher noch in vielen Punkten ergänzt und überarbeitet werden.

Vorerst gilt es immer noch, nach dem Grundsätzlichen zu forschen. Die Schwierigkeiten, wie sie derzeit jedenfalls noch im Zusammenhang mit der sogenannten Baubiologie vorhanden sind, beschreibt dabei Lotz[341] sehr gut, indem er darauf hinweist, daß die für eine exakte, baubiologische Beurteilung der Baustoffe unerläßlichen Parameter noch nicht umfassend vorliegen beziehungsweise hinreichend bekannt sind. Es erscheint demnach wegen der Folgen, die sich aus einer ungenauen Beurteilung wegen nicht genügend wissenschaftlich abgesicherte Aussagen ergeben können, eine gewisse Zurückhaltung am Platze. Immerhin interessieren die Fragen nach der Strahlenquelle innerhalb von Häusern, Abschirmung der Gammastrahlen von außen durch Baumaterialien, Strahlung aus Baumaterialien, Kosmische Strahlung und Luftradioaktivität in Häusern sowie Vergleich der äußeren Strahlenbelastung in den Häusern mit der im Freien. Dabei wird die Radioaktivität bei der biologischen Baustoffbeurteilung nur als ein Parameter angesehen. Zahlreiche andere wären jedoch ebenso zu berücksichtigen: Elektrostatische Aufladung, Wärmeleitfähigkeit und Wärmekapazität, Isolierwirkung gegenüber geopathogenen Einflüssen, Gasaustauschfähigkeit (Atmungsfähigkeit), Hygroskopizität (Regulierung der Luftfeuchtigkeit), Durchlässigkeit für elektrische Gleich- und Wechselfelder, Abschirmwirkung gegen technische Strahlungen usw. Diese Aufzählung macht besonders deutlich, welch riesiges Aufgabengebiet sich hier auf dem Gebiet der Baubiologie für eine Grundlagenforschung auf interdisziplinärer Basis eröffnet hat.

146 Großraumbüro mit kommerziell installierten Deckenelektroden zur Erzeugung eines Elektroklimas. Wissenschaftlich fundierte Untersuchungen bestätigen den Nutzen des Einsatzes solcher Anlagen (siehe Abschnitt C.2.5), die elektrische Wechselfelder von 10 Hz erzeugen, und deren baubiologische Bedeutung.

E. ZUSAMMENFASSUNG UND SCHLUSSBEMERKUNGEN

Die Vielfalt der auf internationaler Basis bekanntgewordenen Untersuchungsergebnisse beweist die biologische Wirksamkeit von elektrischen und magnetischen Feldern und Erscheinungen. Dies darzulegen ist die Hauptaufgabe dieses Buches. Wenn dem gegenüber auch anders lautende Berichte vorliegen, so ändert dies nichts am Grundprinzip dieser Aussage. Hieraus ist nämlich nur zu schließen, daß eine derartige Wirkung entsprechend der Gegebenheiten möglich ist, jedoch nicht in jedem Fall vorhanden sein muß. So wird die Beschreibung natürlicher, aber auch künstlicher elektromagnetischer Energien über den gesamten Frequenzbereich, wie wir ihn derzeit erfassen können, der gebührende Raum gewidmet. Außerdem werden die für den Lebensraum des Menschen noch in Frage kommenden elektrophysikalischen Parameter Luftionisation und luftelektrischer Strom eingehend behandelt. Aufgrund dieser Kenntnisse stellt sich dann die Frage, welche biologische Bedeutung diesen Umweltfaktoren zukommt. Dabei wird bewußt nur von Wirksamkeit gesprochen, denn es ist klar: Eine scharfe Trennungslinie zwischen den beiden Extremen Schädlichkeit und Nützlichkeit kann nicht gezogen werden. Wie bei allen biologischen Problemen muß man von wissenschaftlicher Seite her die Untersuchungen erst einmal auf statistischer Basis vornehmen, um generelle Aussagen zu gewinnen. Für das einzelne Lebewesen gelten jedoch immer persönlichkeitsspezifische, subjektive Merkmale. Somit kann folgerichtig eine ganz bestimmte Situation für den einen Menschen schädlich, für den anderen aber nützlich sein, alle Zwischenwerte mit eingeschlossen.

Es ergab sich ebenfalls, daß die hier vorgelegten Zusammenhänge zwischen elektromagnetischen Feldern und biologischen Systemen letztlich mit evolutionstheoretischen Überlegungen in Zusammenhang zu bringen sind, wie dies die internationale Literatur inzwischen bestätigt.

Als Konsequenz der hier angeführten Erkenntnisse deutet sich bereits jetzt die sinnvolle Anwendung des neuen Wissens auf ganz bestimmte Fachgebiete an, wie zum Beispiel bei der Biometeorologie oder bei der Baubiologie, bei der Biomedizin zu diagnostischen und therapeutischen Maßnahmen, sowie im Zusammenhang mit Einflüssen technischer Felder und der sich immer mehr als ernstzunehmend abzeichnenden Existenz geopathogener Zonen, die vom Wünschelrutenphänomen her bekannt sind.

Allerdings zeigt sich, daß auf all diesen Gebieten in unserem Wissen noch erhebliche Lücken bestehen. So entsteht die Aufgabe, weitere Forschungsprobleme in Angriff zu nehmen und im großen Rahmen Untersuchungen durchzuführen, um damit durch statistisch gesicherte Ergebnisse das schon aus vielen Mosaiksteinen bestehende Bild zu ergänzen und zu vervollständigen.

Zweifellos wird es dabei nicht einfach sein, wegen der Vielzahl gleichzeitig betroffener Fachdisziplinen, den Weg zu finden, in welchem Rahmen letztlich derartige Forschungsprobleme zum Wohl aller und unbeeinflußt durch irgendeine Lobby zu bearbeiten wären.

Unabhängig davon hofft jedenfalls der Autor, den fachlich unbelasteten Leser in allgemein verständlicher Weise in die hier behandelte Problematik, vor allem in die der elektromagnetischen Felder sowohl von der technisch-physikalischen als auch von der biologischen Seite her, eingeführt zu haben. Sollte darüber hinaus auch dem Fachmann insoweit genügend Information über die hier behandelten Zusammenhänge gegeben worden sein, daß sie Anlaß zu neuen Anregungen und Anstößen sind, aufgrund derer die Zahl der noch offenen Fragen verringert wird, dann wäre der Zweck dieses Buches erfüllt.

TECHNISCH-PHYSIKALISCHE GRUNDLAGEN

BEGRIFFSERKLÄRUNG TECHNISCHER bzw. ELEKTROPHYSIKALISCHER AUSDRÜCKE

Im Zusammenhang mit der Besprechung der biologischen Wirksamkeit elektromagnetischer Kräfte ist es notwendig, technische beziehungsweise elektrophysikalische Begriffe zu verwenden, die nicht jedem Leser genau bekannt sein werden. In der folgenden Aufstellung wird daher versucht, die wichtigsten dieser Begriffe – soweit wie möglich – allgemein verständlich zu erklären und gegebenenfalls auch zu veranschaulichen.

1.1 Aerosol

Unter Aerosol versteht man eine Gruppe von Kolloiden, die durch nebelförmige Verteilung fester (zum Beispiel Rauch oder Staub) oder flüssiger (Nebel) Substanzen in einem Gas charakterisiert ist. Doch können nur solche Systeme als Aerosole bezeichnet werden, in denen die schwebenden Partikelchen eine angemessene Zeit wirklich in der Schwebe bleiben. Zu einem Aerosol kann man alle Substanzen gasförmigen, flüssigen oder festen Aggregatzustands rechnen, die als physikalisch-chemische Einheiten von 1 nm bis 10 μm Durchmesser in einem Gas schweben.

1.2 Arbeit

»Arbeit ist gleich Kraft mal Weg« kann für den speziellen Fall angewandt werden, wenn Kraftrichtung und Wegrichtung zusammenfallen und die Kraft außerdem konstant ist. Allgemein gilt für die mechanische Arbeit: Ist ds ein Element des Weges s, auf dem der Angriffspunkt einer auch veränderlichen Kraft F verschoben wird, und α der Winkel zwischen Kraftrichtung und Richtung von ds, so ist die elementare Arbeit gegeben durch

$$dW = F \cdot \cos \alpha \cdot ds$$

und die insgesamt bei Verschiebung über einen Weg s geleistete Arbeit durch

$$W = \int F(s) \cdot \cos \alpha (s) \cdot ds.$$

Arbeit kann einem System durch mechanische, thermodynamische, elektrische und andere physikalische Vorgänge zugeführt oder entnommen werden. Zugeführte Arbeit vergrößert die im System enthaltene Energie, entnommene verringert sie. Energie kann in verschiedener Form gespeichert werden (→ Energie). Beispielsweise muß beim Hochstemmen eines Gewichts auf eine gewisse Höhe über dem Boden eine bestimmte Kraft über einen Weg h aufgewendet werden (Abbildung A1; die dabei geleistete Arbeit ist in Form von potentieller Energie gespeichert. Läßt man das Gewicht herunterfallen, so setzt sich die potentielle Energie während des Fallens in kinetische Energie (Geschwindigkeit des Körpers) um, die schließlich beim Aufprall auf den Boden in Formänderungsarbeit an dem Körper oder der Unterlage und in Wärmeenergie umgesetzt wird.

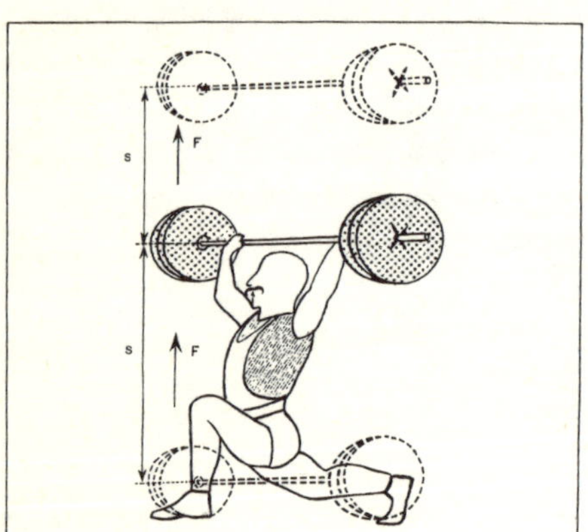

A1 Schematische Darstellung der Zusammenhänge zwischen Arbeit, die vollbracht werden soll, und der dazu notwendigen Kraft F längs der Wegstrecke s.

1.3 Atmospherics

Unter Atmospherics versteht man elektromagnetische Signale natürlichen Ursprungs, mit vorzugsweise wellenartigem Charakter im Frequenzbereich sowohl zwischen 0,3 Hz und 0,3 kHz (ELF-Atmospherics) als auch zwischen 0,3 kHz bis 0,3 MHz (VLF-Atmospherics), die sich hauptsächlich zwischen Erdoberfläche und Ionossphäre ausbreiten. Ihr Ursprung beruht primär auf Blitzentladungen.

1.4 Elektrisches Feld

Als elektrisches Feld bezeichnet man, den Gedanken J. C. Maxwells folgend, den Zustand, der im Raum durch elektrische Ladungen oder durch zeitlich veränderliche Magnetfelder erzeugt wird. Elektrische Ladungen üben Kräfte aufeinander aus: Die sogenannte elektrostatische Kraft zwischen zwei Punktladungen q_1 und q_2 im Abstand r ist nach dem Coulomb'schen Gesetz festgelegt: $F = kq_1q_2/r^2$ (k = Proportionalitätskonstante). Man definiert die elektrische Feldstärke mit $\vec{E} = \vec{F}/q$ als Kraft pro Ladungseinheit, $\vec{E}$ hat als Vektor die gleiche Richtung wie die Kraft (siehe Abbildungen A2 und A4).

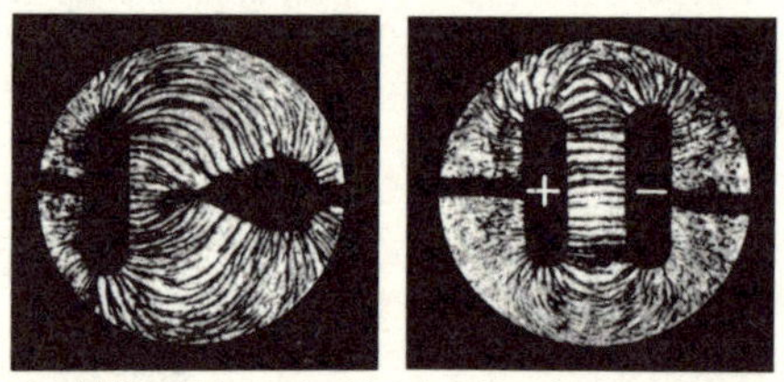

A2 Feldlinienbilder für das elektrische Feld. Links: Spitze und entgegengesetzt geladene Platte. Rechts: Zwei entgegengesetzt geladene ebene Platten.

Außer durch Ladungen kann ein elektrisches Feld nach dem Induktionsgesetz auch durch zeitliche Änderungen des magnetischen Feldes erzeugt werden. Die elektrische Feldstärke wird gemessen in V/m.

1.5 Energie

Energie ist Arbeitsvermögen. Enthält ein System Energie, so kann es solche aus dem eigenen Vorrat nach außen abgeben und daher Arbeit leisten. Energie kann in verschiedenen Formen vorliegen: potentielle Energie (E. der Lage), kinetische Energie (E. der Bewegung), elektrische Energie, magnetische Energie, thermische Energie (Wärme), chemische und atomare Bindungsenergie, Masseenergie (beschrieben über die Relativitätstheorie mit Energie $E = mc^2$). Der Satz von der Erhaltung der Energie eines abgeschlossenen Systems, also auch die Unveränderlichkeit des Energieinhalts des Weltalls, ist ein wesentliches Axiom der Physik. Energie einer Form kann in solche einer anderen Form umgesetzt werden; unter den möglichen Umwandlungen gibt es allerdings irreversible Prozesse: Jede Energieform kann vollständig in Wärmeenergie umgewandelt werden, Wärmeenergie aber niemals wieder vollständig in eine andere Energieform.

1.6 Feldlinien des elektrischen und magnetischen Feldes

Ist die elektrische oder magnetische Feldstärke als Funktion des Ortes bestimmt, so ist jedem Punkt des Feldes eine bestimmte Richtung zugeordnet. Kurven, deren Tangenten in jedem Punkt in der Richtung des Feldes übereinstimmen, heißen Feldlinien oder Kraftlinien, da sie die Wirkungsrichtung der durch das Feld beschriebenen Kraft angeben. Da die Feldrichtung zu einer gegebenen Zeit an jedem Punkt eindeutig bestimmt ist, geht durch jeden regulären Punkt des Feldes eine – und nur eine – Feldlinie hindurch (Ausnahme: Die singulären Punkte des Feldes, beispielsweise beim elektrischen Feld der Ort der Ladung oder neutrale Punkte). Nach Faraday kann man durch die Zahl der Feldlinien, die eine Normfläche senkrecht durchschneiden, den Fluß der Feldgröße durch diese Fläche angeben, das heißt also die Feldintensität für diese Stelle beschreiben (siehe auch Abbildungen A2 und A4).

1.7 Frequenz (Schwingungszahl)

Frequenz bezeichnet die Anzahl der vollen Schwingungen irgend eines periodischen Vorgangs innerhalb eines Zeitintervalls. Gewöhnlich wird als Zeiteinheit eine Sekunde benutzt; die Einheit der Frequenz ist dann das Hertz (Hz). Durch die Angabe der Frequenz wird nur die Schwingungszahl bestimmt; natürlich muß außerdem angegeben werden, um welchen physikalischen Vorgang es sich handelt, zum Beispiel die Frequenz des Wechselstroms, eines elektrischen Signals, eines Wechselfeldes, einer schwingenden Stimmgabel oder dergleichen.

1.8 Gleichrichtung

Siehe Nichtlinearität.

1.9 Gradient

Begriff aus der Vektoranalyse: Ist u eine skalare, stetige Funktion der Ortskoordinaten, wie dies in der Physik zum Beispiel für die Temperatur, die Dichte oder das elektrische Potential zutrifft, dann hängt die räumliche Änderung von u von der Richtung des Fortschreitens im Raum ab. Unter dem Gradienten versteht man nun einen Vektor, dessen Richtung mit der Richtung des größten Anstieges der Funktion u zusammenfällt und dessen Betrag gleich dieser auf die Einheit der Wegstrecke bezogenen größten Änderung der skalaren Ortsfunktion u ist.

1.10 Impulsfolgefrequenz

Werden irgendwelche Signalinformationen in periodischen Zeitabständen wiederholt (zum Beispiel das gleichmäßige Ein- und Ausschalten eines Stromes), so beschreibt man die zeitliche Folge des Auftretens solcher hierbei entstehender Impulse durch die Impulsfolgefrequenz; sie ist also nichts anderes als die Anzahl dieser Signalinformationen, die pro Sekunde auftreten. Die Impulsfolgefrequenz f (in Hz) errechnet sich demnach auch aus dem Reziprokwert des Zeitabstandes T (in Sekunden), in dem zwei Impulse aufeinander folgen, $f = 1/T$.

1.11 Ion

Materie-Bausteine, also Atome oder Moleküle, werden zu Ionen, wenn sie infolge Abgabe oder Aufnahme von Elektronen nicht mehr neutral, sondern elektrisch geladen sind (→ Ionisation). Radikal-Ionen entstehen durch Zerlegung von Molekülen in zwei elektrisch geladene Bestandteile, von denen keines ein einzelnes Elektron ist (Dissoziation). Außerdem gibt es auch große Ionen, welche durch Zusammenballung vieler, zum Teil geladener Moleküle (Haufenionen) entstehen. Je nach Art unterscheidet man also Atomionen, Radikalionen, Molekülionen und Haufenionen. Sowohl zur Ionisation wie zur Dissoziation ist Energiezufuhr notwendig, im ersten Fall die Zuführung der Ionisierungsenergie, im zweiten die der Dissoziationsenergie.

1.12 Ionisation

Unter Ionisation (auch Ionisierung) eines Atoms oder Mole-

küls versteht man das Wegreißen eines Elektrons durch Zuführen der Ionisierungsenergie in irgendeiner Form, also zunächst immer die Erzeugung eines positiven Ions. Andererseits versteht man unter Ionisation aber auch die Erzeugung von Ionenpaaren, vor allem durch irgendeine Strahlung (Kosmische Strahlung), wobei ebenfalls zunächst positive Ionen gebildet werden, die losgerissenen Elektronen sich aber an neutrale Moleküle anlagern, wodurch zu jedem positiven Ion auch noch ein negatives entsteht (siehe Abbildung 11, nach Wait[11]).
Die vier wichtigsten Möglichkeiten der Ionisation sind: Hohe Temperatur, Elektronenstoß, Stoß bewegter Ionen und Wellenstrahlung (durch die zum Beispiel die Ionosphäre entsteht).

1.13 Kraft

Die Kraft ist eine physikalische Größe, welche die Merkmale eines Vektors besitzt und einen materiellen Körper beschleunigen oder – im Zusammenwirken mit anderen Kräften – deformieren kann. Beschleunigung ist dabei keine notwendige Voraussetzung für die Existenz einer Kraft, denn auch an ruhenden oder geradlinig-gleichförmig bewegten Körpern können Kräfte angreifen, die sich im Gleichgewicht halten und daher nicht beschleunigend, wohl aber im allgemeinen verformend wirken. Die eindeutige Beschreibung einer Kraft erfordert drei Angaben, nämlich Größe, Richtung und Lage der Wirkungslinie (siehe auch Abbildung A3).

1.14 Ladung, elektrische

Elektrische Ladung ist gleichbedeutend mit Elektrizitätsmenge (Maßeinheit: 1 Coulomb = 1 Ampère × 1 Sekunde).

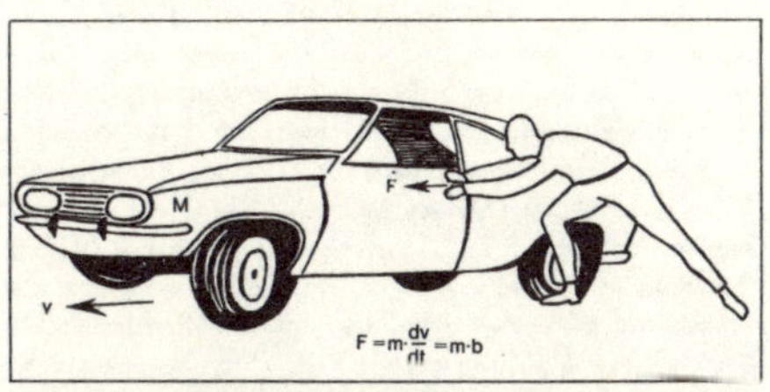

A3 Schematische Darstellung der Zusammenhänge zwischen Kraft F, Masse m, Geschwindigkeit v und der Beschleunigung b.

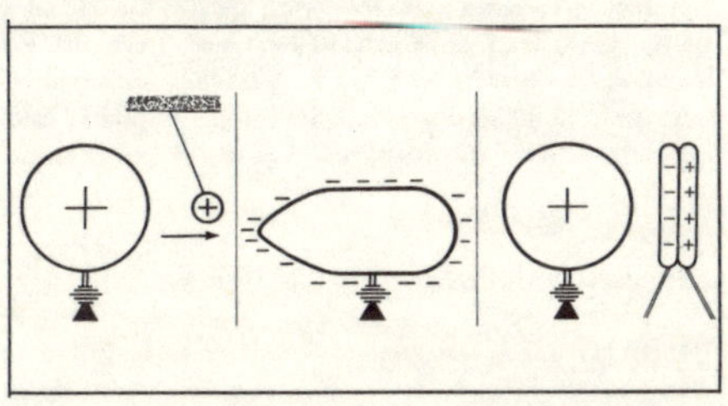
A4 Nachweis des elektrischen Feldes durch die Kraftwirkung auf kleine Probeladungen; Ladungsverteilung auf einem Leiter; Ladungsverschiebung auf der Metall-Doppelplatte durch Influenz (von links nach rechts).

Das Charakteristische elektrischer Ladungen ist die Kraftwirkung, die sie aufeinander ausüben. Es gibt zwei Arten von Ladung: positive und negative. Gleichnamige Ladungen stoßen sich ab, ungleichnamige ziehen sich an. Sind gleiche Mengen verschiedener Ladungsarten vereinigt, so kompensieren sie sich gegenseitig (siehe Abbildung A4). Positive Ladungen entstehen, wie historisch willkürlich festgelegt wurde, auf Glas, das mit einem mit Zinn-Amalgan bestrichenen Woll-Lappen gerieben wird, negative auf Siegellack oder Schwefel, der mit einem Fell gerieben wird.
Elektrische Ladungen sind nicht kontinuierlich teilbar. Die kleinste mögliche Ladung ist die Elementarladung. Das Elektron trägt die negative Elementarladung, nämlich
$e = 1{,}602 \cdot 10^{-19}$ C.

1.15 Ladungstransport, elektrischer

Hierunter wird der elektrische Strom verstanden (Maßeinheit: Ampère).

1.16 Leistung

Leistung ist der Quotient aus verrichteter Arbeit W und der dafür benötigten Zeit t, also P = W/t, beziehungsweise allgemein P = dW/dt.
Die Leistung wird in der Einheit Watt angegeben; dabei gilt: 1 W = 1 J/s = 1 Nm/s = 1 m^2 kg/s^3.
Oft werden folgende Umrechnungen benötigt:
1 PS = 75 mkp/s = 735,6 W; 1 mkp/s = 9,81 W;
oder 1 kW = 1,36 PS = 860 kcal/h, beziehungsweise
1 W = 0,239 cal/sec.

1.17 Leitwert, elektrischer

Der elektrische Leitwert (Maßeinheit: Siemens) ist der reziproke Wert des elektrischen Widerstands R. Der elektrische Leitwert G = 1/R gibt ein proportionales Maß dafür, wieviel Strom I zwischen zwei Punkten fließt, zwischen denen eine bestimmte Spannung U herrscht: I = G · U.

1.18 Magnetismus

1.18.1 Magnetfeld: Magnetische Felder werden durch bewegte Ladungen, also durch Ströme und durch (rasch) veränderliche elektrische Felder erzeugt (Abbildung A7). Auf bewegte Ladungen und somit auf stromdurchflossene Leiter im Magnetfeld wirken Kräfte, die sogenannten Lorentz-Kräfte Das Magnetfeld von Dauermagneten (Abbildung A5) hat seine Ursache in interatomaren beziehungsweise intermolekularen Ringströmen. Wie alle Kraftfelder ist auch das magnetische Feld ein Vektorfeld, das heißt, es hat in jedem Punkt des Raums eine bestimmte Größe und eine bestimmte Richtung. Das Magnetfeld wird durch die magnetische Feldstärke H (gemessen in A/m) oder durch die magnetische Kraftflußdichte (auch: Magnetische Induktion) $\vec{B} = \mu\vec{H}$ (gemessen in Tesla, 1 T = 1 Vs/m^2) charakterisiert. μ ist die (→) Permeabilität.

1.18.2 Diamagnetismus: Diamagnetische Stoffe (zum Beispiel Bi, Hg, S) verursachen nach ihrer Einführung in eine stromdurchflossene Spule eine Verringerung des sie durchsetzenden Kraftflusses (siehe Abbildung A6). Die relative Permeabilität μ_r ist also kleiner als 1.

1.18.3 Paramagnetismus, Ferromagnetismus: Paramagnetische Stoffe (zum Beispiel Pt, O_2) verursachen nach ihrer Einführung in eine stromdurchflossene Spule eine Erhöhung des sie durchsetzenden magnetischen Kraftflusses (siehe Abbildung A6). Die relative Permeabilität μ_r solcher Körper ist nur sehr wenig größer als 1; ferromagnetische Körper (zum Beispiel Fe, Co, Ni) haben die gleiche Wirkung, jedoch in wesentlich höherem Ausmaß; $\mu_r \gg 1$.

1.19 Nichtlinearität

Man spricht im Zusammenhang mit elektrischen Vorgängen von Nichtlinearität, wenn zum Beispiel der proportionale Zusammenhang des Ohm'schen Gesetzes nicht mehr gewährleistet ist, das heißt, wenn der Strom durch einen bestimmten Verbraucher sich nicht mehr proportional zur angelegten Spannung einstellt. Ein typisch technischer Vertreter eines Verbrauchers mit nichtlinearem Widerstand ist die elektrische Glühbirne. Durch das Erhitzen des Glühfadens wird gleichzeitig dessen Widerstand erhöht. Wird immer mehr Strom durch eine Glühlampe geschickt, so bleibt deren Widerstand nicht konstant, sondern erhöht sich. Die benötigte Spannung wächst stärker als der Strom, es besteht ein nichtlinearer Zusammenhang zwischen Strom und Spannung.
Auch biologische Zellensysteme repräsentieren, elektrisch gesehen, nichtlineare Widerstände. Wird an ein solches System beispielsweise eine sinusförmige Wechselspannung angelegt, so fließt kein zur Spannung proportionaler Strom, da das Zellensystem für unterschiedlich polarisierte Spannungswerte unterschiedliche elektrische Widerstände aufweist. Die positive und negative Halbwelle des sich einstellenden Stromes sind deswegen nicht mehr gleich groß; die Ladungsmenge also, die während der positiven Halbwelle in der einen Richtung transportiert wird, ist nicht mehr genauso groß wie diejenige, welche während der negativen Halbwelle in der umgekehrten Richtung fließt. Dies bedeutet, über eine Periode fließt im Mittel durch die Zelle ein bestimmter Strom in einer Richtung. Es ist also eine Gleichstromkomponente vorhanden, deshalb spricht man auch von einem Gleichrichtereffekt. Im Gegensatz hierzu wird bei einem reinen Wechselstrom über dem Zeitraum einer Periode im Mittel keine Ladung transportiert.

1.20 Periodendauer

Bei einem Schwingungsvorgang wird die Zeit, die während des Ablaufs einer vollen Schwingung verstreicht, die also jeweils bis zur Wiederholung einer Polarität beziehungsweise eines bestimmten maximalen Ausschlags vergeht, als Periodendauer T bezeichnet (siehe Abbildung A9). Beim Wechsel-

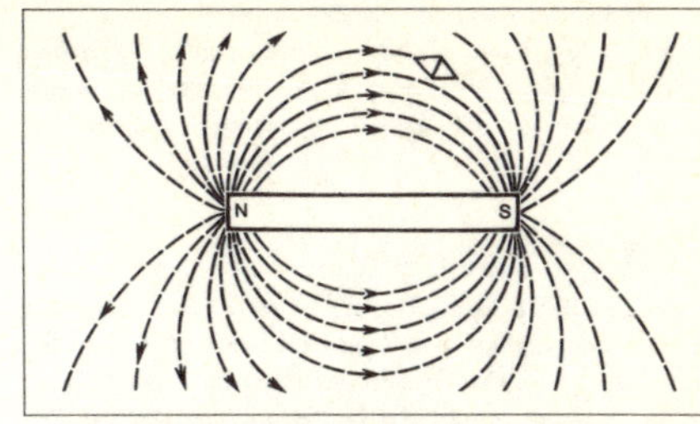

A5 Verlauf der magnetischen Feldlinien bei einem Stabmagneten. Eine Magnetnadel stellt sich tangential zu den Feldlinien ein.

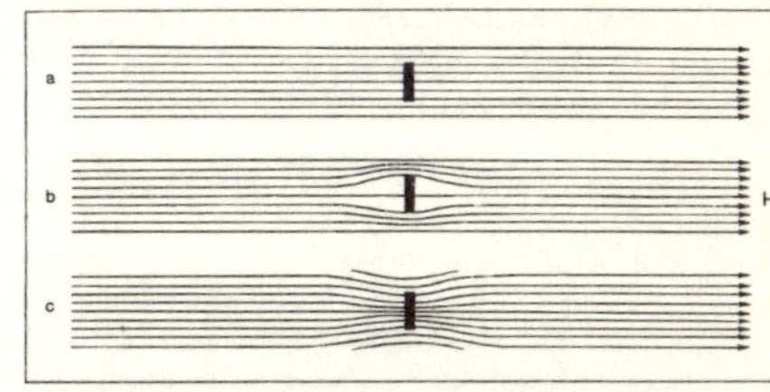

A6 Körper mit verschiedenen magnetischen Eigenschaften.
a) Magnetisch neutraler Körper mit den magnetischen Eigenschaften wie sie im Vakuum anzutreffen sind, relative Peremeabilitätskonstante $\mu_r = 1$, der Verlauf der magnetischen Kraftlinie wird nicht beeinflußt; b) diamagnetischer Körper, $\mu_r < 1$, verringerte Feldliniendichte; c) paramagnetischer Körper mit $\mu_r > 1$, beziehungsweise ferromagnetischer Körper mit $\mu_r \gg 1$, die Feldliniendichte wird sehr stark erhöht.

A7 Elektrischer Strom erzeugt ein Magnetfeld. Von links nach rechts: Magnetische Feldlinien um einen geraden, stromdurchflossenen Leiter; magnetische Feldlinien um einen Kreisstrom; das Magnetfeld einer Spule.

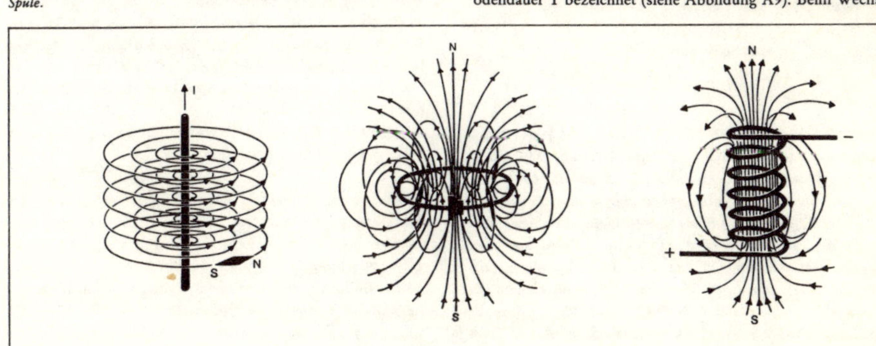

strom ist das beispielsweise die Zeitspanne T zwischen zwei aufeinanderfolgenden positiven Strommaxima. Errechnet man nun, wieviel Schwingungen pro Sekunde stattfinden, so ergibt dies definitionsgemäß die Frequenz f. Somit gilt $f = 1/T$.

1.21 Permeabilität

Das magnetische Feld kann durch die magnetische Induktion B (Flußdichte) und die magnetische Feldstärke H beschrieben werden: $\vec{B} = \mu\vec{H}$. Der Proportionalitätsfaktor zwischen beiden wird als Permeabilität μ bezeichnet. Die absolute Permeabilität μ_o beschreibt den Zusammenhang im Vakuum, während die relative Permeabilität μ_r die Permeabilität bezogen auf Vakuum angibt:
$\mu_r = \mu/\mu_o$, für $\mu_o = 4\pi \cdot 10^{-7}\ \Omega s/m$
(siehe auch Abbildung A6).

1.22 Photonen

Einstein stellte als erster eine Theorie für das Licht auf, wonach das Licht eine Wellenerscheinung ist, bei der jedoch die Energie immer nur in wohldefinierten Bündeln transportiert wird. Diese Energiebündel bezeichnete er als Photonen. Demnach ist die Ausbreitung des Lichts sowohl ein Wellenprozeß als auch ein Teilchenprozeß. Die Energie eines Photons ist nur von der Wellenlänge abhängig. Folglich ist die Energie von Radiowellen entsprechend geringer im Vergleich zu den Photonen der Röntgenstrahlen. Photonen mit einer Energie von mehr als 10 000 eV nennt man Gammaquanten. Eine Erhöhung der Lichtintensität bedeutet beispielsweise, daß mehr Photonen vorhanden sind. Es ändert sich jedoch nicht deren Geschwindigkeit und damit deren Energie. Der wichtigste Unterschied zwischen den Photonen einerseits und den Materieteilchen wie Elektronen und Atomkernen andererseits besteht darin, daß Photonen keine Masse haben. Alle Photonen bewegen sich nun grundsätzlich mit Lichtgeschwindigkeit, unabhängig von ihrer Energie. Bei den anderen Elementarteilchen, zum Beispiel beim Elektron, ist dies anders. Sie verhalten sich ebenso wie ein größeres Stück Materie, sie können sich in Ruhe befinden oder sich mit ganz verschiedenen Geschwindigkeiten durch den Raum bewegen, nur muß diese Geschwindigkeit kleiner als die Lichtgeschwindigkeit sein. Mittels modernster Beschleunigeranlagen ist man derzeit in der Lage, beispielsweise Elektronen etwa auf 99,9% der Lichtgeschwindigkeit zu bringen. Photonen können Materie nicht ohne weiteres durchdringen, sondern sie übertragen dabei Energie auf alle elektrisch geladenen Teilchen. Mit Teilchen, die keine elektrische Ladung tragen, findet keine Wechselwirkung statt (Fritzsch[566]).

1.23 Potential, elektrisches

Auf eine elektrische Ladung q wirkt im elektrostatischen Feld $\vec{E}$ die Kraft $\vec{F} = q \cdot \vec{E}$. Verschiebt man die Ladung so, daß der Weg immer senkrecht zur Kraft, das heißt auch senkrecht zu Feldstärke orientiert ist, so wird weder Arbeit aufgenommen noch abgegeben. Dies ist möglich auf den sogenannten Äquipotentialflächen des elektrischen Feldes. Der Potentialunterschied zwischen zwei Äquipotentialflächen (1 und 2) ist die elektrische Spannung: $U_{12} = \psi_1 - \psi_2 = \int_1^2 E \cos \alpha \, ds$, wobei E die elektrische Feldstärke, ds ein Element des Weges von Punkt 1 auf der Äquipotentialfläche mit dem Potential ψ_1 zum Punkt 2 auf der Fläche mit ψ_2, und α der Winkel zwischen der jeweiligen Richtung von ds und E ist. Bei Verschiebung einer Ladung q von 1 nach 2 wird die Arbeit: $W_{12} = qU_{12} = q(\psi_1 - \psi_2)$ geleistet. Das Potential wird ebenso wie die Spannung in Volt gemessen.

1.24 Radioaktivität

Hinsichtlich der Radioaktivität gilt folgendes. Die radioaktive Umwandlung (auch radioaktiver Zerfall genannt) eines natürlich radioaktiven Stoffes besteht darin, daß seine Kerne entweder jeweils ein Alpha-Teilchen ausschleudern oder ein Elektron (Beta-Zerfall). Bei der Aussendung von Gamma-Strahlen ändert der Kern seine Zusammensetzung nicht, sondern nur seine Energie. Die mit hoher Energie ausgeschleuderten Alpha-Teilchen und Elektronen bilden die Alpha-Strahlen und die Beta-Strahlen der radioaktiven Stoffe. Außerdem geben die Kerne radioaktiver Stoffe vielfach auch noch Energie in Form von Strahlungsquanten (von Photonen) ab. Die bei Übergängen von höheren zu tieferen Energieniveaus entstehenden Photonen bilden die Gammastrahlen. Alpha-, Beta- und Gamma-Strahlen können durch ihre verschiedene magnetische Ablenkbarkeit unterschieden werden (Alpha-Strahlen schwach ablenkbar, Beta-Strahlen stark und nach der entgegengesetzten Richtung, Gammastrahlen gar nicht) oder auch durch ihre sehr unterschiedliche Durchdringungsfähigkeit (Alpha-Strahlen am wenigsten bis zu Gamma-Strahlen am stärksten).

1.25 Rauschen

An jedem Leiter kann man, auch wenn von außen keine Spannung an ihm liegt, eine kleine, schnell veränderliche Wechselspannung feststellen. Die freibeweglichen Elektronen im Leiter führen unregelmäßige thermische Bewegungen aus, die gelegentlich für viele Elektronen eine gemeinsame Richtung haben. Dann entsteht eine kurzdauernde Spannungsspitze zwischen den Leiterenden. Da das Spektrum jeder Spannungsspitze ein sehr breites kontinuierliches Frequenzband hat, das sich bis herab in das Hörgebiet erstreckt, sind die unregelmäßigen Spannungsschwankungen in ihm spektral ähnlich zusammengesetzt wie ein Rauschton: Sie rufen im Lautsprecher den Eindruck des Rauschens (englisch noise) hervor. Ein für die Theorie wichtiger Fall des Rauschens liegt dann vor, wenn innerhalb einer zu definierenden Bandbreite die Amplituden der Signale aller in diesem Band liegenden Frequenzanteile die gleiche Größe haben (»Weißes Rauschen«).

1.26 Spannung, elektrische

Elektrische Spannung beschreibt einen Potentialunterschied (→ *Potential*), oder ein Arbeitsvermögen pro Ladungseinheit (Maßeinheit: Volt). In elektrischen Maßeinheiten ist die Arbeit W durch das Produkt aus Spannung U, Strom I und Zeit t beschrieben ($W = U \cdot I \cdot t$, Maßeinheit VAs beziehungsweise Joule). Da die Ladungseinheit 1 As beträgt, gibt die elektrische Spannung U diejenige Menge Arbeit an, die pro Ladungseinheit vollbracht werden kann.

1.27 Spektrum

Hiermit bezeichnet man die Verteilung der Bestandteile eines physikalischen Vorgangs über eine andere physikalische Größe. Am geläufigsten ist das Frequenzspektrum, wie zum Beispiel das vielfarbige Spektrum des Sonnenlichts. Hier wird in Abhängigkeit von der Frequenz die jeweils zugehörige Intensität des Lichts angegeben. Beim Frequenzspektrum eines elektrischen Signals wird dessen Intensität als Funktion der Frequenz beschrieben.

1.28 Strahlung

Strahlung kann als elektromagnetische Wellenstrahlung (zum Beispiel Röntgenstrahlung, Licht, Infrarotstrahlung) oder als Korpuskularstrahlung (zum Beispiel Elektronenstrahlen, Neutronenstrahlen) auftreten. Man unterscheidet verschiedene Arten von Strahlung (dtv[8]):

1. *Charakteristische Strahlung:* Bei der Röntgenstrahlung unterscheidet man zwischen der unspezifischen Bremsstrahlung, die ein kontinuierliches Spektrum liefert, und der charakteristischen Strahlung, die eine spezifische Emission und Absorption im Atom anzeigt.

2. *Extraterrestrische Strahlung:* So heißt jene Strahlung, die, vorwiegend von der Sonne ausgehend, an der Grenze der Atmosphäre eintrifft, das heißt dort, wo der absorbierende Einfluß der Erdatmosphäre noch nicht wirksam ist. Der Verlauf des extraterrestrischen Spektrums und damit auch die Stärke der extraterrestrischen Strahlung, die Solarkonstante, kann nur auf indirektem Weg durch Intensitätsmessungen in verschiedenen Höhen und Extrapolation an der Grenze der Atmosphäre erschlossen werden.

3. *Kosmische Strahlung:* Als Entdecker der Kosmischen Strahlung gelten Hess und Kolhörster, die im Jahre 1913 unabhängig voneinander Beobachtungen über eine in der Höhe zunehmende Ionisation in der Atmosphäre machten. Man weiß heute, daß eine aus dem Kosmos kommende Strahlung in der Lufthülle der Erde recht verwickelte Sekundär- und Tertiär-Prozesse auslöst. Es ist üblich geworden, diese Strahlung einschließlich all ihrer Folgeprodukte als Kosmische Strahlung, Ultra- oder Höhenstrahlung zu bezeichnen. Dabei wird nicht berücksichtigt, daß die Folgeprodukte durchaus irdischen Ursprungs sind, und lediglich die Ursache ihrer Erzeugung auf wirkliche Kosmische Strahlung zurückgeht. Diese Kosmische Strahlung im engeren Sinne nennt man die Primärstrahlung. Sie besteht aus Nukleonen.
Die Teilchen der Primärstrahlung zertrümmern wegen ihrer außerordentlich hohen Energie alle Atome und Atomkerne, auf die sie treffen. Hierbei entstehen neue Elementarteilchen, wie Mesonen, Pi-Mesonen und – wenn diese elektrisch geladen sind – schließlich Elektronen, Neutrinos und Protonen, um nur einige der wichtigsten Komponenten zu nennen.

4. *Natürliche Strahlung:* Die von Planck formulierte Hypothese der natürlichen Strahlung besagt, daß die Phasen und Amplituden der unendlich vielen, streng monochormatischen Wellenzüge, aus denen sich gemäß den Fourierschen Theorien auch die schmalste Spektrallinie zusammensetzt, gänzlich unabhängig voneinander sind (inkohärente Strahlung).

5. *Korpuskularstrahlung:* Hierunter werden alle aus bewegten, materiellen Korpuskeln bestehenden Strahlen verstanden, also Atom- und Molekularstrahlen, Elektronenstrahlen, Mesonenstrahlen, Ionenstrahlen, Neutronenstrahlen usw. Den Gegensatz dazu bilden die Wellenstrahlen, der jedoch durch den Dualismus von Welle und Teilchen weitgehend gemildert wird, da ja auch Wellenstrahlen Korpuskeleigenschaften zeigen. Der Unterschied zwischen beiden besteht nur darin, daß die Korpuskeln in den Korpuskelstrahlen eine von Null verschiedene Ruhemasse haben und sich demnach mit Unterlichtgeschwindigkeit bewegen.

6. *Unterscheidung Strahlung – Feld:* Die charakteristischen Eigenschaften von elektromagnetischer Strahlung beziehungsweise elektromagnetischen Wellen sind im Abschnitt → Wellen hinreichend beschrieben, der des → elektrischen Feldes entsprechend und der des Magnetfeldes unter → Magnetismus. Manchmal ist es problematisch, die Begriffe Wellen und Strahlung einerseits und den des Feldes andererseits richtig zu verwenden. Wenn eine elektromagnetische Welle (Strahlung) existiert, beinhaltet dies auch die Notwendigkeit, den Begriff des Feldes zu implizieren – jedoch nicht umgekehrt in jedem Fall. Wie im Abschnitt → Wellen erklärt ist, existiert bei statischen und hinreichend niederfrequenten elektrischen oder magnetischen Feldern nämlich nicht automatisch das andere komplementäre Feld in einem Ausmaß, wie es zur Existenz einer Welle nötig wäre. Es besteht daher auch ein wesentlicher Unterschied im Ausbreitungsverhalten der von einer Quelle herrührenden Energie im Raum. Das statische und das niederfrequente Feld nimmt mit der Entfernung r von der Strahlungsquelle wesentlich stärker ab (beispielsweise mit $1/r^2$) als die Feldstärke einer sich ausbreitenden elektromagnetischen Welle (beispielsweise mit $1/r$).

1.29 Strom, elektrischer, Ohm'sches Gesetz

Elektrischer Strom bedeutet transportierte Ladung. Der in einem Leiter fließende Strom I (Maßeinheit: Ampère) ist nach dem Ohm'schen Gesetz proportional zur Spannung U, die an diesem Leiter anliegt und umgekehrt proportional zu dessen elektrischem Widerstand R, das heißt, es gilt $I = U/R$.

1.30 Stromdichte

Stromdichte ist derjenige Stromanteil j, der senkrecht durch die Normfläche von 1 m^2 hindurchfließt (Maßeinheit: Ampère/m^2). j ist proportional zur elektrischen Feldstärke E und zur spezifischen Leitfähigkeit σ, also $\vec{j} = \sigma \cdot \vec{E}$.
Dieser Zusammenhang wird auch als das Ohm'sche Gesetz in seiner allgemeinsten Form bezeichnet.

1.31 Tastverhältnis

Treten periodisch Impulse auf (zum Beispiel durch periodisches Ein- und Wiederausschalten eines Stromes), so wird das Verhältnis der Zeitdauer, während der das Signal vorhanden ist (Ein-Zeit), zur Zeitdauer, in der kein Signal vorhanden ist (Aus-Zeit), als das Tastverhältnis des Signals bezeichnet. Die Summe von Ein-Zeit und Aus-Zeit ergibt die Periodendauer des Vorgangs.

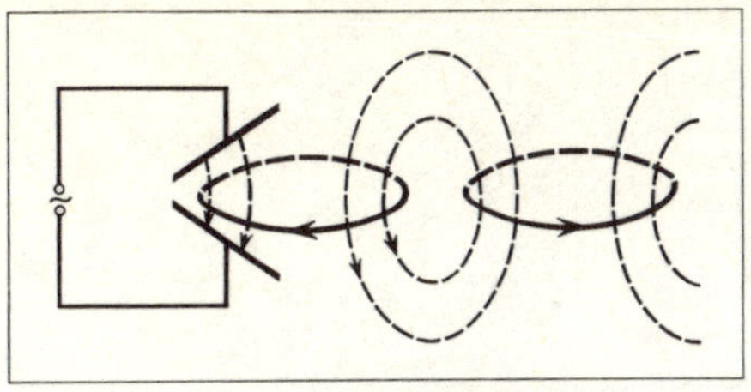

A 8 Verkettung elektrischer und magnetischer Wechselfelder, die letztlich zur Ausbreitung elektromagnetischer Wellen führt.

1.32 Vektor

Als Vektoren bezeichnet man solche physikalischen Größen, für die Betrag und Richtung angegeben werden müssen. Sie können sinngemäß durch einen Pfeil im Raum veranschaulicht werden. Die Länge des Pfeils symbolisiert die Größe einer Wirkung sowie die Lage im Raum; die Richtungsorientierung des Pfeils kennzeichnet die räumliche Auswirkung dieser physikalischen Größe. So sind beispielsweise Kräfte, Feldstärken, Momente usw. als Vektoren darstellbar. Symbolisch wird ein Vektor durch das Zeichen ⇀ oder → (zum Beispiel $\overline{E}$ oder $\vec{F}$) markiert.

1.33 Wellen, elektromagnetische

Aufgrund eines Naturgesetzes, des sogenannten Durchflutungsgesetzes, wird durch jeden fließenden Strom gleichzeitig in der Umgebung dieses Stromes ein Magnetfeld erzeugt. Außerdem besagt das Induktionsgesetz, daß jedes sich zeitlich ändernde magnetische Feld eine elektromotorische Kraft erzeugt, die in der Lage ist, elektrische Ladungen zu bewegen, also einen elektrischen Strom zu treiben (siehe Abbildung A8). Ein sich änderndes Magnetfeld ist darüberhinaus auch in der Lage, im Vakuum, in dem keine Ladungen vorhanden sind, ein im gleichen Rhythmus sich änderndes elektrisches Feld aufzubauen.

In Analogie zu dem Zusammenhang zwischen elektrischem Feld und bewegter Ladung hat man für die Verhältnisse im Vakuum hierfür den Begriff des »Verschiebungsstromes« eingeführt. Dieser Strom hat die gleiche Wirkung wie bewegte elektrische Ladungen, denn auch er erzeugt ein magnetisches Feld. So entsteht also aus einem sich zeitlich ändernden elektrischen Feld ein magnetisches Feld und aus diesem wiederum ein elektrisches Feld. Da sich diese Wechselwirkung räumlich fortpflanzt, führt dies zu Vorgängen, die man elektromagnetische Wellen nennt. Sie wurden von J. C. Maxwell 1864 erstmals theoretisch beschrieben und 1887 von H. Hertz experimentell nachgewiesen. Bei solchen Wellen handelt es sich also um elektrische und magnetische Felder, die die Fähigkeit haben, sich im Raum auszubreiten. Für einen an einem festen Ort befindlichen Beobachter stellt sich eine vorbeieilende elektromagnetische Welle einer bestimmten Frequenz als zeitlich sinusförmig verlaufende Veränderung der elektrischen und magnetischen Feldstärke dar. Beobachter an verschiedenen Orten stellen die Maximalwerte solcher Felder mit einer gewissen zeitlichen Verschiebung (Phasenverschiebung) fest. Im freien Raum stehen die Komponenten des elektrischen und des magnetischen Feldes senkrecht aufeinander und senkrecht zur Ausbreitungsrichtung, sowie betragsmäßig in einem bestimmten Verhältnis zueinander, dem des Wellenwiderstands W = E/H≈376 Ohm.

Die Ausbreitungsgeschwindigkeit elektromagnetischer Wellen im freien Raum und die des Lichtes, das ebenfalls aus solchen Wellen besteht, beträgt rund c = 300 000 km/sec; sie wurde 1849 von A. H. Fizeau erstmals experimentell bestimmt.

Während der Dauer T einer Periode breitet sich die Welle über eine Strecke aus, welche als Wellenlänge λ bezeichnet wird; es gilt: $\lambda = c \cdot T = c/f$. Demnach besteht eine feste Beziehung zwischen Wellenlänge λ und Frequenz f einer Welle, da das Produkt aus beiden in Vakuum beziehungsweise Luft immer gleich der Lichtgeschwindigkeit c ist (vergleiche Abbildung A9).

Diese hier beschriebenen Zusammenhänge bestehen im Fernfeld (Entfernung mindestens einige Wellenlängen vom Entstehungsort) einer elektromagnetischen Welle (vergleiche Abbildung A10). Die Nahfeldverhältnisse, die zum Beispiel in der Nähe von Senderantennen herrschen, können hiervon erheblich abweichen. Hierbei ist der Begriff »Antenne« ganz allgemein aufzufassen; das heißt, es fällt hierunter alles, was zur Erzeugung eines zeitlich sich (schnell) ändernden elektrischen oder magnetischen Feldes beiträgt (zum Beispiel eine Dipol-Sendeantenne; aber auch eine kilometerlange Blitzentladung, luftelektrische Schwankungen aufgrund geladener Wolken, ein mit Wechselspannung betriebener Kondensator mit beliebigem Plattenabstand, eine Drahtspule usw. stellen unter dem Gesichtspunkt der Wellenabstrahlung ebenfalls Antennengebilde dar). Bis sich in entsprechender Entfernung von der Antenne eine elektromagnetische Welle der oben beschriebenen Art ausbildet, finden in der näheren Umgebung von Sendeantennen komplizierte Vorgänge statt, die hier nicht in allen Einzelheiten beschrieben werden können. Es sei jedoch festgestellt, daß zwar aus elektrischen immer magnetische Wechselfelder und umgekehrt entstehen, in der näheren Antennenumgebung jedoch elektrische und magnetische Feldstärke nicht im Verhältnis des Wellenwiderstandes auftreten, wie das bei der Ausbreitung im freien Raum der Fall ist. Das in der Folge erzeugte jeweilige andere Feld ist nämlich wesentlich kleiner, als es bei einer regulären elektromagnetischen Welle der Fall wäre. Dies tritt insbesondere dann ein, wenn die räumlichen Ausmaße der Antennenanordnung wesentlich kleiner als die der Sendefrequenz entsprechenden Wellenlänge (in Vakuum) ist, was speziell für relativ niedere Frequenzen zutrifft. Es ist nämlich nur dann ohne besondere technische Kunstgriffe gewährleistet, eine einigermaßen starke Welle von einer Antennenanlage abzustrahlen, wenn diese aufgrund ihrer Ausmaße elektrische beziehungsweise magnetische Felder erzeugt, deren räumliche Ausdehnungen bereits bei der Antenne in der Größenordnung der Wellenlänge liegen (zum Beispiel eine halbe oder eine viertel Wellenlänge, wie dies für Dipolantennen bei der UKW-Technik gilt).

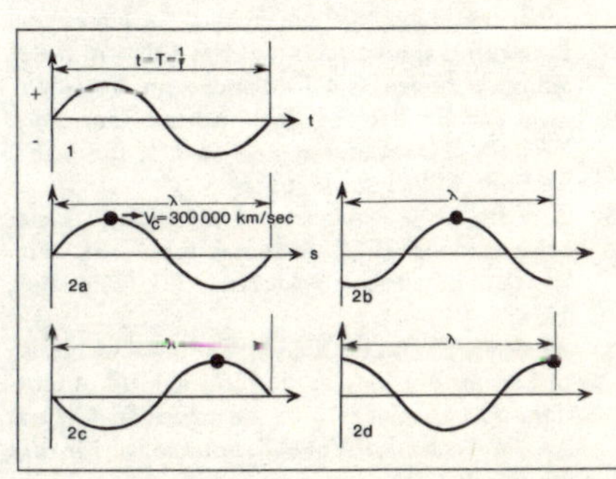

A 9 1) Während der Periodendauer T geschieht eine volle Schwingung. Die Anzahl der Schwingungen pro Sekunde 1/T ergibt die Frequenz f des Vorgangs.
2) Ausbreitung einer Welle mit Lichtgeschwindigkeit v_c. Während der Zeitspanne der Periodendauer T legt die Welle mit der Geschwindigkeit v_c eine Entfernung der Strecke λ zurück; dies ist die Wellenlänge der Strahlung.

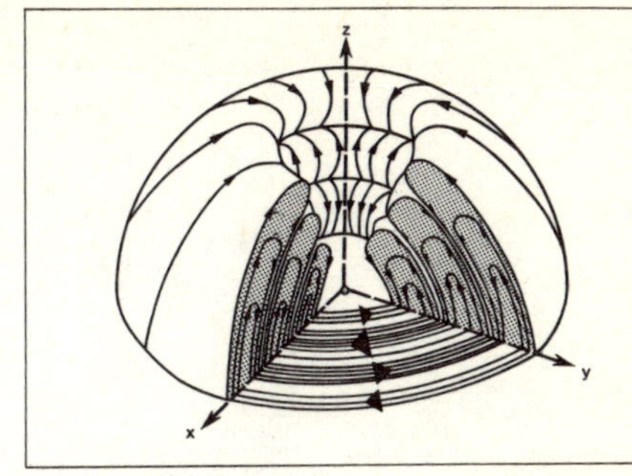

A 10 Momentbild des elektrischen und magnetischen Feldes im Fernfeld des Dipols.

Ferner besagen Induktionsgesetz und Durchflutungsgesetz, daß die Stärke des durch ein Wechselmagnetfeld erzeugten elektrischen Feldes ebenso wie die des vom elektrischen Wechselfeld erzeugten Magnetfeldes proportional zur zeitlichen Feldänderung ist: Mit abnehmender Frequenz werden also die wechselseitig erzeugten Felder immer schwächer.

Betrachtet man unter diesen Voraussetzungen beispielsweise elektrische Feldänderungen der Frequenz 10 Hz, die künstlich durch eine Anordnung mit einer räumlichen Ausdehnung von einigen Metern erzeugt werden (Kondensatorgebilde in einem Laborraum), so steht Folgendes fest: Niemals kann dabei ein magnetisches Feld mit einer Intensität entstehen – weder im Zusammenhang mit einer sich ausbreitenden Welle, noch lokal gesehen –, das mit den besten Meßinstrumenten noch nachweisbar ist oder gegenüber dem immer vorhandenen Grundpegel anderer Felder als biologisch wirksam angesehen werden könnte. Eine elektromagnetische Welle der Frequenz 10 Hz hat nämlich im freien Raum eine Wellenlänge von 30 000 km. Das künstlich erzeugte elektrische Feld ist im Vergleich hierzu räumlich gesehen um viele Größenordnungen kleiner. Natürlich entsteht im Zusammenhang mit dem Kondensator ein Streufeld, das sich theoretisch bis ins Unendliche ausdehnt, jedoch kann in 30 000 km Entfernung die Stärke dieses Feldes absolut vernachlässigt werden, genauso wie das durch dieses schwache elektrische Feld erzeugte Magnetfeld.

Zusammenfassend kann also gesagt werden: Zeitlich sich ändernde elektrische oder magnetische Felder erzeugen wechselweise immer das andere Feld; bei niederen Frequenzen jedoch, für die die räumliche Ausdehnung der Antennenanordnung wesentlich kleiner als die entsprechende Wellenlänge im freien Raum ist, sind diese wechselseitig erzeugten Felder von vernachlässigbarer Stärke.

1.34 Wellenlänge

Siehe elektromagnetische Wellen.

1.35 Widerstand, elektrischer

Elektrischer Widerstand bezeichnet nach dem Ohm'schen Gesetz ein proportionales Maß für die Spannung U, die zwischen den beiden Endpunkten eines elektrischen Widerstands R abfällt, der von einem bestimmten Strom I durchflossen wird: U = R · I. Für einen Draht berechnet er sich über dessen spezifischen Widerstand ϱ, Länge d und Querschnitt a: $R = \varrho \cdot d/a$ (Maßeinheit: Ohm).

LITERATUR- UND QUELLENNACHWEIS

Die Zahlen vor den alphabetisch geordneten Literaturangaben dienen der besseren Unterscheidung von mehreren Arbeiten eines einzelnen Autors. Um einen Überblick hinsichtlich älterer Arbeiten zu erhalten, wurden grundsätzlich alle Literaturangaben in die jeweils aktuelle Auflage mitübernommen, auch wenn hierauf im Text kein Bezug mehr vorhanden ist. Literatur mit *-Zahlen ist am Ende zahlenmäßig geordnet gesondert aufgeführt. Für die Zuordnung der Zahlen gilt:

Nr. 1 – 341, 1. Auflage;
Nr.342 – 507, 2. Auflage;
Nr.508 – 532, 3. Auflage;
Nr.533 – 560, 4. Auflage;
Nr.561 – 605, 5. Auflage;

342 Adey, W. R.: Introd.: Effects of el.-magn. radiation on the nerv. system. Ann. N.Y. Acad. Sci. 247, 15–20, 1975;

17 Al'pert, Ya. L. and D. S. Fligel: Propag. of ELF and VLF Waves Near the Earth. Transl. ed. by J. R. Wait, Boulder, Consultans Bureau, New York-London, 1970;

96 Altmann, G.: Der Einfluß stat. elektr. Felder auf den Stoffwechsel der Insekten. Z. f. Bienenforschung, Bd. 4, S. 199–201, 1959;

97 Altmann, G.: Die physiol. Wirkung elektr. Felder auf Tiere. Vhdlg. der Dt. zoologischen Ges. in Wien, Bd. 11, S. 360–366, 1962;

98 Altmann, G.: Untersuchung der physiol. Wirkung elektr. Felder auf Tiere. Umschau in Wissenschaft und Technik, 69: S. 242–243, 1969;

99 Altmann, G.: Weitere Untersuchungen der physiol. Wirkung elektr. Felder auf Tiere. 62. Jahresversammlung der Dt. zoolog. Gesellschaft in Innsbruck 1968, vorl. Mitteilung;

343 Altmann, G.: Die physiolog. Wirkung elektr. Felder auf Organismen. Arch. Met. Geoph. Biokl., Ser. B, 17, 269–290, 1969;

344 Altmann, G.: Physiological-Ethological Aspects of the Influences of Electric Fields on the Organism. In: Research of biological effects of electric environmental factors. Arch. Met. Geoph. Biokl. Ser. B, 24, 109–126, 1976;

179 Altmann, G. und S. Lang: Die Revieraufteilung bei weißen Mäusen unter natürl. Bedingungen, im faradayschen Raum und in künstlichen luftelektr. Feldern. Z. für Tierpsychologie 1973;

345 Altmann, G., S. Lang und M. Lehmair: Psychotrope Wirkungen des Wettergeschehens und eines künstlichen elektrischen Rechteckimpulsfeldes der Frequenz 10 Hz. Z. angew. Bäder-, Klimaheilk. 23, 5, 407–420, 1976;

346 Altmann, G., S. Lang, G. Andres, M. Lehmair, G. Stucky und G. Schmidt: Leistungsphysiologische Untersuchungen über die Beeinflussung von Schülern durch die Biotropie des Wettergeschehens. Z. angew. Bäder- u. Klimaheilk. 22, 4, 330–336, 1975;

347 Altmann, G., S. Lang und H.-J. Rothe: Some effects of electric fields on the metabolism of pathogen nutrified rats. In Research of biological effects of electric environmental factors. Arch. Met. Geoph. Biokl. Ser. B, 24, 109–126, 1976;

348 Altmann, G., S. Lang und Th. Reuss: Analysis of the lipid metabolism of mice in shielded condition and in an electric field with rectangular Impulses of 10 Hz. In Research of biological effects of electric environmental factors. Arch. Met. Geoph. Biokl. Ser. B, 24, 109–126, 1976;

349 Altmann, G., S. Lang, G. Niklas und S. Sievert: Einwirkungen luftelektrischer Bedingungen auf den Stoffwechsel von Råna exculenta, 1977;

350 Altmann, G. und G. Soltau: Einfluß luftelektrischer Felder auf das Blut von Meerschweinchen. Z. angew. Bäder- u. Klimaheilk. 21, 28–32, 1974;

247 Altmann, G. und U. Warnke: Einfluß unipolar geladener Luftionen auf die motorische Aktivität der Honigbienen. Apidologie 2 (4), S. 309–317, 1971;

276a Altmann, G., U. Warnke und R. Paul: Physiologisch-ethologische Aspekte der Einwirkung elektrischer Felder auf den Organismus. Vortrag Kolloquium »Bioklimatol. Wirkungen luftelektr. Faktoren«, Hygiene Institut, Univ. Graz, 7./8.10. 1974;

176 Amineev, G. A. und M. I. Sitkin: The Effect of a Low-Frequency Alternating Magnetic Field on the Behavior of Mice in a T-shaped Maze. Questions of Hematology Radiobiology and the Biological Action of Magnetic Fields. Tomsk, p. 372, 1965;

351 Anselm, D., M. Danner, N. Kirmaier, H. L. König, W. Müller-Limmroth, A. Reis und W. Schauerte: Untersuchungen des Einflusses von luftelektr. Impulsfeldern auf das Fahr- und Reaktionsverhalten von Probanden im Kraftfahrzeug-Fahrsimulator. Bericht Allianz-Zentrum f. Technik, TU München und Inst. f. Biomediz. Technik, München, 1976;

352 Arendse, M. C.: Magnetic Orientation of Tenebrior Molitor. II. Kolloquium Bioklimat. Wirkungen luftelektr. Faktoren, TU München, 1976;

353 Asanova, T. und A. Rakov: The State of Health of Persons Working in the Electric Field of Outdoor 400 kV and 500 kV switchyards. Gigiena Truda, Professional'nye Zabolevaniia, Moskau 10, 50, 1966;

354 Asanova, T. und A. Rakov: Health condition of workers exposed to an electrical field of 400–500 kV open distributing installations. Labor hygiene and occupational diseases 5, 50–52, Washington, 1966;

321 Aschoff, D.: Zitiert von Hartmann (117);

355 Aschoff, D.: Kann die offizielle Wissenschaft die Theorie der Krebsentstehung auf Reizzonen heute noch ablehnen? Zeitschrift für biologische Heilmethoden. Fachfortbildung Heft 4, 1973;

356 Assael M., Y. Pfeifer and F. G. Sulman: Influence of Artificial Air Ionization on the Human Electroenzephalogram. Int. J. Biometeor. Vol. 18, Nr. 4, pp. 306–312, 1974;

357 Athenstaedt, H.: Pyroelectric and piezoelectric properties of vertebrates. Ann. N. Y. Acad. Sci. 238, 68–94, 1974;

358 Athenstaedt, H.: Pyroelectric Behaviour of Integument Structures and of Thermo-, Photo- and Mechanoreceptors. Z. Anat. Entwickl. Gesch. 136, 249–271, 1972;

215 Bach, S.: Changes in macromolecules produced by alternating electric fields. Digest Internat. Conf. Med. Electronics 21, 1, 1961;

216 Bach, S. et al.: Effects of R.-F. energy on human gamma globulin. J. Med. Electronics, Vol. 9, Sept.-Nov., 1961;

217 Bach, S. et al.: Effect of radio-frequency energy on human gamma globulin, in: Biological Effects of Microwave Radiation. Vol. 1, Plenum Press, New York, p. 117, 1961;

359 Bach, W.: Rote Flurstraße 20, 6670 St. Ingbert;

360 Bach, W. und S. Lang: Messung niederfrequenter elektrischer Felder mit einer halbleiterbestückten Elektrometersonde. Biomedizin. Technik 21, 6, 185–188, 1976;

242 Bachmann, C. H., R. D. McDonald and P. J. Lorenz: Some Physiological Effects of Measured Air Ions. Int. J. Biometeor. Vol. 9, No. 2, pp. 127–139, 1965;

93 Bachmann, C. H. and M. Reichmanis: Some Effects of High Electrical Fields on Barley Growth. Int. J. Biometeor. Vol. 17, No. 3, pps. 253–262, 1973;

35 Balser, M. and C. A. Wagner: Observation of Earth-Ionosphere Cavity Resonances. Nature, 188, p. 4751, 1960;

121 Barnothy, M. F.: Biological Effects of Magnetic Fields, Plenum Press, New York–London, 1964;

122 Barnothy, M. F.: Biological Effects of Magnetic Fields, Plenum Press, New York–London, 1969;

138a Barnell, F. H. and F. A. Brown, jr.: Magnetic and Photic Responses in snails. Experimentia 17, pp. 513, 1961;

1 Bartels, J.: Geophysik. Fischer Bücherei Frankfurt, 1960;

361 Barrett, A. H. and P. C. Myers: Wellen aus der Tiefe. Selecta 6, S. 530, 1976; zitiert aus: Science 190, S. 669, 1975;

286 Baudrexl, A.: Über den Nachweis des »Sonnenaufgangseffekts nach Takata« mit Hilfe verschiedener Untersuchungsmethoden. Dissertation bei der Medizinischen Fakultät der Ludwig-Maximilans-Universität, München, 1952;

533 Baumer, H: Die Meteorotropie eines Dichromat-Gelatinesystems. Technischer Informationsdienst, Bundesverband Druck e. V., S. 1–19, II/1982;

534 Baumer, H. and J. Eichmeier: Relationship between the atmospherics pulse rate in the 10 kHz and 27 kHz range, airmass movements and the diffusion time of ions in gelatine films. Int. J. Biometeor., pp. 263–268, vol. 25, n. 3, 1981;

535 Baumer, H. and J. Eichmeier: The biophysically active waveforms of atmospherics, incitend on gelatine films. Int. J. Biometeor., pp. 85–90, vol. 26, n. 1, 1982;

219 Bawin, S. M., R. Gavalas-Midici und W. R. Adey: Effects of Electric Fields on Specific Brain Rhythms, Symp. and Workshop on the Effects of Low Frequency Magnetic and Electric Fields on Biological Communic. Processes at the 6th annual meeting of the Neuroelectric Society.

Vol. 6, Snowmass-at-Aspen-Colorado, February 18–24, 1973;
362 Bawin, S. M., L. K. Kaczmarek and W. R. Adey: Effects of modulated VHF fields on the central nervous system. Ann. N. Y. Acad. Sci. 247, 74–81, 1975;
363 Basset, C. A. L., R. J. Pawluk and A. A. Pilla: Augmentation of bone repair by inductively coupled electromagnetic fields. Science 184, 575, 1974;
364 Becker, G.: Einfluß von magnetischen elektrischen und Schwere-Feldern auf den Galeriebau von Termiten. Umschau 6, 183–185, 1975;
365 Becker, G.: Reaction of termites to weak alternating magnetic fields. Die Naturwissenschaften 63, 4, 20, 1976;
366 Becker, G.: Influences of magnetic, electric and gravity fields on termite activity. Material und Organismen, Beiheft 3, 407–418, 1976;
367 Becker, G.: Einflüsse elektr. u. magnet. Felder auf Termiten. II. Kolloquium Biolim. Wirk. luftelektr. Faktoren, TU München, 1976;
89 Becker, G. und H. Kraus: Über neue Möglichkeiten zur Raumentkeimung in der Lebensmittelhygiene, Archiv für Lebensmittelhygiene 15. Jg. N 10, S. 1–4, 1964;
368 Becker, G. und U. Speck: Untersuchungen über die Magnetfeldorientierung von Dipteren. Z. vergl. Physiol. 49, 301–340, 1964;
369 Becker, R. O.: Cases 26529 and 26559, Common Record Hearing on Health and Safety of 765 kV Transmission Lines, Public Service Commission, New York, 1975;
83 Becker, R.: The Biological Effects of Magnetic Fields. A. Survey, Med. Electronics and Biol. Engng. 1, p. 293, 1963;
142 Becker, R. O.: Relationship of geomagnetic environment to human biology. N. Y. State, J. Med. 63, p. 2215–2219, 1963;
147 Becker, R. O., C. H. Bachmann and H. Friedman: Relation between Natural Magnetic Field Intensity and the Increase of Psychiatric Disturbances in the Human Population. Presented at International Conference on High Magnetic Fields, MIT, Cambridge, Mass., 1961;
270 Beer, B.: Über das Auftreten einer subjektiven Lichtempfindung im magnetischen Felde. Wien, Klin. Wz. 15: S. 108–109, 1902;
210 Begu del Blanco, J. und C. Romero-Sierra: Microwave Radiometry Techniques: A Means to Explore the Possibility of Communication in Biological Systems. Symposium and Workshop on the Effects of Low Frequency Magnetic and Electric Fields on Biological Communication Processes at the 6th Annual Meeting of the Neuroelectric Society, Vol. 6, Snowmass-at-Aspen-Colorado, February 18–24, 1973;
370 Bein, W.: Experimente zur Wirkung des elektrostatischen Gleichfeldes auf menschliche Aktivität und Leistung. Diss. Univ. Graz, 1976;
135 Beischer, D. E.: Beitrag in M. F. Barnothy (122);
139 Beischer, D. E. and F. F. Miller cited by D. F. Beischer: Biological Effects of Magnetic Fields in their Relation to Space Travel. In: K. E. Schaefer (ed.), Bioastronautics, Macmillan, New York, pp. 173–180, 1964;
148 Beischer, D. E., F. F. Miller, II and J. C. Knepton: Exposure of Man to Low Intensity Magnetic Fields in a Coil System. NAMI-1018, NASA R-39 Naval Aerospace Medicine Institute, Pensacola, 1967;
24 Belyanskil, V. B. and G. A. Mikhailova: Investigations of the properties of Aeronomiya. 1 (3), 1961;
536 Bergsmann, O.: Zur biologischen Aktivität natürlicher und künstlicher Kleinionen. Erfahrungshkd., S. 518–523, H. 12, 1976;
537 Bergsmann, O.: Das Impulsdermogramm im pulmologischer Sicht. Erfahrungsheilkunde, S. 260–266, H. 6, 1976;
538 Bergsmann, O.: Untersuchungen und Versuche mit dem Parallelogramm-Impulsdermogramm. Erfahrungsheilkunde, S. 96–107, H. 3. 1977;
27 Bernstein, S. L., M. L. Burrows, J. E. Evans, A. S. Griffith, D. A. Mcneill, C. W. Niessen and D. K. Willim: Long-Range Communication at Extremely Low Frequencies. Proceedings of the IEEE, Vol. 62, No. 3, pp. 292–312, 1974;
120 Bisa, K., und J. Weidemann: Die Elektro-Aerosole. Z. f. Aerosol-Forsch. und Therapie, Bd. 3, S. 220 bis 251, 1955;
561 Blackman, C.: Static Magnetic Fields and Ca^{++} Efflux. Bioelectromagnetics Society Newsletter, Nr. 54, November 1984;
371 Blanchi, D., L. Cedrini, F. Ceria, E. Meda and G. Re: Exposure of mammalians to strong 50 Hz electric fields. Archivio di Fisiologica 70, 30, 1973;
372 Boenko, I. D. u. F. G. Shakhgeldyan: On the role of reflexogenic vascular zones in changes of blood coagulation during the effect of sound frequency electromagnetic field. Sechenov Physiological Journal of the USSR, Liv. 8, 1968;
373 Bonka, H.: Strahlenbelastung in der Bundesrepublik Deutschland. Das natürliche Risiko. Bild der Wissenschaft Heft 6, Juni 1975;
310 Bortels, H., D. Massfeller und E. Wedler: Zeitliche und örtliche Variationen der Atmungs- und Gärungsintensität von Sacharomyces-Hefe. J. of Interdisciplinary Cycle Research, Vol. 1, Nr. 1, S. 107, 1970;
203 Brezowsky, H., und W. R. Ranscht-Froemsdorff: Herzinfarkt und Atmospherics. Z. f. angew. Bäder- und Klimaheilkunde 13, 1966;
591 Bridges J. E. and M. Preache: Biological Influences of Power Frequency Electric Fields – A Tutorial Review from a Physical and Experimental Viewpoint. Proc. of the IEEE 69, No. 9, pp. 1092–1120, 1981;
374 Brinkmann, J.: Die Langzeitwirkung hoher elektrischer Wechselfelder auf Lebewesen am Beispiel frei beweglicher Ratten. Diss. TU Hannover, 1976;
375 Brookes, J. R. et al.: Sonnen-Puls schlägt Wellen. Selecta 11, S. 1078–1080, 1976; zitiert aus Nature 259, S. 87, 1976;
562 Brodeur, P.: Mikrowellen, die verheimlichte Gefahr. Udo Pfriemer-Verlag München, 1980;
144 Brown, jr. F. A.: Responses of the Planarian, Dugesia and the Protozoan, Paramecium, to very weak horizontal magnetic fields. Biol. Bull. 123: 264–281, 1962;
539 Bruce, H. and J. D. Kleinstein: Biological Effects of Nonionizing Electromagnetic Radiation: A Digest of Current Literature. US Dpt. of Commerce, NTIA-CR-81-15, Vol. VI, N. 1, Dec. 1981;
302 Brüche, E.: Problematik der Wünschelrute. Firma J. R. Geigy AG, Basel, 1962;
333 Brüche, E.: Bericht über Wünschelrute, geopathische Reize und Entstörungsgeräte. Naturwissenschaftliche Rundschau, Heft 9, S. 367–377, 1954, und Heft 11, S. 454–465, 1954;
208 Budko, L. N.: Change in Blood Carbohydrate Content Due to the Action of Electromagnetic Vibrations of Audio- and Radio-frequency Ranges on Organisms. Some Some Questions of Physiology and Biophysics Voronezh, p. 73, 1964;
325 Bürklin: Vortrag auf der Jahrestagung des Forschungskreises für Geobiologie, Eberbach, Nekkar, März 1965;
376 Busby, D. E.: Space Biomagnetics. Space, Life, Sciences 1, pp. 23–63, 1968;
377 Busch, H.-J. und L. Busch: Entwicklung von Maßnahmen zur Beseitigung schädlicher Einflüsse auf den menschlichen Organismus in Panzern, U-Booten, Unterkünften und Schutzräumen durch künstliche elektrostatische Felder, Gutachten BMV, unveröffentlicht, 1965;
86 Busch, H. J.: Nachweis des Einflusses eines elektrostat. Feldes auf lebende Zellen. Naturw., Bd. 48, S. 654, 1961;
87 Busch, H. J.: Nachweis des Einflusses eines elektrostat. Feldes auf lebende Zellen. Naturw., Bd. 50, S. 474, 1963;
295 Busch, H. J., und L. Busch: Beitrag zur Meßbarkeit der menschlichen Basisregulation mit physikalischen Methoden, Physik. Medizin und Rehabil. 7, Heft 7, Juli 1966;
378 Cabanes, J.: Action des champs électriques et magnétiques sur les organismes vivants et très particulièrement l'homme. Revue générale de la litterature. Revue Général de L'Electricité, No. Special Juillet 1976;
379 Cabanes, J.: Etude Bibliographique sur l'action des champs électriques et magnétiques sur les organismes vivants. Revue Général de l'Electricité, No. Special Juillet 1976;
379a Gary, C.: Effets biologiques d'un champ électrique. Que peut dire l'électricien à ce sujet?
RGE-FRA, ISSN 0035-3116, 07, n° spécial, p. 5–18, 1976;
379b Cabanes, J.: Action des champs électriques et magnétiques sur les organismes vivants et très particulièrement l'homme. Revue générale de la littérature.
RGE-FRA, ISSN 0035-3116, 07, n° spécial, p. 19–26, 1976;
379c Hauf, R.: L'influence des champs alternatifs électriques et magnétiques, à 50 Hz, sur les hommes.
RGE-FRA, ISSN 0035-3116, 07, n° spécial, p. 31–49, 1976;
379d Kornberg, H. A.: Effets biologiques des champs électriques. RGE-FRA, ISSN 0035-3116, 07, n° spécial, p. 51–64, 1976;
379e Cerreteli, P. et C. Malaguti: Rech. effectuées en Italie par l'ENEL sur l'influence de champs électr. à haute tension.
RGE-FRA, ISSN 0035-3116, 07, n° spécial, p. 65–74, 1976;
379f Malboysson, E.: Surveillance médicale du personnel exposé à l'action des champs électromagnétiques.
RGE-FRA, ISSN 0035-3116, 07, n° spécial, p. 75–80, 1976;
379g Silny, J.: Effet d'influence d'un champ électrique à 50 Hz sur l'organisme.
RGE-FRA, ISSN 0035-3116, 07, n° spécial, p. 81–90, 1976;
379h Le Bars, H.: Effets biologiques d'un champ électrique sur le rat et le lapin.
RGE-FRA, ISSN 0035-3116, 07, n° spécial, p. 91–97, 1976;
379i Rivière, J.: Action des champs magnétique et électrique sur la crossance et le taux des mutations de divers microorganismes.
RGE-FRA, ISSN 0035-3116, 07, n° spécial, p. 98–101, 1976;
113 Callot, F., J. Lecoeur et J. Revolier: Etudes du Gradient de Champ Electrique dans ces Rapports Physio-Pathologiques chez des Sujets Hivernant à Kerguelen. Int. J. Biometeor, Vol. 17, 3, pp. 233–238, 1973;
279 Cazzamali, F.: Di Nuovo Apparato Radio-Elettro Rivelatore dei phenomeni electromagnetici radianto del cervello umano. L'Energio Electrica, 18: 28, 1941;
46 Chapman, F. W., and D. L. Jones: Earth-Ionosphere Cavity Resonances and the Propagation of Extremely-Low-Frequency Radio Waves. Nature, 202: 654, 1964;
51 Clayton, M. D., C. Polk, H. Etzold and W. W. Cooper: Absolute Calibration of Antennas at Extremely Low Frequencies. IEEE Transactions on Antennas and propagation, Vol. AP-21, No. 4, pp. 514–523, 1973;
380 Cohen, D.: Developments in Ways to Measure the Extremely Weak Magnetic Fields Emanating

from Organs. Physics Today, pp. 35–43, August 1975;
381 Cone, J.: Univ. theory on the basic mechanism of normal mitotic control a. oncogenesis. J. Theor. Biol. 30, 1971;
138 Conley C. C.: Beitrag in M. F. Barnothy (112);
125 Cook, E. S. u. Mitarb.: Beitr. in M. F. Barnothy (122);
65 Crombie, D. D.: Difference between the E-W and W-E propagation of VLF signals over long distances. J. Atmospherics Terrest, Phys., 12:110, 1958;
66 Crombie, D. D.: Non reciprocity of propag. of VLF radio waves along the magn. equator, Proc. IRE, 51 (4), 1963;
115 Curry, M.: Bioklimatik. Riederau (Ammersee), 1946;
193 Damaschke, K. und G. Becker: Korrelation der Atmungsintensität von Termiten zu Änderungen der Impulsfolgefrequenz der Atmospherics. Zeitschrift für Naturforschung 19 b, Heft 2, S. 157–160, 1964;
107 Daniel, K. W. O.: Neue Therapie-Erfolge unter el. stat. Feldwirkung. Erfahrungsheilkunde Bd. 14, S. 119, 1965;
133 Dardymov, I. A. et al.: The Effect of Water Treated with a Magnetic Field on Plant Growth. Questions of Hematology, Radiobiology and the Biological Action of Magnetic Fields, Tomsk, p. 325, 1965;
299 Dewan, E. M.: Communication by Voluntary Control of the Electroencephalogram. XV-7, Datascience Laboratory, Air Force Cambridge Research Laboratories, Bedford, Massachusetts 01730 USA, 1964;
77 Dewey, E. R.: Cycle Synchronies. J. of Interdisziplinary Cycle Research, Bd. II, Nr. 3, Aug. 1971;
303 Diehl, J. C. und S. W. Tromp: Probleme der geographischen und geologischen Häufigkeitsverteilung der Krebssterblichkeit. Karl F. Haug Verlag, Ulm 1954;
605 Dirnagl K., P. Kröling u. H. Drexel: Befindlichkeit u. Beschw. v. Beschäftigten einer vollklimatis. u. einer nicht klimatis. Universitätsbibliothek. Inst. f. med. Balneol. u. Klimatol., Univ. München. Forsch.-Ber. v. 24. 4. 1981;
563 Dolezalek H. and R. Reiter: Electricarl Processes in Atmospheres. Dr. Dietrich Steinkopff Verlag, Darmstadt 1977;
79 Dorland J. and N. Brinker: Fluctuations in Human Mood. J. Interdiscipl. Cycle Res. Vol. 4, 1, pp. 25–29, 1973;
101 Dowse, H. B. und J. D. Palmer: Entrainment of Circadian Activity Rhythmus in Mice by Electrostatic Fields. Nature Bd. 222, S. 564–566, 1969;
170 Dowse, H. B. und J. D. Palmer: Zitiert von S. Lang (167); »dtv-Lexikon der Physik«, Dt. Taschenbuchverlag, 1970;
187 Düll, B. u. T.: Medizin.-Meteorolog. Statistiken. Berlin, 1936, und B. Düll: Wetter und Gesundheit I, Dresden, 1941; Düll, B. u. T.: Erd- und sonnenphysikalische Vorgänge in ihrer Bedeutung für Krankheits- und Todesauslösung. Nosokomeion IX 103, 1938; Düll, T. u. B.: Zusammenhänge zwischen Störungen des Erdmagnetismus und Häufungen von Todesfällen. Dt. med. Wschr. 61, 95, 1935;
382 Drischel, H.: Organismus und geophysikalische Umwelt. Sitzungsberichte der sächsischen Akademie der Wissenschaften zu Leipzig. Math.-naturwiss. Klasse, Band III, Heft 2, Akademie-Verlag, Berlin, 1975;
383 Durfee, W., P. Chang, L. Smith, W. Yates, P. Plant, S. Muthkrishnan and H. Chen: Extremely low frequency electric and magnetic fields in domestic birds. University of Rhode Island, Technical Report, Phase 1, March 1, 1975;
146 Dyke, J. H. van, and M. H. Halpern: Observations on selected life processes in null magnetic fields. Anat. Record 151 p. 480, 1965;
322 Eckert, E. E.: Wetter, Boden, Mensch, Heft 11, S. 637, 1971;
564 Eckert, N.: Chromosomenschäden durch schwache Radioaktivität. Bericht in der SZ, Forschung-Wiss.-Technik, Nr. 57, S. 29, 9. März 1979, basierend auf Bericht in Nature 277, S. 531–534, 15. Febr. 1979;
131 Edmiston, J.: The Effect to the Field of a Permanent Magnet on the Germination and Growth of White Mustard Seeds. Int. J. Biometeor. Vol. 16, No. 1, pp. 13–24, 1972;
233 Effenberger, E. und K. Jatho: Unterschätzte Umweltnoxe. Selecta 38, S. 3414, 17.9. 1973;
248 Eichmeier, J.: Investig. of the Possible Influence of Atmospheric Ions on Human Reaction Time. Final Technical Rep. 1960, U.S. Contr. No. DA 91-581-EUC-1950;
249 Eichmeier, J.: Über den bioklimatischen Einfluß künstlich erzeugter atmosphärischer Kleinionen auf die Atmungsfrequenz, die Pulsfrequenz und den kortikalen Alpharhythmus des Menschen . Elektromedizin, Bd. 8, Nr. 1, 1963;
251 Eichmeier, J.: Eigenschaften und biologische Wirkungen atmosphärischer Kleinionen. Umschau 64, 420–422, 1964;
252 Eichmeier, J.: Wirkung atmosphärischer Ionen auf Bio-Rhythmen bei Menschen. Physikalisch-Diätische Therapie 5, 1–5, 1964;
226 Eichmeier, J. und P. Büger: Über den Einfluß elektromagnetischer Strahlung auf die Wismut-Clorid-Fällungsreaktion nach Piccardi. Int. J. Biometeor., Vol. 13, Nr. 3 und 4, pp. 239–256, 1969;
384 Eisemann, B.: Untersuchungen über die Langzeiteinwirkung kleiner Wechselströme 50 Hz auf den Menschen. Diss. Med. Fak., Uni Freiburg, 1975;
145 El'darov, A. L. and Yu. A. Kholodov: Effect of a constant magnetic field on motor activity of birds. (English summary) Zh. Obshch. Biol. 25: 224–229, 1964;
385 Ellenby, C. and L. Smith: Observations on the piezoelectric properties of nematode cuticle. Comp. Biochem. Physiol. 26, 359–363, 1968;
386 McElhaney J. and R. Stalnaker: Electric fields and bone loss of desease. Journ. of biomechanics 1, 47, 1968;
323 Endrös, R.: Neue Erkenntnisse über die physikalische Wirkung unterirdischer Wasserführung. Wetter, Boden, Mensch, Heft 7, S. 327–340, 1969;
339 Erb, H. F.: Der Mensch im Nullfeld. Beton-Verlag GmbH, Düsseldorf, 1969;
214 Everdingen, W. van: Moleculare veranderingen tengevolge van bestraling met golvan van hertz met cen frequentie van 1875 MHz. Ned. Tijdschr. Geneesk. 2584: 4370, 1940;
387 Evertz, U. und H. L. König: Pulsierende magnetische Felder in ihrer Bedeutung für die Medizin. Hypokrates 48, S. 16–37, 1977;
118 Eysenck, H.-J.: Das »Maudsley Personality Inventory«, Göttingen: Hogrefe, 1959;
313 Fadini, A.: Zur statist. Ausw. geopath. Untersuch. Wetter, Boden, Mensch, Heft 11, S. 609–617, 1971;
314 Fadini, A.: Zur statistischen Auswertung geopathogener Unters. Wetter, Boden, Mensch, Heft 9, S. 745–766, 1971;
315 Fadini, A.: Nachweis der Nichtzufälligkeit von physikalischen und bio-physikalischen Ortungen krankheitsverursachender geopathogener Zonen. Wetter, Boden, Mensch, H. 15, S. 945–951, 1972;
540 Faensen, M., R. Rahmanzadeh, F. Hahn und R. Steldinger: Anwendung elektromagnetischer Potentiale nach Kraus-Lechner. Therapie d. Gegenwart 119, H. 4, S. 394–408, 1980;
388 Faust, V. und Mitarbeiter O. Harlfinger, R. Neuwirth, E. Wedler und W. F. Wehner: Biometeorologie, Hippokrates-Verlag, Stuttgart, 1977;
102c Fischer, G.: Die bioklimatische Bedeutung des elektrostatischen Gleichfeldes. Zbl. Bakt. Hyg., I. Abt. Orig. B 157, S. 115–130, 1973;
391 Fischer, G.: Einige Untersuch. zur bioklimatol. Bedeutung des restwellenfreien elektrostat. Feldes. II. Kolloqu. Bioklim. Wirk. luftelektr. Faktoren, TU München, 1976;
392 Fischer, G.: Beeinflussungen physiologischer Parameter durch das 50 Hz-Wechselfeld. II. Kolloquium Bioklim. Wirk. luftelektr. Faktoren. TU München, 1976;
393 Fischer, G. und Th. R. Richter: The influence of the 50 Hz alternating field on the heart-frequency of rats. In: Research of biological effects of electric environmental factors. Arch. Met. Geoph. Biokl. Ser. B, 24, 109–126, 1976;
266a Fischer, G., Th. Richter und P. Platzer: Bisherige Untersuch. über die biolog. Wirkung der 50 Hz-Felder. Vortrag Kolloqu. »Bioklimatol. Wirkungen luftelektrischer Faktoren«, Hygiene Institut, Universität Graz, 7./8. 10. 1974;
390 Fischer, G., H. Strampfer und H. Riedl: Wirkung eines künstlichen Elektroklimas auf physiologische und psychologische Meßgrößen. Z. experimentelle u. angew. Psychologie XXIV, H. 2, S. 193–208, 1977;
541 Fischer, G., D. Stützner, H. Withalm und M. Janik: Untersuchungen über den Einfluß eines 50 Hz-Wechselfeldes auf dem Immunitätsgrad der Maus nach chronischer Exponierung. Zbl. Bakt. Hyg., I. Abt. orig. B 173, S. 308–318, 1981;
508 Fischer, G., H. Udermann u. E. Knapp: Übt das netzfrequente Wechselfeld zentrale Wirkungen aus? Zbl. Bakt. Hyg., I. Abt. Orig. B 166, 381–385, 1978;
509 Fischer, G., R. Waibel u. Th. Richter: Die Wirkung des netzfrequenten Wechselfeldes auf die Herzrate der Ratte. Zbl. Bakt. Hyg., I. Abt. Orig. B 162, 374–379, 1976;
565 Fischer, G., M. Yanik, A. Schober und G. Egger: Einfluß eines schwachen Magnetfeldes auf den Ablauf einer akuten Entzündung in der Ratte. Zbl. Bakt. Hyg., I. Abt. Orig. B 179, S. 32–43, 1984;
71 Fischer, Wm. H.: The Radio Noise Spectrum from E. L. F. to E. H. F., J. of Atmospheric and Terristrial Physics, Vol. 28, pp. 429–430, 1966;
227 Fischer, W. H., G. E. Sturdy, M. E. Ryan and R. N. Pugh: Laboratory Studies on Fluctuating Phenomenal. Int. J. Biometeor, Vol. 12, No. 1, pp. 15–19, 1968;
272 Fleischmann, L.: Gesundheitsschädlichkeit der Magnet-Wechselfelder. Naturwissenschaften, 10: S. 434, 1922;
211 Fleming, J. et al.: Microwave Radiation in Relation to Biological Systems and Neuralactivity, in: Biological Effects of Microwave Radiation, Plenum Press, New York, p. 239, 1961;
394 Fole, F.: Phänomen »PAT« in den elektr. Unterwerken. 2. Coll. Int. der Internat. Vereinigung für soziale Sicherheit. Sektion für die Verhütung von Arbeitsunfällen und Berufskrankheiten durch Elektrizität, Köln, 1972;
395 Fole, F. and E. Dutrus: Nueva aportacion al estudio de los campos electromagneticos generados por muy altas tensiones. Me. y Seg. del Trab., 22, 87, 1974;
510 Forschungskreis für Geobiologie: Ortsabhängigkeit der Flimmerverschmelzungsfrequenz. Wetter, Boden, Mensch 6, 381–386, 1980;
53 Fournier, M. H.: Description des installations d'une station d'enregistrement des variations très rapides du champ magnétique terrestre; extrait des Comptes Rendus des séances de l'Académie des Sciences, t. 251, p. 671–673 séance du Ier août 1960;
54 Fournier, M. H.: Quelques aspects des premiers enregistrements magnéto-telluriques obtenus à

Garchy dans la gamma des variations très rapides, extrait des Comptes Rendus des séances de l'Académie des Sciences, t. 251, p. 962-964, séance du 17 août 1960:
153 Friedman, H., R. O. Becker and C. H. Bachmann: Effect of Magnetic Fields on Reaction Time Performance. Nature Vol. 213, No. 5079, pp. 949–950, 1967;
104 Frey, W.: Die biologische Wirkung eines elektrischen Feldes. Analen der Schweizerischen Gesellschaft für Balneologie und Klimatologie, Bd. 40, S. 29–32, 1949;
566 Fritzsch, H.: Von Urknall zum Zerfall. Piper Verlag, 1983;
567 Fröhlich, H. and F. Kremer: Coherent Excitations in Biological Systems. Springer Verlag Berlin, Heidelberg, New York, Tokio, 1983;
597 Frucht, A.-H., N. Krause, G. Nimtz und H. Schaefer: Die Wirkung hochfrequenter elektromagnetischer Felder auf den Menschen. Med.-Techn. Bericht. Inst. z. Erforsch. elektr. Unfälle, Berufsgenoss. Gustav-Heinemann-Ufer 130, Köln;
47 Galejs, J.: ELF Propagation-Review Paper, »Sections I« in Electromagnetics of the Sea, AGARD Conference Proceedings, No. 77, Conference held in Paris, June 22–25, 1970; AGARD-CP-77-70, U. S. Dept. of Commerce, Technical Information Service document AD 716 305;
55 Garland, G. D.: Methods and Techniques in Geophysics, (p. 277, Earth Currents), Interscience Publishers, New York, 1960;
282 Gauquelin, M.: Die planetare Heredität. Zeitschrift für Parapsychologie und Grenzgebiete der Psychologie, Bd. V Nr. 2/3, S. 168–193, 1961/62;
396 Gauquelin, M. and F. Gauquelin: Rev. of Studies in the USSR on the possible Biological Effects of Solar Activity. J. Interdiscipl. Cycle Res., Vol. 6, Nr. 3, pp. 249–252, 1975;
175 Gavalas, R. J., D. O. Walter, J. Hamer and W. Ross Adey: Effect of Low-level, Low Frequency Electric Fields on EEG and Behavior in Macaca Nemestrina. Brain Research, 18, S. 491 501, 1970;
244 Gilbert, G. O.: Effect of Negative Air Ions upon Emotionality and Brain Seroton in Levels in Isolated Rats. Int. J. Biometeor, Vol. 17, No. 3, pp. 267–275, 1973;
292 Gleichmann, O.: Vortrag anläßlich der Jahrestagung des Forschungskreises für Geobiologie in Eberbach/Neckar, 1974; sowie persönliche Mitteilung am 27. 8.1974; 81 Garmisch-Partenkirchen, Hindenburgstr. 45;
397 Glünder, G.: Einfluß eines elektrostatischen Feldes und eines elektrischen Impulsfeldes auf die humorale Antikörperbildung und die Mastleistung beim Huhn. Diss. Tierärztl. Hochschule Hannover, 1976;
283 Gnevyshev, M. N. and K. F. Novekova: The Influence of Solaractivity on the Earth's Biosphere. J. Interdisciple Cycle Res. Vol. 3, No. 1, pp. 99-104, 1972;
298 Goodman, E., B. Greenebaum and M. Marron: Effects of extremely low frequency electromagnetic fields on Physarum polycephalum. In press. Zitiert in Becker[369];
220 Gordon, Z. V.: The Effects of Microwaves on Blood Pressure in Exp. on Animals. The Biological Action of Radio-frequency Electromagnetic Waves, Moscow, p. 57, 1964;
212 Gorodetskaya, S. F.: The Effect of an SHF Electromagnetic Field on the Reproduction, Peripheral Blood Composition, Conditioned-Reflex Activity, and Morphology of the Internal Organs of White Mice. The Biological Actions of Ultra Sound and Superhigh-frequency Electromagnetic Vibrations, Naukova Dumka, Kiev, p. 80, 1964;
171 Grissett, J. D.: Exposure of Squirrel Monkeys for Long Periods to Extremely Low Frequency Magnetic Fields: Centralnervous System Affects as measured by reaction time, NAMRL-1146. Pensacola, Fla. Naval Aero Space Medical Research Laboratory, 1971;
172 Grissett, J. D. and J. De Lorge: Central Nervous System Affects as Measured by Reaktion Time in Squirrel Monkeys Exposed for Short Periods to Extremely Low Frequency Magnetic Fields. NAMRL-1137, Pensacola, Fla.: Naval Aero Space Medical Research Laboratory, 1971;
123 Gross, L.: An Effect of Magnetic Fields on Tumor Growth, Abstract L 8. Biophysical Society Meeting 1960;
340 Grün, W.: Meine Meinung: Ungesunde Stahlbetonbauten? Baumarkt 29, S. 1266–1267, 1972;
231 Gulyaev, P. I. et al.: The Electirc Field in the Air Around Excited Tissues. The Eelctroauragram Paper Read to the Leningrad Society of Naturalists, February 13, 1967;
116 Hänsche, H. A.: Der Mensch und seine Umwelt, Ärztliche Praxis, Bd. 15, S. 342–346, 1963;
88 Hahn, F.: Bakterizide u. bakteriostatische Wirkung schwacher elektr. Gleichfelder. Ars medici Bd. 6, S. 403–407, 1963;
100 Haine, E.: Nehmen luftelektrische Faktoren Einfluß auf die Aktivitätswechsel kleiner Insekten, insbesondere auf die Häutungs- und Reproduktionszahlen von Blattläusen? Forschungsbericht des Landes Nordrhein-Westfalen, H. 974, Köln/Opladen, 1961;
245 Haine, E.: Beeinflussen luftelektrische Faktoren – insbesondere Ionenkonzentrationswechsel der Luft – Periodizitätserscheinungen im Häuten der Blattläuse? Z. f. Angew. Enthomologie, Bd. 50, 2, S. 222–232, 1969;
183 Haine, E. und H. König: Über die Behandlung von Blattläusen (Myous persicae Sulz) mit elektrischen Feldern. Zeitschrift f. Angew. Enthomologie 47, S. 459–463, 1960/61;
140 Halpern, M. H.: Effects of Reproducible Magnetic Fields on the Growth of Cells in Culture. NASA CR-75121, National Acronautics and Space Admin., Washington, 1966;
141 Halpern, M. H. and J. H. van Dyke: Very low magnetic fields: biological effects and their implications for space exploration. Aerosp. Med. 37, 281, 1966;
162 Hamer, J. R.: Biological Entrainment of the Human Brain by Low Frequency Radiation. Northrop Space Laboratories, NSL 65–199, August 1965;
163 Hamer, J. R.: Effects of Low Level, Low Frequency Electric Fields on Human Time Judgement. Fifth International Biometeorological Congress, Montreux, Switzerland, 1969;
39 Handa, S., T. Ogawa and M. Yasohara: Damping Coefficients of Q-Type Bursts in the Schumann Resonance Frequence Range. Contributions of the Geophysical Institute, Kyoto, University, Japan, No. 11, 1971;
280 Hansel, C.: ESP-A Scientific Evaluation. Charles Scribner and Sons, New York, 1966;
63 Hanselmann, J. C., C. J. Casselman, M. L. Tibbais and J. E. Bickel: Field intensity measurement at 10,2 kc/s over reciprocal paths. J. Res. Nat. Bur. Std.68D (1), 1964;
155 Hartmann, E.: Neuartige Therapiemöglichkeiten im Kippschwingungsfeld. Erfahrungsheilkunde VI, H. 12, 1957;
157 Hartmann, E.: Polarität und Rhythmus. Die Erfahrungsheilkunde VII, H. 12, 1958;
117 Hartmann, E.: Krankheit als Standortproblem, Haug Verlag, Heidelberg, 1967;
332 Hartmann, E.: Gibt es eine geopathogene Krebsursache? Wetter, Boden, Mensch, H. 2, S. 69–78, 1968;
311 Hartmann, E.: 20 Jahre private Krebsforschung. Wetter, Boden, Mensch, H. 10, S. 517–552, 1970;
309 Hartmann, E.: Reaktionszeitmessungen über geopathogenen Zonen. Wetter, Boden, Mensch, H. 15, S. 961–963, 1972;
312 Hartmann, E.: Tumorwachstum bei Ratten in Abhängigkeit von Standort und Milieu. Wetter, Boden, Mensch, H. 16, S. 988–996, 1972;
324 Hartmann, E.: Persönliche Mitteilung.
400 Hartmann, E.: Krankheit als Standortproblem, 3. Auflage, Karl F. Haug Verlag, 1976;
511 Hartmann, E.: Über auffallende engräumige Abweichungen der Intensität des Erdmagnetfeldes in einem Wohnraum. Wetter, Boden, Mensch 6, 366–372, 1980;
512 Hartmann, E.: Über Kernstrahlungsmessungen zur Objektivierung des Globalnetzgitters. Wetter, Boden, Mensch 7, 412–428, 1980;
218 Hartmann, E., F. W. Brauß, H. L. König und A. Varga: Gerät für elektromagnetische Hochfrequenzenergie mit modulierten niederfrequenten Signalen. Dt. Patentamt, Offenlegungsschrift 1 589 913 v. 14. 5. 1970, Anm. 27. 12. 1967;
275a Hauf, G.: Untersuchungen über die Wirkung energietechnischer Felder auf den Menschen. Dissertation an der Hohen Medizinischen Fakultät der Ludwig-Maximilians-Universität zu München; 29. Januar 1974;
401 Hauf, R.: Beeinflussen energietechn. Felder den Menschen? II. Koloqu. Bioklim. Wirkungen luftelektr. Fakt. TU München, 1976;
513 Hauf, R.: Untersuchungen zur Wirkung energietechnischer Felder auf den Menschen. Beiträge z. 1. Hilfe u. Beh. v. Unfällen dch. elt. Strom. Sonderheft. Forsch.-St. f. Elektropath., Reutebachgasse 11, D-7800 Freiburg. H. 9, 1981;
275 Hauf, R. and J. Wiesinger: Biological Effects of Technical Electric and Electromagnetic VLF Fields. Int. J. Biometeor. Vol. 17, No. 3, pp. 213–215, 1973;
402 Henry, J. P., D. L. Ely and P. M. Stephens: The role of psychosocial stimulation in the pathogenesis of hypertension. Verh. Dtsch. Ges. Inn. Med. 80, 1724, 1974;
21 Hepburn, F.: Atmospherics with very low-frequency components below 1 kc/s. J. Atmospheric Terrest, Phys. 10, p. 266, 1957;
20 Hepburn, F. and E. Pierce: Atmospherics with very low-frequency components. Nature, 171:837 (1953), Phil. Mag. 45, p. 917, 1954;
232 Heppner, F. H. and J. Haffner: Electromagnetic Fields for communication in Bird Flocks: A model Symposium and Workshop on the Effects of Low Frequency Magnetic and Electric Fields on Biological Communication Processes at the 6th Annual Meeting of the Neuroelectric Society. Vol. 6, Snowmas-at-Aspen, Colorado, February 18–24, 1973;
84 Herron, T.: Phase Modulation of Biomagnetic Micropulsations. Nature 207, p. 699, 1965;
68 Heydt, G.: Versuche zur interkontinentalen Lokalisierung von Quellen der Atmospherics Aktivität durch Bestimmung von Einfallsrichtungen und Gruppenlaufzeitdifferenzen. Technischer Bericht Nr. 136, Heinrich-Hertz-Institut für Schwingungsforschung, Berlin-Charlottenburg, 1971;
92 Hicks, W. W.: A series of experiments on trees and plants in electrostatic fields. Journal of the Franklin Institute, Bd. 264, S. 1–5, 1957;
403 Hicks, W. W.: A sries of experiments on trees and plants in electrostatic fields. J. of the Franklin Inst. 264, 1, 1975;
542 Hinsull, S. M., D. Bellamy and E. L. Head: Effects of Airions and Neonatal Growth of Laboratory Rats. Int. J. Biometeor., pp. 323–329, vol. 25, n. 4, 1981;
543 Hjeresen, D. L., M. C. Miller, W. T. Kaune and R. D. Phillips: A Behavioral Response of Swine to a 60-Hz Electric Field. Bioelectromagnetic, vol. 3, n. 4, pp. 443–451, 1982;
4 Hoffman, J. H.: University of Texas at Dallas, AFCRL.

583 Hofmann E., K. Pasel, P. Schwetz: Die elektrische Beeinflussung durch magnetische Felder auf Starkstromanlagen. Elektrizitätswirtschaft 77, H. 12, S. 405–412, 1978;
44 Holzer, R. E., O. E. Deal and S. Ruttenberg: Low Audio Frequency Natural Electromagn. Signals. Symp. on the Propag. of VLF Waves, Boulder, Col., Paper 45, Jan. 1957;
514 Hollwich, F., B. Dieckhues u. B. Schrameyer: Die Wirkung des natürl. u. künstl. Lichtes über das Auge auf den Hormon- u. Stoffwechselhaushalt des Menschen. Klin. Monatsbl. f. Augenheilkunde 171, 1. H., 99–104, 1977;
57 Hopkins, G. H. and H. W. Smith: An Investigation of the Magnetotelluric Method for Determining Subsurface Resistivities. Report No. 140, Electrical Engin. Research Laboratory, The University of Texas, Austin, Texas, 1966;
515 Hounsfield, G. N., N. Laureate a. C. Susskind: Biological Effects and Medical Applications of Electromagnetic Energy. Proc. of IEEE 68, No. 1, 1–192, 1980;
25 Hughes, H. G.: The directional dependency of slow-tail ELF Atmospheric wave-forms. J. Atmospheric Terrest. Phys., 29, p. 1629, 1967;
26 Hughes, H. G.: A comparison at extremely low frequencies of positive and negative atmospherics. J. Atmospheric Terrest Phys., 29, p. 1277, 1967;
544 Inbar, O., A. Rotstein, R. Dlin, R. Dotan and F. G. Sulman: The Effects of Negativ Air Ions on Various Physiological Functions During Work in a Hot Environment. Int. J. Biometeor., pp. 153–163, vol. 26, n. 2, 1982;
67 Ishida, T.: Statistical Characteristics of Atmospheric Noise, 16th General Assembly of URSI, Ottawa, 1969;
73 Israël, H.: Atmospheric Electricity (Atmosphär. Elektrizität), Bd. 1, Akad. Verlagsges. Geest, Portikg, Leipzig, 1957;
404 Jacobi, E., G. Hagemann und W. Kuhnke: Der Einfluß des Wetters auf die Thrombozytenadhäsivität beim Menschen. Deutsch. med. Wschr. 98, 434, 1973;
405 Jacobi, E. G. und G. Krüskemper: Der Einfluß simulierter Sferics auf die Thrombozytenadhäsivität. Inn. Med. 2, 73–81, 1975;
406 Jacobi, E. G. und G. Krüskemper: Wirkg. simulierter Sferics auf die Thrombozytenadhäsivität b. Menschen. II. Kolloqu. Bioklim. Wirk. luftelektr. Faktoren. TU München, 1976;
545 Jacobi, E., O. Richter and G. Krüskemper: Simmulated VLF-fields as a Risk-faktor of Thrombosis, Int. J. Biometeor., pp. 133–142, vol. 25, n. 2, 1981;
334 Jaekkel, K.-H.: An den Grenzen menschlicher Fassungskraft. J. F. Lehmann-Verlag, München, 1955;
205 Jahn, E. und N. Nessler: Auswirkungen von Bestrahlungen mit langen, sehr langen und insbesondere ultralangen Radiowellen auf Mortalität, weiters auch auf Fruchtbarkeit und Entwicklung der Nonne. Anzeige f. Schädlingskd. u. Pflanzenschutz, XLIV. Jahrg., H. 8, S. 113–119, Aug. 1971;
119 Jahnke: Über die Verwendbarkeit von objektiv auswertbaren Fragenbogen bei der Prüfung von Arzneimittelwirkg. Medicina Experimentalis, Bd. 5, S. 169–175, 1961;
516 Jahnke, H.: Theratest-Bioelektronik, Breitenbergstr. 4, D-8955 Aitrang;
279a Jaski, R.: Radio Waves and Life. Radio Electronics, 31, p. 43, 1960;
223 Kamenskii, Yu. I.: The Effect of Microwaves on the Kinetics of Nerve Impulse Parameters. Tr. Mosk. Obshchst. Usp'tatel. Prirod., 1967;
407 Kasnatscheij, W., S. Stschurin und L. Michailowa: Photonen – Sprache der Zellen? Bild der Wissenschaft, Juni 1973;
334a Kaufmann, W.: Der umbaute Raum und seine technische Einrichtung als biologischer Störfaktor. Wetter, Boden, Mensch, H. 3, S. 103–119, 1968;
29 Keefe, T. J., H. Etzold and C. Polk: Detection and Processing of ELF (3–30 Hz) Natural Electromagnetic Noise. Report AFCRL-RT-73-0077, Univ. of Rhode Island, Kingston, R. I., 1973;
103 Kemmer, W.: Zoolog. Inst. d. Universität des Saarlandes, Saarbrücken: Der Einfluß elektr. Gleichstroms auf im Wasser lebende Tiere. Vortrag beim Weinheimer Forschungskreis im Hygieneinst. der Univ. Heidelberg am 3. 11. 1967;
23 Kimpara, A.: The waveform of atmospherics in the daytime and night. Proc. Res. Inst. Atmosphere Nagoya Univ. 4, p. 1, 1956;
137 Kimura, N.: Universität Kurune. Notiz in der Selekta Nr. 48, S. 3699, 1967;
408 Kirmaier, N. und H. L. König: Einfluß von impulsmodulierten elektr. Feldern auf Probanden im Fahrsimulator. II. Kolloquium Bioklim. Wirk. luftelektr. Faktoren. TU München, 1976;
517 Kirmaier, N., W. Schauerte, H. R. Beierlein, H. Breidenbach: Probanden im Kraftfahrzeug-Praxistest. Münch. med. Wschr. 120, Nr. 11, 367–370, 1978;
585 Kleinstein, B. H.: Biological Effects of Nonionizing Electromagnetic Radiation. A. Digest of Current Literature. A Quarterly Publication Produred for Office of Naval Research. Information Ventures, Inc. 1500 Locust Street, Philadelphia, Pa 19102. Vol. VII, Nr. 2–4; July 1983;
586 Kleinstein, B. H.: (wie 585), Vol. VIII, Nr. 1, Oct. 1983;
587 Kleinstein, B. H.: (wie 585), Vol. VIII, Nr. 2, Jan. 1984;
409 Klingenberg, H. G., J. R. Möse, G. Fischer, J. Porta and A. Sadjak: Changes in osmolality and concentrations of triglycerides and cholesterol during the influences of electrostatic fields. In: Research of biological effects of electric environmental factors. Arch. Met. Geoph. Biokl. Ser. B, 24, 109–126, 1976;
410 Klingenberg, H. G., J. R. Möse, G. Fischer, J. Porta and A. Sadjak: Metabolic activities of the rat liver during exposition to electrostatic fields and faraday conditions before and after partial hepatectomy. In: Research of biological effects of electric environmental factors. Arch. Met. Geoph. Biokl. Ser. B, 24, 109–126, 1976;
546 Knahr, K. und D. Wanura: Erfahrungen mit der Magnetfeldbehandlung bei verzögerter Knochenheilung und gelockerten Hüfttotalendoprothesen. med.-orth.-Techn. 101, S. 175–180, 1981;
265 Knickerbocker, G. G., W. B. Kouvenhoven and H. C. Barnes: Exposure of Mice to a Strong AC Electric Field – an experimental Study. IEEE Trans. Power App. Syst. 86, pp. 498–505, 1967;
165 Knoepp, L. et al.: The Effect of Low Electrical Frequencies and Various Normal and Malignant Cells. Texas Rept. Biol. Med. 20:623, 1962;
236 Knoll, M., J. Eichmeier and R. W. Schön: Properties, Measurements, and Bioclimatic Action of »Small« Multimolecular Atmospheric Ions. Advances in Electronics and Electron Physics, Vol. 19, pp. 177–254, 1964;
255 Knoll, M. J., J. Rheinstein, G. F. Leonard and P. F. Highberg: Influence of Light Air Ions on Human Visual Reaction Time, IRE Transaction on Biomedical Electronics. Vol. BME-8, No. 4, S. 239–245, 1961;
301 Knoll, M. and J. Kugler: Subjektive Light Pattern Spectroscopy in the Electroencephalographic Frequency Range. Nature, Vol. 184, pp. 1823, 1959;
300 Knoll, M., J. Kugler, J. Eichmeier und O. Höfer: Note on the Spectroscopy of Subjective Light Patterns. The Journal of Analytical Psychology, Vol. 7, No. 1, 1962;
189 König, H.: Zur Frage der biotropen Wirkung atmosphäri. Störungen. Medizin Meteorolog. H. Nr. 9, S. 26, 1954;
190 König, H.: Ein Impulsempfänger für Atmosphärische Langwellenstrahlung. Medizin. Meteorologische Hefte Nr. 10, S. 10, 1955;
191 König, H.: Ein Impulsempfänger für atmosphärische Langwellenstrahlung. Medizin. Meteorologische Hefte Nr. 13, S. 157, 1958;
192 König, H.: Niederfrequente Impulsfolgen der atmosphärischen Impulsstrahlung in Abhängigkeit vom Wetter. Zeitschrift für angewandte Bäder- und Klimaheilkunde, H. 5, Bd. 9, S. 477–481, 1962;
45 König, H. L.: Atmospherics geringster Frequenzen. Zeitschr. f. Angew. Physik, Bd. 11, S. 264–274, 1959;
82 König, H. L.: Über den Einfluß besonders niederfrequenter elektrischer Vorgänge in der Atmosphäre auf die Umwelt. Bäder- und Klimaheilkunde 9, Nr. 5, S. 481–501, 1962;
331 König, H. L.: Der BIO-Resonator als Höchstfrequenzresonanzspule. Wetter, Boden, Mensch, H. 3, S. 98–102, 1968;
52 König, H. L.: Hochempfdl. Empfangsspule für ELF-Atmospherics. Z. f. angew. Physik, Bd. 25, H. 1, S. 14–18, 1968;
411 König, H.-L.: Zum Problem der Schädlichkeit von Hochspannungsleitungen. II. Kolloquium Bioklim. Wirk. luftelektr. Faktoren. TU München, 1976;
518 König, H. L.: Die Wirkung elektromagn. Felder auf bioelektron. Meßwerte. Erf.-Heilkd. 27, H. 2, 37–45, 1978;
588 König, H. L.: Elektromagnetische Belastungen in der Umwelt. Beitrag in P. C. Mayer-Tasch: Die Luft hat keine Grenzen. Internat. Umweltpolitik – Fakten und Trends. Fischer Taschenbuch-Verlag 1985;
589 König, H. L.: Physik und Radiästhesie. Beitrag in: J. Angerer, E. Hartmann, H. L. König, T. Ott, J. Purner, W. Schmitz-Petri: Mensch, Wünschelrute, Krankheit. M & T Verlag, St. Gallen, 1985;
81 König, H. L., und F. Ankermüller: Über den Einfluß besonders niederfrequenter elektr. Vorgänge in der Atmosphäre a. d. Menschen. Naturw. Bd. 47, S. 486–490, 1960;
48 König, H. L. and K. H. Behringer: Simultaneous Measurements of ELF-Atmospherics by Seperate Stations. AF 61 (052)–836, 1 May 1970;
16 König, H. L., H. Finkle and C. Polk: Measurement of Electric Fields between 3 cps and 10 000 cps with a vertical Antenna over the Atlantic Ocean Near the East Coast of Florida. Report 396 (10)/1. Dept. of Electrical Engin., Univ. of Rhode Island, Kingston, R. I., Dec. 1964;
185 König, H. L. und L. Krempl-Lamprecht: Über die Einwirkung niederfrequenter elektrischer Felder auf das Wachstum pflanzlicher Organismen. Archiv für Mikrobiologie Bd. 34, S. 204–210, 1959;
519 König, H. L., P. Krüger, S. Lang, W. Sönning: Biologie Effects of environmental Electromagnetism (Engl.-Ausgabe von »Unsichtbare Umwelt«), Springer-Verlag New York, Heidelberg, Berlin, 1981;
570 Koester, L.: Wie wirkt Neutronenstrahlung? Technische Universität-Mitteilungen H.2, S. 11–15, 1985;
412 Kop, P. P. A. M. and B. A. Heuts: Month of Birth and Partner Choice in Marriage, J. Interdiscipl. Cycle Research Vol. 5, Nr. 1, pp. 19–39, 1974;
250 Kornblueh, J. H. and J. E. Griffin: Artif. Air Ionisation in Physic. Medicine. Amer. J. Phys. Medicine 34, p. 618, 1955;
273 Korobkova, V. P. u. a.: Besondere Schutzbestimmungen in der UdSSR bei Arbeiten in Höchstspannungsanlagen. Energetik 11, S. 33–35, 1971, und 12, S. 28–30, 1971;

274 Korobkova, V. P. u. a.: Besondere Schutzbestimmungen in der UdSSR bei Arbeiten in Höchstspannungsanlagen. Technische Mitteilungen, Bull. A. S. E. 63, 4, 19. Febraur 1972;
287 Kracmar, F.: Die biologischen Grundlagen der Kippschwingungsfeldtherapie. Erfahrungsheilkunde Bd. 11, H. 8, 1962;
520 Kraus, W.: Therapie des Knochens und des Knorpels mit schwacher, langsam schwingender elektromagnetischer Energie. Med.-Orthop. Techn. 98, H. 2, 33–43, 1978;
571 Kraus, W.: Magnetfeldtherapie und magnetisch induzierte Elektrostimulation in der Orthopädie. Orthopädie 13, S. 78–92, 1984;
413 Kröling, P.: Subjektive Befindenswerte eines Großraumbürokollektivs unter Elektroklimatisierung. II. Kolloquium Bioklim. Wirk. luftelektr. Faktoren. TU München, 1976;
414 Kröling, P.: Das Motilitäts-Tagesprofil von Labormäusen unter der Einwirkung elektrischer Felder, magnetischer Felder und Luftionen. II. Kolloquium Bioklim. Wirk. luftelektr. Faktoren. TU München, 1976;
415 Krück, F.: Streß und Hypertension. In A. W. v. Eiff: Seelische und körperliche Störungen durch Streß. Gustav Fischer Verlag Stuttgart, 1976;
291 Kraus, W. und F. Lechner: Heilung im Magnetfeld. Selecta 45, S. 4193–4194, 1973;
572 Kremer, F.: Biologische Effekte elektromagnetischer Felder. Umschau H. 13, S. 402–403, 1984;
326 Kretschmar, C.: Geoelektrische Untersuchg. z. Aufklärung der Häufung von Blitzschlägen in bestimmten Freileitungsabschnitten. Energietechnik 17, H. 6, S. 260–264, 1967;
105 Kritzinger, H. H.: Praktische Bioklimatik, insbesondere der Luftelektrizität im freien Raum und im Wohnraum. Fortschritte der Medizin, Bd. 75, S. 469–470, 1957;
106 Kritzinger, H. H.: Elektrische Feldwirkungen in ihrer Bedeutung für das Gesundheitswesen. Waerland-Mitteilungen (Bensberg), H. 23, S. 36–41, 1967;
236a Krueger, A. P.: Are Air Ions Biologically Significant? A Review of a Controversial Subject. Int. Journal of Biometeorology, Vol. 16, Nr. 4, pp. 313–322, 1972;
238 Krueger, A. P. and S. Kotaka: The Effects of Air Ions on Brain Levels of Serotonin in Mice. Int. J. Biometeor. Vol. 13, No. 1, pp. 25–38, 1969;
237 Krueger, A. P., S. Kotaka, K. Nishizawa, Y. Kogure, M. Takenobu and P. C. Andriese: Air Ion Effects on the Growth of the Silkworm. Int. J. Biometeor. Vol. 10, No. 1, pp. 29–38, 1966;
240 Krueger, A. P., S. Kotaka and E. J. Ried: The Course of Experimental Influenza in Mice maintained in High Concentrations of Small Negative Air Ions. Int. J. Biometeor. Vol. 15, No. 1, pp. 5–10, 1971;
241 Krueger, A. P. and E. J. Ried: Effects of Air Ion Environment on Influenza in the Mouse. Int. J. Biometeor. Vol. 16, No. 3, pp. 209–232, 1972;
416 Krueger, A. P. and E. J. Ried: A study of the biological effects of certain ELF electromagnetic fields. Int. J. Biometeor. 19, 3, 194–201, 1975;
239 Krueger, A. P., S. Kotaka, E. J. Ried and S. Turner: The Effects of Air Ions on Bacterial and Viral Pneumonia in Mice. Int. J. Biometeor. Vol. 14, No. 3, pp. 247–260, 1970;
521 Kühne, B.: Einfluß elektrischer 50 Hz-Felder hoher Feldstärke auf den menschlichen Organismus. Med.-Techn. Ber. 1980, Berufsgenoss. Feinmech. u. Elektrot., D-5000 Köln 51;
522 Kupka, H.-J.: Die Kirlianfotographie. Heilprakt. Journ. 10, H. 1, 1980;
298 Lampert, H.: Embolieverhütung und Rekanalisierung des Thrombus mittels des galvanischen Stromes. Eigendruck Prof. Dr. H. Lampert, 347 Höxter, Weserbergland-Klinik;
178 Lang, S.: Stoffwechselphysiologsiche Auswirkungen der Faradayschen Abschirmung und eines künstlichen luftelektrischen Feldes der Frequenz 10 Hz auf weiße Mäuse. Arch. Med. Geoph. Biokl. Ser. B, 20, S. 109–122, 1972;
177 Lang, S.: Änderung des Wasser- und Elektrolythaushaltes bei weißen Mäusen unter Einfluß von Faraday-Bedingungen und eines Rechteckimpulsfeldes der Frequenz 10 Hz. Verh. d. Dtsch. Zool. Ges. Helgoland S. 176–179, 1971;
169 Lang, S.: Physiologische Untersuchungen an weißen Mäusen im Faradayschen Käfig. Wetter, Boden, Mensch, H. 14, S. 831–833, 1972;
338 Lang, S.: Natürliche und künstliche partielle Faraday-Bedingungen bezüglich luftelektrischer Parameter in Wohnsiedlungen. Vortrag anläßlich der Tagung »Gesellschaft für Ökologie«, Saarbrücken, 28. 9. – 3. 10. 1973;
80 Lang, S.: Die Eigenschaften moderner Bauten gegenüber atmosphärischen luftelektrischen Faktoren und ihre Auswirkungen auf den Organismus. DAB 8, S. 640–643, 1973;
417 Lang, S.: Influences of an electric field of 10 Hz on the metabolism of lipids and the water electrolyte balance. Int. J. Biometeorology, 19, Suppl. Proceed. of the 7. Int. Biometeorol. Congr. College Park 1975, vol 6, 1, 1975;
418 Lang, S.: Bericht über den 80. Kongreß der Deutschen Gesellschaft für Physikalische Medizin. III. Medizinische Relevanz des Elektroklimas. Z. angew. Bäder-Klimaheilk. 23, 58–61, 1976;
419 Lang, S.: A sensibilisation mechanism for environmental electric fields in mice and rats. In: Research of biological effects of electric environmental factors. Arch. Met. Geoph. Biokl. Ser. B, 24, 109–126, 1976;
420 Lang, S.: Frequenzabhängigkeit der biologischen Wirkungen elektrischer Felder im ELF-Bereich? II. Kolloquium Bioklim. Wirk. luftelektr. Faktoren. TU München, 1976;
421 Lang, S.: Bericht über das II. Kolloqu. Bioklimat. Wirkungen luftelektr. Faktoren. Techn. Universität München, 1976;
422 Lang, S., G. Altmann, W. Bach und M. Lehmair: Atmospherics und Technics in Arbeitsräumen. II. Kolloqu. »Bioklimat. Wirk. luftelektr. Faktoren« TU München, 1976;
423 Lang, S., G. Altmann, A. Lill und R. Hartmann: Verhaltensphysiologische Untersuchungen über die Orientierung von Mäusen in elektrischen Feldern, 1977;
424 Lang, S. und M. Lehmair: Einfluß von 10 Hz-Feldern auf die psychische Kondition. 80. Kongreß der Deutschen Gesellschaft für physikalische Medizin, Freiburg, 1975;
425 Lang, S. und M. Lehmair: Elektrische Umwelt und Leistungsfähigkeit. Klima-Kälte-Ingenieur 2, 61–66, 1977;
426 Lang, S. und M. Lehmair: Bioklimatische Wirkungen der elektrischen Umwelt am Arbeitsplatz. Deutsches Archtitektenblatt 3, 209–211, 1977;
427 Lang, S. und Th. Reuss: Lipolytische Beeinflussung von Fettgewebe durch atmosphärisch-elektrische Schwingungen. Verh. Dtsch. Zool. Ges. 1974, 281–286, Fischer Verlag, Stuttgart, 1975;
263 Lantsman, M. N.: The Effect of Alternating Magnetic Field on the Phagocytic Function of the Reticulo-Endothelial System in Experiments. Questions of Hematology, Radiobiology, and the Biological Action of Magnetic Field, Tomsk, p. 360, 1965;
548 Lechner, F., R. Ascherl and W. Kraus: Treatment of Pseudarthroses with Electrodynamic Potentials of Low Frequency Range. Clinical Orthopaedics 161, pp 71–81, 1981;
549 Lechner, F., G. Oeller und R. Ascherl: Behandlung infizierter Pseudarthrosen mit der elektrischen Feldtherapie. Fortschritte d. Mediz. 97, H. 20, S. 943–948, 1979;
319 Lehmann: Zitiert von Brüche (302);
428 Leitner, H. v. and H. W. Ludwig: Therapy with 10 cps pulses. Int. J. Biometeorol. 19, supplement Proceedings of the 7. Int. Biometeorol. Congress College Park 1975, vol 6, 1, 1975;
429 Lemström, S.: Elektrokultur. W. Junk, Berlin, 1902;
431 Lenke, R. und J. Bonzel: Luftelektrische Felder in umbauten Räumen und im Freien. Betontechnische Berichte 11, 387–390 und 12, 425–430, 1975;
126 Levengood, W. C.: Indicated Biological Effect from the 9 July 1962, High Altitude Nuclear Test. Int. J. Biometeor. Vol. 11, No. 2, pp. 195–199, 1967;
286a Leventhal, G.: Guide for the Evaluation of Human Exposure to Whole Body Vibration. I.S.O. ITC 1081 WG 7, Juni 1970;
Mitteilung vom 2. November 1971, Chelsea College of Science and Technology, London;
22 Liebermann, L.: Extremely low-frequency electromagnetic waves, II: Propagation properties. J. Appl. Phys. 27, p. 1477, 1956;
430 Lindauer, M.: Orientierung der Tiere. Verh. Dtsch. Zool. Ges. 1976, 156–183 Fischer Verlag Stuttgart, 1976;
56 Lokken, J. E.: Instrumentation for Receiving Electromagnetic Noise below 3000 cps. In: Natural Electromagnetic Phenomena below 30 KC/S; pp. 373–428, (D. F. Bleil, editor), Plenum Press, New York, 1964;
173 Lorge, J. De: Operant Behavior of Rhesus Monkeys in the Presence of Extremely Low Frequency-Low Intensity Magnetic and Electric Fields. Experiment 1, NAMRL–1155. Naval Aero Space Medical Research Laboratory, Pensacola, Fla. 1972;
174 Lorge, J. De: Operant Behavior of Rhesus Monkeys in the Presence of Extremely Low Frequency-Low Intensity Magnetic and Electric Fields: Exp. 2, Naval Aero Space Medic. Res. Lab., NAMRL–1196, Pensacola, Fla. 1973;
432 Lorge, J. De: Do extremely low frequency electromagnetic fields influence behaviour in monkey? Int. J. Biometeorol. 19, supplement Proceeding of the 7. Int. Biometeorol. Congress, College Park 1975, vol 6, 1, 1975;
433 Lotmar, R.: Zeitschrift Physikalische Medizin, Heft 4, S. 151–154, 1975;
200 Lotmar, R., W. R. Ranscht-Froemsdorff und H. Weise: Intensität der Gewebeatmung und Wetterfaktoren. Z. f. angew. Bäder- und Klimaheilkunde 15, S. 1–10, 1968;
Dämpfung der Gewebeatmung (QO_2) v. Mäuseleber d. künstl. Impulsstrahlung. Int. J. Biometeor. Vol. 13, No. 3 and 4, pp. 231–238, 1969;
184 Lott, J. R. and H. B. McCain: Some Effects of Continous and Pulsating Electric Fields on Brain Wave Activity in Rats. Int. J. Biometeor. Vo. 17, No. 3, pp. 221–225, 1973;
434 Lott, J. R. and G. H. Linn: The effects of an external electric field on action potentials in isolated nerves. Int. J. Biometeorol. 19, supplement Proceedings of the 7. Int. Biometeorol. Congress, Collage Park 1975, vol. 6, 1, 1975;
341 Lotz, K. E.: Über die Problematik einer exakten baubiologischen Beurteilung von Baustoffen aufgrund des derzeitigen wissenschaftlichen Kenntnisstandes. Wetter, Boden, Mensch, H. 16, S. 997–1008, 1972;
435 Ludwig, H.: Messung elektrischer Felder in Innenräumen. II. Kolloquium »Bioklimat. Wirk. luftelektr. Faktoren« TU München, 1976;
198 Ludwig, H. W.: A Hypothesis concerning the absorption mechanism of atmospherics in the nervous system. Int. J. Biometeor. Vol. 12, No. 2, pp. 93–98, 1968;
150 Ludwig, H. W.: Der Einfluß von elektromagnetischen Tiefstfrequenz-Wechselfeldern auf höhere Organismen. Biomedizin. Technik, Bd. 16, Nr. 2, 1971;

76 Ludwig, H.W.: Shielding Effect of materials in the ULF, ELF and VLF Region. Int. J. Biometeor. Vol. 17, No. 3, pp. 207–211, 1973;
436 Ludwig, H.W.: Wirkung einer nächtlichen Abschirmung der elektrischen Feldstärke bei Rheumatikern. Arch. Met. Geoph. Biokl. Ser. B, 21, 305–311, 1973;
437a Ludwig, H.W.: Wettereinfluß auf organisches Gewebe. Z. f. angew. Bäder- u. Klimaheilkunde 19, 15–17, 1972;
438 Ludwig, H.W.: Problems of the shielding and of hospital electro-climatic systems. In: Research of biological effects of electric environmental factors. Arch. Met. Geoph. Biokl. Ser. B. 24, 109–126, 1976;
439 Ludwig, H.W., W. Ehrmann und W. Sodtke: Beeinflussungen psychosomatischer Erkrankungen durch magnetische Wechselfelder. II. Kolloqium Bioklim. Wirk. luftelektr. Faktoren, TU München, 1976;
197 Ludwig, H.W. und R. Mecke: Wirkung künstlicher Atmospherics auf Säuger. Arch. Med. Geoph. Biokl. Serie B, 16, S.251–261, 1968;
69 Ludwig, H. W., R. Mecke und H. Seelewind: Elektroklimatologie. Arch. Med. Bioph. Biokl. Ser. B 16, S. 237–250, 1968;
437b Ludwig, H.W., M.A. Persinger u. K.P. Ossenkopp: Physiologische Wirkungen elektromagnetischer Wellen bei tiefen Frequenzen. Arch. Met. Geoph. Biokl., Ser. B, 21, 99–116, 1973;
110 Lueders, H.: Statistischer und objektiver Nachweis elektroklimatischer Wirkungen auf die Abwehrkräfte und das vegetative Nervensystem des menschlichen Organismus. Wetter, Boden, Mensch, H.3, S.121–140, 1968;
440 Lyskov, Y. and Y. Emma: Electrical field as a parameter consideres in designing electric power transmission of 750–1150 kV. Zitiert in Becker[369];
230 Malakhov, A.N. et al: The electromagn. hypothesis of biolog. communication. Bionics, Nauka, Moscow, p.297, 1965;
441 Mamontov, S.G. ans L.N. Ivanova: Effect of low frequency electric field on cell division in mouse tissues. Bull. Exp. Biol. and Med. 71, 192, 1971;
442 Mantell, B.: Untersuchungen über die Wirkung eines magnetischen Wechselfeldes 50 Hz auf den Menschen. Diss. Med. Fak. Uni Freiburg, 1975;
443 Marino, A.A.: Cases 26529 ans 26559 – common hearings on health and safety of 765 kV transmission lines. Public Service Commission, New York, 1975;
444 Martin, H. und M. Lindauer: Orientierung im Erdmagnetfeld. Fortschr. Zool. 21, 211–228, 1973;
64 Martin, H.G.: Waveguide propagation of VLF radio waves. J. Atmospherics Terrest. Phys. 20, p.206, 1961;
573 Matthes, R.: Messungen an UV-Strahlenquellen. Tätigkeitsbericht des Bundesgesundheitsamts S.74–75, 1983;
70 Mattern, G.: Versuche zur Messung der Radioemission von Blitzen im Frequenzbereich bei 432 MHz. Kleinheubacher-Berichte, Bd. Nr.17, S. 455–460, 1973;
445 Maxey, E.S.: Critical aspects of human versus terrestrial electromagnetical symbiosis. II. Kolloquium Bioklim. Wirk. luftelektr. Faktoren, TU München, 1976;
101a Mayasi, A.M. and R.A. Terry: Effects of Direct Electric Fields, Noise, Sex and Age on Maze Learning in Rats. Int. J. Biometeor. Vol. 13, No.2, pp. 101–111, 1969;
599 McDowall, M.E.: Leukaemia Mortality in electr. Workers in England and Wales. Lancet, p.246, Jan. 1983;
446 Meda, E., V. Carrescha und S. Cappa: Einfluß elektrischer Felder auf Tiere – Versuchsergebnisse – Bulletin 3/1974 Internat. Sektion der IVSS für die Verhütung von Arbeitsunfällen und Berufskrankheiten durch Elektrizität, 1974;
523 Meierhofer, M.: Einfluß eines luftelektrischen Feldes auf Schüler. Wiss. Hausarbeit, Techn. Elektrophysik, Techn. Universität München, 1980;
447 Merkel, F. W. und H. G. Fromme: Untersuchungen über das Orientierungsvermögen nächtlich ziehender Rotkehlchen. Naturwiss. 45, 499–500, 1958;
448 Miericke, J.: Recherche über biologische Wirkungen von Magnetfeldern im allgemeinen und speziell beim Menschen. Institut für Werkstoffwissenschaften II, Universität Erlangen/Nürnberg, etwa 1972;
19 Mikhailova, G.A.: On the spectra of atmospherics and phase velocity of electromagnetic waves at very low frequencies. Geomagnetizm i Aeronomiya, 2, p.257, 1962;
550 Mikrowellen-Standard in China: Mitteilung aus: Bioelectromagnetics, p.4, n.23, July/Aug. 1981;
551 Mikrowellen-Standard in der BRD: Tätigkeitsbericht 1981 des Bundesgesundheitsamtes. Arbeitsschwerpunkt: 4. Strahlenhygiene S.44–57, 1981;
552 Mikrowellen-Standard in den USA. Mitteilung aus: Bio Electro Magnetics Society Newsletter, n.34, Oct. 1982;
595 Milham, S.: Mortality from Leukemia in Workers Exposed to Electrical and Magnetic Fields. N. Eng. J. Med. 307 (4), p.249, 1982;
253 Minch, A.A.: Die Luftionisation als Faktor der Hygiene. Zur Urnal Gigieny Epedemilogii Microbiologii i Immunologii V, S. 409–422, 1961;
449 Mittler, S.: Low frequency electromagnetic radiation and genetic aberrations. Northern Illinois University, Final Report, AD 749959, spetember 15, 1972;
257 Miura, T.: The Biological Effect of Air Ions in Room Air. Int. J. Biometeor. Vol. 16, No.3, pp. 304–305, 1972;
78 Mörner, N.-A.: Climatic Cycles During the Last 35000 Years. Journal of Interdisciplinary Cycle Research, Vol.4, No.2, pp. 189–192, 1973;
102a Möse, J.R., und G. Fischer: Zur Wirkung elektrostatischer Gleichfelder, weitere tierexperimentelle Ergebnisse. Archiv für Hygiene und Bakteriologie 154, H.4, S. 378–386, 1970;
102c Möse, J.R., S. Schuy und G. Fischer: Versuchsanlage zum Studium der Wirkungen von elektrostatischen Gleichfeldern an kleinen Laboratoriumstieren und die damit erzielten Ergebnisse. Biomediz. Technik 17, H.2, S. 65–70, 1972;
450 Möse, J.R. and G. Fischer: the electrostatic field as bioclimatological significant value in: Research of biological effects of electric environmental factors. Arch. Met. Geoph. Biokl. Ser. B, 24, 109–126, 1976;
102 Möse, J.R., G. Fischer und M. Fischer: Einfluß des elektrischen Gleichfeldes auf die Wirkung einiger die glatte Muskulatur stimulierender Pharmaka. Zeitschrift für Biologie, S. 344–363, 1969;
524 Möse, J.R., G. Fischer, D. Stünzner, H. Withalm u. E. Knapp: Einfluß des restwellenhaltigen elektrostatischen Feldes und des Faradaykäfigs auf die Bildung von Immunstoffen bei unterschiedlicher Dauer der Exponierung. Zbl. Bakt. Hyg., I. Abt. Orig. B 169, 331–336, 1979;
102b Möse, J.R., G. Fischer und H. Strampfer: Immunbiologische Reaktion im elektrostatischen Gleichfeld und Faraday-Käfig. Zeitschrift für Immun.-Forschung 145, S. 404–412, 1973;
266 Moos, W.S., R. Schmitz and R.K. Clark: The Effects of Electric Fields on Mouse Weights. Int. J. Biometeor. Suppl. Vol. 11, pp. 321, 1967;
11a Mühleisen, R.: The Global Circuit and its Parameter. Fifth International Conference on Atmospherics Electricity, Garmisch-Partenkirchen, September 2–7, 1974;
182 Müller-Velten, H.: Über den Angstgeruch bei der Hausmaus. Z. Vergl. Physiol. 52, S. 401–429, 1966;
94 Murr, L.E.: The Biophysics of Plant Growth in a Reversed Electrostatic Field: A comparison with the Conventional Electrostatic and Electrokinetic Field Growth Responses. Int. J. Biometeor. Vol. 10, No.2, pp. 135–146, 1966;
451 Ng, W. and K. Piekarsky: The effect of an Electrostatic field on the mitosis of cells. Medical and Biological Engeneering, Jan. 1975, 107–111, 1975;
553 Newi, G., J.H. Bernhardt, R. Hauf, R. Reiter, J. Silny und R. Wever: Biologische Wirkungen elektrischer, magnetischer und elektromagnetischer Felder. Kontakt und Studium, Band 106, Expert.-Verlag, 7031 Grafenau 1, 1983;
213 Nikonowa, K.V.: Effect of a High Frequency Electromagnetic Field on the Blood Pressure and Body Temperature of Experimental Animals. The Biological Action of Radiofrequency Electromagnetic Fields, Moscow, p.61, 1964;
596 Nordstrom, S., E. Birke, L. Gustavsson: Reproductiv Hazards Among Workers at High Voltage Substations. Bioelectromagnetics 4(1), pp. 91–101, 1983;
452 Norton, L.: In vivo bone growth in a controlled electric field. Ann. N. Y. Acad. Sci 238, 466, 1974;
127 Novitskii, Yu. I.: The action of a constant magnetic field on gels of substances of plant origin. In: Proceedings of Conference on the Effect of Magnetic Fields on Biological Objects, Moscow, p.50, 1966;
128 Novitskii, Yu. I.: Effects of a magnetic field on the dry seeds of some cereals. In: Proceedings of Conference on the Effect of Magnetic Fields on Biological Objects, Moscow, p.52, 1966;
129 Novitskii, Yu. I. et al.: A further Study of the effect of a constant magnetic field on plants. In: Questions of Hematology, Radiobiology and the Biological Action of Magnetic Fields, Tomsk, p.320, 1965;
130 Novitskii, Yu. I. et al.: Effect of a weak magnetic field on the movement of chloroplasts in Elodea. In: Proceedings of Conference on the effect of Magnetic Fields on Biological Objects, Moscow, p.53, 1966;
262 Odintsov, Yu. N.: Effect of an Alternating Magnetic Field on some Immunological Indices in Experimental Listiosis. Questions of Hematology, Radiobiology and the Biological Action of Magnetic Fields, Tomsk, p.382, 1965;
15 Oehrl, W. und H.L. König: Messung und Deutung elektromagnetischer Oszillationen natürlichen Ursprungs im Frequenzbereich unter 1 Hz Z. f. Angew. Physik, 25, 1.H., S. 6–14, 1968;
603 Österr. Inst. f. Baubiologie: Tagungsband St. Wolfgang, Landstraßer Hauptstr. 67, A-1030 Wien, 1984;
49 Ogawa, T.: Analyses of Measurement Techniques of Electric Fields and Currents in the Atmosphere. Contribution of the Geoph. Inst., Kyoto Univ., No.13, 1973;
41 Ogawa, T. and Y. Murakami: Schumann Resonance Frequencies and the Conductivity Profiles in the Atmosphere. Contribution of the Geophysical Institute, Kyoto University, Japan, No.13, 1973;
40 Ogawa, T. and Y. Tanaka: Q-Factors of the Schumann Resonances and Solar Activity. Special Contributions of the Geophys. Inst., Kyoto Univ., Japan, No.10, 1970;
31 Ogawa, T., Y. Tanaka and M. Yasuhara: Schumann Resonances and Worldwide Thunderstorm Acticity. Journal of Geomagnetism and Geoelectricity, Vol.21, No.1, pp. 447–452, 1969;
243 Oliverau, J.M.: Influence des ions atmosphérique négatifs sur l'adaption à une situation an-

xiogène chez le rat. Int. J. of Biometeorology, Vol. 14, No. 3, pp. 277–284, 1973;

453 Ossenkopp, K.-P. and M. D. Ossenkopp: Open-field behaviour in juvenile rats exposed to an ELF rotating magnetic field. Differential sex effects. Int. J. Biometeorol. 19, supplement Proceedings of tghe 7. Int. Biometeorol. Congress, College Park 1975, vol 6, 1, 1975;

335 Palm, H.: Das gesunde Haus. Eigenverlag, 775 Konstanz, Ruppanerstr. 12, 1968;

454 Pautrizel, R., M. Rivière, A. Prioré et F. Berlureau: Influences d'ondes électromagn. et de champs magnétiques associés sur l'immunité de la souris infestée par trypanosome équiperdum. C. R. Acad. Sc. Paris, 236, 579–682, 1966;

455 Pautrizel, R., A. Prioré, F. Berlureau et A. N. Pautrizel: Stimulation par des moyens physiques des défenses de la souris et du rat contre la trypanosome expérimentale. C. R. Acad. Sc. Paris 268, 1889–1892, 1969;

456 Pautrizel, R., A. Prioré, F. Berlureau, A. N. Pautrizel: Action de champs magnétiques combinés à des ondes électromagnétiques sur la trypanosomose expérimentale du lapin. C. R. Acad. Sc. Paris 271, 877–880, 1970;

457 Pautrizel, R., A. Prioré, M. Dallachio et R. Crockett: Action d'ondes électromagnétiques et de champs magnétiques sur les modifications lipidiques provoquées chez le lapin par l'administration d'un régime alimentaire hypercholesterole. C. R. Acad. Sc. Paris 274, 488–491, 1972;

458 Pautrizel, R., A. Prioré, P. Mattern et A. N. Pautrizel: Stimulation des défenses de la souris trypanosomées par l'action d'un rayonnement associant champs magnétiques et ondes électromagnétiques. C. R. Acad. Sc. Paris 280, 1915–1918, 1975;

149 Persinger, M. A.: Open-field Behavior in Rats Exposed Prenatally to a Low Intensity-Low Frequency, Rotating Magnetic Field. Developmental Psychology 2 (3), S. 168 to 171, 1969;

152 Persinger, M. A.: Possible Cardiac Driving by an External Rotating magnetic Field. Int. J. Biometeor. Vol. 17, No. 3, pp. 263–266, 1973;

459 Persinger, M. A.: ELF and VLF Electromagnetic Field Effects. Plenum Press, New York and London, 1974;

460 Persinger, M. A.: Comments on transient seismo-electric-magnetic fields and proximal human behaviour. Int. J. Biometeorol. 19 supplement, Proceedings of the 7. Int. Biometeorol. Congress, College Park 1975, vol. 6, 1, 1975;

461 Persinger, M. A.: Lag responses in mood reports to changes in the weather matrix. Int. J. Biometeorol. 19, supplement, Proceedings of the 7. Int. Biometeorol. Congress, College Park 1975, vol. 6, 1, 1975;

462 Persinger, M. A.: Day time wheel running activity in laboratory rats following geomagnetic event of 5–6 july 1974. Int. J. Biometeorol. 20, 1, 19–22, 1976;

151 Persinger, M. A., G. B. Glavin and K. P. Ossenkopp: Physiological Changes in Adult Rats Exposed to an ELF Rotating Magnetic Field. Int. J. Biometeor. Vol. 16, No. 2, pp. 163–172, 1972;

463 Persinger, M. A. and J. T. Janes: Significant correlations between human anxiety scores and perinatal geomagnetic activity. Int. J. Biometeorol 19, supplement, Proceedings of the 7. Int. Biometeorol. Congress, College Park 1975, vol. 6, 1, 1975;

464 Persinger, M. A. and G. F. Lafrenière: Relative hypertrophy of rat thyroid following ten day exposures to an ELF magnetic field: Determing intensity thresholds. Int. J. Biometeorol. 19, supplement, Proceedings of the 7. Int. Biometeorol. Congress, College Park 1975, vol. 6, 1, 1975;

465 Persinger, M. A., G. F. Lafrenière and D. N. Mainprize: Human reaction time variability changes from low intensity 3 Hz electric fields: Interaction with stimulus pattern, sex and field in intensities. Int. J. Biometeorol. 19, 1, 46–54, 1975;

209 Peschka, W.: Dynamische Effekte an Proben bestehend aus Hochfrequenzschwingkreisen bzw. Leitungselementen unter Verwendung von Wasser als Dielektrikum. Wetter, Boden, Mensch, H. 19, S. 1200–1213, 1974; – Wasser im Hochfrequenzfeld. Südd. Zeitung Nr. 181, S. 22, Forschung, Wissenschaft, Technik, 1974;

466 Petrow, F. P.: Effect of an electromagnetic field on isolated organs. In: Physic chemical bases of higher nervous activity, Leningrad, 1935;

164 Petrov, F. P.: Effect of a Low-frequency Electromagnetic Field on Higher Nervous Activity. Tr. Inst. Fiziol. Acad. Nauk., SSR, 1:369, 1952;

306 Petschke, H.: Über Beziehung zwischen der Blutkörperchensenkungsreaktion, radioästhetischen Befunden und meteorologischen Vorgängen. Die Medizinische Nr. 39, S. 1263, 1953;

307 Petschke, H.: Über Beziehung zw. der Blutkörperchensenkungsreaktion, radioästhetischen Befunden und meteorolog. Vorgängen. Die Medizinische Nr. 52, S. 1759 bis 1761, 1953;

525 Phillips, R. D., A. Gillis, W. T. Kaune, D. D. Mahlum: Biological effects of Extremely Low Frequency Electromagnetic Fields: Conf-78016, Techn. Information Center; US Dept. of Energy, 1979;

225 Piccardi, G.: The Chemical Basis of Medical Climatology. Charls C. Thomas Publ., Springfield. Ill.;

143 Pittmann, U. Z.: Magnetism and plant growth II: effect on root growth of cereals. Can. I. Plant Sci. 44, pp. 283 to 294, 1964;

467 Pischinger, A.: Über das vegetative Grundsystem. Physik. Med. u. Rehab. 10, 3, 53–57, 1969;

132 Pittmann, U.: Gem. Notiz i. Selecta Nr. 48, S. 3716, 1967;

228 Plaksin, I. N. et al.: Effect of Frequency of Electric Field on Optical Properties of Water. DOKL. Acad. Nauk. SSSR, 168:1, 1966;

207 Plekhanov, G. F. and V. V. Vedyushkina: Elaboration of a Vascular Conditioned Reflex in Man to Change in Strength of a High-frequency Electromagnetic Field, Vysshei Nervnoi Deyatel'nosti im I. P. Pavlov, 16:34, 1966;

304 Pohl, G. Freiherr von: Erdstrahlen als Krankheits- und Krebserreger. Fortschritt für alle – Verlag, 8501 Feucht, 1978. Ferner zitiert u. a. v. Hartmann (117), bzw. Stängle (327);

30 Polk, C.: Relation of ELF Noise and Schumann Resonances to Thunderstorm Activity. Planetary Electrodynamics, Vol. 2, pp. 55–83 (Coroniti and Hughes, editors), Gordon and Breach, New York, London, 1969;

42 Polk, C.: Source, Propagation, Amplitude and Temporal Variation of Extremely Low Frequency (0–100 Hz) Electromagnetic Fields. Symposion and Workshop on the Effects of Low-Frequency Magnetic and Electric Fields on Biological Communication Processes, Snowmass-at-Aspen, Colorado, Febr. 18–24, 1973;

527 Popp, F. A., G. Becker, H. L. König, W. Peschka: Electromagnetic Bioinformation. Urban & Schwarzenberg, München-Wien-Baltimore, 1979;

554 Popp, F. A., G. Becker, H. L. König, W. Peschka: Electromagnetic Bio-Information Urban und Schwarzenberg, München, Baltimore 1979;

526 Popp, F. A., B. Ruth, W. Bahr, J. Böhm, P. Graß, G. Grolig, M. Rattemeyer, H. G. Schmidt, and P. Wulle: Emission of Visible and Ultraviolet Radiation by Active Biological Systems. Proc. Int. Workshop 1979, Gordon and Breach Science Publ. Inc., 1980;

72 Presman, A. S.: Electromagnetic Fields and Life. Aus dem Russischen ins Englische übersetzt von F. L. Sinclair, Plenum Press, New York-London, 1970;

281 Presman, A.: Akzeleration und elektromagnetische Felder der Biosphäre. Mod. Mediz., Bd. 2, H. 4, S. 224–228, 1972;

468 Prokop, O. u. W. Wimmer: Wünschelrute, Erdstrahlen, Radiästhesie. Ferdinand Enke-Verlag, Stuttgart, 2. Auflage 1977;

305 Rambeau, V.: Besteht ein Zusammenhang zwischen der Tektonik der Erde und dem Krankheitsproblem? Wetter, Boden, Mensch, H. 7, S. 341–354, 1969;

288 Ranscht-Froemsdorff, W. R.: Krankheitshäufungen bei Wettervorgang Null. Selecta 11, S. 630–640, 1966;

196 Ranscht-Froemsdorff, W. R.: Selecta Nr. 48, S. 2866, 1966;

469 Ranscht-Froemsdorff, W.: Dämpfung der Zellatmung durch Elektroklima. Umschau 24, 803–804, 1969;

470 Ranscht-Froemsdorff, W.: Diagnostik von »Wetterfühligkeit« und »Wetterschmerz«. Z. Allgemein Medizin, 52. Jgg. H. 5, S. 228–236, 1976;

202 Ranscht-Froemsdorff, W. R. und O. Rinck: Elektroklimatische Erscheinungen des Föhns (Korrelationen von Blutgerinnung und simulierten Sferics-Programmen). Z. f. angew. Bäder- und Klimaheilkunde 19, S. 169–176, 1972;

199 Ranscht-Froemsdorff, W. R. und H. Weise: Sferics-Koinzidenzmessungen im Gelände mit Schmalbandempfängern. Kleinheubacher-Berichte 13, 73, 1969;

590 Reichmanis, M., F. S. Perry, A. A. Marino, R. O. Becker: Relation between suicide and the electromagnetic field of overhead lines. Physiol. Chemistry and Physics 11, pp. 395–403, 1979;

109 Reinders, H.: Ein Beitrag z. Klärung d. Einflüsse elektr. Gleichstromfelder a. d. Gestaltung der Raumluft in Aufenthaltsräumen. Kaarst bei Neuß, Niederrhein-Verlag, 1964;

8 Reis, A.: Biomedizinische Technik. Ingenieuraufgaben in der Medizin, VDI-Verlag, Düsseldorf, 1974;

158 Reiter, R.: Neuere Untersuchungen zum Problem der Wetterabhängigkeit des Menschen, ausgeführt unter Verwendung biometeorologischer Indikatoren. Archiv für Meteorologie, Geophysik und Bioklimatologie, Serie B, Bd. IV, H. 3, S. 327–377, 1953;

159 Reiter, R.: Umwelteinflüsse auf die Reaktionszeit des gesunden Menschen. Münchner Medizinische Wochenschrift, 96, Nr. 17, S. 479–481, und Nr. 18, S. 526–529, 1954;

6 Reiter, R.: Meteorologie und Elektrizität der Atmosphäre. Akad. Verlagsges., Geest & Portig K.-G., Leipzig 1960;

471 Reiter, R.: Welche atmosphärisch-elektrischen Elemente können auf den Organismus einwirken? Tagung f. Medizin Meteorologie, Timmendorfer Strand, 1962;

234 Reiter, R.: Introductory Remarks. Int. J. Biometeor. Vol. 17, No. 3, pp. 205-206, 1973;

235 Reiter, R.: Sind luftelektrische Größen als Komponenten des Bioklimas in Betracht zu ziehen? Z. Heizung, Lüftung, Klimatechnik, Haustechnik, Bd. 21, Nr. 8, S. 258–262 und 279–285, 1970;

574 Reiter, R.: Feldstärke und Frequenzspektrum von elektrischen Wechselfeldern in geschlossenen Räumen von Gebäuden verschiedenster Art und Nutzung. Kleinheubacher Berichte, FTZ-Darmstadt, Bd. Nr. 26, S. 355–364, 1983;

254 Rheinstein, J.: Der Einfluß von künstlich erzeugten atmosphärischen Ionen auf die einfache Reaktionszeit und auf den optischen Moment. Dissertation an der Technischen Hochschule München, 1960;

58 Rhoads, F. J. and W. E. Garner: An investigation of the modal interference of VLF radio waves. Radio Sci. 2, p. 539, 1967;

472 Riesen, W., C. Aranyi, J. Kyle, A. Valentino and

D. Miller: A pilot study of the interaction of extremely low frequency electromagnetic fields with brain organelles. IIT Research Institut, technical memorandum Nr. 3, IITRI Project E 6185, 1971;
204 Rink, O.: Freiburger Dissertation;
473 Rivière, M. R., A. Prioré, F. Berlureau, M. Fournier et M. Guerin: Action de champs électromagnétiques sur les greffes de la tumeur T 8 chez le rat. C. R. Acad. Sc. Paris 259, 4895–4897, 1964;
474 Rivière, M. R., A. Prioré, F. Berlureau, M. Fournier et M. Guerin: Phénomènes de régression observés sur les greffes d'un lymphosarcome chez des souris exp. à des champs électromagn. C. R. Acad. Sc., Paris 260, 2639–2102, 1965;
329 Rocard, Y.: Actions of a Very Weak Magnetic Gradient: The Reflex of the Dowser. Part IV, Chapter 2 in M. F. Barnothy: Biological Effects of Magn. Fields. Plenum Press, N. Y., 1964;
9 Rohracher, H.: Mechanische Mikroschwingungen des menschlichen Körpers. Urban & Schwarzenberg, Wien 1949;
10 Rohracher, H.: Neue Untersuchungen über biologische Mikroschwingungen. Anzeiger des phil. hist. Kl. Öst. Akad. Wiss,, Nr. 11, 1952;
160 Rohracher, H. und K. Inaga: Die Mikrovibration. Verlag Haus Huber, Bern, 1969;
276 Ross Adey, W.: Gehirn reagiert auf Potentialschwankungen. Südd. Zeitung, Nr. 106, Forschung, Wissenschaft, Technik, S. 34, 8. 5. 1974;
528 Roßmann, R.: Untersuchungen über den Einfluß eines elektrostatischen Feldes mit überlagertem 10 Hz-Rechteckimpulsfeld auf das Lernverhalten von Schülern. Wiss. Hausarbeit, Techn. Elektrophysik, Techn. Univ. München, 1978;
592 Rozzell, T. C.: Change in Radar Workers' CSF Proteins. Bioelectromagnetics Society Newsletter, Nr. 57, pp. 1–2, March 1985;
186 Rudder, B. de: Grundriß einer Meteorobiologie des Menschen. 2. Auflage 1938, 3. Auflage 1952;
48 Rycroft, M. J.: Resonances of the Earth-Ionosphere Cavity observed at Cambridge, England. J. Res. Nat. Bur. Std. 69D (8), 1965;
575 Ruhenstroth-Bauer G., H. Baumer, J. Kugler, R. Spatz, W. Sönning and B. Filipiak: Epilepsy and Weather: a Significant Correlation between the Onset of Epileptic Seizures and Specific Atmospherics – a Pilot Study. Int. J. Biometeor., Vol. 28, Nr. 4, pp. 333–340, 1984;
475 Rupilius, J. P.: Untersuchungen über die Wirkung eines elektrischen und magnetischen 50 Hz-Wechselfeldes auf den Menschen. Diss. Med. Fak. Uni Freiburg, 1976;
91 Sale, A. J. H. and W. A. Hamilton: Effects of High Electric Fields on Microorganisms. I. Killing of Bacteria and Yeasts. II. Mechanism of Action of the Lethal Effect. Biochim. Biophys. Acta 148, p. 781–800, 1967;
32 Sao, K. and H. Jindoh: Real Time Location of Atmospherics by Single Station Techniques and Primelary Results. Journal of Atmospheric and Terrestrial Physics, Vol. 36, pp. 261–266, 1974;
50 Sao, K., M. Yamashita, S. Tanahashi, H. Jindoh and K. Ohta: Experimental Investigations of Schumann Resonance Frequencies. Journal of Atmospheric and Terrestrial Physics, Vol. 35, pp. 2047–1953, 1973;
476 Sazonova, T.: A physiological assessment of the work conditions in 400 kV and 500 kV open switchyards. Scientific Publications of the institutes of labor protection of the All-Union Central Council of Trade Unions, issue 46, Profizdat, 1967;
477 Schaefer, H. Prof. Dr. med., Waldgrenzweg 12/2, 6004 Ziegelhausen bei Heidelberg. Medizinischer Berater der Berufsgenossenschaft Feinmechanik und Elektrotechnik;
584 Schäfer, H.: Über die Wirkung elektrischer Felder auf den Menschen. Springer-Verlag Berlin, Heidelberg, New York, Tokio, 1983;
308 Scheller, E. F.: Strahleneinwirkungen im Blut und Krebs. Wetter, Boden, Mensch, H. 6, S. 269–272, 1969;
154 Schmid, A.: Biologische Wirkungen der Luftelektrizität. Bern-Leipzig, 1936;
555 Schmidt-Neuerburg, K. P., K. M. Stürmer, H. Kehr, D. Ullrich und H. Hirsche: Die Wirksamkeit elektromagnetisch induzierten Wechselstroms auf die Einheilung autologer Spongiosatransplantate bei atrophen Schaftspeudarthrosen. Unfallheilkunde 83, S. 195–201, 1980;
478 Schneider, F.: Devitationsrhythmen in Bezug auf künstliche magnetische Felder. Mitteilungen der Schweizerischen enthomologischen Gesellschaft. Heft 1–2, Bd. 47, 1974;
260 Schneider, K.-H., H. Studinger, K.-H. Weck, H. Steinbigler, D. Utmischi und J. Wiesinger: Displacement Currents to the Human Body Caused by the Dielectric Field under Overhead Lines. CIGRE-Bericht 36–04, Session 1974;
82a Schneider, M.: Einführung in die Physiologie des Menschen, Springer-Verlag Berlin, Göttingen, Heidelberg, 1964;
330 Schneider, R.: Über neuere Untersuchungen und Ergebnisse zum Problem der »Wünschelrute«. Wetter, Boden, Mensch, H. 17, S. 1093–1095, 1973;
556 Schober, A., M. Yanik und G. Fischer: Elektrolytveränderungen in der weißen Maus unter dem Einfluß schwacher Magnetfelder. Zbl. Bakt. Hyg., I. Abt. Orig. B 176, S. 305–315, 1982;
576 Schulten, K. und A. Weller: Magnetfeldeffekte in Chemie und Biologie. Umschau H. 25/26, S. 779–783, 1984;
180 Schùa, L.: Die Fluchtreaktion von Goldhamstern aus elektrischen Feldern. Naturwissenschaften 40, S. 514, 1953;
297a Schuldt, H. Dr. med., Dipl.-Ing., Hamburg 52, Up de Schanz 60, persönliche Mitteilung vom 29. 8. 1974;
297b Schuldt, H.: Wetterfühligkeit des Menschen aus neuer medizinisch-meteorologischer Sicht. Hamburger Ärzteblatt, S. 143–144, April 1974;
114 Schulz, H.: Über allgemeine und persönlichkeitsspezifische Wirkungen stationärer elektrischer Felder auf Leistung und Befindlichkeit. Dissertation an der Mathematisch-Naturwissenschaftlichen Fakultät d. Universität Düsseldorf, 1970;
111 Schulz, K.-H.: Die Bedeutung der Luftelektrizität, der Elektro-Aerosol-Therapie, der direkten elektrostatischen Aufladungstherapie nach Takata und ihre biologische Wirkung auf das vegetative Nervensystem unter Berücksichtigung des Vegetonogramms. (Zschr. Aerosol-Forsch. 12, 206–212 und 455–466. 1965);
112 Schulz, K.-H.: Unters. der biolog. Wirkung der Elektro-Aerosole und der direkten Aufladungstherapie auf das vegetative Nervensystem. Vortrag auf der Tagg. des Weinheimer Forschungskreises im Hygieneinst. der Univ. Heidelberg am 3. 11. 1967;
188 Schulze, R.: Die biologisch wirksamen Komponenten des Strahlungsklimas. Naturwissenschaften 34, S. 238–246, 1949;
2 Schulze, R.: Strahlenklima der Erde. Dr. Dietrich Steinkopff Verlag, Darmstadt, 1970;
34 Schumann, W. O.: Über die strahlungslosen Eigenschwingungen einer leitenden Kugel, die von einer Luftschicht und einer Ionensphärenhülle umgeben ist. Z. f. Naturforschung, Bd. 7a, S. 149–154, 1952;
34a Schumann, W. O. und H. L. König: Atmospherics geringster Frequenzen. Naturwiss. 41, S. 183–184, 1954;
14 Schumann, W. O., L. Rohrer und H. L. König: Experimentelle Untersuchungen elektromagn. Wellen in der Atmosphäre mit 4–40 sec Periodendauer. Die Naturwiss. H. 3, S. 79, 1966;
156 Schwamm, E.: Ultrarot-Körpermessungen im Kippschwingungsfeld. Erfahrungsheilkunde VI, H. 12, 1957;
479 Searle, A. G.: Science News Letter, Bd. 88, S. 217, 1965 (zitiert in Selecta Nr. 14, S. 832, 1966);
480 Seeger, P. G.: Die Erfolge der Vitanova Feldtherapie bei akuten und chronischen Erkrankungen in biochemischer Sicht, biologisch physikalische Forschungsgesellschaft Oberjesingen, 1968.
301a Seidel, D., M. Knoll und J. Eichmeier: Anregung von subjektiven Lichterscheinungen (Phosphenen) b. Menschen durch magnet. Sinusfelder. Pflügers Archiv 299, S. 11 bis 18, 1968;
28 Selzer, E.: Oscillations de Schumann. Handbuch der Physik, Bd. XLIX/4, Sect. 55, S. 320–330;
482 Sidaway, G. H.: Influences of electrostatic fields on seed germination. Nature 211, 303, 1966;
12 Siebert, M.: Erdmagnetische Pulsationen. Die Umschau in Wissensch. u. Techn. H. 4, S. 110–113, 1964;
13 Siebert, M.: Erdmagn. Pulsationen. D. Umschau in Wissensch. u. Techn. H. 6, S. 182–184, 1964;
483 Silny, J.: Einwirkungen der elektr. 50 Hz-Felder hoher Feldstärken auf den Organismus eines Warmblüters. II. Kolloqu. Bioklim. Wirkg. luftelektr. Faktoren, TU München, 1976;
558 Silny, J.: Beeinflussung des Organismus d. starke niederfrequente magn. Felder. Inst. z. Erforsch. elektr. Unfälle d. Berufsg. d. Feinmech. u. Elektrot., Oberländer Ufer 130, Köln, Medizinisch-Techn. Bericht 1981;
38 Soderberg, E. E. and M. Finkle: A Comparsion of ELF-Atmospherics Noise Spectra Measured Above and in the Sea. Navy Underwater Sound Laboratory New London, Conn., USA, 1970;
485 Sönning, W.: Die Biotropie des Wetters und der Witterung und ihre analytische Darstellung in der Biosynoptik. II. Kolloqu. Bioklim. Wirk. luftelektr. Faktoren. TU München, 1976;
557 Sönning, W., H. Baumer, und J. Eichmeier: Die Atmospherics-Aktivität bei 10 und 27 kHz als Indiaktor für die Dynamik der troposphärischen Wettervorgänge. Arch. Met. Geoph. Biokl. Ser. B. 29, S. 299–312, 1981;
268 Solov'ev, N. A.: Action of a High-Voltage Electric Field of 50–2000 Hz on White Mice and Drosophila, Proc. of Conf. on Labor Hygiene and the Biological Action of Radio-Frequency Elektro-magnetic Fields, Moscow, S. 91, 1963;
484 Solov'ev, N. A.: Experimental study of the biological action of a low frequency electrical field. Novosti Meditsinskozo Driborostroenia 3, 101–107, 1967;
124 Souza, L. A. et al.: Beitrag in M. F. Barnothy (122);
264 Spittka, O., M. Taege und G. Tembrock: Experimentelle Untersuchungen zum operanten Trinkverhalten von Ratten im 50 Hz-Hochspannungswechselfeld. Biologisches Zentralblatt, Bd. 88, S. 273–282, 1969;
327 Stängle, J. W. F.: Grundstrahlungsmessungen über geopathischen Reizstreifen. Wetter, Boden, Mensch, H. 18, S. 1146 bis 1153, 1973;
486 Stetson, H. T.: Note on possible effect of electric field on the growth of plants. Journal of the Franklin Institute 264, 3, 169–180, 1957;
529 Stössel, J.-P.: Der Streit um die Magnetfeldtherapie. Bild d. Wissenschaft 1, 104–107, 1981;
60 Storey, L. R.: An Investigation of Whistling Atmospherics, Phil. Trans. Roy. Soc. Lond. Ser. A 246, Nr. 905, 1953;
577 Strampfer, H., E. Knapp und G. Fischer: Das Geamtblutbild der Maus im 50 Hz-Feld bei unterschiedlichen Exponierungszeiten. Zbl. Bakt. Hyg., I. Abt. Orig. B 169, S. 374–380, 1979;
487 Strumza, M.: Influence sur la santé humaine de la proximité des conducteurs d'électricité à haute tension. Archives des Maladies Professionelles, de Médicine de Travail et de Sécurité Sociale. Paris, 31, 269–276, 1970;

530 Stuchly, S. S.: Electromagnetic Fields in Biological Systems. Int. Microwace Power Inst., Uni Alberta T6G 2EO, Canada, 1979;

289 Sulman, F. G.: Meteorologische Frontverschiebung und Wetterfühligkeit. Ärztliche Praxis 23, Nr. 17, S. 998–999, 1971;

290 Sulman, F. G.: Urinalysis and Treatment of Patients Suffering from Climatic Heat Stress. Lecture No. 31, Pediatric Work Physiology, Proceedings of the fourth International Symposium, O. Bar-Or (ed.) Wingate Inst., Israel, April 1972;

5 Swider, W. AFCRL, Bedford, Mass., USA;

284 Takata, M. and Dohmoto: The Tohoku Y. exp. Med. 28, p. 522, 1936;

285 Takata, M. and Dohmoto: The Tohoku Y. exp. Med. 30, pp. 219–250, 1936/37;

221 Tanner, J. A.: Effect of microwave radiation on birds. Nature, Vol. 210, No. 5037, p. 636 only, may 7, 1966;

222 Tanner, J. A., C. Romero-Sierra and S. J. Davie: Non-Thermal Effects of. Microwave Radiation on Birds. Nature, Vol. 216, No. 5120, p. 1139 only, 1967;

61 Taylor, W. L.: Daytime attenuation rates in the VLF band using atmospherics. J. Res. Nat. Bur. Std. 64 D, p. 349, 1960;

62 Taylor, W. L.: VLF attenuation for east-west and west-east daytime propagation using atmospherics. J. Geophys. Res., 65 (7), 1960;

18 Tepley, L.: A comparison of spherics as observed in the VLF and ELF bands. J. Geophys. Res., 64, p. 2315, 1959;

531 Teubner, R., M. Rattemeyer, W. Mehlhardt: Eine neue Methode zur Untersuchung der Qualität von Pflanzen und Früchten. Ärztezs. f. Naturheilverfahren 4, 204–205, 1981;

271 Thompson, S. P.: The Effects of Magnetic Fields. Proc. Roy. Soc. B., 82, p. 996, 1910;

36 Toomey, J. and C. Polk: Research on Extremely Low Frequency Propagation with Particular Emphasis on Schumann Resonance and Related Phenomena. University of Rhode Island, Kingston, R. I., USA. Contract No. AF 19 (628) – 4950, 1, April 1970;

37 Tran, A. and C. Polk: Propagation and Resonance Parameters of the Earth-Ionosphere Cavity-Spherical Versus Planar Stratification of the Ionosphere. Report AFCRL-72-0682, Dept. of Electrical Eng., Univ. of Rhode Island, Nov. 1972;

43 Tran, A. and C. Polk: Electrical Conductivity of the Mesophere (40 km to 100 km) from ELF Spectra. F. 19628-70-C-0090, AFCRL-TR-73-0168, 15 Febr. 1973;

7 Tromp, S. W.: Medical Biometeorolgy. Elsevier publishing company, Amsterdam/London/New York, 1963;

318 Tromp, S. W.: Zitiert von Wüst und Petschke (315);

206 Tromp, S. W.: Seasonal and Yearly Fluctuations in Meteorologycally Induced Electromagnetic Wave Patterns in the Atmosphere (Period 1956–1968) and Their Possible Biological Significance. J. Interdisciple Cycle Res., Vol. 1, No. 2, pp. 193–199, 1970;

488 Tromp, S. W.: Waterdivining (dowsing). Encyclop. of Geochemistries and Earth Science, N. Y., S 1252–1258, 1972;

489 Tylor, P. E.: Biologic Effects of Non-Ionizing Radiation. Annals of the New York Academy of Sciences, Vol. 247, 1–545 February 28, 1975;

578 Udermann, H. und G. Fischer: Untersuchungen über den Einfluß von positiven oder negativen Kleinionen auf den Katecholamingehalt im Gehirn der Maus nach Kurzzeiteinwirkung oder längerfristigen Exponierung. Zbl. Bakt. Hyg., I. Abt. Orig. B 176, S. 72–78, 1982;

194 Undt, W.: 4. Medizin-Meteorol. Arbeitstagung in Timmendorfer Strand vom 12. – 14. April 1962. Wetter und Leben 14, S. 128–134, 1962;

490 Undt, W.: Ergebnisse von Versuchen mit künstlichen elektrischen Feldern. II. Kolloqu. Bioklim. Wirk. luftelektr. Faktoren. TU München, 1976;

491 URSI, United States National Committee, Institute of Electrical and Electronics Engineers, University of Colorado, Boulder, Anual Meeting, October 20–23, 1975;

492 Usemann, K. und W. Vogel: Fachb. Architektur u. Bautechnik der Univ. Kaiserslautern, pers. Mitteil. Mai, 1976;

229 Valfre, F. et al.: La sensibilita de organismi animali alle variabili cosmiche. Prove effectuate con acqua normale e con acqua fisicamente attivata. Geophys. Meteorol. 13, p. 76, 1964;

108 Varga, A.: Wirkung von Luftionen auf die Herzfrequenz. Bericht Weinheimer Forschungskreis für Bio-Elektroklimatologie, Heidelberg, 1968;

258 Varga, A.: Wirkung von Luftionen auf die Herzfrequenz. Umschau 68, S. 152, 1968;

269 Varga, A.: Hygiene-Institut der Universität Heidelberg, Elektro-Bioklimatische Forschungsstelle, persönliche Mitteilung vom 23. 11. 1972;

259 Varga, A.: Forschungsbericht über die physiologische Wirkung von Luftionen und deren Bedeutung als Umweltfaktoren. Elektro-Bioklimatische Forschungsstelle des Hygiene-Instituts der Universität Heidelberg, 1972;

134 Varga, A.: Einfluß von Magnetfeldern auf das Wachstum von Mikroorganismen am Beispiel von Escherichia Coli und Bacillus Subtilis. Dissertation an der Fakultät für Bio- und Geowissensch. der Techn. Univ. Karlsruhe, 1973;

579 Veit, R., G. Römer und O. Daseo: Leckstrahlungsmessungen an Mikrowellenkochgeräten. Tätigkeitsbericht des Bundesgesundheitsamts, S. 72–74, 1983.

494 Verheijen, F. J.: The mechanisms of the trapping effect of artificial light sources upon animals. Diss. Utrecht, 1958;

297 Vill, H. und H. Jahnke: Forschungsgemeinschaft für bioelektronische Funktionsdiagnostik und Therapie e. V., 8500 Nürnberg, Reichenbergerstr. 37;

296 Voll, R.: Gelöste und ungelöste Probleme der Elektroakupunktur-Diagnostik und -Therapie. Schriftenreihe des Zentralverbandes der Ärzte für Naturheilverfahren e. V., Bd. 18, 5. Sonderheft, Medizinisch-Literarischer Verlag, Dr. Bume & Co., Ülzen, 1966;

580 Volland, H.: Handbook of Atmospherics. Vol. I und II. CRC Press. Inc., Boca Raton Florida, 1982;

293 Wagenender, F. M. et al.: Gehirn mit Strom durchflutet. Selecta 41, S. 3722–3725, 1973;

495 Waibel, R.: Der Einfluß niederfrequenter elektrischer Felder auf Lebewesen. Diss. Graz, 1975;

11 Wait, G. R.: Ions in the Air. Carnegie Inst. of Wash.; New Service Bulletin, III, No. 12, S. 87–91, 1934;

246 Warnke, U.: Physikalisch-physiologische Grundlagen zur luftelektrisch bedingten »Wetterfühligkeit« der Honigbiene (Apis mellifica). Dissertation an der Universität des Saarlandes, Saarbrücken, 1973;

496 Warnke, U.: Bioelektrische und biomagnetische Eigenchaften der Körperoberflächen von Tieren im Einfluß meteorologischer Faktoren. II. Kolloqu. Bioklim. Wirk. luftelektr. Faktoren. TU München, 1976;

497 Warnke, U.: Effects of electric charges on honey bees. Bee World 57, 2, 5, 50–56, 1976;

498 Warnke, U.: Die Wirkung von Hochspannungswechselfeldern auf das Verhalten von Bienensozietäten. Z. angew. Ent. 82, 88, 1976;

499 Warnke, U.: Insekten und Vögel erzeugen elektrische Felder. Umschau 15, 479, 1975;

500 Warnke, U.: Bienen unter Hochspannung. Umschau 13, 416, 1975;

532 Warnke, U. u. G. Altmann: Die Infrarotstrahlung des Menschen als physiologischer Wirkungsindikator des niederfrequent gepulsten schwachen Magnetfeldes. Physik. Medizin 8, H. 3, 166–174, 1979;

501 Warnke, U., G. Altmann und R. Paul: Der Temperaturgang im Bienenvolk als Störungsindikator. Z. angew. Ent. 78, 150–159, 1975;

502 Warnke, U. und R. Paul: Das Verhalten von Bienen unter Hochspannungsleitungen. Dokumentarischer Super-8-Film, Fachb. Biologie der Univ.des Saarlandes, Saarbrücken;

278 Wassermann; G.: An Outline of a Field Theory of Organismic Form and Behaviour, Ciba Foundation Symposium on Extrasensory Perception. J. Churchill, London, 1956;

503 Watson, J., W. G. De Haas and S. S. Hauser: Effect of electric field on growth rate of embryonic chick tibiae in vitro. Nature 254, 331, 1975;

33 Watt A. D. and R. D. Groghan: Comparison of observed VLF attenuation rates and excitation factors with theory. J. Res. Nat. Bur. Std., 68 D (1), 1964;

59 Watt, A. D. and E. L. Maxwell: Characteristic of Atmospheric Noise from 1 to 100 Kc/s. Symposium on the Propagation of VLF Waves, Boulder, Col., Paper 35, Jan. 1957;

195 Wedler, E.: Zitiert von W. Undt (194); Wedler, E.: Erfahrungen aus einem Medizin-Meteorologischen Testjahr. Schr. Reihe Ver. Wass.-, Boden-, Lufthyg. Berlin-Dahlem, H. 30, S. 53–88, Stuttgart 1970;

256 Wehner, A. P.: Electro-Aerosol Therapy. Amer. J. Physical Med. 41, pp. 23–40, 1962;

90 Wehner, A. P.: Growth of Microorganism in electrostatic fields. Int. J. Biometeor. Bd. 2, S. 277–282, 1964;

581 Wertheimer, N.: Effects of Electric Blankets. Bioelektromagnetics Society Newsletter, Nr. 50, p. 6, June 1984;

598 Wertheimer, N., E. Leeper: Electr. Wiring Configurations and Childhood Cancer. American J. of Epidemiology 109 (3), pp. 273–284, 1979;

593 Wertheimer, N. and E. Leeper: Adult Cancer Related to Electrical Wires Near the Home. Int. J. Epidemol. Vol. II (4), pp. 345–355, 1982;

136 Weissenborn, G.: Das längst bekannte Magnetfeld – seine unbekannten Wirkungen auf den menschlichen Kreislauf. Medizin heute, Bd. 17a, H. 9, S. 270–274, 1968;

267 Wellenstein, G.: Der Einfluß von Hochspannungsleitungen auf Bienenvölker. Z. f. angew. Entomologie, Bd. 74, H. 1, S. 86–94, 1973;

75 Wessel, W.: Über den Durchgang elektrischer Wellen durch Drahtgitter. Z. Hochfrequenztechnik und Elektroakustik 54, S. 62, 1939;

167 Wever, R.: Über die Beeinflussung der circadianen Periodik des Menschen durch schwache elektromagnetische Felder. Z. f. vergleichende Physiologie 56, S. 111–128, 1967;

166 Wever, R.: Einfluß schwacher elektromagnetischer Felder auf die circadiane Periodik des Menschen. Die Naturwissenschaften 55, H. 1, S. 29–32, 1968;

168 Wever, R.: Human Circadian Rhythms u. the Influence of Weak Electric Fields a. the Different Aspects of these Studies. Int. J. Biometeor. Vol. 17, No. 3, pp. 227–232, 1973;

504 Wever, R.: Effects of weak electric 10 Hz fields on separated vegetative rhythms involved in the human circadian multi-oscillator system. In: Research of biological effects of electric environmental factors. Arch. Met. Geoph. Biokl. Ser. B, 24, 109–126, 1976;

560 Wiendl, H.-J.: Klinische Erfahrungen mit der postoperativen elektromagnetischen Stimualtion von Pseudoarthrosen. Aktuelle Traumatologie 12, H. 6, S. 229–324, 1982.

85 Wiener, N.: New Chapters in Cybernetics, 1963;

95 Wilhelmi, Th.: Der Einfluß von Gewittern auf

das Radialwachstum unserer Waldbäume. Umschau, H. 22, S. 705 bis 706, 1962;
328 Williams W. J. und Ph. L. Lorenz: World Oil. April 1957, gemäß Wetter, Boden, Mensch, H. 3, S. 97, 1968;
505 Wiltschko, W.: Kompaßsysteme in der Orientierung von Zugvögeln, Akad. Wiss. Lit. Mainz 2, 1973;
506 Wiltschko, W. und G. Fleissner: Die Orientierung von Rotkehlchen in magnetischen Wechselfeldern. Verh. Dtsch. Zool. Ges. 265, 1976, Fischer Verlag Stuttgart, 1976;
582 Winters, W. D. and J. L. Phillips: Enhancement of Human Tumor Cell Growth by Eelectromagnetic and Magnetic Fields. The Bioelectromagnetics Society, 6. Annual Meeting, Atlanta, Juli 15–19, 1984;
507 Wörner, U.: Die physiologischen Grundlagen des Streß. St. Ex. Arbeit, unveröff., MNF, Uni Saarbrücken, 1977;
594 Wright, W. E. , J. M. Peters, T. M. Laucet: Leukemia in Workers Exposed to Electric and Magnetic Fields. Univ. Southern Calif. Sch. Medicine, Los Angeles, CA 90033, pp. 1160–1161, 1982;
320 Wüst, J.: Rutengänger und ultrakurze Wellen. Z. f. Radioästhesie, 11. Jahrg. Nr. 1/2, 1959;
316 Wüst, J.: Über physikalische Nachweismethoden der sog. »Erdstrahlen«. 6. Beiheft zur Zeitschrift »Erfahrungsheilkunde«, Geopathie, Karl Haug-Verlag, Ulm, 1953;
161 Wüst, J.: Deutsche Zeitschrift f. Akupunktur 4, H. 7/8.
317 Wüst, J. und H. Petschke: Zur gegenwärtigen Situation der Geopathie. Erfahrungsheilkunde, Bd. III, H. 12, 1954;
604 Wüst J. und J. Wimmer: Über eine neuartige Strahlung der Wellenlänge 1–70 cm. Zeitschr. f. Entwicklungsmechanik 131, S. 389–406, 1934;
181 Zahner, R.: Zur Wirkung des elektrischen Feldes auf das Verhalten des Goldhamsters. Z. Vergl. Physiol. 49, S. 172 bis 190, 1964;

*

74* Selecta 51, S. 4876, 1973.
85a* Persönliche Mitteilung: Prof. Dr. H. Poeverlein, Technische Hochschule Darmstadt;
102* Vorträge anläßlich des Kolloqu. »Bioklimatologische Wirkungen luftelektrischer Faktoren« im Hygiene Inst. der Univ. Graz am 7. u. 8. Okt. 1974:
Zollner, H.: Einfluß des elektrostat. Gleichfeldes u. d. Faradaykäfiges a. d. Glukosemetabolismus der Mäuseleber;
Klingenberg, H. G., H. Sadjak und J. Porta: Beeinfl. von Stoffwechselparameter durch das elektrostat. Gleichfeld u. den Faradaykäfig vor u. nach Teilhepatektomie;
Strampfer, H. und N. Geyer: Ersterhebung über die Wirkung eines elektrostatischen Gleichfeldes und des 10 Hz-Impulsfeldes auf das psychische Verhalten;
201* Kurze Originalmitteilung aus dem Institut für Balneologie und Klimaphysiologie Freiburg, 1969;
213a* Südd. Ztg. Nr. 217, S. 24, v. 20. Sept. 1974;
224* Medizin-Elektronik, S. 447, 4. September, 1970;
261* Persönl. Mitteilung a. d. Inst. f. Hochspannungst. TUM, 1973;
277* Hausinterne Mitteilung. Fakten 7.71, Energiewirtschaft heute und morgen. Informationen und Nachrichten, 7/71/11;
292a* Koeppen, S., in: Handbuch der Physikal. Therapie, Band I, Kap. »Elektrotherapie«, S. 140, Gustav-Fischer-Verlag, Stuttgart, 1966;
294* Persönliche Mitteilung von Dr. Birnberger, Neurologisches Institut der Technischen Universität München, 8000 München 80, Möhlstr. 28, 1973;
336* »Gesundes Bauen – Gesundes Wohnen«, Arbeitsgemeinschaft, Sektion im Forschungskreis für Geobiologie, 693 Ebersbach, Adolf-Knecht-Str. 25, AGBW-Selbstverlag, 1973, Alleinauslieferung: Heroldverlag;
337* Internationale Fachtagung »Mensch und Raumklima«, Frankfurt, 27. März 1973, gemäß Selecta 23, S. 2271 bis 2282, 1973.
481* Selecta, Medizinisches Forum: Was ist Elektro-Akupunktur? Selecta 46, S. 4367–4372, 1976;
559* Übersichtsbeitrag: Radio noise study weighs major sources of natural and man-interference. Comunications designer's, pp. 14–18, vol. 3, n. 7, 1969;
583* Bundesgesundheitsamt: Tätigkeitsbericht 1983, S. 72 – 73;
584* Selecta: Strahlengefahr vom Bildschirm? H. 17, S. 1620, 25. April 1983;
605* Südd. Zeitung: Kehrt das Erdmagnetfeld um? Forsch. Wissensch. u. Technik Nr. 91, S. 36, 17. 4. 1984;

BILDNACHWEIS

Umschlagsentwurf Prof. Dr.-Ing. Hans-Georg Stäblein, München; Ausführung Erik Pellikan. Alle Zeichnungen und Tabellen der 1. und 2. Auflage ebenfalls Erik Pellikan, München

S. 2 Bildarchiv Süddeutscher Verlag, München
S. 17 W. Stoy – ZFA, Düsseldorf
S. 30 Bildarchiv Süddeutscher Verlag, München
S. 35 Herbert Merkle – ABCV – Esslingen
S. 36 Fotos des Verfassers
S. 37 Foto des Verfassers
S. 41 ADAC Motorwelt, München
S. 53 AGFA-Gevaert AG, München
S. 54 T. U. München, Hochspannungsinstitut
S. 64 Journal of Biometeorology
S. 71 T. U. München, Hochspannungsinstitut
S. 72 T. U. München, Institut für Technische Elektronik
S. 74 Edmund Bickel, München
S. 86 Allianz Zentrum für Technik, München (2 Fotos)
S. 89 Dr. Siegnot Lang, FB Biologie, Universität Saarbrücken *(links oben);* Bayerisches Nationalmuseum, München *(links unten);* Foto des Verfassers *(rechts unten)*
S. 90 Fotos des Verfassers
S. 107 Deutsches Herzzentrum, München (alle Fotos)
S. 108 Fotos des Verfassers *(links und rechts oben);* Dr. O. Gleichmann, Garmisch *(rechts unten);* Firma Weleda *(links unten)*
S. 126 Fotos des Verfassers
S. 143 Dr. Ernst Hartmann *(oben und Mitte);* Wiesner *(unten)*
S. 146 Bildarchiv Süddeutscher Verlag, München
S. 152 Bildarchiv Süddeutscher Verlag, München
S. 155 Foto des Verfassers
S. 157 Bildarchiv Süddeutscher Verlag, München
S. 169 Foto des Verfassers
S. 170 Foto des Verfassers
S. 171 Horstmüller, Düsseldorf
S. 181 Foto des Verfassers
S. 186 Firma Elevit, München
S. 188 Verlag W. de Gruyter, Berlin

Alle nicht aufgeführten Abbildungen stammen aus dem Archiv des Heinz Moos Verlages, 8032 Gräfelfing bei München.

RANDNOTIZ

Selbst die generelle Wirksamkeit elektromagnetischer Felder wird von einem Teil der Wissenschaftler immer noch bezweifelt. Man hat scherzhaft beim II. Colloquium »Bioklimatische Wirkungen luftelektrischer Faktoren« in München von »Gläubigen und Atheisten« gesprochen. Man könnte hier aber auch den alten Spruch erweitern:

»Glauben heißt nichts wissen.«
»Nicht glauben basiert auf nichts wissen.«